21世纪高等学校计算机教育实用规划教材

计算机基础与应用

吴新华　邬思军　主　编
颜　丽　童治军　副主编

清华大学出版社
北京

内容简介

本书依据高等教育非计算机专业计算机应用教学的基本要求，由教学经验丰富、了解学生的知识基础和需求并且在一线从事计算机基础课程教学和教育研究多年的教师编写。全书围绕核心知识采用任务驱动方式来编写，按照“任务描述”“任务目标”“预备知识”“任务实施”和“知识扩展”等环节展开，内容包括计算机入门基础知识、Windows 7 操作系统、Word 2010 的应用、Excel 2010 的应用、PowerPoint 2010 的应用、计算机网络和计算机安全等内容。

本书注重实用性和可操作性，本着厚基础、重能力、求创新的思路，结合当前计算机技术发展的实际情况，能够适应当前高等学校计算机教育改革的需要。本书图文并茂、条理清晰、通俗易懂、内容丰富，在讲解每个知识点时选取的案例都贴近学生的日常学习和需要，方便学生理解和上机实践。同时，针对本科生和专科生所必备的计算机基础技能，结合全国计算机一级考试进行有针对性的强化训练，使本科生和专科生在掌握相关计算机基础技能的同时能顺利通过全国计算机等级考试一级考试，真正做到任务驱动教学和学习。

本书适合作为应用型高校进行应用技能型人才培养的计算机基础课程的教材。

图书在版编目(CIP)数据

计算机基础与应用/吴新华，邬思军主编. —北京：清华大学出版社，2018
(21世纪高等学校计算机教育实用规划教材)
ISBN 978-7-302-51243-1

Ⅰ. ①计… Ⅱ. ①吴… ②邬… Ⅲ. ①电子计算机－高等学校－教材 Ⅳ. ①TP3

中国版本图书馆 CIP 数据核字(2018)第 217418 号

责任编辑：贾 斌 张爱华
封面设计：常雪影
责任校对：焦丽丽
责任印制：刘海龙

出版发行：清华大学出版社
网 址：http://www.tup.com.cn，http://www.wqbook.com
地 址：北京清华大学学研大厦 A 座 **邮 编**：100084
社 总 机：010-62770175 **邮 购**：010-62786544
投稿与读者服务：010-62776969，c-service@tup.tsinghua.edu.cn
质量反馈：010-62772015，zhiliang@tup.tsinghua.edu.cn
课件下载：http://www.tup.com.cn，010-62795954
印 装 者：北京密云胶印厂
经 销：全国新华书店
开 本：185mm×260mm **印 张**：27.5 **字 数**：667 千字
版 次：2018 年 9 月第 1 版 **印 次**：2018 年 9 月第 1 次印刷
印 数：1～2000
定 价：59.80 元

产品编号：081217-01

出版说明

随着我国高等教育规模的扩大以及产业结构调整的进一步完善，社会对高层次应用型人才的需求将更加迫切。各地高校紧密结合地方经济建设发展需要，科学运用市场调节机制，合理调整和配置教育资源，在改革和改造传统学科专业的基础上，加强工程型和应用型学科专业建设，积极设置主要面向地方支柱产业、高新技术产业、服务业的工程型和应用型学科专业，积极为地方经济建设输送各类应用型人才。各高校加大了使用信息科学等现代科学技术提升、改造传统学科专业的力度，从而实现传统学科专业向工程型和应用型学科专业的发展与转变。在发挥传统学科专业师资力量强、办学经验丰富、教学资源充裕等优势的同时，不断更新教学内容、改革课程体系，使工程型和应用型学科专业教育与经济建设相适应。计算机课程教学在从传统学科向工程型和应用型学科转变中起着至关重要的作用，工程型和应用型学科专业中的计算机课程设置、内容体系和教学手段及方法等也具有不同于传统学科的鲜明特点。

为了配合高校工程型和应用型学科专业的建设和发展，急需出版一批内容新、体系新、方法新、手段新的高水平计算机课程教材。目前，工程型和应用型学科专业计算机课程教材的建设工作仍滞后于教学改革的实践，如现有的计算机教材中有不少内容陈旧(依然用传统专业计算机教材代替工程型和应用型学科专业教材)，重理论、轻实践，不能满足新的教学计划、课程设置的需要；一些课程的教材可供选择的品种太少；一些基础课的教材虽然品种较多，但低水平重复严重；有些教材内容庞杂，书越编越厚；专业课教材、教学辅助教材及教学参考书短缺，等等，都不利于学生能力的提高和素质的培养。为此，在教育部相关教学指导委员会专家的指导和建议下，清华大学出版社组织出版本系列教材，以满足工程型和应用型学科专业计算机课程教学的需要。本系列教材在规划过程中体现了如下一些基本原则和特点。

(1) 面向工程型与应用型学科专业，强调计算机在各专业中的应用。教材内容坚持基本理论适度，反映基本理论和原理的综合应用，强调实践和应用环节。

(2) 反映教学需要，促进教学发展。教材规划以新的工程型和应用型专业目录为依据。教材要适应多样化的教学需要，正确把握教学内容和课程体系的改革方向，在选择教材内容和编写体系时注意体现素质教育、创新能力与实践能力的培养，为学生知识、能力、素质协调发展创造条件。

(3) 实施精品战略，突出重点，保证质量。规划教材建设仍然把重点放在公共基础课和专业基础课的教材建设上；特别注意选择并安排一部分原来基础比较好的优秀教材或讲义修订再版，逐步形成精品教材；提倡并鼓励编写体现工程型和应用型专业教学内容和课程体系改革成果的教材。

(4) 主张一纲多本，合理配套。基础课和专业基础课教材要配套，同一门课程可以有多本具有不同内容特点的教材。处理好教材统一性与多样化，基本教材与辅助教材，教学参考书，文字教材与软件教材的关系，实现教材系列资源配套。

(5) 依靠专家，择优选用。在制订教材规划时要依靠各课程专家在调查研究本课程教材建设现状的基础上提出规划选题。在落实主编人选时，要引入竞争机制，通过申报、评审确定主编。书稿完成后要认真实行审稿程序，确保出书质量。

繁荣教材出版事业，提高教材质量的关键是教师。建立一支高水平的以老带新的教材编写队伍才能保证教材的编写质量和建设力度，希望有志于教材建设的教师能够加入到我们的编写队伍中来。

21世纪高等学校计算机教育实用规划教材编委会

联系人：魏江江 weijj@tup.tsinghua.edu.cn

前　言

当今，计算机技术发展日新月异，其使用要求也越来越高。大学生对计算机知识（特别是计算机实践应用技能）的要求越来越迫切，这对高校计算机应用基础课程的知识体系和教学设计也提出了更高的要求。“大学计算机基础”是非计算机专业的公共必修课程，是学习其他计算机相关技术课程的前导和基础课程，计算机应用基础必须与时俱进，紧紧跟随当前计算机的主流技术。

本书各章节均采用任务驱动模式来组织，注重实践操作，每一个任务都经过精心设置与布局，力求使其蕴含该章节的核心知识点。我们的思路是，最大限度地提高学生利用计算机提高工作效率、生活质量的能力。在这当中计算机只是一个工具，我们要改变过去那种为了教学而教学的模式，转变成教会学生正确处理日常事务，在处理过程中利用计算机提高效率，提高事务处理的质量。在这样的思路引导下，本书任务目标明确，思路清晰；注重核心知识理论的传授，同时也突出技能操作。

全书分为 7 章，第 1 章介绍了计算机的基本知识和基本概念、计算机的组成和工作原理、信息在计算机中的表示形式和编码；第 2 章介绍了操作系统基础知识以及 Windows 7 操作系统的安装、配置和使用；第 3～5 章介绍了办公自动化基本知识，以及常用办公自动化软件 Office 2010 中文字处理软件、电子表格处理软件和演示文稿软件的使用；第 6～7 章介绍了计算机网络基础知识、Internet 基础知识与应用、信息安全技术和计算机病毒等。其中，第 2～5 章着重强调实践操作技能，因此在这些章中辅以多个经典任务案例来实现核心知识点的融会贯通；其余章节则以注重传授核心知识和概念为主。

本书由吴新华、邬思军担任主编，并负责全书的统稿和审稿工作；颜丽、童治军担任副主编。具体编写分工如下：第 1、2、6、7 章由吴新华编写；第 3 章由颜丽编写；第 4 章由邬思军编写；第 5 章由童治军编写。

本书在编写过程中，得到了周锦春、李希勇和罗晓娟等领导和同事的关心和帮助，同时也得到了清华大学出版社的大力支持，另外也参考了一些相关文献，在此，向大家表示衷心的感谢！

由于编者水平有限，书中不足之处在所难免，敬请读者批评指正并提出宝贵意见。

编　者

2018 年 6 月

前言

目　录

第1章 计算机入门基础

人类进入21世纪以来，计算机、通信和电子信息处理技术得到了飞速发展，Internet的全面普及使信息资源的共享和应用日益广泛，信息技术已经成为当代人类最活跃的生产要素，信息化水平已成为衡量一个国家现代化水平和综合实力的重要标准之一。随着信息时代的到来，计算机不仅已成为人们手中的工具，而且已成为一种文化，还成为当今每个人必备的基本知识。

1.1 任务一 认识计算机系统

1.1.1 任务描述

计算机是现代办公、学习和生活的常用工具，刚进入大学的小吴同学虽然在中学阶段也曾接触过计算机，但仅仅限于浏览网页、发送电子邮件等简单的操作，没有系统地学习计算机基础知识。本任务就是一个从无到有的学习过程，让大家对计算机有一个系统的认识，为以后的学习和工作打下基础。

1.1.2 任务目标

- 了解计算机的发展、分类、特点、性能指标和应用领域；
- 掌握计算机系统组成及基本工作原理；
- 掌握计算机中信息的表示方法与数制间的转换。

1.1.3 预备知识

1. 计算机的诞生

20世纪初，电子技术得到了迅猛发展，科学技术的发展对计算的速度和精确度提出了更高的要求。20世纪中叶，由于军事上的需要，美国开始研制电子计算机，并于1946年生产了第一台电子计算机ENIAC(Electronic Numerical Integrator And Calculator，电子数字积分计算机)。当时，研制该计算机的主要目的是为了解决第二次世界大战中需要的弹道计算问题。ENIAC的计算速度达到了每秒5000次加法运算，将原来用台式计算器计算弹道的速度提高了上千倍。

ENIAC是一个庞然大物，使用了18 000多个电子管、1500多个继电器、70 000多个电阻、10 000多个电容，占地面积170m^2，重达30t。虽然ENIAC的功能远远不及现代计算机，但它的诞生宣布了电子计算机时代的到来，标志着人类计算工具的历史性变革，具有划时代的意义。

2. 计算机的发展

计算机的发展阶段通常以构成计算机的电子器件来划分，至今已经历了四代，目前正在向第五代过渡。每一个发展阶段在技术上都是一次新的突破，在性能上都是一次质的飞跃。

1）第一代（1946—1957年）：电子管计算机

第一代计算机的元器件大都采用电子管，因此称为电子管计算机。其主要特征如下：

（1）采用电子管元器件作为计算机的元器件，体积庞大，耗电量高，可靠性差，维护困难。

（2）运算速度慢，一般为每秒1000～10 000次。

（3）使用机器语言，没有系统软件。

（4）采用磁鼓、小磁心作为存储器，存储空间有限。

（5）输入输出设备简单，采用穿孔纸带或卡片。

（6）主要用于科学计算。

2）第二代（1958—1964年）：晶体管计算机

晶体管的发明给计算机技术带来了革命性的变化。第二代计算机采用的主要元件是晶体管，称为晶体管计算机。计算机软件有了较大发展，采用了监控程序，这是操作系统的雏形。第二代计算机有如下特征：

（1）采用晶体管元件作为计算机的元器件，体积大大缩小，可靠性增强，寿命延长。

（2）运算速度加快，达到每秒几万次到几十万次。

（3）提出了操作系统的概念，开始出现了汇编语言，产生了如FORTRAN和COBOL等高级程序设计语言和批处理系统。

（4）普遍采用磁心作为内存储器，磁盘、磁带作为外存储器，容量大大提高。

（5）计算机应用领域扩大，从军事研究、科学计算扩大到数据处理和实时过程控制等领域，并开始进入商业市场。

3）第三代（1965—1969年）：中小规模集成电路计算机

20世纪60年代中期，随着半导体工艺的发展，已制造出了集成电路元件。集成电路可在几平方毫米的单晶硅片上集成十几个甚至上百个电子元件。计算机开始采用中小规模的集成电路元件，这一代计算机比晶体管计算机体积更小，耗电更少，功能更强，寿命更长，综合性能也得到了进一步提高。第三代计算机有如下主要特征：

（1）采用中小规模集成电路元件，体积进一步缩小，寿命更长。

（2）内存储器使用半导体存储器，性能优越，运算速度加快，每秒可达几百万次。

（3）外围设备开始出现多样化。

（4）高级语言进一步发展。操作系统的出现使计算机功能更强，提出了结构化程序的设计思想。

（5）计算机应用范围扩大到企业管理和辅助设计等领域。

4）第四代（1971年至今）：大规模和超大规模集成电路计算机

随着20世纪70年代初集成电路制造技术的飞速发展，产生了大规模集成电路元件，使计算机进入了一个新的时代，即大规模和超大规模集成电路计算机时代。这一时期的计算机的体积、质量、功耗进一步减小，运算速度、存储容量、可靠性有了大幅度的提高。其主要特征如下：

(1) 采用大规模和超大规模集成电路逻辑元件，体积与第三代相比进一步缩小，可靠性更高，寿命更长。

(2) 运算速度加快，每秒可达几千万次到几十亿次。

(3) 系统软件和应用软件获得了巨大的发展，软件配置丰富，程序设计部分自动化。

(4) 计算机网络技术、多媒体技术、分布式处理技术有了很大的发展，微型计算机（简称微型机）大量进入家庭，产品更新速度加快。

(5) 计算机在办公自动化、数据库管理、图像处理、语言识别和专家系统等各个领域得到应用，电子商务已开始进入到了家庭，计算机的发展进入到了一个新的历史时期。

5）计算机的特点

(1) 自动地运行程序。

计算机能在程序控制下自动、连续地高速运算。由于采用存储程序控制的方式，因此一旦输入编制好的程序，启动计算机后就能自动地执行下去直至完成任务。这是计算机最突出的特点。

(2) 运算速度快。

计算机能以极快的速度进行计算。现在普通的微型计算机每秒可执行几十万条指令，而巨型计算机（简称巨型机）则达到每秒几十亿次甚至几百亿次。随着计算机技术的发展，计算机的运算速度还在提高。例如天气预报，由于需要分析大量的气象资料数据，单靠手工完成计算是不可能的，而用巨型机只需十几分钟就可以完成。

(3) 运算精度高。

电子计算机具有以往计算工具无法比拟的计算精度，目前已达到小数点后上亿位的精度。

(4) 具有记忆和逻辑判断能力。

人是有思维能力的，而思维能力本质上是一种逻辑判断能力。计算机借助于逻辑运算可以进行逻辑判断，并根据判断结果自动地确定下一步该做什么。计算机的存储系统由内存和外存组成，具有存储和“记忆”大量信息的能力，现代计算机的内存容量已达到几千兆，而外存也有惊人的容量。如今的计算机不仅具有运算能力，还具有逻辑判断能力，可以使用其进行诸如资料分类、情报检索等具有逻辑加工性质的工作。

(5) 可靠性高。

随着微电子技术和计算机技术的发展，现代电子计算机连续无故障运行时间可达到几十万小时以上，具有极高的可靠性。例如，安装在宇宙飞船上的计算机可以连续几年时间可靠地运行。计算机应用在管理中也具有很高的可靠性，而人却很容易因疲劳而出错。另外，计算机对于不同的问题只是执行的程序不同，因而具有很强的稳定性和通用性。用同一台计算机能解决各种问题，应用于不同的领域。

微型机除了具有上述特点外，还具有体积小、质量轻、耗电少、维护方便、可靠性高、易操作、功能强、使用灵活、价格便宜等特点。计算机还能代替人做许多复杂繁重的工作。

6）计算机的发展趋势

随着超大规模集成电路技术的不断发展以及计算机应用领域的不断扩展，计算机的发展表现出朝巨型化、微型化、网络化、智能化和非冯·诺依曼体系结构等方向发展。

（1）巨型化。

巨型化是指发展高速度、大存储容量和强功能的超级巨型计算机。这既是诸如天文、气象、原子、核反应等尖端科学技术的需要，也是为了让计算机具有人脑学习、推理的复杂功能。现在的超级巨型计算机，其运算速度有的每秒超过百亿次，有的已达到每秒万亿次。

（2）微型化。

由于超大规模集成电路技术的发展，计算机的体积越来越小，功耗越来越低，性能越来越强。微型机已广泛应用到社会各个领域。除了台式微型机外，还出现了笔记本型、掌上型微型机。随着微处理器的不断发展，微处理器已应用到仪表、家电等电子产品中。

（3）网络化。

计算机网络就是将分布在不同地点的计算机，由通信线路连接而组成一个规模大、功能强的网络系统，可灵活方便地收集、传递信息，共享相互的硬件、软件、数据等计算机资源。近几年，因特网的发展极为迅速，已渗透到工业、商业、文化等各个领域，并且已经走入家庭。

（4）智能化。

智能化是指发展具有人类智能的计算机。智能计算机是能够模拟人的感觉、行为和思维的计算机。智能计算机也称新一代计算机，目前许多国家都在投入大量资金和人员研究这种更高性能的计算机。

（5）非冯·诺依曼体系结构。

由于传统冯·诺依曼计算机体系结构所具有的局限性，从根本上限制了计算机的发展。随着非数值处理应用领域对计算机性能的要求越来越高，这就需要突破传统计算机体系结构的框架，寻求新的体系结构来解决实际应用问题。随着计算机的发展，人们提出了若干非冯·诺依曼型的新型计算机系统结构，目前在体系结构方面已经有了重大的变化和改进，如并行计算机、数据流计算机以及量子计算机、DNA 计算机等非冯·诺依曼机，它们部分或完全不同于传统的冯·诺依曼机，很大程度上提高了计算机的计算性能；未来计算机将向着神经网络计算机、生物计算机和光学计算机等方向发展。

7）计算机的应用

进入 20 世纪 90 年代以来，计算机技术作为科技的先导技术之一得到了飞跃发展，超级并行计算机技术、高速网络技术、多媒体技术、人工智能技术等相互渗透，改变了人们使用计算机的方式，从而使计算机几乎渗透到人类生产和生活等各个领域，对工业和农业都有极其重要的影响。计算机的应用范围归纳起来主要有以下 6 个方面。

（1）科学计算。

科学计算也称数值计算，是指用计算机完成科学研究和工程技术中所提出的数学问题。计算机作为一种计算工具，科学计算是它最早的应用领域，也是计算机最重要的应用之一。在科学技术和工程设计中存在着大量的各类数字计算，如求解几百乃至上千阶的线性方程组、大型矩阵运算等。这些问题广泛出现在导弹实验、卫星发射、灾情预测等领域，其特点是数据量大、计算工作复杂。在数学、物理、化学、天文等众多学科的科学研究中，经常遇到许多数学问题，这些问题用传统的计算工具是难以完成的，有时人工计算需要几个月或几年，而且不能保证计算准确，使用计算机则只需要几天、几小时甚至几分钟就可以精确地解决，所以计算机是发展现代尖端科学技术必不可少的重要工具。

(2) 数据处理。

数据处理又称信息处理，它是指信息的收集、分类、整理、加工、存储等一系列活动的总称。所谓信息是指可被人类感受的声音、图像、文字、符号、语言等。数据处理还可以在计算机上加工非科技工程方面的计算、管理和操纵任何形式的数据资料。其特点是要处理的原始数据量大而运算比较简单，有大量的逻辑与判断运算。据统计，目前在计算机应用中数据处理所占的比重最大，应用十分广泛，如人口统计、办公自动化、企业管理、邮政业务、机票订购、情报检索、图书管理、医疗诊断等。

(3) 计算机辅助。

① 计算机辅助设计(Computer Aided Design，CAD)是指使用计算机的计算、逻辑判断等功能，帮助人们进行产品和工程设计。它能使设计过程自动化，设计合理化、科学化、标准化，大大缩短设计周期，以增强产品在市场上的竞争力。CAD 技术已广泛应用于建筑工程设计、服装设计、机械制造设计、船舶设计等行业。使用 CAD 技术可以提高设计质量，缩短设计周期，提高设计自动化水平。

② 计算机辅助制造(Computer Aided Manufacturing，CAM)是指利用计算机通过各种数值控制生产设备，完成产品的加工、装配、检测、包装等生产过程的技术。将 CAD 进一步集成形成了计算机集成制造系统(CIMS)，从而实现设计生产自动化。利用 CAM 可提高产品质量，降低成本和降低劳动强度。

③ 计算机辅助教学(Computer Aided Instruction，CAI)是指将教学内容、教学方法以及学生的学习情况等存储在计算机中，帮助学生轻松地学习所需要的知识。它在现代教育技术中起着相当重要的作用。

除了上述计算机辅助技术外，还有其他的辅助功能，如计算机辅助出版、计算机辅助管理、计算机辅助绘制和计算机辅助排版等。

(4) 过程控制。

过程控制也称实时控制，是用计算机及时采集数据按最佳值迅速对控制对象进行自动控制或采用自动调节。利用计算机进行过程控制不仅大大提高了控制的自动化水平，而且大大提高了控制的及时性和准确性。过程控制的特点是及时收集并检测数据，按最佳值调节控制对象。在电力、机械制造、化工、冶金、交通等部门采用过程控制，可以提高劳动生产效率、产品质量、自动化水平和控制精确度，减少生产成本，减轻劳动强度。在军事上，可使用计算机实时控制导弹根据目标的移动情况修正飞行姿态，以准确命中目标。

(5) 人工智能。

人工智能(Artificial Intelligence，AI)是用计算机模拟人类的智能活动，如判断、理解、学习、图像识别、问题求解等。它涉及计算机科学、信息论、仿生学、神经学和心理学等诸多学科。在人工智能中，最具代表性、应用最成功的两个领域是专家系统和机器人。计算机专家系统是一个具有大量专门知识的计算机程序系统。它总结了某个领域的专家知识构建了知识库。根据这些知识，系统可以对输入的原始数据进行推理，做出判断和决策，以回答用户的咨询，这是人工智能的一个成功的例子。机器人是人工智能技术的另一个重要应用。目前世界上有许多机器人工作在各种恶劣环境下，如高温、高辐射、剧毒等。机器人的应用前景非常广阔，现在有很多国家正在研制机器人。

(6) 计算机网络。

把计算机的超级处理能力与通信技术结合起来就形成了计算机网络。人们熟悉的全球信息查询、邮件传送、电子商务等都是依靠计算机网络来实现的。计算机网络已进入到了千家万户,给人们的生活带来了极大的方便。

8) 计算机的分类

(1) 按处理的对象分类。

计算机按处理的对象分可分为电子模拟计算机、电子数字计算机和混合计算机。电子模拟计算机所处理的电信号在时间上是连续的(称为模拟量),采用的是模拟技术。电子数字计算机所处理的电信号在时间上是离散的(称为数字量),采用的是数字技术。信息数字化之后具有易保存、易表示、易计算、方便硬件实现等优点,所以数字计算机已成为信息处理的主流。通常所说的计算机都是指电子数字计算机。混合计算机是将数字技术和模拟技术相结合的计算机。

(2) 按性能规模分类。

计算机按性能规模可分为巨型机、大型机、中型机、小型机、微型机和工作站。

① 巨型机。研究巨型机是现代科学技术尤其是国防尖端技术发展的需要。巨型机的特点是运算速度快、存储容量大。目前世界上只有少数几个国家能生产巨型机。我国自主研发的银河Ⅰ型亿次机和银河Ⅱ型十亿次机都是巨型机,主要用于核武器、空间技术、大范围天气预报、石油勘探等领域。

② 大型机。大型机的特点表现在通用性强、具有很强的综合处理能力、性能覆盖面广等,主要应用在公司、银行、政府部门、社会管理机构和制造厂家等,通常人们称大型机为企业计算机。大型机在未来将被赋予更多的使命,如大型事务处理、企业内部的信息管理与安全保护、科学计算等。

③ 中型机。中型机是介于大型机和小型机之间的一种机型。

④ 小型机。小型机规模小,结构简单,设计周期短,便于及时采用先进工艺。这类计算机可靠性高,对运行环境要求低,易于操作且便于维护。小型机符合部门性的要求,为中小型企事业单位所常用。

⑤ 微型机。微型机又称个人计算机(Personal Computer,PC),它是日常生活中使用最多、最普遍的计算机,具有价格低廉、性能强、体积小、功耗低等特点。现在微型机已进入到了千家万户,成为人们工作、生活的重要工具。

⑥ 工作站。工作站是一种高档微机系统。它具有较高的运算速度,具有大、小型机的多任务、多用户功能,且兼具微型机的操作便利和良好的人机界面。它可以连接到多种输入输出设备,具有易于联网、处理功能强等特点。其应用领域也已从最初的计算机辅助设计扩展到商业、金融、办公领域,并充当网络服务器的角色。

(3) 按功能和用途分类。

计算机按功能和用途可分为通用计算机和专用计算机。通用计算机具有功能强、兼容性强、应用面广、操作方便等优点,通常使用的计算机都是通用计算机。专用计算机一般功能单一,操作复杂,用于完成特定的工作任务。

1.1.4 任务实施

1. 计算机系统的组成

现在，计算机已发展成为一个庞大的家族，其中的每个成员尽管在规模、性能、结构和应用等方面存在着很大的差别，但是它们的基本结构是相同的。计算机系统包括硬件系统和软件系统两大部分。硬件系统由中央处理器、内存储器(简称内存)、外存储器(简称外存)和输入输出设备组成。软件系统分为两大类，即计算机系统软件和应用软件。计算机通过执行程序而运行，计算机工作时，软、硬件协同工作，两者缺一不可。计算机系统的组成如图 1.1 所示。

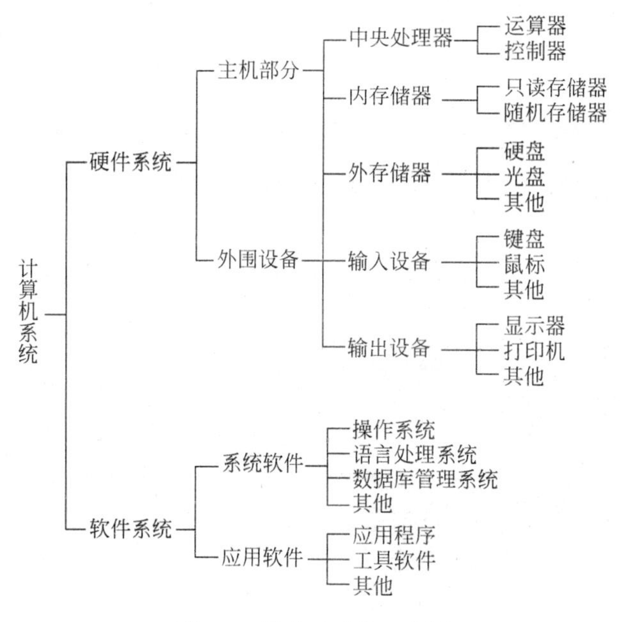

图 1.1 计算机系统组成图

1) 硬件系统

硬件系统是构成计算机的物理装置，是指在计算机中看得见、摸得着的有形实体。在计算机的发展史上做出杰出贡献的著名应用数学家冯·诺依曼为改进 ENIAC，提出了一个全新的存储程序的通用电子计算机方案。这个方案规定了新机器由 5 个部分组成：运算器、控制器、存储器、输入和输出设备，并描述了这 5 个部分的职能和相互关系。这个方案与 ENIAC 相比，有两个重大改进：一是采用二进制；二是提出了“存储程序”的设计思想，即用记忆数据的同一装置存储执行运算的命令，使程序的执行可自动地从一条指令进入到下一条指令。这个概念被誉为计算机史上的一个里程碑。计算机的存储程序和程序控制原理被称为冯·诺依曼原理，按照上述原理设计制造的计算机称为冯·诺依曼机。

概括起来，冯·诺依曼结构有 3 条重要的设计思想：

(1) 计算机应由运算器、控制器、存储器、输入设备和输出设备 5 大部分组成，每个部分有一定的功能。

(2) 以二进制的形式表示数据和指令。二进制是计算机的基本语言。

(3) 程序预先存入存储器，使计算机在工作中能自动地从存储器中取出程序指令并加以执行。

硬件是计算机运行的物质基础，计算机的性能如运算速度、存储容量、计算和可靠性等，很大程度上取决于硬件的配置。仅有硬件而没有任何软件支持的计算机称为裸机。在裸机上只能运行机器语言程序，使用很不方便，效率也低，所以早期只有少数专业人员才能使用计算机。

计算机的硬件设备主要包括以下几部分。

(1) 主板。

主机由中央处理器和内存储器组成，用来执行程序、处理数据，主机芯片都安装在一块电路板上，这块电路板称为主机板(主板)。为了与外围设备连接，在主机板上还安装有若干个接口插槽，可以在这些插槽上插入与不同外围设备连接的接口卡。主板是微型机系统的主体和控制中心，它几乎集合了全部系统的功能，控制着各部分之间的指令流和数据流，如图 1.2 所示。

图 1.2　主板外观

(2) 中央处理器。

中央处理器简称 CPU，它是计算机硬件系统的核心，是计算机的心脏。CPU 品质的高低直接决定了计算机系统的档次，如图 1.3 所示。

(3) 存储器。

存储器的主要功能是存放程序和数据。使用时，可以从存储器中取出信息来查看、运行程序，称其为存储器的读操作；也可以把信息写入存储器、修改原有信息、删除原有信息，称其为存储器的写操作。存储器通常分为内存储器和外存储器。

① 内存储器(内存)。内存条如图 1.4 所示。

- 只读存储器(ROM)的特点：存储的信息只能读(取出)不能写(存入或修改)，其信息在制作该存储器时就被写入，断电后信息不会丢失。用途：一般用于存放固定不变的、控制计算机的系统程序和数据。
- 随机存储器(RAM)的特点：既可读，也可写，断电后信息丢失。用途：临时存放程序和数据。

图 1.3　CPU 背面与正面　　　　图 1.4　内存条

② 外存储器(外存)。外存储器一般用来存储需要长期保存的各种程序和数据。它不能被 CPU 直接访问,必须先调入内存储器才能被 CPU 利用。与内存储器相比,外存储器存储容量比较大,但速度比较慢。硬盘是外存储器中的一种,如图 1.5 所示。

图 1.5　硬盘

高速缓冲存储器(Cache)指在 CPU 与内存储器之间设置的一级或两级高速小容量存储器,固化在主板上。在计算机工作时,系统先将数据由外存储器读入 RAM 中,再由 RAM 读入 Cache 中,然后 CPU 直接从 Cache 中取数据进行操作,如图 1.6 所示。

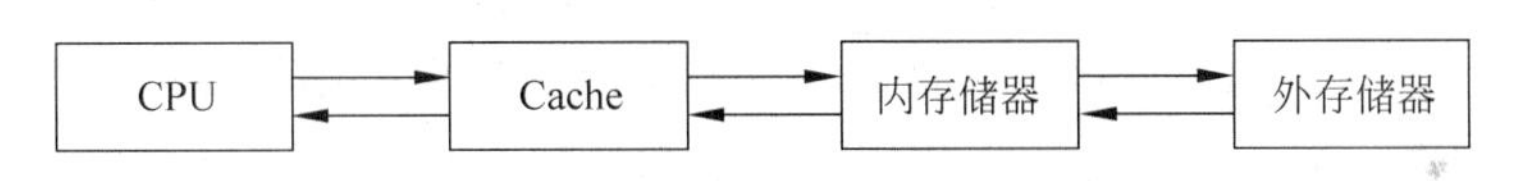

图 1.6　Cache 与 CPU 和存储器的关系

(4) 输入输出(I/O)设备。

输入设备是将外界的各种信息,如程序、数据、命令等,送入到计算机内部的设备。常用的输入设备有键盘、鼠标、扫描仪、条形码读入器等。输出设备是将计算机处理后的信息以人们能够识别的形式,如文字、图形、数值、声音等,进行显示和输出的设备。常用的输出设备有显示器、打印机、绘图仪等,如图 1.7 所示。

(a) 显示器　　(b) 键盘、鼠标　　(c) 打印机

图 1.7　输入输出设备

输入和输出设备还包含总线和接口,具体如下:

① 总线。计算机中传输信息的公共通路称为总线(BUS)。一次能够在总线上同时传

输的信息二进制位数被称为总线宽度，32位CPU就是有32根电线传递数据，64位CPU就是有64根电线传递数据，电线数越多，CPU功能越强大。CPU是由若干基本部件组成的，这些部件之间的总线被称为内部总线；而连接系统各部件间的总线称为外部总线，也称为系统总线。按照总线上传输信息的不同，总线可以分为数据总线(DB)、地址总线(AB)和控制总线(CB)3种，如图1.8所示。

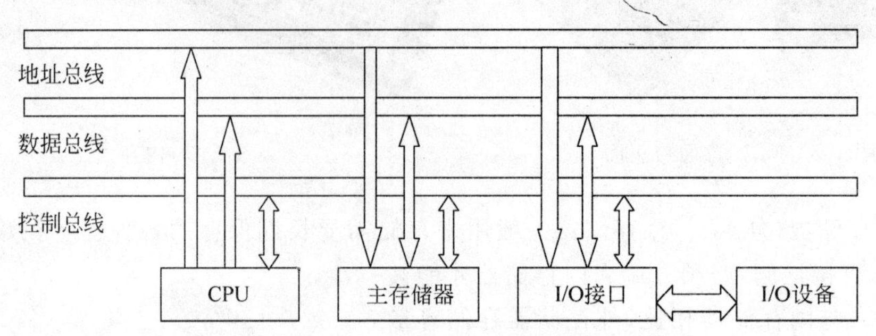

图1.8 计算机的总线结构

② 接口。不同的外围设备与主机相连都必须根据不同的电气标准和机械标准，采用不同的接口来实现。主机与外围设备之间的信息通过两种接口传输：一种是串行接口，如鼠标；另一种是并行接口，如打印机。串行接口按机器字的二进制位，逐位传输信息，传送速度较慢，但准确率高；并行接口一次可以同时传送若干个二进制位的信息，传送速度比串行接口快，但器材投入较多。现在的微型机上都配备了串行接口与并行接口。

2) 软件系统

计算机软件是计算机程序和对该程序的功能、结构、设计思想以及使用方法等的整套文字资料说明(即文档)。通常计算机软件系统分为系统软件和应用软件两大类。

(1) 系统软件。下面主要介绍操作系统和语言处理系统。

① 操作系统。操作系统是管理和指挥计算机运行的一种大型软件系统，是包在硬件外面的最内层软件，简称OS。操作系统是控制和管理计算机系统的一组程序的集合，是应用软件运行的基础。用户通过操作系统定义的各种命令来使用计算机。目前我们使用的操作系统主要有：

- 单用户操作系统。它只支持单个用户使用的操作系统，多用于微型机，如早期的DOS操作系统，现在常用的Windows XP。
- 网络操作系统。它是管理连接在计算机网络上的多台计算机的操作系统，如Windows NT操作系统、UNIX系统，可以支持很多用户同时使用。

在介绍语言处理系统之前先介绍计算机语言。计算机语言分为机器语言、汇编语言和高级语言3种。

- 机器语言(Machine Language)是用二进制代码指令(由0和1组成的计算机可识别的代码)来表示各种操作的计算机语言。用机器语言编写的程序称为机器语言程序。机器语言的优点是不需要翻译，可以被计算机直接理解并执行，执行速度快，效率高；缺点是语言不直观，难以记忆，编写程序烦琐，而且机器语言随机器而异，通用性差。
- 汇编语言是一种用符号指令来表示各种操作的计算机语言。汇编语言指令比机器语言指令简短，意义明确，使人容易读写和记忆，大大方便了人们的使用。汇编语言编写的源程序，不能为计算机直接识别执行，必须翻译（编译）为机器语言程序（目标程序）才能被计算机执行。把汇编语言源程序翻译为机器语言目标程序的过程，称为汇编。汇编是由专门的汇编程序（编译系统）完成的。机器语言和汇编语言均是面向机器（依赖于具体的机器）的语言，统称为低级语言。

- 高级语言是一种接近于自然语言和数学语言的程序设计语言，它是一种独立于具体的计算机而面向过程的计算机语言，如 BASIC、FORTRAN、C 等。用高级语言编写的程序可以移植到各种类型的计算机上运行（有时要进行少量修改）。高级语言的优点是其命令接近人的习惯，比汇编语言程序更直观，更容易编写、修改、阅读，使用更方便。

② 语言处理系统。用汇编语言和高级语言编写的程序（称为源程序），计算机并不认识，更不能直接执行，而必须由语言处理系统将它翻译成计算机可以理解的机器语言程序（即目标程序），然后再让计算机执行目标程序。语言处理系统一般可分为 3 类：汇编程序、解释程序和编译程序。

- 汇编程序是把用汇编语言写的源程序翻译成等价的机器语言程序。汇编语言是为特定的计算机和计算机系统设计的面向机器的语言。其加工对象是用汇编语言编写的源程序。
- 解释程序是把用交互会话式语言编写的源程序翻译成机器语言程序。解释程序的主要工作是，每当遇到源程序的一条语句，就将它翻译成机器语言并逐句逐行执行，非常适用于人机会话。
- 编译程序是把高级语言编写的源程序翻译成目标程序的程序。其中，目标程序可以是机器指令的程序，也可以是汇编语言程序。如果是前者，则源程序的执行需要两步，先编译后运行；如果是后者，则源程序的执行就需要三步，先编译，再汇编，最后运行。

编译程序与解释程序相比，解释程序不产生目标程序，直接得到运行结果，而编译程序则产生目标程序。一般地，解释程序运行时间长，但占用内存少，编译则正好相反，大多数高级语言都是采用编译的方法执行。

（2）应用软件。

应用软件分为应用程序和工具软件等。软件系统中的应用软件根据使用的目的不同，可分为文字处理软件、压缩软件、文件分割软件、电子阅读软件、教学软件、网络工具软件等。

2. 计算机工作原理

1）指令和指令系统的概念

指令是让计算机完成某个具体操作的命令。一条指令通常由两部分组成：操作码和操作数。一台计算机的所有指令的集合称为该计算机的指令系统。用户为解决某一问题，给计算机发出指令，系统会选用一系列的指令（有序地排列着）并执行，这一指令系列就称为程序。

（1）指令：指挥计算机进行基本操作的命令。

（2）指令系统：计算机所能执行的全部指令的集合。

（3）程序：完成某一任务的指令的有序集合。

2）计算机的工作过程

计算机基本工作原理即“存储程序”原理，它是由美籍匈牙利数学家冯·诺依曼于1946年提出的。他将计算机工作原理描述为：将编好的程序和原始数据，输入并存储在计算机的内存储器中（即“存储程序”）；计算机按照程序逐条取出指令加以分析，并执行指令规定的操作（即“程序控制”）。这一原理称为“存储程序”原理，它是现代计算机的基本工作原理，至今的计算机仍采用这一原理，如图1.9所示。

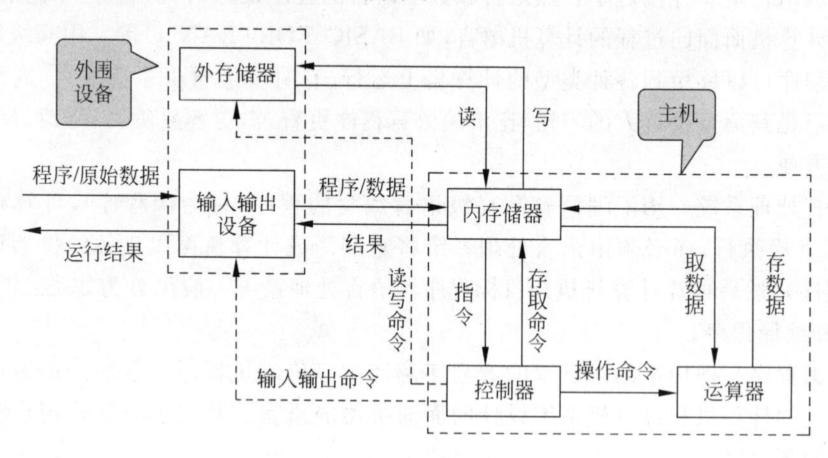

图1.9　计算机工作原理图

1.1.5　知识拓展

1. 计算机中的数据

经过收集、整理和组织起来的数据，能成为有用的信息。数据是指能够输入计算机并被计算机处理的数字、字母和符号的集合。平常所看到的景象和听到的事实，都可以用数据来描述。可以说，只要计算机能够接收的信息都可称为数据。

在计算机内部数据都是以二进制的形式存储和运算的。数据的表示常用到以下几个概念。

(1) 位。

二进制数据中的一个位(bit)简写为b，音译为比特，是计算机存储数据的最小单位。一个二进制位只能表示0或1两种状态，要表示更多的信息，就要把多个位组合成一个整体，一般以8位二进制组成一个基本单位。

(2) 字节。

字节是计算机数据处理的最基本单位，并主要以字节为单位解释信息。字节(Byte)简记为B，规定一个字节为8位，即1B=8b。每个字节由8个二进制位组成。一般情况下，一个ASCII码占用一个字节，一个汉字国际码占用两个字节。

(3) 字。

一个字通常由一个或若干个字节组成。字(Word)是计算机进行数据处理时，一次存取、加工和传送的数据长度。由于字长是计算机一次所能处理信息的实际位数，所以，它决定了计算机数据处理的速度，是衡量计算机性能的一个重要指标。字长越长，性能越好。字的数据的换算关系如下所示：

1B=8b　1KB=1024B　1MB=1024KB　1GB=1024MB

计算机型号不同，其字长是不同的，常用的字长有8、16、32和64位。一般情况下，IBM

PC/XT 的字长为 8 位，80286 微机字长为 16 位，80386/80486 微机字长为 32 位，Pentium 系列微机字长为 64 位。

(4) 进位记数制。

二进制不符合人们的使用习惯，在日常生活中，不经常使用。但计算机内部的数据全部是用二进制表示的，其主要原因如下。

① 电路简单：用二进制表示，逻辑电路的通、断只有两个状态。例如，开关的接通与断开，电平的高与低等。这两种状态正好用二进制的 0 和 1 来表示。

② 可靠性强：用电气元件的两种状态表示两个数码，数码在传输和运算中不易出错。

③ 简化运算：二进制的运算法则很简单，例如，求和法则只有 3 个，求积法则也只有 3 个，而如果使用十进制要烦琐得多。

④ 逻辑性强：计算机在数值运算的基础上还能进行逻辑运算，逻辑代数是逻辑运算的理论依据。二进制的两个数码，正好代表逻辑代数中的“真”(True)和“假”(False)。

2. 计算机中常用的几种记数制

数制是用一组固定数字和一套统一规则来表示数目的方法。进位记数制是指按指定进位方式计数的数制。表示数值大小的数码与它在数中所处的位置有关，简称进位制。

在日常生活中，我们已经习惯使用的进制有多种，如七进制(一周有 7 天)、十二进制(一年有 12 月)、六十进制(1 小时为 60 分)。

在计算机中，使用较多的是十进制(Decimal Notation)、二进制(Binary Notation)、八进制(Octal Notation)和十六进制(Hexadecimal Notation)。

1) 十进制

十进制的特点如下。

(1) 有 10 个数码：0、1、2、3、4、5、6、7、8、9。

(2) 运算规则：逢十进一，借一当十。

(3) 进位基数是 10。

设任意一个具有 n 位整数、m 位小数的十进制数 D，可表示为

$$D = D_{n-1} \times 10^{n-1} + D_{n-2} \times 10^{n-2} + \cdots + D_1 \times 10^1 + D_0 \times 10^0 + D_{-1} \times 10^{-1} + \cdots + D_{-m} \times 10^{-m}$$

上式称为“按权展开式”。

举例：将十进制数$(123.45)_{10}$按权展开。

解：$(123.45)_{10} = 1\times10^2 + 2\times10^1 + 3\times10^0 + 4\times10^{-1} + 5\times10^{-2} = 100+20+3+0.4+0.05$

2) 二进制

二进制的特点如下。

(1) 有 2 个数码：0、1。

(2) 运算规则：逢二进一，借一当二。

(3) 进位基数是 2。

设任意一个具有 n 位整数、m 位小数的二进制数 B，可表示为

$$B = B_{n-1} \times 2^{n-1} + B_{n-2} \times 2^{n-2} + \cdots + B_1 \times 2^1 + B_0 \times 2^0 + B_{-1} \times 2^{-1} + \cdots + B_{-m} \times 2^{-m}$$

权是以 2 为底的幂。

举例：将$(1000000.10)_2$按权展开。

解：

$$(1000000.10)_2 = 1\times2^6+0\times2^5+0\times2^4+0\times2^3+0\times2^2+0\times2^1+0\times2^0+1\times2^{-1}+0\times2^{-2} = (64.5)_{10}$$

3）八进制

八进制的特点如下。

(1) 有8个数码：0、1、2、3、4、5、6、7。

(2) 运算规则：逢八进一，借一当八。

(3) 进位基数是8。

设任意一个具有n位整数、m位小数的八进制数Q，可表示为

$$Q = Q_{n-1}\times8^{n-1}+Q_{n-2}\times8^{n-2}+\cdots+Q_1\times8^1+Q_0\times8^0+Q_{-1}\times8^{-1}+\cdots+Q_{-m}\times8^{-m}$$

举例：将$(654.23)_8$按权展开。

解：

$$(654.23)_8 = 6\times8^2+5\times8^1+4\times8^0+2\times8^{-1}+3\times8^{-2} = (428.2968\,75)_{10}$$

4）十六进制

十六进制的特点如下。

(1) 有16个数码：0、1、2、3、4、5、6、7、8、9、A、B、C、D、E、F。16个数码中的A、B、C、D、E、F 6个数码，分别代表十进制数中的10、11、12、13、14、15。

(2) 运算规则：逢十六进一，借一当十六。

(3) 进位基数是16。

设任意一个具有n位整数、m位小数的十六进制数H，可表示为

$$H = H_{n-1}\times16^{n-1}+H_{n-2}\times16^{n-2}+\cdots+H_1\times16^1+H_0\times16^0+H_{-1}\times16^{-1}+\cdots+H_{-m}\times16^{-m}$$

权是以16为底的幂。

举例：$(3A6E.5)_{16}$按权展开。

解：$(3A6E.5)_{16}=3\times16^3+10\times16^2+6\times16^1+14\times16^0+5\times16^{-1}=(14\,958.312\,5)_{10}$

十进制、二进制、八进制和十六进制数的转换关系如表1.1所示。

表1.1 各种进制数值对照表

十进制	二进制	八进制	十六进制
0	0	0	0
1	1	1	1
2	10	2	2
3	11	3	3
4	100	4	4
5	101	5	5
6	110	6	6
7	111	7	7
8	1000	10	8
9	1001	11	9

续表

十 进 制	二 进 制	八 进 制	十 六 进 制
10	1010	12	A
11	1011	13	B
12	1100	14	C
13	1101	15	D
14	1110	16	E
15	1111	17	F
16	10000	20	10
17	10001	21	11

在程序设计中,为了区分不同进制数,通常在数字后用一个英文字母为后缀以示区别。

(1) 十进制数。数字后加 D 或不加,如 10D 或 10。

(2) 二进制。数字后加 B,如 10010B。

(3) 八进制。数字后加 O,如 123O。

(4) 十六进制。数字后加 H,如 2A5EH。

3. 二进制运算法则

1) 二进制加法运算法则

$$0+0=0$$
$$0+1=1$$
$$1+0=1$$
$$1+1=0\text{(逢 2 向高位进 1)}$$

举例:求$(1101)_2+(1011)_2$的和。

解:

$$\begin{array}{r} 1101 \\ +1011 \\ \hline 11000 \end{array}$$

$$(1101)_2+(1011)_2=(11000)_2$$

2) 二进制减法运算法则

$$0-0=0$$
$$1-0=1$$
$$1-1=0$$
$$0-1=1\text{(或 } 0-1=1\text{,借 1 当 2)}$$

举例:求$(10110.01)_2-(1100.10)_2$。

解:

$$\begin{array}{r} 10110.01 \\ -\quad 1100.10 \\ \hline 1001.11 \end{array}$$

$$(10110.01)_2-(1100.10)_2=(1001.11)_2$$

4. 进制转换

1) 二进制与十进制之间的转换

二进制转换成十进制只需按权展开后相加即可。

举例：$(10010.11)_2=1\times2^4+0\times2^3+0\times2^2+1\times2^1+0\times2^0+1\times2^{-1}+1\times2^{-2}=(18.75)_{10}$。

十进制转换成二进制时，整数部分的转换与小数部分的转换是不同的。

(1) 整数部分：除 2 取余，逆序排列。

将十进制数反复除以 2，直到商是 0 为止，并将每次相除之后所得的余数按次序记下来，第一次相除所得余数是 K_0，最后一次相除所得的余数是 K_{n-1}，则 $K_{n-1}\ K_{n-2}\cdots K_2\ K_1\ K_0$ 即为转换所得的二进制数。

举例：将十进制数$(123)_{10}$转换成二进制数。

解：

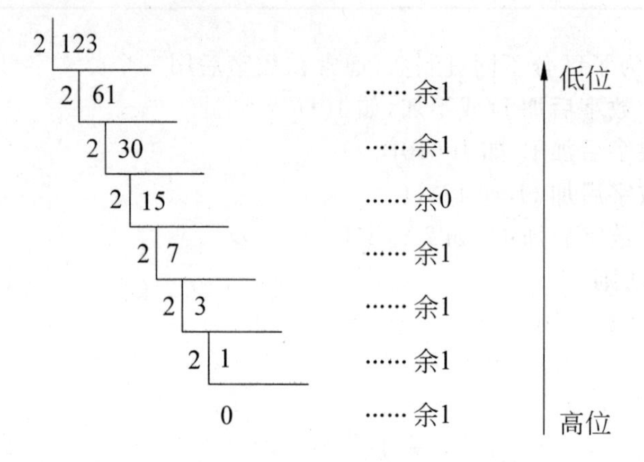

$(123)_{10}=(1111011)_2$

(2) 小数部分：乘 2 取整，顺序排列。

将十进制数的纯小数反复乘以 2，直到乘积的小数部分为 0 或小数点后的位数达到精度要求为止。第一次乘以 2 所得的结果是 K_{-1}，最后一次乘以 2 所得的结果是 K_{-m}，则所得二进制数为 $0.K_{-1}\ K_{-2}\cdots K_{-m}$。

举例：将十进制数$(0.254\ 1)_{10}$转换成二进制。

解：

取整数部分

$0.2541\times2=0.5082$ …… $0=(K_{-1})$ 高

$0.5082\times2=1.0164$ …… $1=(K_{-2})$

$0.0164\times2=0.0328$ …… $0=(K_{-3})$

$0.0328\times2=0.0656$ …… $0=(K_{-4})$ 低

$(0.2541)_{10}=(0.0100)_2$

举例：将十进制数$(123.125)_{10}$转换成二进制数。

解：对于这种既有整数又有小数的十进制数，可以将其整数部分和小数部分分别转换为二进制，然后再组合起来，就是所求的二进制数了。

$$(123)_{10}=(1111011)_2$$
$$(0.125)_{10}=(0.001)_2$$
$$(123.125)_{10}=(1111011.001)_2$$

同理，十进制数转换成八进制、十六进制数值时遵循类似的规则，即整数部分除基取余、反向排列，小数部分乘基取整、顺序排列。

2）二进制与八进制、十六进制之间的转换

同样数值的二进制数比十进制数占用更多的位数，书写长，容易混淆，为了方便读识，人们就采用八进制和十六进制表示数。由于 $2^3=8$，$2^4=16$，八进制与二进制的关系是 1 位八进制数对应 3 位二进制数，十六进制与二进制的关系是 1 位十六进制数对应 4 位二进制数。

将二进制转换成八进制时，以小数点为中心向左和向右两边分组，每 3 位一组进行分组，两头不足补零。

$$(001\ 101\ 101\ 110.110\ 101)_2=(1556.65)_8$$

将二进制转换成十六进制时，以小数点为中心向左和向右两边分组，每 4 位一组进行分组，两头不足补零。

$$(0011\ 0110\ 1110.1101\ 0100)_2=(36E.D4)_{16}$$

5. 计算机数值表示法

1）机器数

（1）机器数的范围。

机器数的范围由硬件（CPU 中的寄存器）决定。当使用 8 位寄存器时，字长为 8 位（相当于并排在一线的 8 个灯泡，灯亮为 1，不亮为 0，进行组合，最大值为灯全亮，最小值为灯全不亮），所以一个无符号整数的最大值是 $(11111111)_2=(255)_{10}$，机器数的范围为 0～255；当使用 16 位寄存器时，字长为 16 位，所以一个无符号整数的最大值是 $(FFFF)_{16}=(65\ 535)_{10}$，机器数的范围为 0～65 535。

（2）机器数的符号。

在计算机内部，任何数据都只能用二进制的两个数码“0”和“1”来表示。除了用“0”和“1”的组合来表示数值的绝对值大小外，其正、负号也必须以“0”和“1”的形式表示。通常规定最高位为符号位，并用“0”表示正，用“1”表示负。这时在一个 8 位字长的计算机中，数据的格式如图 1.10 所示。最高位 D_7 为符号位，D_6～D_0 为数值位。把符号数字化，常用的有原码、反码、补码 3 种。

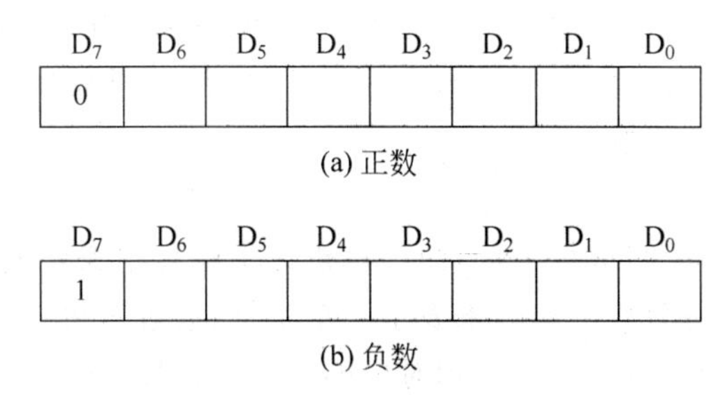

图 1.10 正、负数的符号表示

2）定点数和浮点数

（1）定点数。

对于定点整数，小数点的位置约定在最低位的右边，用来表示整数，如图 1.11 所示；对于定点小数，小数点的位置约定在符号位之后，用来表示小于 1 的纯小数，如图 1.12 所示。

（2）浮点数。

一个二进制数 N 也可以表示为 $N=\pm S\times 2^{\pm P}$。式中的 N、P、S 均为二进制数。S 称为 N 的尾数，即全部的有效数字（数值小于 1），S 前面的±号是尾数的符号（即尾符）；

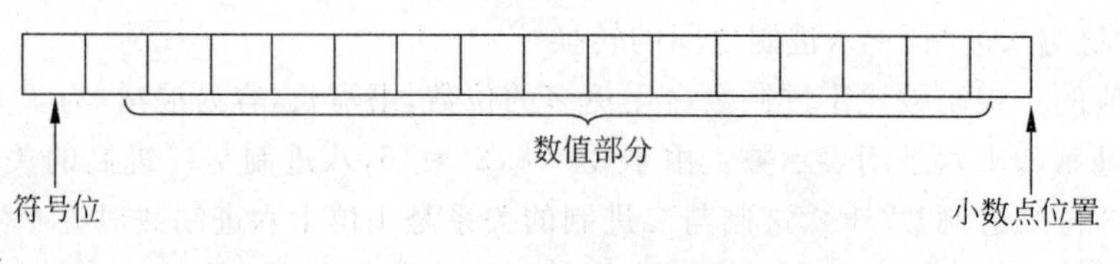

图 1.11　机器内的定点整数

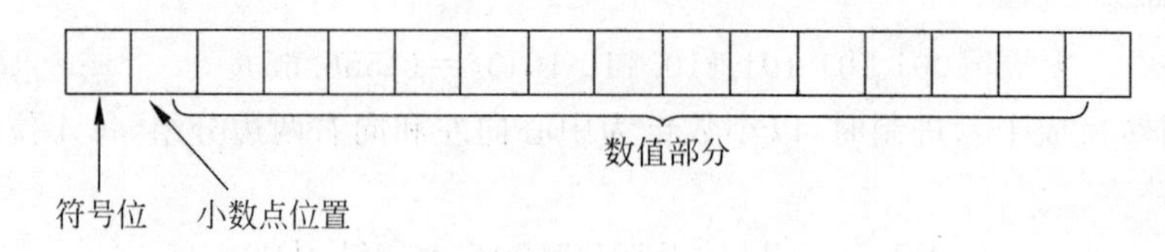

图 1.12　机器内的定点小数

P 称为 N 的阶码(通常是整数),即指明小数点的实际位置,P 前面的 $\pm$ 号是阶码的符号(即阶符)。在计算机中一般浮点数的存放形式如图 1.13 所示。

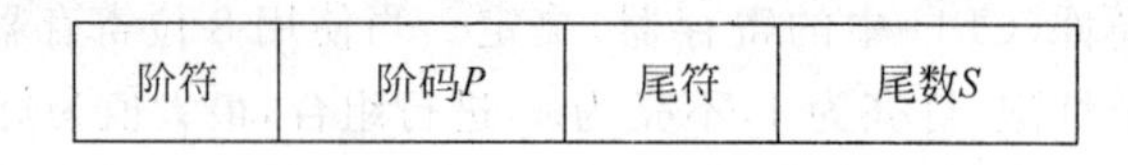

图 1.13　一般浮点数的存放形式

在浮点数表示中,尾数的符号和阶码的符号各占一位。阶码是定点整数,阶码的位数决定了所表示的数的范围;尾数是定点小数,尾数的位数决定了数的精度。在不同字长的计算机中,浮点数所占的字长是不同的。

6. 计算机字符编码

计算机屏幕上的文字是由一个一个的像素点组成的,每一个字符用一组像素点拼接出来,这些像素点组成一幅图像,变成了文字。计算机是如何将文字保存起来的呢?是用一个个的点组成的图像将文字保存起来的吗?当然不是。让我们从英文开始,英文是拼音文字,实际上所有的英文字符和符号加起来不超过 100 个,但在文字中存在着大量的重复符号,这就意味着保存每个字符的图像会有大量的重复,如 e 就是出现最多的符号。所以在计算机中,实际上不会保存字符的图像。

1) 字符编码定义

由于文字中存在着大量的重复字符,而计算机天生就是用来处理数字的,为了减少需要保存的信息量,可以使用一个数字编码来表示一个字符,通过对每一个字符规定一个唯一的数字代号,然后对应每一个代号,建立其相对应的图形。这样,在每一个文件中,只需要保存每一个字符的编码,这就相当于保存了文字,在需要显示出来时,先取得保存起来的编码,然后通过编码表,查到字符对应的图形,然后将这个图形显示出来,这样就可以看到文字了。这些用来规定每一个字符所使用的代码的表格,就称为编码表。编码就是对日常使用字符的一种数字编号。

2) 第一个编码表 ASCII

在最初的时候,美国人制定了第一张编码表《美国标准信息交换代码》,简称 ASCII,它总共规定了 128 个符号所对应的数字代号,使用了 7 位二进制的位来表示这些数字。其中包含了英文的大小写字母、数字、标点符号等常用的字符,数字代号为 0～127,ASCII 表的内容如下。

0～31：控制符号

32：空格

33～47：常用符号

48～57：数字

58～64：常用符号

65～90：大写字母

91～96：常用符号

97～127：小写字母

注意，32 表示空格，虽然我们在纸上写字时，只要手腕动一下就可以留出一个空格，但在计算机上，空格与普通的字符一样也需要用一个编码来表示。33～127 共 95 个编码，用来表示符号、数字和英文的大小写字母。如数字 1 对应的数字代号为 49，大写字母 A 对应的代号为 65，小写字母 a 对应的代号为 97。所以我们所写的代码 hello，world 保存在文件中时，实际上是保存了一组数字 104 101 108 108 111 44 32 119 111 114 108 100。我们在程序中比较英文字符串的大小时，实际上也是比较字符对应的 ASCII 的编码大小。由于 ASCII 出现最早，因此各种编码实际上都受到了它的影响，并尽量与其相兼容。

3）扩展 ASCII 编码 ISO 8859

美国人顺利解决了字符的问题，可是欧洲的各个国家还没有解决，如法语中就有许多英语中没有的字符，因此 ASCII 不能帮助欧洲人解决编码问题。为了解决这个问题，人们借鉴 ASCII 的设计思想，创造了许多使用 8 位二进制数来表示字符的扩充字符集，这样就可以使用 256 种数字代号表示更多的字符了。在这些字符集中，0～127 的代码与 ASCII 保持兼容，128～255 的代码用于其他的字符和符号。由于有很多种语言，它们有着各自不同的字符，于是人们为不同的语言制定了大量不同的编码表，在这些编码表中，128～255 表示各自不同的字符，其中国际标准化组织的 ISO 8859 标准得到了广泛的使用。

在 ISO 8859 的编码表中，编号 0～127 与 ASCII 保持兼容，编号 128～159 共 32 个编码保留给扩充定义的 32 个扩充控制码，160 为空格，161～255 的 95 个数字用于新增加的字符代码。编码的布局与 ASCII 的设计思想如出一辙，由于在一张编码表中只能增加 95 种字符的代码，所以 ISO 8859 实际上不是一张编码表，而是一系列标准，包括 14 个字符码表。例如，西欧的常用字符就包含在 ISO 8859-1 字符表中，在 ISO 8859-7 中则包含了 ASCII 和现代希腊语字符。

ISO 8859 标准解决了大量的字符编码问题，但也带来了新的问题，例如，没有办法在一篇文章中同时使用 ISO 8859-1 和 ISO 8859-7，也就是说，在同一篇文章中不能同时出现希腊文和法文，因为它们的编码范围是重合的。例如，在 ISO 8859-1 中 217 号编码表示字符 Ù，而在 ISO 8859-7 中则表示希腊字符 Ω，这样一篇使用 ISO 8859-1 保存的文件，在使用 ISO 8859-7 编码的计算机上打开时，将看到错误的内容。为了同时处理一种以上的文字，出现了一些同时包含原来不属于同一张编码表的字符的新编码表。

4）中文字符编码

无论如何，欧洲的拼音文字都还可以用一个字节来保存，一个字节由 8 个二进制的位组成，用来表示无符号的整数，范围正好是 0～255。但是，更严重的问题出现在东方，中国、朝鲜和日本的文字包含大量的符号。例如,中国的文字不是拼音文字,汉字的个数有数万之多,远远超过256个字符,因此ISO 8859标准实际上不能处理中文的字符。

通过借鉴ISO 8859的编码思想,中国的专家灵巧地解决了中文的编码问题。既然一个字节的256种字符不能表示中文,那么我们就使用两个字节来表示一个中文,在每个字符的256种可能中,为了与ASCII保持兼容,不使用低于128的编码。借鉴ISO 8859的设计方案,只使用从160以后的96个数字入手,两个字节分成高位和低位,高位的取值范围为176～247,共72个,低位的取值范围为161～254,共94个,这样两个字节就有72×94＝6768种可能,也就是可以表示6768种汉字,这个标准就是GB 2312—1980(简称国标码)。

(1) 汉字编码分类。汉字在不同的处理阶段有不同的编码。

① 汉字的输入：输入码。

② 汉字的机内表示：机内码。

③ 汉字的输出：字形码(字库Font)。

各种编码之间的关系如图1.14所示。

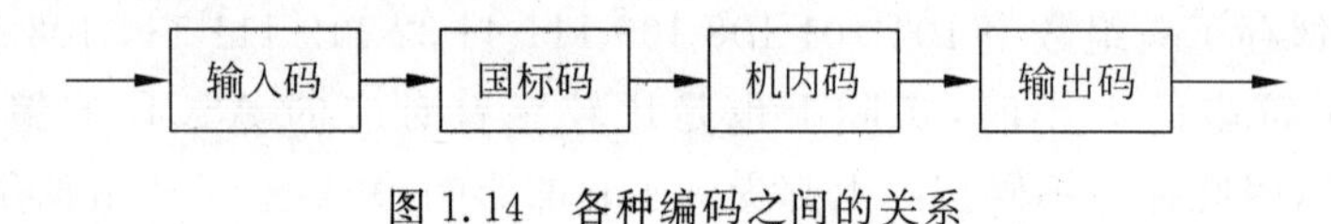

图1.14 各种编码之间的关系

(2) 汉字的机内表示——机内码。

计算机在信息处理时表示汉字的编码,称作机内码。现在我国都用国标码(GB 2312—1980)作为机内码,GB 2312—1980规定如下。

① 一个汉字由两个字节组成,为了与ASCII区别,最高位均为“1”。

② 汉字6763个：一级汉字3755个,按汉字拼音字母顺序排列；二级汉字3008个,按部首笔画汉字排列。

③ 汉字分区：94行(区),94列(位)(区位码)。

(3) 汉字的输入——汉字输入码。

① 数字码(或流水码)。如电报码、区位码、纵横码。优点：无重码,不仅能对汉字编码,还能对各种字母、数字符号进行编码。缺点：是人为规定的编码,属于无理码,只能作为专业人员使用。

② 字音码。如全拼、双拼、Microsoft拼音。优点：简单易学。缺点：汉字同音多,所以重码很多,输入汉字时要选字。

③ 字形码。如五笔字型、表形码、大众码、四角码。优点：不考虑字的读音,见字识码,一般重码率较低,经强化训练后可实现盲打。缺点：拆字法没有统一的国家标准,拆字难,编码规则烦琐,记忆量大。

④ 音形码。如声形、自然码、钱码。优点：利用音码的易学性和形码可有效减少重码的优点。缺点：既要考虑字音,又要考虑字形,比较麻烦。

(4) 汉字的输出——字形码(字库Font)。

① 点阵字形。有16×16、24×24、48×48。每一个点在存储器中用一个二进制位存储,所以一个16×16点阵汉字需要32(16×16/8＝32)个字节存储空间。

② 轮廓字形。字笔画的轮廓用一组直线和曲线勾画,记录的是这些几何形状之间的关

系，精度高。Windows 的 TrueType 字库采用此法。

（5）区位码、国标码与机内码的转换关系。

① 区位码先转换成十六进制数表示。

② 国标码＝（区位码的十六进制表示）＋2020H。

③ 机内码＝国标码＋8080H 或机内码＝（区位码的十六进制表示）＋A0A0H。

6763 个汉字显然不能表示全部的汉字，但是这个标准是在 1980 年制定的，当时计算机的处理能力、存储能力都还很有限，所以在制定这个标准的时候，实际上只包含了常用的汉字，这些汉字是通过对日常生活中的报纸、电视、电影等使用的汉字进行统计得出的，大概占常用汉字的 99%。因此，我们时常会碰到一些名字中的特殊汉字无法输入到计算机中的问题，就是由于这些生僻的汉字不在 GB 2312 的常用汉字之中的缘故。

由于 GB 2312 规定的字符编码实际上与 ISO 8859 是冲突的，所以，当我们在中文环境下看一些西文的文章、使用一些西文的软件的时候，时常就会发现许多古怪的汉字出现在屏幕上，这实际上就是因为西文中使用了与汉字编码冲突的字符，被我们的系统生硬地翻译成中文造成的。

不过，GB 2312 统一了中文字符编码的使用，我们现在所使用的各种电子产品实际上都是基于 GB 2312 来处理中文的。

GB 2312—1980 仅收汉字 6763 个，大大少于实现的汉字，随着时间推移及汉字文化的不断延伸推广，有些原来很少用的字现在变成了常用字，例如，"镕"字未收入 GB 2312—1980，只得使用（金＋容）、（金容）、（左金右容）等来表示，形式各不同，这使得表示、存储、输入、处理都非常不方便，而且这种表示没有统一标准。

为了解决这些问题，全国信息技术化技术委员会于 1995 年 12 月 1 日制定了《汉字内码扩展规范》（GBK）。GBK 向下与 GB 2312 完全兼容，向上支持 ISO 10646 国际标准，在前者向后者过渡过程中起到承上启下的作用。GBK 亦采用双字节表示，总体编码范围为 8140～FEFE，高字节在 81～FE，低字节在 40～FE，不包括 7F。在 GBK 1.0 中共收录了 21 886 个符号，汉字有 21 003 个，包括：

- GB 2312 中的全部汉字、非汉字符号。
- BIG5 中的全部汉字。
- 与 ISO 10646 相应的国家标准 GB 13000 中的其他 CJK 汉字。
- 其他汉字、部首、符号，共计 984 个。

5）Unicode

20 世纪 80 年代后期，互联网出现了，一夜之间，地球村上的人们可以直接访问远在天边的服务器，电子文件在全世界传播。在一切都在数字化的今天，文件中的数字到底代表什么字？这可真是一个问题。实际上问题的根源在于我们有太多的编码表。如果整个地球村都使用一张统一的编码表，那么每一个编码就会有一个确定的含义，就不会有乱码的问题出现了。

20 世纪 80 年代就有了一个称为 Unicode 的组织，这个组织制定了一个能够覆盖几乎任何语言的编码表，在 Unicode3.0.1 中就包含了 49 194 个字符，将来，Unicode 中还会增加更多的字符。Unicode 的全称是 Universal Multiple-Octet Coded Character Set，简称为 UCS。

由于要表示的字符如此之多，所以一开始的 Unicode1.0 编码就使用连续的两个字节，也就是一个 word(字)来表示编码,如"汉"的 UCS 编码就是 6C49。这样在 Unicode 的编码中就可以表示 256×256=65 536 种符号了。

直接使用一个 word 相当于两个字节来保存编码可能是最为自然的 Unicode 编码的方式,这种方式被称为 UCS-2,也被称为 ISO 10646,在这种编码中,每一个字符使用两个字节来表示,例如,"中"使用 11598 来编码,而大写字母 A 仍然使用 65 表示,但它占用了两个字节,高位用 0 来进行补齐。

每个 word 表示一个字符,但是对于不同的计算机,实际上对 word 有两种不同的处理方式,高字节在前,或者低字节在前。为了在 UCS-2 编码的文档中能够区分到底是高字节在前,还是低字节在前,使用一组不可能在 UCS-2 中出现的组合来进行区分。通常情况下,低字节在前,高字节在后,通过在文档的开头增加 FFFE 来进行表示;高字节在前,低字节在后,称为大头在前,即 Big Endian,使用 FFFE 来进行表示。这样,程序可以通过文档的前两个字节,立即判断出该文档是否是高字节在前。

UCS-2 虽然理论上可以统一编码,但仍然面临着现实的困难。

首先,UCS-2 不能与现有的所有编码兼容,现有的文档和软件必须针对 Unicode 进行转换才能使用,即使是英文也面临着单字节到双字节的转换问题。

其次,许多国家和地区已经以法律的形式规定了其所使用的编码,更换为一种新的编码不现实。

再次,现在还有大量使用中的软件和硬件是基于单字节的编码实现的,UCS-2 双字节表示的字符不能可靠地在其上工作。

为了尽可能与现有的软件和硬件相适应,美国又制定了一系列用于传输和保存 Unicode 的编码标准 UTF,这些编码称为 UCS 传输格式码,也就是将 UCS 的编码通过一定的转换,来达到使用的目的。常见的有 UTF-7、UTF-8、UTF-16 等。其中,UTF-8 编码得到了广泛的应用,UTF-8 的全名是 UCS Transformation Format 8,即 UCS 编码的 8 位传输格式,就是使用单字节的方式对 UCS 进行编码,使 Unicode 编码能够在单字节的设备上正常进行处理。

1.2 任务二 个人计算机选购

1.2.1 任务描述

新学年开学,小吴已经是大学二年级学生了。大二是学习专业知识技能的关键一年,小吴对自己的专业学习目标与要求重新作了一番精心的规划。为了实现目标急需配备一个基本的学习工具,即个人计算机,因此小吴在开学初急需购置一台新的计算机,而小吴学的不是计算机专业,对计算机的硬件配置与行情也不甚了解。无奈之下小吴去请教计算机老师帮忙参考。

1.2.2 任务目标

- 了解多媒体、多媒体计算机的基础知识;
- 学会选购合适的个人计算机。

1.2.3 预备知识

1. 媒体的概念及其分类

媒体又称媒介、媒质，是表示和传播信息的载体，是用于分发信息和展现信息的手段、方法、工具、设备或装置。

1）载体的分类

(1) 存储信息的载体：如磁带、磁盘、光盘等。

(2) 传播信息的载体：如电缆、电磁波等。

(3) 显示信息的载体：如文字、声音、图形、视频等。

2）媒体的分类

(1) 感觉媒体：直接作用于人的器官。

(2) 表示媒体：为了对感觉媒体进行有效的传输，以便于进行加工和处理，人为地构造出的一种媒体。如语言编码、图像编码等。

(3) 显示媒体：显示感觉媒体的设备。

2. 多媒体的概念及其特性

1）多媒体概念

多媒体(Multimedia)可以理解为：一种以交互方式将文字、声音、图形、视频等多种媒体信息和计算机技术集成到一个数字环境中，并能扩展利用这种组合技术的新应用。

2）多媒体信息

(1) 文本(Text)：书面语言的表现形式，通常是具有完整、系统含义的一个句子或多个句子的组合。

(2) 声音(Audio)：包括语音、歌曲、音乐和各种发声。

(3) 图形(Graphic)：由点、线、面、体组合而成的几何图形。

(4) 图像(Image)：主要指静态图像。

(5) 视频(Video)：指录像、电视、视频光盘(VCD)播放的连续动态图像。

(6) 动画(Animation)：由多幅静态画面组合而成，它们在形体动作方面有连续性，从而产生动态效果。

3）多媒体技术的主要特征

(1) 多样化：多媒体技术可以将多种信息表示形式引入计算机。

(2) 数字化：多媒体技术是一种“全数字”技术，信息媒体都是以数字形式生成、存储、处理和传输。

(3) 交互性：指人机交互，使人能够参与对信息的控制，使用灵活。

(4) 集成性：是将多媒体信息有机地组合到一起，共同表现一个事物或过程，做到图、文、声、像一体化。

(5) 实时性：对于需要是实时处理的信息，计算机能及时处理。如新闻报道、电话会议等，可通过多媒体计算机网络及时采集、处理和传送。

3. 多媒体处理的关键技术

多媒体技术是对多种媒体上的信息和多种存储体上的信息进行处理的技术，实际是面向三维图形、立体声和彩色屏幕画面的“实时处理”，核心是以下两项关键技术。

1）视频、音频的数字化

无论是何种视频、音频信号，要用计算机处理必须将模拟信号转换成数字信号。

2）数据压缩与解压缩

(1) 数据压缩的目的：用最少的代码表示源信息，减少所占存储空间。

(2) 数据压缩的思路：将图像中的信息按某种关联方式进行规范化，改用这些规范化的数据描述图像，以大量减少数据量。

(3) 数据压缩的分类：按压缩后丢失信息的多少可分为无损压缩和有损压缩。无损压缩是指使用压缩后的数据进行重构(或者称为还原，解压缩)，重构后的数据与原来的数据完全相同。有损压缩是在采样过程中设置一个限值，只取超过限值的数据，即以丢失部分信息达到压缩目的。

4. 多媒体计算机的组成与应用

多媒体计算机系统由多媒体计算机硬件系统和软件系统组成。

1）多媒体计算机硬件系统

(1) 多媒体主机。

(2) 多媒体输入设备：如摄像机、话筒、录像机等。

(3) 多媒体输出设备：如电视机、音响设备等。

(4) 外存储器：如磁盘、光盘等。

(5) 操纵控制设备：如操纵杆、触摸屏和遥控器等。

(6) 多媒体接口卡：如声卡、显卡等。

2）多媒体计算机软件系统

多媒体计算机软件系统包括多媒体操作系统、多媒体数据处理软件、多媒体驱动软件、多媒体创作工具软件和多媒体应用软件。

3）多媒体的应用

(1) 多媒体制作的业务，如商业广告、多媒体课件、多媒体游戏系统、影视创作、电脑特技、平面动画、三维动画、家居设计与装潢、多媒体影像簿的制作等。

(2) 多媒体数据库业务，如多媒体信息检索和查询、教学素材库等。

(3) 多媒体通信的业务，如远程教育、多媒体会议与协同工作、点播电视、多媒体信件、远程医疗诊断和远程图书馆等。

1.2.4 任务实施

1. 选择计算机类型

问题：是选择笔记本电脑还是台式机？

笔记本电脑和台式机有着类似的结构组成(显示器、键盘、鼠标、CPU、内存和硬盘)。一般来说，便携性是笔记本电脑相对于台式机最大的优势。一般的笔记本电脑的质量只有1～3kg，无论是外出工作还是旅游，都可以随身携带，非常方便。但它的缺点是：相比台式机而言，同样性能的计算机，价格要比台式机昂贵很多。

建议：对于使用计算机进行日常移动办公、学习的用户，而经济又允许的话，可以选择便携、省电的笔记本电脑。对于追求性价比且对显示器和计算机处理速度要求比较高的用户(如平面设计、室内设计、影视制作的从业人员)，就应该选台式机。

2. 选购方法

一般在网上可查询到近期的主流机型,可以登录一些专业的购物网站,如天猫、卓越、京东、苏宁,去看看销售量排行,销量最多的前几种机型必定是主流的机型,同时也具备性价比高的特点。除了看销量还可以根据评论数排行,有的电子商务网站支持评论数,可以看哪一个是最畅销的机型。同时应该看一下网友购买后的评论,看看该机型是否存在缺陷,看看别人的使用心得等,供购机借鉴。

除销量外,还可以锁定某个品牌的销量排行,可以喜欢的品牌选几个机型,然后针对这几个机型进行详细的对比。除了主要对比显卡、处理器等配置外,还要看看外观是否会喜欢,如触摸板是什么样的、笔记本厚度多少、质量多少、什么样的手感好、外壳是什么颜色的、什么材质、按键的设计等,根据个人喜欢综合判断,然后进行筛选。确定好几种机型之后,然后在网上再查看相关的评论,就可以进行购买了,可以选择网购或者实体店购买。

3. 实体店购买注意事项

确定好要购置的机型,然后到店铺去购买。现在经常存在这种情况:商家会给你推荐机型,但是很多时候商家会推荐他们自己利润大的计算机,且都是按照他的意愿给你推荐,而不是站在用户的角度帮你。所以选购计算机时不能盲目听从商家的意见,在买之前最好用户心里有个底,自己需要什么品牌的计算机,需要的是哪个型号。如果导购员向用户推荐的是很偏的机型,网上查不到报价,也没有相关的内容,万一以后计算机出问题自己在网上也可能搜索不到教程,所以购买时应该尽量购买主流的机型。购买的时候用户应该看看商家给的报价和网上的报价差,网上的报价也有很多种,要学会自己掂量。如果价格悬殊,可以尝试多换几家。

在实体店购买应该注意发票问题。尽量向其索取发票,付款前要咨询好,发票可以确定购买日期,避免日后在保修时出现纠纷。

4. 网购计算机注意事项

网购安全可靠吗?安全与否主要取决于向谁买。例如想买联想品牌,以淘宝网为例,用户可在网上找到很多联想计算机的卖家,但是官方旗舰店就一家,这是官方提供的,安全性、可靠性、售后服务等均有保障。选择网购途径就是为了减少中间交易流通环节的成本,因此网购一般比实体店购买要便宜一些。还可以在大的电子商务网站购买,如亚马逊、京东、苏宁等网店也都很有保障。既然是网购,就不用担心某些机型实体店没有卖或者没有货的情况了。

经过对计算机基础知识的系统学习和了解,小吴对自己欲购置的计算机有了一个较为清晰的轮廓。然后小吴在网上查询了各种品牌对应 3900 元左右价位的计算机配置清单,经分析对比后,确定选购联想品牌的笔记本电脑。联想在移动 PC 特别是笔记本行业,由于品质优秀、稳定性高、返修率低且价格适中,面向中高端用户群体,在业界具有良好的用户口碑。对于非计算机专业的学生用户来说,稳定性、可靠性及软硬件兼容性是最重要的。因此,他最后确定一套价格 3900 元左右的联想笔记本作为推荐配置。

5. 联想笔记本电脑详细参数

联想小新潮 5000(i5 7200U)详细参数如表 1.2 所示。

表 1.2 联想小新潮 5000(i5 7200U)详细参数

基本参数	
上市时间	2017 年 5 月
产品类型	家用
产品定位	全能学生本
操作系统	DOS 预装 Windows 8.1(简体中文版)
处理器	
CPU 系列	AMD 系列
CPU 型号	酷睿 i5 7200U
CPU 主频	2.5GHz
最高睿频	3300MHz
三级缓存	4MB
核心架构	Kaveri
核心→线程数	四核心
制程工艺	22nm
存储设备	
内存容量	4GB(4GB×1)
内存类型	DDR3 1600MHz
插槽数量	2×SO-DIMM
最大内存容量	16GB
硬盘容量	8GB+1TB
硬盘描述	混合硬盘(SSD 高速缓存+5400 转 HDD)
光驱类型	内置 DVD 刻录机
光驱描述	支持 DVD SuperMulti 双层刻录
显示屏	
触控屏	不支持触控
屏幕尺寸	14in
显示比例	16∶9
屏幕分辨率	1920 像素×1080 像素
屏幕技术	FHD 背光
显卡	
显卡类型	发烧级独立显卡
显卡芯片	AMD Radeon R7 M260DX
显存容量	2GB
显存类型	DDR3
显存位宽	64b
多媒体设备	
摄像头	720p HD 摄像头
音频系统	Stereo Speakers Dolby Advanced Audio v2
扬声器	内置扬声器
麦克风	内置麦克风
网络通信	
无线网卡	Intel 3160 AG
有线网卡	100Mb/s 以太网卡

续表

I/O 接口	
数据接口	2×USB2.0+1×USB3.0
视频接口	VGA,HDMI
音频接口	耳机/麦克风二合一接口
其他接口	RJ-45(网络接口),电源接口
读卡器	二合一读卡器
输入设备	
指取设备	触摸板
键盘描述	高触感键盘
电源描述	
电池类型	4 芯锂电池
续航时间	具体时间视使用环境而定
电源适配器	100～240V 65W 自适应交流电源适配器
外观	
笔记本质量	2.1kg
长度	349mm
宽度	245mm
厚度	24.8mm
外壳材质	复合材质
外壳描述	黑色
其他	
特色功能	一键拯救系统
笔记本附件	
包装清单	笔记本主机×1 电源适配器×1 电源线×1 说明书×1 保修卡×1
保修信息	
保修政策	全球联保
质保时间	2 年
质保备注	整机免费保修 2 年,电池免费保修 1 年
客服电话	4008108888
电话备注	24 小时电话服务

6. 计算机评测

联想小新潮的整体做工依然保持了联想产品的高水准,在整个顶盖部分的设计上,采用了简约直观的设计风格,顶盖并没有印花类的装饰,只是通过对材料的加工,打造出细密的点状纹理,从而让顶盖部分拥有不错的触感,同时也能够避免光面塑料易留手印的问题。在屏幕方面,联想小新潮配备了 14in 的 FHD 背屏幕,采用 1920 像素×1080 像素的分辨率。联想小新潮的转轴在掀起屏幕时键盘面不会被联动抬起,转轴阻尼力度也比较适中,触碰屏幕也不容易发生晃动,最大开合角度可达 135°,如图 1.15 所示。

键盘采用联想独家的高触感巧克力键盘设计,手感非常好,贴合手指的 U 形设计,再加上适中的键程和很大的回馈力,长时间使用也不会产生疲劳感。在接口方面的表现非常令人满意,接口一应俱全,多数接口被设计在机身左侧(见图 1.16),完全可以应对日常使用需求。另外,其扬声器通过了杜比认证,对于一般的用户而言,其音质足以满足影音、游戏的视听需求。

图 1.15　联想小新潮外观　　　　图 1.16　左侧面接口

通过 Photoshop 测试图片的加载速度,打开 Photoshop6,拖曳进 10 张 1080 高清大图,加载时间 10s 左右。单张图片测试时,放大、缩小、过滤等操作过程非常流畅,但处理器占用率高(51%,内存 2.2GB),如图 1.17 所示。1080 高清视频测试时,处理器占用率为 28%,内存为 1.6GB,画面清晰流畅,前后拖动无卡顿,如图 1.18 所示。进行散热性能时,采用 FurMark 软件在高负载状态下运行 30min,处理器内部温度为 70℃,满载时风扇噪声较低,发热主要集中在机身左侧,两边掌托位置均能感到热量,如图 1.19 所示。

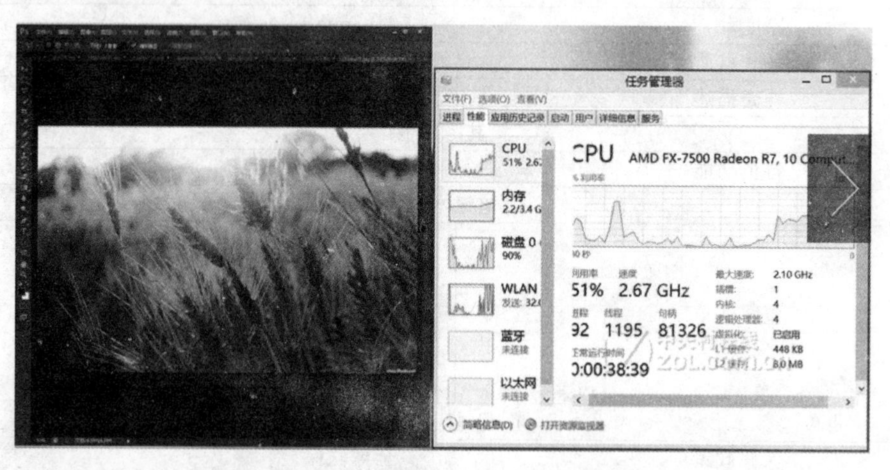

图 1.17　Photoshop 测试图片的加载速度

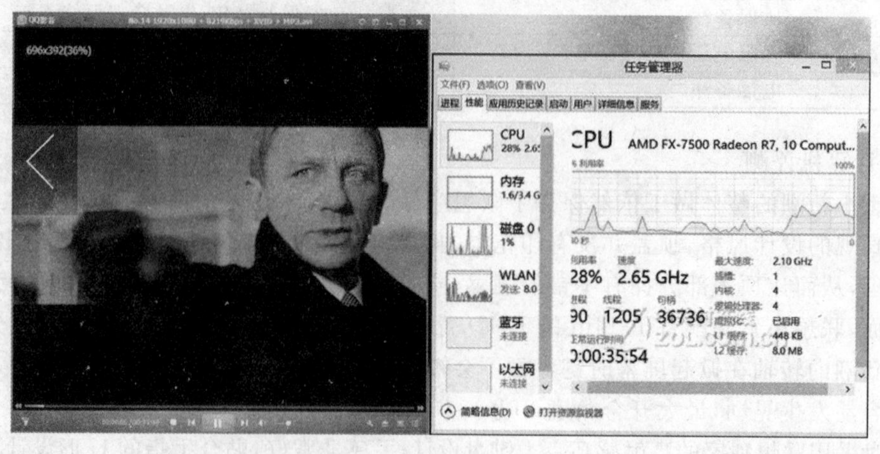

图 1.18　1080 高清视频测试

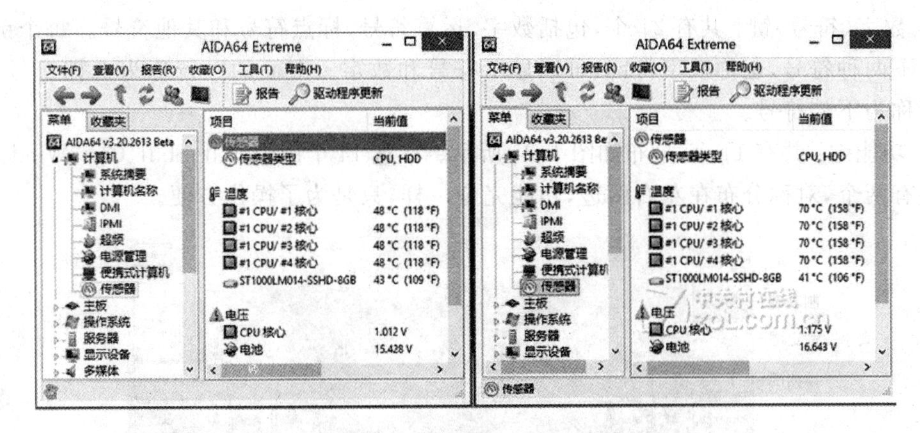

图 1.19 散热性能测试

作为一款 AMD 最高端 APU 的笔记本电脑，联想小新潮 3900 元左右的售价是很具性价比的，对于学生群体、普通职场商务办公人群而言具有相当的吸引力。

笔记本电脑买回来后，小吴顺利地安装了自己需要用到的应用软件。经过 48 小时不间断的拷机测试，无任何意外情况发生，一切正常。到此小吴已经完全解决了自己的难题。

实训 键盘的认识和文字录入练习

1. 实训目的

- 了解键盘录入时的指法要求；
- 掌握正确的指法与击键操作；
- 了解中文输入法的种类，熟练掌握一种中文输入法。

2. 实训内容

1）认识键盘

常见的键盘有 101、104 键等若干种。为了方便记忆，按照功能的不同，把键盘划分成主键盘区、功能键区、控制键区、数字键区和状态指示区 5 个区域，如图 1.20 所示。

图 1.20 键盘分区

(1) 主键盘区：键盘中最常用的区域。主键盘区中的键又分为三类，即字母键、数字(符号)键和功能键。

① 字母键：A～Z 共 26 个字母键，每个键可打大小写两种字母。

② 数字(符号)键：共有21个，包括数字、运算符号、标点符号和其他符号。每个键面上都有上下两种符号，也称双字符键，可以显示符号和数字。上面的一行称为上档符号，下面的一行称为下档符号。

③ 功能键：共有14个，分布如图1.21所示。在这14个键中，Alt、Shift、Ctrl、Windows徽标键各有两个，对称分布在左右两边，功能完全一样，只是为了操作方便。

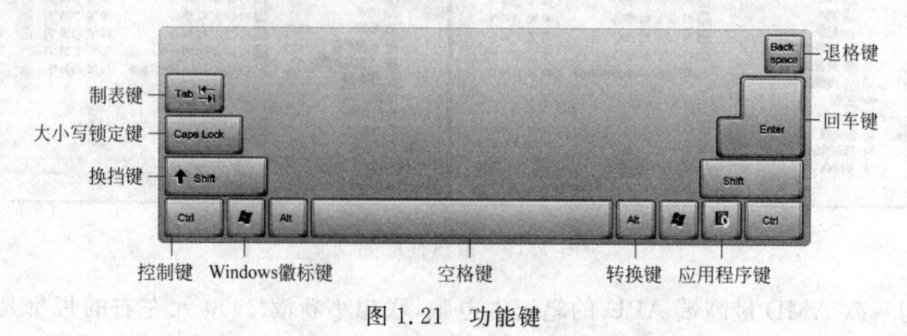

图1.21　功能键

- Caps Lock(大小写锁定键)位于主键盘最左边的第三排，每按一次大小写锁定键，英文大小字母的状态就改变一次。大小写锁定键还有一盏信号灯，上面标有Caps Lock的那盏灯亮了就是大写字母状态，否则为小写字母状态。
- Shift(上挡键，也叫换挡键)位于主键盘区的第四排，左右各有一个，用于输入双字符输中的上挡符号。换挡键的第二个功能是对英文字母起作用，当键盘处于小写字母状态时，按住Shift键再按字母键，可以输出大写字母；反之，则输出小写字母。
- Ctrl(控制键)一共两个，位于主键盘区左下角和右下角。该键不能单独使用，需要和其他键组合使用，能完成一些特定的控制功能。操作时，按住Ctrl键不放，再按下其他键，在不同的系统和软件中完成的功能各不相同。
- Alt(转换键)一共两个，位于空格键两侧，也是不能单独使用，需要和其他的键组合使用，可以完成一些特殊功能，在不同的工作环境下，转换键转换的状态也不同。

(2) 功能键区：位于键盘的最上方，包括Esc和F1～F12键，这些按键用于完成一些特定的功能。Esc键叫作取消键，在很多软件中它被定义为退出键，一般用作脱离当前操作或退出当前运行的软件。F1～F12键是功能键，都是利用这些键来充当软件中的功能热键。例如，用F1键寻求帮助。PrintScreen(屏幕硬拷贝键)主要用于将当前屏幕的内容复制到剪切板。Scroll Lock(屏幕滚动显示锁定键)键目前已很少用到。Pause(暂停键)能使得计算机正在执行的命令或应用程序暂时停止工作，直到按下键盘上任意一个键则继续。

图1.22　控制键区

(3) 控制键区：共有10个键，位于主键盘区的右侧，包括所有对光标进行操作的按键以及一些页面操作功能，这些按键用于在进行文字处理时控制光标的位置，如图1.22所示。

(4) 数字键区：位于键盘的右侧，又称为小键盘区，主要是为了输入数据方便，一共有17个键，其中大部分是双字符键，其中包括0～9的数字键和常用的加、减、乘、除运算符号键，这些按键主要用于输入数字和运算符号。

(5) 状态指示区：位于数字键区的上方，包括3个状态指示灯，用于提示键盘的工作状态。

2）打字姿势

正确的打字姿势如下。

(1) 头正、颈直、身体挺直、双脚平踏在地。

(2) 身体正对屏幕，调整屏幕使眼睛舒服。

(3) 眼睛平时距离屏幕保持30～40cm的距离，每隔10min将视线从屏幕上移开一次。

(4) 手肘高度和键盘平行，手腕不要靠在桌子上，双手要自然垂放在键盘上。

(5) 打字的姿势归纳为直腰、弓手、立指、弹键。

3）基准键位

主键盘区有8个基准键，分别是A、S、D、F、J、K、L、;。打字之前要将双手的食指、中指、无名指、小指分别放在8个基准键上，拇指放在空格键上。F键和J键上都有一个凸起的小横杠，盲打时可以通过它们找到基准键位。

4）手指分工

打字时双手的十个手指都有明确的分工，只有按照正确的手指分工打字，才能实现盲打和提高打字的速度。手指分工如图1.23所示。

图1.23 手指分工

5）击键方法

击键之前，十个手指放在基准键上；击键时，要击键的手指迅速敲击目标键，瞬间发力并立即反弹，不要一直按在目标键上；击键完毕后，手指要立即放回基准键上，准备下一次击键。

6）输入法的切换

用组合键Ctrl＋Space（按住Ctrl键不放，再按空格键Space）启动或关闭汉字输入法，用组合键Ctrl＋Shift键在英文和各种汉字输入法之间切换。选用了汉字输入法之后，屏幕上将显示一个汉字输入法工具栏，如图1.24所示。

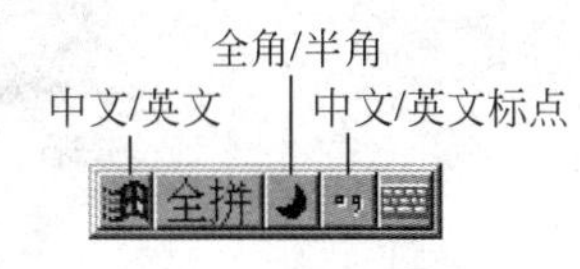

图1.24 输入法工具栏

工具栏上的各个按钮都是开关按钮，单击即可改变输入法的某种状态，例如，在中文和英文状态之间切换、在全角（所有字符均与汉字同样大小）和半角之间切换、在中文和英文标点符号之间切换等。将鼠标移到工具栏的边缘，将变成一个十字箭头形，此时按住左键拖动可把工具栏拖到任何位置。

3. 实训步骤

启动计算机，选择“开始”→“所有程序”→“金山打字通”启动软件，如图 1.25 所示。

图 1.25 “金山打字通”主界面

1）新手入门练习

单击“新手入门”选项，根据软件提示依次进行字母键位练习、数字键位练习和符号键位练习，如图 1.26 所示。键位练习是打字的基础，只有练习好键位，录入水平才能逐步提高。

图 1.26 “新手入门”界面

2）英文打字练习

单击“英文打字”选项，根据软件提示依次进行单词练习、语句练习和文章练习，如图 1.27 所示。

图 1.27 “英文打字”界面

3）拼音打字练习

单击“拼音打字”选项，根据软件提示依次进行音节练习、词组练习和文章练习，如图 1.28 所示。

图 1.28 “拼音打字”界面

4）打字测试

当进行打字基础练习一段时间之后，可以测试一下自己的打字速度，通过选择“金山打字通”主界面上的“打字测试”来测试一下自己的打字速度和正确率，如图 1.29 所示。

图 1.29 “打字测试”界面

第 2 章　Windows 7 操作系统

Windows 7 汇聚 Microsoft 公司多年来研发操作系统的智慧和经验——全新的简洁视觉设计、众多创新的功能特性以及更加安全稳定的性能表现，这些都让人眼前一亮。简单易用、稳定好用、更多精彩，已经成为那些先行试用过 Windows 7 用户的一致评价。

2.1　任务一　Windows 7 的安装与加速

2.1.1　任务描述

小吴经过精挑细选，将笔记本电脑购买了回来，但购买的只是硬件，还需要给它安装上软件，计算机才能正常工作。由于小吴从无系统安装经历，也不敢擅自下手以免弄坏了计算机，无奈只得再请计算机系的学长帮忙。Windows 7 是 Microsoft 公司 2009 年 10 月正式发布的 Windows 系列操作系统的最新版本，Windows 7 被称作是 Microsoft 公司有史以来的最优秀产品。能够安装使用 Windows 7 操作系统成为许多计算机用户的一大喜悦之事。相比之前的操作系统，Windows 7 系统真的是好看、快速、好用，但你是否担心自己的 Windows 7 系统就像新安装其他 Windows 系统一样仅仅是刚开始运行时飞快，随着使用时间的增加就会效率越来越低呢？如何给 Windows 7 加速呢？

2.1.2　任务目标

- 认识 Windows 7 的新功能和特性；
- 学习安装 Windows 7 操作系统的方法；
- 掌握 Windows 7 系统加速设置的方法；
- 掌握 Windows 7 系统控制面板的应用。

2.1.3　预备知识

下面介绍 Windows 7 的十大创新功能与增强特性。

1. 系统运行更加快速

Microsoft 公司在开发 Windows 7 的过程中，始终将性能放在首要的位置。Windows 7 不仅在系统启动时间上进行了大幅度的改进，并且连“休眠模式”唤醒系统这样的细节也进行了改善，使 Windows 7 成为一款反应快速、令人“感觉清爽”的操作系统。

2. 革命性的工具栏设计

进入 Windows 7，你一定会第一时间注意到屏幕的最下方——经过全新设计的工具栏。这条工具栏从 Windows 95 时沿用至今，终于在 Windows 7 中有了革命性的颠覆——工具栏上所有的应用程序都不再有文字说明，只剩下一个图标，而且同一个程序的不同窗口将自动群组。鼠标移到图标上时会出现已打开窗口的缩略图，单击便会打开该窗口。在任何一个程序图标上右击，会出现一个显示相关选项的选单，Microsoft 公司称其为 Jump List（快捷菜单）。在这个选单中除了更多的操作选项之外，还增加了一些强化功能，可让用户更轻松地实现精确导航并找到搜索目标。

3. 更个性化的桌面

在 Windows 7 中，用户能对自己的桌面进行更多的操作和个性化设置。首先，在 Windows Vista 中有的侧边栏被取消，而原来依附在侧边栏中的各种小插件现在可以任由用户自由放置在桌面的任何角落，不仅释放了更多的桌面空间，视觉效果也更加直观和个性化。此外，Windows 7 中内置主题包带来的不仅是局部的变化，更是整体风格的统一——壁纸、面板色调，甚至系统声音都可以根据用户喜好选择定义。

喜欢的桌面壁纸有很多，到底该选哪一张？不用再纠结，现在用户可以同时选中多张壁纸，让它们在桌面上像幻灯片一样播放，要快要慢由你决定。中意的壁纸、心仪的颜色、悦耳的声音、有趣的屏保……统统选定后，用户可以保存为自己的个性主题包。

4. 智能化的窗口缩放

半自动化的窗口缩放是 Windows 7 的另外一项有趣功能。用户把窗口拖到屏幕最上方，窗口就会自动最大化；把已经最大化的窗口往下拖一点，它就会自动还原；把窗口拖到左右边缘，它就会自动变成 50%宽度，方便用户排列窗口。这对需要经常处理文档的用户来说是一项十分实用的功能，他们终于可以省去不断在文档窗口之间切换的麻烦，轻松直观地在不同的文档之间进行对比、复制等操作。

另外，Windows 7 拥有一项贴心的小设计：当用户打开大量文档工作时，如果用户需要专注在其中一个窗口，只需要在该窗口上按住鼠标左键并且轻微晃动鼠标，其他所有的窗口便会自动最小化；重复该动作，所有窗口又会重新出现。虽然看起来这不是什么大功能，但是的确能够帮助用户提高工作效率。

5. 无缝的多媒体体验

是否曾经苦于虽然家中计算机里有许多自己喜欢的歌曲，但是无法带到办公室里欣赏？Windows 7 中的这项远程媒体流控制功能能够帮助你解决这个问题。它支持从家庭以外的 Windows 7 个人计算机安全地从互联网远程访问家中 Windows 7 计算机中的数字媒体中心，随心所欲地欣赏保存在家中计算机中的任何数字娱乐内容。有了这样的创新功能，任何时候也不会感觉孤独。

Windows 7 中强大的综合娱乐平台和媒体库——Windows Media Center 不仅可以让用户轻松管理计算机硬盘上的音乐、图片和视频，而且是一款可定制的个人电视。只要将计算机与网络连接或是插上一块电视卡，就可以随时随处享受 Windows Media Center 上丰富多彩的互联网视频内容或者高清的地面数字电视节目。同时也可以将计算机上的 Windows Media Center 与电视连接，给电视屏幕带来全新的使用体验。

6. Windows Touch 带来极致触摸操控体验

Windows 7 的核心用户体验之一就是通过触摸支持触控的屏幕来控制计算机。在配置有触摸屏的硬件上，用户可以通过自己的指尖来实现许许多多的功能。刚刚发布 RC 版本中的最新改进包括通过触摸来实现拖动、下拉、选择项目的动作，而在网站内的横向、纵向滚动，也可通过触摸来实现。

7. 图书馆和家庭组简化局域网共享

Windows 7 则通过图书馆(Libraries)和家庭组(Homegroups)两大新功能对 Windows 网络进行了改进。图书馆是一种对相似文件进行分组的方式，即使这些文件被放在不同的文件夹中。例如，你的视频库可以包括电视文件夹、电影文件夹、DVD 文件夹以及 Home Movies 文件夹。你可以创建一个家庭组，它会让你的这些图书馆更容易地在各个家庭组用户之间共享。

8. 全面革新的用户安全机制

用户账户控制这个概念由 Windows Vista 首先引入。虽然它能够提供更高级别的安全保障，但是频繁弹出的提示窗口让一些用户感到不便。在 Windows 7 中，Microsoft 公司对这项安全功能进行了革新，不仅大幅降低提示窗口出现的频率，在设置方面用户还将拥有更大的自由度。而 Windows 7 自带的 Internet Explorer 8 也在安全性方面较之前版本提升不少，诸如 SmartScreen Filter、InPrivate Browsing 和域名高亮等新功能让用户在互联网上能够更有效地保障自己的安全。

9. 超强的硬件兼容性

Microsoft 公司是全球 IT 产业链中最重要的一环。Windows 7 的诞生便意味着整个信息生态系统将面临全面升级，硬件制造商们也将迎来更多的商业机会。目前，总共有来自 10 000 家不同公司的 32 000 个人参与到围绕 Windows 7 的测试计划当中，其中包括 5000 个硬件合作伙伴和 5716 个软件合作伙伴。全球知名的厂商如 SONY、ATI、NVIDIA 等等都表示将能够确保各自产品对 Windows 7 正式版的兼容性能。据统计，目前适用于 Windows Vista SP1 的驱动程序中有超过 99%已经能够运用于 Windows 7。

10. Windows XP 模式

现在仍然有许多用户坚守着 Windows XP 的阵地，为的就是它强大的兼容性，游戏、办公，甚至企业级应用全不耽误。同时也有许多企业仍然在使用 Windows XP。为了让用户，尤其是中小企业用户过渡到 Windows 7 平台时减少程序兼容性顾虑，Microsoft 公司在 Windows 7 中新增了一项“Windows XP 模式”，它能够使 Windows 7 用户由 Windows 7 桌面启动，运行诸多 Windows XP 应用程序。

2.1.4 任务实施

1. 安装 Windows 7 操作系统

第 1 步：BIOS 启动项参数调整，设置光驱为第一启动项。

重启计算机，按 Del 键进 BIOS，找到 Advanced Bios Features(高级 BIOS 参数设置)按 Enter 键进入 Advanced Bios Features(高级 BIOS 参数设置)界面。

First Boot Device：开机启动项 1 。

Second Boot Device：开机启动项 2。

Third Boot Device：开机启动项 3。

正常设置是：将 First Boot Device 设为 HDD-0(硬盘启动)，将 Second Boot Device 设为 CDROM(光驱启动)。

当重装系统需从光驱启动时，按 Del 键进 BIOS 设置，找到 First Boot Device，将其设为

CD-ROM(光驱启动),方法是用方向键选定 First Boot Device,用 PgUp 或 PgDn 键将 HDD-0 改为 CD-ROM,按 Esc 键,按 F10 键,按 Y 键,再按 Enter 键,保存并退出。

第 2 步:硬盘分区。

设置好光驱启动后,放入预先刻录好的 GhostWin7_X64_V2013 旗舰版的 DVD 系统安装光盘。再重启计算机,启动后出现的菜单如图 2.1 所示。

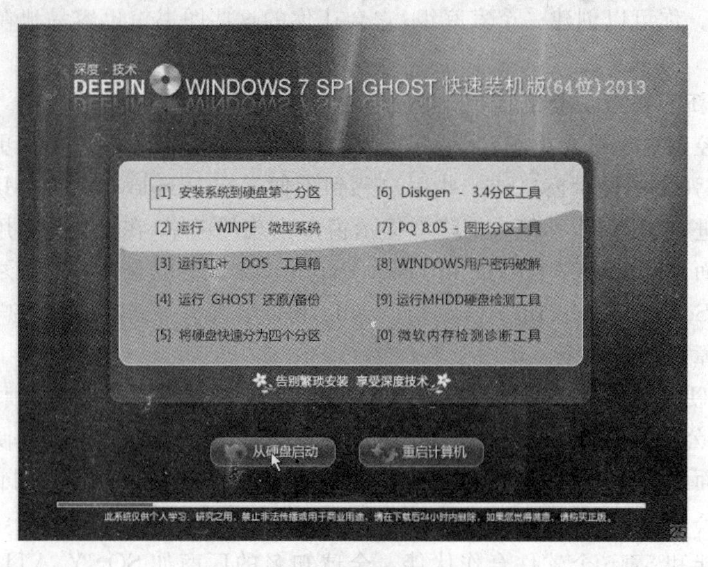

图 2.1 光盘启动菜单

如若硬盘尚未分区,可先在图 2.1 中选择"[5]将硬盘快速分为四个分区"执行硬盘的自动分区,将新机器的新硬盘自动分为四个分区。

第 3 步:系统安装流程。

分区完毕后重启计算机,再在图 2.1 中选择"[1]安装系统到硬盘第一分区",系统开始恢复系统文件到 C 盘,如图 2.2～图 2.8 所示。

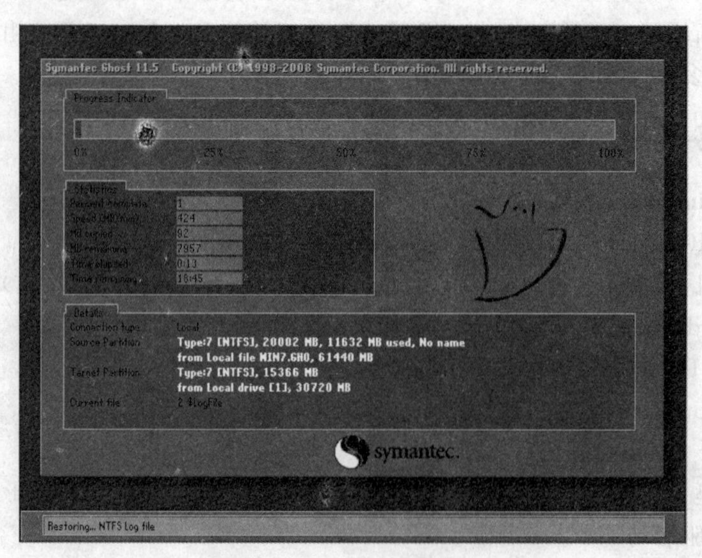

图 2.2 Ghost 恢复界面

图 2.3　安装程序更新注册表

图 2.4　安装程序启动服务

图 2.5　安装程序检测硬件

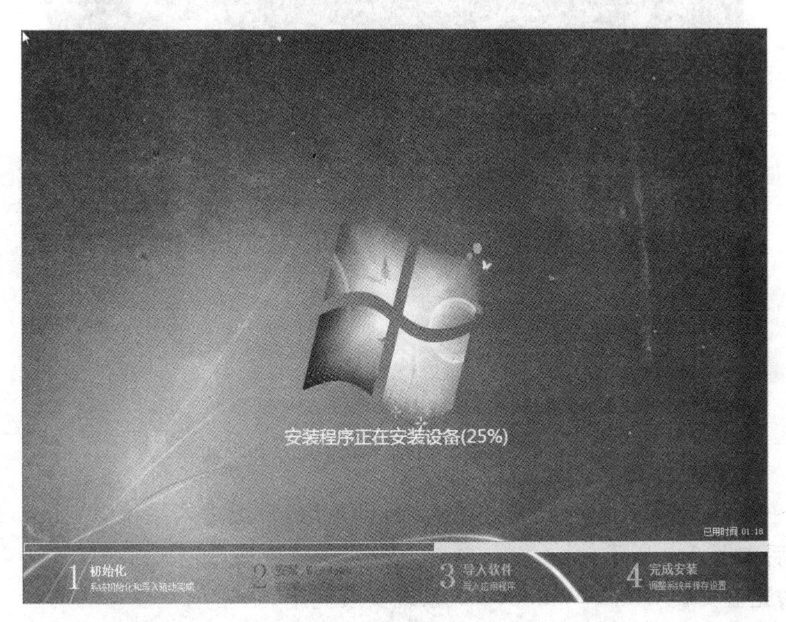

图 2.6　安装系统驱动程序

图 2.7　安装程序自动重启

图 2.8　激活并启动 Windows 7 旗舰版

经过 5～10min 后系统会自动安装结束，自动重启，直至进入系统。Windows 7 旗舰系统完全启动后如图 2.9 所示。

到此，从光盘安装 Ghost Windows 7 系统安装完毕。

图 2.9　Windows 7 启动后桌面

2. Windows 7 系统加速

1）开机加速

首先，打开 Windows 7 的“开始”菜单，在“搜索程序和文件”框中输入 msconfig 命令，如图 2.10 所示；弹出“系统配置”对话框后选择“引导”选项卡，单击“高级选项”按钮（见图 2.11），弹出“引导高级选项”对话框，此时就可以看到将要修改的设置项。

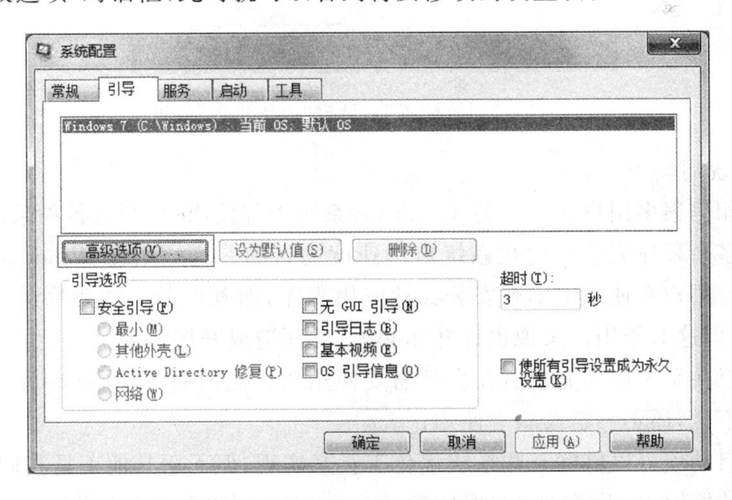

图 2.10　“开始”菜单的“搜索程序和文件”框

勾选“处理器数”和“最大内存”复选框，根据计算机的情况选择“处理器数”，这里最大支持处理器数为 4（处理器数通常是 2，4，8），同时调大内存，确定后重启计算机生效，此时再看看系统启动时间是不是加快了，如图 2.12 所示。

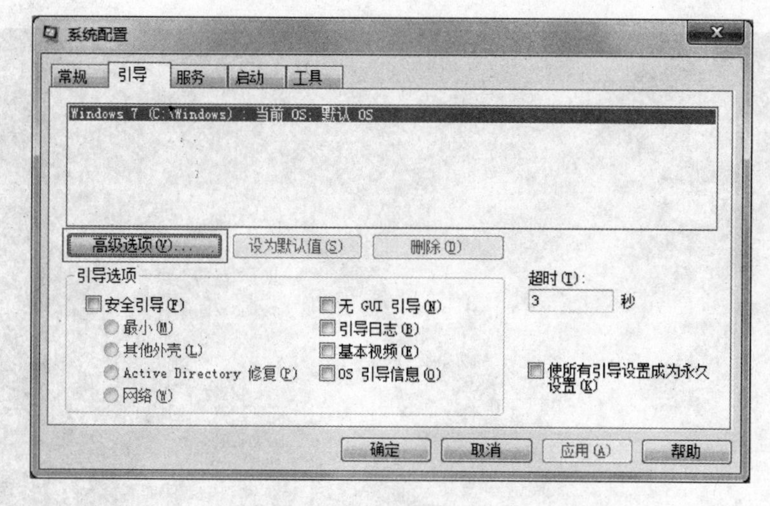

图 2.11 “系统配置”对话框

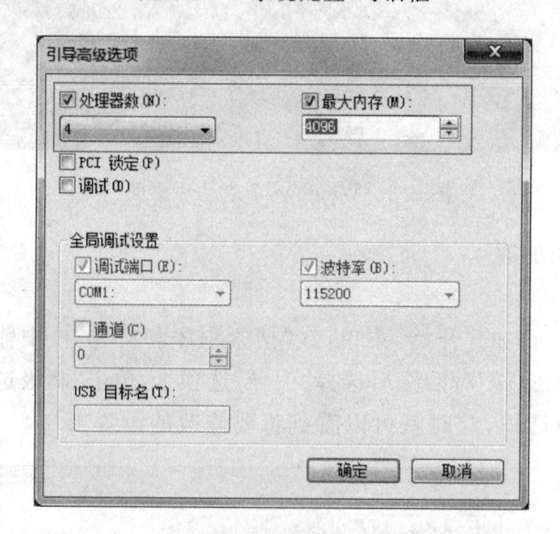

图 2.12 “系统配置”对话框“高级选项”设置

2) 优化系统启动项

这个操作相信很多用户在之前的 Windows 系统中都使用过,利用各种系统优化工具来清理启动项的多余程序来达到优化系统启动速度的目的。这一招在 Windows 7 操作系统中当然也适用。用户在使用中不断安装各种应用程序,而其中的一些程序就会默认加入到系统启动项中,但这对于用户来说也许并非必要,反而造成开机缓慢,如一些播放器程序、聊天工具等都可以在系统启动完成后在自己需要使用时再随时打开,让这些程序随系统一同启动占用时间不说,还不一定会马上使用。

清理系统启动项可以借助一些系统优化工具来实现,但不用其他工具我们也可以做到,在“开始”菜单的“搜索程序和文件”框中输入 msconfig,在“系统配置”对话框中可以看到“启动”选项卡,如图 2.13 所示,从这里可以选择将一些无用的启动项目禁用,从而加快 Windows 7 启动速度。

要提醒大家一点,禁用的应用程序最好都是自己熟悉,像杀毒软件或是系统自身的服务以不要乱动为宜。

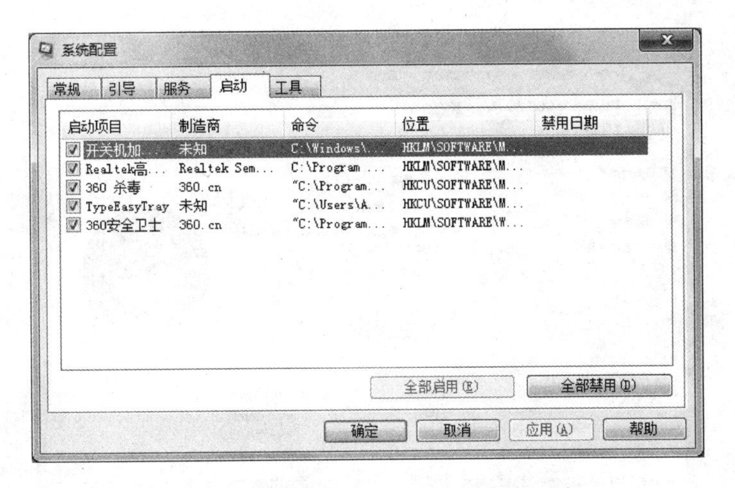

图 2.13 “系统配置”对话框“启动”选项卡

3）窗口切换提速

Windows 7 的美观性让不少用户都大为赞赏，但美观可是要以付出性能作为代价的。关闭 Windows 7 系统中窗口最大化和最小化时的特效，窗口切换会快很多，不过就会失去视觉上的享受，因此修改与否根据用户的需求而定。

关闭此特效非常简单，右击“开始”菜单处的计算机，在弹出的快捷菜单中选择“属性”选项，如图 2.14 所示。打开如图 2.15 所示的属性窗口，单击“性能信息和工具”项，打开“性能信息和工具”窗口，在“性能信息和工具”窗口中打开“调整视觉效果”项，此时就可以看到视觉效果调整窗口了，如图 2.16 所示。Windows 7 默认显示所有的视觉特效，这里也可以自定义部分显示效果来提升系统速度。把列表中勾选的最后一项“在最大化和最小化时动态显示窗口”的视觉效果去掉，如图 2.17 所示。

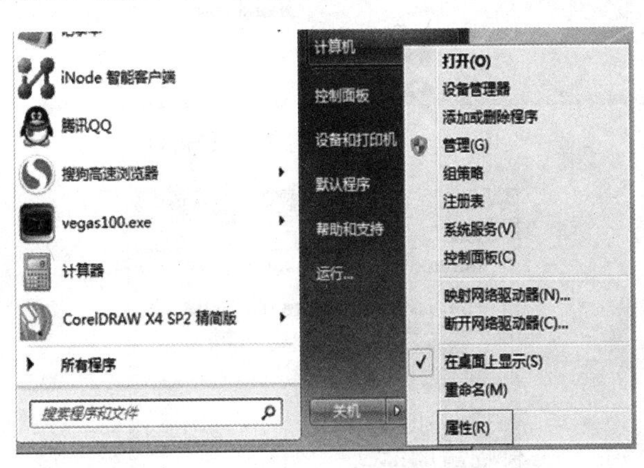

图 2.14 Windows 快捷菜单

4）删除系统中多余的字体

Windows 系统中多种默认的字体也将占用不少系统资源，对于 Windows 7 性能要求比较高的用户就必须删除掉多余的字体，只留下自己常用的，这将会减少系统负载，提高系统性能。打开 Windows 7 的“控制面板”，寻找“字体”文件夹，打开“控制面板”窗口，单击右上角的“查看方式”，选择查看方式为“大图标”，这样就可以顺利找到“字体”选项，如图 2.18 所示。

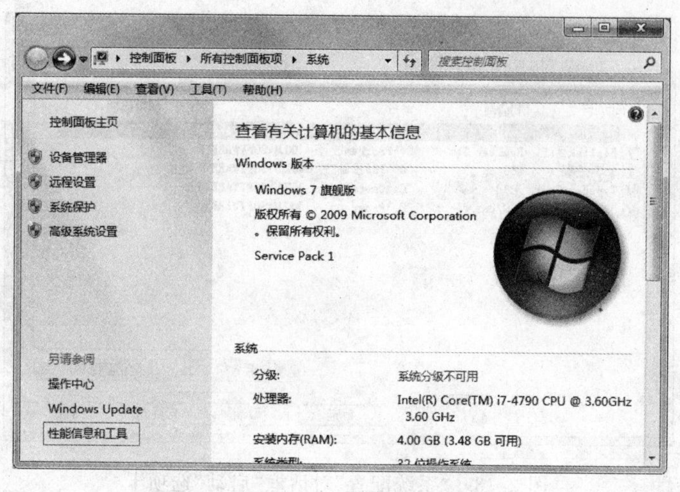

图 2.15 属性窗口

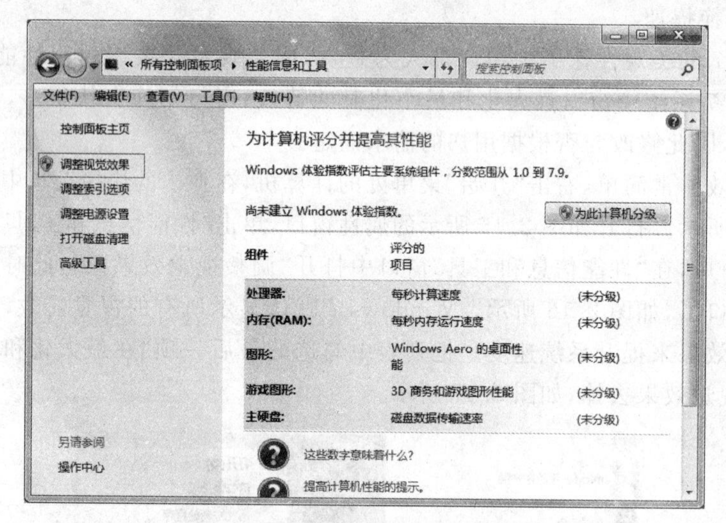

图 2.16 “性能信息和工具”窗口

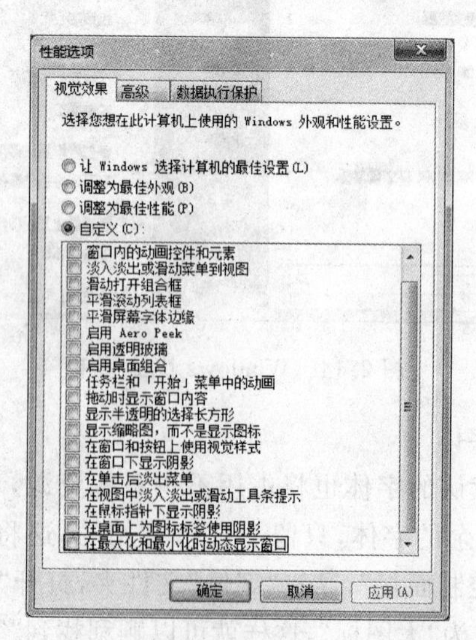

图 2.17 自定义调整视觉效果

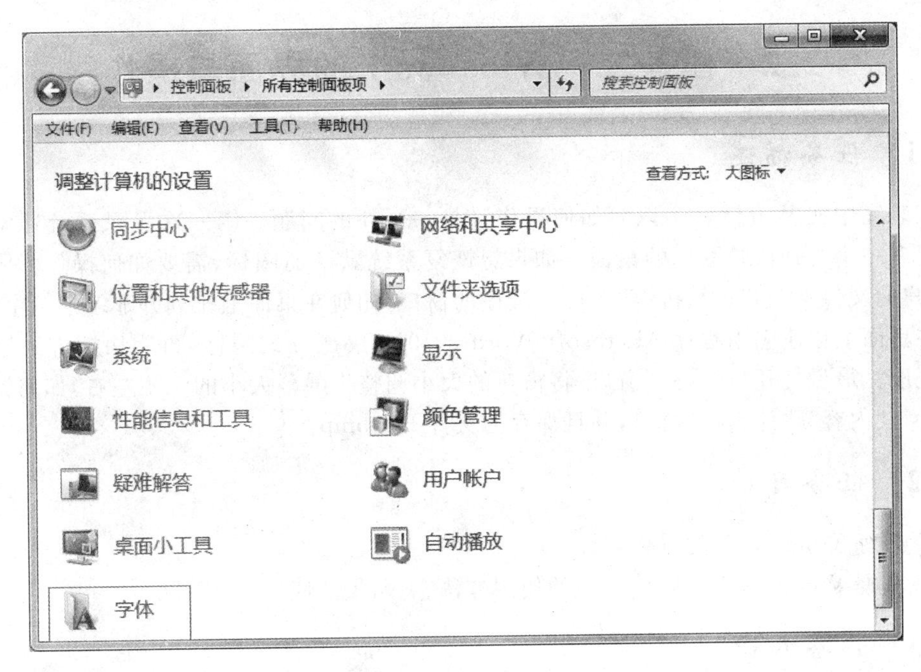

图 2.18 “控制面板”窗口

此时可以进入该选项中把从来不用也不认识的字体删除，删除的字体越多，能得到越多的空闲系统资源，如图 2.19 所示。当然如果担心以后需要用到这些字体时不太好找，那也可以采取不删除，而是将不用的字体保存在另外的文件夹中。

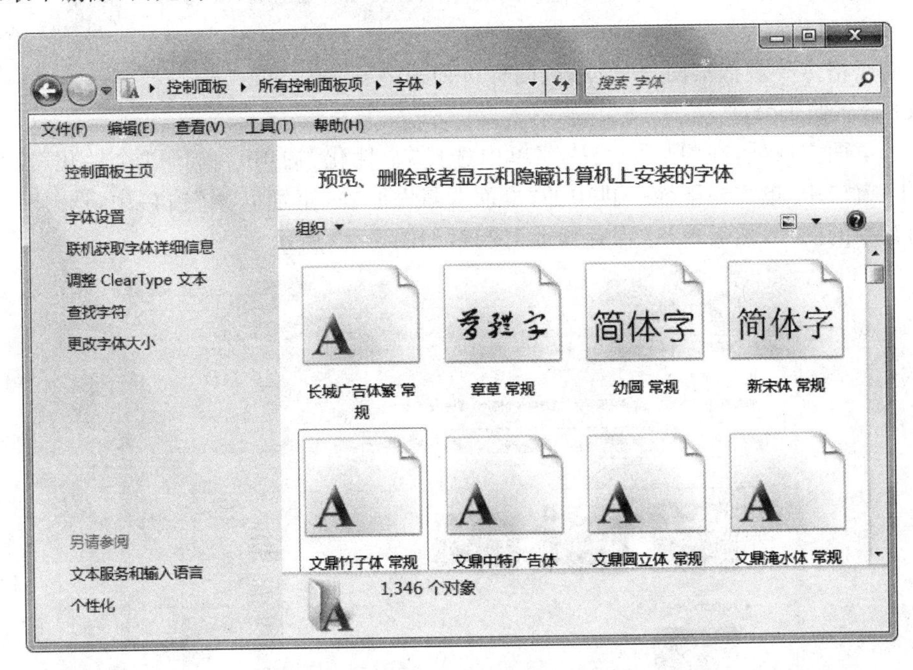

图 2.19 “字体”窗口

2.2 任务二 Windows 7 的界面与操作

2.2.1 任务描述

安装完中文 Windows 7 以后如何操作又是一个新的问题。第一次登录系统通常看到的是只有一个“回收站”图标的桌面。如果想恢复系统默认的图标，需要如何操作？同时打开“用户的文件夹”和“计算机”两个应用程序的窗口，如何在桌面上排列并显示这两个窗口？如何在桌面上创建应用程序 Microsoft Word 2010 的快捷方式图标，再用快捷方式启动该应用程序？最后打开“计算机”窗口，将窗口的大小调整为屏幕大小的 1/4 左右，如何制作一张图片，其内容为“计算机”窗口，并且保存为文件 PC. bmp？

2.2.2 任务目标

- 熟练 Windows 7 的操作界面；
- 掌握 Windows 7 的应用程序的使用方法、剪贴板的应用等。

2.2.3 预备知识

1. 桌面的操作

中文版 Windows 7 操作系统中各种应用程序、窗口和图标等都可以在桌面上显示和运行。用户可以将常用的应用程序的图标、快捷方式放在桌面上，以便操作。

通常，桌面上会有“计算机”“网络”“回收站”、Internet Explorer 以及“用户的文件”等。

1）桌面风格调整

桌面风格主要包括桌面背景设置、图标排列等。

(1) 设置桌面背景。

右击桌面空白处，在弹出的快捷菜单中选择“个性化”选项，将打开“个性化”窗口。在“个性化”窗口中，单击最下面一排中的“桌面背景”项，在“桌面背景”窗口中，选择自己要设为桌面背景的图片，然后单击“保存修改”按钮，如图 2.20 所示。

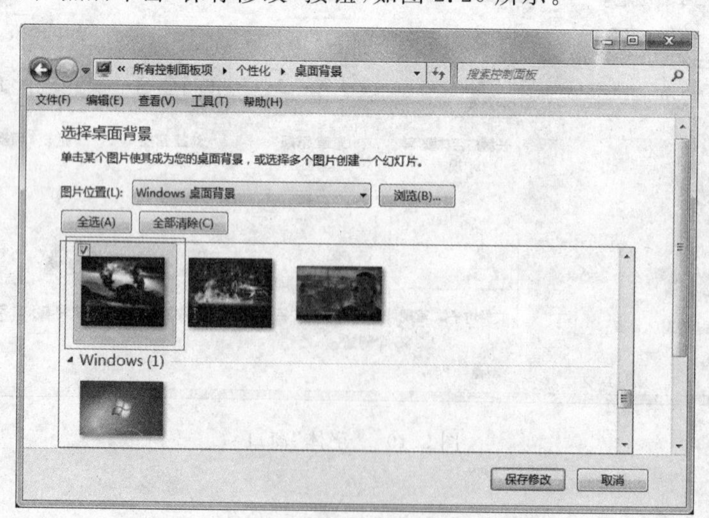

图 2.20 选择桌面背景窗口

(2) 图标排列。

可以用鼠标左键按住图标并将其拖动到目的位置。如果想要将桌面上的所有图标重新排列,可以右击桌面空白处,在弹出的快捷菜单中选择"排序方式"选项,其级联菜单中包括4个子菜单项：名称、大小、项目类型和修改日期,即提供4种桌面图标排列方式,如图2.21所示。

2) 添加和删除桌面上的图标

在桌面上添加图标。右击桌面空白处,在弹出的快捷菜单中选择"个性化"选项,将打开"个性化"窗口。在"个性化"窗口中,单击"更改桌面图标",将弹出"桌面图标设置"对话框,在"桌面图标设置"对话框中,在"桌面图标"中勾选"计算机""用户的文件""网络""回收站"复选框,然后单击"确定"按钮。这样就可以成功添加相应的图标到桌面上。另外,单击"更改图标"按钮还可以更改应用程序的图标,如图2.22所示。

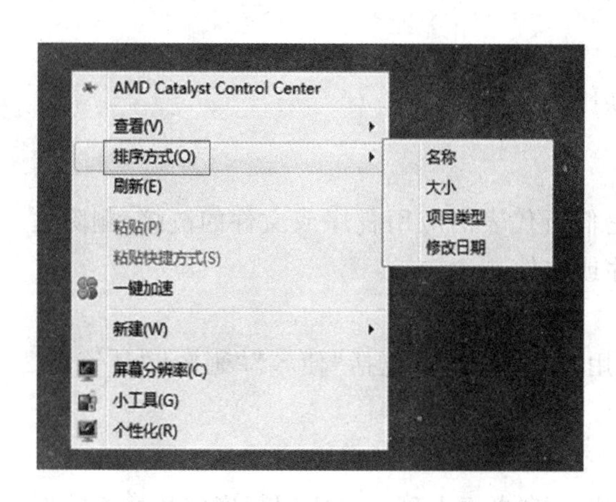

图2.21 "排序方式"菜单

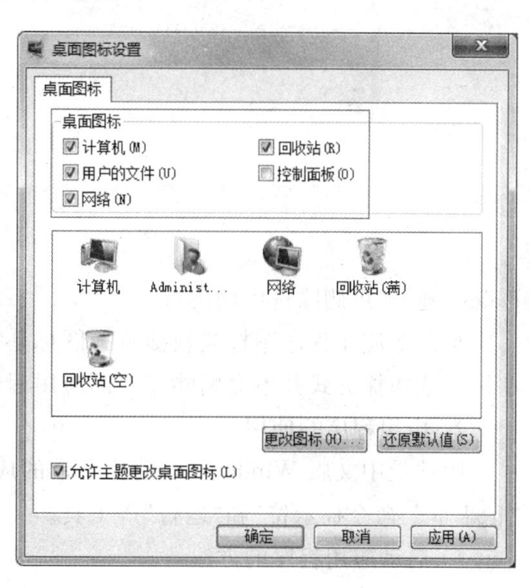

图2.22 "桌面图标设置"对话框

3) 在桌面上创建快捷方式的步骤

(1) 在桌面空白处右击,在弹出的快捷菜单中选择"新建"→"快捷方式"选项,将会弹出"创建快捷方式"对话框,如图2.23所示。

(2) 在"请键入对象的位置"文本框中输入相应的应用程序名或文档名,或者单击"浏览"按钮,在弹出的对话框中选择快捷方式要指向的应用程序名或文档名,单击"下一步"按钮。

(3) 在"键入快捷方式的名称"文本框中,输入快捷方式要采用的名称,单击"完成"按钮,系统就在桌面上创建该程序或文件的快捷方式图标。

另外,创建快捷方式还可以采用右击要选择的对象,然后在弹出的快捷菜单中选择"发送到"→"桌面快捷方式"选项,同样可以在桌面上生成一个需要的快捷方式。

4) 删除桌面上的图标或快捷方式图标

在桌面上选择图标并右击,在弹出的快捷菜单中选择"删除"选项；或在选取对象后按

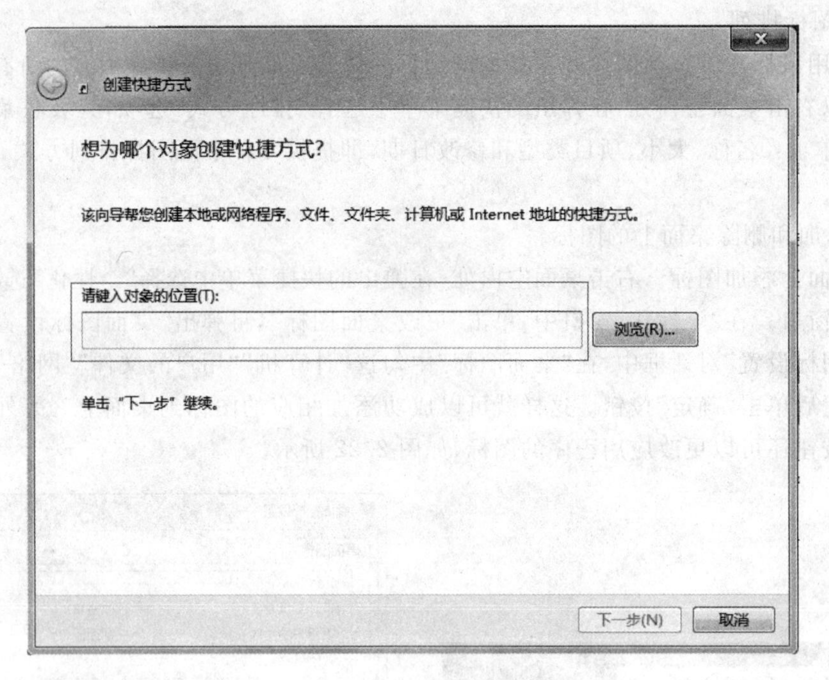

图 2.23 “创建快捷方式”对话框

Delete 键,即可删除选中的图标。

桌面上应用程序图标或快捷方式图标是它们所代表的应用程序或文件的链接,删除这些图标或快捷方式并不会删除相应的应用程序或文件。

2. 应用程序的使用

附件是中文版 Windows 7 系统自带的应用程序包,其中包括“便签”“画图”“计算器”“记事本”“命令提示符”和“运行”等工具。

1）启动应用程序的方法

第一种方法：启动桌面上的应用程序。如果已在桌面上创建了应用程序的快捷方式图标,则双击桌面上的快捷方式图标就可以启动相应的应用程序。

第二种方法：通过“开始”菜单启动应用程序。在 Windows 7 系统中安装应用程序时,安装程序为应用程序在“开始”菜单中的“程序”选项中创建了一个程序组和相应的程序图标,单击这些程序图标即可运行相应的应用程序。

第三种方法：用“开始”菜单中的“运行”选项启动应用程序。

第四种方法：通过浏览驱动器和文件夹来启动应用程序。在“我的电脑”或“Windows 资源管理器”中浏览驱动器和文件夹,找到应用程序文件后双击该应用程序的图标,同样可以打开相应的应用程序。

总之,打开一个应用程序的方法有很多种,具体选择哪一种方式取决于对操作系统运行环境的熟悉程度以及用户的使用习惯,这里只是列举了其中的一部分,其他方法就不再一一列举了。

2）应用程序的快捷方式

用快捷方式可以快速启动相应的应用程序、打开某个文件或文件夹、在桌面上建立快捷方式图标,实际上就是建立一个指向该应用程序、文件或文件夹的链接指针。

3）应用程序切换的方法

Windows 7 是一个多任务处理系统，同一时间可以运行多个应用程序、打开多个窗口，并可根据需要在这些应用程序之间进行切换，方法有以下几种。

（1）单击应用程序窗口中的任何位置。

（2）按 Alt＋Tab 组合键在各应用程序之间切换。

（3）在任务栏上单击应用程序的任务按钮。

以上这些方法都可以实现各应用程序之间的切换，并且，使用 Alt＋Tab 组合键可以实现从一个全屏运行的应用程序中切换到其他应用程序上。

4）关闭应用程序的方法

（1）在应用程序的“文件”菜单中选择“关闭”选项。

（2）双击应用程序窗口左上角的控制菜单框。

（3）右击应用程序窗口左上角的控制菜单框，在弹出的快捷菜单中选择“关闭”选项。

（4）单击应用程序窗口右上角的“×”按钮。

（5）按 Alt＋F4 组合键。

以上这些方法都可以实现关闭一个应用程序，当退出应用程序时，如果文档修改的数据没有保存，退出前系统还将弹出对话框，提示用户是否保存修改，等用户确定后再退出。

5）创建快捷方式

（1）创建快捷方式的其他方法：在“计算机”窗口中右击需要建立快捷方式的应用程序、文件或文件夹，在弹出的快捷菜单中选择“创建快捷方式”选项，就可以在当前目录下创建一个相应的快捷方式；也可以在弹出的快捷菜单中选择“发送到”→“桌面快捷方式”选项，在桌面上创建选定应用程序、文件或文件夹的快捷方式。

（2）用快捷方式启动应用程序：快捷方式可根据需要出现在不同位置，同一个应用程序也可以有多个快捷方式图标。双击快捷方式图标时，系统根据指针的内部链接打开相应的文件夹、文件或启动应用程序，用户可以不考虑目标的实际物理位置。

（3）删除快捷方式：要删除某项目快捷方式，单击选定该项目后按 Delete 键，或右击快捷方式图标，在弹出的快捷菜单中选择“删除”选项，都可以删除一个快捷方式。由于删除某项目的快捷方式实质上只是删除了与原项目链接的指针，因此删除快捷方式时原项目不会被删除，它仍存储在计算机中的原来位置。

2.2.4 任务实施

1. 恢复系统默认的图标

（1）右击桌面空白处，在弹出的快捷菜单中选择“个性化”选项，将打开“个性化”窗口，如图 2.24 所示。

（2）在“个性化”窗口中，单击“更改桌面图标”，将弹出“桌面图标设置”对话框。

（3）在“桌面图标设置”对话框中，在“桌面图标”中勾选“计算机”“回收站”和“网络”复选框，如图 2.25 所示，然后单击“确定”按钮。这时桌面上就可以看见新增加的“计算机”“网络”和“回收站”三个新的图标。

（4）至于 Internet Explorer，在 Windows 7 的“桌面图标设置”对话框中并无这一项，因此可以用其他的方法实现。可以通过选择“开始”→“所有程序”→Internet Explorer，然后右

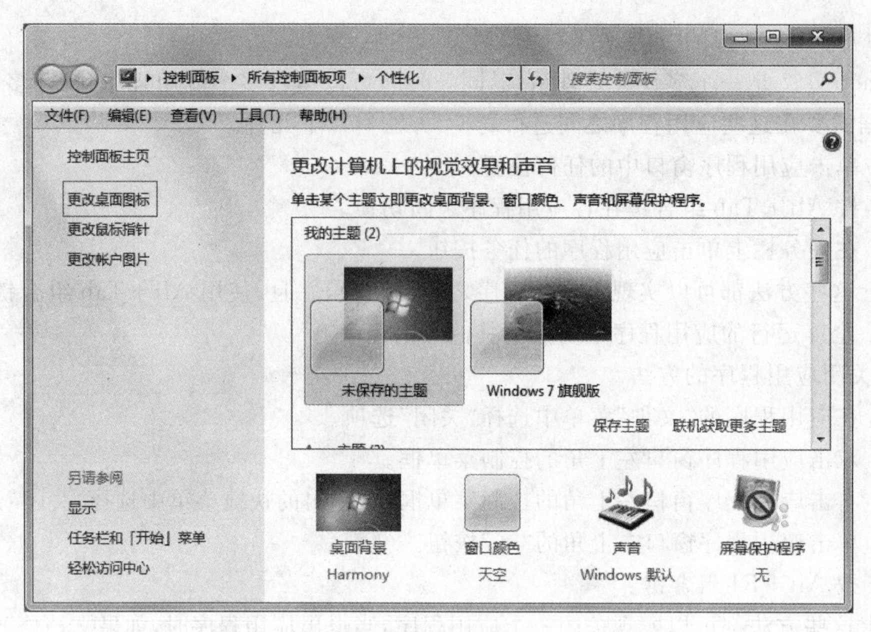

图 2.24 “个性化”窗口

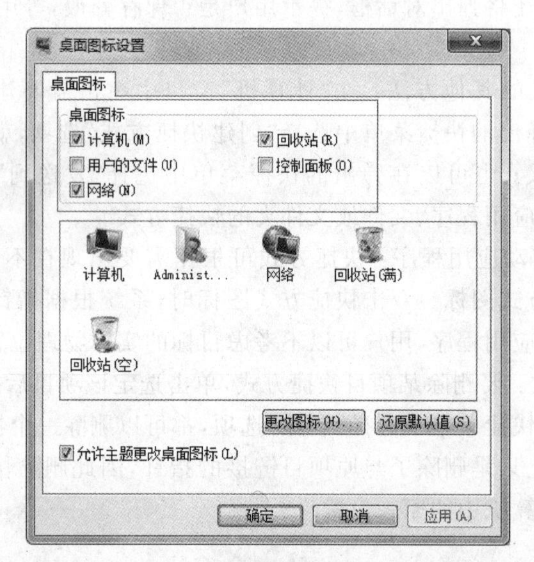

图 2.25 “桌面图标设置”对话框

击，在弹出的快捷菜单中选择“发送到”→“桌面快捷方式”选项，在桌面上就会新增一个 Internet Explorer 浏览器的快捷方式了。

2. 排列“用户的文件夹”和“计算机”窗口

1）堆叠窗口

右击任务栏的空白处，在弹出的快捷菜单中选择“堆叠窗口”选项，就可将已打开的窗口按先后顺序依次排列在桌面上，每个窗口的标题栏和左侧边缘是可见的，如图 2.26 所示。

2）并排显示窗口

若选择“并排显示窗口”选项，就可将打开的窗口以相同大小横向排列在桌面上，如图 2.27 所示。

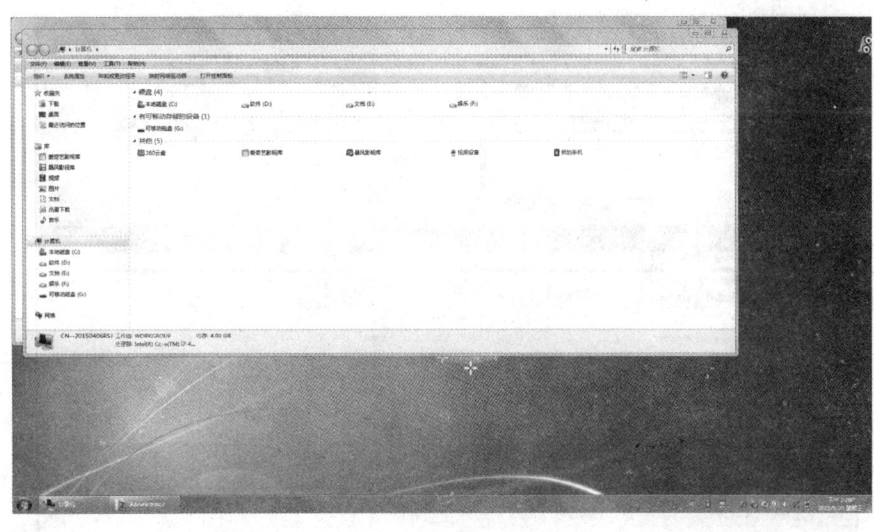

图 2.26　堆叠窗口

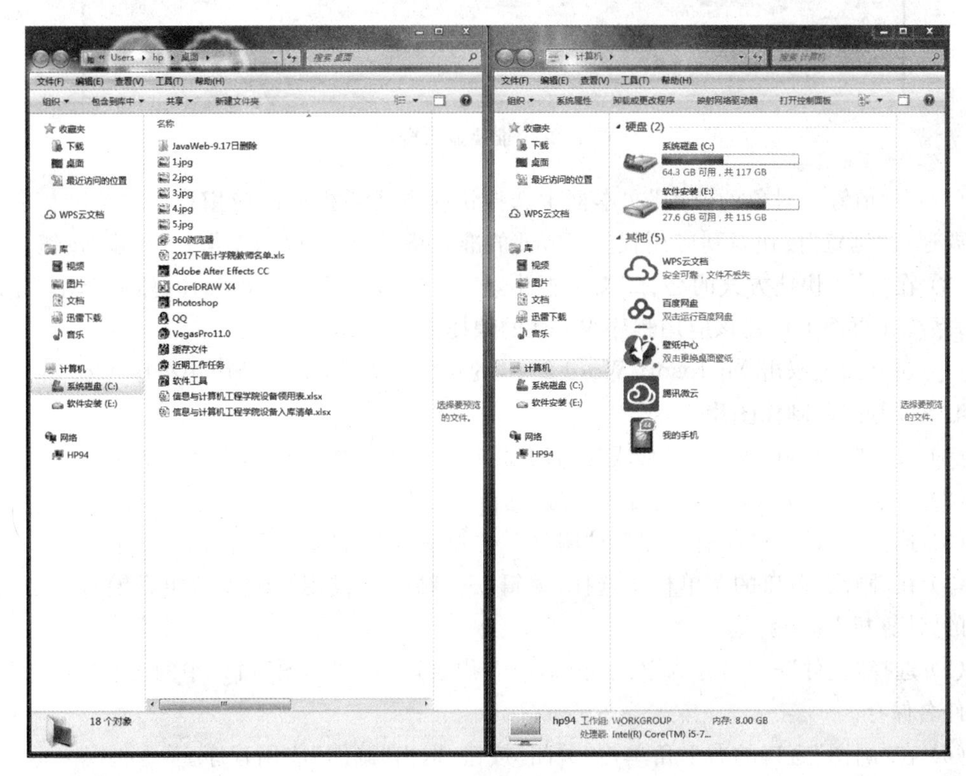

图 2.27　并排显示窗口

3）堆叠显示窗口

若选择“堆叠显示窗口”选项，就可将打开的窗口以相同大小纵向排列在桌面上，如图 2.28 所示。

3. 创建应用程序快捷方式

（1）在桌面空白处右击，在弹出的快捷菜单中选择“新建”→“快捷方式”选项，将会弹出“创建快捷方式”对话框。

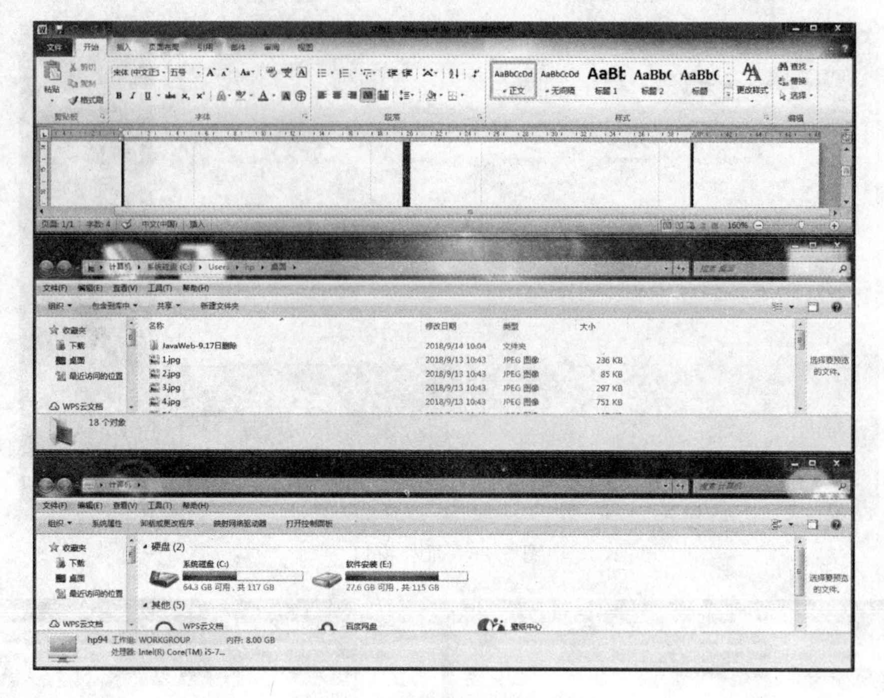

图 2.28　堆叠显示窗口

(2) 在“请键入对象的位置”文本框中选择快捷方式要指向的应用程序名或文档名，在这里要通过“浏览”按钮找到应用程序 Word 的准确路径，找到以后单击“下一步”按钮。

(3) 在“键入快捷方式的名称”文本框中，输入 Microsoft Word 2010，然后单击“完成”按钮，系统在桌面上创建该应用程序 Word 的快捷方式图标。

(4) 在桌面上双击 Microsoft Word 2010 的快捷方式图标，启动应用程序 Word。

4. 复制屏幕，制作图片

(1) 打开“计算机”窗口，使其成为活动窗口，调整窗口的大小约为屏幕的 1/4。

(2) 按 Alt＋PrintScreen 组合键，将活动窗口复制到剪贴板中。

(3) 选择“开始”→“所有程序”→“附件”→“画图”，打开“画图”窗口。

(4) 在“画图”窗口的菜单栏中选择“编辑”→“粘贴”(或用 Ctrl＋V 组合键)，粘贴剪贴板中的“计算机”窗口。

(5) 选择“文件”→“另存为”(或用 Ctrl＋S 组合键)，将“画图”窗口中的内容以 PC.bmp 为文件名保存。

(6) 在“画图”窗口的右上角单击“关闭”按钮，退出“画图”应用程序。

2.2.5　知识拓展

在中文 Windows 7 中，还有一个非常重要的应用程序——剪贴板，它广泛应用于操作系统的各个方面。

剪贴板是内存中的一个临时存储区，也是 Windows 系统中各应用程序之间传递和交换信息的中介。剪贴板不但可以存储文字，还可以存储图片、图像、声音等其他信息。通过剪贴板可以把各文件中的文字、图像、声音粘贴在一起，形成图文并茂、有声有色的文档。

在 Windows 7 中，几乎所有应用程序都可以利用剪贴板来交换数据。应用程序“编辑”菜单中的“剪切”“复制”“粘贴”选项和“常用”工具栏中的“剪切”“复制”“粘贴”按钮均可用来向剪贴板中复制数据或从剪贴板中接收数据进行粘贴。

使用剪贴板的注意事项：

- 先将信息复制或剪贴到剪贴板(临时存储区)中，在目标应用程序中将插入点定位在想要放置信息的位置，再选择“编辑”→“粘贴”将剪贴板中的信息传送到目标位置。
- 使用“复制”和“剪切”命令前，必须先选定要剪切或复制的内容，即对象。对于文字对象，可以通过鼠标选定对象；对于类型是图形和图像的对象，可将鼠标指向对象并单击。
- 选定文本：移动光标到一个字符处，用鼠标拖动到最后一个要选的字符；或者按住 Shift 键，用方向键或鼠标移动光标到最后一个要选的字符，选定的信息通常会用另一种背景色来显示。
- “剪切”命令是将选定的信息复制到剪贴板上，同时在源文件或磁盘中删除被选中的内容；“复制”命令是将选定的信息复制到剪贴板上，同时，选定的内容仍保留在源文件或磁盘中。
- 复制整个屏幕：即截屏，只需按 PrintScreen 键即可。复制活动窗口：先将窗口激活，使之成为当前桌面上处于最前端的窗口，然后按 Alt＋PrintScreen 组合键。
- 信息粘贴到目标程序后，剪贴板中的内容保持不变，可以进行多次粘贴。既可以在同一文件中的多处粘贴，也可以在不同文件中粘贴。可见，剪贴板提供了在不同应用程序间传递信息的一种方法。

2.3 任务三 Windows 7 的文件与文件夹的管理

2.3.1 任务描述

在 Windows 7 系统中，所有的程序和数据都是以文件的形式存储在计算机中的。在计算机系统中，通常采用树形结构对文件和文件夹进行分层管理。文件和文件夹有其命名的规则。使用“Windows 资源管理器”可以管理计算机文件和文件夹。下面我们来创建如图 2.29 所示结构的文件夹，并将“计算机导论”文件夹下的所有文件和文件夹复制到 D 盘新建的文件夹“教学 ABC”中，删除文件夹“教学日历”和文件“综合作业. docx”。

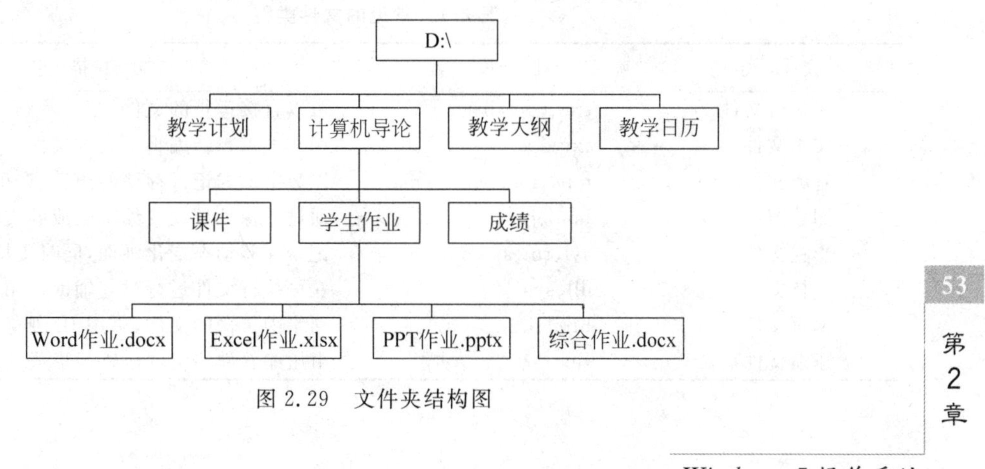

图 2.29 文件夹结构图

2.3.2 任务目标

- 理解文件和文件夹概念；
- 熟悉 Windows 7 的资源管理器的界面；
- 熟练掌握 Windows 7 中对文件和文件夹的各种操作方法。

2.3.3 预备知识

1. 文件和文件夹的概念

1）文件

文件是一组相关信息的集合，这些信息最初是在内存中建立的，然后以用户给予的名字存储在磁盘上。文件是计算机系统中基本的存储单位，计算机以文件名来区分不同的文件。例如，文件名 ABC. doc、Readme. txt 分别表示两个不同类型的文件。

2）文件的命名规则

一个完整的文件名称由文件名和扩展名两部分组成，两者中间用一个圆点“.”(分隔符)分开。在 Windows 7 系统中，允许使用的文件名最长可以是 255 字符。命名文件或文件夹时，文件名中的字符可以是汉字、字母、数字、空格和特殊字符，但不能是?、*、\、→、:、<、>和|。

最后一个圆点后的名字部分看作是文件的扩展名，前面的名字部分是主文件名。通常，扩展名由 3 个字母组成，用于标识不同的文件类型和创建此文件的应用程序；主文件名一般用描述性的名称帮助用户记忆文件的内容或用途。

说明：在 Windows 7 系统中，窗口中显示的文件包括一个图标和文件名，同一种类型的文件通常具有相同的图标。

3）文件夹

文件夹又称为目录，是系统组织和管理文件的一种形式，用来存放文件或上一级子文件夹。它本身也是一个文件。文件夹的命名规则与文件名相似，但一般不需要加扩展名。用户双击某个文件夹图标，即可以打开该文件夹，查看其中的所有文件及子文件夹。

4）文件的类型

在 Windows 7 中，文件按照文件中的内容类型进行分类，主要类型如表 2.1 所示。文件类型一般以扩展名来标识。

表 2.1 常见的文件类型

文件类型	扩展名	文件描述
可执行文件	exe、com、bat	可以直接运行的文件
文本文件	txt、doc	用文本编辑器编辑生成的文件
音频文件	mp3、mid、wav、wma	以数字形式记录存储的声音、音乐信息文件
图片图像文件	bmp、jpg、jpeg、gif	通过图像处理软件编辑生成的文件
影视文件	avi、rm、asf、mov	记录存储动态变化画面，同时支持声音的文件
支持文件	dll、sys	在可执行文件运行时起辅助作用的文件
网页文件	html、htm	网络中传输的文件，可用 IE 浏览器打开
压缩文件	zip、rar	由压缩软件将文件压缩后形成的文件

2. 用“资源管理器”管理信息资源

信息资源的主要表现形式是程序和数据。在 Windows 7 系统中，所有的程序和数据都是以文件的形式存储在计算机中的。计算机中的文件和我们日常工作中的文件很相似，这些文件可以存放在文件夹中；而计算机中的文件夹又很像我们日常生活中用来存放文件资料的包夹，一个文件夹中能同时存放多个文件或文件夹。

在 Windows 7 系统中，主要是利用“计算机”和“Windows 资源管理器”来查看和管理计算机中的信息资源。计算机资源通常采用树形结构对文件和文件夹进行分层管理。用户根据文件某方面的特征或属性把文件归类存放，因而文件或文件夹就有一个隶属关系，从而构成有一定规律的存储结构。

1）Windows 资源管理器

“Windows 资源管理器”是 Windows 7 主要的文件浏览和管理工具，“Windows 资源管理器”和“计算机”使用同一个程序，只是默认情况下“Windows 资源管理器”左边的“文件夹”窗格是打开的，而“计算机”窗口中的“文件夹”窗格是关闭的。

在“Windows 资源管理器”窗口中显示了计算机上的文件、文件夹和驱动器的分层结构，同时显示了映射到计算机上的驱动器号和所有网络驱动器名称。用户可以利用“Windows 资源管理器”浏览、复制、移动、删除、重命名以及搜索文件和文件夹。

选择“开始”→“所有程序”→“附件”→“Windows 资源管理器”，可以打开“Windows 资源管理器”窗口。“Windows 资源管理器”窗口主要分为 3 部分：上部包括标题栏、菜单栏、工具栏等；左侧窗口以树形结构展示文件的管理层次，用户可以清楚地了解存放在磁盘中的文件结构；右侧是用户浏览文件或文件夹有关信息的窗格。

2）文件和文件夹的显示格式

利用“计算机”和“Windows 资源管理器”可以浏览文件和文件夹，并可根据用户需求对文件的显示和排列格式进行设置。

在“计算机”和“Windows 资源管理器”窗口中可以看到文件或文件夹的方式有“超大图标”“大图标”“中等图标”“小图标”“列表”“详细信息”“平铺”和“内容”8 种。

相比 Windows XP 系统，Windows 7 在这方面做得更美观、更易用。此外，用户还可以先单击目录中的空白处，然后通过按住 Ctrl 键并同时利用鼠标的中间滚轮调节目录中文件和文件夹图标的大小，以达到自己最满意的视觉效果。

- 超大图标：以系统中所能呈现的最大图标尺寸来显示文件和文件夹的图标。
- 大图标、中等图标和小图标：这一组排列方式只是在图标大小上和“超大图标”的排列方式有区别，它们分别以多列大的、中等的或小图标的格式来排列显示文件或文件夹。
- 列表：以单列小图标的方式排列显示文件夹的内容。
- 详细信息：可以详细显示有关文件的信息，如文件名称、类型、总大小、可用空间等。
- 平铺：以适中的图标大小排成若干行来显示文件或文件夹，并且还包含每个文件或文件夹大小的信息。
- 内容：以适中的图标大小排成一列来显示文件或文件夹，并且还包含着每个文件或文件夹的创建者、修改日期和大小等相关信息。

在“计算机”或“Windows 资源管理器”的工具栏中单击“查看”按钮，弹出下拉列表，可以从中选择一种查看模式。

3）文件夹的排列

Windows 7 系统提供按文件特征进行自动排列的方法。所谓特征，指的是文件的“名称”“类型”“大小”和“修改日期”等。此外，还可以用“分组依据”“自动排列图标”和“将图标与网格对齐”等方式进行自动排列。

3. 文件、文件夹的组织与管理

在 Windows 7 操作系统中，除了可以创建文件夹、打开文件和文件夹外，还可以对文件或文件夹进行移动、复制、发送、搜索、还原和重命名等操作。利用“Windows 资源管理器”和“计算机”可以组织和管理文件。

为了节省磁盘空间，应及时删除无用的文件和文件夹、被删除的文件或文件夹放到“回收站”中，用户可以将“回收站”中的文件或文件夹彻底删除，也可以将误删的文件或文件夹从“回收站”中还原到原来的位置。Windows 7 系统中，“回收站”是硬盘上的一个有固定空间的系统文件夹，其属性为隐藏，而且不能删除。

1）文件和文件夹的选定

对文件与文件夹进行操作前，首先要选定被操作的文件或文件夹，被选中对象高亮显示。Windows 7 中选定文件或文件夹的主要方法如下。

- 选定单个对象：单击需要选定的对象。
- 选定多个连续对象：按住 Shift 键的同时，单击第一个对象和选取范围内的最后一个对象。
- 选取多个不连续对象：按住 Ctrl 键，用鼠标逐个单击对象。
- 在文件窗口中按住鼠标左键不放，从右下到左上拖动鼠标，在屏幕上拖出一个矩形选定框，选定框内的对象即被选中。
- 按 Ctrl＋A 组合键，可以选定当前窗口中的全部文件和文件夹。
- 选择“编辑”→“全选”，可以选定当前窗口中的全部文件和文件夹；选择“编辑”→“反向选择”，可以选定当前窗口中未选的文件或文件夹。

2）文件与文件夹的复制、移动和发送

复制是将选定的文件或文件夹复制到其他位置，新的位置可以是不同的文件夹、不同的磁盘驱动器，也可以是网络上不同的计算机。复制包括“复制”与“粘贴”两个操作。复制文件或文件夹后，原位置的文件或文件夹不发生任何变化。

移动是将选定的文件或文件夹移动到其他位置，新的位置可以是不同的文件夹、不同的磁盘驱动器，也可以是网络上不同的计算机。

移动包含“剪切”与“粘贴”两个操作。移动文件和文件夹后，原位置的文件或文件夹将被删除。

为防止丢失数据，可以对重要文件做备份，即复制一份存放在其他位置。

(1) 复制操作。

- 用鼠标拖动：选定对象，按住 Ctrl 键的同时拖动鼠标到目标位置。
- 用快捷菜单：右击选定的对象，在弹出的快捷菜单中选择“复制”选项；选择目标位置，然后右击窗口中的空白处，在弹出的快捷菜单中选择“粘贴”选项。
- 用组合键：选定对象，按 Ctrl＋C 组合键进行复制操作；再切换到目标文件夹或磁盘驱动器窗口，按 Ctrl＋V 键完成粘贴操作。
- 用菜单命令：选定对象后，选择“编辑”→“复制”；切换到目标文件夹位置，选择“编辑”→“粘贴”。

(2) 移动操作。

- 用鼠标拖动：选定对象，按住左键不放拖动鼠标到目标位置。
- 用快捷菜单：右击选定的对象，在弹出的快捷菜单中选择“剪切”选项；切换到目标位置，然后右击窗口中的空白处，在弹出的快捷菜单中选择“粘贴”选项。
- 用组合键：选定对象，按 Ctrl＋X 组合键进行剪切操作；再切换到目标文件夹或磁盘驱动器窗口，按 Ctrl＋V 键完成粘贴操作。
- 用菜单命令：选定对象后，选择“编辑”→“剪切”；切换到目标文件夹位置，选择“编辑”→“粘贴”。

(3) 发送操作。

发送文件或文件夹到其他磁盘(如 U 盘或移动硬盘)，实质上是将文件或文件夹复制到目标位置。选定对象并右击，在弹出的菜单中选择“发送到”→“可移动磁盘”，如图 2.30 所示。文件或文件夹的发送目标位置有压缩(zipped)文件夹、邮件收件人、桌面快捷方式和可移动磁盘等。

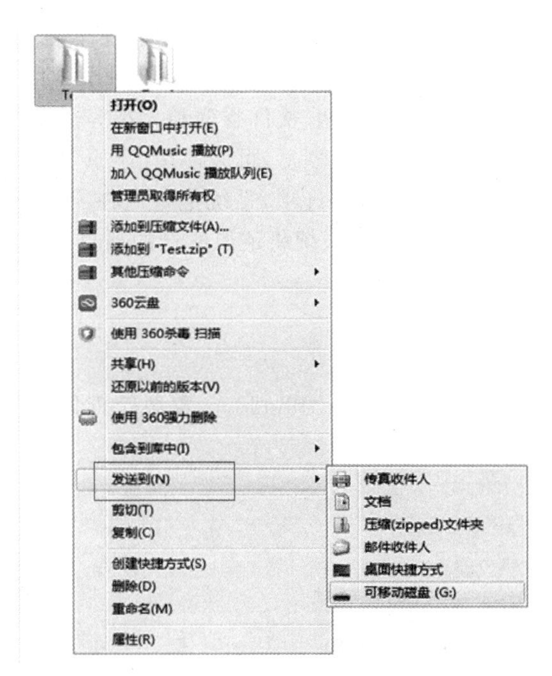

图 2.30 “发送到”菜单

3) 文件与文件夹的重命名

选择要重命名的文件或文件夹，选择“文件”→“重命名”；或者右击要重命名的文件或文件夹，在弹出的快捷菜单中选择“重命名”选项。文件或文件夹的名称处于编辑状态(蓝色反白显示)，直接输入新的文件或文件夹名。输入完毕按 Enter 键。

4) 搜索操作

利用 Windows 7 的“搜索”功能可以快速找到某一个或某一类文件和文件夹。在计算机中搜索任何已有的文件或文件夹，首先要知道文件名或文件类型。对于文件名，用户如果记不住完整的文件名，可使用通配符进行模糊搜索。常用的通配符有“*”和“?”，分别代表任意一串字符和任意一个字符。

打开“资源管理器”，选择计算机(搜索的范围)，在右上角有个搜索框，在里面输入要搜索的文件夹名或文件名，就能得到搜索的结果。

5) 删除操作

删除文件或文件夹时，首先选定要删除的对象，然后用以下方法执行删除操作。

- 右击，在弹出的快捷菜单中选择“删除”选项。
- 在键盘上直接按 Delete 键。
- 选择“文件”→“删除”。
- 在工具栏中单击“删除”按钮。
- 按 Shift+Delete 组合键直接删除，被删除对象不再放到“回收站”中。
- 用鼠标直接将对象拖到“回收站”。

说明：要彻底删除“回收站”中的文件和文件夹，则打开“回收站”窗口，选定文件或文件夹并右击，在弹出的快捷菜单中选择“删除”选项或“清空回收站”选项。

6) 还原操作

用户删除文档资料后，被删除的内容移到“回收站”中。在桌面上双击“回收站”图标，可以打开“回收站”窗口查看回收站中的内容。“回收站”窗口列出了用户删除的内容，并且可以看出它们原来所在的位置、被删除的日期、文件类型和大小等。

若需要把已经删除在“回收站”的文件恢复，可以使用“还原”功能。双击“回收站”图标，在“回收站任务”栏中单击“还原所有项目”选项，系统把存放在“回收站”中的所有项目全部还原到原位置；单击“还原此项目”选项，系统将还原所选的项目。

2.3.4 任务实施

1. 创建文件夹

选择“开始”→“所有程序”→“附件”→“Windows 资源管理器”，打开“Windows 资源管理器”窗口，如图 2.31 所示。

图 2.31 “Windows 资源管理器”窗口

(1) 在左侧的窗格中单击“计算机”,然后在右侧的窗格中单击 D 盘,进入 D 盘的根目录下。

(2) 右击空白处,在弹出的菜单中选择“新建”→“文件夹”选项,在右侧窗格中会生成一个“新建文件夹”。

(3) 右击“新建文件夹”,在弹出的快捷菜单中选择“重命名”选项,在文件夹图标下方的文本框中输入“教学计划”,再单击文件夹的图标,这样就在 D 盘的根目录下创建了“教学计划”。

(4) 重复操作步骤(3),分别创建文件夹“计算机导论”“教学大纲”“教学日历”“课件”“学生作业”“成绩”。

(5) 双击“学生作业”文件夹,进入到学生作业的目录下,然后选择“文件”→“新建”→“Microsoft Word 文档”,在新建文档图标的下方文本框中输入“Word 作业. docx”,然后单击文档图标完成创建。用类似的方法创建“Excel 作业. xlsx”“PPT 作业. pptx”“综合作业. docx”。

(6) 选择“课件”“学生作业”和“成绩”这三个文件夹,右击目录空白处,在弹出的快捷菜单中选择“剪切”选项。双击“计算机导论”文件夹,然后右击,在弹出的快捷菜单中选择“粘贴”选项,这样就把三个文件夹放在“计算机导论”文件夹目录下了。

说明:

- 同一文件夹中不能有名称和类型完全相同的两个文件,即文件名具有唯一性,Windows 7 系统通过文件名来存储和管理文件和文件夹。
- 存储在磁盘中的文件或文件夹具有相对固定的位置,也就是路径。路径通常由磁盘驱动器符号(或称盘符)、文件夹、子文件夹和文件的文件名等组成。

2. 复制和删除文件

1) 文件复制操作

(1) 打开“Windows 资源管理器”窗口。

(2) 单击 D 盘,在右侧窗格中空白处右击,在弹出的快捷菜单中选择“新建”→“文件夹”选项,在右侧窗格中将会生成一个新建文件夹,输入文字“教学 ABC”。

(3) 单击左侧窗格中的“计算机导论”文件夹,右侧窗格中将显示“计算机导论”文件夹下的文件和文件夹。选择“组织”→“全选”,选中所有文件和文件夹(或使用 Ctrl+A 组合键),如图 2.32 所示。

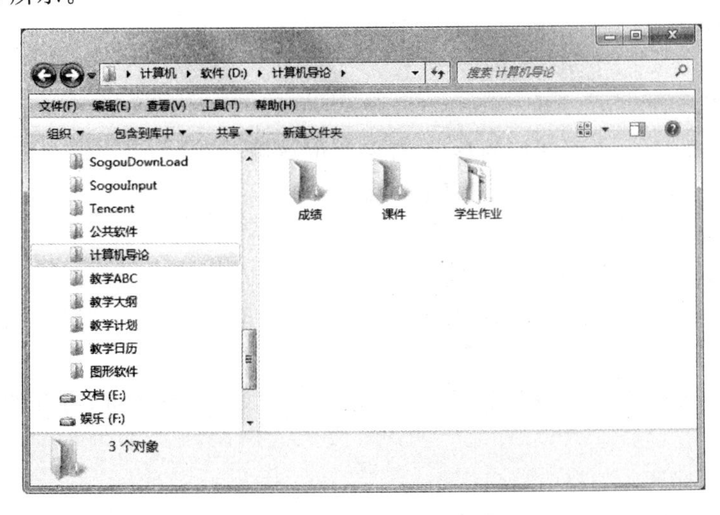

图 2.32 文件、文件夹管理实例

(4) 选择“组织”→“复制”，或右击右侧窗格中任意一个文件或文件夹，在弹出的快捷菜单中选择“复制”选项（或使用Ctrl+C组合键），将选中的内容复制到剪贴板上。

(5) 单击左侧窗中的“教学ABC”文件夹，右侧窗格会切换到“教学ABC”文件夹下，右击右侧窗格中的空白处，在弹出的快捷菜单中选择“粘贴”选项（或使用Ctrl+V组合键），将剪贴板上的内容粘贴到该文件夹中。

2）删除文件夹的操作

在“Windows资源管理器”窗口的左侧窗格中，选定文件夹“教学日历”（D:\教学日历），右击右侧框中的空白处，在弹出的快捷菜单中选择“删除”选项，在弹出的“删除文件夹”对话框中，单击“是”按钮，这样就删除了“教学日历”文件夹，如图2.33所示。

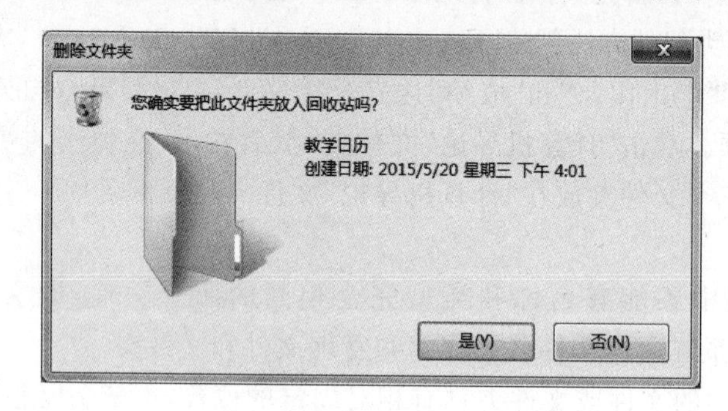

图2.33 “删除文件夹”对话框

3）删除文件的操作

在“Windows资源管理器”窗口的左侧窗格中选定“学生作业”文件夹，在右侧窗格中选择文件“综合作业.doc”并右击，在弹出的快捷菜单中选择“删除”选项，在弹出的“删除文件夹”对话框中单击“是”按钮。

实训一 Windows 7的基本操作

1. 实训目的

- 了解Windows 7操作系统桌面对象；
- 掌握Windows 7操作系统基本操作。

2. 实训内容

(1) 练习Windows桌面图标的整理、任务栏的使用。

(2) 查看“开始”菜单的常用选项及其功能。

3. 实训步骤

1）了解Windows 7桌面基本组成要素

(1) 启动Windows 7以后，观察桌面基本图标：Administrator、计算机、网络、回收站、Internet Explorer。

(2) 观察桌面底部的任务栏，它显示“开始”菜单、快捷启动图标、打开的程序窗口和日期时间等。

2）改变图标标题

例如，可将“计算机”图标标题改为“我的电脑”。

3）排列图标

右击桌面空白处，在弹出的快捷菜单中选择“排列方式”选项，在级联菜单中选择“名称”或“类型”选项来排列图标。

4）保持桌面现状

右击桌面空白处，在弹出的快捷菜单中选择“查看”选项，在级联菜单中选择“自动排列图标”选项，则该选项处出现√符号，其后的移动图标操作将被禁止，并观察“查看”级联菜单中其他选项的作用。

说明：以下操作须先右击“任务栏”空白位置，在弹出的快捷菜单中取消勾选“锁定任务栏”。

5）改变任务栏高度

先使任务栏变高（拖动上缘），再恢复原状。

6）改变任务栏位置

将任务栏移到左边缘（鼠标指向任务栏空白处，按住左键，拖动鼠标），再恢复原状。

7）设置任务栏选项

右击任务栏空白位置，在弹出的快捷菜单中选择“属性”选项，弹出“任务栏和「开始」菜单属性”对话框，如图2.34所示，在对话框的3个复选框（有√符号）中选择。

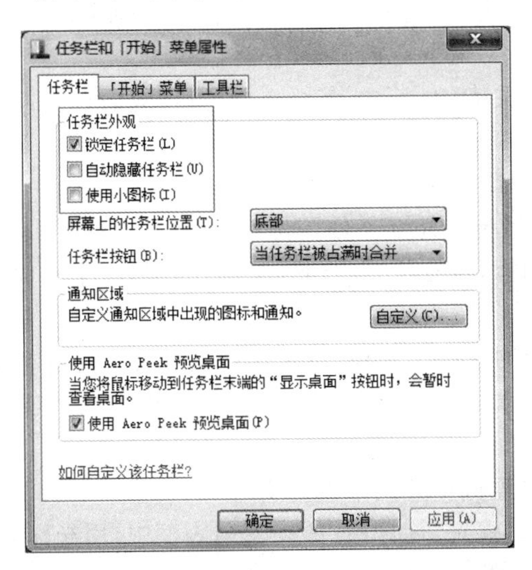

图2.34 “任务栏和「开始」菜单属性”对话框

8）在桌面上添加一个文件夹

（1）右击桌面空白处，在弹出的快捷菜单中选择“新建”→“文件夹”选项，则桌面上将出现一个名为“新建文件夹”的图标。

（2）右击图标的标题，在弹出的快捷菜单中选择“重命名”选项，输入“我的文件夹”，则文件夹由“新建文件夹”改名为“我的文件夹”。

9）使用“工具”文件

（1）将桌面上的“我的电脑”图标拖放到“工具”文件夹中，则自动创建一个“我的电脑”的快捷方式。

（2）选择“开始”→“所有程序”→“附件”→“画图”，打开“画图”程序。

（3）画一幅以春天为主题的图片，将图片保存到“我的文件夹”中。

实训二 Windows 7 的文件操作

1. 实训目的

- 理解文件夹的树形结构；
- 了解文件夹的的作用；
- 掌握文件的常用操作方法。

2. 实训内容

(1) 新建文件和文件夹。

(2) 文件和文件夹的选择、移动、复制、重命名等操作。

(3) 文件和文件夹的属性设置。

(4) 创建快捷方式。

(5) 搜索文件。

3. 实训步骤

1) 选定文件

在“计算机”窗口中，打开一个内容较多的文件夹，分别采用以下几种鼠标操作方式来选定文件。

说明：选定当前文件夹中的一个或多个文件之后，只需在文件夹空白处单击，即可解除选定。

(1) 单击某个文件图标，选定它。

(2) 按住 Ctrl 键，然后单击几个文件图标，选定这几个文件。

(3) 单击一个文件图标，再按住 Shift 键，同时单击另一个文件图标，则选定两个图标之间的所有文件。

(4) 选择“编辑”菜单的“全选”选项，选定当前文件夹中的所有文件。

说明：上述方法也可以选定除文件之外的其他对象，如文件夹，设备等。

2) 用键盘选定文件

分别采用以下几种键盘操作方式来选定文件。

(1) 按 Tab 键，将光标移到“计算机”的内容列表框中，用光标方向键将光标移动到某个文件图标上，即可选定该文件。

(2) 将光标移动到某个文件图标上，按住 Shift 键不放，然后用光标方向键将光标移动到另一个文件图标上，即可选定两个图标之间的所有文件。

(3) 按 Ctrl+A 组合键，选定当前文件夹中的所有文件。

3) 复制文件

在桌面位置右击，在弹出的快捷菜单中选择“新建”→“文件夹”选项，则创建了一个新建文件夹，命名为“临时_文件复制”。在“计算机”窗口中打开一个内容较多的文件夹，然后按以下步骤完成文件的复制操作。

(1) 在打开的文件夹中选定一个或几个文件。

(2) 选择“编辑”菜单的“复制”选项，或右击所选定的文件，在弹出的快捷菜单中选择“复制”选项，或按 Ctrl+C 组合键，将所选定的内容发送到剪贴板上。

(3) 双击桌面上的“临时_文件复制”文件夹，打开它。

(4) 选择“编辑”菜单的“粘贴”选项，或右击文件夹空白处，在弹出的快捷菜单中选择“粘贴”选项，或按 Ctrl+V 组合键，将剪贴板上的内容复制到当前文件夹中。

4）移动文件

在桌面上和 Administrator 窗口中进行以下操作。

(1) 在“临时_文件复制”文件夹中选定一个或几个文件。

(2) 选择“编辑”菜单的“剪切”选项，或右击所选定的文件，在弹出的快捷菜单中选择“剪切”选项，或按 Ctrl+X 组合键，将所选定的内容发送到剪贴板上，同时在原来位置上删除这些文件。

说明：操作时应防止误删除系统文件或其他有用的文件。

(3) 打开 Administrator 窗口。

(4) 选择“编辑”菜单的“粘贴”选项，或右击所选定 Administrator 窗口空白处，在弹出的快捷菜单中选择“粘贴”选项，或按 Ctrl+V 组合键，将剪贴板上的内容移到 Administrator 中。

5）用拖放的方法移动和复制文件

在 Administrator 窗口和桌面上进行以下操作。

(1) 打开 Administrator 窗口，选定上述操作中移动过来的一个或几个文件。

(2) 将选定的文件拖到桌面上的“临时文件复制”文件夹中图标上，然后放开，则这些文件就被移动到了这个文件夹中。

(3) 在桌面上再创建一个文件夹，命名为“临时文件拖放”。

(4) 打开“临时_文件复制”文件夹，选定其中的所有文件。

(5) 按住 Ctrl 键，将选定的文件拖到“临时文件拖放”文件夹图标上，然后放开，则这些文件就被复制到了该文件夹中。

(6) 打开“临时文件拖放”文件夹，选定其中的一个文件。

(7) 将选定的文件拖到“临时_文件复制”文件夹图标上，然后放开，因为该文件夹中已有一个同名文件，故将弹出一个对话框，如图 2.35 所示，有“复制和替换”“不要复制”和“复制，但保留这两个文件”三个选项，选择第一个选项则替换原来文件。

6）删除文件

在桌面上进行以下操作。

(1) 打开“临时_文件复制”文件夹，选定其中的一个文件。

(2) 单击 Delete 键，弹出“删除文件”对话框，如图 2.36 所示。单击“是”按钮，则所选定的文件被删除，放入回收站中。

(3) 再在“临时_文件复制”文件夹中选定一个文件。

(4) 按 Shift+Delete 组合键，弹出确认文件删除对话框，如图 2.37 所示。单击“是”按钮，则所选定的文件被彻底删除(不入回收站)。

7）设置文件或文件夹的属性

(1) 在“临时_文件复制”文件夹中选定一个文件，右击该文件，在弹出的快捷菜单中选择“属性”选项。

(2) 将此文件属性设为“只读”和“隐藏”。

8）创建快捷方式

在“临时_文件复制”文件夹中选定一个文件，右击该文件，在弹出的快捷菜单中选择“发送”→“桌面快捷方式”选项，则为该文件创建了一个桌面快捷方式。

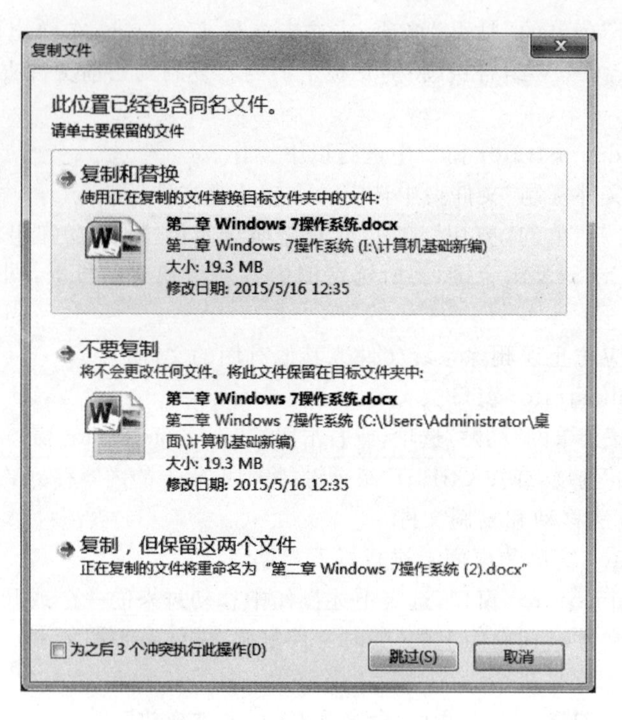

图 2.35 “复制文件”对话框

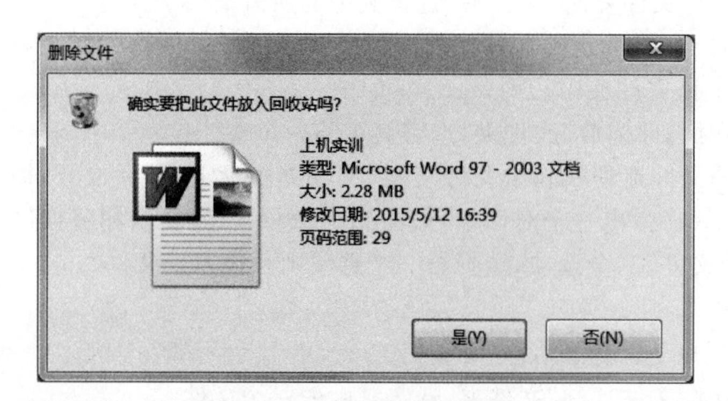

图 2.36 确认是否放入回收站

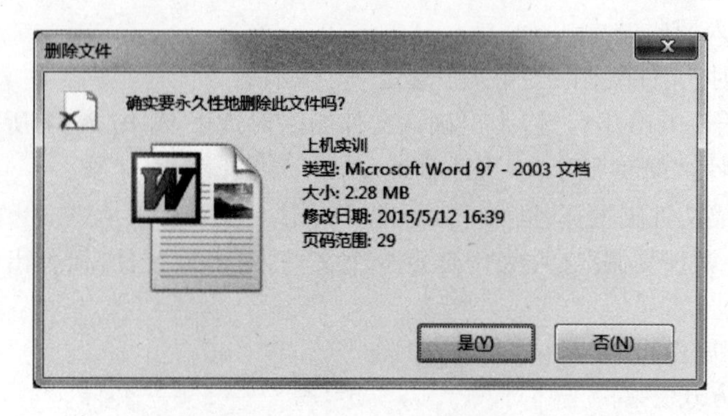

图 2.37 确认是否要删除

9）查找文件或文件夹

（1）打开“计算机”文件夹，如图 2.38 所示。

（2）在“搜索计算机”文本框中输入 docx，则会搜索本计算机中所有文件名中含有字符 docx 的文件。

说明：搜索时如果选中不同的磁盘或文件夹，则搜索文件的范围会随着变化。

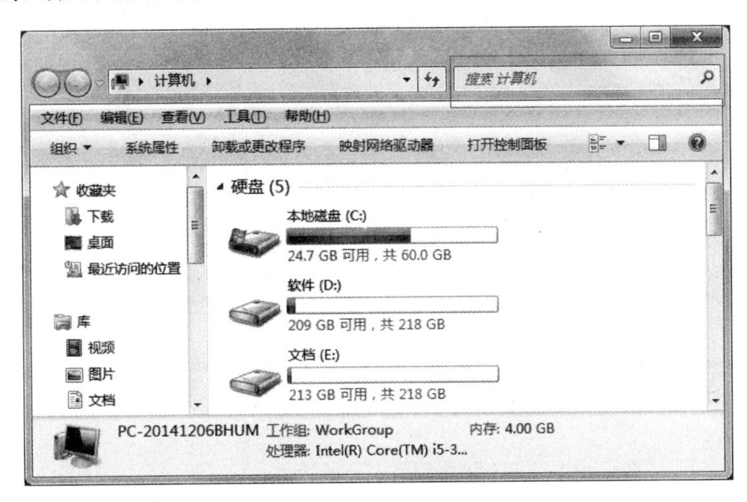

图 2.38　搜索计算机

实训三　Windows 7 的系统设置

1. 实训目的

- 了解 Windows 7 系统的常规设置内容；
- 掌握 Windows 7 系统的常规设置方法。

2. 实训内容

（1）设置桌面背景、显示器分辨率和屏幕保护程序的设置。

（2）设置日期和时间。

（3）设置输入法属性。

（4）设置鼠标属性。

3. 实训步骤

1）打开“控制面板”窗口

按以下方法之一，打开“控制面板”窗口，如图 2.39 所示：

（1）打开“开始”菜单，选择其中的“设置”→“控制面板”选项，打开“控制面板”窗口。

（2）右击“计算机”，在弹出的快捷菜单中选择“控制面板”选项。

2）“个性化”设置

（1）单击“控制面板”中的“个性化”图标。

（2）打开“个性化”窗口，如图 2.40 所示。左侧有更改桌面图标、更改鼠标指针、更改账户图片选项。

（3）“个性化”窗口底端有桌面背景、窗口颜色、声音、屏幕保护程序设置。

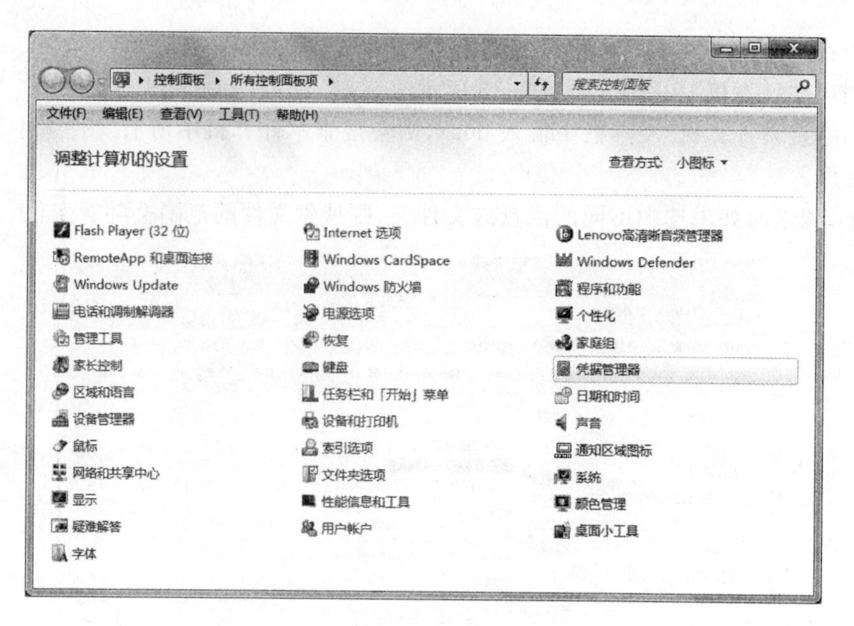

图 2.39 “控制面板”窗口

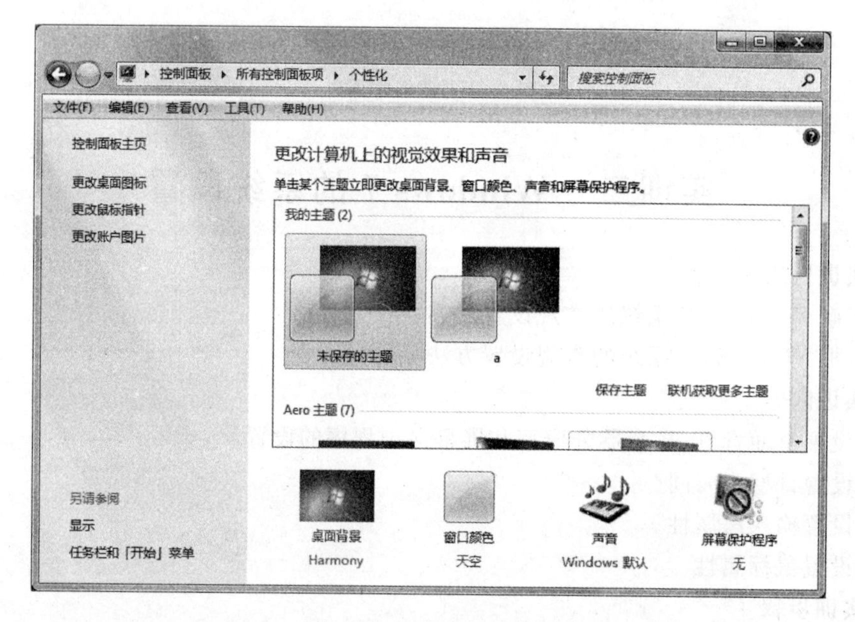

图 2.40 “个性化”窗口

(4) 请根据个人喜好,对以上各选项进行相应设置。

3) 设置日期和时间

(1) 在“控制面板”窗口中,单击“日期和时间”,弹出“日期和时间”对话框,如图 2.41 所示。

(2) 可以更改日期和时间以及时区。

(3) 在“Internet 时间”选项卡中,可以“将计算机设置为自动与 time. windows. com 同步”。

(4) 单击“确定”按钮,关闭对话框。

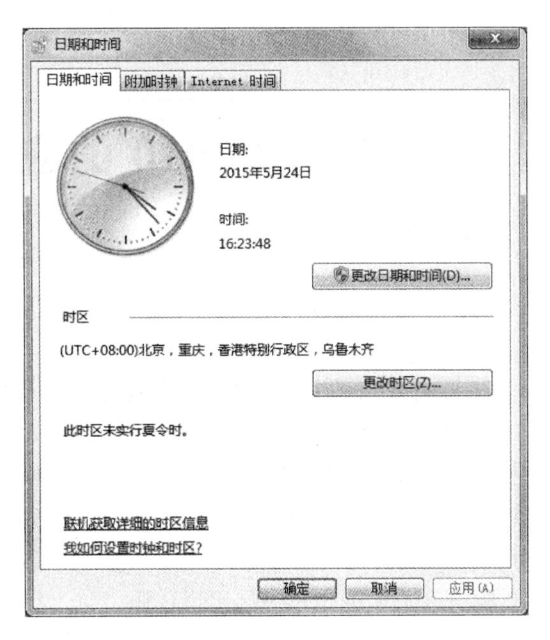

图 2.41 “日期和时间”对话框

4）设置输入法

（1）在“控制面板”窗口中，单击“区域和语言”，弹出“区域和语言”对话框。

（2）选择“键盘和语言”选项卡，单击“更改键盘”按钮。

（3）弹出“文本服务和输入语言”对话框，如图 2.42 所示，可以添加和删除输入法，并设置各输入法的属性。

（4）删除不常用的输入法，并将最常用的输入法移在最前面。

5）设置鼠标属性

（1）在“控制面板”窗口中单击“鼠标”，弹出“鼠标 属性”对话框，如图 2.43 所示。

（2）在“鼠标 属性”对话框中可以设置鼠标双击速度、切换左键和右键、设置鼠标指针等。

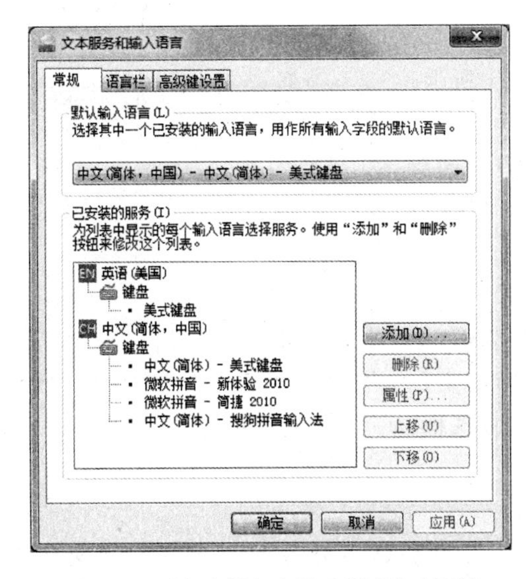

图 2.42 “文本报务和输入语言”对话框

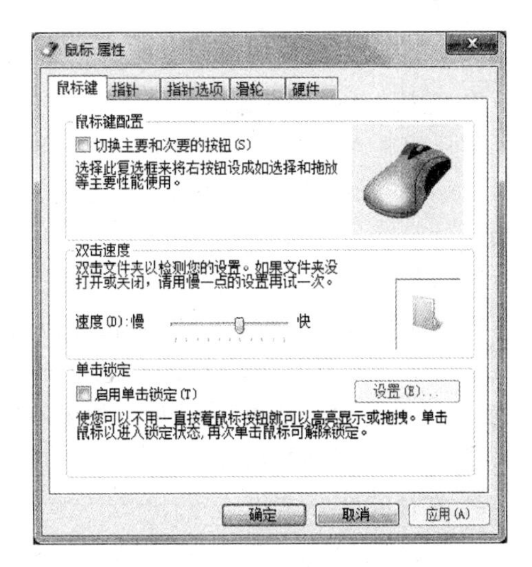

图 2.43 “鼠标 属性”对话框

第3章 Word 2010的应用

Word 2010是Microsoft公司开发的Office 2010系列办公软件之一，随后的版本可运行于Apple Macintosh（1984年）、SCO UNIX和Microsoft Windows（1989年），并成为Microsoft Office的一部分。Word的主要版本有1989年推出的Word 1.0版、1992年推出的Word 2.0版、1994年推出的Word 6.0版、1995年推出的Word 95版（又称作Word 7.0，因为是包含于Microsoft Office 95中的，所以习惯称作Word 95）、1997年推出的Word 97版、2000年推出的Word 2000版、2002年推出的Word XP版、2003年推出的Word 2003版、2007年推出的Word 2007版、2010年推出的Word 2010版（于2010年6月18日上市）、2012年末推出的Word 2013版。

Word 2010旨在向用户提供最上乘的文档格式设置工具，利用它还可更轻松、高效地组织和编写文档，并使这些文档唾手可得，无论何时何地灵感迸发，都可捕获这些灵感。Word 2010提供了世界上最出色的功能，其增强后的功能可创建专业水准的文档，用户可以更加轻松地与他人协同工作并可在任何地点访问自己的文件。

3.1 Office 2010的安装

Word 2010软件包含在Office 2010系列软件中，它是以压缩包形式封装的，要安装Word 2010就要使用解压缩软件WinRAR或7-Zip或360压缩等。安装的具体过程如下。

1. 准备安装

将Office 2010使用解压缩软件解压，如图3.1所示。

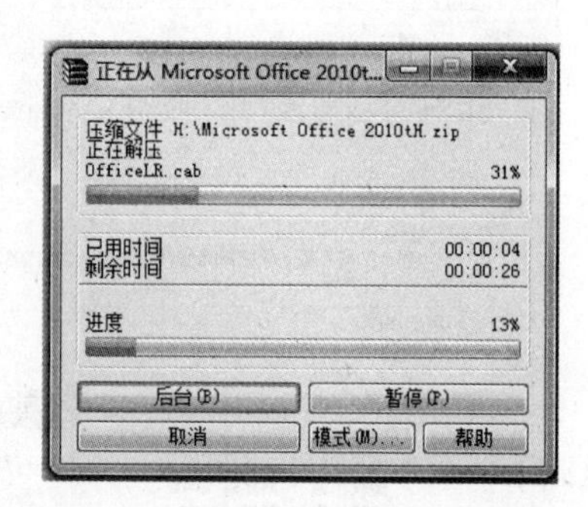

图3.1 Office 2010解压过程

2. 查找setup.exe文件

解压后进入Microsoft Office 2010tH文件夹中找到setup.exe文件，如图3.2所示，双击该文件就可以开始安装。

3. 接受安装协议

安装向导弹出要求用户接受软件协议的对话框，如图3.3所示。如果用户想继续安装Office 2010就必须勾选“我接受此协议的条款”复选框。如果不勾选该复选框，系统就会拒绝继续安装。

4. 选择安装方式

一般来说，Office 2010会自动在计算机中的系统分区下建立一个默认目录来安装

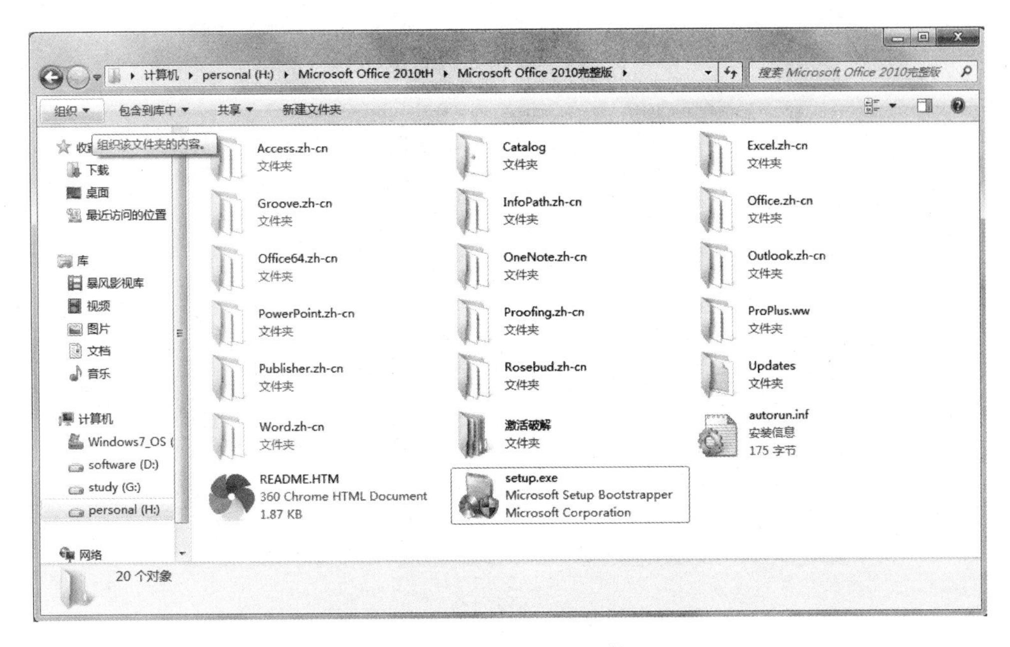

图 3.2　setup.exe 文件

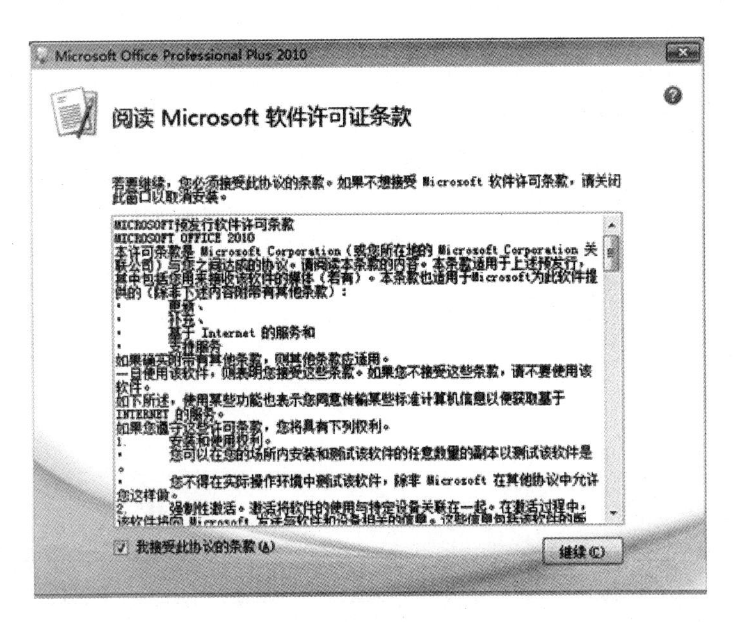

图 3.3　接受安装协议

Office 2010。安装向导在“安装类型”部分给出了两种类型可供用户选择，如图 3.4 所示。对于一般用户，选择“自定义”即可，“自定义”安装适用于对 Office 中各软件有选择性使用的用户。

5. 设置安装选项

在“文件位置”选项卡中可以修改安装路径。在图 3.5 所示的对话框中，安装向导给出了将要安装的软件名称和要将软件安装到的磁盘空间情况。如果安装空间不足，可返回重新设定安装位置。

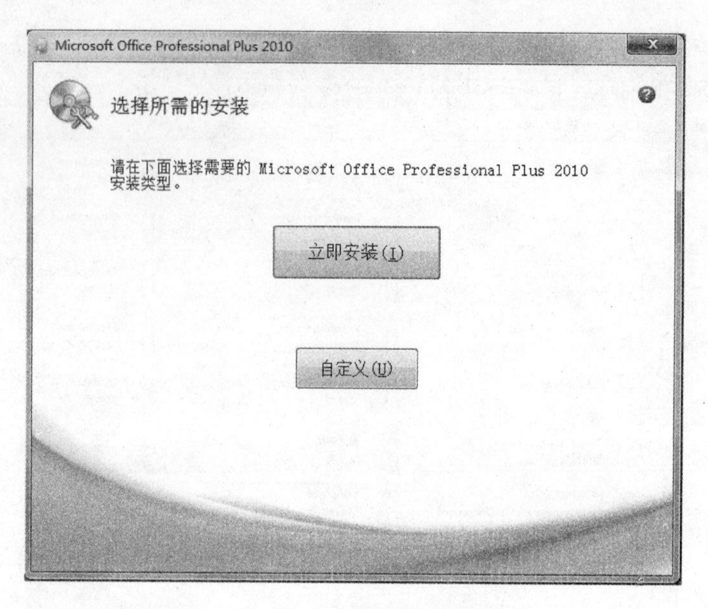

图 3.4　选择安装方式

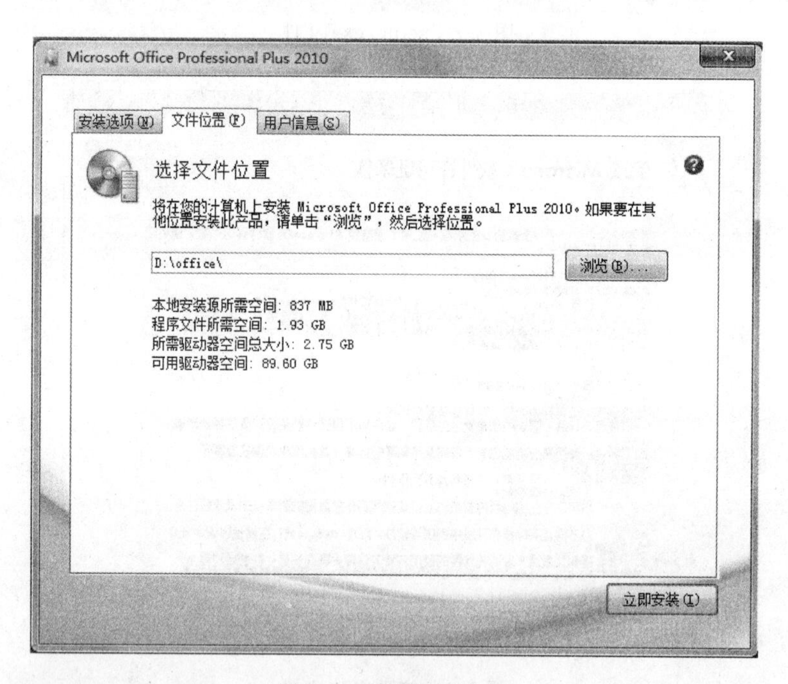

图 3.5　设置安装选项

6. 显示安装进度

完成以上设置并单击"继续"按钮后，计算机就会自动开始向安装目录中复制文档。安装进度如图 3.6 所示。

7. 完成安装

当程序安装结束后系统会自动弹出安装结束对话框，单击该对话框中的"关闭"按钮即可完成 Office 2010 的安装过程，如图 3.7 所示。安装结束后，作为 Office 2010 系列软件之一的 Word 2010 就会被安装到指定目录。

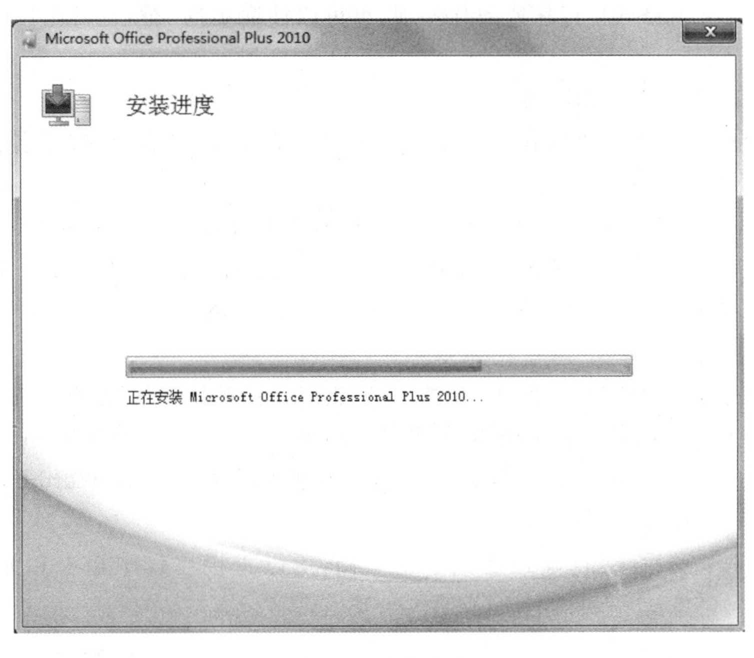

图 3.6　安装进度

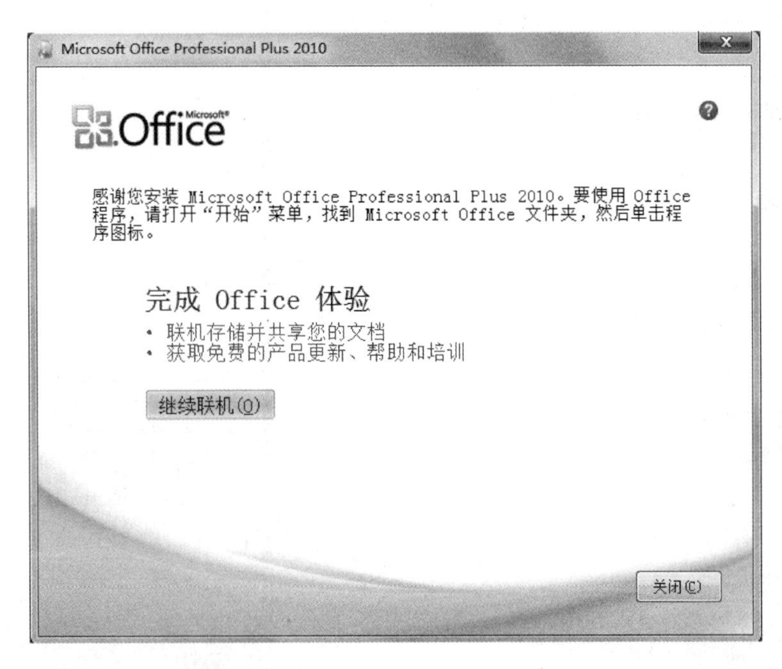

图 3.7　完成安装

3.2　Word 2010 概述

Word 是最流行的文字处理程序。作为 Office 系列软件的核心程序，Word 提供了许多易于使用的文档创建工具，同时也提供了丰富的功能集供创建复杂的文档使用。哪怕只使用 Word 应用点文本格式化操作或图片处理,也可以使简单的文档变得比只使用纯文本更具吸引力。

1. Word 2010 的启动和退出

能够启动和退出 Word 2010,是使用 Word 2010 编辑文档的前提条件。启动 Word 2010 的方法有如下四种。

- 在桌面上找到 Microsoft Word 2010 图标并双击,即可启动 Word 2010。
- 单击任务栏中的“开始”按钮,在弹出的“开始”菜单中找到 Microsoft Word 2010 的程序快捷方式,直接单击 Microsoft Word 2010 选项就可以启动 Word 2010,如图 3.8 所示。
- 单击任务栏中的“开始”按钮,在弹出的“开始”菜单中选择“所有程序”→Microsoft Office→Microsoft Word 2010,就可以启动 Word 2010 了,如图 3.9 所示。
- 在桌面或文件夹中双击某个 Word 2010 文件,同样可以启动 Word 2010,并同时将此 Word 2010 文件打开。

Word 2010 启动后,会自动创建一个新文档,可以直接在其中输入和编辑新文档的内容。

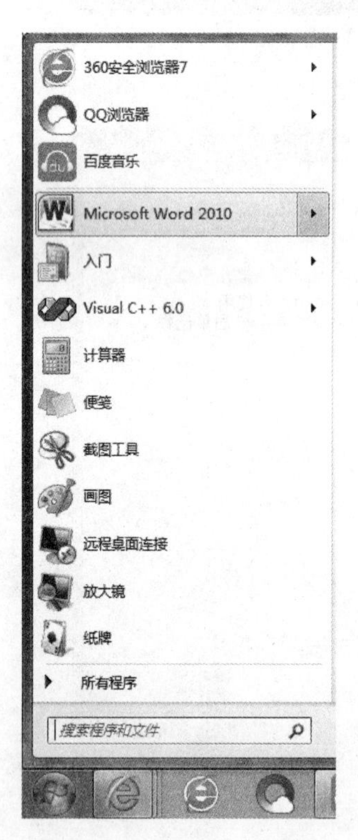

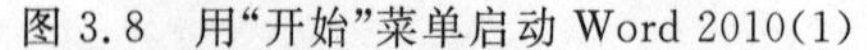

图 3.8　用“开始”菜单启动 Word 2010(1)

图 3.9　用“开始”菜单启动 Word 2010(2)

完成对文档的编辑处理后可退出 Word 文档,退出 Word 2010 的方法有如下四种。

- 单击 Word 文档左上角的“文件”菜单,单击“退出”命令,如图 3.10 所示。

注意:如果单击“文件”菜单中的“关闭”命令,则只能关闭文档,并不退出 Word,可继续用 Word 新建或打开其他文档进行编辑。

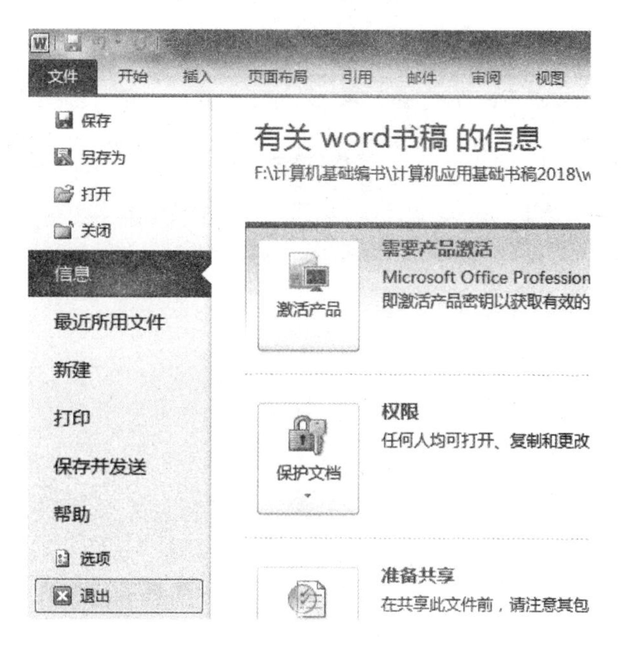

图 3.10 “文件”菜单的“退出”命令

• 单击 Word 窗口标题栏最右边的 ⊠ 按钮退出，如图 3.11 所示。

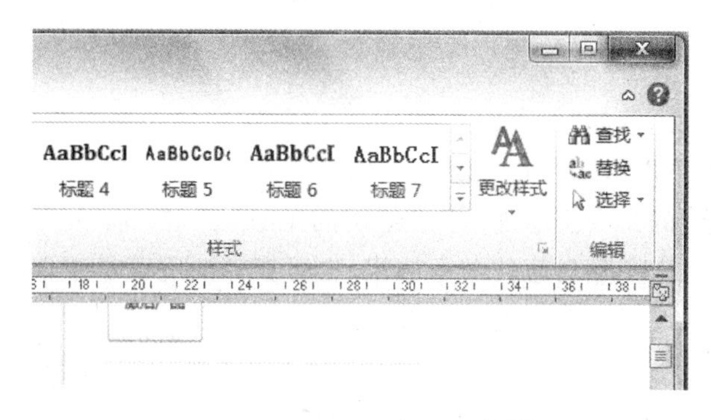

图 3.11 单击标题栏最右边的 ⊠ 按钮

• 右击 Word 文档标题栏，在弹出的快捷菜单中选择“关闭 Alt+F4”选项。
• 在任务栏找到正在使用的 Word 文档，单击“关闭”命令。

2. Word 2010 窗口介绍

在编辑文档前首先来认识一下 Word 2010 的操作界面，如图 3.12 所示。

1）标题栏

标题栏显示正在编辑的文档的文件名以及所使用的软件名。

2）“文件”选项卡

“文件”选项卡文档的新建、打开、保存、另存为、关闭、打印、信息、最近使用的文件、选项、退出等有关文档的基本操作命令，不同的操作命令右边显示的内容不一样。“新建”命令可以创建空白文档，也可以利用本机上安装的模板或互联网上的模板来创建一些有固定格式的文档。“选项”命令可以对 Word 中的所有的相关操作进行进一步的设置，如设置自动保存的时间等。

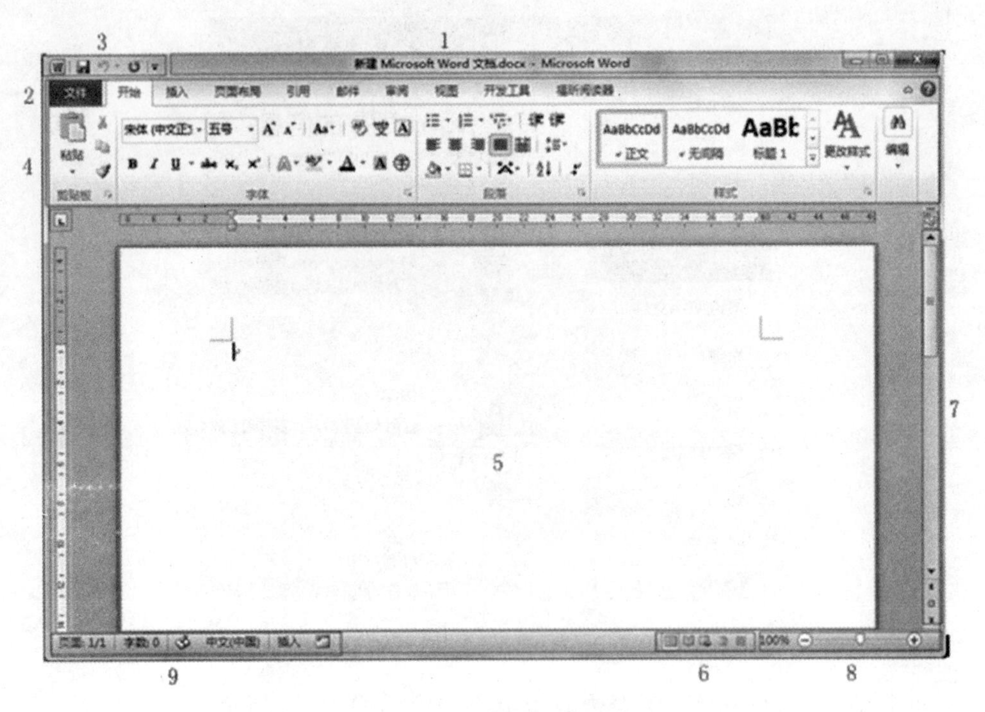

图 3.12 Word 2010 界面

3）快速访问工具栏

常用命令位于此处，例如“保存”和“撤销”。也可以在其中添加个人常用命令。

这里包含的按钮可以由用户自己决定。单击右侧的 ▾ 按钮，在弹出的菜单中单击来勾选命令项，即可将对应的命令按钮加入“快速访问工具栏”中；而再次单击以取消命令项前的对勾，则可从工具栏中删除对应的命令按钮，也可在弹出的菜单中选择其他命令，以向“快速访问工具栏”中添加或删除更多的命令按钮。

4）功能区

工作时需要用到的命令位于此处。它与其他软件中的“菜单”或“工具栏”相同。功能区是水平区域，就像一条带子，启动 Word 后分布在 Office 软件的顶部。编辑文档所需的命令将分组在一起，且位于选项卡控件中，如“开始”和“插入”。可以通过单击选项卡控件来切换显示的命令集。

(1)“开始”功能区：包括剪贴板、字体、段落、样式和编辑五个组，主要用于帮助用户对文档进行文字编辑和格式设置，是用户最常用的功能区。

(2)“插入”功能区：包括页、表格、插图、链接、页眉和页脚、文本、符号和特殊符号几个组，主要用于在文档中插入各种元素。

(3)“页面布局”功能区：包括主题、页面设置、稿纸、页面背景、段落、排列几个组，用于帮助用户设置文档页面样式。

(4)“引用”功能区：包括目录、脚注、引文与书目、题注、索引和引文目录几个组，用于实现在 Word 2010 文档中插入目录等比较高级的功能。

(5)“邮件”功能区：包括创建、开始邮件合并、编写和插入域、预览结果和完成几个组，其作用比较专一，专门用于在 Word 2010 文档中进行邮件合并方面的操作。

(6)“审阅”功能区：包括校对、语言、中文简繁转换、批注、修订、更改、比较和保护几个组，主要用于对 Word 2010 文档进行校对和修订等操作，适用于多人协作处理 Word 2010 长文档。

(7)“视图”功能区：包括文档视图、显示、显示比例、窗口和宏几个组，主要用于帮助用户设置 Word 2010 操作窗口的视图类型，以方便操作。

注：双击功能区中任意一个选项卡，例如“开始”，功能区中的组会临时隐藏，从而提供更多操作空间，再次双击活动选项卡，功能区就会重新出现。

5)“编辑”窗口

“编辑”窗口显示正在编辑的文档。

6)“视图”按钮

“视图”按钮用于更改正在编辑的文档的显示视图以符合用户的要求。视图包括页面视图、阅读版式视图、Web 版式视图、大纲视图、草稿视图，如表 3.1 所示。

表 3.1　Word 2010 的视图

视　　图	说　　明
页面视图	默认的视图方式，完全显示文本及格式、图片、表格、与打印效果相同，常用于对文档排版和设置格式等
阅读版式视图	便于在计算机屏幕上阅读文档
Web 版式视图	将文档显示为网页的形式，不带分页，便于制作网页
大纲视图	显示文档各级标题大纲层次，当需要整体把握和调整文档的大纲结构时使用
草稿视图	只显示文本，简化了页面布局，可快速输入和编辑文本

7)滚动条

滚动条用于更改正在编辑的文档的显示位置。

8)缩放滑块

缩放滑块用于更改正在编辑的文档的显示比例设置。其中包括目前文档的显示比例，如 100%，可单击 ⊖ 缩放显示比例，单击 ⊕ 增大显示比例，或拖动中间的滑块直接改变显示比例以缩放文档显示。单击目前显示的比例文字，如 100%，可弹出“显示比例”对话框，如图 3.13 所示。也可在对话框中设置显示比例。在按住 Ctrl 键的同时，向上滚动鼠标滚轮，可放大显示比例；向下滚动滚轮可缩小显示比例。通过 Ctrl 键与鼠标滚轮配合，比通过状态按钮操作更便捷。

注意：调整显示比例放大或缩小文档，并不会放大或缩小文档中文本的字体，也不会影响文档打印出来的效果，显示比例的设置只是方便用户在屏幕上的查看而已。可以把显示比例理解为一种文档放大镜，放大镜只会影响看上去的效果，而不会实际改变物体的大小。

9)状态栏

状态栏显示正在编辑的文档的相关信息，例如文档的页数和字数。在“字数”位置单击可弹出“字数统计”对话框，如图 3.14 所示。

总体来看，Word 2010 的界面继承了 Office 2010 系列软件的鲜明特征。其核心界面主要可分为两大块：功能区和编辑区。功能区为编辑区提供各种操作、设置服务，而编辑区用来存放文档、编辑文档。

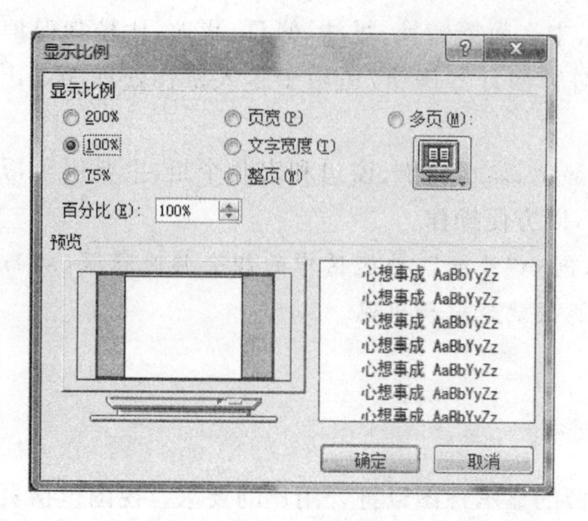

图 3.13 “显示比例”对话框

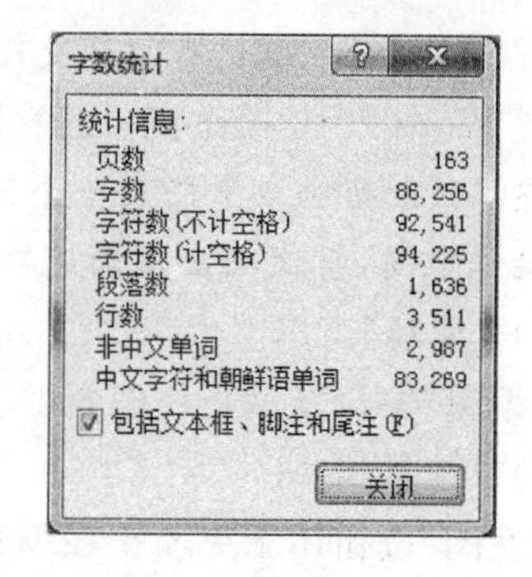

图 3.14 “字数统计”对话框

3. Word 2010 文档的新建、打开和保存

1) 新建文档

Word 2010 启动后,会自动创建一个新文档,可在其中直接输入和编辑新文档的内容。也可单击“文件”菜单中的“新建”命令,在“可用模板”中双击“空白文档”新建文档。

2) 打开文档

要打开现有的文档有如下两种方法。

- 可单击“文件”菜单中的“打开”命令,在弹开的“打开”对话框中选择文件夹所在的位置,单击要打开的文件,然后单击“打开”按钮。
- 可以在资源管理器的文件夹中或文档所在的位置双击某个 Word 2010 文档文件,可自动启动 Word 2010 并在 Word 2010 中将其打开。

每个文件都有一个文件名。文件名由主文件名和扩展名两部分组成,两者之间用圆点“.”分隔,即“主名.扩展名”的形式。主文件名由用户自己命名,但最好“见名知义”。扩展名通常用来区分文件的类型,例如,jpg 表示图片文件、avi 表示视频文件、mp3 表示音乐文件、txt 表示文本文件等。

Word 2010 文档文件的扩展名为 docx,Word 2003 及更早期版本的 Word 文档文件的拓展名为 doc,后者也可被 Word 2010 兼容可由 Word 2010 打开编辑。

在资源管理器中,文件名的扩展名可被隐藏,也可以显示出来。如图 3.15 和图 3.16 所示,图中包含了一些 Word 文档文件的示例,如 Excel 文档文件、PowerPoint 文档文件的示例、文本文件、图片文件等,这些文件的扩展名不仅都可以被隐藏,也可以显示。

需要注意的是,如果文件的扩展名被隐藏,并不表示它没有扩展名,在更改文件名时,也要注意不要为文件名误增加两个连续的扩展名。例如,图 3.15 中的“Word 素材”,如果在该窗口中将之更名为“Word 素材.docx”,那么实际文件名将变成“Word 素材.docx.docx”,这将导致错误。这是因为虽然更名后看上去具有了扩展名.docx,但由于扩展名本来是隐藏的,这里看上去的 docx 实际是文件名的一部分,而非扩展名;而实际上文件还具有一个隐藏的扩展名 docx,因而它具有两个 docx。

为了避免出现类似的错误,建议将自己的资源管理器设置为“显示文件扩展名”而不要

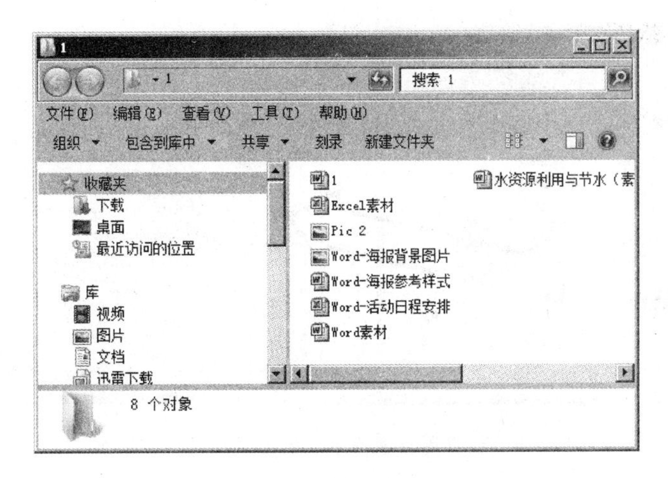

图 3.15 扩展名被隐藏

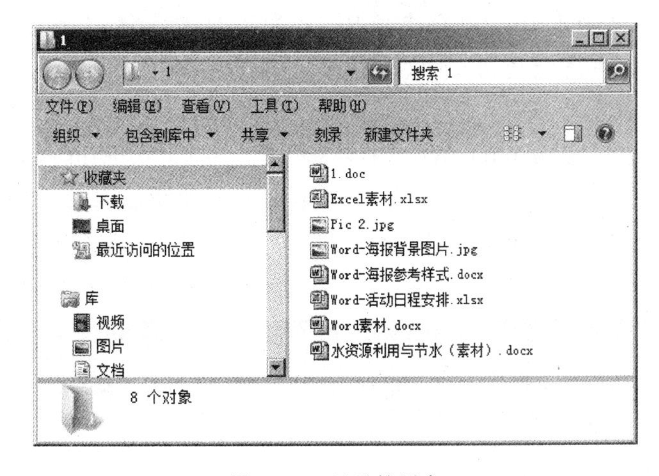

图 3.16 显示扩展名

隐藏它,即让效果如图 3.16 所示。设置的方法是,在任意一个资源管理器窗口中单击“组织”按钮,在下拉列表中选择“文件夹和搜索选项”,如图 3.17 所示,在弹出的“文件夹选项”对话框中,切换到“查看”选项卡,然后在下方找到“隐藏已知文件类型的扩展名”,不要勾选该项(如果该项前有对勾标记,则单击它取消对勾标记),单击“确定”按钮,只要在任意一个资源管理器窗口中做此设置,则所有的资源管理器窗口都将自动应用同样的设置,都不会隐藏文件扩展名了,这时文件状态如图 3.16 所示,更改文件名时文件的实际名称与看到的一致,不会出现连续 2 个扩展名的错误。

3) 保存文档

在输入文档内容的时候,输入一部分内容后,就应进行保存,而不是全部文档内容输入完毕才保存,以防止因输入过程中出现意外(如死机、断电等)而造成已经输入内容的丢失。保存文档的方法有如下三种。

- 单击“快速访问工具栏”中的“保存”按钮。
- 单击“文件”菜单中的“保存”命令。
- 按下 Ctrl+S 组合键。

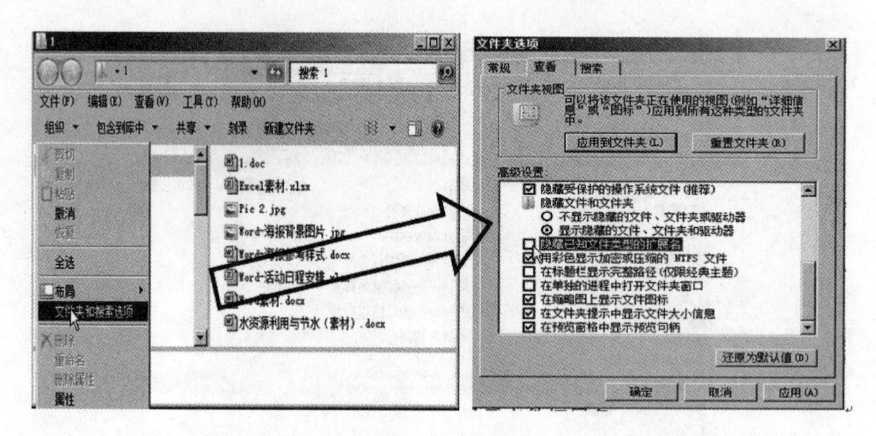

图 3.17 在资源管理器中设置为显示文件扩展名

注意:第一次保存文档时使用以上方法会弹出"另存为"对话框,可以选择要保存的位置;可以选择文件保存的类型,默认保存为 Word 2010 格式,扩展名为 docx,为方便能在以前的 Word 2003 版本中进行使用,可以选择保存为"Word 97-2003 文档",扩展名自动为 doc。Word 2010 是较高的版本,可以将文档保存为较低版本,也可以打开低于本版本的文档,还有 PDF 文件(扩展名为 pdf),Word 模板(扩展名为 dotx、dotm 或 dot),网页(扩展名为 htm 或 html)等文件类型;可以输入文件名,在该对话框中输入的文件名英文字母大小均可,是否包括 docx 均可,如不包括,Word 2010 会自动添加。设置完毕后,单击"保存"按钮,如图 3.18 所示。

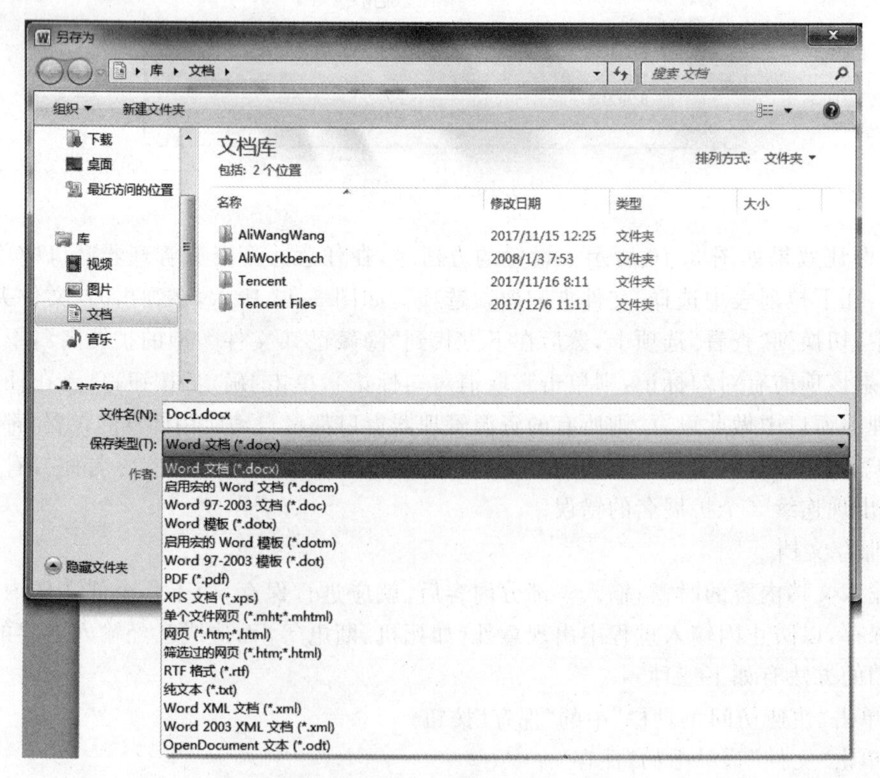

图 3.18 "另存为"对话框

当打开一个先前保存过的文档后，执行“保存”操作时 Word 也会将修改直接保存回原来的文件，而不再弹出“另存为”对话框。如果希望再次弹出“另存为”对话框，可单击“文件”菜单中的“另存为”命令，可为文档另外起名保存为一个新文件，而不会将修改保存回原来的文件，这样可以保持原来文件的内容不变。

Ctrl＋S 称为组合键，按键方法是：首先按下键盘上的 Ctrl 键(左右 Ctrl 键按下任意一个均可)，然后按住 Ctrl 键不放，再按一次 S 键抬起 S 键(注意，Ctrl 键一直是处于按下状态的)，最后再抬起 Ctrl 键。如果按下 Ctrl 键后就抬起 Ctrl 键，然后再去按一次 S 键就不正确了。还有的人分别用两个手指试图同时按下 Ctrl 键和 S 键，同时抬起，由于很难保证同时进行，两者稍有时间差就会失败，所以后者方法往往偶然会成功，经常不成功，因而也是不正确的。除 Ctrl＋S 组合键外，还有很多组合键，如 Ctrl＋C、Shift＋A、Alt＋F、Ctrl＋Shift＋End 等。按键方法均是一样，一定保证先按住 Ctrl、Alt 或 Shift 键不放，再按另一个键。如 Ctrl＋Shift＋End 的按键方法是首先按住 Ctrl 键不放，再按住 Shift 键不放，同时按住两个键不放的情况下再按 End 键，抬起 End 键，最后再抬起 Ctrl 键和 Shift 键。

3.3 文本的基本操作

文本的基本操作一般包括文本的录入、删除、修改和查找等。

1. 录入文本

1) 插入点和插入、改写状态

编辑区是输入、显示、编辑文档的场所，是 Word 窗口的主体部分。在编辑区中会有一个不断闪烁的短竖线，称为插入点，它指出下一个字符将被要输入到的位置。要移动插入点，可单击相应位置；也可通过键盘按键，如表 3.2 所示。

表 3.2 移动插入点的键盘按键操作

按　键	移　动
方向键←、→	将插入点向左、向右移动一个字符的位置
方向键↑、↓	将插入点上移一行、下移一行
Home	将插入点移到本行行首
End	将插入点移到本行行尾
Ctrl＋Home	将插入点移到整篇文档的开头
Ctrl＋End	将插入点移到整篇文档的末尾

在输入文本时，有插入和改写两种输入状态。

- 插入状态：所输入的文本将被“插入”到插入点(短竖线)所在的位置，插入点后面的文本自动跟随后移。
- 改写状态：所输入的文本将替换插入点(短竖线)后面的文本，打一字消一字，要在两种状态之间来回切换，按下键盘上的 Insert 键即可，或单击状态栏“改写”二字。

2) 基本输入方法

要输入小写字母，直接按下键盘上的字母键；要输入大写字母，应按住 Shift 键不放再按下字母键。也可按一次 CapsLock 键 CapsLok ，切换默认小写字母状态为“大写”，然后直接按下字母键输入的就是大写字母，此时如按 Shift+字母键反而输入的是小写字母。再按一次CapsLok键又可切换回默认是小写字母的输入状态。

键盘上有些按键标有两种符号，如<,、&7、$4等。直接按下该键，输入的是标记在下面的符号。要输入标记在上面的符号，需要按住 Shift 键不放同时再按下该键。例如，直接按&7键输入的是数字 7；按 Shift+&7键，输入的 &。

有一种特殊的字符称为 Tab 符（也称为跳格符、水平制表符），在键盘上按一次 Tab 键，即可产生一个这样的字符。它的显示和打印类似于空格，也产生空白间隔，但它与空格是截然不同的两种字符。可将 Tab 符认为是一种可伸缩的“空格”，它的空白间隔可大可小，一个 Tab 符大可大到近一整行的宽度，小可小到几乎看不到空白间隔。因此输入 Tab 符比空格键更容易对齐文本。

要输入汉字，需首先打开中文输入法。单击任务栏右侧的输入法图标，在弹出的菜单中选择一种合适的汉字输入法，然后即可录入汉字。也可按下键盘的 Ctrl+空格键，以在中英文输入法之间切换，或连续按 Ctrl+Shift 组合键在不同的输入法之间切换。

在输入时，一定要注意目前是处于中文输入状态还是英文输入状态，在两种输入状态下输入的内容往往是不同的。例如：

- 英文状态下按>.键输入英文句号“.”，而中文状态下输入中文句号“。”。
- 英文状态下按|\键输入“\”，而中文状态下一般是顿号“、”。
- 英文状态下按 Shift+>.输入“>”，而中文状态下是“》”。
- 英文状态下按 Shift+^6键输入“^”，而中文状态下是省略号“……”。

还有一些字符，虽然看上去相似，但中、英文状态下输入的仍是两种不同的字符，例如英文中的“(”与中文中的“（”是不同的(英文的略窄)，大家在输入时一定要细心。

在输入时还要注意目前是处于半角状态还是全角状态。单击输入法指示器上的半月形图标，使图标变为满月形●，则表示已切换到全角状态，此时输入的内容都是全角字符。再次单击该图标，使之变回半月形，则又切换回半角输入状态。一般汉字都是全角的，即输入汉字时在全角、半角状态下输入均可，但对于英文字符处于全角、半角状态下的输入就截然不同了：一般在半角状态下输入的英文字符才是真正意义上的英文，而在全角状态输入英文字符，所输入的字符将类似汉字（略宽），这是与英文字符截然不同的。即使对于空格也是如此：在半角状态下输入的空格窄，在全角状态下输入的空格宽，这也是两种不同的空格。

使用中文输入法还可以输入很多特殊符号，如希腊字母、中文标点符号、数学符号、特殊符号等。打开中文输入法后，右击输入法指示器上的软键盘图标（注意是右击不是单击），则弹出各种符号的软键盘菜单，如图 3.19 所示。从菜单中选择需要的符号类型，则屏幕上将弹出一个类似键盘的窗口，称为软键盘（如图 3.20 所示），它就是从菜单中选择“特殊字符”后弹出的界面。将插入点定位到需要输入的位置，单击软键盘上的按钮或者直接按下键盘上对应的按键即可输入对应字符。注意在打开软键盘后，按下键盘上的按键输入的都是特殊符号，不能再输入原义的英文字母、数字、英文符号等，因此在特殊符号输入完毕后，应再次单击输入法显示器上的软键盘图标，关闭软键盘，以恢复正常的输入状态。

3）分行与分段

在输入文字时，要注意分行与分段的操作。

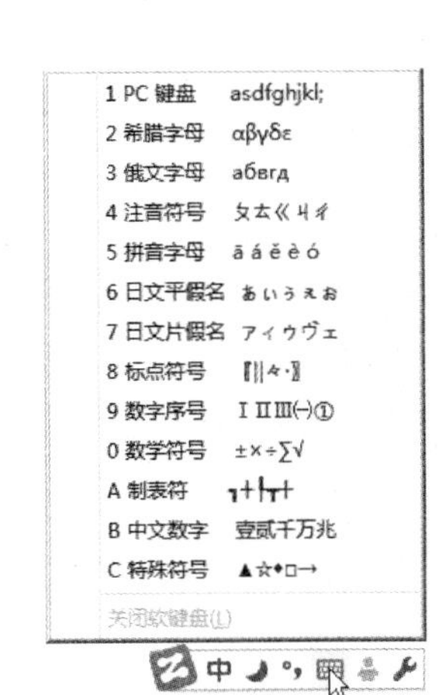

图 3.19　软键盘菜单

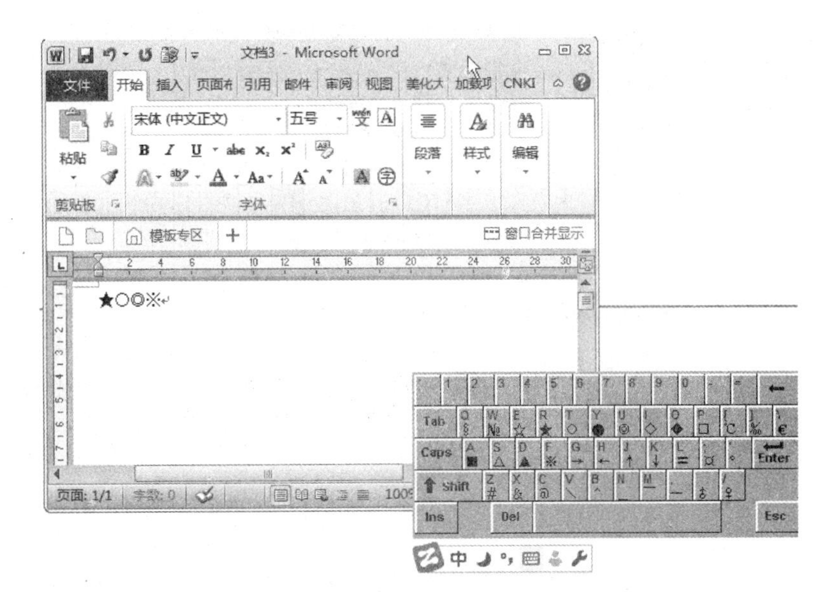

图 3.20　软键盘

- 当文字长度超过一行时，Word 会自动按页面宽度来换行，不要再按 Enter 键。
- 当要另起一个新段落时，才应该按下 Enter 键，这时文段中出现 ↵ 标记，称硬回车。如果删除 ↵ 标记则本段和下段合成一段。
- 如果希望另起一行，但新行与上行属同段，应按 Shift＋Enter 组合键，这时文档中出现 ↓ 标记，称为软回车。

2. 插入符号

使用“符号”对话框可以插入在键盘上没有的符号(如①、≠)或特殊符号(如长画线或省略号)。可插入的符号和字符的类型取决于选择的字体。例如，有的字体可能会包含分数、国际符号和国际货币符号，内置的 Symbol 字体包含箭头，项目符号和科学符号等。

打开 Word 文档，下面详细介绍插入符号的具体操作步骤。

步骤 1：将光标定位到要插入符号的位置。

步骤 2：单击“插入”功能区，找到“符号”组，单击“符号”按钮，从展开的下拉列表中单击“其他符号”选项，如图 3.21 所示。

步骤 3：从弹出的“符号”对话框中，找到需要插入的符号“①”。

步骤 4：单击“插入”按钮，再单击“关闭”按钮关闭“符号”对话框，返回到原文档中，在光标置入处已插入符号“①”。

3. 转换中文简繁体

如果希望在文档中录入繁体中文，无须使用专门的繁体输入工具。可以先输入简体中文，然后利用 Word 的简繁转换功能就能将简体中文转换为繁体。操作方法是：选择需要转换的文本；如果不选择，则表示要将文档的全部文本进行转换。然后切换到“审阅”选项卡，单击“中文简繁转换”组中的“简繁转”按钮，即可将简体中文转换为繁体。如果单击“繁转简”按钮，则可将繁体中文转换为简体。

4. 选定文本

在 Word 中进行编辑时，一般要选定文本内容，然后才能对选定的内容进行操作。这就

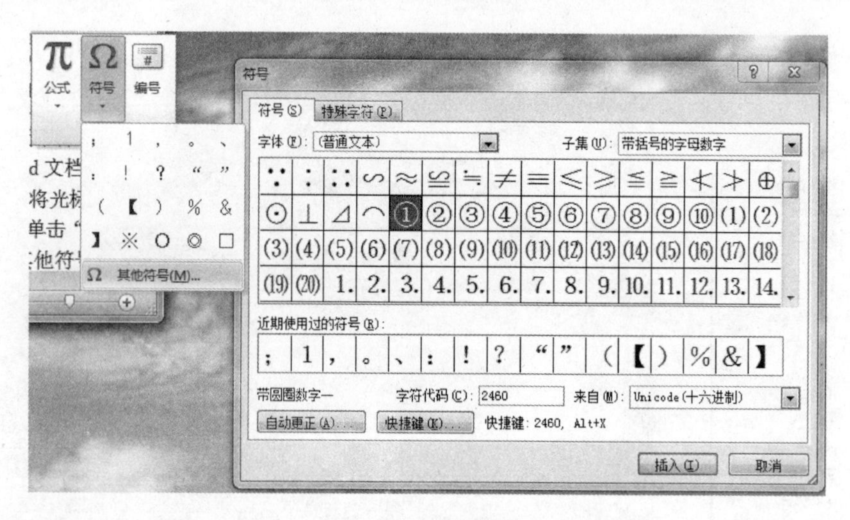

图 3.21　插入符号

好比要洗衣服，首先要选择哪几件衣服，然后才是“洗”的一系列动作。“先选定对象，再实施操作”，这是在 Office 系列软件中首先要确定的一个概念，对文本的选定包括选定词组、选定整句、选定段落、拖动选定、选定竖块文本以及选定不相邻的对象等。

1）选定词组

在文档中双击，可选定鼠标指针所在处的词组。

2）选定整句

将鼠标指针移动到需要选定的句子中，按住 Ctrl 键单击，即可选定整句。

3）选定段落

将鼠标指针移动到需要选定的段落中，然后 3 次单击鼠标即可选定整个段落。

4）选定一行

将鼠标指针移动到需要选定行的左侧空白处，当鼠标指针变成↗，单击鼠标可选定该行文本内容。

5）拖动选定

将鼠标指针移动到需要选定文本的起始位置，按下鼠标左键不放，然后拖动到结束为位置，即选定鼠标指针所经过的所有文本。

6）选定竖块文本

按住 Alt 键，然后按照拖动选定的方法即可选定竖块文本。

7）选定不相邻的对象

使用鼠标或键盘可以选定文本，包括不相邻的对象。例如，可以同时选择第一段的一个词组和第二段的一个句子，当要选择不相邻的对象时，其操作方法是首先选定所需的第一个对象，然后按住 Ctrl 键，再选择所需的其他对象即可。

5. 移动和复制文本

移动文本是指将文本从原来位置“搬到”目标位置上；复制文本是指将文本制作一个副本，将此副本“搬到”目标位置上，原文本不动。

移动和复制文本尽管功能和实施结果不同，但其操作步骤比较相似。移动和复制的操作方法有很多种，大致可以分为两类：一类是常规方法，大致需要 4 个步骤；另一类是用鼠标拖动的方法来操作。

1）常规的操作方法

常规的操作方法有 4 种，分别是利用功能区命令、右键快捷菜单、快捷键和 Office 剪贴板来完成操作。

最常用的操作方法的具体步骤如下。

步骤 1：选定要移动的文本。

步骤 2：单击“开始”选项卡“剪贴板”组中的“剪切”按钮（复制文本就是将步骤 2 中的“剪切”按钮换成“复制”按钮）。

步骤 3：将鼠标光标插入目标位置。

步骤 4：单击“开始”选项卡“剪贴板”组中的“粘贴”按钮。

若单击“粘贴”按钮下方的下拉按钮，则会弹出“粘贴选项”面板，其中有“保留原格式”“合并格式”和“只保留文本”3 个按钮，如图 3.22 所示。其中，“只保留文本”和“无格式文本”命令的含义是只复制文本本身，而不复制文本的格式。单击“选择性粘贴”命令可弹出“选择性粘贴”对话框，从中可选择相应的选项，如图 3.23 所示。

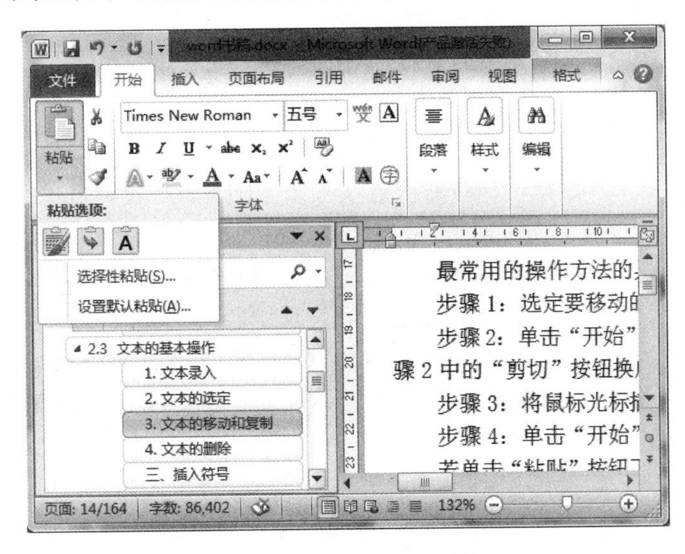

图 3.22 “粘贴选项”面板

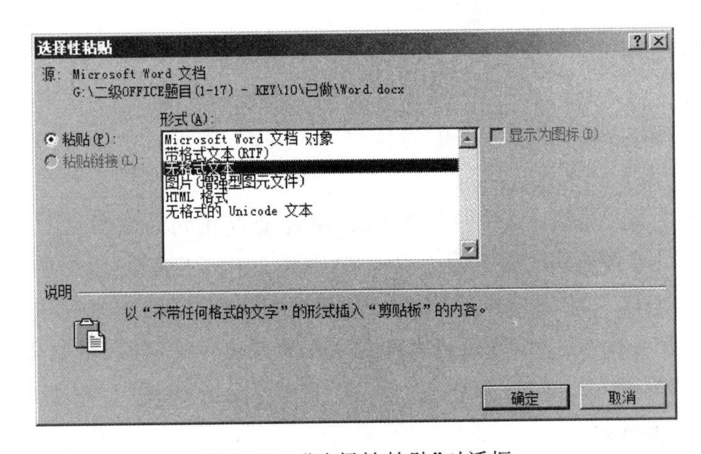

图 3.23 “选择性粘贴”对话框

2）用鼠标拖动的方法

用鼠标拖动的方法有两种：使用左键拖动和使用右键拖动。

- 使用左键拖动完成移动和复制：移动文本同样要先选中文本，然后按住鼠标左键不放，拖动到目标位置后松开左键完成移动。复制文本同样需要选中文本，按住 Ctrl 键的同时，按住鼠标左键不放，拖动到目标位置后松开左键即可完成复制；
- 使用右键拖动完成移动或复制：首先需要先选中文本，按住鼠标右键不放，拖动到目标位置后松开右键，弹出快捷菜单，从中选择“移动到此位置”选项或“复制到此位置”选项。

6. 删除文本

删除文本的方法有以下 3 种方法。

- 按下键盘上的 BackSpace 键可以删除插入点左侧的文字。
- 按下键盘上的 Delete 键可删除插入点右侧的文字。
- 使用前面介绍的选择文本方法先选中需要删除的文本，按下键盘上的 BackSpace 键或者 Delete 键可将选中内容全部删除。

7. 撤销、恢复和重复

如果在编辑过程中执行了错误的操作，可以用 Word 的撤销功能将文档恢复到操作之前的状态，单击“快速访问工具栏”中的“撤销”按钮 一次，或按下 Ctrl+Z 组合键一次，也可撤销前一步的操作；连续单击该按钮或连续按下 Ctrl+Z 组合键可连续撤销前面多步的操作。也可以单击该按钮的向下箭头，从下拉列表中选择要撤销到的步骤直接连续撤销多步。注意，某些操作无法撤销，如果无法撤销，“撤销”按钮会变成灰色，显示为“无法撤销”。

恢复是对“撤销”的撤销。如果在撤销之后发现刚刚对文档的修改是正确的，刚才不应撤销，这时可单击“快速访问工具栏”中的“恢复”按钮 ，可多次单击该按钮，恢复多次前面的“撤销”操作。也可按下键盘的 Ctrl+Y 组合键恢复。注意，恢复与撤销是相对应的，只有执行了撤销后，才能恢复。

重复是指重复上一次的操作，要重复上一次的操作，可单击“快速访问工具栏”中的“重复”按钮 。在恢复所有已撤销的操作后，“恢复”按钮会变成“重复”。注意，某些操作无法重复，如果不能重复，“重复”按钮将变为“无法重复”。

8. 查找和替换

在文档的编辑过程中，经常要查找某些内容，有时需要对某一内容进行统一替换。对于较长的文档，如果手动去查找或替换，其工作量较大且会有遗漏。利用 Word 强大的查找与替换功能可以快速而准确地完成用户的意愿。

1）查找

查找分为“查找”和“高级查找”两类操作。前者是查找到对象后，予以突出显示；后者是查找到对象后，同时将查找对象选定。单击“开始”选项卡“编辑”组中的“查找”按钮，可启动导航窗口，进行查找。“高级查找”主要通过“查找和替换”对话框来完成，具体步骤如下。

步骤 1：选择要查找的区域，或是将光标置入要查找的位置(如果是全文查找可不选择)。

步骤 2：单击“开始”选项卡“编辑”组中的“查找”按钮 查找 右侧的下拉按钮，单击“高级查找”命令 高级查找(A)...。

步骤 3：弹出“查找和替换”对话框，在“查找内容”中输入要查找的文本内容，如图 3.24

所示。单击“查找下一处”按钮从光标插入点开始查找符合条件的文本，所查找的文本都是选中的状态。

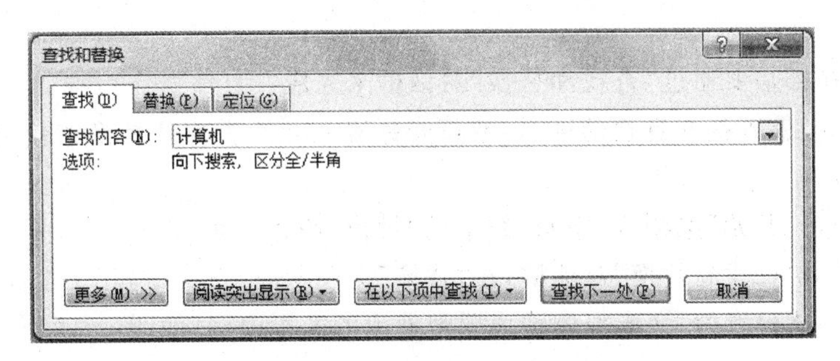

图 3.24 “查找和替换”对话框

在“查找和替换”对话框中单击“更多”按钮，可展开更多扩展选项，如图 3.25 所示。其中，较重要的选项功能如下。

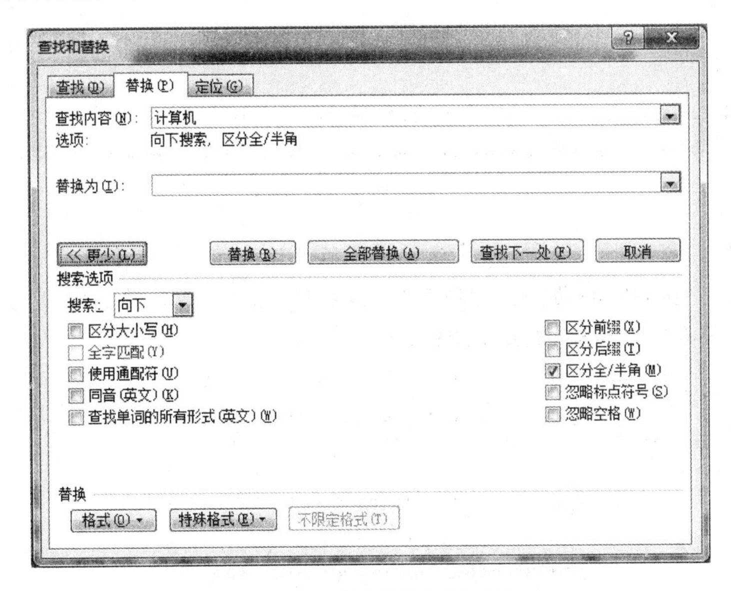

图 3.25 对话框的拓展面板

(1) 区别大小写：查找时区分英文字母的大小写。

(2) 全字匹配：只查找与查找内容全部匹配的单词，否则查找包含该内容的文本。

(3) 使用通配符：在查找文本中使用通配符。例如，“?”表示任意一个字符，“ * ”表示任意一个字符。

(4) 区分全/半角：查找时区分全角和半角。

(5) 忽略标点符号：在查找文本时，不考虑文本中的标点符号。

(6) 忽略空格：在查找文本时，不考虑文本中的空格。

(7) “格式”按钮：单击“格式”按钮，可展开一个列表，在该列表中包含字体、段落、制表位、语言、图文框、样式、突出显示等几个选项。单击其中除“突出显示”之外的任意一个选项，都会弹出一个对话框。从中选择要查找的内容的格式。例如，可查找格式为“五号、红色、黑体”的“计算机”3 个字。

(8)“特殊格式”按钮：单击此按钮，从展开的列表中可选择要查找的特殊字符，例如段落标记、分栏符、省略号、制表符等。

2）替换

替换和查找都是要通过“查找和替换”对话框来完成。具体操作步骤如下。

步骤1：选择要查找并替换的区域，或将光标置入开始查找并替换的位置（如果是全文查找可不选择）。

步骤2：单击“开始”选项卡“编辑”组中的“替换”按钮 替换。

步骤3：弹出“查找和替换”对话框，在“替换”选项卡的“查找内容”文本框中输入要被替换的文本内容，在“替换为”文本框中输入要替换成的文本内容，如图3.26所示。

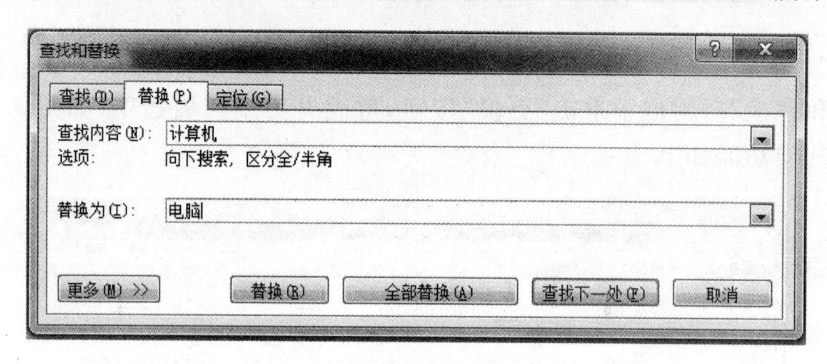

图3.26　设置替换内容

步骤4：单击“查找下一处”按钮从光标插入点开始查找符合条件的文本，查找到一处可单击“替换”按钮完成内容的替换。如单击“全部替换”按钮，则会弹出提示对话框，单击“确认”按钮完成全部内容的替换，如图3.27所示。

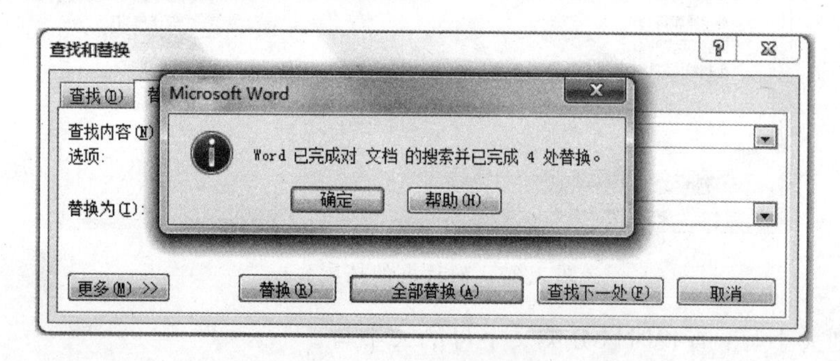

图3.27　提示对话框

3）查找和替换格式

上文介绍的查找和替换只是简单的替换文本内容，下面介绍如何替换文本的内容和格式。

打开Word文档，下面将详细介绍文中“地球”替换为带有“小三号、红色、黑体、加粗”的“地球”。

步骤1：单击“开始”选项卡“编辑”组中的“替换”按钮 替换。

步骤2：弹出“查找和替换”对话框，在“替换”选项卡的“查找内容”文本框中输入要被替换的文本内容“地球”，在“替换为”文本框中输入要替换成的文本内容“地球”。

步骤 3：将光标置于“替换为”文本框中。

步骤 4：单击“更多”按钮展开对话框面板。单击“格式”按钮从弹出的列表中单击“字体”命令，如图 3.28 所示。

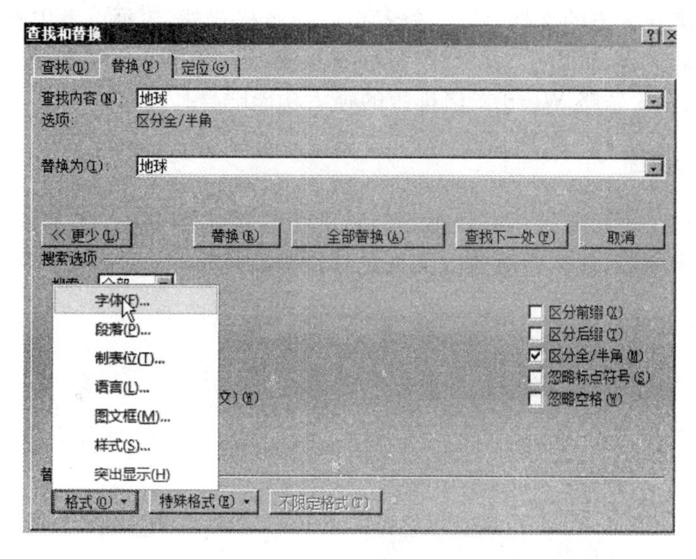

图 3.28　启动“字体”命令

步骤 5：弹出“替换字体”对话框，从中设置字体、字形、字号、字体颜色等，如图 3.29 所示。

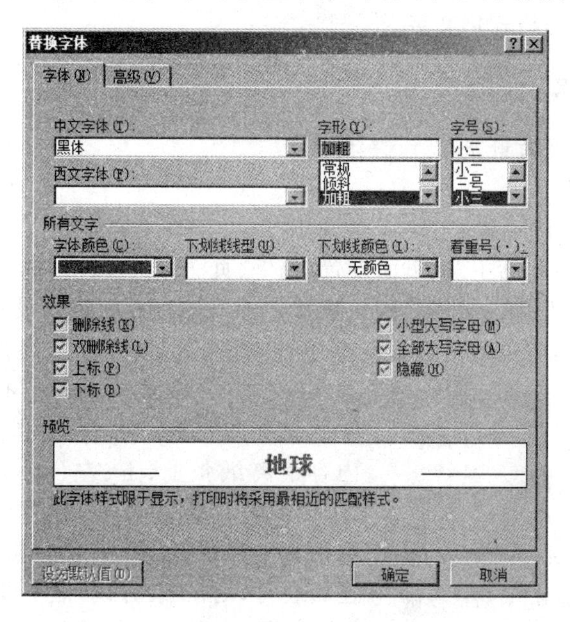

图 3.29　“替换字体”对话框

步骤 6：单击“确定”按钮返回“查找和替换”对话框。此时，发现在“替换为”文本框下方出现了“字体：(中文)黑体，小三，加粗，字体颜色红色”的字样，这就表示替换为的内容格式设置好了。此时，单击“全部替换”按钮，在弹出的确认对话框中单击“确定”按钮，完成全部的替换。

3.4 任务一 简短文档排版

要制作一篇美观大方的文档，除了考虑字体、段落格式外，还可以考虑整体排版和布局，如分页、分栏、页面大小、页边距、页版式、页面背景等。有了 Word，人们不必再为文档的排版大费周折，现在就来领略 Word 文档排版的强大功能吧！

3.4.1 任务描述

某旅行社新员工小张要接手一线城市——北上广的旅游业务，在 Word 中整理了介绍这三个城市的文字内容，现在要对他的文档进行排版美化。

3.4.2 任务目标

- 掌握文档排版的基本流程；
- 掌握页面布局的设置；
- 熟悉字体和段落设置；
- 掌握边框和底纹的设置；
- 掌握首字下沉设置方法；
- 掌握分栏排版；
- 掌握在文档中添加引用内容的方法；
- 掌握格式刷快速格式化文字。

3.4.3 预备知识

1. 页面设置和页面背景

1）页面设置

(1) 页边距和纸张的设置。

“页面布局”功能区包括主题、页面设置、稿纸、页面背景、段落、排列几个组，用于帮助用户设置文档页面样式，在排版文档之前一般我们可以先对页面进行设置。单击“页面布局”选项卡“页面设置”组右下角的对话框开启按钮(如图 3.30 所示)，将弹出“页面设置”对话框，如图 3.31 所示。切换到“页边距”选项卡，可为文档设置页边距。页边距是指将要打印到纸张上的内容距离纸张上、下、左、右边界的距离。在“上”“下”“左”“右”文本框中，分别输入页边距的数值，或单击文本框右侧的上下箭头微调数值。如果打印后还需装订，则在“装订线”框中设置装订线的宽度，在“装订线位置”中选择“左”或“上”，则 Word 会在页面上对应位置预留出装订位置的空白。

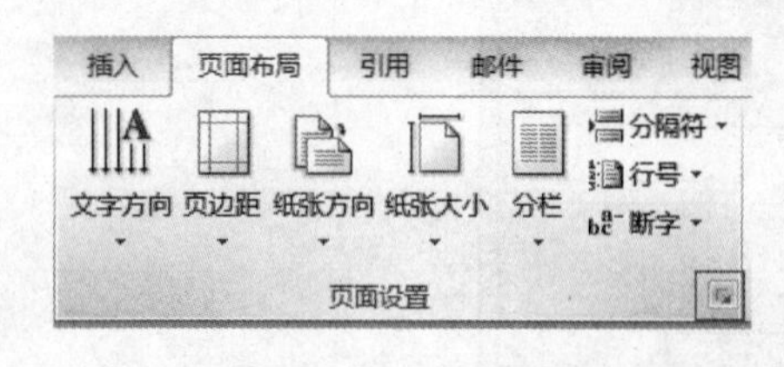

图 3.30 显示“页面设置”对话框按钮

注意：如果对文档设置了页眉和页脚，则在设置页边距时，一定要将“页眉”边距值设置成小于“上”边距值，“页脚”边距值设置成小于“下”边距值(页眉/页脚边距值在对话框的“版式”选项卡中设置)，否则页眉、页脚会与文档内容重叠。

使用计算机制作文档，一般都会将文档打印到纸张上，因此在制作文档时还要设计文档将要打印的纸张大小。例如,平时常见的文档一般都用 A4 纸,也有的用 B5 纸,还有诸如 16 开、32 开等多种纸张规格。如何在 Word 中设置所需要的纸张大小呢?

单击“页面布局”选项卡“页面设置”组右下角的对话框开启按钮,弹出“页面设置”对话框,如图 3.31 所示,切换到“纸张”选项卡,在“纸张大小”中可以设置预定义的纸张大小(如 A4、B5、16 开等),如图 3.32 所示,也可以自己定义纸张大小。或者单击“页面布局”选项卡“页面设置”组中的“纸张大小”按钮,从下拉列表中选择纸张或“其他页面大小”。

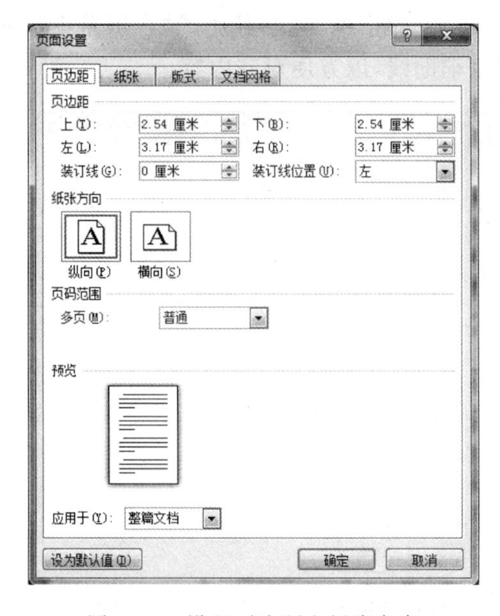

图 3.31 设置页边距和纸张方向

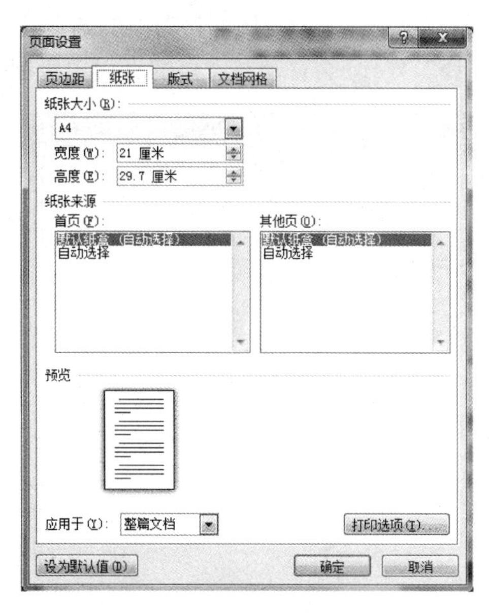

图 3.32 在“页面设置”对话框中设置纸张

在“纸张方向”中可以选择纸张为纵向或横向,Word 默认打印输出为“纵向”;编辑特殊文档时也可能会使用横向纸张(将宽、高互换),如制作贺卡、打印较宽的表格。

在图 3.31 所示的对话框中,还有“页码范围”下的“多页”选项,其中又有“普通”“对称页边距”“拼页”“书籍折页”“反向书籍折页”等选项,它们的含义如表 3.3 所示。

表 3.3 页码范围的“多页”选项及含义

选项	含义
普通	正常的打印方式,每页打印到一张纸上,每页页边距相同
对称页边距	主要用于双面打印,左侧页的“左页边距”与右侧页的“右页边距”相同,左侧页的“右页边距”与右侧页的“左页边距”相同
拼页	两页的内容拼在一张纸上一起打印,主要用于按照小幅面排版但是又用大幅面纸张打印时
书籍折页	用来打印从左向右折页的开合式文档(如请柬之类),打印结果以“日”字双面分布,“日”字中间的“一字线”是折叠线,具体效果为:纸张正面的左边为第 2 页,右边为第 3 页;反面左边为第 4 页,右边为第 1 页。纸张从左向右对折后,页码顺序正好是 1、2、3、4
反向书籍折页	与“书籍折页”类似,但它是反向折页的,可用于创建从右向左折页的开合式文档(如古装书籍的小册子)。具体效果为:纸张正面的左边为第 3 页,右边为第 2 页;反面的左边为第 1 页,右边为第 4 页。从右向左对折后,页码顺序正好是 1、2、3、4

(2) 版式和文档网格的设置。

在“页面设置”对话框中，切换到“版式”选项卡，如图 3.33 所示，可以设置页眉和页脚距页边距的距离、页面的垂直对齐方式以及为文档中的各行添加行号等。要为文档中的各行添加行号，可单击“行号”按钮，在弹出的“行号”对话框中做详细设置。

在“页面设置”对话框中，切换到“文档网格”选项卡，如图 3.34 所示。可以定义每页包含的行数和每行包含的字数，但要配合选择“网络”组中的对应单选按钮才能分别设置行数和每行字数。单击“绘图网格”按钮，将弹出“绘图网格”对话框，选中其中的“在屏幕上显示网格线”，Word 会自动在文档的页面中绘制出网格辅助线，以方便对齐内容。

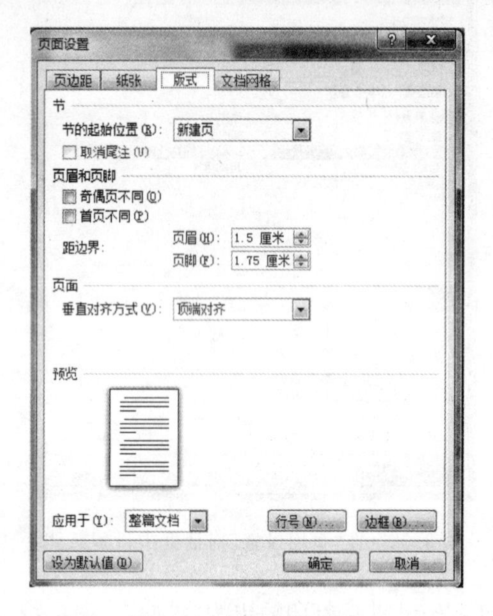

图 3.33 “版式”选项卡

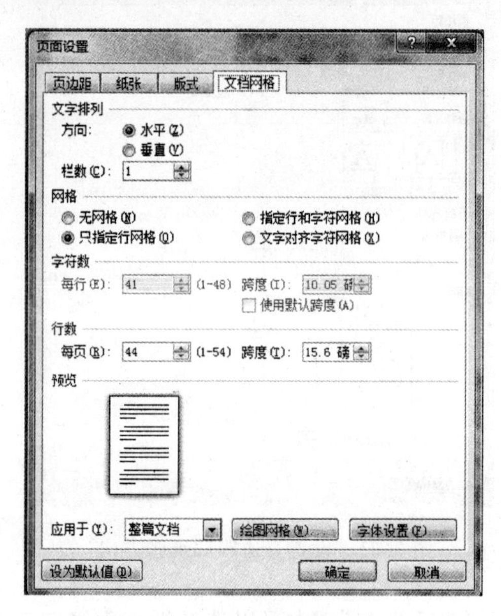

图 3.34 “文档网格”选项卡

Word 还提供稿纸功能，可以很方便地选择使用各类稿纸样式来书写文档。单击“页面布局”选项卡“稿纸”组中的“稿纸设置”按钮，弹出“稿纸设置”对话框，可对稿纸的格式、行数、列数等进行设置，如图 3.35 所示。单击“确定”按钮，则文档就具有了稿纸效果，可在稿纸的方格内输入文字。

2) 页面背景

白底黑字是传统的配色，但看久了也容易造成视觉疲劳，能否让文档获得更美观的视觉效果呢？这就需要对页面进行多种修饰，如页面颜色、背景图片、水印效果等。

(1) 页面背景颜色和背景图片的设置。

单击“页面布局”选项卡“页面背景”组中的“页面颜色”按钮，然后从下拉列表中选择一种颜色，即可设置页面背景为一种纯色。例如，在下拉列表中选择“填充效果”选项，弹出“填充效果”对话框，还可以设置页面背景为渐变颜色、纹理、图案或图片等。

如需将一张图片作为 Word 文档的背景，将对话框切换到“图片”选项卡，如图 3.36 所示。单击“选择图片”按钮，在弹出的对话框中选择图片文件，单击“插入”按钮；返回“填充效果”对话框再单击“确定”按钮即可。

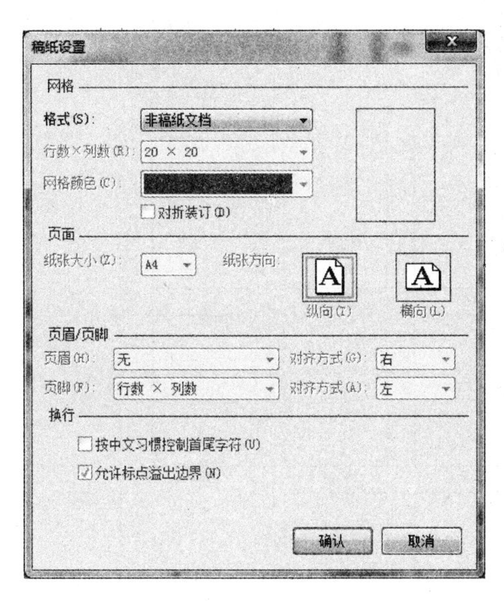

图 3.35　文档稿纸设置

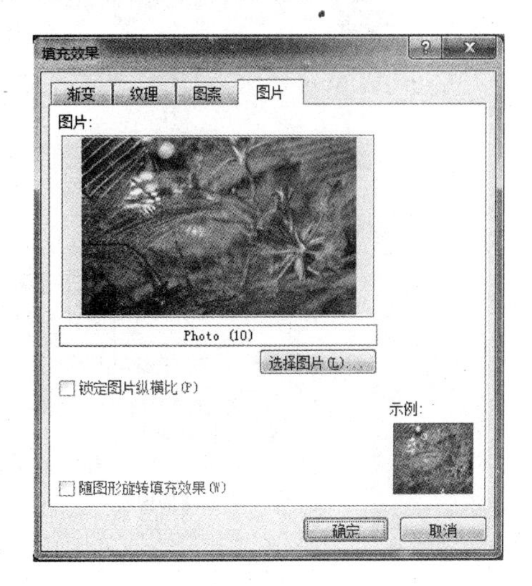

图 3.36　“图片”选项卡

(2) 水印的制作。

有时，会在宣传单、公告或技术资料中看到文档正文下方有淡淡的文字，写着“机密”“严禁复制”“请勿带出”等提醒读者，或在正文下方衬着浅浅的底图。这些经过淡化处理且压在正文下面的文字或图片成为水印。水印包括文字水印和图片水印两种。

单击“页面布局”选项卡“页面背景”组中的“水印”按钮，从下拉列表中选择“自定义水印”选项，如图 3.37 所示。在弹出的“水印”对话框中选择“文字水印”单选按钮，再在“文字”文本框中输入要设置为水印的文字，例如输入“计算机应用”。还可以对水印文字的字体、字号、颜色及版式等进行设置，例如设为“斜式”，如图 3.38 所示。若要半透明显示文字水印，可勾选“半透明”复选框，否则水印有可能干扰文档中的正文文字。单击“确定”按钮，则设置好的水印效果可参看图 3.37 中的文档部分。

如果要制作图片水印，操作方法基本相同，也是打开“水印”对话框。只不过在该对话框中选择“图片水印”选项，然后单击“选择图片”按钮，再选择一张希望作为水印的图片即可。如果图片可能干扰文档中的正常文字，可勾选“冲蚀”复选框。

(3) 页面边框的设置。

单击“页面布局”选项卡“页面背景”组中的“页面边框”按钮，在弹出的“边框和底纹”对话框中可以对页面边框进行设置，如图 3.39 所示。

在“页面边框”选项卡中可以设置不同的边框样式，如方框、阴影、三维和用户自定义的边框样式；样式、颜色、宽度和艺术型都是对边框的线条进行设置。对于是选择整篇文档、本节、本节-仅首页还是本节-除首页外所有页来设置页面边框，用户可以通过“应用于”来进行选择。

2. 字体格式设置

文字排版首先会做的工作一般为字体格式的设置。在“开始”选项卡的“字体”组中，Word 提供了许多对文本进行字体格式设置的按钮，如图 3.40 所示。先选中要设置的文本，然后单击对应的按钮即可为选定文本设置对应的字体格式。

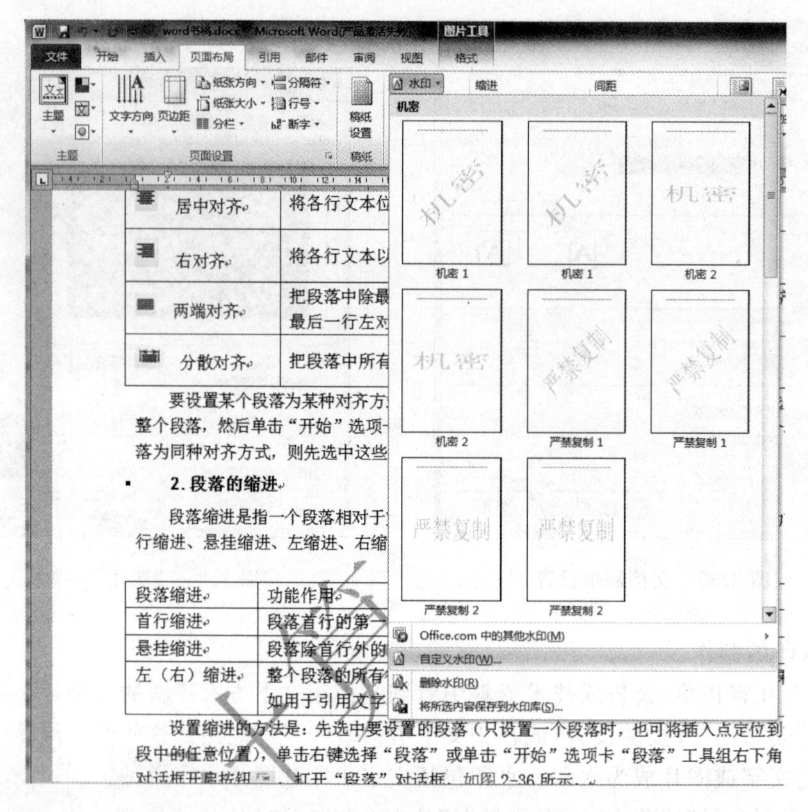

图 3.37 设置自定义水印

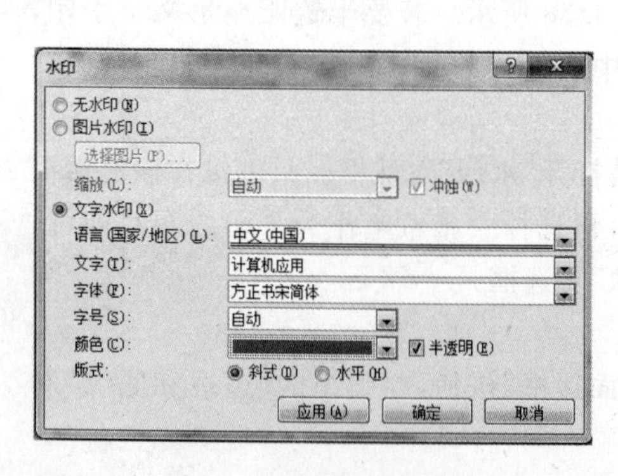

图 3.38 “水印”对话框

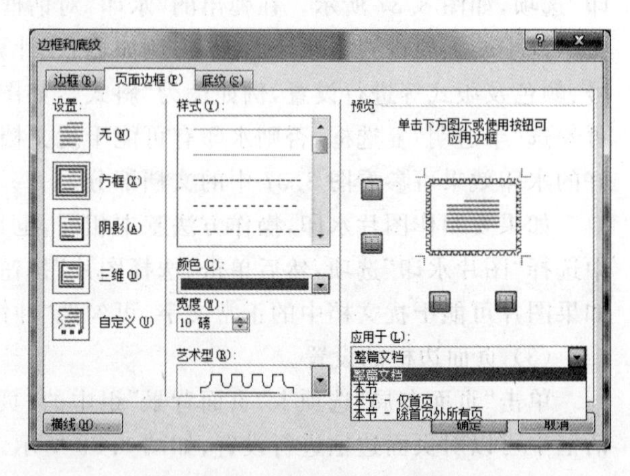

图 3.39 设置页面边框

图 3.40 “字体”组

也可以用“字体”对话框进行字体设置。先选中要设置的文本，然后单击“字体”组右下角的对话框开启按钮 或在选中区域右击，在弹出的快捷菜单中选择“字体”选项，就会弹出“字体”对话框，如图 3.41 所示。对话框中包含“字体”和“高级”两个选项卡，“字体”选项卡包含字体基本设置的命令，“高级”选项卡包含文本字符的缩放、间距、位置（相对行提升或降低）等高级设置命令。

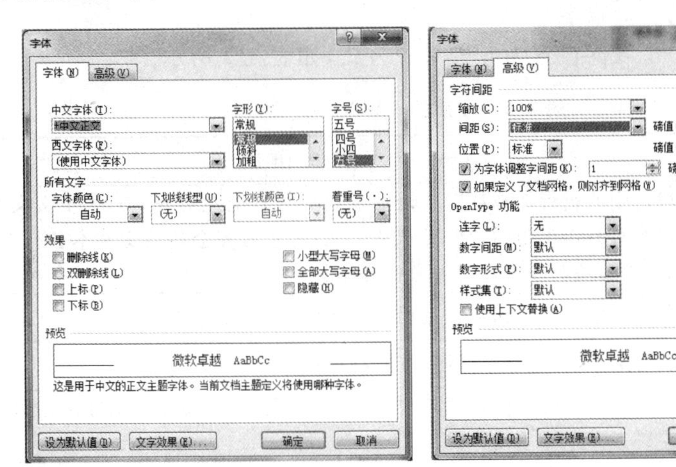

图 3.41 “字体”对话框

字体格式的不同设置效果如表 3.4 所示。

表 3.4 功能区中常用字体格式设置的按钮

按　钮	功　能
宋体	设置文本的字体，如宋体、黑体、隶书等
五号	设置文本字号，如五号、三号等，也可直接输入阿拉伯数字表示磅值，磅值越大，文字越大，例如输入 100 则可得到更大字号的文字
B	将文本的线型加粗
I	将文本倾斜
U	为文本添加下画线效果
x_2	将文本缩小并设置为下标
x^2	将文本缩小并设置为上标
A	为文本添加边框效果
A	为文本添加底纹效果
A	设置文本颜色
ab	为文本添加类似用荧光笔做了标记的醒目效果

“字体”对话框中的部分功能与功能区“开始”选项卡“字体”组中的对应功能是完全一样的，如字体、字号、颜色、加粗、倾斜等。当进行这些设置时，选择其中的一种进行设置就可以。但是功能区按钮并不包含字体设置的全部功能，某些功能如果在功能区中没有包含，还要通过“字体”对话框完成，如着重号、效果等。

3. 段落格式设置

设置字体格式可以表现文档中局部文本的格式，而设置段落格式则是以一段为独立单位进行的统一格式设置，可以表现一段整体的文本效果。

段落就是以回车(Enter)键结束的一段文字。在输入文字时，每按一次回车键便会产生一个新的段落，Word 会在文档中插入一个 ↵ 标记(硬回车)，它表示一个段落的结尾。

1) 段落的对齐方式一个段落

在 Word 中，可将一个段落设置为 5 种对齐方式，如表 3.5 所示。

表 3.5　段落的 5 种对齐方式

对　齐	功能作用
左对齐	把段落中的每行文本都以文档的左边界为基准左对齐。对于中文文本，左对齐与两端对齐作用相同。但对于英文文本，左对齐会使英文文本各行右边缘参差不齐，而两端对齐各行右边缘就对齐了
居中对齐	将各行文本位于文档左、右边界的中间
右对齐	将各行文本以文档右边界为基准右对齐
两端对齐	将段落中除最后一行外，其余行文本以文档左、右边界为基准两端对齐，最后一行左对齐
分散对齐	将段落中所有行的文本以文档左、右边界为基准都两端对齐

要设置某个段落为某种对齐方式，可将插入点定位到该段落中的任意位置，也可以选中整个段落，然后单击“开始”选项卡“段落”组中的对应按钮，如图 3.42 所示。如果要同时设置多个段落为同种对齐方式，则先选中这些段落，然后再单击相应按钮。

也可以用“段落”对话框进行段落对齐方式的设置。先选中要设置的段落，然后单击“段落”组右下角的对话框开启按钮或在选中区域上右击，在弹出的快捷菜单中选择“段落”选项，就会弹出“段落”对话框，如图 3.43 所示。

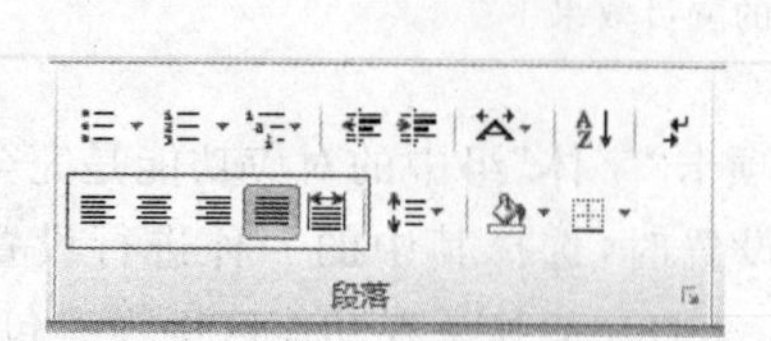

图 3.42　段落对齐方式 1

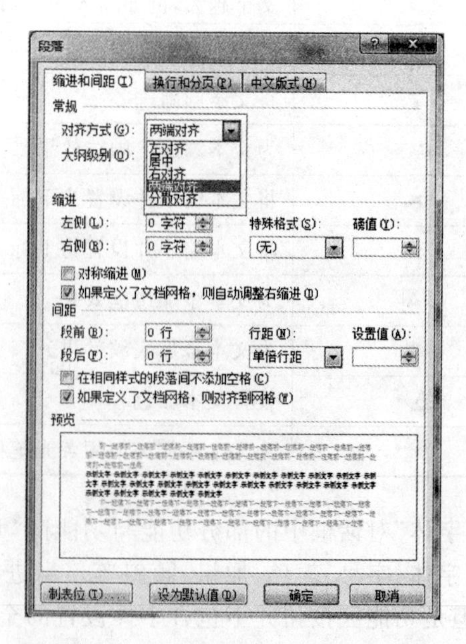

图 3.43　段落对齐方式 2

2）段落的缩进

段落缩进是指一个段落相对于文档左、右页边距向页内缩进的一段距离。段落缩进分为首行缩进、悬挂缩进、左缩进、右缩进等，如表 3.6 所示。

表 3.6　段落的缩进

段落缩进	功能作用
首行缩进	段落首行的第一个字符向右缩进，使之区别于前面的段落
悬挂缩进	段落除首行外的其余各行的左边界都向右缩进
左(右)缩进	整个段落的所有行左(右)边界向右(左)缩进，可产生嵌套段落的效果，如用于引用文字

设置缩进的方法是：先选中要设置的段落（只设置一个段落时，也可将插入点定位到该段中的任意位置），右击，在弹出的快捷菜单中选择“段落”选项或单击“开始”选项卡“段落”组右下角的对话框开启按钮，弹出“段落”对话框，如图 3.44 所示。

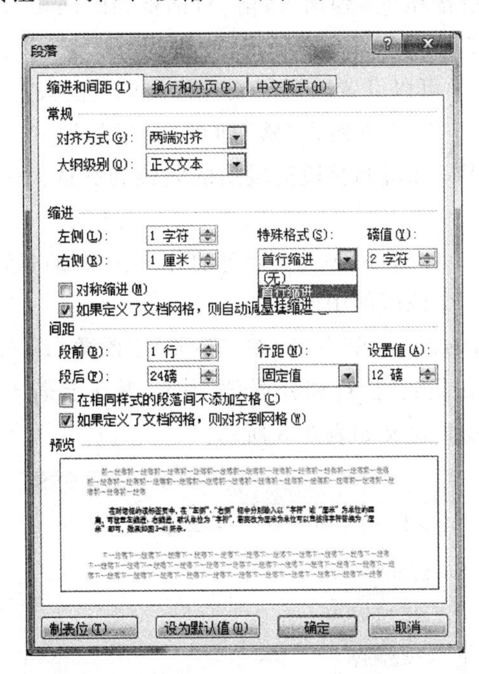

图 3.44　“段落”对话框

在“段落”对话框的“缩进和间距”选项卡中的“特殊格式”下拉列表框中，选择“首行缩进”或“悬挂缩进”，并在右侧“磅值”中输入缩进的距离（可以“字符”或“厘米”为单位）。要取消首行缩进和悬挂缩进，在该下拉列表框中选择“无”。一般书籍或文章中的各段都设置为“首行缩进”“2 字符”。

在对话框的该选项卡中，在“左侧”“右侧”框中分别输入以“字符”或“厘米”为单位的距离，可设置左缩进、右缩进，默认单位为“字符”，若要改为厘米为单位可以直接将字符替换为“厘米”即可。

3）段间距和行间距

段间距是相邻两个段落之间的距离，可分别设置某段与上一段的间隔距离、与下一段的间隔距离。行间距是段内行与行之间的距离，各种方式的行间距如表 3.7 所示。

表 3.7　段落的行间距

行距方式	功能作用
单倍行距	段中每行的行距为该行最大字体的高度加上一点额外的间距，额外间距的大小取决于所用字体
1.5 倍行距	单倍行距的 1.5 倍
2 倍行距	单倍行距的 2 倍
最小值	在行距右侧进一步设置磅值，系统进行自动调整的行距不会小于该值
固定值	在行距右侧进一步设置磅值，行距固定，系统不会进行自动调整
多倍行距	单倍行距的若干倍，在行距右侧进一步设置倍数值（可以是小数，如 1.2）

设置行间距和段间距也要先选中要设置的段落（只设置一个段落时，可将插入点定位到该段中的任意位置），右击，在弹出的快捷菜单中选择“段落”选项或单击“开始”选项卡“段落”组右下角的对话框开启按钮 ，弹出“段落”对话框，在“间距”组中设置“段前”和“段后”都为 0.5 行，“行距”为 1.5 倍行距，单击“确定”按钮。

在“段前”和“段后”框中可以设置以“行”或“磅”为单位的段落间距，默认单位为“行”，若要改为磅为单位可以直接将“行”替换为“磅”即可，效果如图 3.43。还可以将间距设置为“自动”，“自动”的含义是 Word 将调整段前段后的间距为默认大小。

4）段落分页控制

在编辑文档时，当满一页内容后 Word 会自动分页。根据内容多少，分页可刚好位于一个段落的结束，也可位于一个段落的中间。

选中要进行分页控制的段落，单击“开始”选项卡“段落”组右下角的对话框开启按钮 ，弹出“段落”对话框。切换到“换行和分页”选项卡，其中有若干控制段落分页的设置，如图 3.45 所示。这些设置及其含义如表 3.8 所示。

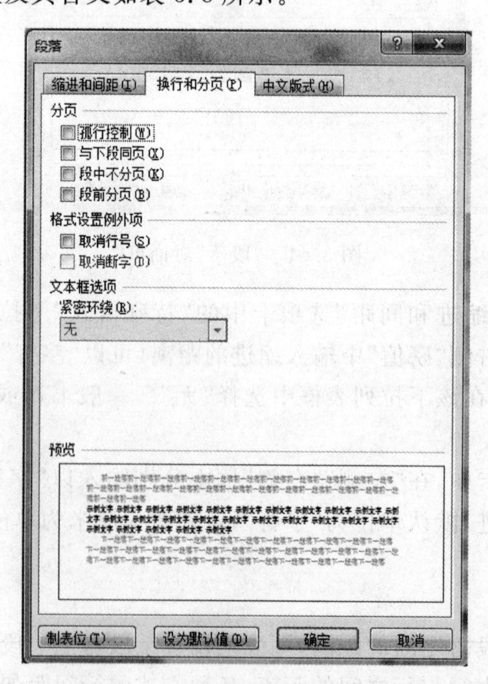

图 3.45　设置段落的“换行和分页”

表 3.8　Word 的段落分页控制

设　置	含　义
孤行控制	由于分页使某段的最后一行单独落在一页的顶部，或某段的第一行单独落在一页的底部，称为孤行。勾选此复选框可避免该段落出现这种情况，即 Word 会将该段落调整到至少有两行在同一页
与下段同页	勾选此复选框后 Word 不会在本段与后面一段间分页，即总保持本段与下段要么同时位于前一页，要么同时位于后一页
段中不分页	勾选此复选框后 Word 不会在本段落的中间自动分页
段前分页	强制 Word 在本段前分页

5）项目符号和编号

如果文档中存在一组并列关系的段落，可以在各个段落前添加项目符号，例如，均添加◆；如果段落还有先后关系，则可使用项目编号，例如，在每段之前分别添加“一”“二”“三”等。Word 有自动为段落添加项目符号和项目编号的功能，这样就不需要人们自己输入了。

(1) 项目符号的添加。

要添加项目符号，选中要设置项目符号的段落，单击“开始”选项卡“段落”组中的“项目符号”☰▾右侧的下三角按钮，从下拉列表中选择一种项目符号样式，如图 3.46 所示。还可以单击“定义新项目符号”，弹出“定义新项目符号”对话框以选择更多的符号样式。在后者的对话框中还可设置以一张图片作为项目符号。

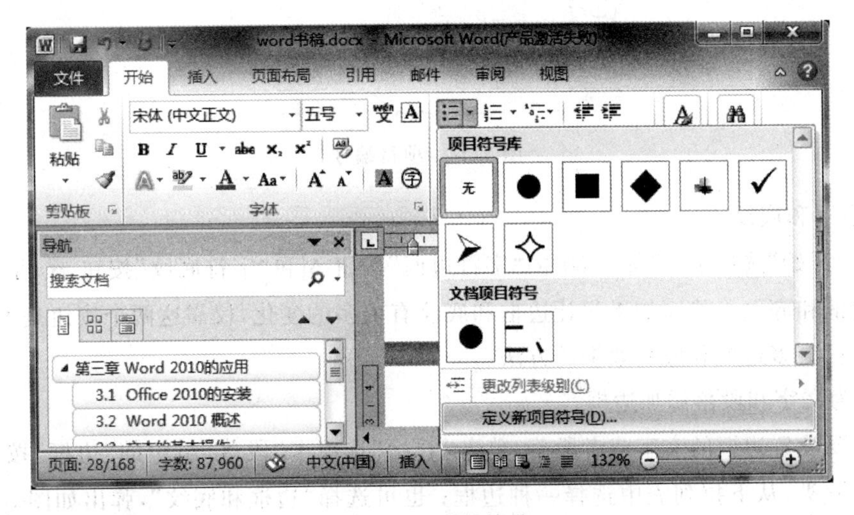

图 3.46　项目符号

(2) 项目编号的添加。

要添加项目编号，选中要设置项目编号的段落，单击“开始”选项卡“段落”组中的“编号”☰▾右侧的下三角按钮，从下拉列表中选择一种编号样式，如图 3.47 所示。还可以单击“定义新编号格式”，弹出“定义新编号格式”对话框以选择更多的编号样式。

如果要取消项目符号和编号，可选定要取消项目符号和编号的段落，然后再次单击“开始”选项卡“段落”组中的“项目符号”按钮或“编号”按钮，使按钮为非高亮状态即可；或从下拉列表中选择“无”即可。

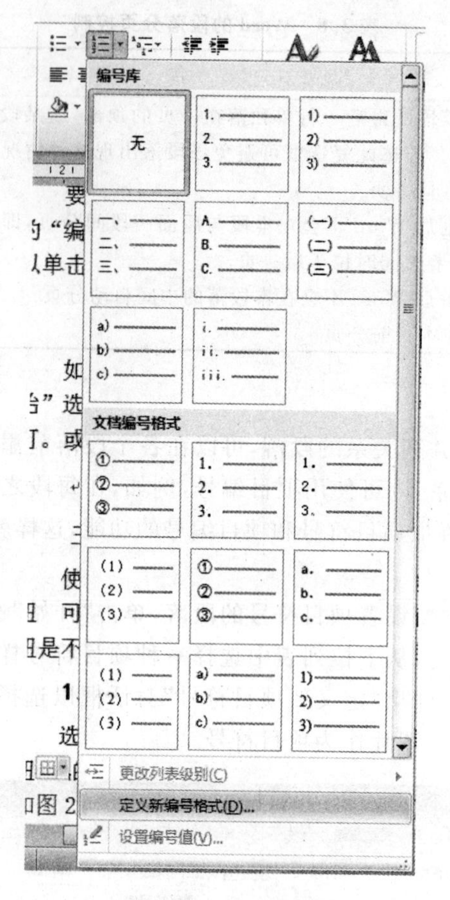

图 3.47　项目编号

6）边框和底纹

使用“开始”选项卡“字体”组中的“字符边框”按钮和“字符底纹”按钮可为文字分别加上边框和底纹。然而如果想让边框和底纹有更多的变化，仅靠这两个按钮是不够的，下面介绍设置更多边框和底纹效果的方法。

(1) 为文字和段落添加边框。

选中要设置边框的文字或者段落，单击“开始”选项卡“段落”组中的“边框”按钮的右侧向下箭头，从下拉列表中选择一种边框；也可选择“边框和底纹”，弹出如图 3.48 所示的“边框和底纹”对话框。

在“样式”列表中选择边框样式，在“颜色”中选择边框颜色，在“宽度”中选择边框宽度，再在右侧“预览”中单击所需边框的上边框、下边框、左边框、右边框的对应按钮：按钮按下表示有相应位置的边框，按钮抬起表示没有相应位置的边框。也可单击中间图示的四周设置对应位置的边框。在“应用于”下拉列表框中选择“文字”或“段落”，单击“确定”按钮即可为所选文字或段落添加边框。

(2) 为文字和段落添加底纹。

选中要设置底纹的文字或段落，单击“开始”选项卡“段落”组中的“底纹”按钮的右

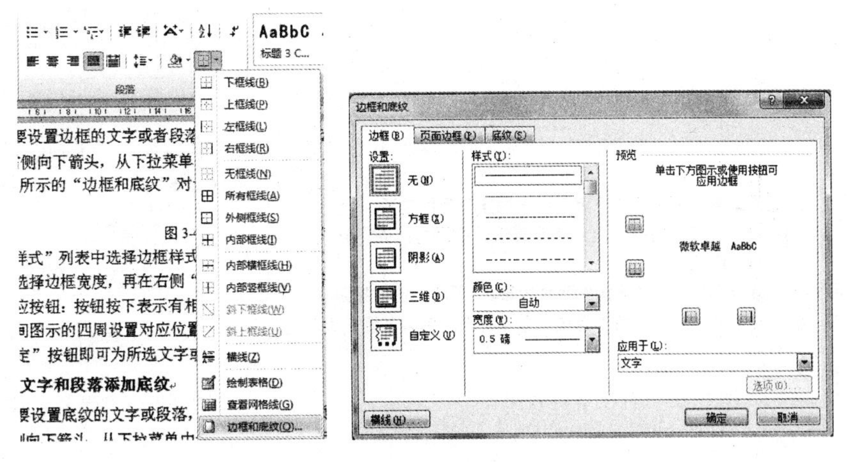

图 3.48 “边框和底纹”对话框

侧向下箭头，从下拉列表中选择一种颜色；也可选择“边框和底纹”，弹出“边框和底纹”对话框，在对话框中切换到“底纹”选项卡，如图 3.49 所示。底纹可以是一种颜色，也可以是在纯色的基础上再添加一些花纹。首先设置底纹填充颜色，如果需要底纹，再在“图案”中选择花纹的样式和颜色。在“应用于”下拉列表框中选择“文字”或“段落”，单击“确定”按钮，即可为所选文字或段落添加底纹。添加边框和底纹的效果如图 3.50 所示。

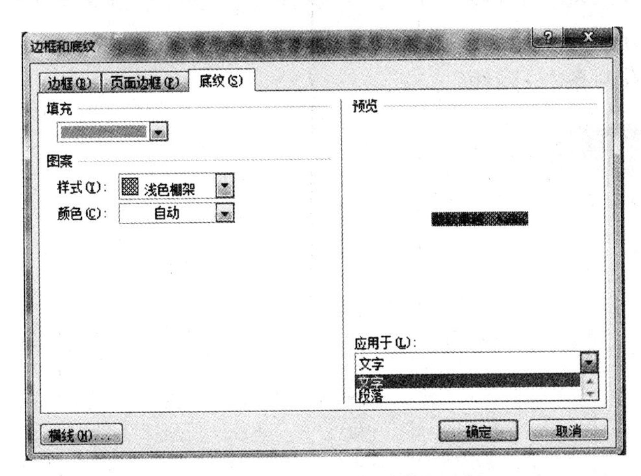

图 3.49 “底纹”选项卡

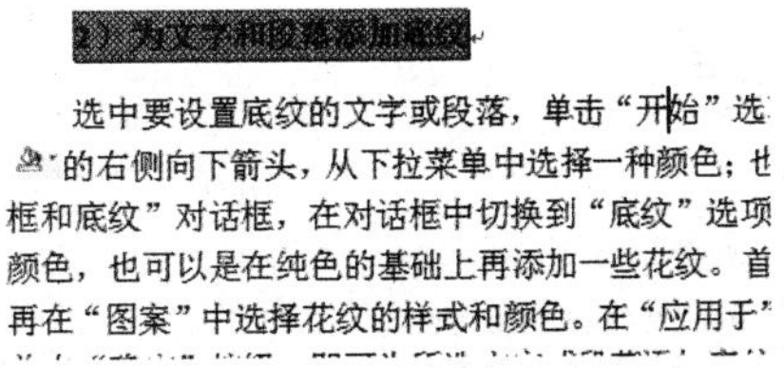

为文字和段落添加底纹
选中要设置底纹的文字或段落，单击“开始”选
的右侧向下箭头，从下拉菜单中选择一种颜色；也
框和底纹”对话框，在对话框中切换到“底纹”选项
颜色，也可以是在纯色的基础上再添加一些花纹。首
再在“图案”中选择花纹的样式和颜色。在“应用于”

图 3.50 为文字设置边框和底纹后的效果

4. 首字下沉

首字下沉包括“下沉”与“悬挂”两种效果。“下沉”的效果是将某段的第一个字符放大并下沉，字符置于页边距内；而“悬挂”是字符下沉后将其置于页边距之外。

选中要设置首字下沉的段落，单击“插入”选项卡“文本”组中的“首字下沉”按钮，从下拉列表中选择“下沉”或“悬挂”命令，即可分别设置为这两种效果，如图 3.51 所示。如果在下拉列表中单击“首字下沉选项”，将弹出“首字下沉”对话框，如图 3.52 所示，在其中可以进行更多的设置，例如，进一步设置下沉行数等。

首 字下沉包括“下沉”与“悬挂”两种效果。“下沉
字符放大并下沉，字符置于页边距内；而“悬挂
边距之外。

首 字下沉包括“下沉”与“悬挂”两种效果。“下沉”的效果是将
沉，字符置于页边距内；而“悬挂”是字符下沉后将其置于页

图 3.51　首字下沉效果

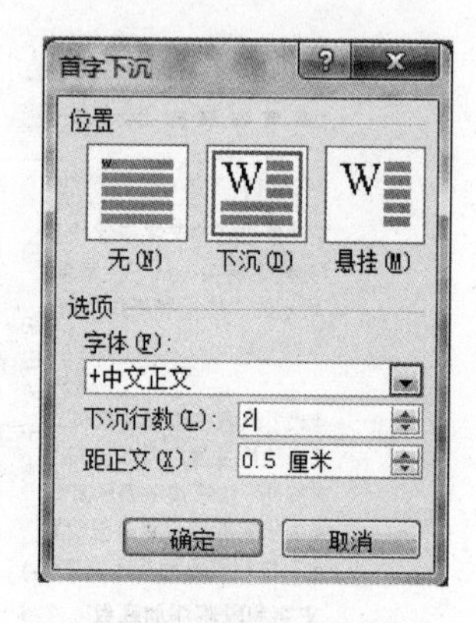

图 3.52　“首字下沉”对话框

5. 分栏

分栏排版经常被用在报纸、杂志和词典中。设置分栏后，文档的正文将逐栏排列。栏中文本的排列顺序是先从最左边一栏开始，自上而下地填满一栏后，就自动在右边开始新的一栏，文本从左边一栏的底部接续到右边一栏的顶端。分栏有助于版面美观，并减少留白、节约纸张。要将整个文档分栏排版，先选定整个文档的内容（可按 Ctrl＋A 组合键），要将文档的一部分分栏排版，则要先选定这部分内容。然后单击“页面布局”选项卡“页面设置”组中的“分栏”按钮，从下拉列表中选择分栏效果，例如“两栏”，如图 3.53 所示。也可单击菜单中的“更多分栏”，弹出如图 3.54 所示的“分栏”对话框，在这里可以做更详细的设置，如栏数、栏宽和间距，也可设置是否在两栏之间有一条“分隔线”。

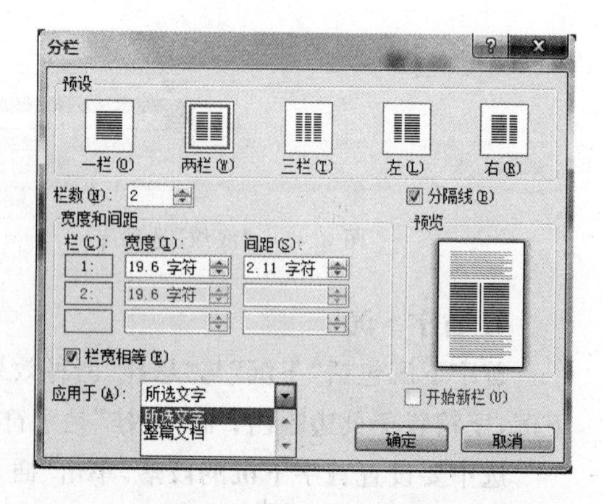

图 3.53　分栏　　　　图 3.54　“分栏”对话框

如果是将文档中选定的一部分内容进行分栏排版，而不是将全部文档分栏，则在分栏的边界处 Word 会自动插入“连续”分节符。

如果希望强调从某段文字处就开始新的一栏，而不等一栏排满后再换栏，可在该段文字前插入分栏符：单击“页面布局”选项卡“页面设置”组中的“分隔符”按钮，从下拉列表中选择“分栏符”。

6. 添加引用内容

1）脚注和尾注

随着知识产权意识的增强，有时也需要在文档中标识出引用文字的来源，这时就可以采用脚注和尾注的方式来完成。它们是对正文添加的注释。在页面底部添加的注释称为脚注，如图 3.55 所示。在每节的末尾或全篇文档末尾添加的注释称为尾注。Word 提供了自动插入脚注和尾注的功能，并会自动为脚注和尾注编号。

将插入点定位到要插入注释的位置，如果要插入脚注，单击“引用”选项卡“脚注”组中的“插入脚注”按钮，如图 3.56 所示：如果要插入尾注，单击该组中的“插入尾注”按钮。此时，Word 会自动将插入点定位到脚注或尾注区域中，可以在其中直接输入注释内容。

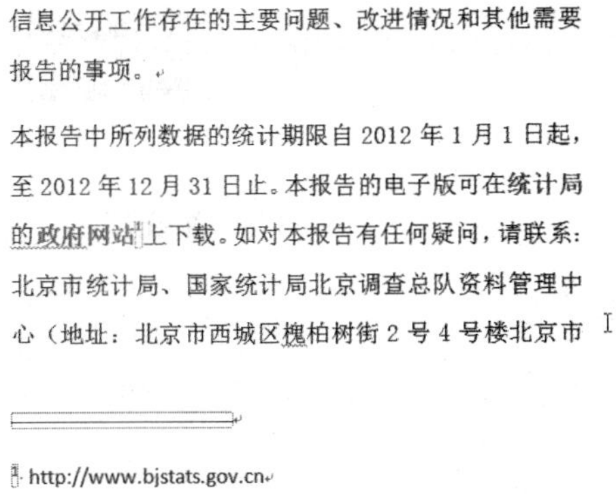

信息公开工作存在的主要问题、改进情况和其他需要报告的事项。

本报告中所列数据的统计期限自 2012 年 1 月 1 日起，至 2012 年 12 月 31 日止。本报告的电子版可在统计局的政府网站[1]上下载。如对本报告有任何疑问，请联系：北京市统计局、国家统计局北京调查总队资料管理中心（地址：北京市西城区槐柏树街 2 号 4 号楼北京市

[1] http://www.bjstats.gov.cn

图 3.55　脚注

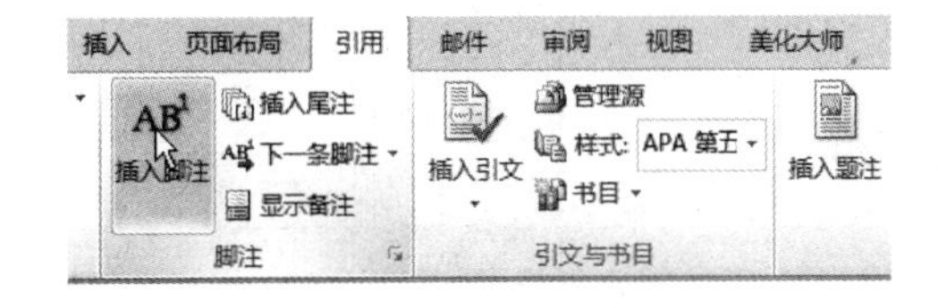

图 3.56　插入脚注

单击“脚注”组右下角的对话框开启按钮，弹出“脚注和尾注”对话框，如图 3.57 所示。在对话框中可以对脚注、尾注的格式进行详细设置。单击“转换”按钮，还可以将脚注和尾注进行互换。

2）书签和超链接

与我们读书时使用的书签类似，Word 文档中的书签也用于在文档中做标记，便于今后快速找到文档中的这个位置。要在 Word 文档中插入书签，先将插入点定位到要插入书签的位置，或选中要插入书签的文本，单击“插入”选项卡“链接”组中的“书签”按钮，弹出“书签”对话框，在对话框中输入书签名称（不能包含空格），单击“添加”按钮即可。

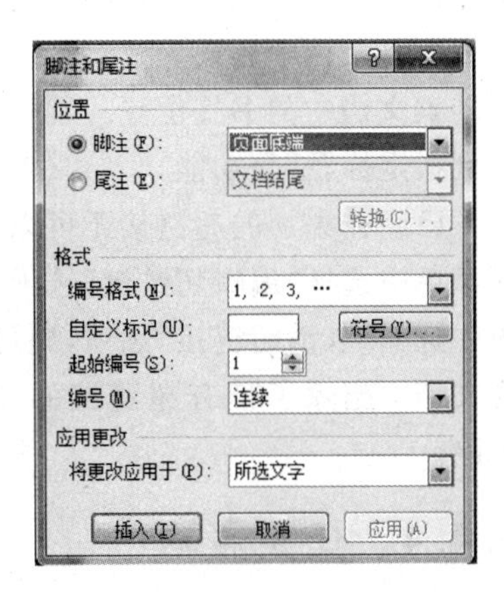

图 3.57　“脚注和尾注”对话框

有了书签，就可以快速定位到文档中的书签位置，这对于浏览长文档非常有效。单击“书签”按钮，在弹出的“书签”对话框中，选择要跳转到的书签，单击“定位”按钮，即可快速定位到文档中这个书签的位置。

Word中的书签默认是不显示出来的(虽然它能发挥作用)。要显示书签,单击“文件”菜单中的“选项”命令,在弹出的“Word选项”对话框中单击左侧的“高级”,在右侧的“显示文档内容”列表中勾选“显示书签”复选框,单击“确定”按钮后,书签才能在文档中显示出来。在显示书签时,该书签的文本将以“[ ]”括起来;如果是定位插入点插入的书签,该书签将以“|”标记。

超链接是网页中常见的元素,单击它,即可跳转到所链接的网页或打开某个视频、声音、图片或文件。在Word文档中也可以添加超链接,它可将文档中的文字和某个对象、位置等链接起来。在Word文档中设置超链接后,只需按住Ctrl键单击超链接,就可以跳转到目标位置,或是打开某个视频、声音、图片或文件。

在Word文档中选择要添加超链接的文本,单击“插入”选项卡“链接”组中的“超链接”按钮,弹出“插入超链接”对话框,如图3.58所示。在左侧“链接到”列表中选择要链接的目标类型,在中间文件列表中选择要链接的文件,或在“地址”栏中输入。

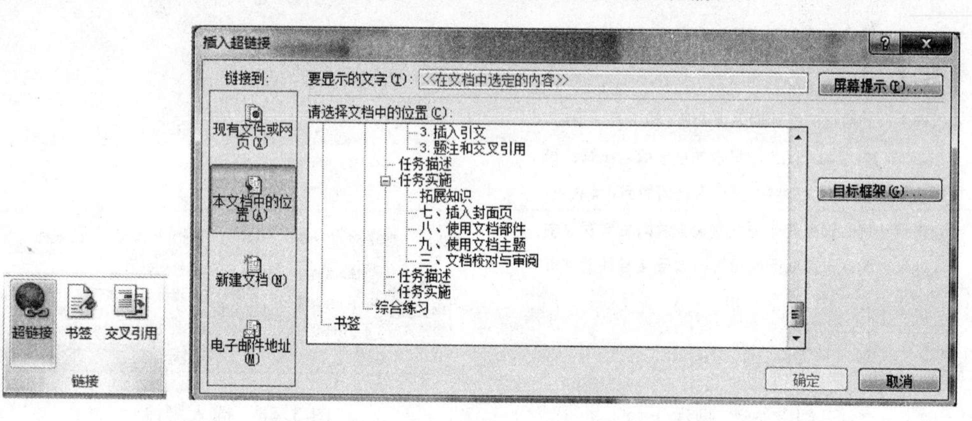

图3.58 插入超链接和“插入超链接”对话框

选择左侧的“链接到”列表中的“电子邮件地址”,还可创建电子邮件超链接。例如,若将文档中的“联系我们”或“站长信箱”之类的文字设为电子邮件超链接,则将来用户按住Ctrl键单击这些文字就能直接给设定的电子邮箱发邮件了。

如果文档中还设置过书签,则还可以添加书签超链接。这种链接被用户单击后,将直接跳转到文档中的书签位置。利用这个功能,可以在文档中添加诸如“快速移动到文档首”“跳转到指定标题”等功能。

已经被添加的超链接还可以被编辑修改。在需要被编辑的超链接上右击,在弹出的快捷菜单中选择“编辑超链接”选项,即可对已添加的超链接进行修改;如果在弹出的快捷菜单中选择“取消超链接”选项,则可删除超链接,原有的超链接文本将会变成普通文本。如果在文档中删除了带有超链接的文本,也能删除超链接,这时文本连同其超链接将一起被删除。

3.4.4 任务实施

最终效果如图3.59所示。

打开文档“北上广.docx”,并按要求开始文档排版。

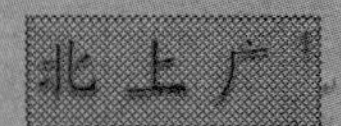

北上广

¹来源于百度文库

北上广指中国大陆经济实力最强的三座城市：北京、上海、广州。这三座城市的综合实力在中国大陆处于最领先的层次，因此又被广泛称作“一线城市”。

北京（Beijing），简称京，中华人民共和国首都、直辖市、国家中心城市、超大城市，全国政治中心、文化中心、国际交往中心、科技创新中心，经济与金融的管理中心和决策中心，是中国共产党中央委员会、中华人民共和国中央人民政府和全国人民代表大会的办公所在地。

北京历史悠久，文化灿烂，是首批国家历史文化名城、中国八大古都之一和世界上拥有世界文化遗产数最多的城市，3060年的建城史孕育了故宫、天坛、八达岭长城、颐和园等众多名胜古迹。早在七十万年前，北京周口店地区就出现了原始人群部落“北京人”。公元前1045年，北京成为蓟、燕等诸侯国的都城。公元938年以来，北京先后成为辽陪都、金上都、元大都、明清国都、民初京兆。1949年10月1日成为中华人民共和国首都。

2015年末，北京全市常住人口2170.5万人，比2014年末增加18.9万人。其中，常住外来人口822.6万人，占常住人口的比重为37.9%。2015年北京市实现地区生产总值22968.6亿元，比2014年增长6.9%。

2015年7月31日，国际奥委会主席巴赫宣布北京携手张家口获得2022年冬季奥林匹克运动会的举办权。北京由此成为全球首个既举办过夏季奥运会又即将举办冬季奥运会的城市。

上海（Shanghai），简称“沪”或“申”，中华人民共和国直辖市，超大城市，中国国家中心城市，中国的经济中心、贸易中心、航运中心、首批沿海开放城市。地处长江入海口，隔东中国海与日本九州岛相望，南濒杭州湾，西与江苏、浙江两省相接。

- 上海是一座国家历史文化名城，江南传统吴越文化与西方传入的工业文化相融合形成上海特有的海派文化，上海人多属江浙民系使用吴语。早在宋代就有了“上海”之名，1843年后上海成为对外开放的商埠并迅速发展成为远东第一大城市，今日的上海已经成功举办了2010年世界博览会、中国上海国际艺术节、上海国际电影节等大型国际活动。
- 上海是中国的经济、交通、科技、工业、金融、会展和航运中心之一，是世界上规模和面积最大的都会区之一。2014年上海GDP总量居中国城市第一，亚洲第二。上海港货物吞吐量和集装箱吞吐量均居世界第一，是一个良好的滨江滨海国际性港口。上海也是中国大陆首个自贸区“中国（上海）自由贸易试验区”所在地。

广州（Guangzhou）广东省省会，别名羊城，被誉为中国的“南大门”，是国务院定位的国际大都市、国际商贸中心、国际综合交通枢纽、国家中心城市、国家综合性门户城市、国家历史文化名城，中国第三大城市。

- 广州从3世纪30年代起成为海上丝绸之路的主港，唐宋时期成为中国第一大港，明初、清初成为中国唯一的对外贸易大港，是世界上唯一两千多年长盛不衰的大港，是“历久不衰的海上丝绸之路东方发祥地”，享有“千年商都”的美誉。
- 各国驻广州总领事馆达到53个，数量居全国第二位。广州总部经济发展能力居全国前三位。在广州投资的外资企业达2万多家，世界500强企业236家。广州上市企业数量达118家，“新三板”挂牌企业154家。第三产业占GDP比重达66.77%，居全国前三位。社会消费品零售总额居全国第三位，人均消费品零售额居全国第一位。民生发展指数连续两年居全国第一位。

图 3.59　文档排版的最终效果

1. 页面设置：页边距上、下为2.5厘米，左、右为3厘米；纸张方向为横向

单击“页面布局”选项卡“页面设置”组右下角的“页面设置”按钮，在“页面设置”对话框中按要求设置，如图3.60所示。

2. 设置页面背景

设置页面颜色为浅绿色（标准色）；设置自定义水印，要求颜色为“白色，背景1，深色50%”，文字为“北上广”；页面边框设置为阴影边框，虚线，黄色（标准色），1.0磅。

(1) 页面颜色设置：单击“页面布局”选项卡“页面背景”组中的“页面颜色”按钮，在下拉菜单中选择浅绿色(标准色)。

(2) 自定义水印设置：单击“页面布局”选项卡“页面背景”组中的“水印”按钮，在下拉列表中选择“自定义水印”，在弹出的“水印”对话框中按要求设置文字水印的文字和颜色，如图 3.61 所示。

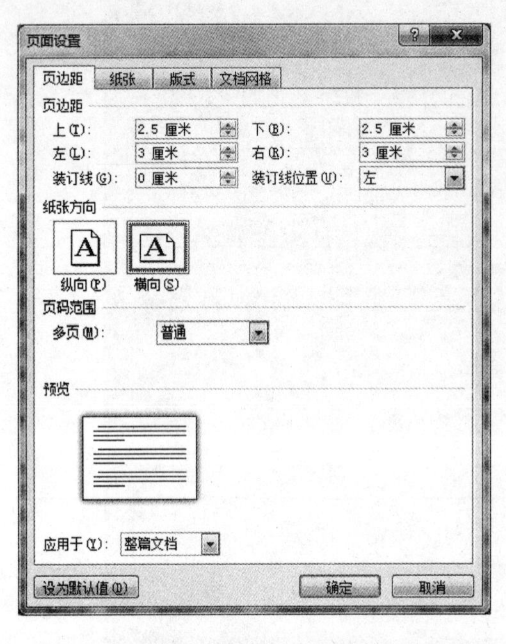

图 3.60 “页面设置”对话框

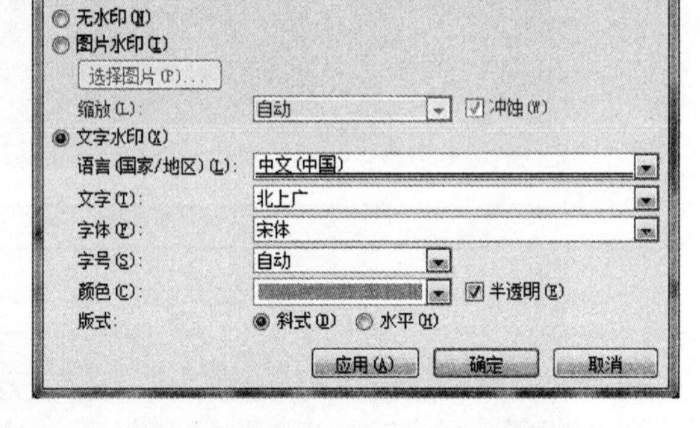

图 3.61 设置水印

(3) 页面边框设置：阴影边框，虚线，黄色(标准色)，1.0 磅。

单击“页面布局”选项卡“页面背景”组中的“页面边框”，在弹出的“边框和底纹”对话框中按要求完成相应设置，如图 3.62 所示。

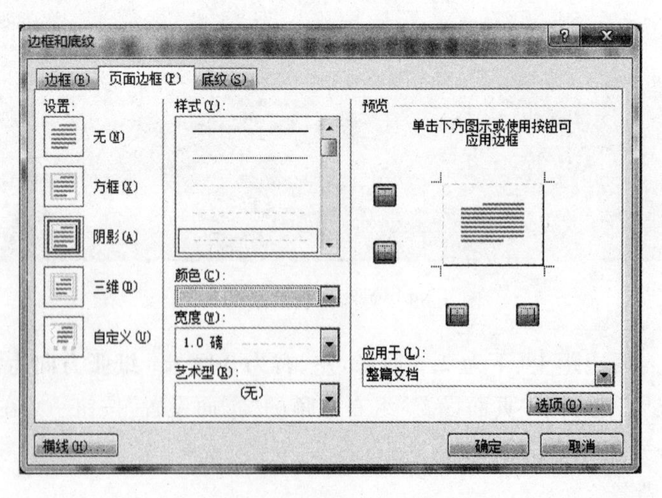

图 3.62 设置页面边框

3. 设置标题段格式

将标题段“北上广”设置为楷体、小初、加粗，颜色为“茶色，背景 2，深色 90%”，字符间距加宽 3 磅。

（1）选中标题段“北上广”，单击“开始”选项卡“字体”组中的相应按钮设置字体为“楷体”，字号为“小初”，字体颜色为“茶色，背景 2，深色 90%”，如图 3.63 所示。也可在“字体”对话框中设置字体，有两种方法弹出“字体”对话框：第一种是首先单击“开始”选项卡“字体”组右下角的按钮，将弹出“字体”对话框；另外一种是，在选中的文字上右击，在弹出的快捷菜单中选择“字体”选项，也可以弹出“字体”对话框。在“字体”对话框中的“字体”选项卡中设置字体的相应格式即可。

（2）在“字体”对话框中的“高级”选项卡中设置字符间距为加宽 3 磅，如图 3.64 所示。

图 3.63 “字体”组

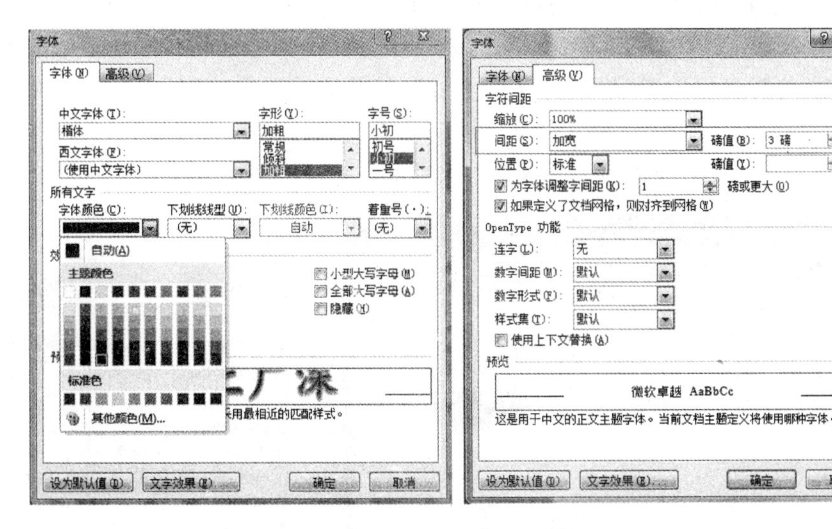

图 3.64 “字体”对话框

4. 标题段文字居中、加边框和底纹

将标题段文字“北上广”设置为居中，添加“方框，波浪线，0.75 磅”的边框，添加图案样式为“浅色棚架”、填充颜色为“橙色(标准色)”的底纹。

(1) 选中标题段“北上广”,单击“开始”选项卡的“段落”组中的“居中”按钮,将标题文字居中显示,如图 3.65 所示。

图 3.65 “段落”组

(2) 选中文字,在“段落”组中单击 按钮中右侧的下拉列表按钮,在弹出的“边框和底纹”对话框中切换到“边框”选项卡,添加“方框,波浪线,0.75 磅”的边框,“应用于”设置为“文字”,如图 3.66 所示。

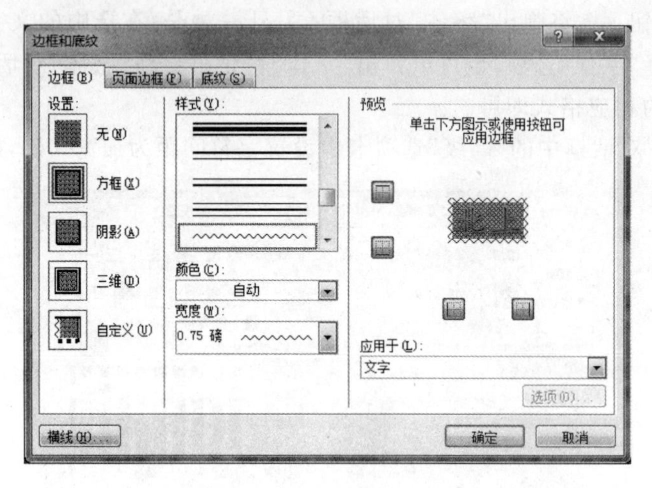

图 3.66 设置边框

(3) 切换到“底纹”选项卡,添加图案样式为“浅色棚架”、填充颜色为“橙色(标准色)”的底纹,“应用于”设置为“文字”,如图 3.67 所示。

5. 在标题文字下方添加“来源于百度文库”的脚注

(1) 选择标题文字“北上广”,单击“引用”选项卡“脚注”组右下角的按钮 ,弹出“脚注和尾注”对话框,将脚注的位置设置为“文字下方”,设置完成后单击“插入”按钮,如图 3.68 所示。

(2) 在插入点输入文字“来源于百度文库”,效果如图 3.69 所示。

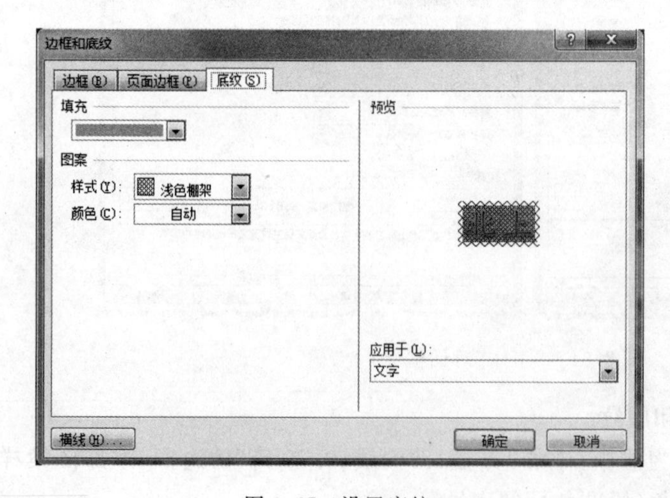

图 3.67 设置底纹

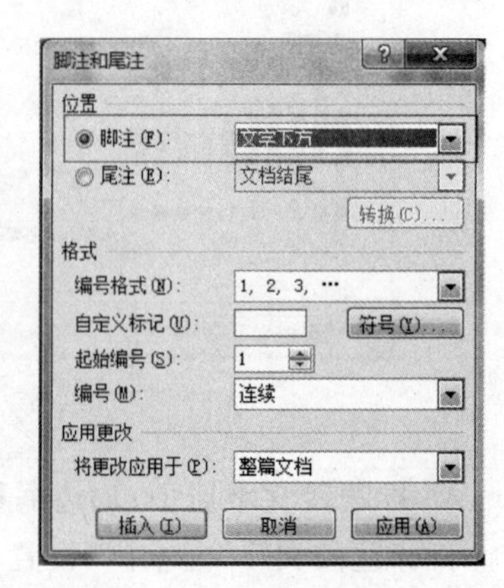

图 3.68 设置脚注

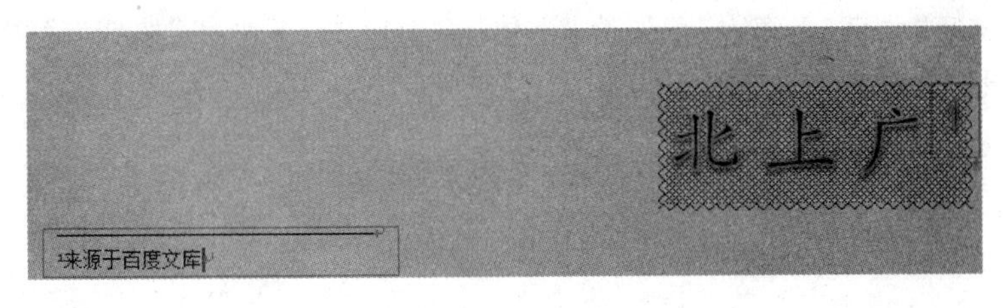

图 3.69　脚注效果

6. 设置段落

将正文各个段落设置为首行缩进 2 个字符，段前间距为 0.5 行，行距为固定值 22 磅。

选中正文文字，单击“段落”组右下角的按钮 ，弹出“段落”对话框，在其中设置缩进、间距。另一种弹出“段落”对话框的方法是在选中的文字处右击，在弹出的快捷菜单中选择“段落”选项，设置如图 3.70 所示。

7. 设置正文文字为微软雅黑、小四号

选中正文文字，在“字体”组中完成字体和字号的设置，如图 3.71 所示。

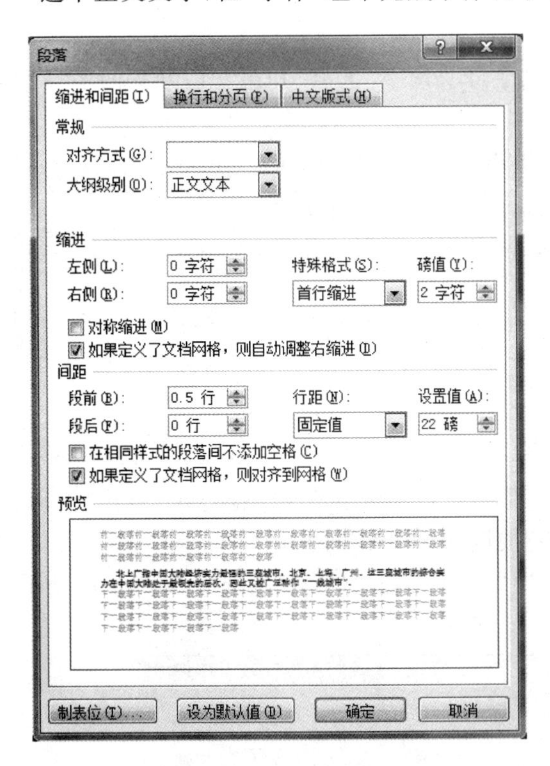

图 3.70　“段落”对话框

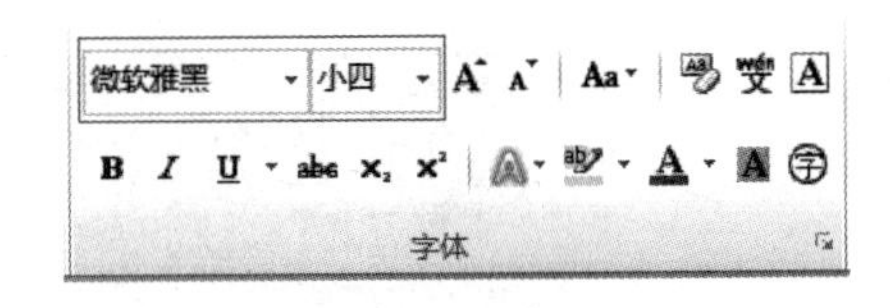

图 3.71　设置字体

8. 设置第一段文字字体

将第 1 段文字“北上广指……一线城市”的文本效果设置为“渐变填充-橙色，强调文字颜色 6，内部阴影”；为文字(“北京、上海、广州”)添加“点-短线”下画线，颜色为深红色(标准色)。

(1) 选中文字“北上广指……一线城市”，在“字体”组中单击“文本效果”按钮，设置为“渐变填充-橙色，强调文字颜色 6，内部阴影”，如图 3.72 所示。

(2) 选中文字“北京、上海、广州”，在“字体”组中单击“下画线”按钮，设置为“点-短线”下画线，颜色设置为深红色(标准色)，如图 3.73 所示。

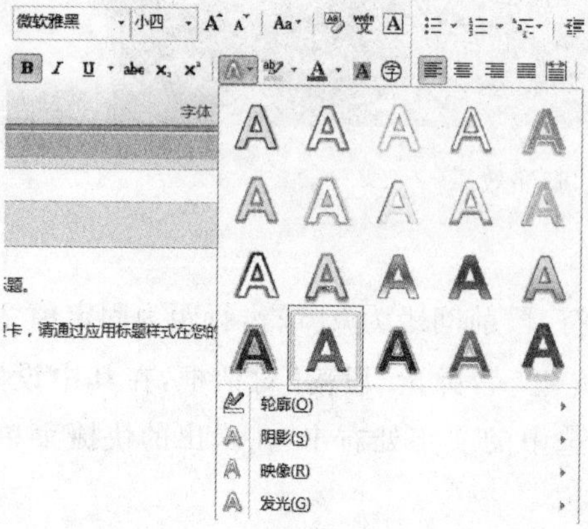

图 3.72　设置文本效果

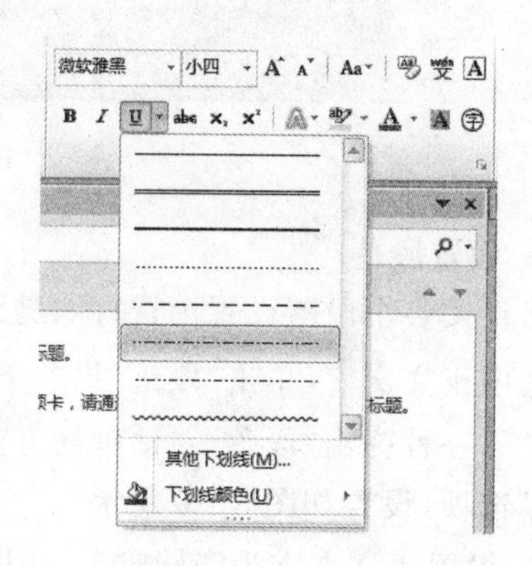

图 3.73　设置下画线

9. 设置首字下沉

将第 2 段文字开头两字“北京”、第 6 段文字开头两字“上海”和第 9 段开头两字“广州”首字下沉 2 行。

(1) 选中第 2 段文字开头两字“北京”，单击“插入”选项卡“文本”组中的“首字下沉”按钮的 ▾ 按钮，在下拉列表中选择“首字下沉选项”。在弹出的“首字下沉”对话框中，选择“下沉”，下沉行数设置为 2，如图 3.74 所示。

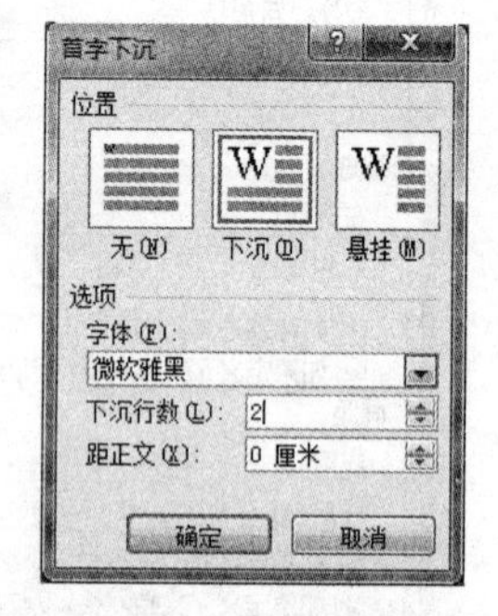

图 3.74　设置首字下沉

(2) 使用同样的方法设置文字“上海”和“广州”的首字下沉。

10. 设置分栏

将第 3～5 段文字(“北京历史悠久……冬季奥运会的城市。”)分成两栏，栏宽为 2 字符，加分隔线。

选中第 3～5 段文字“北京历史悠久……冬季奥运会的城市。”，单击“页面布局”选项卡“页面设置”组中的“分栏”按钮，单击下拉列表的“更多分栏”，在“分栏”对话框中设置两栏、间距为 2 字符，勾选“分隔线”复选框，如图 3.75 所示。

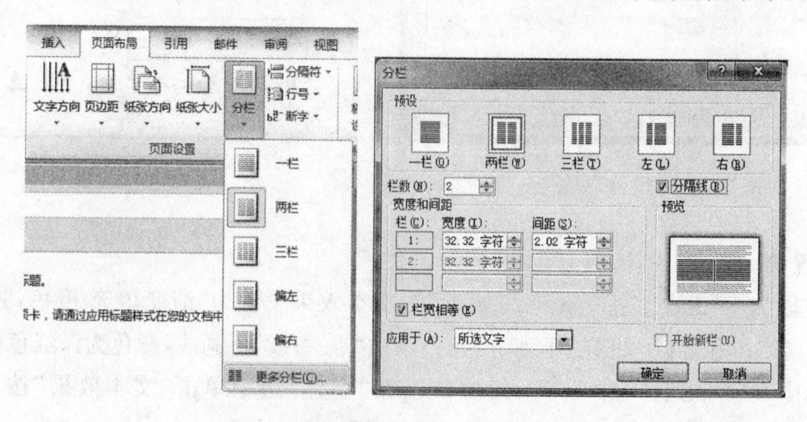

图 3.75　设置分栏

11. 将第7、8、10和11段段前加项目符号

结合Ctrl键选中第7、8、10和11段文字,单击“开始”选项卡“段落”组中的“项目符号”按钮,单击下拉列表,在“项目符号库”中选择相应的项目符号,如图3.76所示。

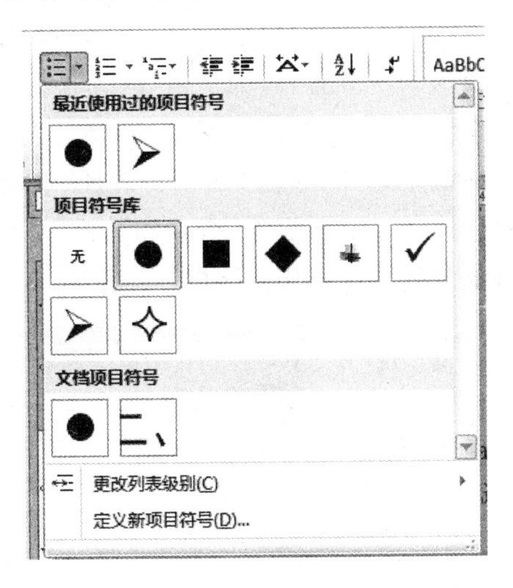

图3.76 设置项目符号

3.4.5 知识拓展

在Word中还有很多工作技巧,解决同一个问题可用多种不同的方法。尤其对于需要进行多处设置的长文档,适当地使用技巧,而不是靠“蛮力”一个一个地设置,更能事半功倍,大大提高工作效率。

1. 使用格式刷复制格式

在Word中除可以复制文本内容外,还可以复制格式;复制格式时,不影响文字内容。当要让多处的文字或段落都套用相同的格式时,只需设置一处,然后便可用“格式刷”将格式复制到其他各处,快速完成其他各处的格式设置。

使用“格式刷”的方法是:首先选定要复制格式的文字或段落,然后单击“开始”选项卡“剪贴板”组中的“格式刷”按钮 格式刷,此时鼠标光标会变为形状(将这把刷子刷到哪里,哪里就将变为同样的格式)。再用鼠标选择其他需要被复制格式的文本或段落,则这些文本或段落都将立即被设置为相同的格式。复制一处后,鼠标光标就恢复为正常形状,复制结束。如果要把格式连续地复制到多处,可双击“格式刷”按钮,这样复制一处后,鼠标光标不会自动恢复正常,还可继续将格式复制到其他多处,直到再次单击“格式刷”按钮 格式刷,或按下Esc键,鼠标光标才会恢复正常,复制结束。

2. 使用查找和替换功能设置格式

Word的“查找和替换”功能可以查找和替换文字内容,实际上“查找和替换”功能还可以带格式地进行查找和替换。

图3.76所示为书稿“查找替换会计电算化节节高升.docx”。书稿中包含3个级别的标题,已分别用“(一级标题)”“(二级标题)”“(三级标题)”字样标出,但尚未设置样式。现希望将标记为“(一级标题)”的段落设为“标题1”样式,将标记为“(二级标题)”的段落设为“标题2”样式,将标记为“(三级标题)”的段落设为“标题3”样式。逐一选择段落、逐一设置样式虽

然能达到目的，但比较麻烦；而通过“查找和替换”功能替换格式，则会很方便。

单击“开始”选项卡“编辑”组中的“替换”按钮，弹出“查找和替换”对话框。在对话框中切换到“替换”选项卡，在“查找内容”框中输入“(一级标题)”(注意括号为中文括号)。单击对话框左下角的“更多”按钮，展开对话框的更多内容。然后将插入点放在“替换为”框中，输入“(一级标题)”(也可让“替换为”框中的内容为空白，因为还要设置“替换为”内容的格式)。仍保持插入点位于“替换为”框中，再单击对话框底部的“格式”按钮，在下拉菜单中选择“样式”，在弹出的“替换样式”对话框中选择“标题 1”(不要选择“标题 1Char”)，如图 3.77 所示。单击“确定”按钮，关闭“替换样式”对话框，返回“查找和替换”对话框，单击“全部替换”按钮，则有“(一级标题)”字样的段落全部都被应用了“标题 1”样式。

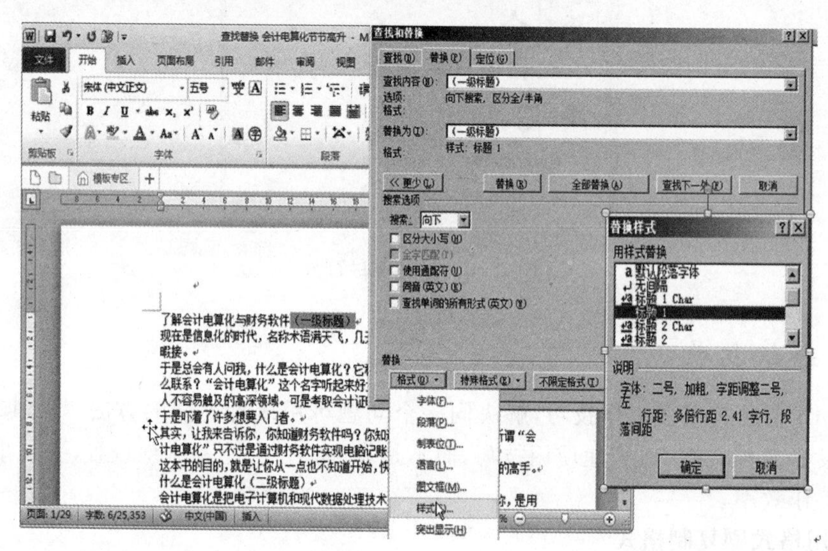

图 3.77　批量替换“(一级标题)”字样的段落的样式为标题一样式

用同样方法，在“查找内容”框中输入“(二级标题)”，将插入点放在“替换为”框中，单击“格式”按钮，在下拉菜单中“样式”并在弹出的“替换样式”对话框中选择“标题 2”样式，全部替换具有“(二级标题)”字样的段落为“标题 2”样式。再用同样的方法“全部替换”具有“(三级标题)”字样的段落为“标题 3”样式。

3.5　任务二　表格排版

3.5.1　任务描述

某封装企业的销售员工小王通过市场调研得到了全球的先进封装形式和产值，领导要求他对获取的数据进行分析，以便为公司制订后续的发展规划提供数据依据。现在我们要对他的数据进行排版和分析。

3.5.2　任务目标

- 学会绘制表格；
- 熟悉表格单元格的拆分与合并；

- 熟悉表格单元格高度与宽度的调整；
- 熟悉表格及文字格式的设置；
- 掌握表格单元格底纹和边框的设置；
- 掌握数据的排序；
- 掌握公式的使用。

3.5.3 预备知识

表格表达的信息量大、结构严谨，是办公文档中的常客。Word 也有很强的制作表格的本领，虽不如 Excel 的功能强大，但其独具一格地创建、编辑和修饰表格的功能，应对日常办公文档还是绰绰有余，操作起来亦轻松自如。在 Word 中可以制作图表，将表格数据转换为图表，能把藏于表格中的数据含义直观地表示出来了。Word 实际上是调用了 Excel 的图表功能来制作图表的，因而 Excel 能制作的图表，Word 都能实现。

1. 创建表格

表格是由行和列组成的，行列交叉点的“小方格”称为单元格，可在单元格内输入文字或插入图片。在 Word 中创建表格有 5 种方式：

- 通过功能区按钮创建表格；
- 用“插入表格”对话框创建表格；
- 手动绘制表格；
- 将文本转换为表格；
- 引入 Excel 表格。

1）通过功能区按钮创建表格

如果要创建的表格的行列比较规则，且行列数都不多，可以通过单击功能区按钮的行列方格来创建表格。将插入点定位到文档中要插入表格的位置，单击“插入”选项卡“表格”组中的“表格”按钮，在下拉列表的预设方格内，移动鼠标到所需的行列数后单击，即可创建一个该行数和列数的表格，如图 3.78 所示。通过这种方法只能创建 8 行 10 列以内的表格。要创建更大的表格，需使用其他方法。

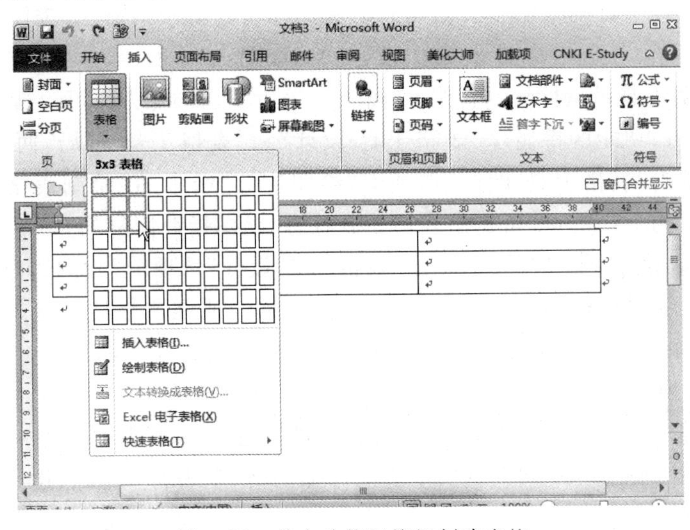

图 3.78　单击功能区按钮创建表格

创建表格后，就可以在表格中输入内容了。在表格中输入内容与在表格外输入相同。在一个单元格内也可含有多个段落，在单元格内输入也是用回车键开始一个新段落。

表格中每个单元格内都有段落标记 ↵ ，它指示该单元格内容中的一个段落，将插入点定位到此标记之前，即可在此单元格中输入内容。在表格每一行的末尾边框线外还有一个行尾段落标记 ↵ ，表示该行结束，在此标记前按回车键可插入新表格行。

在一个单元格中输入内容后，如果要在下一个单元格中继续输入，可单击下一个单元格；也可以按下键盘上的 Tab 键或向右的箭头键移动插入点到下一个单元格。

2）通过“插入表格”对话框创建表格

通过“插入表格”对话框，可直接输入所需的行数和列数来创建表格。要创建包含的行、列数较多的大表格时，通过这种方法比较方便。在文档中将插入点定位到要插入表格的位置；单击“插入”选项卡“表格”组中的“表格”按钮，从下拉列表中选择“插入表格”，弹出“插入表格”对话框，如图 3.79 所示。在其中输入表格的行数与列数，例如输入 5 列 2 行；还可以选择“自动调整”的方式，单击“确定”按钮，即创建了一个 5 列 2 行的表格。“自动调整”方式的含义如表 3.9 所示。

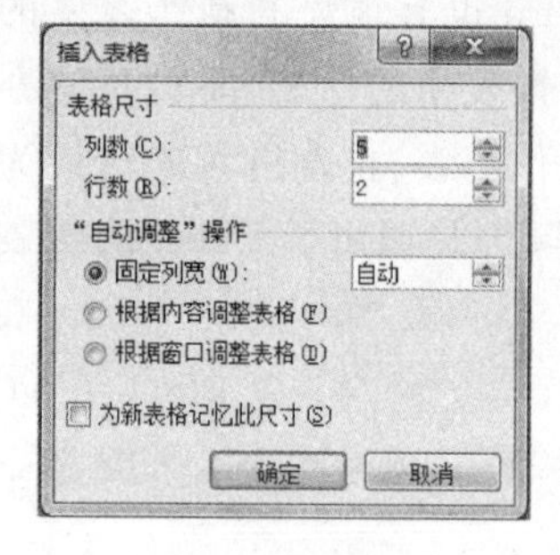

图 3.79 “插入表格”对话框

表 3.9 Word 表格的“自动调整”方式

名　称	功能作用
固定列宽	在右侧文本框中再输入具体数值表示列宽，使表格中每个单元格的宽度保持该尺寸
根据内容调整表格	每个单元格根据内容多少自动调整高度和宽度
根据窗口调整表格	表格尺寸将根据 Word 页面大小（如不同的纸张类型）而自动改变

3）手动绘制表格

在 Word 中，还可以通过直接手动绘制表格线的方式来绘制表格。创建不规则表格时使用这种方法比较方便。单击“插入”选项卡“表格”组中的“表格”按钮，从下拉列表中选择“绘制表格”，当鼠标指针变为“铅笔”形状时将鼠标移动到文档编辑区，按住鼠标左键从左上角拖动鼠标到右下角，绘制表格的外围边框线轮廓，如图 3.80 所示，然后再在轮廓区域内，按住鼠标左键从左到右拖动鼠标绘制行线，如图 3.81 所示；用同样方法可绘制列线甚至斜线。

在绘制表格时，功能区将显示“表格工具-设计”和“表格工具-布局”两个选项卡。在完成绘制表格后，单击“表格工具-设计”选项卡“绘图边框”组中的“绘制表格”按钮使之非高亮，或按下键盘上的 Esc 键，就可退出表格绘制状态，鼠标指针恢复为正常形状。

如果要清除表格中不需要的线，单击“表格工具-设计”选项卡“绘图边框”组中的“擦除”按钮，鼠标指针变为橡皮擦形状，单击不需要的边框线或在边框线上拖动，即可擦除边框线。完成后再次单击“擦除”按钮，或按 Esc 键，指针恢复为正常形状。

4）将文本转换为表格

Word 还有将文档中的文本自动转换为表格的功能。文本中要包含一定的分隔符，作为划分列的标识。例如，在不同列的文本之间添加空格、制表符（Tab）、逗号等都是可以的，但分隔符只能是一个字符。

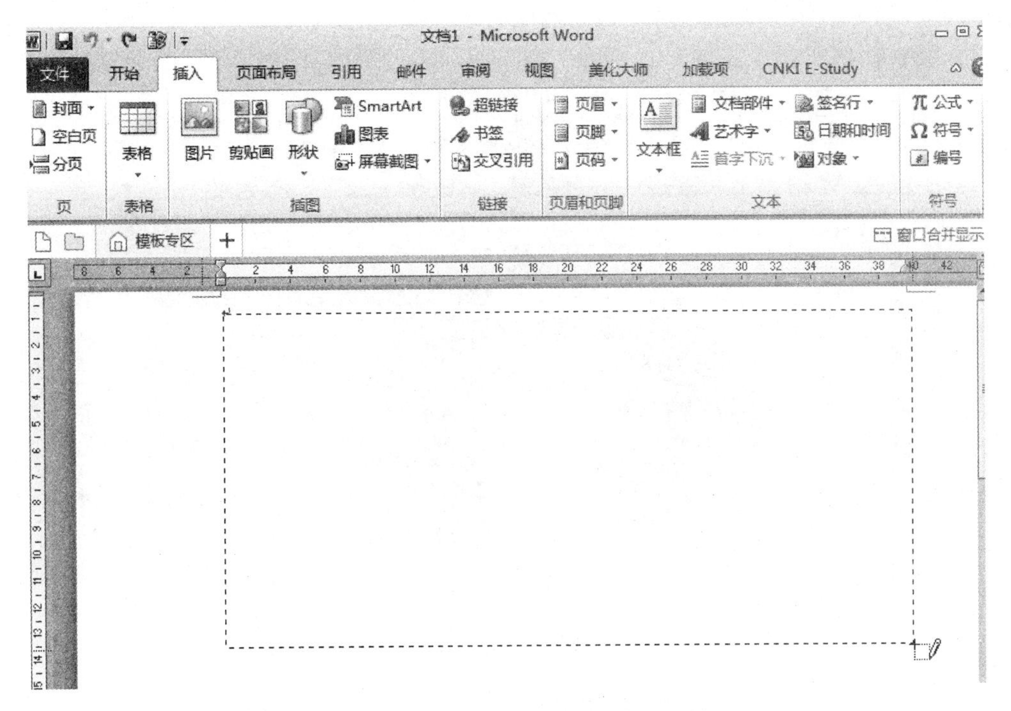

图 3.80　手动绘制表格——绘制边框线

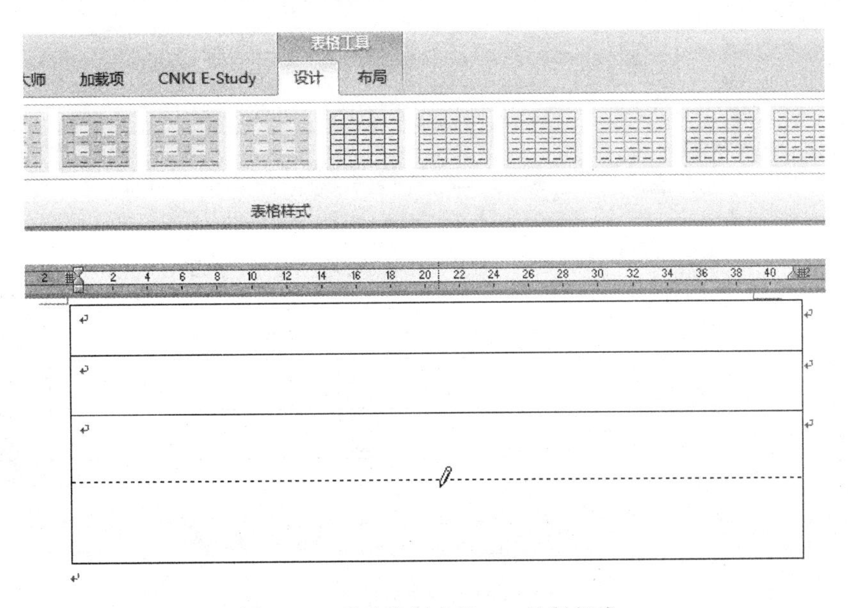

图 3.81　手动绘制表格——绘制行线

选中文档中要转换为表格的文本，例如，选中文档中“附：统计数据”后面的文本。然后单击“插入”选项卡“表格”组的“表格”按钮，从下拉列表中选择“文本转换成表格”，弹出“将文字转换成表格”对话框，如图 3.82 所示。

在对话框中设置列数和文字分隔位置，这里文字是以“空格”分隔的，选中“空格”单选按钮，然后单击“确定”按钮，转换后的效果如图 3.83 所示。

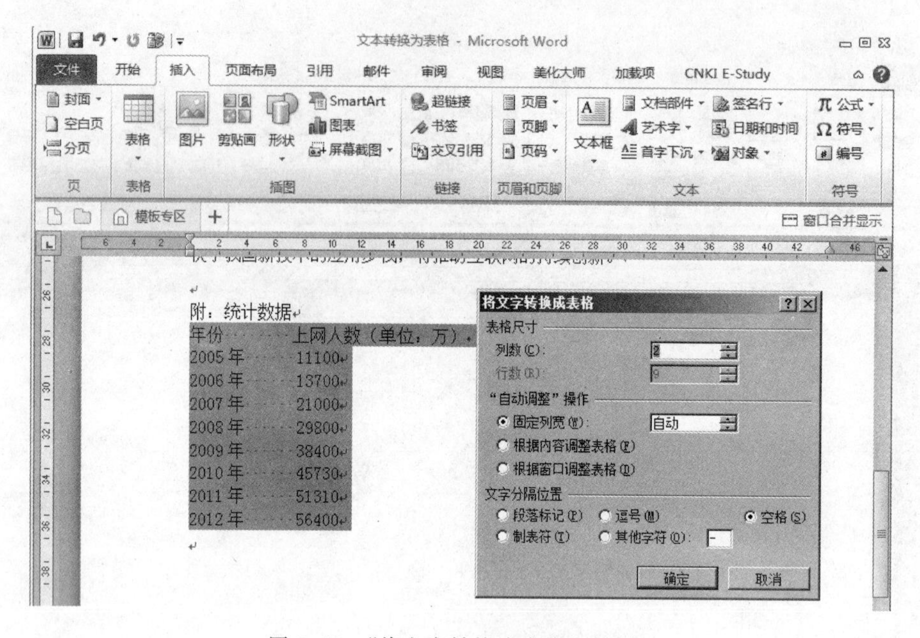

图 3.82 “将文字转换成表格”对话框

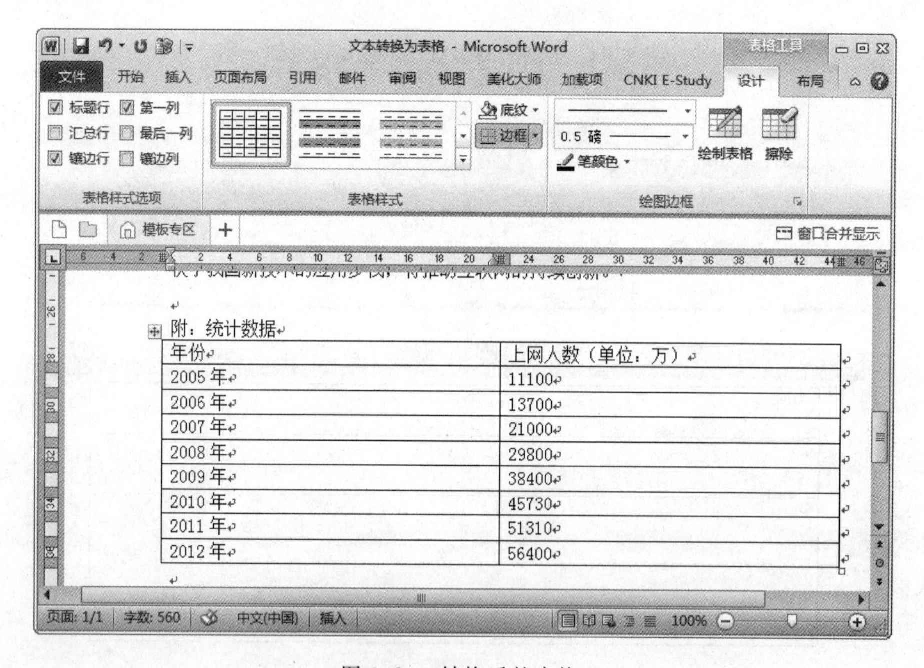

图 3.83 转换后的表格

5）引入 Excel 表格

可以将用 Excel 制作好的表格直接引入到 Word 文档中。

例如，打开一个 Excel 文件，如图 3.84 所示，选中除第一行外的表格内容，右击，在弹出的快捷菜单中选择“复制”选项；或者按 Ctrl+C 组合键，复制所选内容。

然后切换到 Word 文档中，将插入点定位到要引入表格的位置。单击“开始”选项卡“剪贴板”组中的“粘贴”按钮的下拉按钮，单击“链接与保留源格式”或“链接与使用目标格式”，

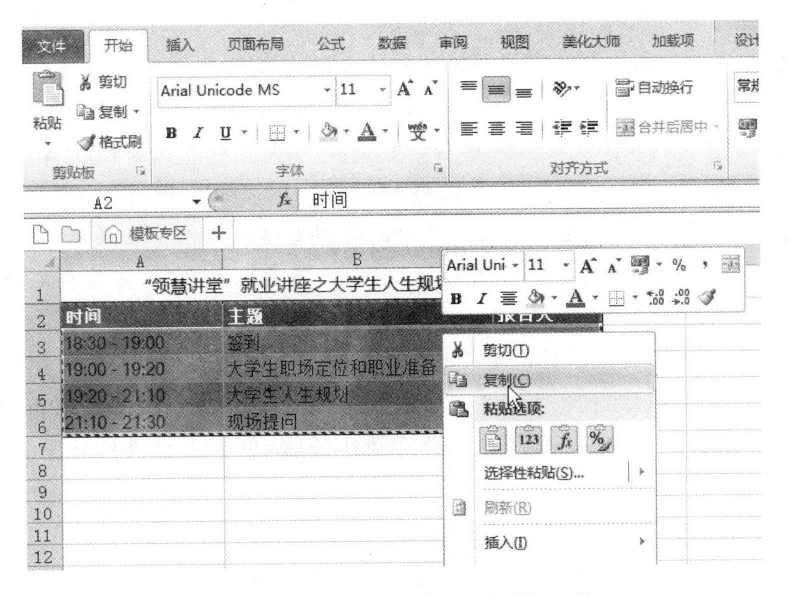

图 3.84　活动日程安排 Excel 素材文件

或从下拉列表中选择“选择性粘贴”，弹出“选择性粘贴”对话框，如图 3.85 所示。在对话框中选择“粘贴链接”单选按钮，在“形式”下拉列表中选择“HTML 格式”，单击“确定”按钮，则 Excel 表格就被引入到了 Word 文档中。由于选择了“粘贴链接”，这时若 Excel 文件中的内容发生变化，Word 文档中的日程安排信息也将随之发生变化。

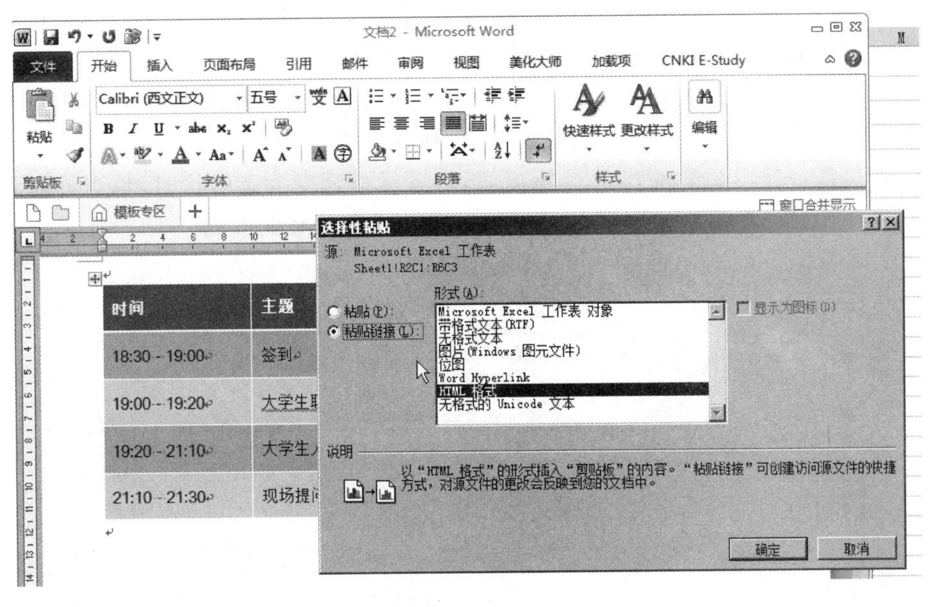

图 3.85　在 Word 文档中引入 Excel 表格

如果在“形式”下拉列表中选择“Microsoft Excel 工作表 对象”，则表格作为整体被引入，不能在 Word 文档中进一步编辑表格，如无法设置表格格式等。要作为整体引入 Excel 工作表的另一方法是：单击“插入”选项卡“文本”组中的“对象”按钮，在弹出的“对象”对话框中切换到“由文本创建”选项卡，再浏览一个 Excel 文件，并勾选“链接到文件”复选框，单击“确定”按钮。

注意：尽管Word文档中的表格将随Excel文件内容的变化而同时变化，但如果Excel文件中的内容发生了变化，Word文档中的表格是不会自动变化的。可在Word表格上右击，在弹出的快捷菜单中选择“更新链接”选项，强制同步更新。在关闭了Word文档后，如果下次再重新打开这个引入了Excel表格的Word文档，系统会弹出提示“此文档包含的链接可能引用了其他文件，是否要用链接文件中的数据更新此文档?”如果单击“是”按钮，则文档中的表格才会被更新；如果单击“否”按钮，则表格仍不能被更新，需要在右键快捷菜单中手动“更新链接”来进行更新。

在Word中，还可以直接调用Excel软件制作表格。单击“插入”选项卡“表格”组中的“表格”按钮，从下拉列表中选择“Excel电子表格”，此时，Word界面将自动切换为Excel界面，可以像使用Excel一样在这里制作表格；制作好后，单击表格外的任意区域即返回到Word界面。

2. 编辑表格

1）选择表格、行、列或单元格

遵循“选中谁，操作谁”的原则，如果要对表格进行编辑或者要删除表格时，要首先选中表格；如果要对表格中的整行(列)进行编辑，则要首先选中整行(列)；而如果仅对某单元格进行编辑时，则要首先选中单元格。

将插入点定位到表格中，单击“表格工具-布局”选项卡“表”组中的“选择”按钮，在下拉列表中单击相应的命令，即可选择表格、行、列或单元格，如图3.86所示。选择表格、行、列或单元格的其他方法如下。

(1) 单击表格左上角的十字标记⊞可选择整个表格。

(2) 将鼠标指针指向需选择的行的最左端，当鼠标指针变为↗形状时，单击可选择一行；如果再按住鼠标左键不放向上或向下拖动，则可选择连续的多行。

(3) 将鼠标指针指向需选择的列的顶部，当鼠标指针变为⬇形状时，单击即可选择一列；如果再按住鼠标左键不放向左或向右拖动，则可选择连续的多列。

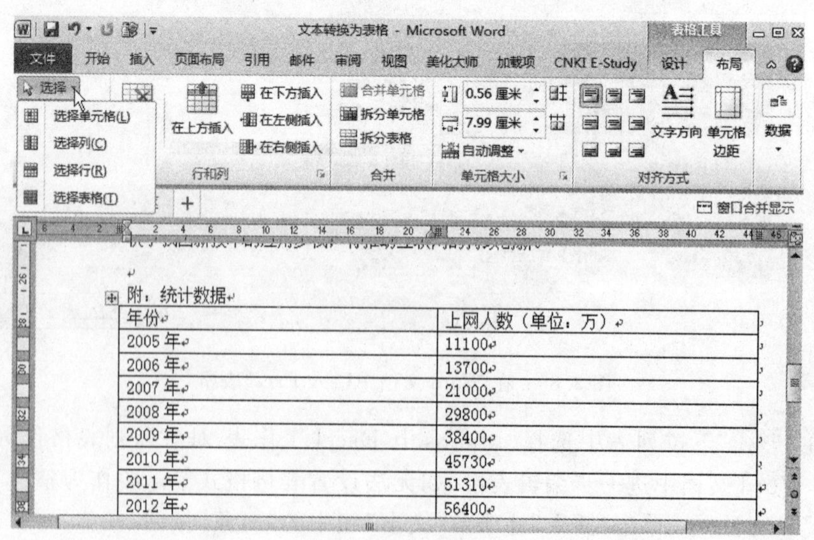

图3.86 选择表格

(4) 将鼠标指针指向单元格的左下角，当鼠标指针变为形状时，单击选择相应的单元格；如果再按住鼠标左键不放拖动，则可选择连续的多个单元格。

(5) 如果按住键盘上的 Ctrl 键不放再做选择操作，可选择不连续的行、列或者单元格。

2) 添加和删除行、列或单元格

要插入行或列，先将插入点定位到表格中要插入行或列的位置，单击“表格工具-布局”选项卡“行和列”组中的“在下方插入”或“在上方插入”按钮，即可在插入点所在行的上方或下方插入新行；单击“在右侧插入”或“在左侧插入”按钮，即可在插入点所在列的右侧或左侧插入新列。也可右击，在弹出的快捷菜单中选择“插入”选项。

如果要一次插入多行(多列)，先在表格中选中同样行数(列数)的行(列)，再单击“插入”命令，可一次插入多行(多列)。

将插入点定位到表格某行最后一个单元格的外侧、行尾段落标记之前，按下键盘上的 Enter 键将在本行下方插入一个新行；将插入点定位到表格最后一行的最后一个单元格内，按下键盘上的 Tab 键可在整个表格最下方插入一个新行。

要插入单元格，选择表格中要插入单元格的位置，右击，在弹出的快捷菜单中选择“插入”→“插入单元格”选项，弹出如图 3.87 所示的“插入单元格”对话框。由于插入单元格具有不同的方式，在对话框中选择需要的插入方式，单击“确定”按钮。

要删除行或列，先选定要删除的行或列，单击“表格工具-布局”选项卡“行和列”组中的“删除”按钮；也可在要删除的行和列上右击，在弹出的快捷菜单中选择“删除行”或“删除列”选项。

要删除单元格，先将插入点定点位到表格中要删除的单元格，右击，在弹出的快捷菜单中选择“删除单元格”选项，弹出如图 3.88 所示的“删除单元格”对话框。由于删除单元格也具有不同的方式，在对话框中选择需要的删除方式，单击“确定”按钮。

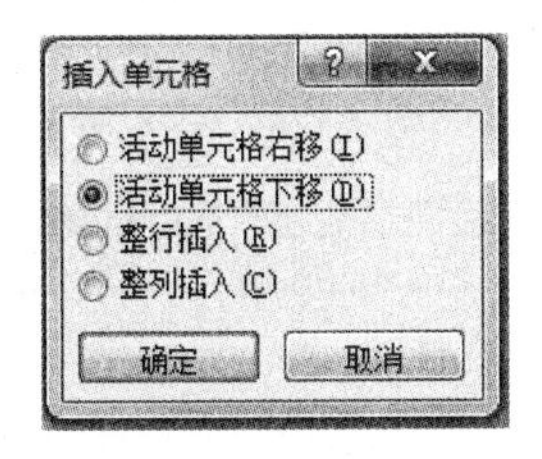

图 3.87 “插入单元格”对话框

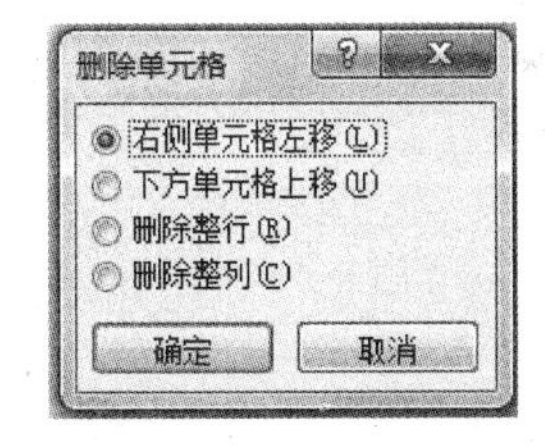

图 3.88 “删除单元格”对话框

选中表格后，按下键盘上的 Delete 键可删除表格中的内容，但保留表格边框线；按下 Backspace 键删除的是包括表格边框线在内的所有内容。

3) 合并、拆分单元格

合并单元格是将表格中的相邻几个单元格合并(行或列相邻均可)，成为一个较大的单元格。合并单元格在编辑不规则表格中经常用到。例如，在图 3.89 所示的表格中，希望将第二行“专家组”的 5 个单元格合并为一个，选择该行的这 5 个单元格，右击，在弹出的快捷菜单中选择“合并单元格”选项，如图 3.89 所示。合并后的效果如图 3.90 所示。可发现第二行的 5 个单元格已合并为一个单元格，内容为“专家组”，但单元格内部文字还是两端对齐状态；可再单击“开始”选项卡“段落”组中的“居中”按钮，使“专家组”文字在这个单元格内居中对齐。

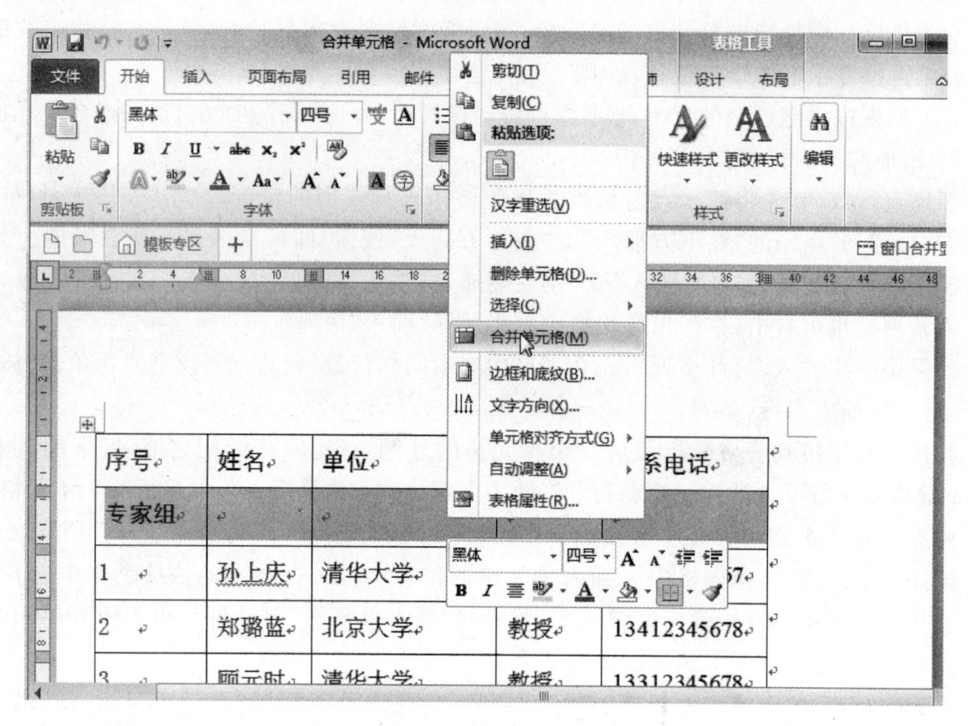

图 3.89　合并单元格

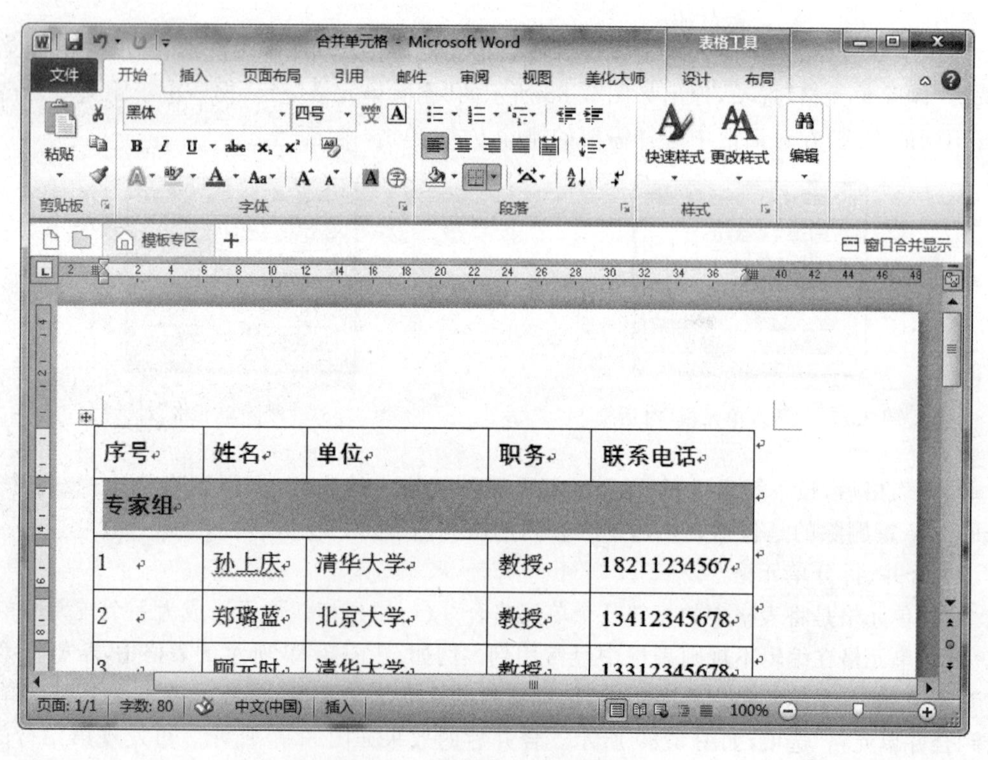

图 3.90　合并单元格后的效果

也可单击“表格工具-布局”选项卡“合并”组中的“合并单元格”按钮对单元格进行合并。

拆分单元格与合并单元格相反,它是将一个单元格分解为多个单元格。选择要拆分的单元格,右击,在弹出的快捷菜单中选择“拆分单元格”选项;也可单击“表格工具-布局”选项卡“合并”组中的“拆分单元格”按钮,弹出“拆分单元格”对话框,在“行数”“列数”框中设置要拆分为的行、列数,单击“确定”按钮,即可将此单元格拆分。如果选定了多个单元格进行拆分,还可在对话框中勾选“拆分前合并单元格”复选框,这样将在拆分前把选定的多个单元格先合并,然后再行拆分。

4)调整行高与列宽

(1)拖动鼠标调整行高与列宽。

将鼠标指针指向表格右下角的缩放标记□,当鼠标指针变为↘形状时按下鼠标左键并拖动鼠标,即可缩放整个表格的大小。

当需要单独调整某些行的行高或某些列的列宽时,可将鼠标指针指向表格的行线或列线,当鼠标指针变为÷或⫩形状时按下鼠标左键并拖动鼠标,即可调整行高或列宽。如果先选择单元格,再拖动单元格的边框线,则只能调整该单元格的大小。

(2)平均分布行列。

Word 还提供了平均分布行列的功能,可一次性地将多行或多列的大小调整为平均分配它们的总高度或总宽度。此功能可用于整个表格,也可只对选中的多行或多列使用。

选中要平均分布的各行(可以是相邻的,也可以是不相邻的行),右击,在弹出的快捷菜单中选择“平均分布各行”选项;也可单击“表格工具-布局”选项卡“单元格大小”组中的 分布行 按钮。平均分布各列时,操作与平均分布各行基本相同,选中各列后,在弹出的快捷菜单中选择“平均分布各列”选项,如图 3.91 所示,或在“单元格大小”组中单击 分布列 按钮。

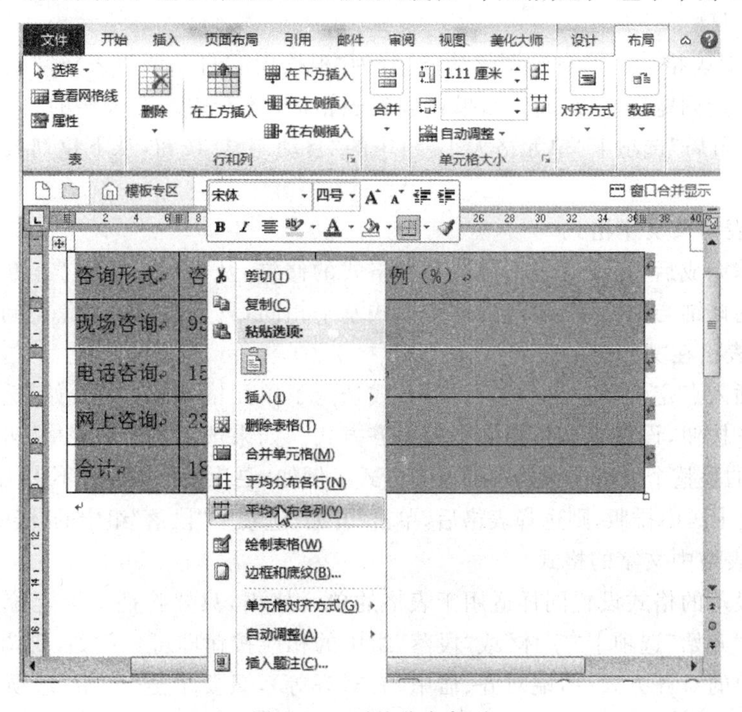

图 3.91 平均分布各列

(3) 通过输入尺寸指定行高与列宽。

选择要调整大小的单元格(可选定多个单元格或整行、整列),在“表格工具-布局”选项卡“单元格大小”组中的“宽度”与“高度”数值框中直接输入数值,可精确地调整单元格大小,或调整整行行高或整列列宽,如图 3.92 所示。

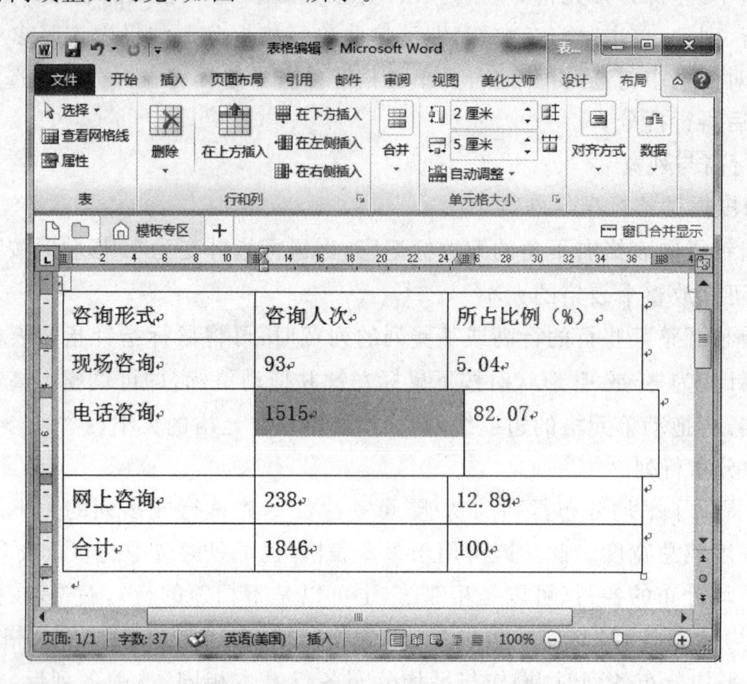

图 3.92　通过输入尺寸指定单元格大小

(4) 自动调整。

Word 有对表格大小的自动调整功能,分为“根据内容自动调整表格”“根据窗口自动调整表格”和“固定列宽”3 种方式。如果在创建表格后,还希望改变表格的自动调整方式,单击“表格工具-布局”选项卡“单元格大小”组中的“自动调整”按钮,从下拉列表中选择相应的方式即可。

3. 设置表格及文字格式

表格制作完成后,还要对表格进行各种格式的修饰,从而做出更漂亮、更具专业性的表格。对表格的修饰与对文字、段落的修饰方式基本相同,只是操作的对象不同而已。

1) 调整表格在文档中的位置

如果将插入点定位到表格的单元格内,或选定了单元格,再单击“开始”选项卡“段落”组中的相应对齐按钮,设置单元格内文本的对齐方式。如果选定了整个表格,再单击此组中的按钮,则设置的是整个表格在文档中的对齐方式。例如,要让整个宽度并不占满整个页面的小型表格在页面中居中排版,则选择表格后,单击“开始”选项卡“段落”组中的“居中”按钮即可。

2) 设置表格中文字的格式

文字和段落的格式设置同样适用于表格的单元格内,只要将插入点定位到表格的单元格内,再单击“开始”选项卡“字体”或“段落”组中的相应按钮即可。例如,要调整单元格中文字在单元格中的对齐方式(两端对齐、居中、右对齐等),只要单击“开始”选项卡“段落”组中的相应对齐按钮即可。

但表格的单元格中的文字不仅有水平方向的对齐格式，还有垂直方面的对齐格式。将插入点定位到表格的单元格内，在“表格工具-布局”选项卡“对齐方式”工具组中可设置单元格内的文字在水平、垂直两个方向上的对齐方式，如图 3.93 所示。

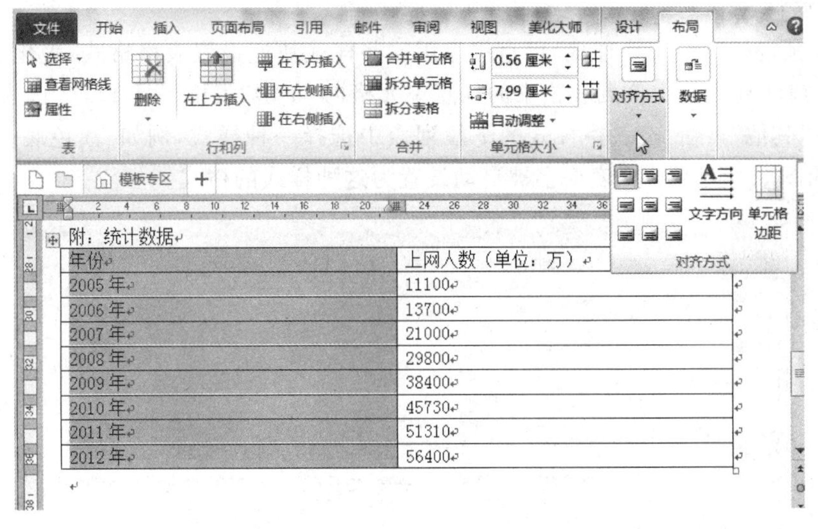

图 3.93　单元格的 9 种对齐方式

在 Word 中，还可设置单元格内文字的方向(包括水平和垂直两种)。选中要设置文字的单元格，单击“表格工具-布局”选项卡“对齐方式”组中的“文字方向”按钮，可切换单元格内的水平、垂直文字方向。在制作类似个人登记表的表格时，一般希望将某些栏目的标题竖排起来(如照片、学历等)，可采用这种方法。

3) 表格的边框和底纹

可以为整个表格添加边框和底纹，也可以为单独的单元格添加边框和底纹。其方法是：选择表格或表格中的部分单元格，右击，在弹出的快捷菜单中选择“边框和底纹”选项，弹出“边框和底纹”对话框，如图 3.94 所示。在对话框中切换到“边框”选项卡，在“样式”列表中选择框线样式，在“颜色”中设置框线颜色，在“宽度”中设置框线宽度，然后在“预览”中单击框线位置的对应按钮，设置不同位置的框线。在“应用于”列表中选择设置是针对单元格还是表格。在对话框中切换到“底纹”选项卡，可设置底纹，同样要在“应用于”列表中选择设置是针对单元格还是表格。

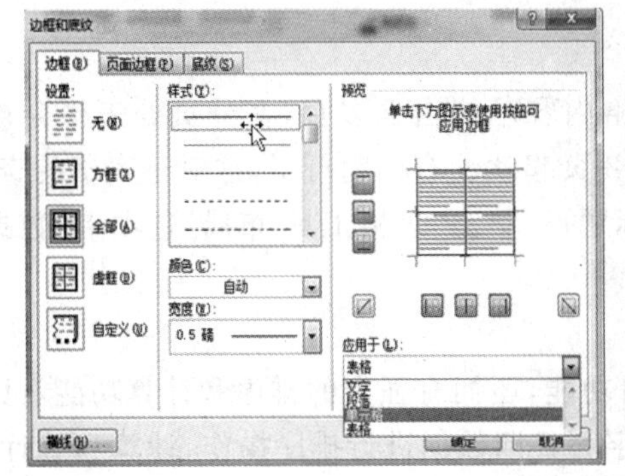

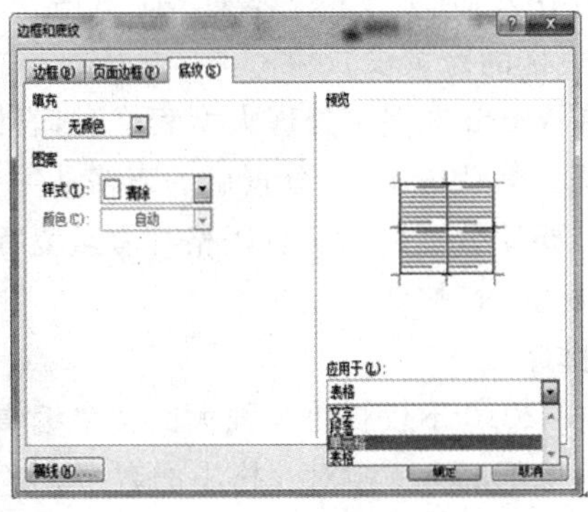

图 3.94　设置表格或单元格的边框和底纹

也可在“表格工具-设计”选项卡“绘图边框”组中选择线框式和粗细，再在“表格样式”组中单击“边框”按钮，从下拉列表中直接选择边框样式；单击“底纹”按钮，从下拉列表中直接选择底纹颜色。

4）表格样式

Word 预设了一些表格样式，可直接应用这些样式快速设置表格格式、美化表格。选定整个表格，或将插入点定位到表格中的任意单元格内，单击“表格工具-设计”选项卡“表格样式”组中的“其他”按钮，在表格样式的下拉列表中选择一种样式，例如“浅色底纹-强调文字颜色 2”，如图 3.95 所示，则表格会被自动设置为这种样式的格式。

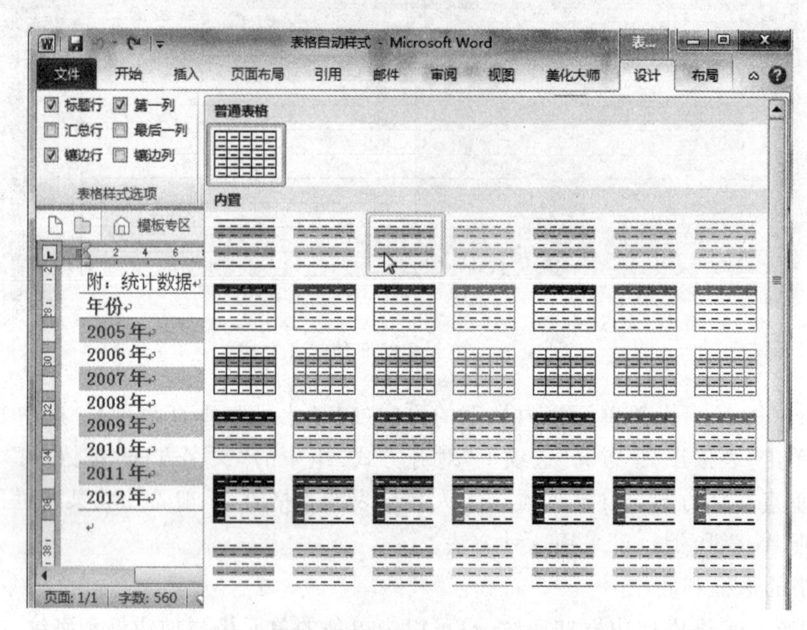

图 3.95　表格自动样式

为表格应用了预设样式后，若又想恢复表格的默认格式，单击“表格工具-设计”选项卡“表格样式”组中的“网格型”图标即可。

如对 Word 的预设样式不满意，还可修改表格样式，将插入点定位到表格中的任意单元格内，单击“表格工具-设计”选项卡“表格样式”组中的“其他”按钮，在下拉列表中单击“修改表格样式”命令，弹出“修改样式”对话框，可在其中“格式”中的“填充颜色”中设置单元格颜色，在“对齐方式”中设置文本对齐方式等。

5）表格的跨页设置

当在 Word 文档中处理大型表格时，表格内容可能占据多页，在分页处表格会被 Word 自动分割。默认情况下，分页后的表格从第 2 页起就没有标题行了，这对于表格的查看不是很方便。要使分页后的每页表格都有重复标题行，单击“表格工具-布局”选项卡“数据”组中的“重复标题行”按钮。

4. 排序

Word 2010 不仅提供了强大的文字编辑功能，还拥有强大的排序和计算功能，可以帮助我们实现像 Excel 一样对表格中的数字、文字和日期数据进行排序操作、计算和统计。下面介绍排序操作。

1）定位需要进行数据排序的单元格

单击“表格工具-布局”选项卡“数据”组中的“排序”按钮，如图 3.96 所示。

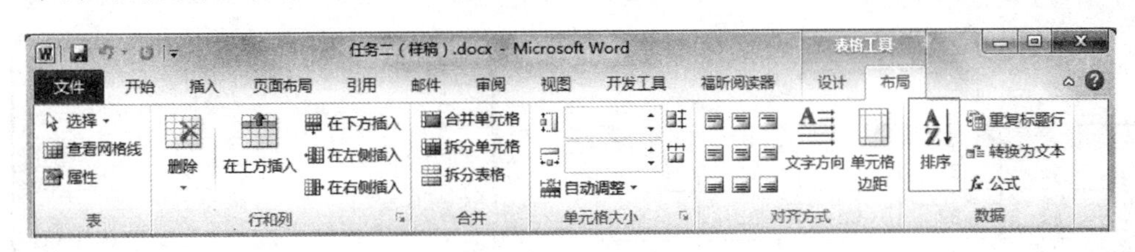

图 3.96 “排序”按钮

2）排序可以对多列同时排序

单击“主要关键字”下三角按钮选择排序依据的主要关键字。单击“类型”下三角按钮，在“类型”列表中选择“笔画”“数字”“日期”或“拼音”选项。如果参与排序的数据是文字，则可以选择“笔画”或“拼音”选项；如果参与排序的数据是日期类型，则可以选择“日期”选项；如果参与排序的只是数字，则可以选择“数字”选项。选中“升序”或“降序”单选按钮设置排序的顺序类型，如图 3.97 所示。

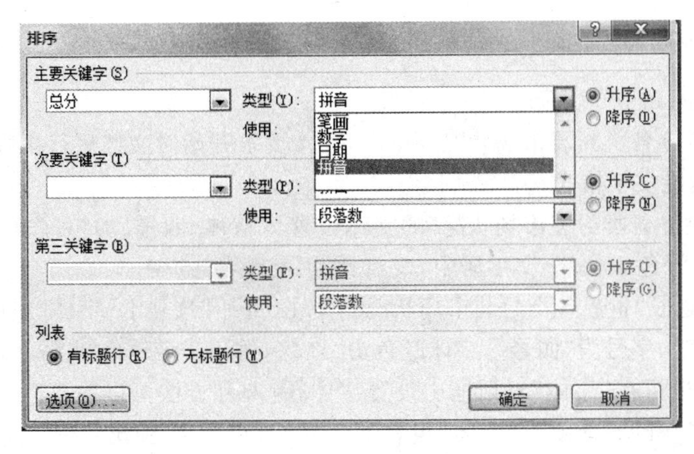

图 3.97 “排序”对话框

注意：在“列表”选项区域选中的是“有标题行”单选按钮。如果选中“无标题行”单选按钮，则 Word 表格中的标题也会参与排序。

5. 计算

在 Word 2010 文档中，可以借助 Word 2010 提供的数学公式运算功能对表格中的数据进行数学运算，包括加、减、乘、除以及求和、求平均值等常见运算。可以使用运算符号和 Word 2010 提供的函数进行上述运算。

1）单元格地址

（1）在使用公式计算时，Word 是通过数据所在的单元格地址来查找数据的，而不是数据本身，这里就要引入单元格地址的概念。单元格地址由行号和列标组成，行号使用数字 1、2、3…表示，列标由字母 A、B、C…表示，如图 3.98 所示。

注意：单元格地址不会因为合并操作而发生变化。

（2）Word 2010 还有一种智能识别数据的方法来附加单元格地址。Word 通过当前光标的位置，自动地判断需要累加的数字。例如，above 代表自动累加此列中这个单元格以上的数值。再如，left 代表自动累加此行中这个单元格左边的数值，如图 3.99 所示。

	A	B	C	D	E
1	A1	B1	C1	D1	……
2	A2	B2	C2	D2	……
3	A3	B3	C3	D3	……
4	……	……	……	……	……

图 3.98 单元格地址示意图

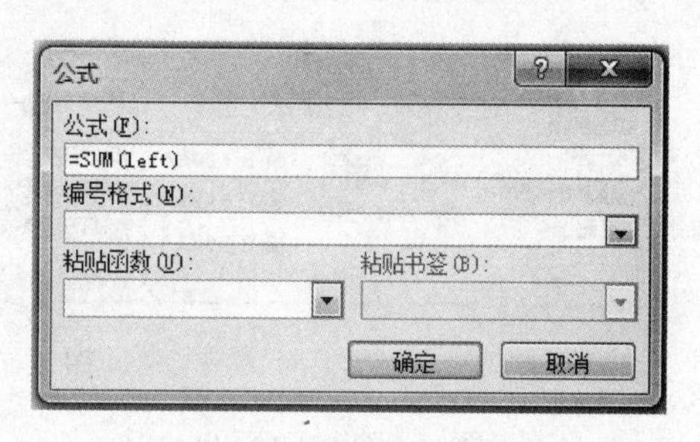

图 3.99 “公式”对话框

2）函数

Word 公式中有很多的函数可以直接用来完成计算，例如，sum 表示求和、average 表示求平均值、count 表示计数、max 表示求最大值、min 表示求最小值等，用户可以根据自己的需要来选择合适的函数。

3.5.4 任务实施

最终效果如图 3.100 所示。

打开素材“世界各类封装市场状况.docx”，并按要求开始对文档进行排版。

1. 设置标题段文字格式

标题文字“世界各类封装市场状况”的字体设置为楷体、四号、加粗，颜色设置为“红色，强调文字颜色 2，深色 50%”；文字居中，段前、段后间距各 15 磅。

(1) 选中标题段“世界各类封装市场状况”，单击“开始”选项卡“字体”组中的相应按钮，设置字体为“楷体”，字号为“四号”，字体颜色为“红色，强调文字颜色 2，深色 50%”、加粗，如图 3.101 所示。也可在“字体”对话框中设置字体，有两种方法可以弹出“字体”对话框：第一种方法是，单击“开始”选项卡“字体”组右下角的按钮，将弹出“字体”对话框；另外一种方法是，在选中的文字上右击，在弹出的快捷菜单中选择“字体”选项，也可以弹出“字体”对话框。在“字体”对话框中的“字体”选项卡中设置字体的相应格式即可。

世界各类封装市场状况

封装形式	产值	所占比值
DIP	734	0.05%
PGA	3037	0.21%
SO	4842	0.34%
BGA	5593	0.39%
注：数据仅供参考		

图 3.100 文档排版的最终效果

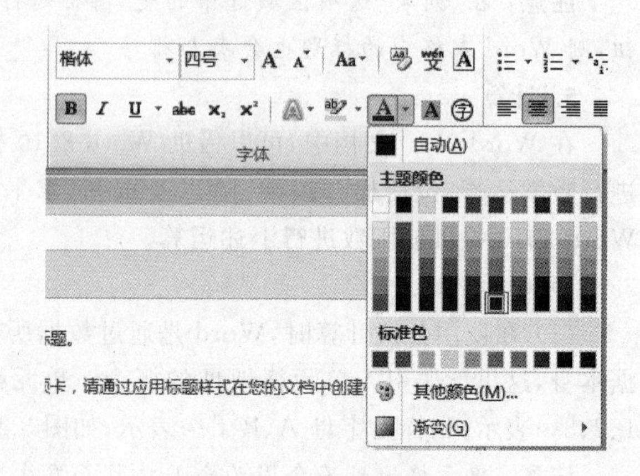

图 3.101 设置字体格式

(2) 选中标题段“世界各类封装市场状况”，单击“开始”选项卡“段落”组中的“居中”按钮，将标题文字居中显示，如图3.102所示。

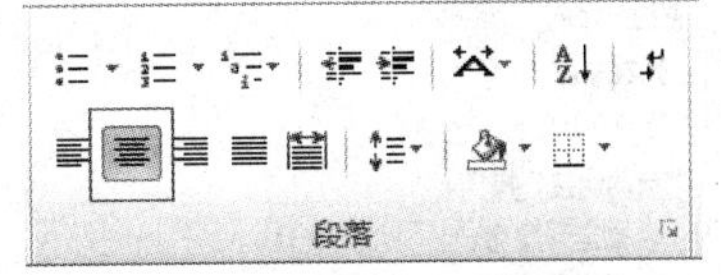

图3.102 设置居中

(3) 选中标题段“世界各类封装市场状况”，单击“开始”选项卡“段落”组右下角的按钮，弹出“段落”对话框，设置段前、段后间距为15磅(直接将默认值单位“行”改成“磅”)；另一种打开“段落”对话框的方法是在选中的文字处右击，在弹出的快捷菜单中选择“段落”选项，设置如图3.103所示。

2. 将文中后5行文字转换成一个5行3列的表格

选中文中后5行文字，单击“插入”选项卡“表格”组的“表格”按钮，从下拉列表中选择“文本转换成表格”，如图3.104所示。在弹出的“将文字转换成表格”对话框中直接单击“确定”按钮即可，如图3.105所示。

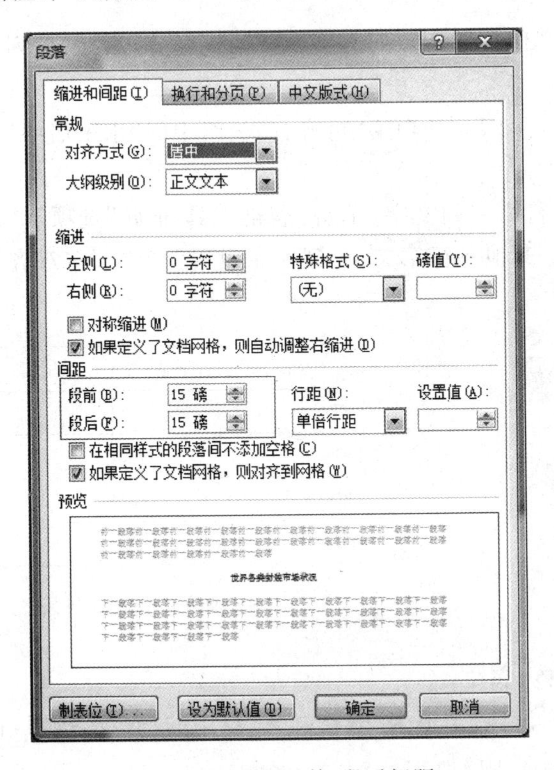

图3.103 设置段前、段后间距

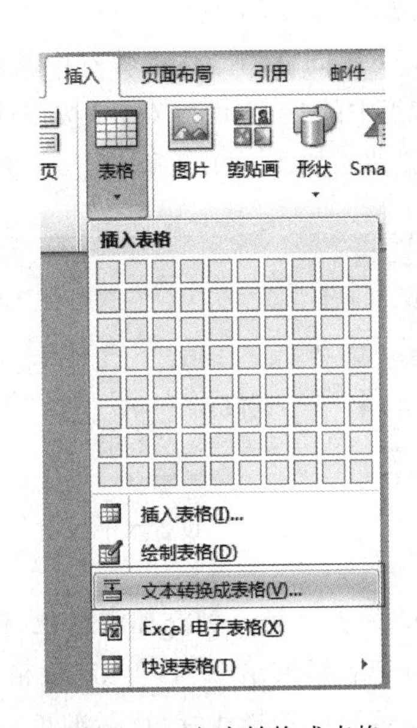

图3.104 文本转换成表格

3. 设置表格居中，各列列宽为3厘米，各行行高为1厘米

(1) 单击表格左上角的十字标记选择整个表格，再单击“开始”选项卡“段落”组中的“居中”按钮即可。

(2) 单击表格左上角的十字标记选择整个表格，菜单栏的最后位置会出现两个选项卡：“表格工具-设计”选项卡和“表格工具-布局”选项卡。单击“表格工具-布局”选项卡，在“单元格大小”组中设置高度为1，宽度为3，默认单位为厘米(若要求单位为厘米，单位可以输入也可以不输入)，如图3.106所示。

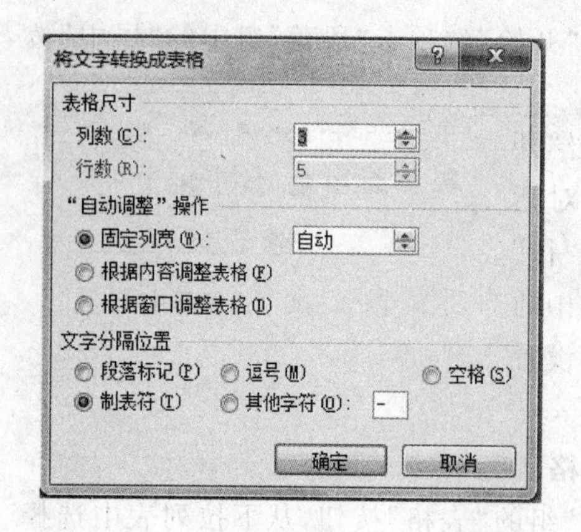

图 3.105 "将文字转换成表格"对话框

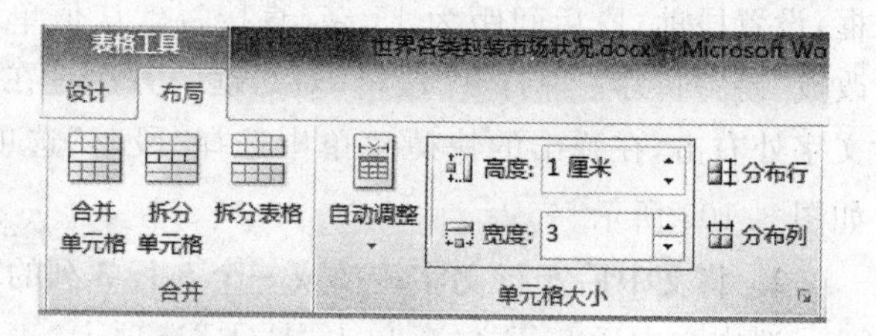

图 3.106 设置行高和列宽

4. 设置对齐方式

设置表格中第一行文字水平居中，其他各行第一列文字中部两端对齐，第二、三列文字中部右对齐。

(1) 选中第一行文字，单击"表格工具-布局"选项卡"对齐方式"组中的"水平居中"按钮即可，如图 3.107 所示。

(2) 按同样的操作步骤选中其他各行第一列文字，单击"表格工具-布局"选项卡"对齐方式"组中的"中部两端对齐"按钮即可；其他各行第二、三列文字设置为"中部右对齐"，最终设置效果如图 3.108 所示。

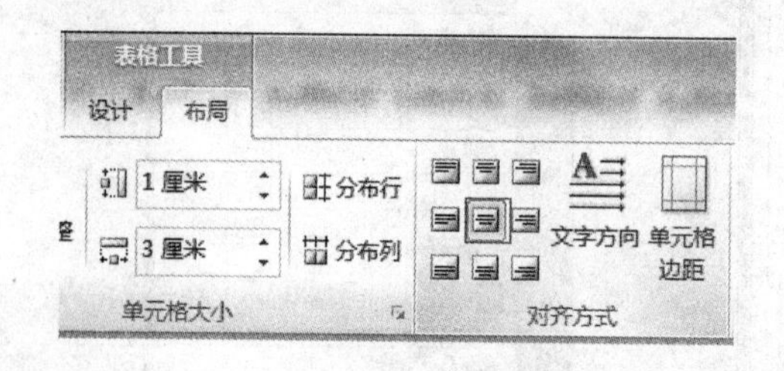

图 3.107 设置水平居中

封装形式	产值	所占比值
DIP	734	
SO	4842	
PGA	3037	
BGA	5593	

图 3.108 文字对齐方式效果图

5. 为表格第一列添加浅绿色(标准色)底纹

选中表格的第一列，单击"表格工具-设计"选项卡"表格样式"组中的"底纹"按钮，在弹出的颜色库中选择浅绿色(标准色)，如图 3.109 所示。

6. 设置内、外框线

设置表格外边框线 1.5 磅、红色(标准色)、双实线，内框线 0.75 磅、绿色(标准色)、单实线。

单击表格左上角的十字标记⊞选择整个表格，在表格的任意区域右击，在弹出的快捷菜单中选择"边框和底纹"选项，弹出"边框和底纹"对话框。

(1) 外框线设置步骤。

在"样式"列表中选择框线样式为"双实线"，在"颜色"中设置框线颜色为"红色(标准色)"，在"宽度"中设置框线宽度为"1.5 磅"，然后在"预览"中单击外框线位置对应的四个按钮，如图 3.110 所示。

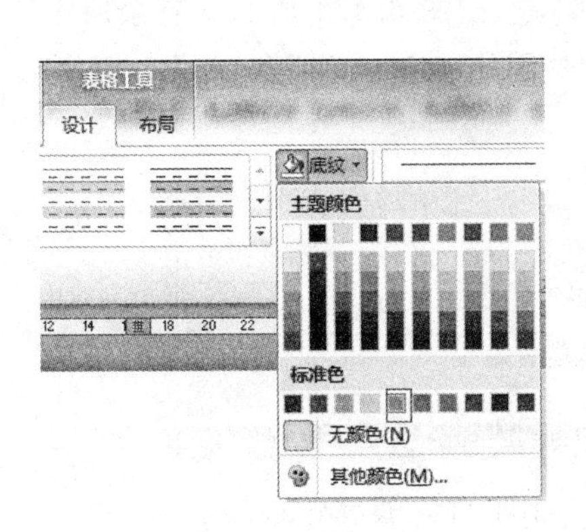

图 3.109　设置底纹

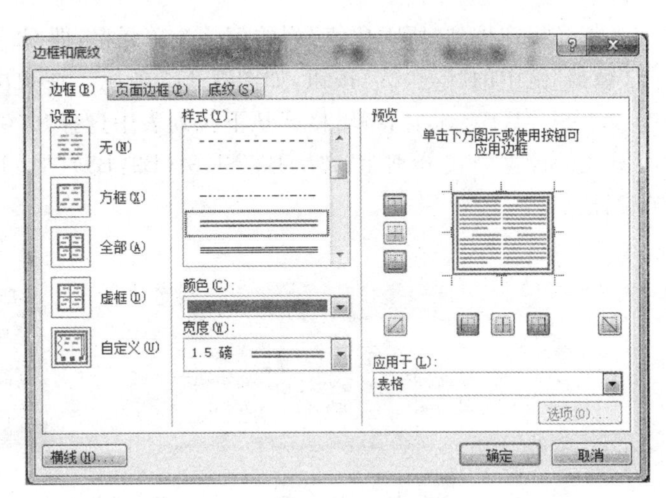

图 3.110　设置外框线

(2) 内框线设置步骤。

继续在"边框和底纹"对话框中完成内框线的设置,在"样式"列表中选择框线样式为"单实线",在"颜色"中设置框线颜色为"绿色(标准色)",在"宽度"中设置框线宽度为"0.75磅",然后在"预览"中单击内框线位置对应的两个按钮。内外框线都设置完成后单击"确定"按钮,如图 3.111 所示。

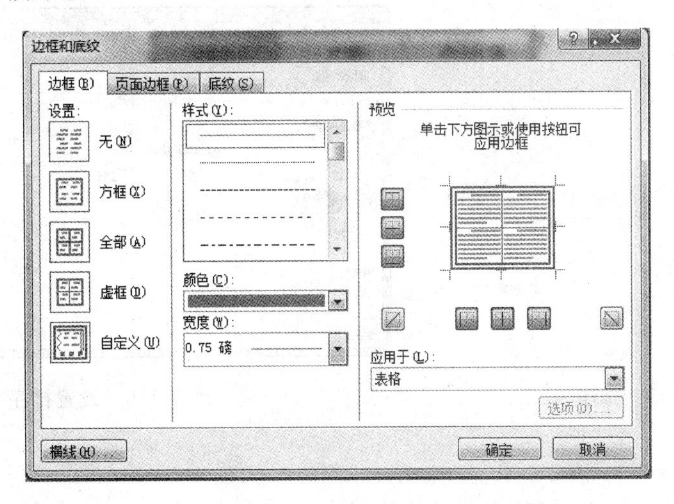

图 3.111　设置内框线

7. 将表格中文字设置为微软雅黑、小四号

选中表格中的所有文字,在"开始"选项卡的"字体"组中设置字体为"微软雅黑",字号为"小四",如图 3.112 所示。

8. 计算

在所占比值列中的相应单元格中,按公式:所占比值=产值/总值,计算所占比值,计算结果的格式为百分比,保留两位小数。

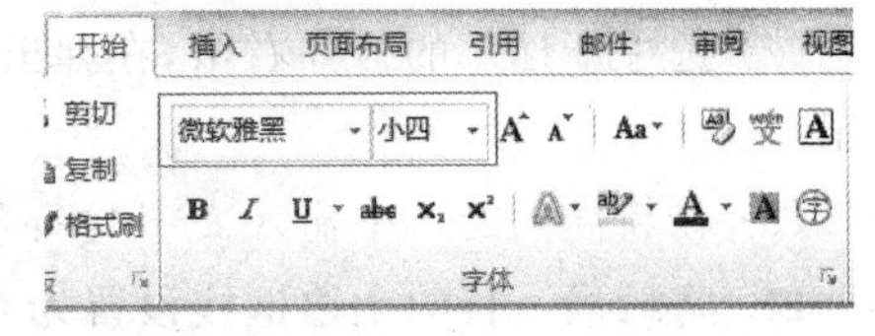

图 3.112　设置字体和字号

将光标定位到“所占比值”列的第一个单元格，即C2单元格，单击“表格工具-布局”选项卡“数据”组中的“fx公式”按钮，如图3.113所示。在弹出的“公式”对话框中输入计算公式“=B2/SUM(B2:B5)”，编辑格式从下拉列表中选择“0.00%”，如图3.114所示。剩余所占百分比的计算公式分别为：“=B3/SUM(B2:B5)”“=B4/SUM(B2:B5)”和“=B5/SUM(B2:B5)”。

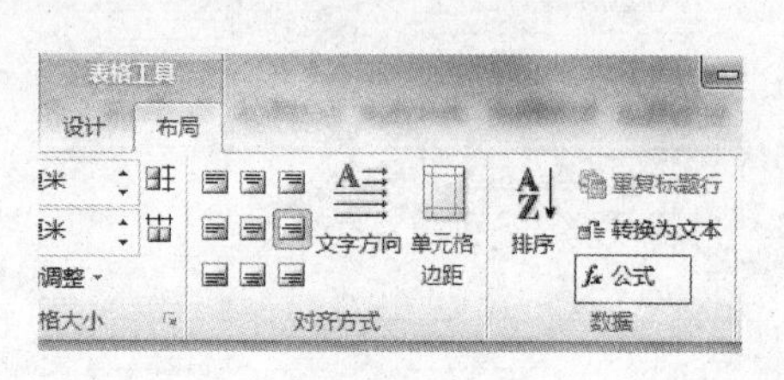

图 3.113　fx公式

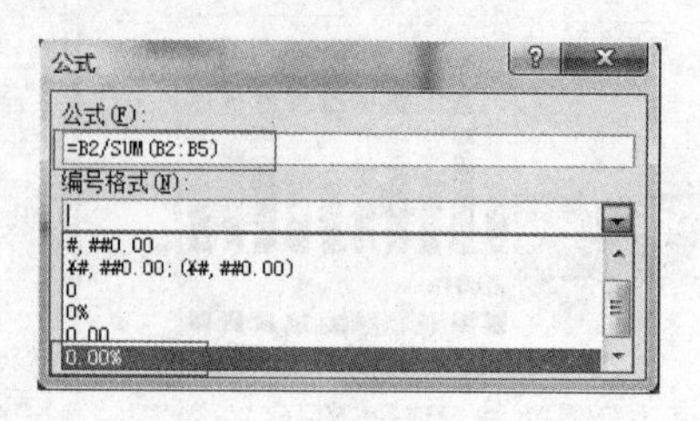

图 3.114　设置公式

注意：公式中的字母大小写均可，所有字符均为英文输入。

9. 按升序排序所占比值

将光标定位到“所占比值”列的任意单元格，单击“表格工具-布局”选项卡“数据”组中的“排序”按钮，如图3.115所示。在弹出的“排序”对话框中，排序主要关键字为“所占比值”，类型为“数字”，排序方式为“升序”，如图3.116所示。

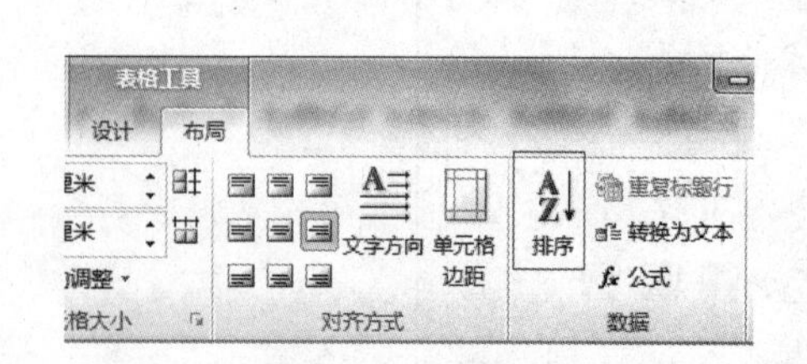

图 3.115　排序

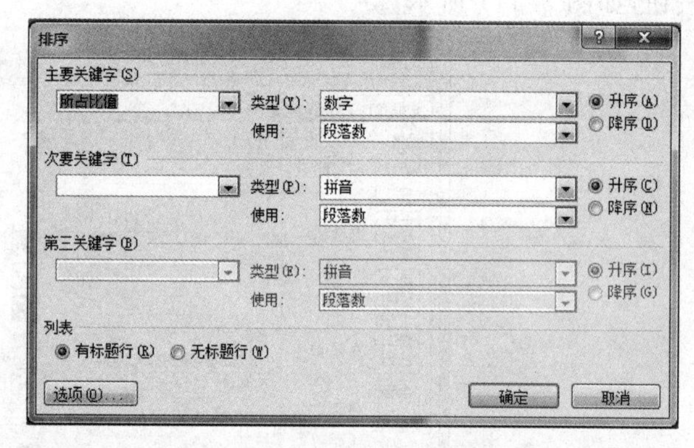

图 3.116　设置排序

10. 插入行

在最后一行下方插入一行，合并单元格，输入文字“注：数据仅供参考”，对齐方式为“靠下两端对齐”。

(1) 选中最后一行并右击，在弹出的快捷菜单中选择“插入”→“在下方插入行”选项，如图3.117所示。

(2) 选中新插入的行并右击，在弹出的快捷菜单中选择“合并单元格”选项，如图3.118所示。

(3) 在新插入的行中输入文字“注：数据仅供参考”，对齐方式设置为“靠下两端对齐”。

11. 将最后一行的上边框线设置为0.75磅、红色(标准色)、单实线

选中最后一行并右击，在弹出的快捷菜单中选择“边框和底纹”选项，在弹出的“边框和底纹”对话框中，设置样式为单实线，颜色为红色(标准色)，宽度为 0.75 磅，在“预览”中单击“上框线”按钮，如图 3.119 所示。

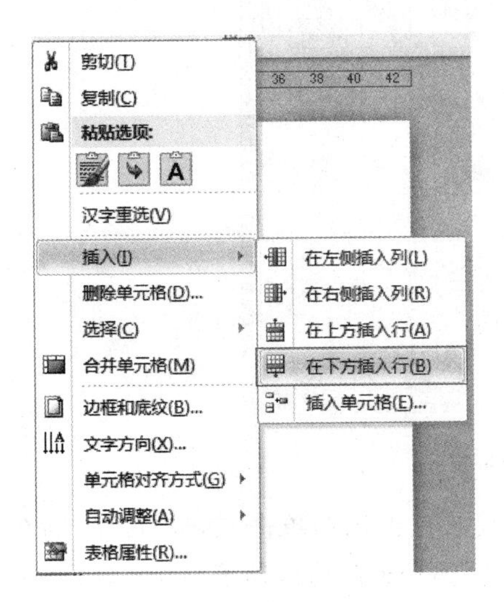

图 3.117　插入行

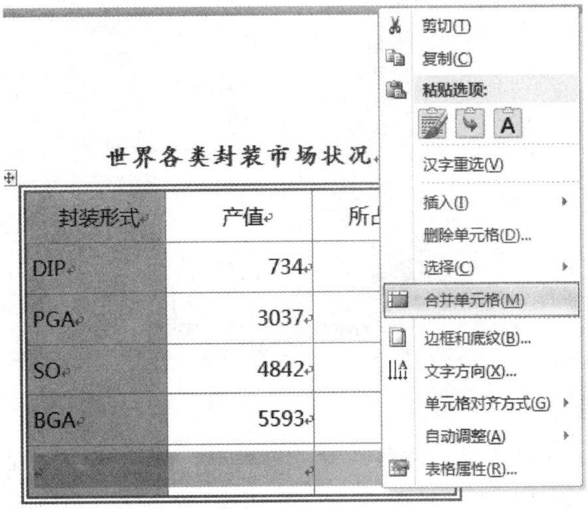

图 3.118　合并单元格

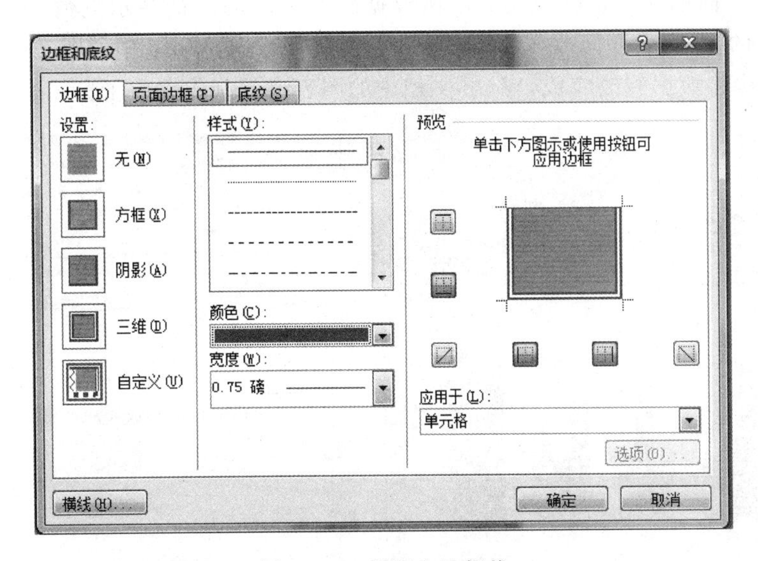

图 3.119　设置上边框线

3.5.5　知识拓展

在 Word 中，还可以绘制图表。将表格数据用图表表现出来，可以更加形象、直观地表示数据的发展趋势和阶段区别。Word 实际上是调用了 Excel 的图表功能来绘制图表的。因而图表功能非常强大，其创建与编辑图表的方法也与 Excel 中的操作基本是一致的。

1. 创建图表

将插入点定位到文档中要插入的位置，单击“插入”选项卡“插图”组中的“图表”按钮，弹出如图 3.120 所示的“插入图表”对话框。

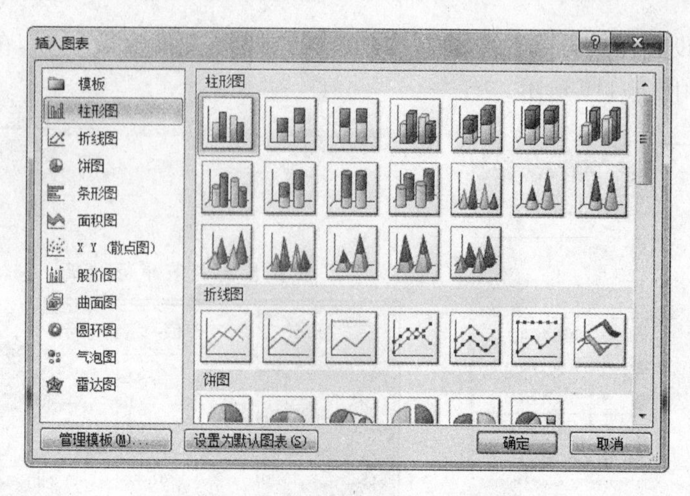

图 3.120　“插入图表”对话框

在对话框中选择一种图表类型，如“柱形图”中的“簇状柱形图”，单击“确定”按钮，则在 Word 文档中立即出现了一张图表，如图 3.121 所示；且 Word 自动启动了 Excel 软件，在 Excel 窗口的表格中也已经含有了一些用于制作图表的数据。但这些数据为自动生成的示例数据，Word 文档中的图表也是根据示例数据制作出来的。这些示例数据和图表虽然不是我们所需要的，然而只要修改 Excel 中的数据为所需数据，Word 中的图表就会自动变化。在 Excel 窗口中将数据修改完成，Word 文档中的图表也就制作完成了。

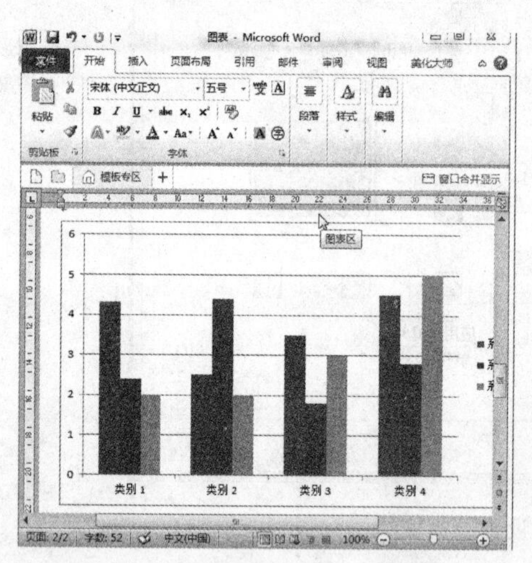

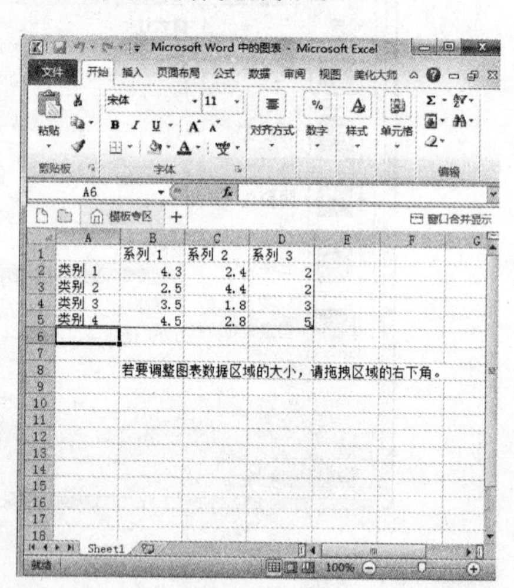

图 3.121　插入图表

将鼠标指针移动到 Excel 表格数据区右下角的 _| 上，当指针变为↘时拖动鼠标调整数据区的大小(这里调整为 4 行 8 列，可删除区域外的内容)，再将所需数据输入或粘贴到数据区内，Word 文档中的图表自动变为新数据的图表，如图 3.122 所示。

图 3.122 所示图表中的横轴为班级，不同颜色的柱形(称为数据系列)代表不同的科目，如希望使科目作为横轴、不同柱形代表班级，可选中图表后，单击“图表工具-设计”选项卡“数据”组中的“切换行/列”按钮，切换后的图表如图 3.123 所示。图表制作完成后，关闭 Excel 窗口即可(Excel 窗口是由 Word 弹出的，不必保存 Excel 文档，只保存 Word 文档即可)。

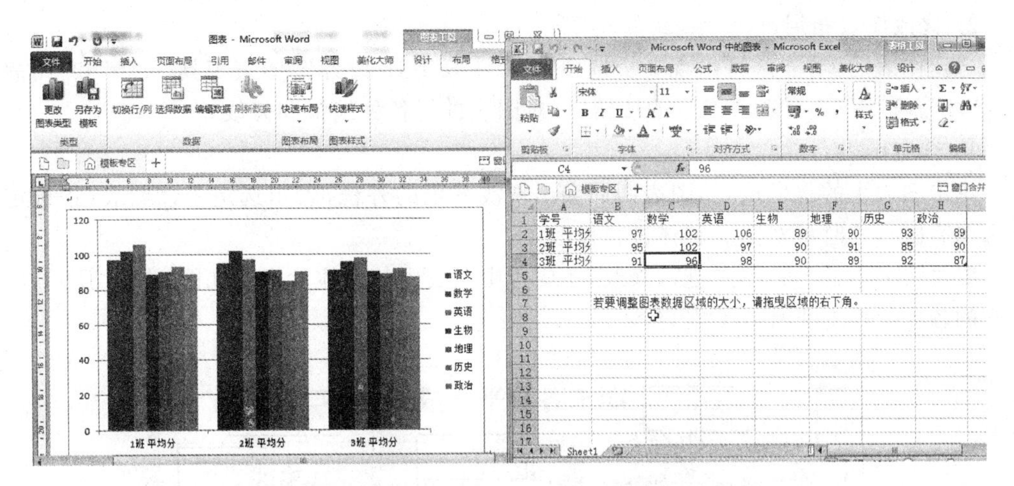

图 3.122　通过 Excel 窗口中修改数据制作图表

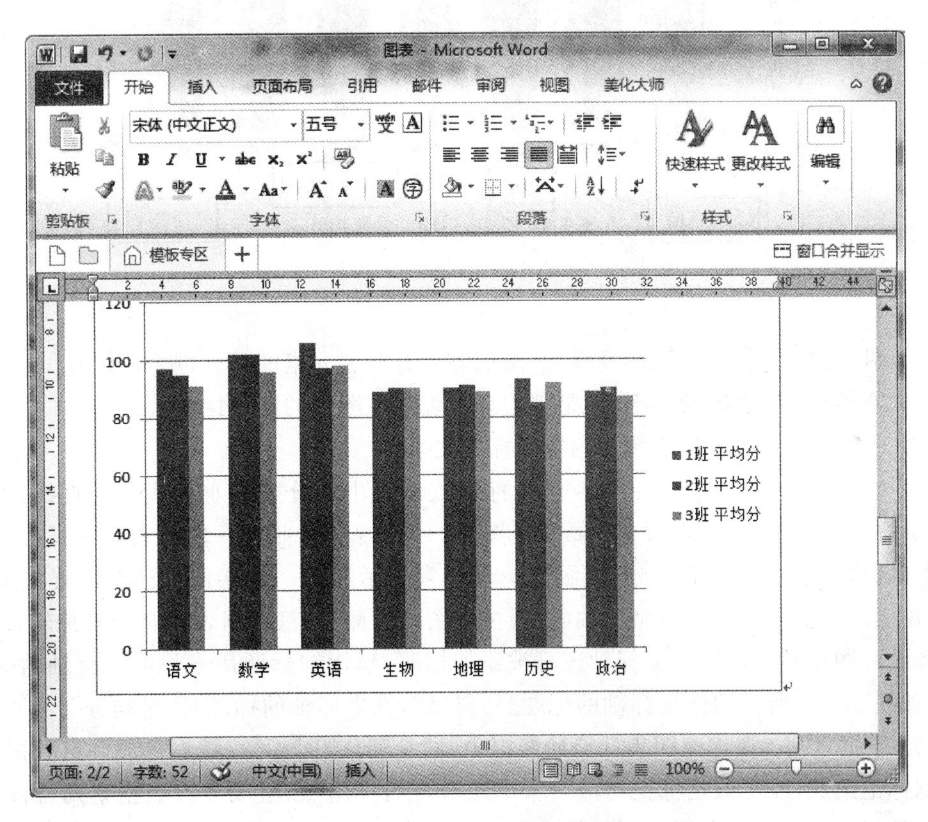

图 3.123　切换行、列后的图表

如果关闭了 Excel 窗口后，还希望修改数据，可选中图表，然后单击“图表工具-设计”选项卡“数据”组中的“编辑数据”按钮，则 Word 会重新打开 Excel，我们可在其中修改数据；数据修改后，图表会自动发生相应的变化。

在 Word 文档中选中图表，则图表四周会出现一个浅灰色的边框，将鼠标指针移动到该边框的任一控制点上，当指针变为双向箭头时拖动鼠标可改变图表大小，也可在“图表工具-格式”选项卡“大小”组中精确设置图表的高度和宽度。

2. 修改图表布局

选定图表后，功能区将出现 3 个选项卡："图表工具-设计""图表工具-布局"和"图表工具-格式"，通过这 3 个选项卡中的按钮，可对图表进行各种编辑和修改。

1）选定图表

单击图表上的空白位置，图表四周会出现浅灰色的外框，表示选定了该图表（指选定了整个图表区），这时可对图表整体进行修改。

要对图表内的各种元素进行修改，还要选中图表内的具体元素。如图 3.124 所示，组成图表的各项元素主要有以下内容。

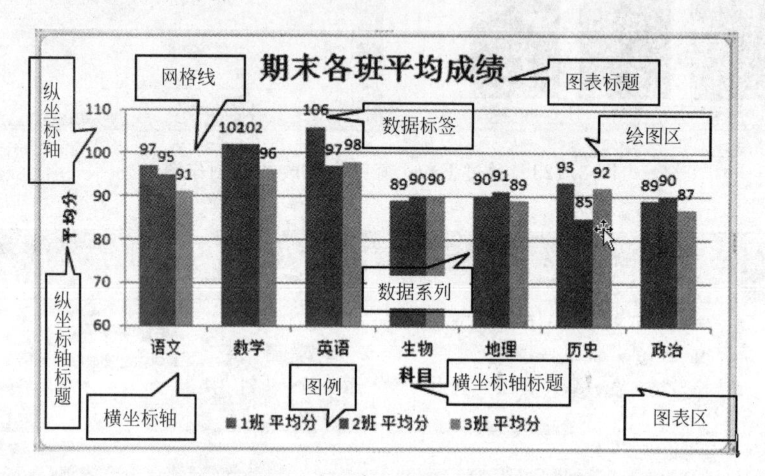

图 3.124　图表的组成

（1）图表区：包含图表图形及标题、图例等所有图表元素的最外围矩形区域。

（2）绘图区：图表区的一部分，是仅包含图表主体图形的矩形区域。

（3）图表标题：用来说明图表内容的标题文字。

（4）坐标轴和坐标轴标题：坐标轴是标识数值大小及分类的水平线和垂直线，也是界定绘图区的线条。坐标轴上有标定数值的刻度，用作度量参照。一般图表都有横坐标轴和纵坐标轴，横坐标轴通常指示分类，纵坐标轴通常指示数值。有些图表还有次要横坐标轴（一般位于图表上方）、次要纵坐标轴（一般位于图表右侧）；三维图表还有竖坐标轴（Z 轴），饼图和圆环图没有坐标轴。坐标轴还可被添加标题，坐标轴标题用来说明坐标轴的分类及内容，如图 3.124 所示的横坐标轴的标题是"科目"，纵坐标轴的标题是"平均分"。

（5）数据系列：在创建图表的原始数据中，同一列（或同一行）数据构成一组数据系列，由数据标记组成，一个数据标记对应一个单元格，图表可有一组或多组数据系列（饼图只能有一组数据系列），多组数据系列之间常用不同图案、颜色或符号来区分。如在图 3.124 所示的图表中，"1 班 平均分""2 班 平均分"和"3 班 平均分"就是三组数据系列。

（6）图例：指出表中不同的符号、颜色或形状的数据系列所代表的内容。图例由两部分组成：一是图例标识，即不同颜色的小方块，代表数据系列；二是图例项，即与图例标识对应的数据系列名称。一种图例标识只能对应一种图例项。

（7）数据标签：标记在图表上的文本说明，可以在图表上标记数据的值大小（如 97），也可以标记数据值的分类名称（如"语文"）或系列名称（如 1 班平均分）。

(8) 网格线：贯穿绘图区的线条，坐标轴上刻度线的延伸，用于估算图上数据系列值大小的标准。

在三维图表中还有背景墙和基底，背景墙用于显示图表的维度和边界；基底是三维图表下方的填充区域，相当于图表的底座。三维图表有两个背景墙和一个基底。

单击图表内的某一个元素可单独将其选定。当希望选定一个图案(数据标记)时，单击一个图案将选定整个数据系列，再次单击该图案才能将其选定。也可在“图表工具-布局”(或“图表工具-格式”)选项卡“当前所选内容”组的“图表元素”下拉列表中选择需要选定的元素，以选定图表中的对应元素，如图 3.125 所示。

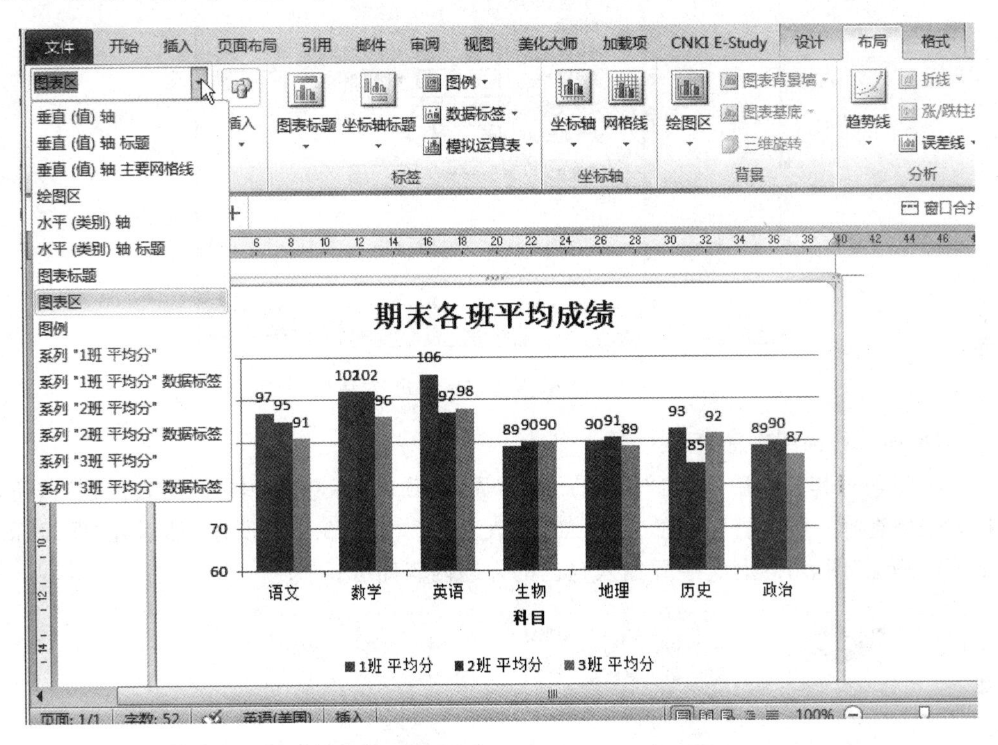

图 3.125　通过功能区下拉列表选定图表元素

2) 设置图表区和绘图区格式

要设置图表区格式，选中图表后，在“图表工具-布局”(或者“图表工具-格式”)选项卡“当前所选内容”组的“图表元素”下拉列表中选择“图表区”，以选中图表区，然后单击同一组中的“设置所选内容格式”按钮，弹出“设置图表区格式”对话框，如图 3.126 所示，在对话框左侧选择填充、边框颜色、边框样式等，再在对话框右侧做相应的详细设置，如在“填充”选项卡中选择“图片或纹理填充”单选按钮，再单击“文件”按钮还可使用一张图片填充图表区，并可拖动滑块设置图片的透明度，使图片自然地融入图表中。

设置绘图区格式的方法与设置图表区格式的方法是类似的：在“图表工具-布局”选项卡“当前所选内容”组中的“图表元素”下拉列表中选择“绘图区”，再单击“设置所选内容格式”按钮。

对于三维图表，在选定图表后，还可单击该选项卡“背景”组中的“图表背景墙”按钮或“图表基底”按钮，从下拉列表中选择相应选项时对图表背景墙和图表基底的格式进行设置。

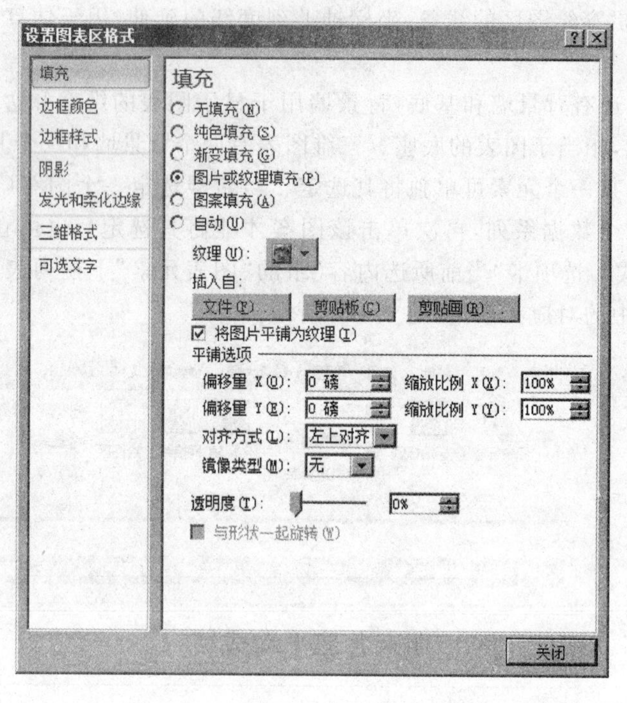

图 3.126 “设置图表区格式”对话框

3）添加和修饰图表标题

单击图表将其选中后，单击“图表工具-布局”选项卡“标签”组中的“图表标题”按钮，从下拉列表中选择一种放置标题的方式，如“图表上方”，如图 3.127 所示，然后在“图表标题”文本框中删除“图表标题”文字并输入自己的标题内容即可。

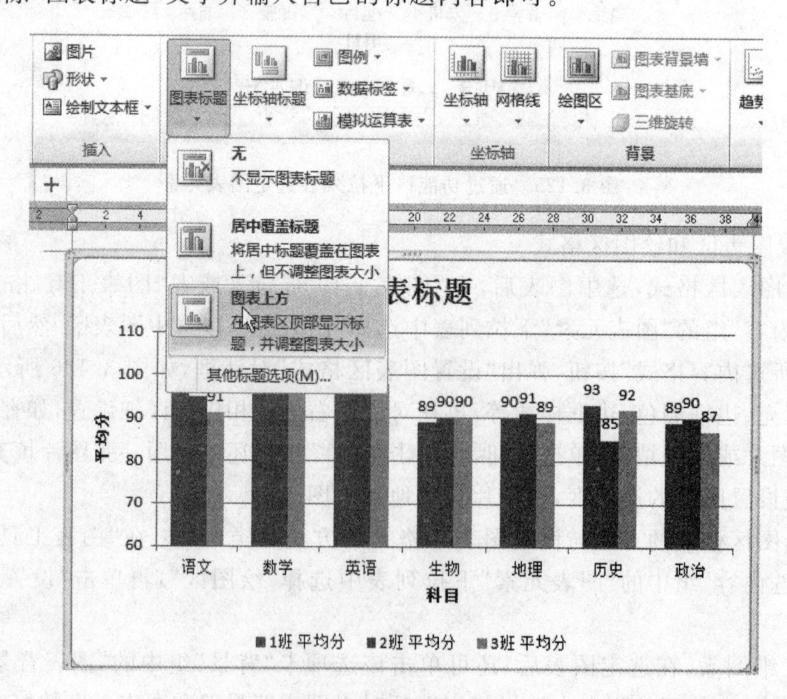

图 3.127 设置图表标题

选中图表标题文字，单击“开始”选项卡“字体”组中的按钮还可设置标题文字的字体。选中标题，单击“图表工具-布局”(或“格式”)选项卡“当前所选内容”组中的“设置所选内容格式”按钮，弹出“设置图表标题格式”对话框，如图3.128所示，可修饰标题，如设置填充、边框颜色、边框样式、阴影等。

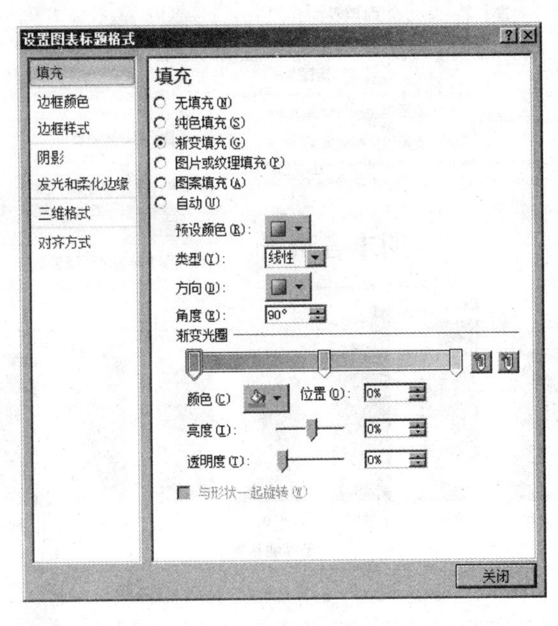

图 3.128 “设置图表标题格式”对话框

4) 设置坐标轴及坐标轴标题

可以设置是否在图表中显示坐标轴以及显示的方式，还可以为坐标轴添加标题。选定图表，单击“图表工具-布局”选项卡“坐标轴”组中的“坐标轴”按钮，选择“主要横坐标轴”或“主要纵坐标轴”，从级联菜单中选择所需项目即可，如图3.129所示。

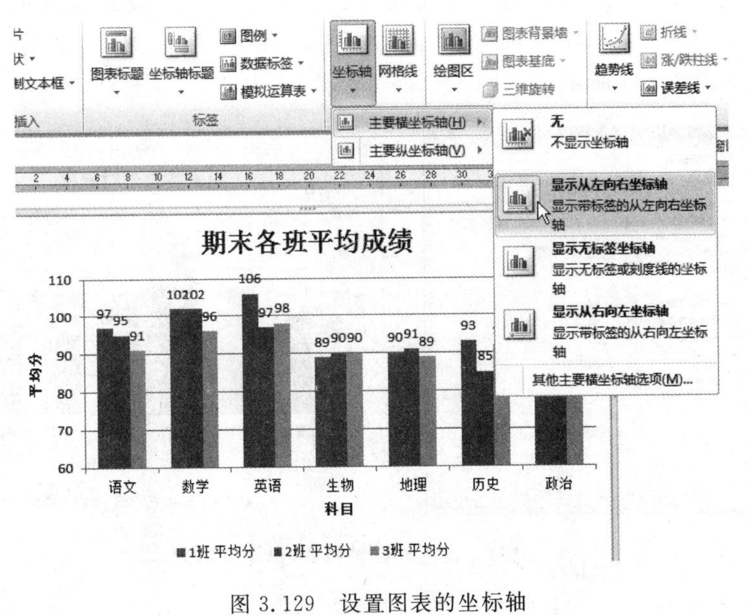

图 3.129 设置图表的坐标轴

要设置坐标轴标题，单击“图表工具-布局”选项卡“标签”组中的“坐标轴标题”按钮，选择“主要横坐标轴标题”或“主要纵坐标轴标题”级联菜单中的设置项，如图 3.130 所示。然后在图表的坐标轴标题文本框内输入内容即可。

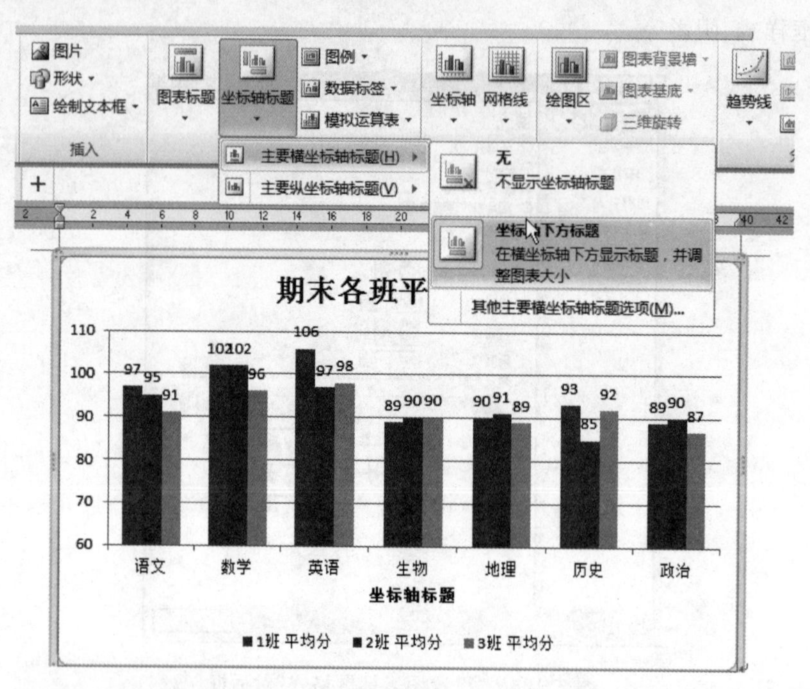

图 3.130　设置图表的坐标轴标题

选定横坐标轴或纵坐标轴，单击“图表工具-布局”(或“图表工具-格式”)选项卡“当前所选内容”组中的“设置所选内容格式”按钮，或右击坐标轴，在弹出的快捷菜单中选择“设置坐标轴格式”选项，弹出“设置坐标轴格式”对话框，可对坐标轴的数值范围、刻度线以及填充、线条等进行详细设置。图 3.131 所示为设置纵坐标轴而弹出的“设置坐标轴格式”对话框，在对话框中设置“坐标轴选项”中的“最小值”为 70.0、“最大值”为 120.0、“主要刻度单位”为 10.0 后，效果如图 3.131 所示。

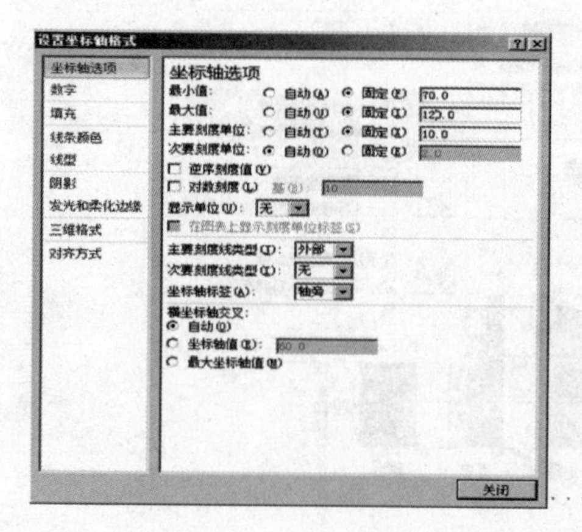

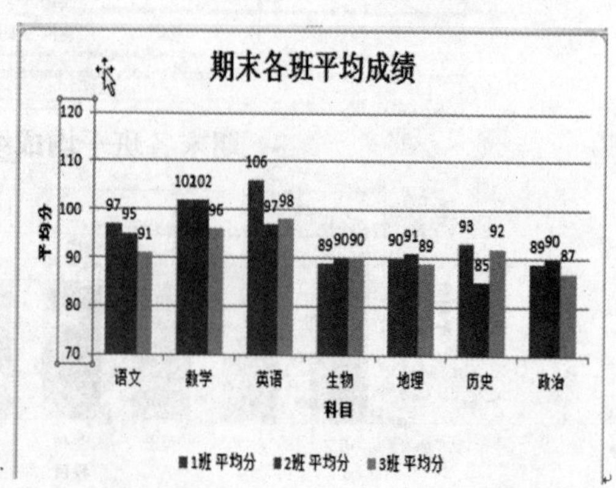

图 3.131　设置坐标轴格式(纵坐标轴)

5）设置图例

上例图表的图例位于绘图区右侧，要将图例调整到绘图区下方，单击“图表工具-布局”选项卡“标签”组中的“图例”按钮，从下拉列表中选择“在底部显示图例”，如图 3.132 所示，图例将位于绘图区下方并且绘图区会自动调整大小以适应新布局。

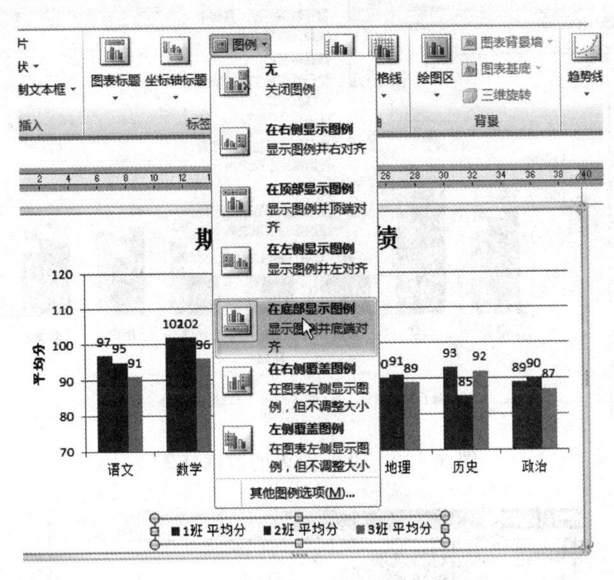

图 3.132　设置图例

右击图例，在弹出的快捷菜单中选择“设置图例格式”选项，弹出“设置图例格式”对话框，可设置图例填充、边框颜色、边框样式、阴影等格式效果。

要删除图例，从单击“图例”按钮的下拉列表中选择“无”即可。

6）添加数据标签

添加数据标签就是将系列的具体数值（或分类名、系列名等）标注到图表上。选中图表，单击“图表工具-布局”选项卡“标签”组中的“数据标签”按钮，从下拉列表中选择一种位置即可添加数据标签，如图 3.133 所示。从下拉列表中选择“其他数据标签选项”，在弹出的“设置数据标签格式”对话框中还可对数据标签进行详细设置，如显示“值”、显示“类别名称”或显示“系列名称”等。对不同类型的图表，该对话框中的内容略有不同。图 3.134 所示为对应一个饼图的“设置数据标签格式”对话框，相比柱形图，在饼图上还可以标记“百分比”和“显示引导线”。在对话框中切换到“数字”选项卡，还可设置数据标签显示的格式，如设置保留的小数位数、百分比格式、日期格式等。

在图表中还可以添加趋势线，趋势线用于以图形方式显示数据的趋势，这种分析也称为回归分析。选择图表，单击“图表工具-布局”选项卡“分析”组中的“趋势线”按钮，在下拉列表中选择一种趋势线，如“线性趋势线”，在弹出的对话框中选择要添加趋势线的某个系列，单击“确定”按钮。

7）设置图表布局和样式

在 Word 中预设了多种图表布局和样式，可用于快速设置图表。选中图表，在“图表工具-设计”选项卡“图表布局”组中选择一种布局类型，在“图表样式”组中选择一种颜色搭配方案即可，如图 3.135 所示。

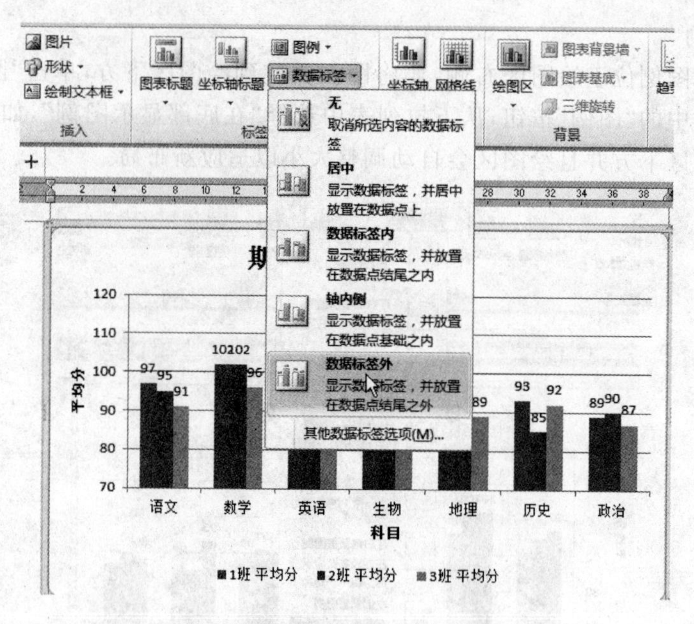

图 3.133　设置图表的数据标签

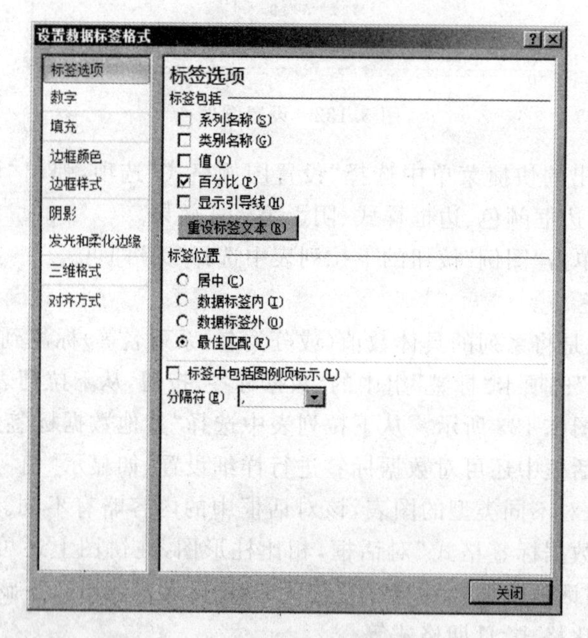

图 3.134　“设置数据标签格式”对话框

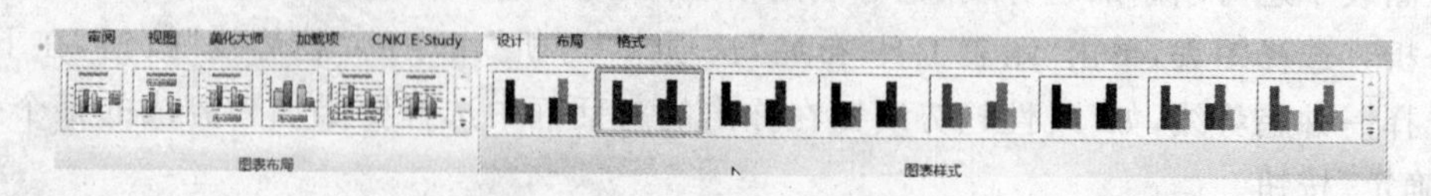

图 3.135　设置图表布局和样式

3. 设置数据系列格式

1）更改系列图表类型

在创建图表时可以选择图表类型。如果创建图表后，还希望改变图表类型，单击“图表工具-设计"选项卡"类型"组中的"更改图表类型"按钮，弹出"更改图表类型"对话框，在对话框中另外选择一种图表类型就可以了。

在同一个图表中还可以使用两种或两种以上的图表类型，这称为更改系列图表类型。例如，在图表中选中"3 班 平均分"的数据系列，然后再单击"更改图表类型"按钮，从"更改图表类型"对话框中选择另一种图表类型，如"折线图"中的"带数据标记的折线图"，单击"确定"按钮，图表效果如图 3.136 所示，其中"3 班平均分"的数据系列以折线图显示，其他 2 个班级的平均分仍以柱形图显示。

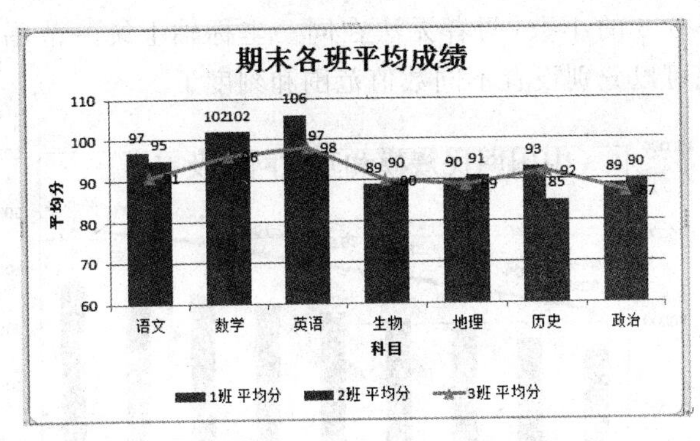

图 3.136　更改"3 班 平均分"系列的图表类型为折线图

2）更改数据标记形状

图 3.136 中的折线图上的数据点是以三角形表示的，能否改变数据点的形状（如改为×）呢？在图表中选中"3 班 平均分"的数据系列，然后单击"图表工具-布局"选项卡"当前所选内容"组中的"设置所选内容格式"按钮，弹出"设置数据系列格式"对话框，在对话框的左侧单击"数据标记选项"，再在右侧"内置"的"类型"中选择一种标记图形，如×即可，如图 3.137 所示。

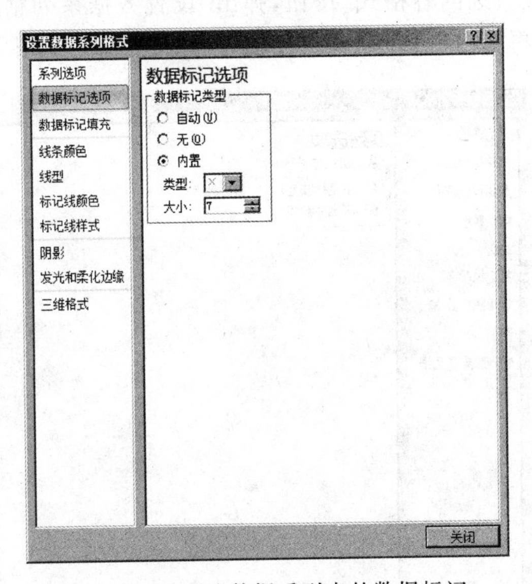

图 3.137　更改数据系列中的数据标记

在该对话框的左侧选择"标记线颜色""标记线样式"还可进一步设置标记形状的颜色、线条样式等。

3）添加次坐标轴

在图表中还可以同时创建两个横坐标轴、两个纵坐标轴，其中一个称为主横（纵）坐标轴，另一个称为次横（纵）坐标轴。次横（纵）坐标轴可以具有与主坐标轴不同的刻度单位，当图表包含的多个数据系列具有不同的数值范围、要反映不同的信息时，次坐标轴就很有用了。

例如，如图 3.138 所示，其中系列“网民数”使用左侧的主纵坐标轴，系列“互联网普及率”使用右侧的次坐标轴。因为“网民数”需要 0～70 000 范围的纵坐标轴，而“互联网普及率”的值大小只是 0～0.6 的小数，两者无法在同一坐标轴上统一范围和刻度，而分别采用主、次两个坐标轴，就可以分别设置不同数值范围和刻度了。

图 3.138　包含主坐标轴和次坐标轴的图表

要使某数据系列使用次坐标轴，选中该数据系列后，单击“图表工具-布局”选项卡“当前所选内容”组中的“设置所选内容格式”按钮，弹出“设置数据系列格式”对话框，在对话框的左侧选中“系列选项”，再在右侧选中“次坐标轴”单选按钮即可，如图 3.139 所示。

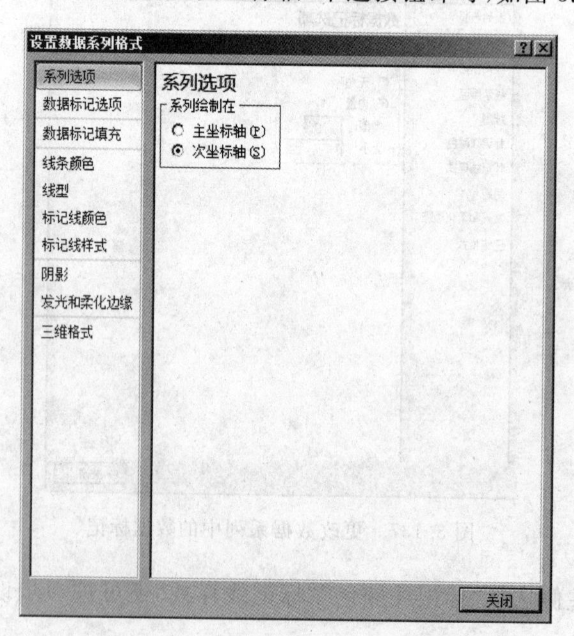

图 3.139　更改数据系列为次坐标轴

3.6 任务三 图文排版

3.6.1 任务描述

为了使学生更好地进行职场定位和职业准备，提高就业能力，该校就业处计划举办一场主题为“大学生职业规划”的就业讲座。就业处员工小李需要制作一份宣传海报，现在需要对海报内容进行美化和排版。

3.6.2 任务目标

- 掌握插入图片和形状的方法；
- 掌握图片和形状大小及位置的调整；
- 掌握图片样式的设置；
- 掌握形状的编辑方法；
- 掌握文本框的编辑方法；
- 掌握艺术字的编辑方法。

3.6.3 预备知识

俗话说：一图解千文。在平面媒体的表现上，图形的感染力往往胜过千言万语。在文档中插入适当的图片不仅丰富版面，而且便于读者理解内容。

1. 图片

1) 插入图片

① 将计算机中的图片插入到 Word 文档中。将插入点定位到文档中要插入图片的位置，单击“插入”选项卡“插图”组中的“图片”按钮，弹出“插入图片”对话框，在对话框中选择需要的图片，单击“插入”按钮即可，如图 3.140 所示。

图 3.140 插入图片

要删除插入的图片,单击图片选中它,在按下键盘的 Delete 键或 Backspace 键。

还可以用复制+粘贴的方法在文档中插入图片。在文件夹中选择要插入的图片,按 Ctrl+C 组合键复制,再到 Word 文档中需插入图片的位置按 Ctrl+V 组合键粘贴,即可将图片插入到文档中。

② 插入剪贴画。Word 系统还提供了很多剪贴画。单击“插入”选项卡“插图”组中的“剪贴画”按钮,弹出“剪贴画”任务窗格,在其中输入搜索剪贴画的相关文字,单击“搜索”按钮找到剪贴画,再单击需要的剪贴画,即可将其插入到文档中。

③ 插入屏幕截图。在 Word 中,还可以直接截取计算机上所打开的窗口外观作为图片,插入到 Word 文档中。截图时,既可截取全屏图像,也可只截取屏幕上的一个范围。将插入点定位到文档中需要插入截图的位置,单击“插入”选项卡“插图”组中的“屏幕截图”按钮,在下拉列表中选择需要截取的窗口即可。如果从下拉列表中选择“屏幕剪辑”,当屏幕变灰色且鼠标指针变为“+”时,按住鼠标左键不放拖动鼠标,可以在屏幕上截取任意部分。

2) 编辑图片

(1) 图片大小的调整。

单击插入到文档中的图片即可选中它。选中图片后,在图片周围会出现 8 个白色的控制点,将鼠标指针移动到控制点上时,鼠标指针会变成双向箭头形状,按住鼠标左键不放拖动鼠标即可调整图片大小,如图 3.141 所示。当要横向或纵向缩放图片时,应拖动图片四边的控制点;保持宽度和高度比例缩放图片时,应拖动图片四角的控制点。

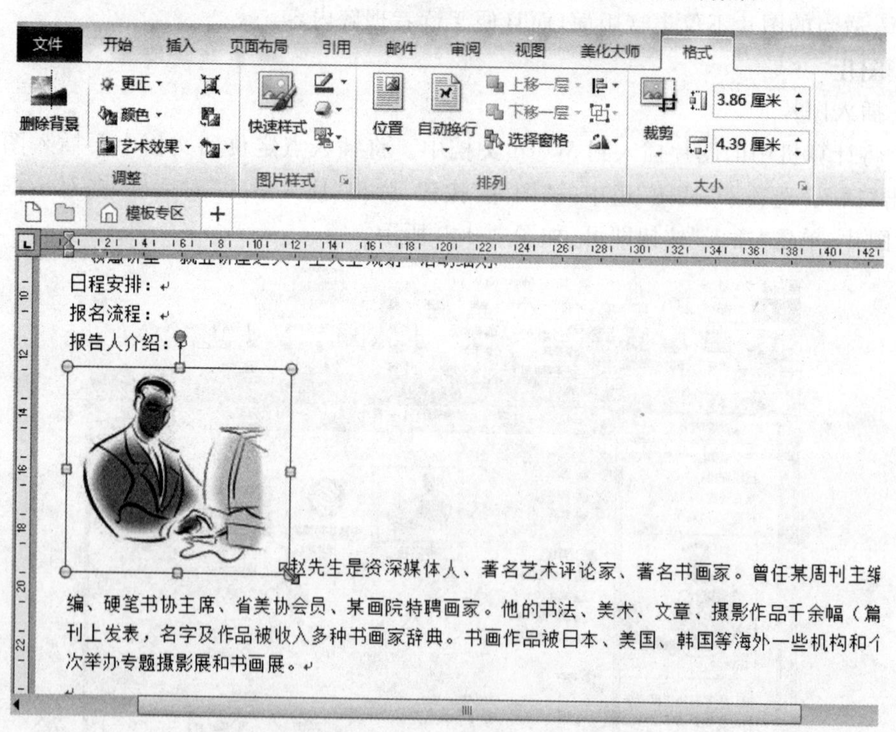

图 3.141 调整图片大小

如果用鼠标拖动图片上方的绿色按钮，还可以任意角度旋转图片。

选中图片后，在 Word 的功能区会自动出现“图片工具-格式”选项卡。如需要更精确地调整图片大小，可在“图片工具-格式”选项卡“大小”组中直接输入图片的“高度”和“宽度”数值。在“排列”组中单击“旋转”按钮，可直接将图片向左或向右旋转 90°，或进行垂直翻转、水平翻转等。也可以单击“图片格式-工具”选项卡“大小”组右下角的对话框开启按钮 ，弹出“布局”对话框，如图 3.142 所示。在“高度”和“宽度”的“绝对值”右侧的数值框中输入图片大小的数值，还可在“旋转”框中精确输入旋转角度。

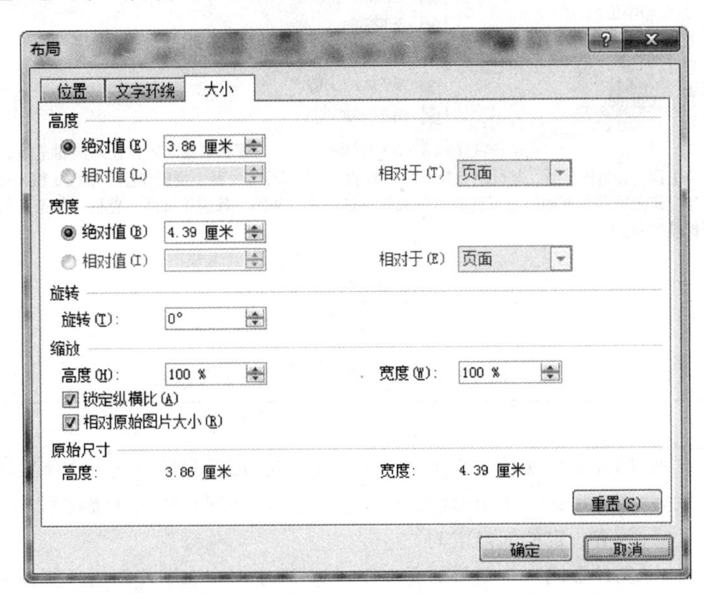

图 3.142 “布局”对话框的“大小”选项卡

如果文档中有多张图片，在按住 Ctrl 键和 Shift 键的同时再依次单击每张图片，可同时选中多张图片，然后拖动其中一张图片的控制点就可以同时改变所有选中图片的大小。

(2) 图片的环绕方式设置。

默认情况下，插入的图片是被“嵌入”到文档的正文中的，这种图片相当于文档中的一个“文字”。这使很多操作受到限制，例如，只能像移动文字一样将图片在文档中的正文文字之间移动。但可像设置普通文本的段落一样，用“开始”选项卡“段落”组中的“左对齐”“居中对齐”“右对齐”等按钮来调整图片的水平位置。

只有将图片设置为“非嵌入型”的其他环绕方式，图片和文字才能混排，也才能实现图片编辑的更多功能，例如，可将图片拖动到文档中的任意位置。设置为“非嵌入型”的其他环绕方式，还能使文档中的正文文字按照一定的方式环绕图片排版，达到美观的“图文混排”效果。

选中图片，单击“图片工具-格式”选项卡“排列”组中的“自动换行”按钮，从下拉列表中选择一种“非嵌入型”的环绕方式，例如“四周型环绕”，如图 3.143 所示，然后将图片拖动到文档的适当位置，文档正文文字就会围绕图片四周排版。

除了嵌入型和四周环绕型外，Word 还提供了其他多种环绕方式，各种主要环绕方式如表 3.10 所示。

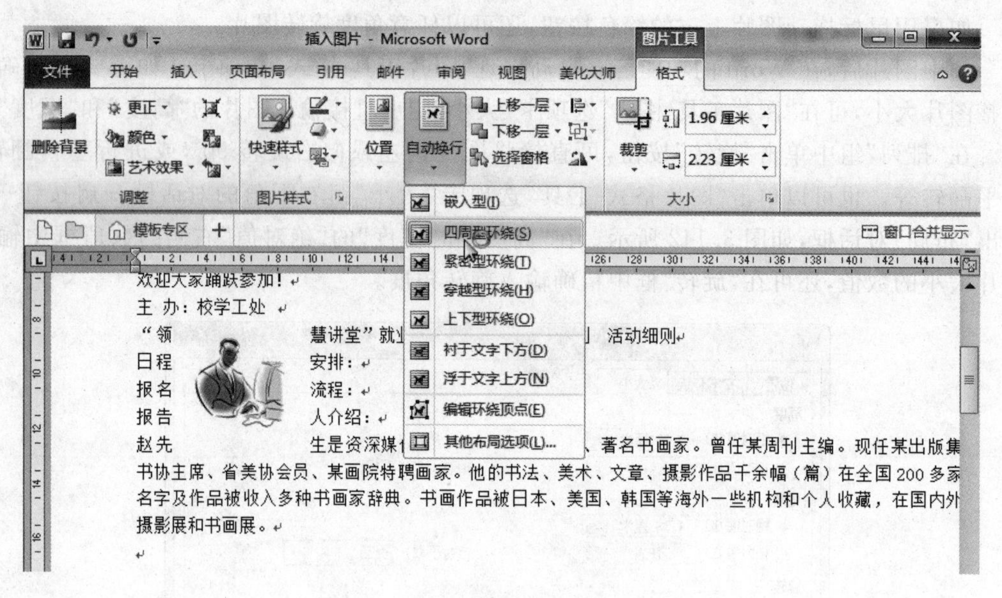

图 3.143 设置图片的环绕方式

表 3.10 图片的主要环绕方式

环绕方式	功能作用
嵌入型	图片类似文档正文中的一个文字字符,图片只能在正文文字区域范围内移动
四周型环绕	图片形成一个矩形的无文字区域,文字在图片四周环绕排列,图片四周和文字之间有一定的间隔空间
紧密型环绕	图片形成一个矩形的无文字区域,文字密布在图片四周环绕排列,图片四周和文字之间的间隔空间很小,图片被文字紧紧包围
穿越型环绕	文字密布在图片四周,但穿过图形的空心部分,适用于空心图形
上下型环绕	图片所覆盖的"行"形成无文字区域,文字位于其上部和下部
衬于文字下方	图片作为背景,位于文字下方,不影响文字排列
衬于文字上方	图片覆盖在文字的上方遮挡文字,不影响文字排列

(3) 图片的层叠顺序的设置。

如果在一篇文档中插入了多张图片,图片与图片之间就有"谁在谁之上""谁遮挡谁"的问题,这可通过图片层叠顺序来设置(只有图片为"非嵌入型"环绕方式才能设置层叠顺序),层叠顺序包括"置于顶层""置于底层""上移一层""下移一层""浮于文字上方""衬于文字下方"等,它们的含义如表 3.11 所示。

表 3.11 图片的层叠顺序

图片的层叠顺序	功能作用
置于顶层	图片位于其他所有图片之上,遮挡其他图片
置于底层	图片位于其他所有图片之下,被其他图片遮挡
上移一层	将图片上移一层
下移一层	将图片下移一层
浮于文字上方	图片位于文字的上方,遮挡文字,文字位置不变
衬于文字下方	图片位于文字的下方,被文字遮挡,文字位置不变

要调整层叠顺序，先选中图片，在图片上右击，在弹出的快捷菜单中选择排列方式，如“上移一层”；也可单击“图片工具-格式”选项卡“排列”组中的上移一层按钮或下移一层按钮，如图 3.144 所示。

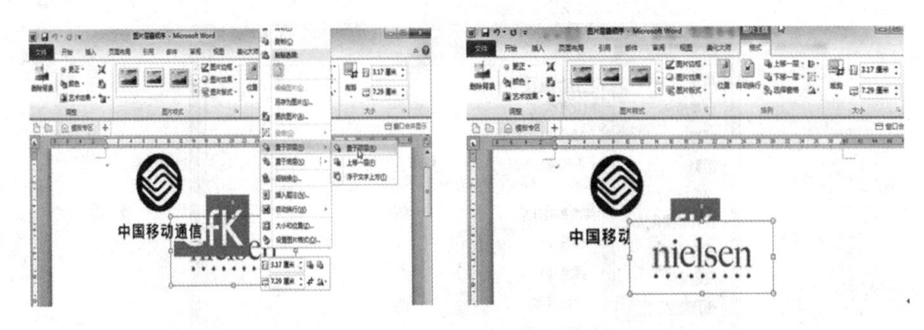

图 3.144　设置图片层叠顺序

(4) 剪裁图片。

利用 Word 对图片的剪裁功能，可将插入到文档中的图片去除一部分外周矩形区域的内容。

选择图片后，单击“图片工具-格式”选项卡“大小”组中的“剪裁”按钮，图片的控制点将变为黑色的裁剪控制点，将鼠标指针放到剪裁控制点上，指针变为倒立 T 形时，按住鼠标左键拖动，即可切去图片中的外周部分内容，如图 3.145 所示。单击文档空白处完成剪裁。

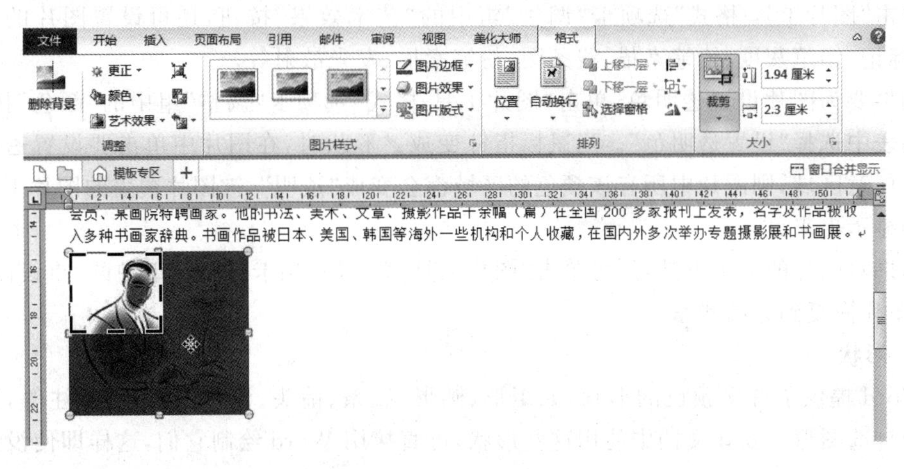

图 3.145　裁剪图片

(5) 图片样式和图片效果的设置。

在“图片工具-格式”选项卡中，Word 还提供了大量图片样式和图片效果选项，使用这些功能，可使图片更加美观。很多需要 Photoshop 等专业图像处理软件才能完成的特殊效果，现在在 Word 中就可以轻松获得。

单击“图片工具-格式”选项卡“图片样式”组中的一种样式，可快速将图片设置为这种样式；单击“图片样式”组中的“图片边框”按钮，还可为图片添加边框。

单击“图片工具-格式”选项卡“调整”组中的“颜色”按钮，可设置图片的颜色饱和度、色调等，还可为图片重新着色。

要为图片设置亮度和对比度，可在“图片工具-格式”选项卡单击“调整”组中的“更正”按钮,既可选择一种预定义的亮度和对比度,也可单击“图片更正选项”,弹出如图 3.146 所示的“设置图片格式”对话框,在左侧选择“图片更正”,在右侧区域拖动相应滑块调整亮度和对比度。

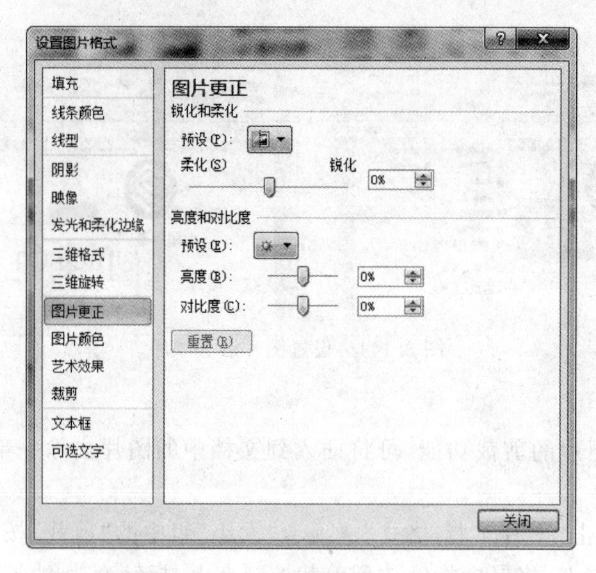

图 3.146　调整图片亮度和对比度

单击“图片工具-格式”选项卡“调整”组中的“艺术效果”按钮,还可设置图片的艺术效果,如标记、铅笔灰度、铅笔素描、线条图、粉笔素描、发光散射等。

如果要为图片设置透明色,单击“图片工具-格式”选项卡“调整”组中的“颜色”按钮,从下拉列表中选择“设置透明色”。当鼠标指针变成✐形状时,在图片中单击要设置透明色的颜色的任意区域,则图片中所有该颜色的区域都会变成“透明”,被图片覆盖的图片下面的内容就会显示出来。

如果对图片的加工不满意,可单击“图片工具-格式”选项卡“调整”组中的“重设图片”按钮,将图片恢复到原始状态。

2. 形状

Word 提供了许多预设的形状,如矩形、圆形、线条、箭头、流程图符号、标注等,这些形状称为自选图形。要在文档中使用这些形状,可直接用 Word 绘制它们,这样即使没有很强的美术功底也能绘画出十分专业、漂亮的图形。

1) 绘制自选图形

单击“插入”选项卡“插图”组中的“形状”按钮,从下拉列表中选择一种需要的形状,如“矩形”,然后在 Word 文档中按住鼠标左键拖动鼠标,即可绘制出这种形状,如图 3.147 所示。鼠标拖动的起点位置为图形左上角,拖动的终点位置为图形的右下角。

某些类型的图形可以调整形状,如果可以调整,选中它后在图形上会出现一到多个黄色的控制点,用鼠标拖动这些控制点即可调整形状。不同类型的自选图形所带的黄色控制点不同,拖动控制点的效果也不同。例如,拖动圆角矩形的黄色控制点可改变 4 个角的弯曲弧度,如图 3.148 所示,拖动箭头的黄色控制点可改变箭头顶部三角形的大小或尾部矩形的“胖瘦”,有些自选图形,如矩形、圆形等没有黄色控制点,因为它们没有再调整形状的必要。

图 3.147　绘制自选图形

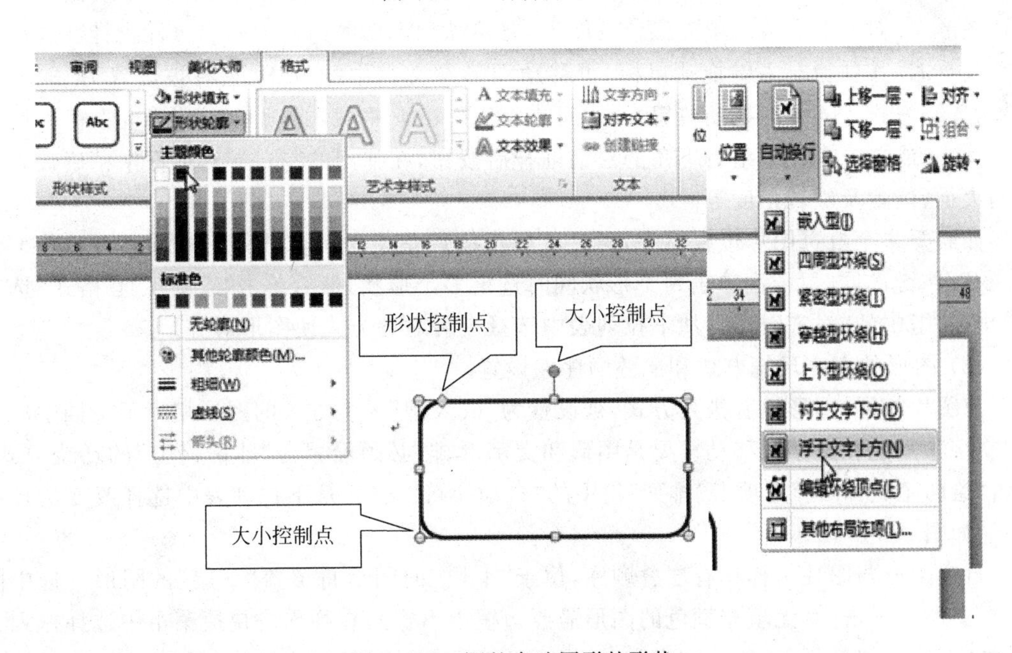

图 3.148　调整自选图形的形状

右击形状，在弹出的快捷菜单中选择“编辑顶点”选项，然后拖动顶点的控制点可精细地改变形状的外形，还可增加或删除顶点。在顶点上右击，可选择多种顶点类型，如“平滑顶点”将使拐点处平滑。

要绘制规则图形，可按住 Shift 键的同时拖动鼠标绘制。如要绘制正方形，单击“矩形”按钮后，按住 Shift 键的同时拖动鼠标；如要绘制圆形，单击“椭圆”按钮后，按住 Shift 键的同时拖动鼠标。绘制线条或线条状的箭头时，按住 Shift 键的同时可使角度为水平、垂直、45°或 135°方向。

既可以把自选图形直接绘制到文档中，也可以先在文档中插入绘图画布，然后再在绘图画布中绘制图形。插入绘图画布方法是：单击“插入”选项卡“插图”组中的“形状”按钮，从下拉列表中选择“新建绘图画布”，然后再在画布中绘制各种形状，将形状绘制到画布中，画布将作为一个整体进行操作，这比直接在文档中绘制，更有助于阻止图形位置错乱。

选中图形后，单击“绘图工具-格式”选项卡“形状样式”组中的“形状轮廓”按钮，从下拉列表中可设置图形的边框，包括颜色、粗细、线型等。如图 3.148 所示，为将一个圆角矩形的边框设为“短画线”的虚线样式，也可选择“无轮廓”，这样图形将没有轮廓线。单击“形状填充”按钮，从下拉列表中可设置图形的填充颜色，也可选择“无填充”颜色，这样图形的内部将是透明状态。图 3.148 所示的圆角矩形，就被设置“无填充颜色”。

在该组中单击“形状效果”按钮，还可设置图形的阴影效果和三维效果等。

2）编辑自选图形

自选图形类似插入文档中的一张图片，对它的操作方法和图片有许多相似之处。

（1）图形大小和位置的设置。

单击选中一个自选图形，也会像图片那样在图形四周出现 8 个控制点，如图 3.148 所示。拖动控制点可改变图形的大小，拖动图形上绿色的控制点可旋转图形。将鼠标移动到自选图形上（对于空心或无填充颜色的图形，要移动到图形的边框上），当鼠标指针变成了四向箭头时，按住鼠标左键拖动鼠标，可移动图形在文档中的位置（只有被设置为“非嵌入型”的环绕方式才能任意拖动位置）。也可在“绘图工具-格式”选项卡“大小”组中精确设置图形大小，或单击“大小”组右下角的对话框开启按钮，在弹出的“布局”对话框中精确设置图形的大小、位置及旋转角度等。

如需要多个自选图形位置对齐，通过鼠标拖动调整位置的方式并不准确。可按住 Ctrl 键或 Shift 键的同时，依次单击每个形状同时选定多个形状，然后单击“绘图工具-格式”选项卡“排列”组中的“对齐”按钮，从下拉列表中选择一种对齐方式使图形对齐。

（2）图形的文字环绕方式和层叠顺序的设置。

与图片相同，图形也有排列方式，被设置为“嵌入型”环绕方式的图形相当于文档中的一个“文字”，只能在文字间移动。要是图形和文字混排，必须设置为“非嵌入型”的环绕方式。单击“绘图工具-格式”选项卡“排列”组中的“自动换行”按钮，从下拉列表中选择改变的环绕方式，如图 3.148 所示。

自选图形与图片一样具有层叠顺序，位于“上层”的图形将覆盖“下层”的图形。选中图形，在图形上右击（对无填充颜色的图形需要边框上右击），在弹出的快捷菜单中选择排列方式，如“上移一层”；也可单击“绘图工具-格式”选项卡“排列”组中的“上移一层”或“下移一层”按钮。层叠顺序同样影响自选图形之间的覆盖关系。

(3) 在自选图形中添加文字。

多数自选图形都允许在其上添加文字。在选中的自选图形上右击，在弹出的快捷菜单中选择“添加文字”选项，然后输入文字即可。添加文字之后，还可以使用“开始”选项卡“字体”或“段落”组中的按钮设置图形中的文字格式。

(4) 组合图形。

多个自选图形可以进行组合，使它们成为一个图形。这样，无论移动位置、调整大小、进行复制等操作，它们都会被同时操作，且始终保持着相对位置关系。

要组合图形，按住 Ctrl 键或 Shift 键的同时选定多个图形，单击“绘图工具-格式”选项卡“排列”组中的“组合”按钮，从下拉列表中选择“组合”。或在任意一个选定图形上右击(无填充色的图形要右击它的边框)，在弹出的快捷菜单中选择“组合”→“组合”选项。

要取消组合，右击图形，在弹出的快捷菜单中选择“组合”→“取消组合”选项即可。取消组合后，各个图形又可以被单独地进行编辑，互不影响。

3. 文本框

文本框是一种特殊的对象，在其中可以像在 Word 文档正文里一样输入文字和段落，并设置文字和段落的格式。文本框与 Word 文档正文中的文字的最大不同之处在于：文本框连同其中的文字又可作为一个整体的图形对象，可被独立排版，并可被随意拖放到文档中的任意位置，在 Word 文档中可以创建横排文本框和竖排文本框。

Word 提供了许多内置的文本框模板，使用这些模板可以快速创建特定样式的文本框，然后只管在文本框中输入内容就可以了。将插入点定位到文档中要插入文本框的位置，单击“插入”选项卡“文本”组中的“文本框”按钮，从下拉列表中选择一种样式，即可在文档中插入该种样式的文本框。文本框插入后，只要删除文本框中的示例文字，然后输入自己的内容即可。

如图 3.149 所示，在一个简历文档中插入了 8 个文本框，并在文本框中输入文字。这样可将文本框同其中的文字移动到任意位置，灵活地布置简历版面。当希望在文档页面的任意位置输入文字，不受段落限制时，应使用文本框。

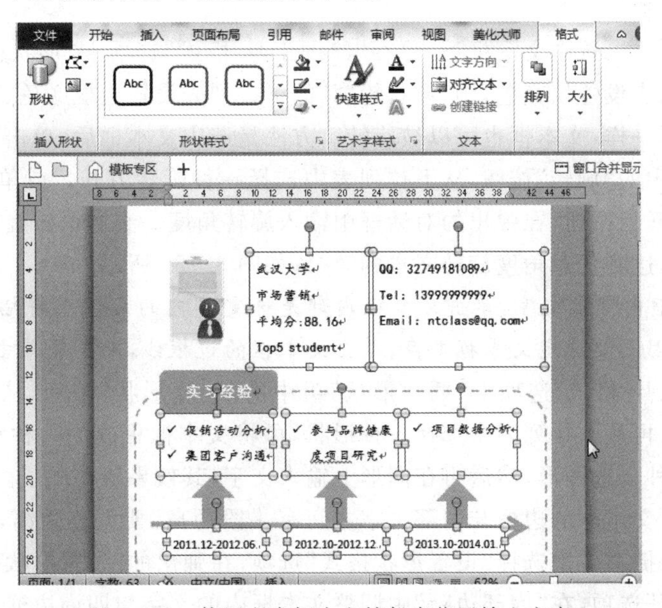

图 3.149　使用文本框在文档任意位置输入文字

实际上，文本框与被添加了文字后的自选图形是同类事物，可像自选图形一样被编辑修改。

选中文本框后，文本框的四周也会出现 8 个控制点，按住鼠标左键拖动控制点可改变文本框的大小，将鼠标指针指向文本框的边框，当鼠标指针变成四向箭头时，按住鼠标左键拖动鼠标，可调整文本框在文档中的位置。文本框也可被设置环绕方式，只有被设为“非嵌入型”环绕方式的文本框才能被任意在文档中移动，图 3.150 中的文本框是“四周型环绕”，图 3.149 中的文本框均是“浮于文字上方”。

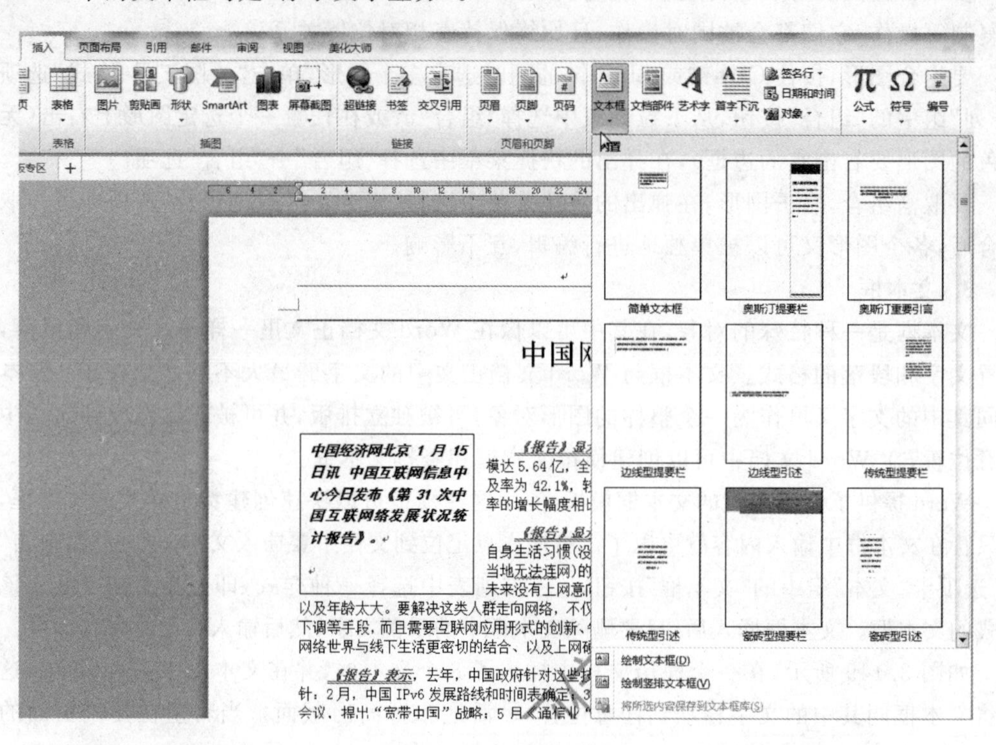

图 3.150 插入文本框

与自选图形一样，选中文本框后，可在“绘图工具-格式”选项卡“形状样式”组中，用“形状填充”的下拉列表设置填充色，用“形状轮廓”的下拉列表设置边框颜色、粗细、线型等。

同图片、图形一样，文本框也可以被旋转。方法是选中文本框后，单击“绘图工具-格式”选项卡“排列”组中的“旋转”按钮，从下拉列表中选择一种旋转方式。或单击“大小”工具栏右下角的对话框开启按钮，在弹出的对话框中输入旋转角度。文本框被旋转后，其中的文字也随之一起旋转，达到任意角度旋转文本的效果，如图 3.151 所示。

注意：文本框内部是文字，单击文本框内部是选定其内的文字或将插入点定位到其内的文字区域中。因此要选定文本框本身，单击文本框的边框线，而不能单击文本框的内部。

单击“绘图工具-格式”选项卡“插入形状”组中的“编辑形状”按钮，从下拉列表中选择“更改形状”，然后再从下拉列表中选择一种形状，可将文本框更改为一种自选图形的形状，这样首先绘制这种自选图形，然后再在图形上输入文字，其效果就相同了。

默认状态下，文本框的边框与内部文字之间有一段距离，要调整距离，右击文本框的边框线，在弹出的快捷菜单中选择“设置形状格式”选项，在弹出的“设置形状格式”对话框中单击左侧的“文本框”选项，在“内部边距”中调整文本框内的文字与四周边框之间的距离。

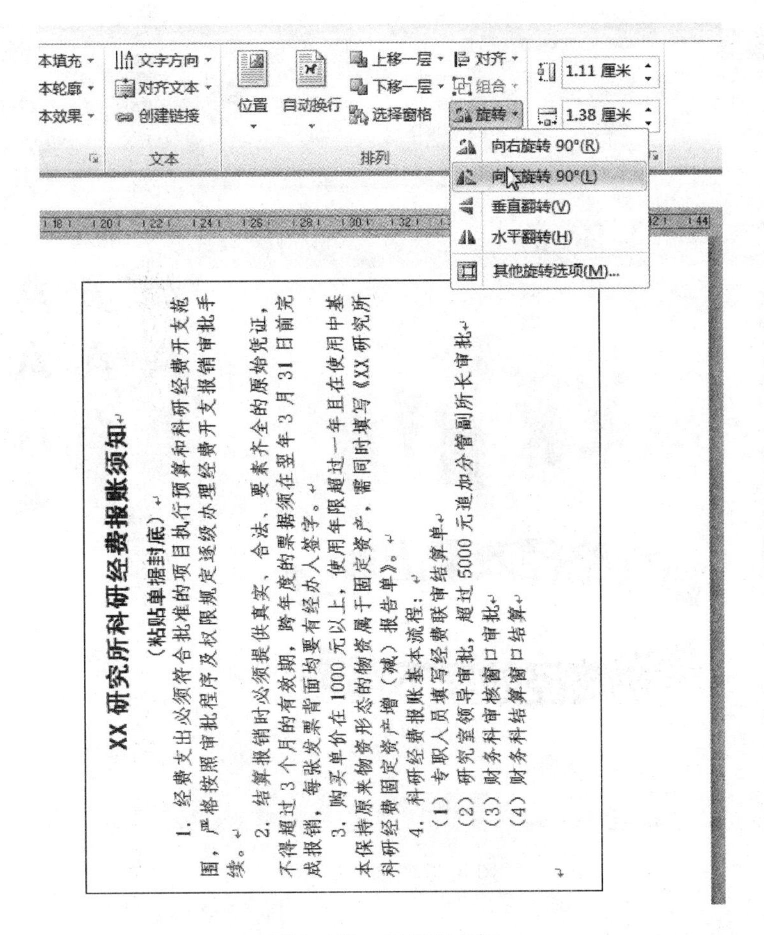

图 3.151　旋转文本框

注意：当插入文本框后，插入点既可位于文档正文中，也可位于文本框中，两个位置的层次是不同的。在进行某些操作时，要留意插入点所在的位置，然后再进行操作。例如，当插入点位于文本框中时，进行插入图片的操作，图片将被插入到文本框中而不是文档正文中，文本框中的图片与文档不是一个层次，该图片不能与文档中的内容进行统一排版，且位于文本框中的图片也不能被设置环绕方式（“自动换行”按钮不可用）。

4. 艺术字

艺术字本质上也是一个文本框，但文字被增加了特殊效果，具有非常美丽的外观。

单击“插入”选项卡“文本”组中的“艺术字”按钮，从下拉列表中选择一种艺术字格式，如图 3.152 所示，然后单击在文档中出现的“请在此放置你的文字”提示框，在其中输入文字即可，还可在“开始”选项卡“字体”组中对艺术字字体进行更改。

选中艺术字，单击“绘图工具-格式”选项卡“艺术字样式”组中的“文本填充”按钮，可设置艺术字的填充颜色；单击“文本轮廓”按钮，可设置艺术字文字轮廓颜色、粗细、线型等；单击“文本效果”按钮，可设置艺术字更多效果，如阴影、映像、发光、转换（跟随路径、弯曲）等。

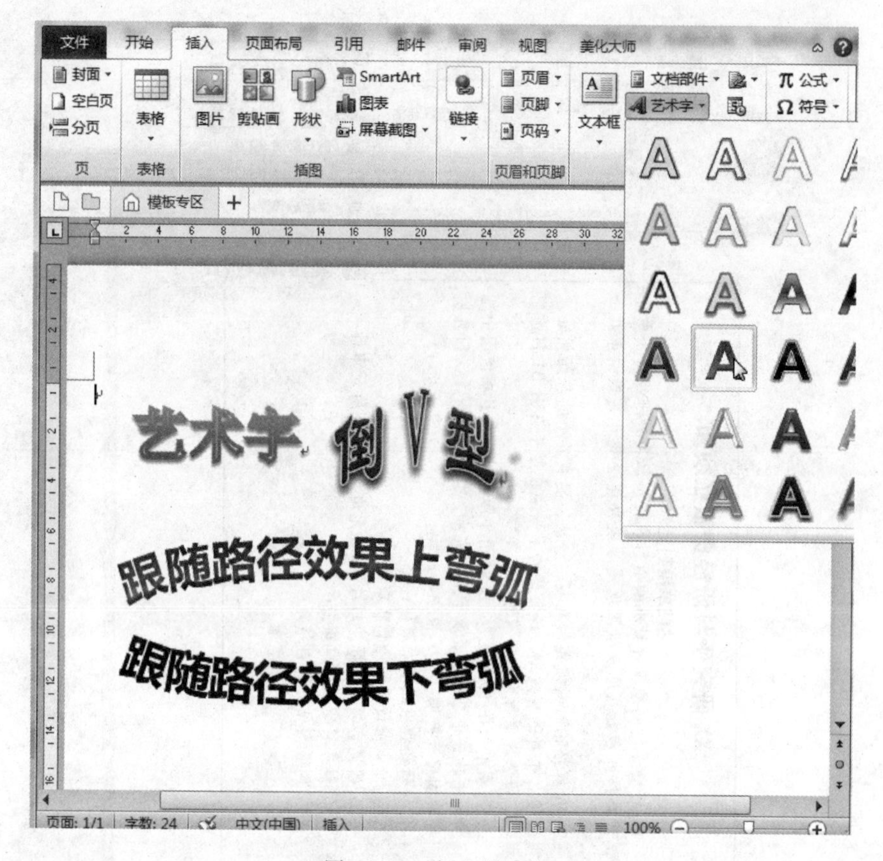

图 3.152　插入艺术字

3.6.4　任务实施

最终效果如图 3.153 所示。

打开素材“大学生就业规划讲座海报.docx”,并按要求开始文档排版。

1. 设置背景图片为“海报背景.jpg”

(1) 单击“页面布局”选项卡“页面背景”组中的“页面颜色”按钮,在下拉列表中选择“填充效果”,如图 3.154 所示。

(2) 在弹出的“填充效果”对话框中,切换到“图片”选项卡,单击“选择图片”按钮,在弹出的“路径选择”对话框中找到“海报背景.jpg”,如图 3.155 所示。

2. 设置艺术字

将标题文字“‘大学生就业规划’讲座”转为艺术字,样式为“填充-红色,强调文字颜色 2,粗糙棱台”,文本效果为“转换-跟随路径-按钮”,并调整到适当位置。

(1) 选中标题文字“‘大学生就业规划’讲座”,单击“插入”选项卡“文本”组中的“艺术字”按钮,在下拉列表中选择“填充-红色,强调文字颜色 2,粗糙棱台”样式,如图 3.156 所示。

(2) 单击“绘图工具-格式”选项卡“艺术字样式”组中的“文本效果”按钮,在下拉列表中选择“转换”,在弹出的级联菜单中选择“跟随路径”→“按钮”效果,如图 3.157 所示。

(3) 最后调整艺术字到适当的位置。

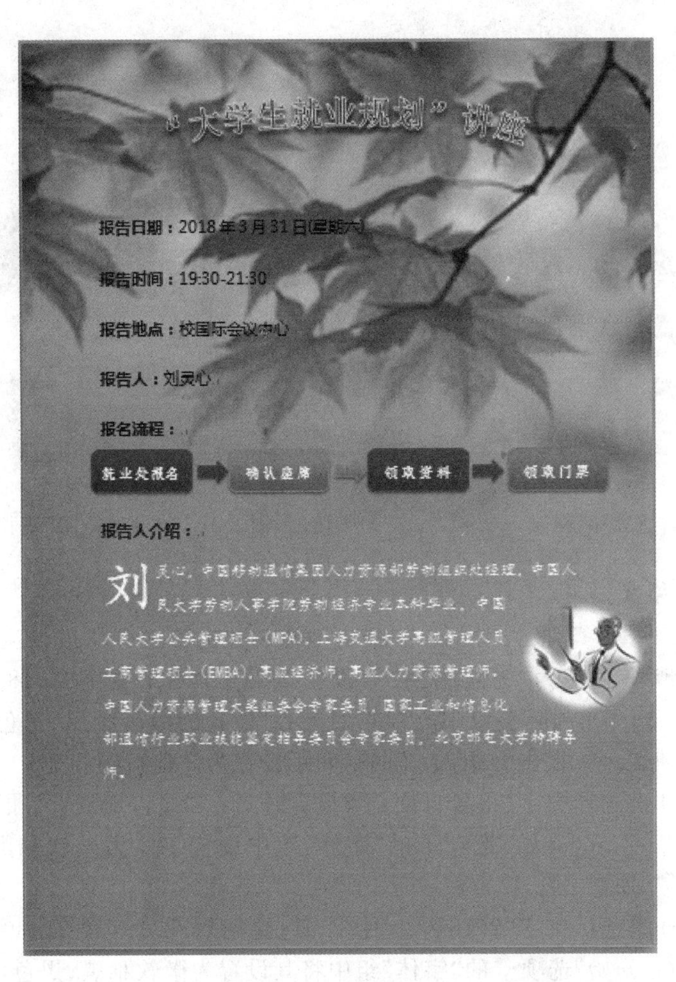

图 3.153　最终效果图

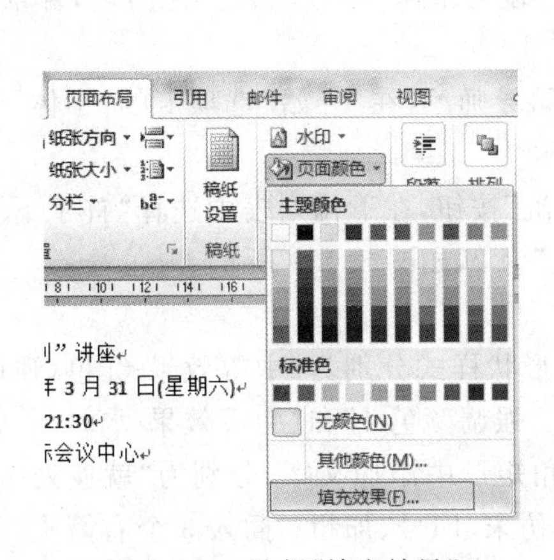

图 3.154　选择“填充效果”

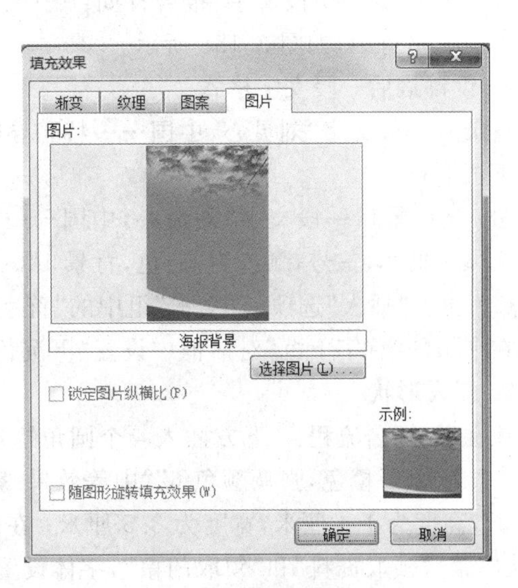

图 3.155　“填充效果”对话框

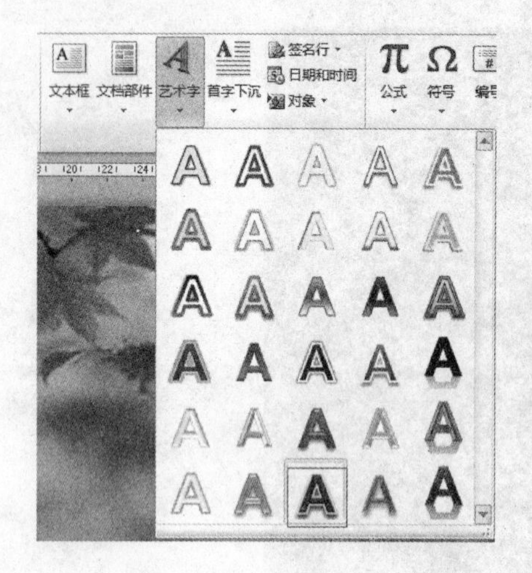

图 3.156 “艺术字”样式

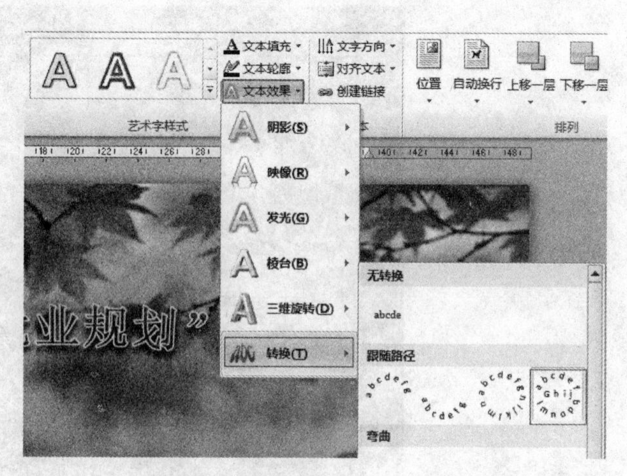

图 3.157 “文本效果”下拉列表

3. 设置字体格式

将文字“报告日期：”“报告时间：”“报告地点：”“报告人：”“报告流程：”“报告人介绍：”设置为微软雅黑，颜色为“深蓝，文字 2，深色 50%”，加粗；文字“2018 年 3 月 31 日(星期六)”“19:30-21:30”“校国际会议中心”和“刘灵心”设置为微软雅黑、黑色(自动)。第 1～7 段文字“报告日期：……报告介绍人：”的行间距设置为 3 倍行距。

(1) 结合 Ctrl 键选择文字“报告日期：”“报告时间：”“报告地点：”“报告人：”“报告流程：”“报告人介绍：”，在“开始”选项卡的“字体”组中设置字体为微软雅黑，颜色为“深蓝，文字 2，深色 50%”，加粗。

(2) 结合 Ctrl 键选择文字“2018 年 3 月 31 日(星期六)”“19:30-21:30”“校国际会议中心”和“刘灵心”，在“开始”选项卡的“字体”组中将其设置为微软雅黑、黑色(自动)。

(3) 选中第 1～7 段文字“报告日期：……报告介绍人：”，进入到“段落”的对话框，将行距设置为 3 倍行距，如图 3.158 所示。

4. 设置最后一段文字格式

将最后一段文字“刘灵心，中国……特聘导师。”设为楷体、三号，颜色为“白色，背景 1”，首字下沉 2 行。

(1) 选中最后一段文字“刘灵心，中国……特聘导师。”，在“开始”选项卡的“字体”组中设置字体为楷体、三号，颜色为“白色，背景 1”。

(2) 单击“插入”选项卡“文本”组中的“首字下沉”按钮，在下拉列表中选择“首字下沉选项”，在弹出的“首字下沉”对话框中设置“下沉行数”为 2，如图 3.159 所示。

5. 插入形状

在文字“报名流程：”下方插入 4 个圆角矩形，形状样式分别为“中等效果-红色，强调颜色 2”“中等效果-橙色，强调颜色 6”“中等效果-紫色，强调颜色 4”和“中等效果-水绿色，强调颜色 5”，高度为 1.4 厘米，宽度为 3.5 厘米；在圆角矩形中添加文字，分别为“就业处报名”“确认座席”“领取资料”和“领取门票”，字体设置为仿宋、四号、加粗；插入 3 个右箭头，形状样式分别为“中等效果-红色，强调颜色 2”“中等效果-橙色，强调颜色 6”“中等效果-紫色，强调颜色 4”，高度为 0.7 厘米，宽度为 1 厘米，调整形状到合适的位置。

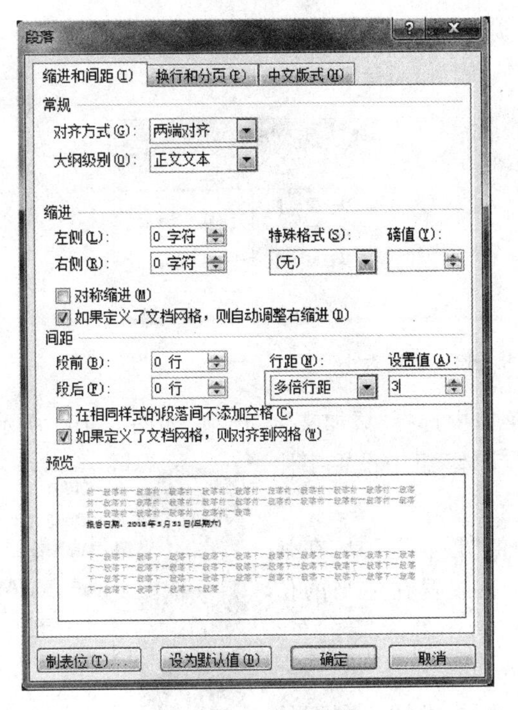

图 3.158　设置行距

图 3.159　设置首字下沉

(1) 单击“插入”选项卡“插图”组中的“形状”按钮，在弹出的下拉形状库中找到圆角矩形，如图 3.160 所示。

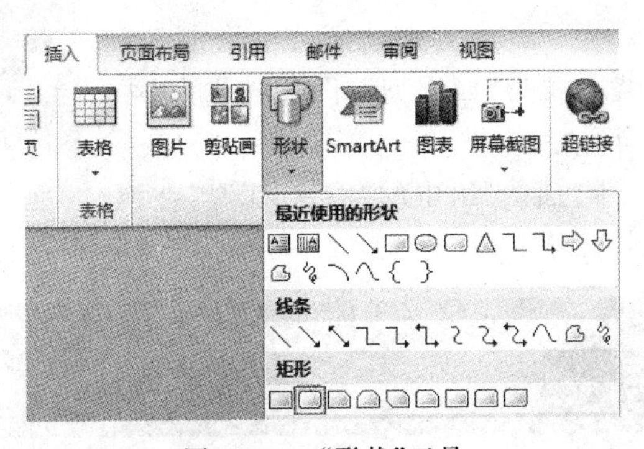

图 3.160　“形状”工具

(2) 将圆角矩形插入到文字“报名流程：”的下方。选中圆角矩形，单击“绘图工具-格式”选项卡“形状样式”组中的“其他”按钮，如图 3.161 所示。在弹出的下拉样式库中找到“中等效果-红色，强调颜色 2”。

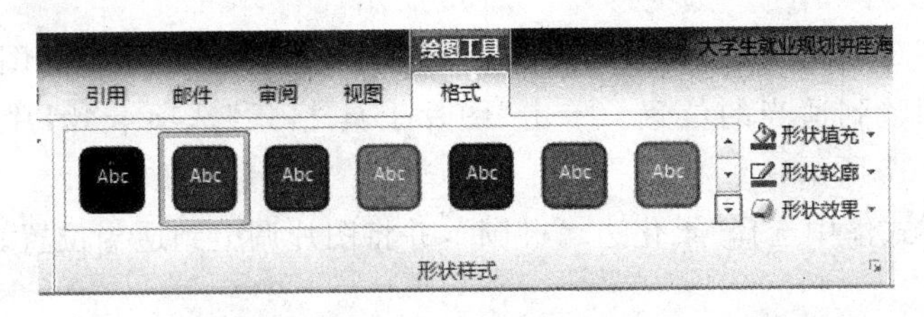

图 3.161　“其他”形状样式

(3) 在“绘图工具-格式”选项卡的“大小”组中，将圆角矩形的高度设置为 1.4 厘米，宽度为 3.5 厘米，如图 3.162 所示。

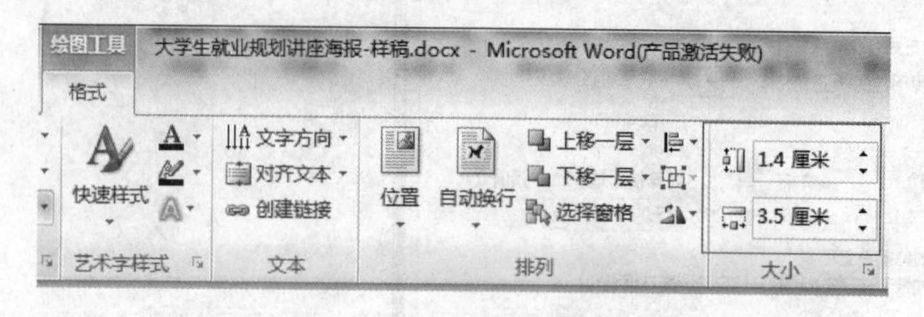

图 3.162　设置大小

(4) 右击圆角矩形，在弹出的快捷菜单中选择“添加文字”选项，如图 3.163 所示。输入文字“就业处报名”，在“开始”选项卡的“字体”组中设置字体设置为仿宋、四号、加粗。

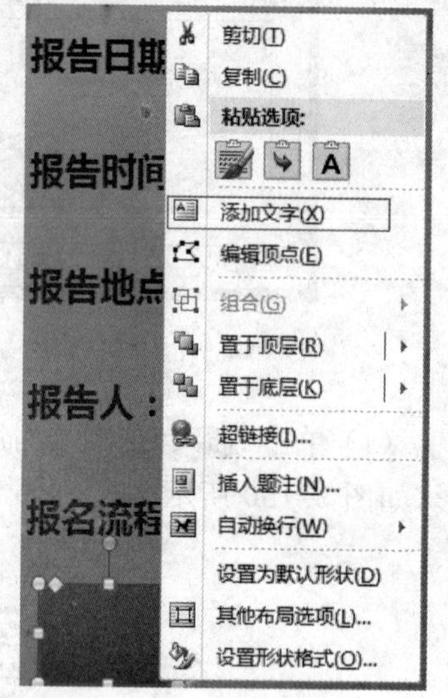

图 3.163　添加文字

(5) 单击“插入”选项卡“插图”组中的“形状”工具，在弹出的下拉形状库中找到右箭头，将右箭头放置在适当的位置。同(2)、(3)操作一样将形状样式设为“中等效果-红色，强调颜色 2”，大小设置为 0.7 厘米×1.0 厘米。

(6) 同步骤(1)、(2)、(3)、(4)一样，按要求插入剩下的圆角矩形，并编辑文字，调整到适当位置。

(7) 同步骤(5)一样，按要求插入剩下的右箭头，并调整到适当位置。最终效果如图 3.164 所示。

6. 插入图片

插入“图 2.jpg”，环绕方式为“四周型”，图片样式为“柔化边缘椭圆”，调整到适当位置。

(1) 单击“插入”选项卡“插图”组中的“图片”工具，在弹出的“插入图片”对话框中找到“图 2.jpg”。

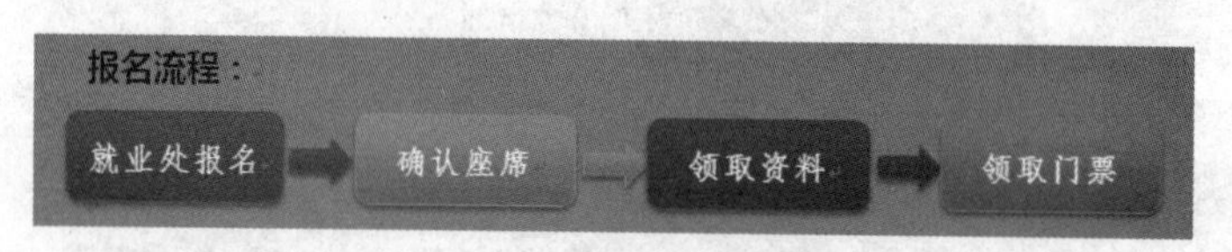

图 3.164　报名流程效果图

(2) 选中插入的图片 2，由于默认的插入环绕方式为“嵌入式”，而“嵌入式”的环绕方式在调整位置上不灵活。所以要将“嵌入式”的环绕方式改为“四周型”。右击图片 2，在弹出的快捷菜单选择“大小和位置”选项，如图 3.165 所示。

(3) 在“布局”对话框中切换到“文字环绕”选项卡，选择“四周型”，如图 3.166 所示。

(4) 将图片调整到适当的位置。单击“图片工具-格式”选项卡“图片样式”组中的“其他”按钮，如图 3.167 所示。

(5) 在图片样式库中选择“柔化边缘椭圆”，并将图片调整到适当位置。

图 3.165 调整大小和位置

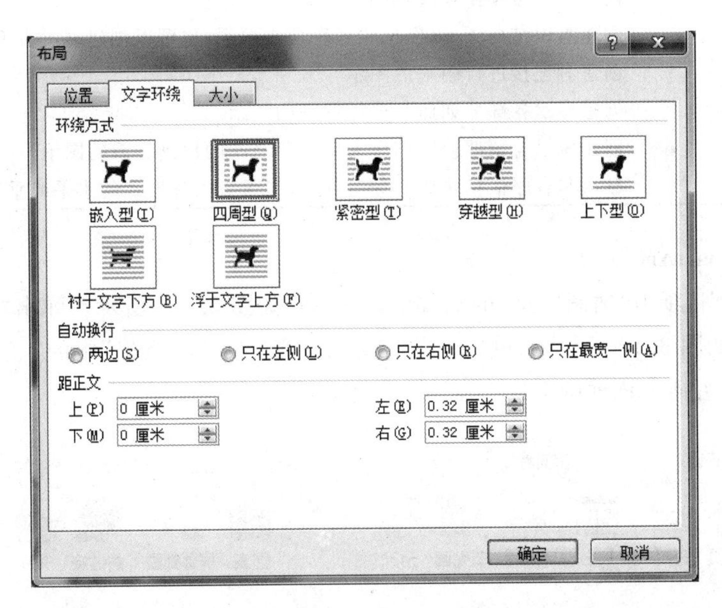

图 3.166 设置环绕方式

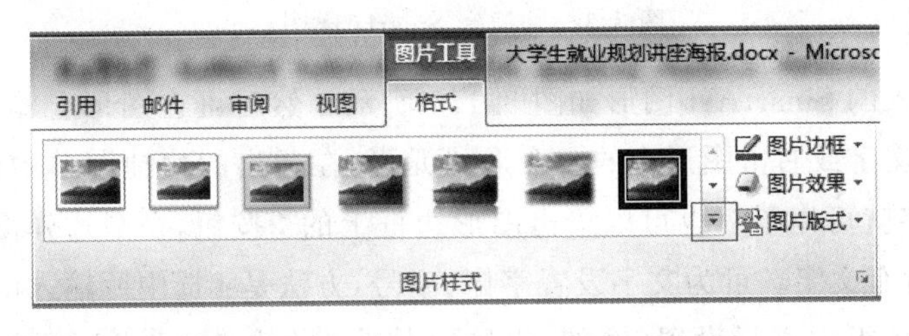

图 3.167 “其他”样式

3.6.5 知识拓展

在编辑工作报告、宣传单等文稿时，经常需要在文档中插入诸如生产流程，公司组织结构图或其他表明相互关系的流程图等。在 Word 中，可通过插入 SmartArt 图形来快速绘制此类图形，创建出具有专业级水平的图形效果。

SmartArt 图形是预先组合并设置好样式的一组文本框、形状、线条等，包括列表、流程、循环、层次结构、关系、矩阵、棱锥图和图片 8 种大类型，如表 3.12 所示。每种大类型下又包括若干图形样式。使用 SmartArt 图形时，应根据所要表达的内容选择合适的类型。

表 3.12　SmartArt 图形的类型和功能

类　型	功能作用
列表	创建显示无序信息的图示
流程	创建在流程或时间线中显示步骤的图示
循环	创建显示持续循环过程的图示
层次结构	创建组织结构图，以便反映各种层次关系，也可以创建显示决策树的图示
关系	创建对连接进行图解的图示
矩阵	创建显示各部分如何与整体关联的图示
棱锥图	创建显示与顶部或底部最大一部分之间的比例关系的图示
图片	显示非有序信息块或者分组信息块，可最大化形状的水平或垂直显示空间

1. 插入 SmartArt 图形

单击“插入”选项卡“插图”组中的 SmartArt 按钮，如图 3.168 所示。弹出“选择 SmartArt 图形”对话框，如图 3.169 所示。单击一种需要的图形，例如，“流程”中的“基本流程”，单击“确定”按钮，即可插入该种图形。

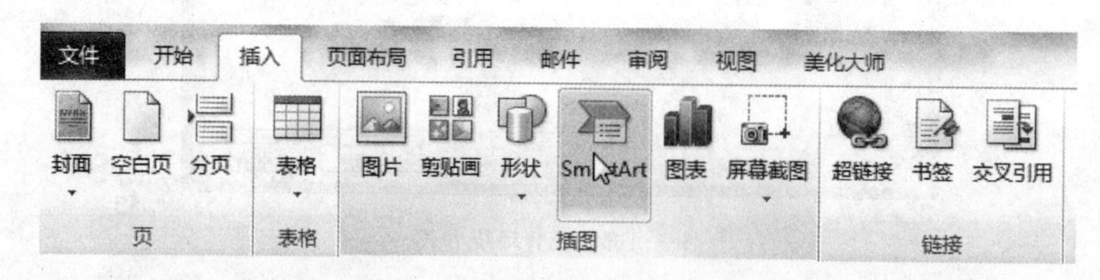

图 3.168　插入 SmartArt 图形

在文档中插入的 SmartArt 图形如图 3.170 所示。然后可在图形上输入文字，方法是：单击其中的示例文字或右击图形中的一个形状元素，在弹出的快捷菜单中选择“编辑文字”选项，再输入文字就可以了。也可以单击图形边框上的 ⁝ 按钮，在旁边弹出的“在此处键入文字”框中输入所有文字。可为文字设置字体、字号，方法是：选中所输入的文字，在“开始”选项卡“字体”工具组中进行设置，例如，设置字体为“微软雅黑”、14 磅的效果如图 3.171 所示。

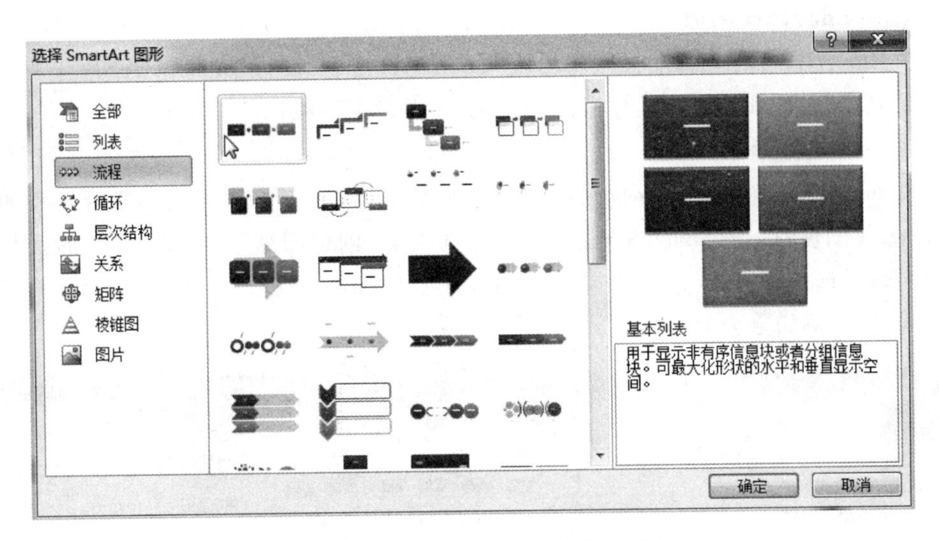

图 3.169 “选择 SmartArt 图形”对话框

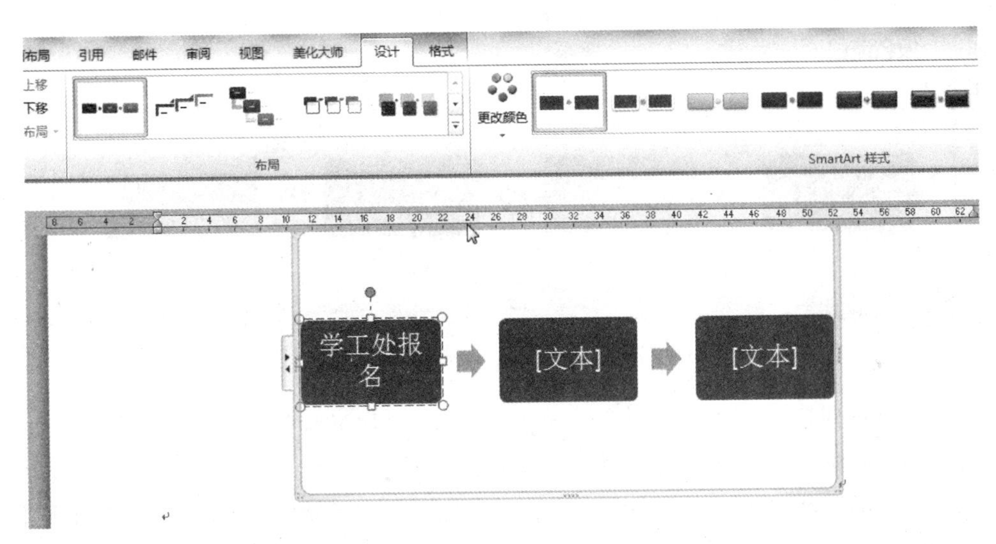

图 3.170 在 SmartArt 图形上输入文字

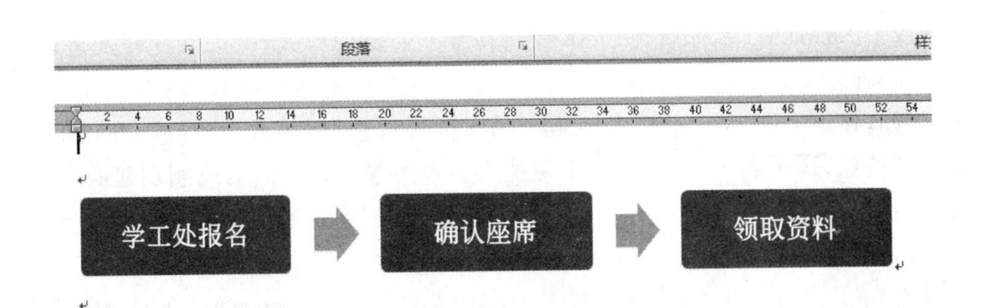

图 3.171 输入文字并设置文字字体后的效果

2. 编辑 SmartArt 图形

选中 SmartArt 图形后，功能区将出现“SmartArt 工具-设计”和“SmartArt 工具-格式”两个选项卡，可通过其中的工具按钮对 SmartArt 图形进行编辑。

1）添加和删除形状

如果 SmartArt 图形中的形状元素不够，还可添加形状元素。方法是：选择要添加形状的 SmartArt 图形，单击“SmartArt 工具-设计”选项卡“创建图形”组中的“添加形状”按钮，从下拉列表中选择所需选项，例如“在后面添加形状”，如图 3.172 所示。然后可在新形状中继续输入内容，例如输入“领取门票”。

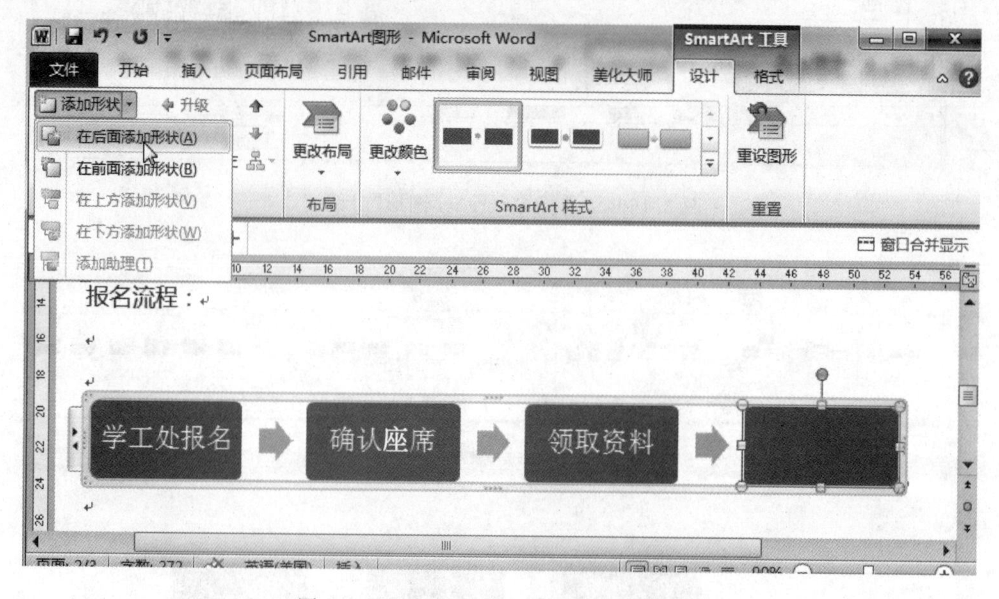

图 3.172　在 SmartArt 图形中添加形状

对包含分级图形的 SmartArt 图形，单击“在下方添加形状”是添加下一层的子图形元素，单击“在后面添加形状”是添加同级的图形的图形元素。

当有多余的形状元素时，还可将其删除，方法是：选中 SmartArt 图形中的某个形状元素，按下键盘的 Delete 键或者 Backspace 键即可。

2）设置图形样式和图形布局

在创建了 SmartArt 图形后，图形本身就具有了一定的样式，也可对此样式进行修改。选中 SmartArt 图形，在“SmartArt 工具-设计”选项卡“SmartArt 样式”组中可选择一种图形样式，例如，在该组中为刚刚创建的 SmartArt 图形选择“中等效果”样式，在该组中单击“更改颜色”按钮，还可将 SmartArt 图形更改为预设的颜色，例如，为刚刚创建的 SmartArt 图形选择“彩色-强调文字颜色”。拖动 SmartArt 图形外围的绘图画布，将之调整至合适大小，最终效果如图 3.173 所示。

要修改 SmartArt 图形布局，先选择 SmartArt 图形，单击“SmartArt 工具-设计”选项卡“布局”组中的“更改布局”按钮，再从下拉列表中选择一种布局即可。

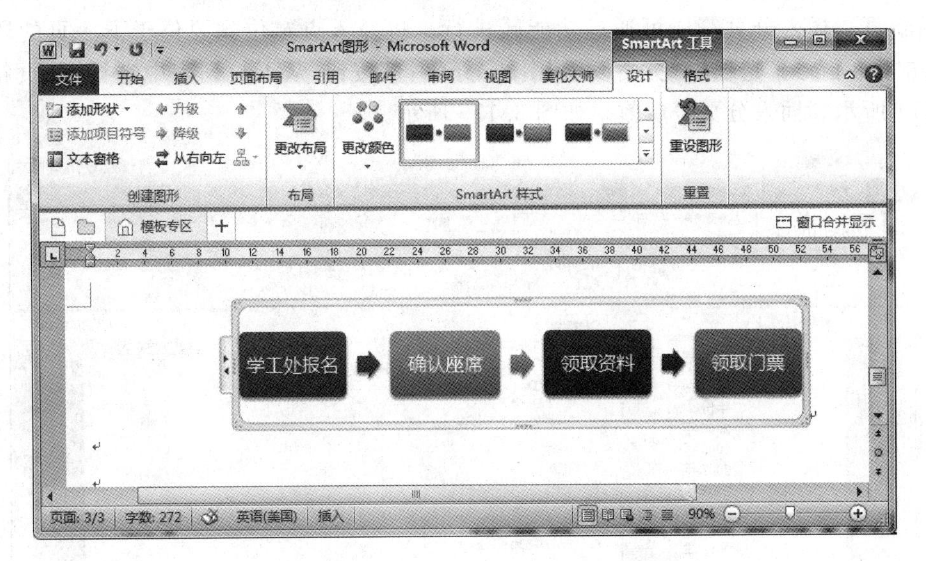

图 3.173 设置 SmartArt 图形样式的最终效果

3.7 任务四 复杂文档排版

3.7.1 任务描述

为了更好地介绍公司的服务和市场策略，市场部助理小刘需要协助制作完成公司战略规划文档，现在要求排版文档的外观与格式。

3.7.2 任务目标

- 掌握分节符的作用；
- 掌握样式的使用；
- 掌握页眉和页脚的设置；
- 掌握目录的设置。

3.7.3 预备知识

对于排版要求比较复杂的文档来说，倘若还用初级的手工方式来排版，非常费时费力。在编排复杂文档时，Word 2010 的高级方法与技巧发挥着至关重要的作用，如样式的应用、目录的生成、域的应用等都有事半功倍的效果。

1. 分页和分节

在编辑一篇文档时，当内容写满一页后，Word 会自动新建一页并将后续内容放入下一页。然而在书籍、杂志中也常见这样的情况：当一篇结束后，无论这章内容是否满一页，下一章一定从新的一页开始，这是怎么样实现的呢？

1) 分页符

分页符起到分页作用，即强制开始下一页，而无论之前的内容是否满一页。

按 Enter 键可输入一个段落标记符开始新段，按 Ctrl+Enter 组合键则可输入一个分页符开始新页。插入分页符还可通过功能区进行。将插入点定位到要位于下一页的段落开头，单击“页面布局”选项卡“页面设置”中的“分隔符”按钮，从下拉列表中选择“分页符”，如图 3.174 所示。插入分页符后效果如图 3.175 所示。

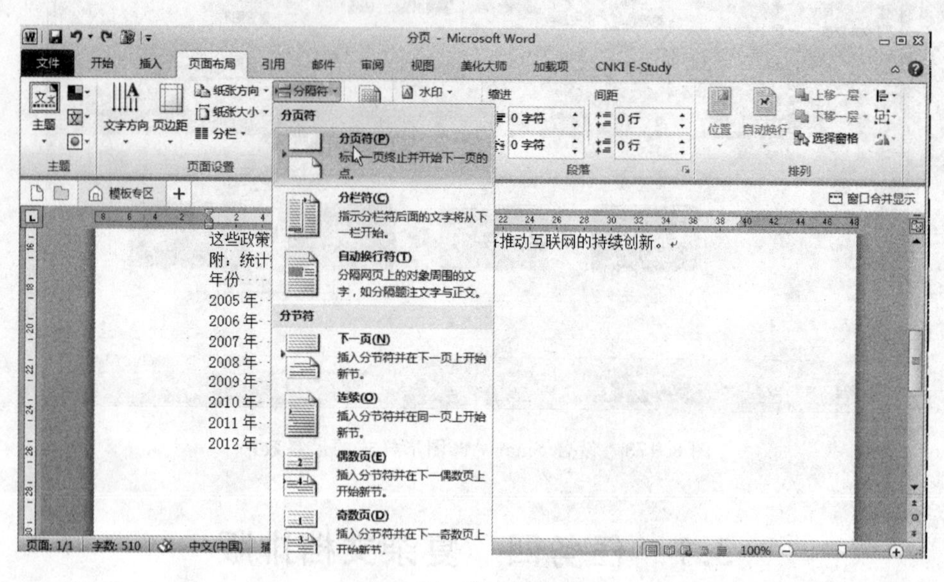

图 3.174　插入分页符

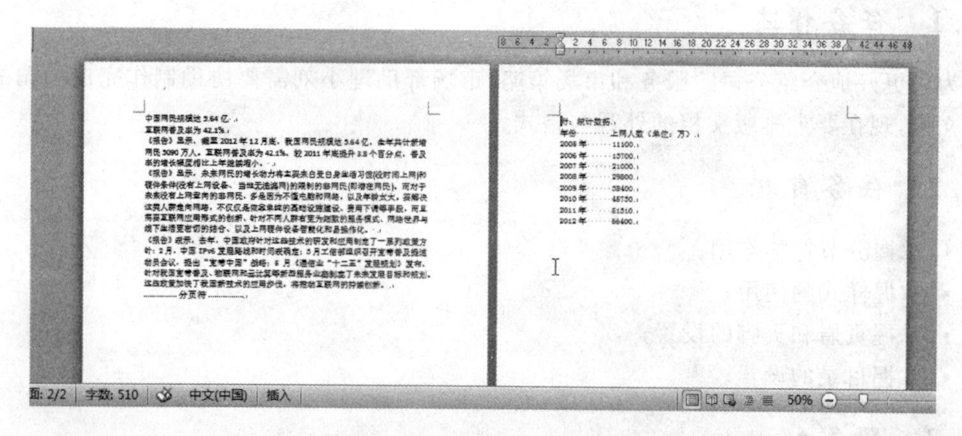

图 3.175　插入分页符后的效果

单击“开始”选项卡“段落”中的“显示/隐藏编辑标记”按钮 ↵，使按钮为高亮状态，则在文档中将显示出分页符、分节符等控制符号(默认情况段落标记符除外)；如果再次单击该按钮，使按钮恢复为正常状态，则隐藏这些符号，它们在文档中不被显示但它们仍然起作用。

2) 节与分节

节是 Word 划分文档各部分的一种方式，Word 通过为文档分“节”将文档划分为不同的多个部分，每一部分可以有不同的页面设置，如不同的页边距、页面方向、页眉、页脚、页码等。这使同一篇文档的不同部分可以具有不同的页面外观。例如，一本书的每一章可被划分为一“节”，这使每章的页眉可以具有不同的内容(如可以分别是对应那章的章标题)；一本书的前言和目录部分也可被划分为不同的“节”，这使前言和目录部分有与正文不同的页眉，而且它们的页码也与正文不同(一般为罗马数字的页码Ⅰ、Ⅱ、Ⅲ等)。

在 Word 中分节，要通过插入另一种特殊字符——分节符来完成。在 Word 中有 4 种分节符可供选择，如表 3.13 所示。

表 3.13 Word 的分节符

分 节 符	功 能 作 用
下一页	该分节符也会同时强制分页(即兼有分页符的功能)，在下一页开始新的节。一般图书在每一章的结尾都会有一个这样的分节符，使下一章从新页开始，并开始新的一节，以便使后续内容和上一章具有不同的页面外观
连续	该分节符仅分节，不分页。当需要上一段落和下一段落具有不同的版式时，例如，上一段落不分栏，下一段落分栏(但又不开始新的一页)，可在两段之间插入"连续"分节符。这样分段的分栏情况不同，但它们仍可位于同一页
偶数页	该分节符也会同时强制分页(即兼有分页符功能)，与"下一页"分节符不同的是：该分节符总是在下一偶数页上开始新节。如果下一页刚好是奇数页，该分节符会自动再插入一张空白页，再在下一偶数页上开始新节
奇数页	该分节符也会同时强制分页(即兼有分页符功能)，与"下一页"分节符不同的是：该分节符总是在下一奇数页上开始新节。如果下一页刚好是偶数页，该分节符会自动再插入一张空白页，再在下一奇数页上开始新节

插入分节符的方法与插入分页符类似，将插入点定位到文档中要插入分节符的位置(也就是要被设置不同版式的分界处)，单击"页面布局"选项卡"页面设置"组中的"分隔符"按钮，从下拉列表中选择"下一页""连续""偶数页"或"奇数页"(参见图 3.174)。

在 Word 中使用分节符可以在同一文档中使用不同的纸张大小、纸张方向、页边距等(上一节内使用纵向纸张、下一节内又使用横向纸张)；也可以在同一文档中给部分文档分栏(上一节内不分栏、下一节内分栏)；还可以设置不同的页码格式(上一节内使用罗马数字页码、下一节内使用阿拉伯数字页码且又从 1 开始)；等等。要实现这些目的，在不同格式的分界处插入分节符即可。

下面以同一文档中使用不同的纸张大小、纸张方向、页边距等为例，来讲述设置的方法。在文档中需要变换页面的地方分节，然后将插入点定位到上一节的任意位置，在"页面设置"对话框中设置上一节的页面；但在"页面设置"对话框底部"应用于"列表中，必须选择"本节"而不是"整篇文档"。再将插入点定位到下一节的任意位置，在"页面设置"对话框中设置下一节的页面；同样在对话框底部的"应用于"列表中，必须选择"本节"而不是"整篇文档"。这样分别设置每一节的页面就可以了。

2. 多级列表

当文档的内容较多时，通常都会使用多级列表：将文档分割为章、节、小节等多个层次，并为每一层次编号。例如：

- 将"第 1 章"编号为 1，"第 2 章"编号为 2，……这是第一级。
- 将"第 1 章第 1 节"编号为 1.1，"第 1 章第 2 节"编号为 1.2，"第 2 章第 1 节"编号为 2.1，……这是第二级。
- 将"第 1 章第 1 节的第 1 小节"编号为 1.1.1，"第 1 章第 1 节的第 2 小节"编号为 1.1.2，……这是第三级。

使用 Word 的多级列表功能，可为各级标题自动编号，这免去了人工编号的麻烦，也避免出错。在使用多级列表时，先将各级标题与不同的样式链接起来，然后再设置多级列表比较方便。

首先设置各级标题的样式：将所有“章标题”段落都应用为“标题 1”样式，所有“节标题”的段落都应用为“标题 2”样式，所有“小节标题”的段落都应用为“标题 3”样式，设置后的文档如图 3.176 所示。

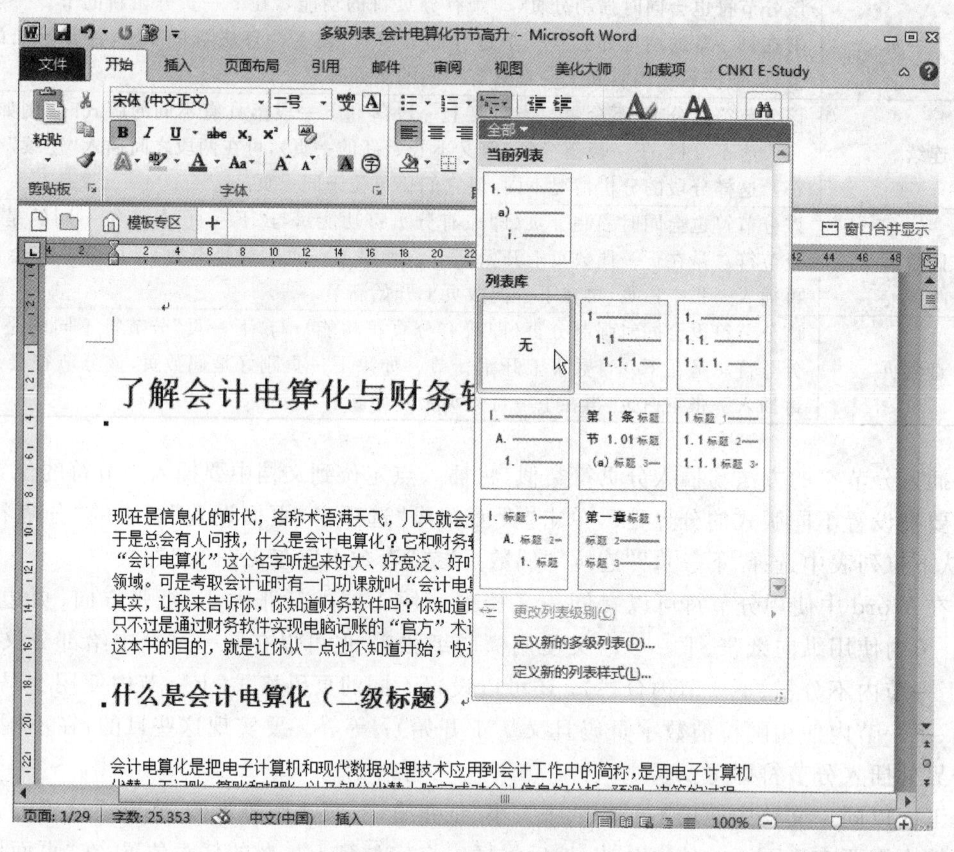

图 3.176　定义新的多级列表

将插入点放在第一个一级标题段落中(或者选中该段)，单击“开始”选项卡“段落”组中的“多级列表”按钮，从下拉列表中选择“定义新的多级列表”，如图 3.176 所示。

弹出“定义新多级列表”对话框，如图 3.177 所示。如果对话框中的内容未完全显示，单击左下角的“更多”按钮，使其完全显示。

首先单击对话框左侧的 1，准备设置多级列表的第一级，然后在对话框右侧“将级别链接到样式”下拉列表框中选择“标题 1”样式。这时编号将是“1，2，…”，如果希望让编号成为“第 1 章，第 2 章，…”，可在“输入编号的格式”文本框的带阴影的 1 的左侧、右侧分别输入“第”“章”，使文本框内容为“第 1 章”。注意其中 1 必须为原来文本框中带阴影的 1，不得自行输入 1；带阴影表示它将是变化的，对第 1 章是 1，对第 2 章将自动变为 2。而“第”和“章”字由于没有阴影，说明这两个字是不变的，即对于哪一章标题中都将有这两个字。如果带阴影的 1 消失或被误删，在“此级别的编号样式”下拉列表框中选择“1，2，3，…”即可将带阴影的 1 重新输入。

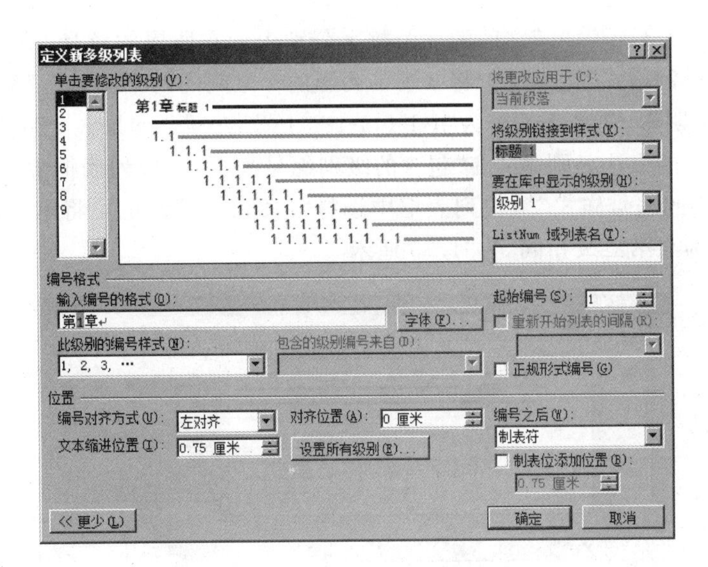

图 3.177 “定义新多级列表”对话框(设置多级列表第一级)

然后继续在此对话框中进行多级列表的第二级设置,单击对话框左侧的 2,在对话框右侧“将级别链接到样式”下拉列表框中选择“标题 2”样式,如图 3.178 所示。这时编号将是“1.1,1.2,2.1,…”,“.”前面的数字表示它所属的章号,后面的数字表示本章内的节号。如果希望让编号成为“1-1,1-2,2-1,…”,在“输入编号的格式”文本框中将两个带阴影的 1 之间的圆点“.”删除,并改为“-”,使文本框内容为 1-1。其中两个 1 都必须带阴影,表示它们都是变化的,对不同章节编号不同;而中间的“-”不带阴影表示所有节标题都有“-”,如果第 1 个带阴影的 1 消失或被误删,可在“包含的级别编号来自”下拉列表框中选择“级别 1”,如果第 2 个带阴影的 1 消失或被误删,可在“此级别的编号样式”下拉框中选择“1,2,3,…”。

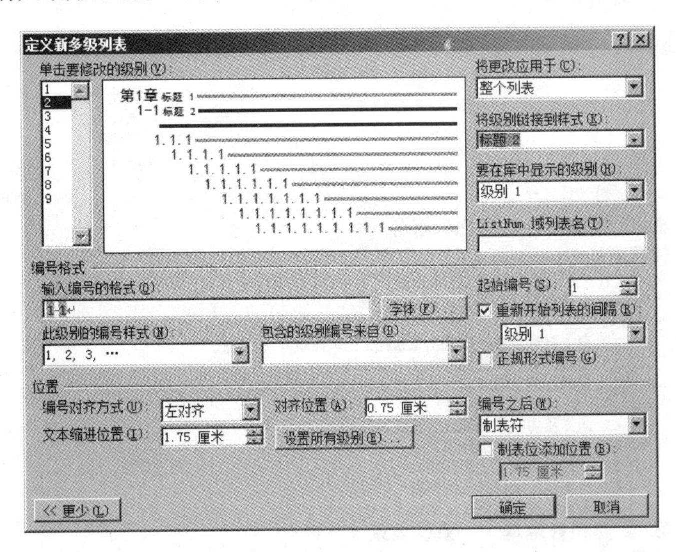

图 3.178 设置多级列表的第二级

继续在此对话框中进行多级列表的第三级设置,单击对话框左侧的 3,在对话框右侧“将级别链接到样式”下拉列表框中选择“标题 3”样式,如图 3.179 所示。这时编号将是

“1.1.1,1.1.2,1.2.1,…”,“.”之间的3个数字分别表示它所属的章号、节号和小节号。同样可在“输入编号的格式”文本框中将3个带阴影的1之间的两个圆点“.”都删除,并都改为“-”,其中“-”不带阴影,使将来编号为“1-1-1,1-1-2,1-2-1,…”。如果3个带阴影的1消失或被误删,重新输入的方法分别是:在“包含的级别编号来自”下拉列表框中选择“级别1”“级别2”,在“此级别的编号样式”下拉列表框中选择“1,2,3,…”。也可将第3级标题的“文本缩进位置”设置为与第二级相同,为“1.75厘米”。

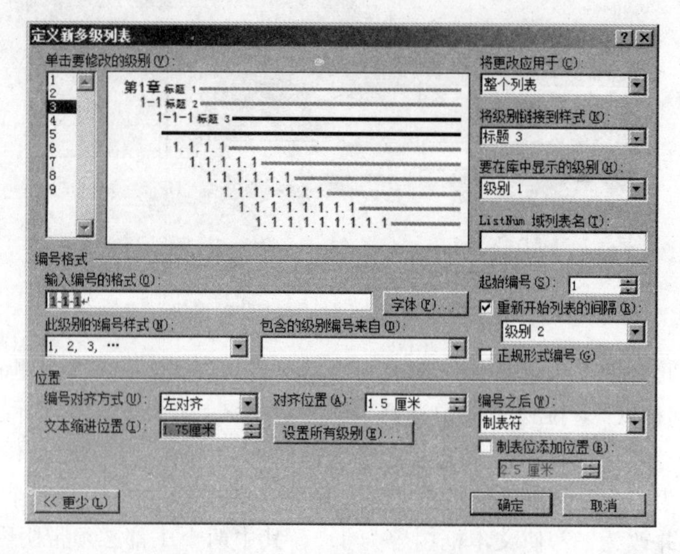

图3.179 设置多级列表的第三级

单击“确定”按钮,则多级列表设置后的效果如图3.180所示,将视图切换为大纲视图,并设置为显示前3级标题以便观察,或切换到“导航窗格”页面视图查看。

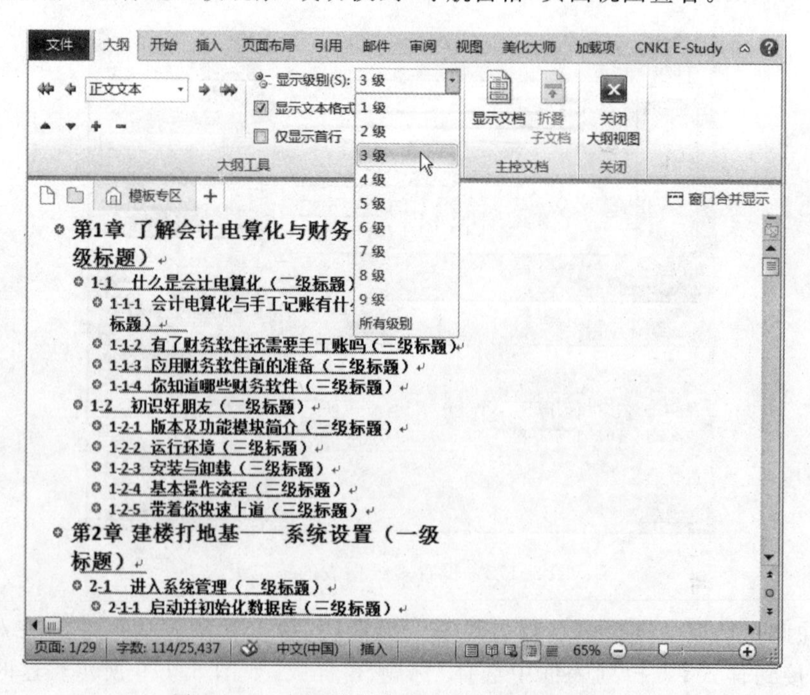

图3.180 多级列表设置后的效果(大纲视图)

3. 样式

样式是 Word 提供的较好的时间节省器之一，它可以使文档的外观非常漂亮，而且保证不同文档的外观都可以是一致的。

1）样式的概念

样式是一套预先定义好的文本或段落格式，包括字体、字号、颜色、对齐方式、缩进等。注意样式是格式设置，而不是文字内容。每种样式都有名字，可以直接把这些预先设置好的样式应用于文档中的文字或者段落，这样可一次性地将这些文字或段落设置为样式中所预定的格式，而不必再对文字或段落的格式一点一点地设置了。这不仅节省了设置文档格式的时间，而且可以保证文档格式的一致性。例如，在编排这本书时，就使用了一套样式，章标题是一种样式，章内的节标题还是另外一种用样式，正文又是一种样式。

2）使用 Word 自带的内置样式

在 Word 中，系统已经预先定义了一些样式，如正文、标题 1、标题 2、标题 3 等。可以直接使用这些样式来快速设置我们自己的文档格式。

例如，要将一篇文档的标题段落用样式快速设置其格式，可先选中标题段落如“一、报到、会务组”，然后单击“开始”选项卡“样式”组中的“快速样式”中的某个样式，如“标题 1”，即将此段落设置为标题 1 样式，如图 3.181 所示（如果计算机屏幕宽度足够大，该组中的“快速样式”将被展开，按钮状态与图 3.181 有所不同；也可直接单击此组中的“标题 1”样式或单击 按钮展开所有快速样式，再从中选择“标题 1”）。按照同样方法，选中“二、会议须知”“三、会议安排”“专家及会议代表名单”几个标题段落，也将它们设置为“标题 1”样式。

也可按住 Ctrl 键的同时选中 4 个标题段落，一次性地将 4 个段落都设为“标题 1”样式。

要取消样式，可单击图 3.181 中所示的下拉列表中的“消除格式”，或单击“开始”选项卡“字体”组中的“消除格式”按钮或按 Ctrl＋Shift＋Z 组合键。

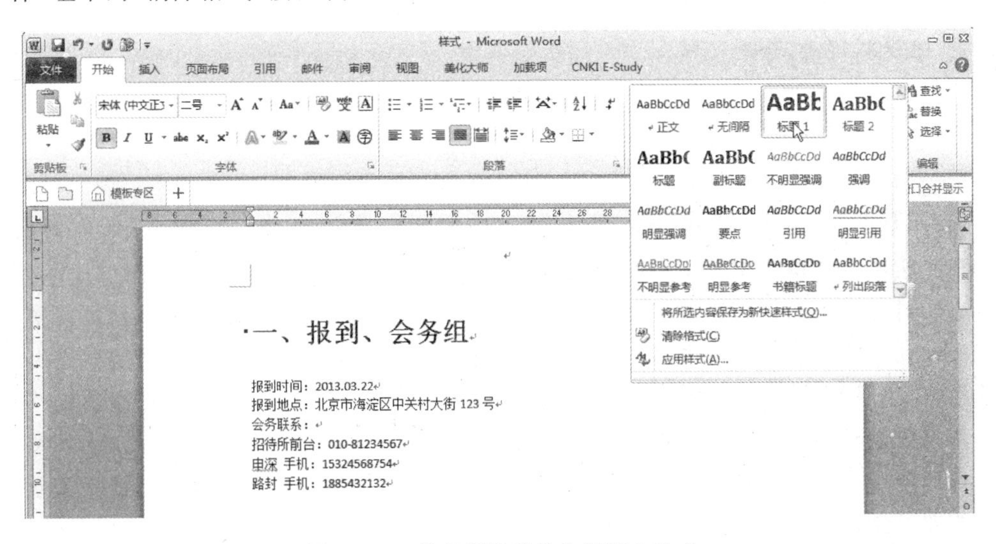

图 3.181 将标题段落设为标题 1 样式

如果觉得上述样式的格式变化太少，还可以使用样式集，使整个文档改头换面。样式集是文档中标题、正文和段落等不同部分的格式集合，直接选用某个样式集，则整个文档中套用着不同样式的部分都会分别发生对应的变化。

单击“开始”选项卡“样式”组中的“更改样式”按钮，从下拉列表中选择“样式集”，再在级联菜单中选择一种样式集。图 3.182 所示为选择“现代”样式集时的效果：标题变为蓝色底纹、白色文字，正文部分的行距也有所改变（因为正文部分套用的是“正文”样式，样式集改变，“正文”样式也对应地改变）。如果对配色不满意，还可单击“更改样式”按钮下拉列表中的“颜色”，从级联菜单中选择一种颜色方案。

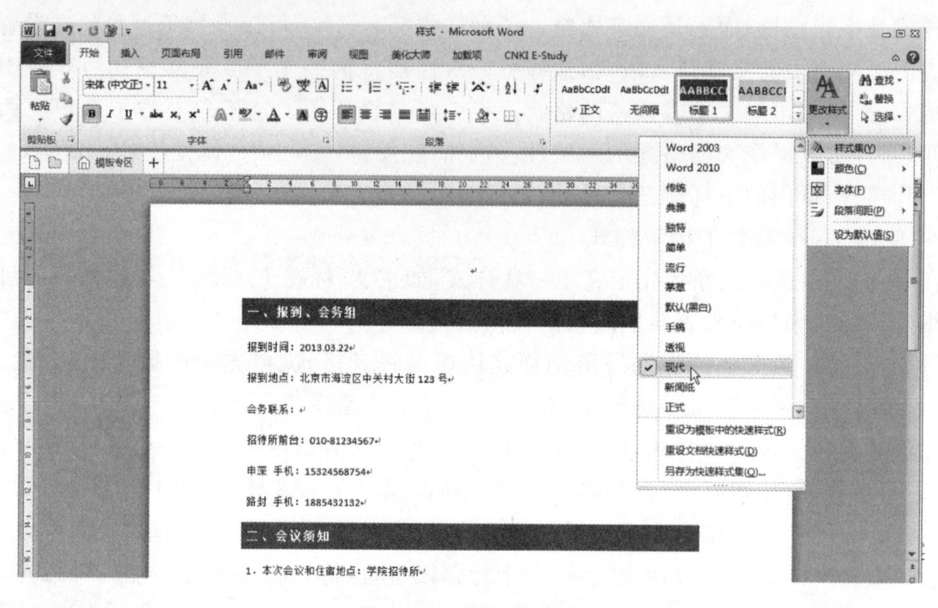

图 3.182　使用样式集

如果要恢复默认的样式集，可在“更改样式”下拉列表的“样式集”级联菜单中选择“重设文档快速样式”。

3）样式的新建、修改和导入

（1）新建样式。

在 Word 中还可以自己创建新的样式。创建后，就可以像使用 Word 自带的内置样式那样使用新样式设置文档格式。

单击“开始”选项卡“样式”组右下角的对话框开启按钮，打开“样式”任务窗格，如图 3.183 所示。在窗格中单击下面的“新建样式”按钮，弹出的对话框如图 3.184 所示，在弹出的对话框中输入新样式名称，再选择样式类型，样式类型有字符、段落、链接段落和字符、表格、列表等多种。样式类型不同，样式应用的范围也不同。其中常用的是字符类型和段落类型，字符类型的样式用于设置文字格式，段落类型的样式用于设置整个段落的格式。

如果要创建的新样式与文档中现有的某个样式比较接近，可以从“样式基准”下拉列表框中选择该样式，然后新的样式会继承所选的现有样式，只要在此现有样式的格式基础上稍加修改即可创建新样式。“后续段落样式”下拉列表框也列出了当前文档中的所有样式，它的作用是设定将来在编辑套用了新样式的一个段落的过程中，按下 Enter 键转到下一段落时，下一段落自动套用的样式。

然后在“格式”中设置新样式的格式，还可以单击对话框左下角的“格式”按钮，从弹出的菜单中选择要设置的格式类型，然后在弹出的对话框中对格式进行详细的设置。

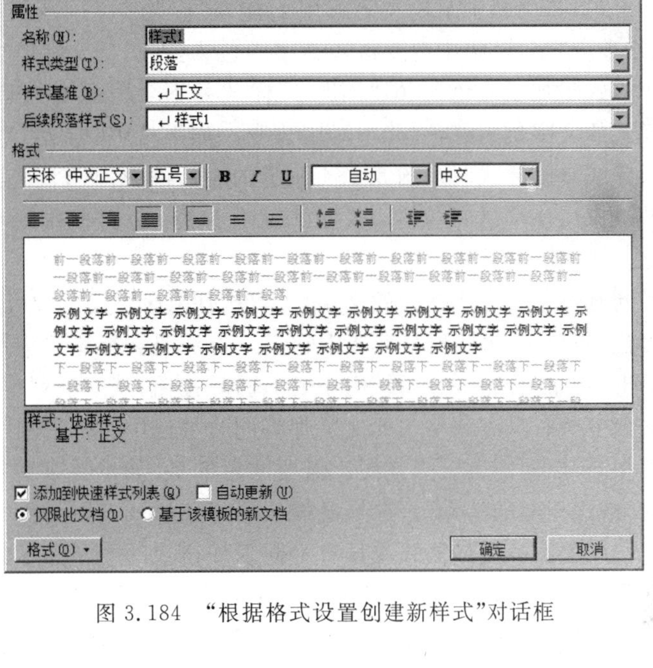

图 3.183 “样式”任务窗格　　　　图 3.184 “根据格式设置创建新样式”对话框

单击“确定”按钮后，即可在样式窗格和“样式”组中看到新建的样式，然后就可以使用了。

除可通过对话框新建样式外，还可将文档中某段文字的格式直接创建为一个样式。其方法是，右击一段文字，在弹出的快捷菜单中选择“样式”→“将所选内容保存为新快速样式”选项，在弹出的对话框中输入新样式的名称，即可创建一种新样式。新样式的字体、段落等格式都与之前所选的这段文字的字体、段落等格式相同。

(2) 修改和删除样式。

修改样式就是修改一个样式中所规定的那套格式。如果该样式事先已被应用到一些文字，那么样式修改了，那些文字的格式也会自动地对应发生变化。例如，在某书稿中各章标题已被设为“微软雅黑、二号”的字体格式，现需把各章标题改为“黑体、三号”的字体格式。如果各章标题被应用了样式“标题 1”，则直接修改样式“标题 1”，将这种样式中所规定的“微软雅黑、二号”的字体格式改为“黑体、三号”就可以了，书稿各章标题的字体会立即对应发生变化，这比一章一章地修改方便得多。

在 Word 中要修改样式有两种方法。

- 在“样式”任务窗格中右击要修改的样式(或单击该样式条目右侧的下三角按钮)，在弹出的快捷菜单中选择“修改样式”选项，则弹出类似图 3.184 所示的对话框，在其中可对样式进行修改。
- 在文档中直接设置一段文字的字体、段落等格式，然后让 Word 把这段文字中的格式提取出来，赋予到某个样式中(这段文字原先被应用的样式可以是要修改的样式本身，也可以是其他样式)。方法是选中设好格式的文字后，在“样式”任务窗格中右击要修改的样式(或单击该样式条目右侧的下三角按钮)，在弹出的快捷菜单中选择“更新××以匹配所选内容”选项。

还可以在应用了样式的基础上附加设置格式。例如，若“标题 1”样式中规定了文字颜色为红色，将文档中某段文字应用了样式“标题 1”后，该段文字就为红色。之后若又在“开始”选项卡“字体”组中改变该段文字颜色为蓝色，则文字会变成蓝色，文字格式称为“基于标题 1 样式附加了蓝色”。但“标题 1”样式并不会因此变为蓝色，因而文档中其他具有“标题 1”样式的文字仍为红色，并不对应改变。如果希望“标题 1”样式也能因此自动改为蓝色，应在新建或修改样式时在图 3.184 所示的对话框中勾选“自动更新”复选框，这样只要修改了一处被应用该样式的文字，该样式就会被修改，文档中所有应用该样式的内容格式都会变化。

同时选中多处不连续的文字，除可按住 Ctrl 键选中外，如果这些文字具有相似的格式，还可让 Word 一次性地自动选中它们。方法是：首先选中第一处具有某种格式的文字，然后单击“开始”选项卡“编辑”组中的“选择”按钮，从下拉列表中选择“选择格式相似的文本”，则文档中所有具有该格式的文字都将同时被选中，这与按住 Ctrl 键逐个去选中它们达到的效果相同，然而前者更为方便。需要注意的是，如果在某种样式基础上附加设置了格式，则“选择格式相似的文本”是选择既被应用了此样式又具有附加格式的文字，而那些只被应用了此样式却没有附加格式或具有不同附加格式的文字并不会被选中。

要删除样式，在“样式”任务窗口中右击要删除的样式(或单击该样式条目右侧的下三角按钮)，在弹出的快捷菜单中选择“删除”选项，即将样式删除。注意，只有我们自己创建的样式才能被删除，Word 系统的内置样式不能被删除但可以被修改。

(3) 导入导出样式。

可将一个 Word 文档中的一种(些)样式导入到另一个 Word 文档中，以便在另一个文档中使用这种(些)样式。方法是：先打开包含要导出样式的 Word 文档，打开“样式”任务窗格，在窗格中单击“管理样式”按钮，弹出“管理样式”对话框，单击对话框左下角的“导入/导出”按钮，弹出“管理器”对话框，如图 3.185 所示。

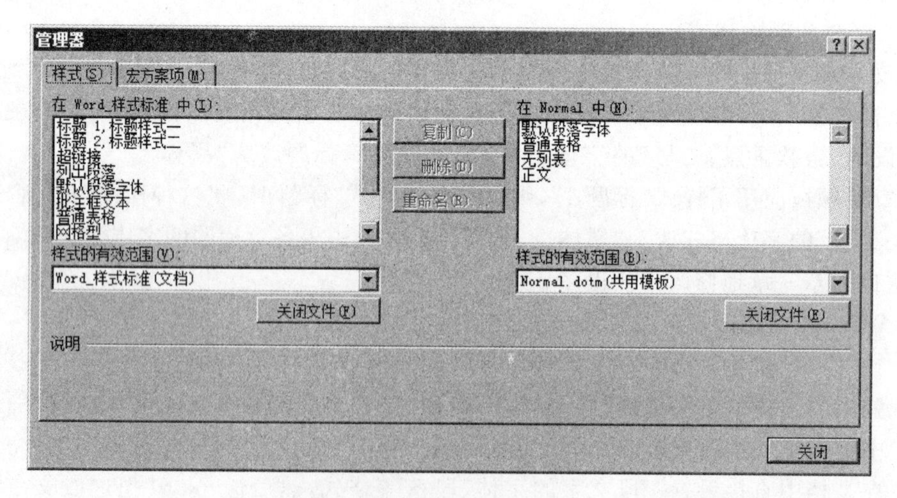

图 3.185 “管理器”对话框

在图 3.185 所示的对话框的左侧和右侧，分别有两套内容(“样式”列表以及“关闭文件”按钮等)。在这两处分别可以打开或关闭两个 Word 文档(或模板)，然后可通过中间的“复制”按钮将一种(些)样式从左侧文档复制导入到右侧文档中，然后在右侧文档中就可以使用这种(些)样式了。

4. 页眉和页脚

在很多书籍或杂志中常能看到,在每一页顶部或底部还有一些内容,如书名、该页所在章节的标题、出版信息或本页页码、总页数等,这就是页眉和页脚。页面顶部的部分为页眉,页面底部的部分为页脚。在使用 Word 制作页眉和页脚时,不必为每一页都亲自输入页眉和页脚,而只要在一页上输入一次,Word 就会自动在本节内的所有页中添加相同的页眉和页脚内容。

1) 创建页眉和页脚

在 Word 中内置有很多页眉和页脚样式。创建页眉和页脚时,可直接将这些内置的样式应用到文档中。创建页眉和创建页脚的方法类似,下面以创建页眉为例来介绍具体的操作方法。

单击“插入”选项卡“页眉和页脚”组中的“页眉”按钮,从下拉列表中选择一种样式,例如“空白”,如图 3.186 所示,然后在所插入的页眉中输入内容。同时功能区最右侧将显示“页眉和页脚工具-设计”选项卡,如图 3.187 所示。输入内容时,也可单击该选项卡中的相应按钮,插入“日期和时间”“图片”“剪贴画”等。这里仅输入文字内容,在页眉处输入公司的联系电话 010-66668888。输入后,则本节内的所有页面都将具有相同的页眉内容(如文档未分节,则文档的所有页面都将具有相同的页眉内容)。

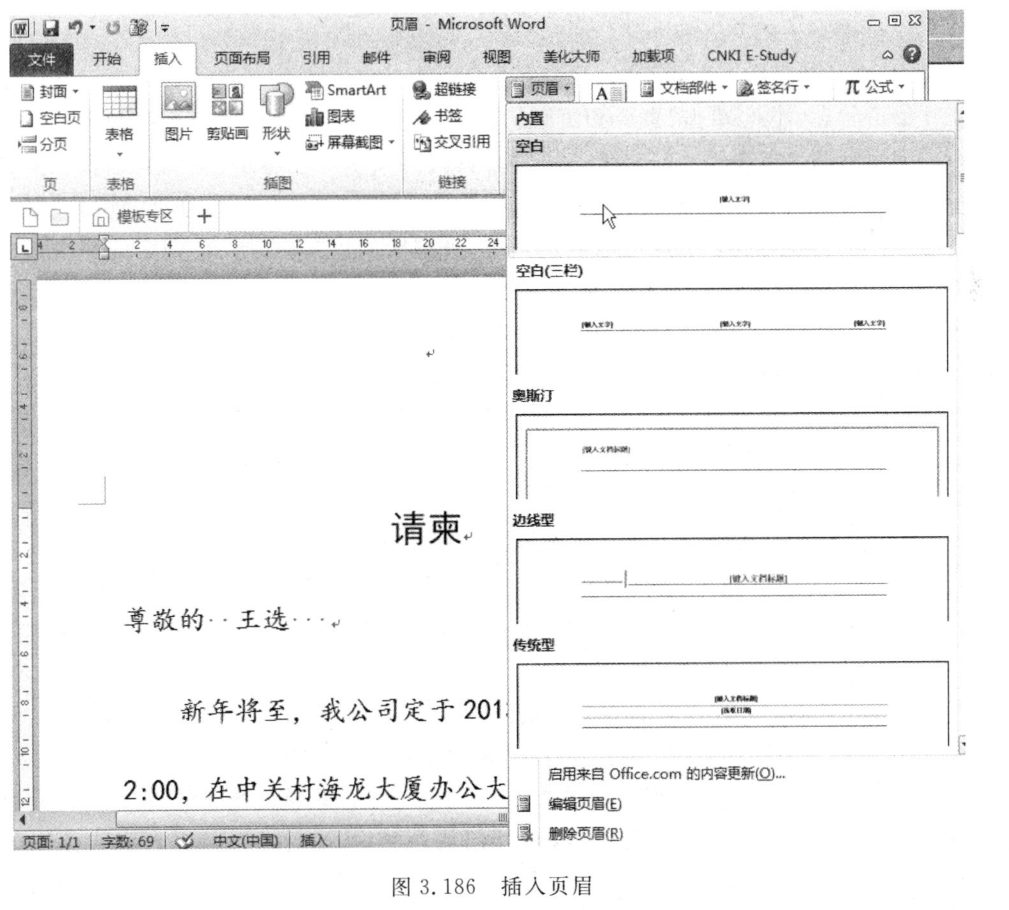

图 3.186 插入页眉

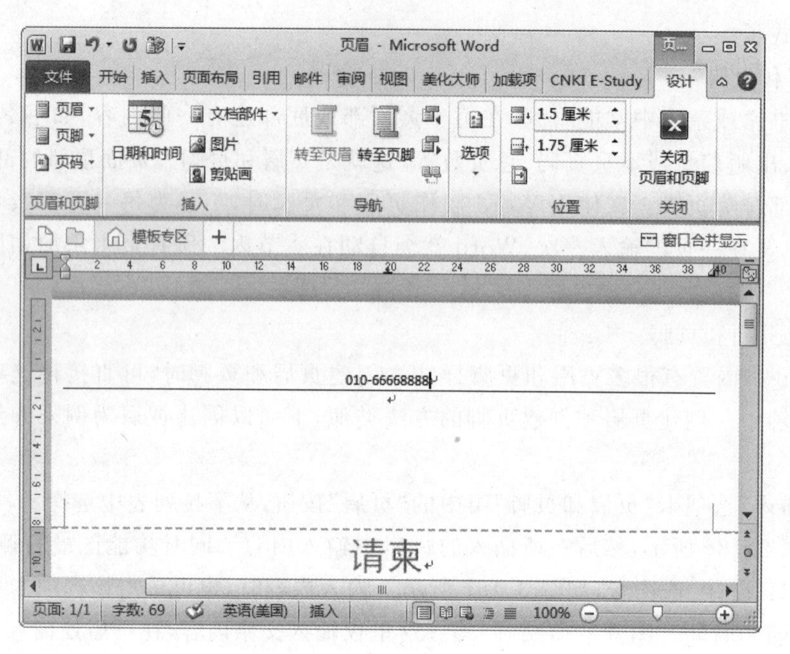

图 3.187　在页眉处输入公司电话

在页眉编辑状态,单击“页眉和页脚工具-设计”选项卡中的“转至页脚”按钮,将切换到页脚区设置页脚。

在页眉/页脚编辑状态下,正文区呈灰色显示,是不能被编辑修改的。双击正文区可切换回正文编辑状态:也可单击“页眉和页脚工具-设计”选项卡中的“关闭页眉和页脚”按钮,返回正文编辑状态。但在正文编辑状态,页眉/页脚区又呈灰色显示,不能被编辑。要编辑页眉/页脚,除通过功能区的按钮外(“插入”选项卡“页眉和页脚”组中的“页眉”→“编辑页眉”,或“页脚”→“编辑页脚”),也可以双击页眉/页脚区。正文、页眉/页脚区的编辑是两种不同的编辑状态,要在两种状态下却换,最简单的方法就是双击要编辑的区域。

页眉内容下方的一条横线是属于段落的边框,页眉内容被自动套用了样式“页眉”,由于该样式中规定了这种段落边框,所以页眉内容就具有一条横线。要修改该横线,可打开“样式”任务格窗,修改名称为“页眉”的样式,修改其中“边框和底纹”的格式即可。如果在页眉/页脚区无内容时不希望显示横线,可将页眉/页脚区文字样式应用为“正文”或“清除格式”。

2) 为不同节创建不同的页眉和页脚

图 3.188 所示为一篇介绍黑客技术知识的文档。进入页眉/页脚编辑状态后,在任意页的页眉处输入文字“黑客技术”,则本文档的所有页的页眉都将显示文字“黑客技术”。现希望仅在正文页页眉中显示文字,而在目录页页眉中没有内容,就需要在目录和正文之间分节,在不同的节中就可以分别设置不同的页眉/页脚内容了。

将插入点定位到“黑客技术”标题之前,单击“页面布局”选项卡“页面设置”组中的“分隔符”按钮,从下拉列表中选择“下一页”分节符,在目录和正文之间分节。

分节后,只要为某节中的任意一个页面输入页眉/页脚,则该结的所有页面都将具有相同的页眉/页脚内容。在输入页眉/页脚内容时,要留意 Word 在页眉/页脚旁边给出的提示,如“页眉-第 1 节”“页脚-第 2 节”等,以明确正在输入的是哪种情况,如图 3.189 所示。

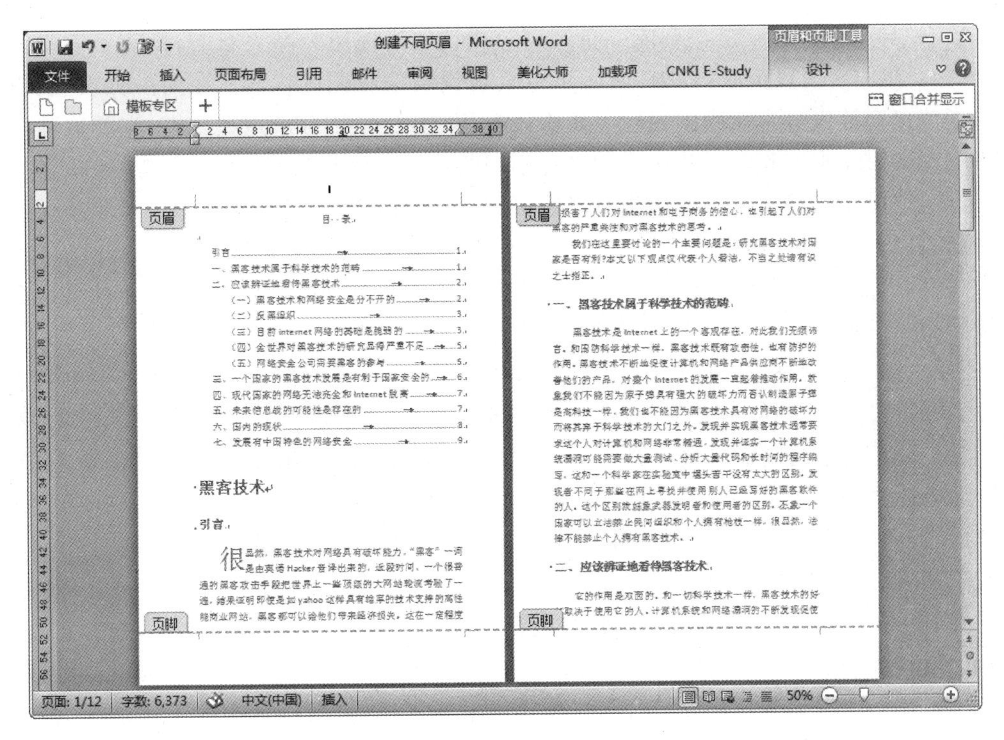

图 3.188 要设置页眉的文档

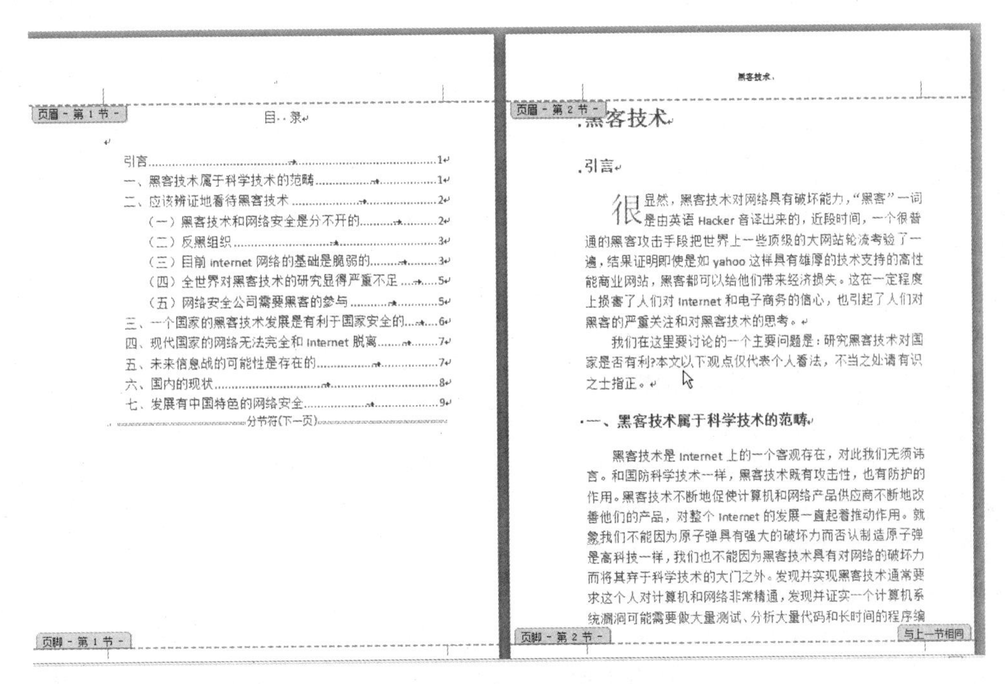

图 3.189 为不同节设置不同的页眉

分节后，在输入页眉/页脚之前，还要注意各节之间的页眉/页脚是否具有链接关系。如果存在链接关系，则被链接的节还会具有相同的页眉/页脚内容，仍无法实现在不同节中分别设置不同的页眉/页脚。将插入点定位到某节的页眉/页脚后，观察“页眉和页脚工具-设计”选项卡“导航”组中的“链接到前一条页眉”按钮，如果按钮为高亮状态，则表示它与前一节有链接：在本节设置页眉/页脚，前一页也会被设置为相同的内容；在前一页设置页眉/页脚，本节也会被设置为相同的内容。单击该按钮，使之切换为非高亮状态，则就取消了它与前一节的链接，本节和前一节可分别设置不同的页眉/页脚，互不影响。注意，页眉链接和页脚链接是分别设置的，页眉有链接不影响页脚，页脚有链接也不影响页眉。应将插入点首先定位到页眉、页脚区域，再单击该按钮分别设置页眉的链接、页脚的链接。

在将插入点定位到后一节的页脚区域，设置与前一节页脚的链接时，该按钮的名称也为“链接到前一条页眉”，但它的作用是针对页脚而不是针对页眉。

还要注意，链接只能修改“后一节”与“前一节”的链接，也就是说，对于第 1 节和第 2 节两节之间的链接，只能到“第 2 节”中去修改，而在“第 1 节”中是无法修改的。同理，对“第 2 节”和“第 3 节”两节之间的链接也必须到“第 3 节”中去修改，在第 2 节中无法修改该链接。显然，如果插入点位于第 1 节的页眉/页脚，或尚未对文档分节，该按钮是灰色不可用的，原因不难理解，因为第 1 节没有“前一节”，如何修改“第 1 节”与“前一节”的链接呢？

在“黑客技术”文档中，将插入点定位到第 2 节(即正文节)任意一页的页眉区域，单击“链接到前一条页眉”按钮，使之为非高亮，然后在第 2 节页眉中输入文字“黑客技术”。再通过浏览文档，或单击“页眉和页脚工具-设计”选项卡“导航”组中的“上一节”按钮，将插入点定位到第 1 节(即目录节)的页眉区域，在页眉中不输入任何内容，就实现了目录无页眉，正文页眉为“黑客技术”。

需要注意的是，并不是所有的情况都让“链接到前一条页眉”按钮为非高亮。当既要分节，又要使后一节与前一节具有相同的页眉/页脚内容时，应保持该按钮为高亮，这时 Word 会自动设置链接节的页眉/页脚为相同内容，就免去了由人工逐一设置各节的麻烦。

3）为奇偶页或者首页创建不同的页眉和页脚

只要为某节中的任意一个页面设置了页眉/页脚，则该节的所有页面都将自动具有相同的页眉/页脚内容。然而，有时还需要在同一节中分别设置几种不同的页眉/页脚内容，例如奇数页显示书名、偶数页显示章标题；或者对于双面打印的文档，要使奇数页页码右对齐，偶数页页码左对齐(以使页码都位于书刊的“外缘”)。这不必再通过分节实现，而只要在“页眉和页脚工具-设计”选项卡“选项”组中勾选“奇偶页不同”复选框，则本节内，就可以对奇数页和偶数页的页眉/页脚分别做两套不同的设置了。

继续前面的例子，现希望在“黑客技术”文档的正文部分，偶数页页眉显示“黑客技术”，奇数页页眉没有内容。将插入点定位到第 2 节任意页的页眉，勾选“选项”组中的“奇偶页不同”复选框，这时 Word 在页眉/页脚旁出的提示变为“奇数页页眉-第 2 节”“偶数页页眉-第 2 节”等，只要设置本节中任意一个奇数页(偶数页)的页眉/页脚，则本节内其他奇数页(偶数页)的页眉/页脚就都设置好了。在“奇数页页眉-第 2 节”的提示下删除页眉中的任何内容或单击“页眉和页脚工具-设计”选项卡“页眉和页脚”组中的“页眉”按钮，从下拉列表中选择“删除页眉”，再单击“导航”工具组中的上一节或下一节按钮，将插入点定位到本节任意一页偶数页的页眉，在“偶数页页眉-第 2 节”的提示下，仍保持页眉内容为“黑客技术”。

如果在“选项”组中勾选“首页不同”复选框，还能为每节的首页再单独设置一套页眉/页脚，且不影响其他页。例如，需要首页没有页眉/页脚，勾选此复选框后，将首页的页眉/页脚内容删除即可。

在不勾选“奇偶页不同”或者“首页不同”复选框时，之前在页眉/页脚中输入的内容可能会消失，需要重新输入，因此一般应首先勾选复选框，然后再输入页眉/页脚内容。

“页眉和页脚工具-设计”选项卡“导航”工具组中的上一节或下一节按钮，实际并不是切换“上一节”“下一节”的含义，它们实际的功能是切换“上一种情况”“下一种情况”。例如，如果勾选了“奇偶页不同”复选框，又勾选了“首页不同”复选框，每节内将有首页、奇数页、偶数页3种情况，单击下一节按钮，首先切换的是本节内的3种情况，尚没有进入下一节，只有第四次单击下一节按钮，才能进入下一节，在切换下一节3种情况之后，才能进入第3节。

提示：在设置页眉/页脚时，需要考虑的选项较多，也比较烦琐，建议在修改任何页眉/页脚等内容之前，首先考虑以下3点。

- 是否正确勾选“奇偶页不同”“首页不同”复选框。
- 将插入点定位到页眉区域，设置“链接到前一条页眉”按钮高亮/非高亮，调整页眉链接。将插入点定位到页脚区域，设置“链接到前一条页眉”按钮高亮/非高亮，调整页脚链接。
- 要留意Word在页眉/页脚旁边给出的提示，如“首页页眉-第1节”“奇数页页眉-第2节”“偶数页页眉-第3节”等，以明确正在设置的是哪种情况。

4）插入页码和域

在页眉/页脚区直接插入的内容是固定的文本，它们在每一页的页眉/页脚中固定不变。在页眉/页脚区还可插入“动态”的内容，称为域。这些动态的内容不是由人们通过键盘直接输入的，而是必须通过Word的功能按钮来插入。插入后，如果单击这些内容，它们还会出现有灰色阴影的底纹。

为什么还需要“动态”的内容呢？例如每页的页码是一种“动态”内容。页码也是位于页眉/页脚区的内容，但设想如果在第一页页眉区直接输入文字1，是不是所有页面的页眉内容将都是1了呢？要让第一页是1、第二页能自动变2……，就需要插入一种“动态”内容——页码。这样插入的页码，不但在不同页中数字可变，还能随文档的修改（如新增、删除内容等）自动更新。除页码外，Word还允许插入很多其他“动态”内容，如本页内某种样式的文字、文档标题、文档作者等，这些都是带有灰色阴影底纹的内容，都是域，可以自动变化、自动更新。

（1）插入页码。

双击页眉/页脚区，进入页眉/页脚编辑状态后，单击“插入”选项卡“页眉和页脚”组中（或“页眉和页脚工具-设计”选项卡“页眉和页脚”组中）的“页码”按钮，从下拉列表中选择“当前位置”的“普通数字”，即可把页码（一个带阴影的数字）插入到插入点所在的位置，如图3.190所示，页码也像一个被插入到页眉/页脚区的普通文字一样，可被设置格式，如字体格式、段落对齐格式等。例如，可通过“开始”选项卡“段落”组将页码左对齐、居中对齐或右对齐。

也可以从“页码”按钮的下拉列表中选择“页面顶端”或“页面底端”，并选择一种样式，如“普通数字1”“普通数字2”等，这将页码插入到页眉或页脚的同时可直接指定一种对齐方式。然而这种方法会删除页眉/页脚区的原有内容，当需要页眉/页脚区既有页码也有其他内容时，从下拉列表中选择“当前位置”插入页码更为方便。

有时还要在同一文档的不同部分设置不同的页码格式。例如，正文部分的页码使用阿

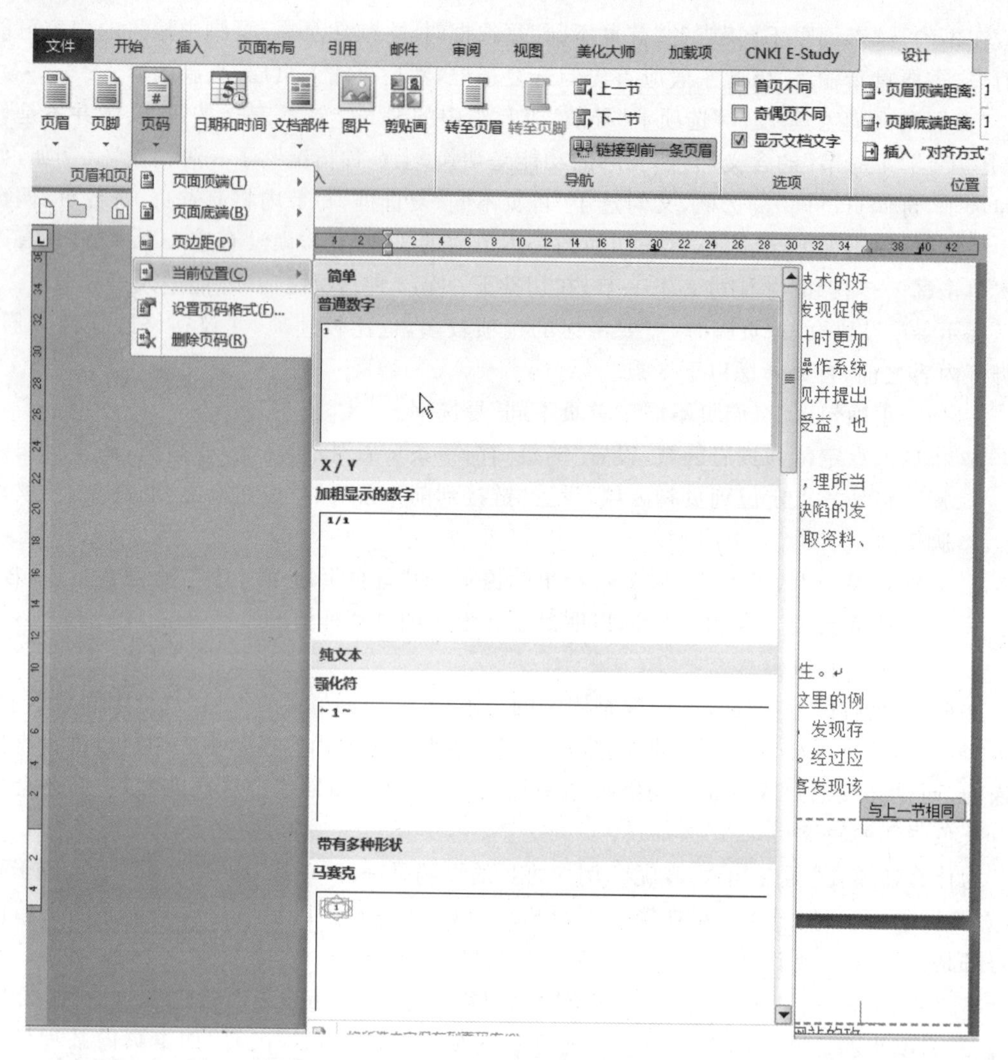

图 3.190　在页脚处插入页码

拉伯数字(1,2,3,…),目录部分的页码使用大写罗马数字(Ⅰ,Ⅱ,Ⅲ,…),要实现这一效果,必须在不同页码格式的内容部分之间分节,如上例应至少目录部分为一节。

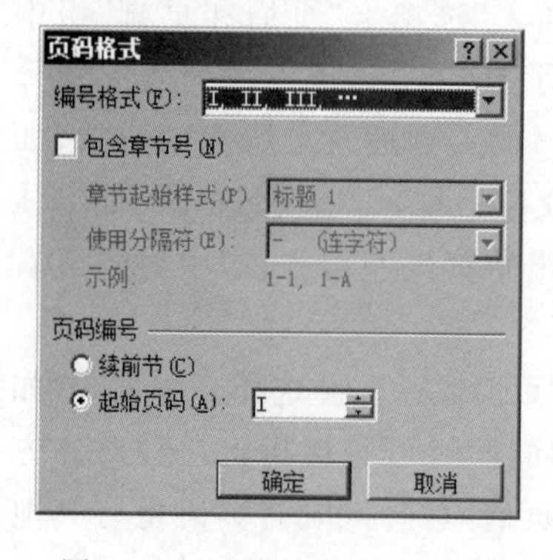

图 3.191　"页码格式"对话框

然后将插入点定位到目录部分任意一页的页眉/页脚区,仍单击上述"页码"按钮,从下拉列表中选择"设置页码格式",弹出"页码格式"对话框,如图 3.191 所示。在对话框的"编号格式"中有多种格式,如"1,2,3,…"、"-1-,-2-,-3-,…"等,例如,这里从中选择大写的罗马数字格式。

在对话框中还可设置"页码编号"值为"续前节"或固定"起始页码","续前节"是指"接续前节"最后一页的页码值继续编页码,如前节页码到第 4 页,本节页码将从第 5 页开始。"起始页码"是直接设置页码编号为起始值,而无论节页码编号如何,如在右侧文本框中输入 1,则强制将本节从第1页开始编页码。一般在目录节或正文第1章中，都应设置“起始页码”为1。对正文第2章以及后面各章应选择“续前节”。

注意：“编码格式”和“页码编号”都只影响本节，如果其他节也需要相同的页码格式，需要在其他节中重复使用“页码格式”对话框进行重复设置。

上例中，如果还希望目录首页和每章首页不显示页码，其余页面奇数页页码显示在页脚右侧，偶数页页码显示在页脚左侧，则在目录的页脚编辑状态，勾选“页眉和页脚工具-设计”选项卡“选项”组中的“奇偶页不同”和“首页不同”复选框，则目录的页脚被分为3种情况：

- 在“首页页脚-第1节”的提示下，删除页脚的任何内容；
- 单击 下一节 按钮，在“偶数页页脚-第1节”的提示下，插入页码后设置段落为左对齐；
- 单击 下一节 按钮，在“奇数页页脚-第1节”的提示下，插入页码后设置段落为右对齐。

再单击 下一节 按钮，进入第2节(第1章)，同样首先确认勾选了“奇偶页不同”和“首页不同”复选框，然后分别设置第2节的3种情况的页脚：

- 页(不输入页脚内容)；
- 偶数页(插入页码并左对齐)；
- 奇数页(插入页码并右对齐)。

如果页码格式不是“1,2,3,…”，或页码编号未从1开始(首页是第1页不显示页码)，在“页码格式”对话框中再调整正确即可。

再逐一设置第3节及以后各节的页脚，同样首先确认勾选了“奇偶页不同”和“首页不同”复选框，然后分别设置每一节的3种情况的页脚：

- 页(不输入页脚内容)；
- 偶数页(插入页码并左对齐)；
- 奇数页(插入页码并右对齐)。

页码格式为“1,2,3,…”，但页码编号均为“续前节”(由于分节符是“奇数页”分节符，在各章交界处的页码编号可能出现跳跃一个偶数编号的情况)。“链接到前一条页眉”按钮默认是高亮的。第3节以后各节的很多设置都应已由Word完成，多数设置我们只需查看和检查，并不都要进行操作。

(2) 插入域。

文档中可能发生变化的内容可通过插入域来输入。域是一种占位符，是一种插入到文档中的代码，它所表现的内容可以自动变化，而不像直接输入到文档中的内容那样固定不变。Word的很多功能实际都是通过域来实现的，例如，自动更新的日期、页码、目录等。当将插入点定位到域上时，域内容往往会以浅灰色底纹显示，以与普通的固定内容相区别。

插入域后，还可以对域进行编辑或修改，右击文档中的域，在弹出的快捷菜单中选择“编辑域”选项，弹出“域”对话框，在对话框中做修改。或者，在弹出的快捷菜单中选择“切换域代码”选项，将看到由一对{}括起的内容，就是域代码，编程高手们常常直接对其代码进行修改来设置内容。

Word 还提供了很多对域操作的快捷键：Ctrl＋F9 键插入域；Shift＋F9 键对所选的域切换域代码和它的显示内容；Alt＋F9 键对所有域切换域代码和它的显示内容；Ctrl＋Shift＋F9 键解除域的链接，域将被转换为普通文本(文字将不带底纹，并失去自动更新的功能)。

如图 3.192 所示，文档中有 3 个一级标题“企业摘要”“企业描述”“企业营销”已被应用了“标题 1，标题样式一”样式，它们分属不同的页面，现要使每页中这种样式的标题文字自动显示在本页页眉区中。显然每页页眉的内容都是不同的，本页中“标题 1，标题样式一”样式的文字是什么，页眉内容就是什么；如果本页该样式的文字内容变化了，页眉也要自动变化，因此需要在页眉区中插入域。

图 3.192　在页眉区中插入域

双击任意一页的页眉区进入页眉编辑状态。单击“插入”选项卡“文本”组中的“文档部件”按钮，或单击“页眉和页脚工具”选项卡“插入”组中的“文档部件”按钮，从下拉列表中选择“域”，在弹出的“域”对话框中，在“类别”中选择“链接和引用”，再在下方“域名”列表中选择 StyleRef 表示要引用特定样式的文本。再在右侧“样式名”列表中选择“标题 1，标题样式一”，表示要引用文档中具有标“标题 1，标题样式一”样式的文本。单击“确定”按钮则在页眉插入了本页中具有“标题 1，标题样式一”样式的文本，当将插入点定位到所插入的内容上时，该内容会以浅灰色底纹显示。

Word 中的域还有很丰富的内容，例如，在页眉/页脚区还可插入文档标题、作者姓名、备注等。在图 3.192 的“域”对话框的“类别”中选择“文档信息”，然后在“域名”中选择某种文档信息即可。文档信息是一篇文章的属性信息，在“文件”菜单“信息”的右侧栏中可设置这些信息，如图 3.193 所示。这些信息也是动态变化的，通过插入域在页眉/页脚显示这些信息,可跟随同步更新。如果在“文件”菜单“信息”栏中改变了文档标题、作者姓名等内容,页眉/页脚的内容也会对应改变,这比通过手工输入再逐一修改要方便很多。

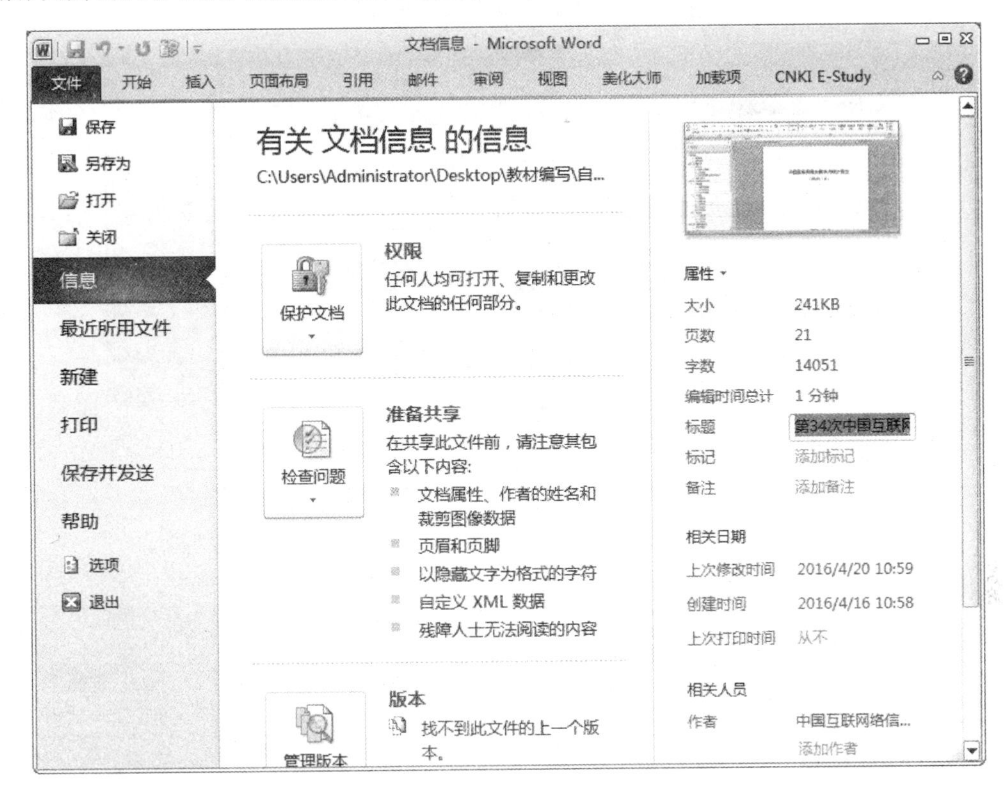

图 3.193　查看和修改文档的属性信息

5. 目录、索引和引文

1) 创建目录

对于长文档,目录是必不可少的。在 Word 中可以自动创建目录。要想使用这一功能,必须首先将相应的章节标题和段落设置为一定的标题样式。Word 是依靠标题样式来区分内容是章节标题还是正文的,Word 将把章节标题样式的内容提取出来制作为目录。

实际上 Word 生成目录是依靠段落的“大纲级别”,并不是依靠“标题样式”。要设置段落的“大纲级别”,在“段落”对话框“缩进和间距”选项卡的“大纲级别”下拉列表框中设置即可。但初学者可以简单地认为 Word 可依靠“标题样式”来给段落分级和生成目录,因为“标题样式”中已被预先包含了相应“大纲级别”的设置。

首先将文档中所有章节标题套用正确的标题样式,例如“标题 1”“标题 2”“标题 3”等。然后将插入点定位到文档中要插入目录的位置(通常位于文档开头),单击“引用”选项卡“目录”组中的“目录”按钮,从下拉列表中选择一种自动目录样式即可快速生成目录,如图 3.194 所示。也可从下拉列表中选择“插入目录”,弹出“目录”对话框,对目录做详细设置。在“目录”对话框的“格式”下拉列表框中,还可为目录指定一种预设的格式,如“来自模板”等。

默认情况下,Word 把文档中“标题 1”样式的内容生成第一级目录项,把“标题 2”样式的内容生成第二级目录项,把“标题 3”样式的内容生成第三级目录项……如果要对各级标题样式的内容和目录项的关系进行调整,可单击对话框中的“选项”按钮,弹出“目录选项”对

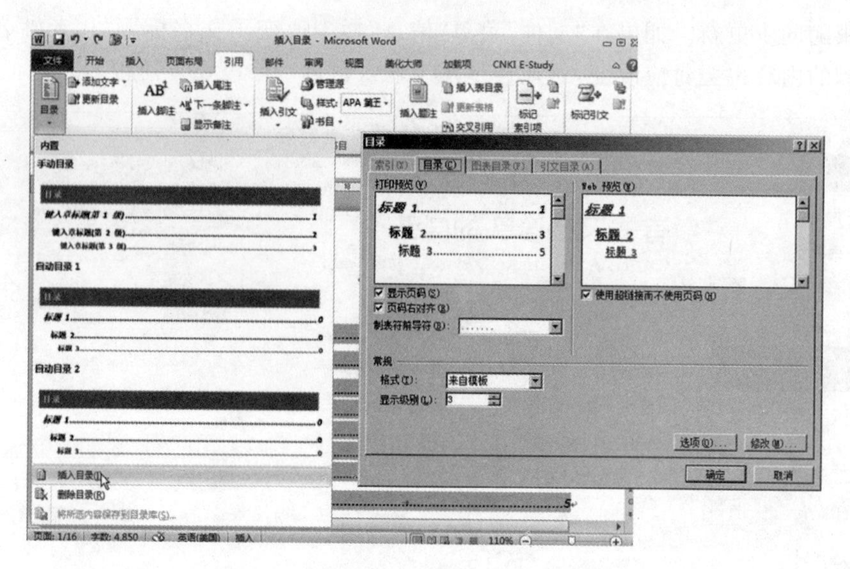

图 3.194 插入目录和“目录”对话框

话框，在对话框中设置对应关系，如图 3.195 所示。

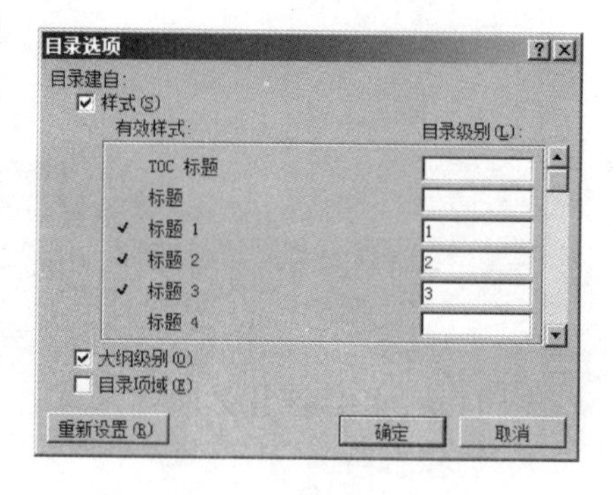

图 3.195 “目录选项”对话框

对所插入的目录还可进行一定的修改编辑，如删除某些行，设置字体、段落格式等(实际目录页也是一种域)。为了让目录单独占一页，一般在插入目录后，在目录的结尾处还要插入一个“分页符”或者“下一页”的分节符。

Word 自动生成的目录项是带有超链接的，但单击它并不会跳转到对应章节，需按住 Ctrl 键的同时单击目录项才能跳转。

在创建目录后，如果又对标题进行了修改，或者由于又对正文的修改而使标题所在页的页码发生变化，这时都需要对目录进行更新。将插入点定位到目录中的任意位置(整个目录将被加阴影显示)，单击“引用”选项卡“目录”组中的“更新目录”按钮；或右击文档中的目录，在弹出的快捷菜单中选择“更新域”选项，如图 3.196 所示。然后在弹出的对话框中选择“只更新页码”还是“更新整个目录”单选按钮，前者表示只更新现在目录各标题的页码、标题内容不更新；后者表示标题内容和页码全部更新即重建目录。如果有标题的增删或修改，应选后者。

2) 制作索引

不少科技书籍在末尾还会包含索引，其内容是在本书中出现的关键词及其在书中对应的页码，以方便读者快速查找书中的关键词。使用 Word 可以方便地建立索引。

由于索引是针对关键词的，因此在创建索引之前，首先要对文档中要作为索引项的关键词进行标记。单击“引用”选项卡“索引”组中的“标记索引项”按钮，弹出“标记索引项”对话框，在文档中选择关键词，单击对话框中的“标记”按钮标记关键词。当完成所有关键词的标记后，单击“关闭”按钮关闭对话框。

将插入点定位到文档中要插入索引的地方(如文档末尾)，单击“引用”选项卡“索引”组

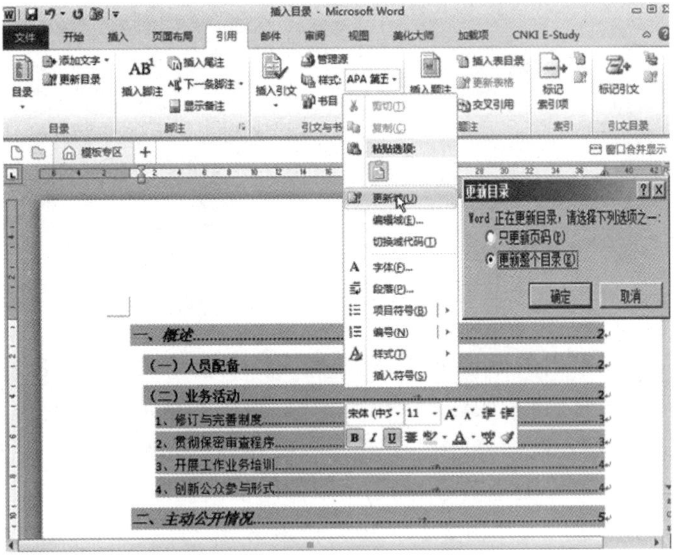

图 3.196　更新目录

中的“插入索引”按钮，弹出“索引”对话框，设置索引的类型、栏数、排序依据等，单击“确定”按钮即可创建索引。

3）插入引文

在用 Word 撰写类似学术论文的文档时，可以很方便地插入引文，如在某句话后引用参考文献。在“引用”选项卡“引文与书目”组中的“样式”下拉列表框中选择一种引文样式，然后将插入点定位到文档中需要插入引文的位置（如一句话之后），再单击上述组的“插入引文”按钮，从下拉列表中选择“添加新源”，在弹出的“创建源”对话框中输入新源的信息（一本书籍或一篇期刊文章的作者、标题、年份等），单击“确定”按钮即可插入。之后该引文会出现在“插入引文”按钮的下拉列表栏中，如需在其他位置再次引用，不必重新输入引文信息。也可单击该组的“管理源”按钮对所有源进行管理，如新建、修改、排序、查找等。

在文档中插入了一个或一个以上的引文和源后，就可以创建书目（如参考文献列表，列出本文档所引用的所有参考文献）。将插入点定位到文档中要创建书目的位置（如全文末尾），单击该组中的“书目”按钮，从下拉列表中选择一种书目格式即可。

6. 题注和交叉引用

1）为图片和表格插入题注

题注是添加到图片、表格或图表等元素上的带编号的标签，例如“图 1-1 系统管理模块”“图 1-2 操作流程图”“表 2-1 手工记账与会计电算化的区别”等。使用题注，可以利用 Word 保证文档尤其是长文档中的图片、表格或图表按顺序自动编号，当移动、添加或删除带题注的图片、表格或图表时，Word 会自动更新文档中各题注的编号；这比手工逐一修改要方便很多，也避免了编号出错。为图片、表格等元素创建题注的方法是类似的，下面以为图片创建题注为例介绍操作方法。

要为文档中的图片、表格等元素添加题注，将插入点定位到要添加题注的位置，如表格的上方或图片的下方（当图片为“非嵌入型”环绕时，应选中图片），单击“引用”选项卡“题注”组中的“插入题注”按钮，弹出如图 3.197 所示的“题注”对话框。

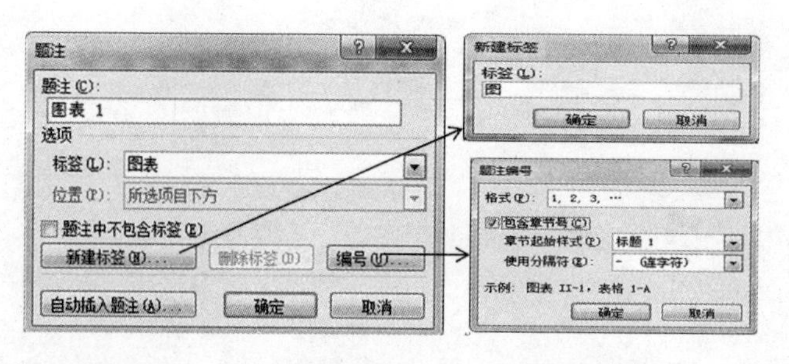

图 3.197　“题注”“新建标签”“题注编号”对话框

在“题注”对话框中给出的题注方式是“图表 1”。如不希望用“图表”作为标签名称，而希望用“图”作为标签名称(将来题注为“图 1”“图 2”……)，单击“新建标签”按钮，弹出“新建标签”对话框。在其中输入新标签“图”，单击“确定”按钮，回到“题注”对话框。

如果希望在编号中再带上章节号(如第 1 章的图依次被编号为“图 1-1”“图 1-2”……，第 2 章的图依次被编号为“图 2-1”“图 2-2”……)，再单击“编号”按钮，弹出“题注编号”对话框，勾选“包含章节号”复选框，再从“章节起始样式”中选择“标题 1”，分隔符选择“-(连字符)”，单击“确定”按钮，回到“题注”对话框，这时该对话框的变化如图 3.198 所示。

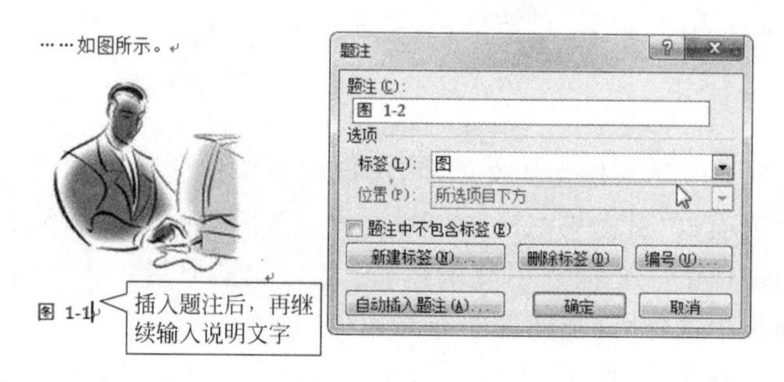

图 3.198　插入题注

在“题注”对话框中单击“确定”按钮，即可插入题注，Word 已为我们写好了题注标签和编号，如图 3.198 所示。在此内容后继续输入图片的文字说明(如“系统管理模块”)就可以了。

当为文档中的第 2 张及以后各张图片插入题注时，再单击“插入题注”按钮，在弹出的“题注”对话框中，Word 会自动选择刚才所创建的新标签“图”和章节编号样式，用户只需单击“确定”按钮插入题注，然后在插入的题注标签和编号后直接输入文字即可。

2) 创建交叉引用

为图、表插入题注后，在正文内容中也要有相应的引用说明。例如，在创建了题注“图 1-1 系统管理模块”后，相应的正文内容就会有引用说明，如“请见图 2-1”，而正文内容的引用说明应和图表的题注编号一一对应；若题注编号发生改变(如编号变为 2-2)，正文中引用它的文字也应发生相应的改变(如变为“请见图 2-2”)。这一引用关系就成为交叉引用。

创建交叉引用的方法是：将插入点定位到要创建交叉引用的地方，例如文档中的“请见图”文字之后，单击“引用”选项卡“题注”组中的“交叉引用”按钮，弹出“交叉引用”对话框。在“引用类型”下拉列表框中选择要引用的内容，例如“图”，在“引用内容”下拉列表框中选择“只有标签和编号”，这样将仅插入“图 1-1”文字到文档中。如果勾选“插入为超链接”复选框，则引用内容还会以超链接的方式插入到文档中，将来按住 Ctrl 键的同时单击它可跳转到所引用的内容处。在“引用哪一题注”中选择一个题注，如“图 1-1 系统管理模块”。单击“插入”按钮，则图 1-1 文字被插入到文档中，如图 3.199 所示。

在“交叉引用”对话框中，单击“插入”按钮后，对话框并不会被关闭。可以继续在文档中定位插入点，在文档中的其他位置用此对话框再插入交叉引用。当所有交叉引用插入完毕后，单击对话框的“关闭”按钮，关闭对话框。

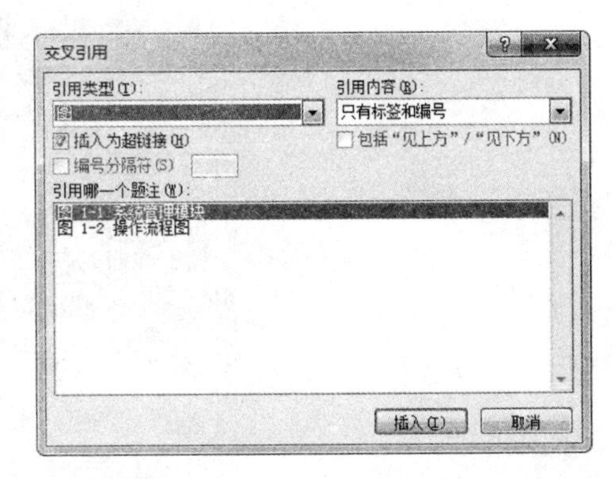

图 3.199 “交叉引用”对话框

3.7.4 任务实施

部分页面的最终效果如图 3.200 所示。

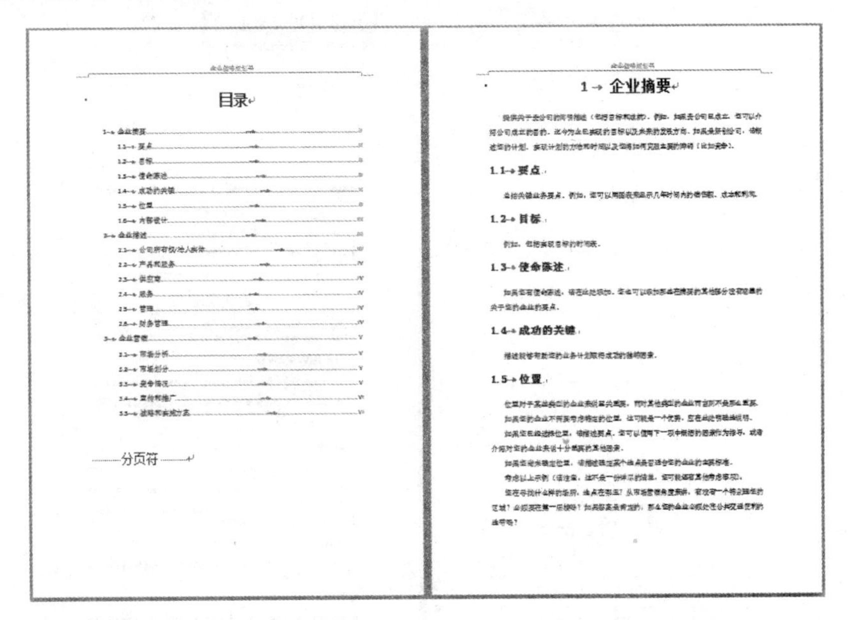

图 3.200 部分页面的最终效果图

打开素材“公司战略规划书.docx”，并按要求开始文档排版。

1. 设置页面

纸张大小设为 A4，纸张方向设为纵向，上、下页边距为 2.5 厘米，左、右页边距为 3.2 厘米。

单击“页面布局”选项卡“页面设置”组右下角的 (页面设置)按钮，在弹出的“页面设置”对话框中按要求设置参数，如图 3.201 所示。

2. 设置样式

红色文字级别编号为“1,2,3,…”，应用“标题 1”样式，绿色文字级别编号为“1.1,1.2,…,2.1,2.2,2.3,…”，应用“标题 2”样式；格式要求都为左对齐，对齐位置为 0 厘米，文本缩进位置为 0.75 厘米。

(1) 结合 Ctrl 键选中所有红色文字，单击“开始”选项卡“样式”组中的“标题 1”样式；结合 Ctrl 键选中所有绿色文字应用样式“标题 2”，设置后的文档效果如图 3.202 所示。

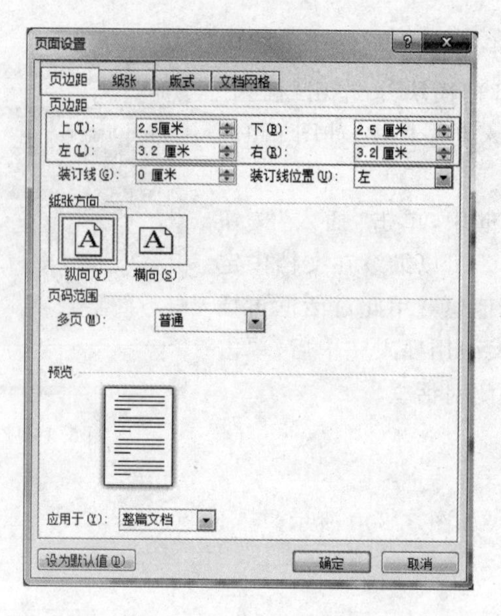

图 3.201　设置页面参数

企业摘要

要点

目标

使命陈述

成功的关键

位置

内部设计

企业描述

公司所有权/法人实体

产品和服务

供应商

服务

图 3.202　应用样式后的效果图

(2) 将插入点放在文字“企业摘要”即第一个一级标题段落中(或者选中该段),单击“开始”选项卡“段落”组中的“多级列表”按钮，从下拉列表中选择“定义新的多级列表”,在弹出的“定义新多级列表”对话框中单击左下角的“更多”按钮。设置需要修改的级别为“1”、将级别链接到样式为“标题 1”、要在库中显示的级别为“级别 1”; 位置参数设置编号对齐方式为“左对齐”、对齐位置为“0 厘米”、文本缩进位置为“0.75 厘米”,如图 3.203 所示。

(3) 将插入点放在文字“要点”即第一个二级标题段落中(或者选中该段),单击“开始”选项卡“段落”组中的“多级列表”按钮，从下拉列表中选择“定义新的多级列表”,在弹出的“定义新多级列表”对话框中单击左下角的“更多”按钮。设置需要修改的级别为“2”、将级

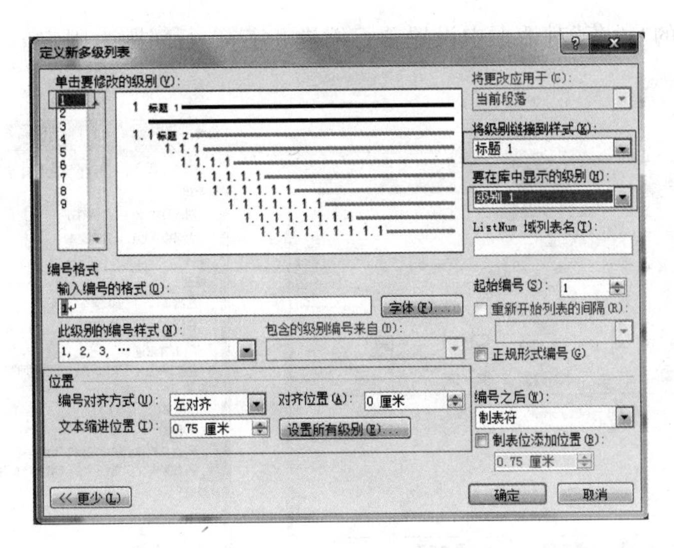

图 3.203　设置一级列表

别链接到样式为“标题 2”、要在库中显示的级别为“级别 2”；位置参数设置编号对齐方式为“左对齐”、对齐位置为“0 厘米”、文本缩进位置为“0.75 厘米”，如图 3.204 所示。

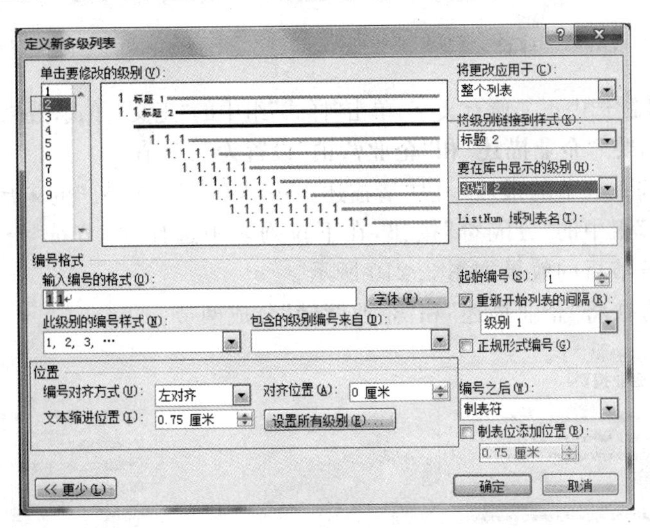

图 3.204　设置二级列表

3. 修改正文样式

修改样式库中“正文”样式，使得文档中正文段落首行缩进 2 字符，行间距为固定值 22 磅，并将“正文”样式应用于其余文字。

(1) 在“开始”选项卡的“样式”组中找到“正文”样式。

(2) 右击“正文”样式，在弹出的快捷菜单中选择“修改”选项，如图 3.205 所示。

(3) 在弹出的“修改样式”对话框中单击左下角的“格式”按钮，在弹出的下拉列表中选择“段落”选项，如图 3.206 所示。

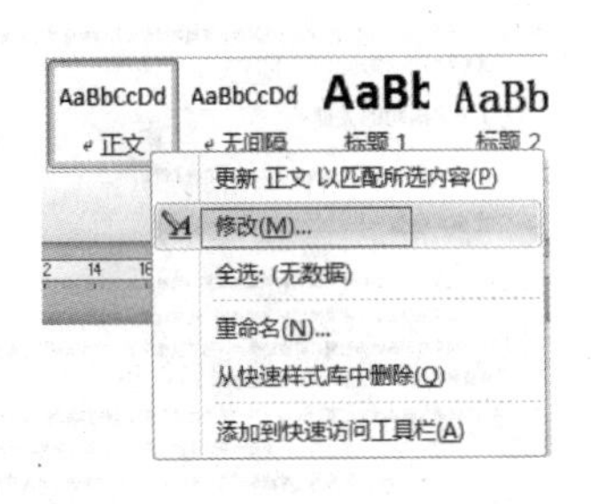

图 3.205　“修改”选项

(4) 在弹出的“段落”对话框中设置首行缩进 2 字符，行间距为固定值 22 磅，如图 3.207 所示。

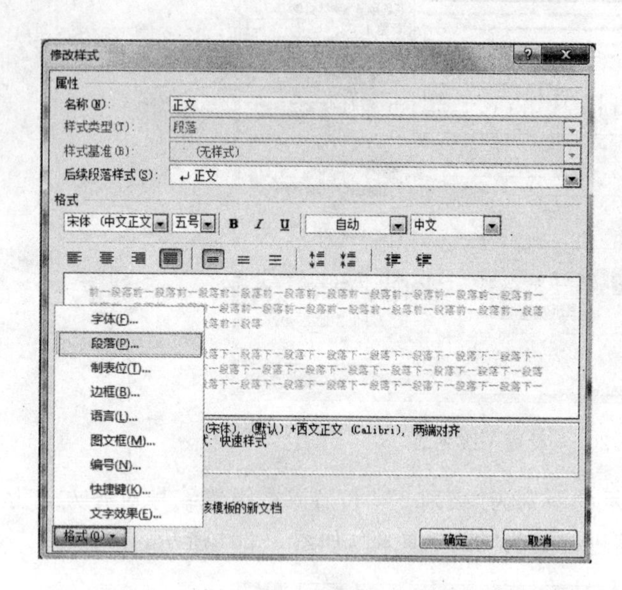

图 3.206 “段落”选项

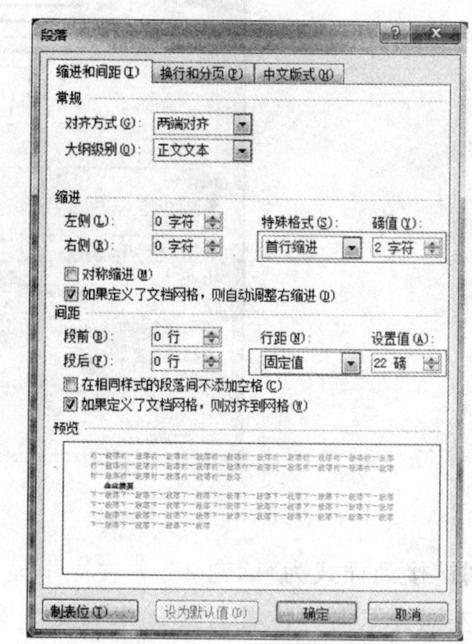

图 3.207 “段落”对话框

(5) 结合 Ctrl 键选中正文所有文字，单击“样式”组中的“正文”样式，效果如图 3.208 所示。

4. 将“企业摘要”“企业描述”和“企业营销”设置为三个节

将光标定位到 1.6 节的最后一段“请描述……具有竞争优势。”的末尾，单击“页面布局”选项卡“页面设置”组中的“分隔符”按钮，在下拉列表中选择“分节符”→“下一页”选项(如图 3.209 所示)，分节后的效果如图 3.210 所示。

使用同样的方法将“企业描述”和“企业营销”分成两节。

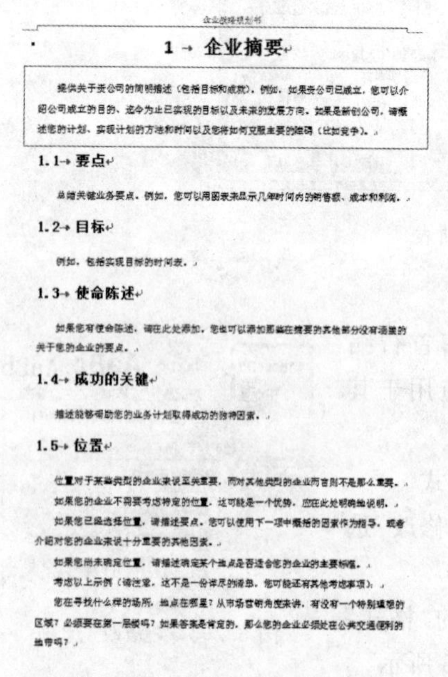

图 3.208 “正文”样式效果图

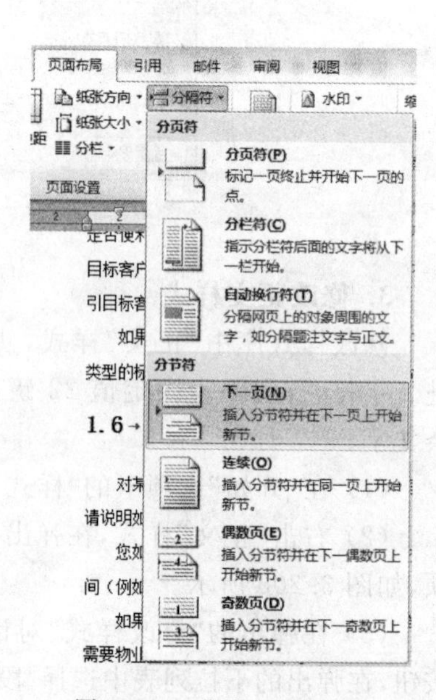

图 3.209 “下一页”选项

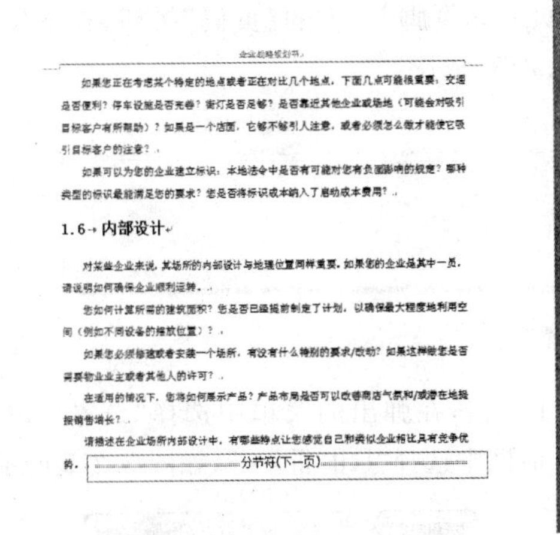

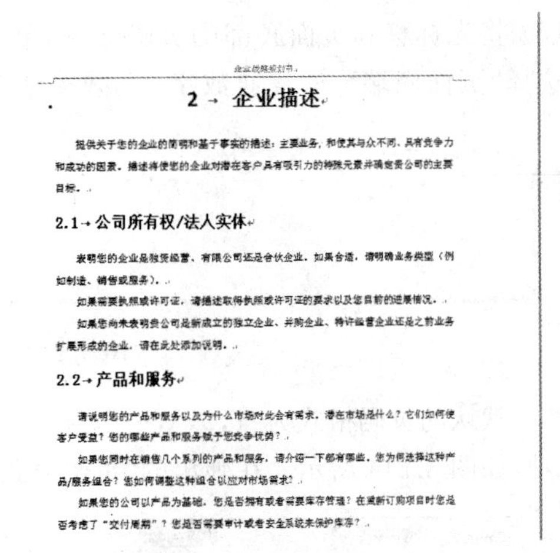

图 3.210 “下一页”效果图

5. 设置页眉页码

设置页眉样式为内置“空白”,文字内容为“企业战略规划书”；在页面底端设置页码样式为页面底端的“普通数字 2”,页码格式为大写罗马数字(Ⅰ,Ⅱ,Ⅲ,…)。

(1) 双击第一页的顶部位置进入到编辑页眉状态。单击“页眉页脚设计工具-设计”选项卡“页眉和页脚”组中的“页眉”按钮,在下拉列表中选择内置“空白”样式,如图 3.211 所示。

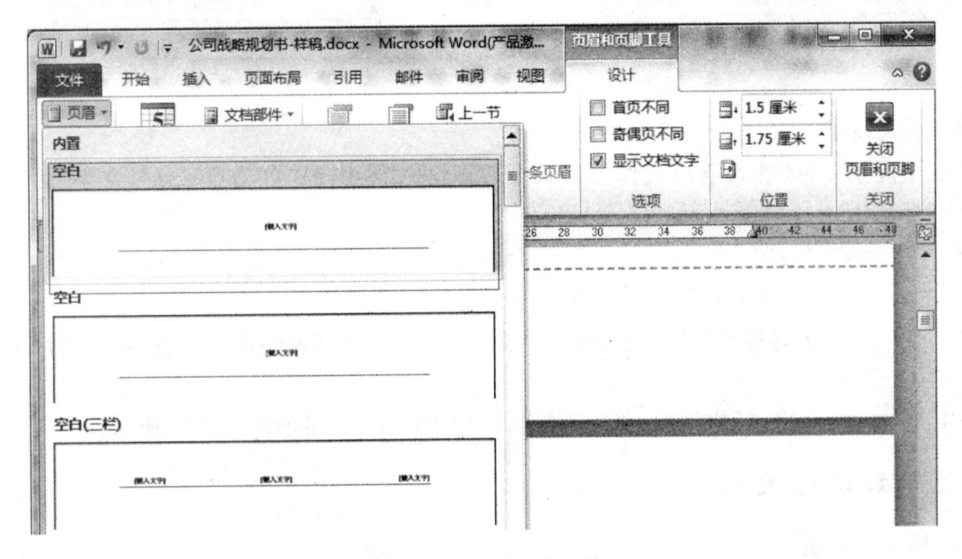

图 3.211 “空白”页眉

(2) 在文本框中输入“企业战略规划书”,删除多余的回车符,效果如图 3.212 所示。

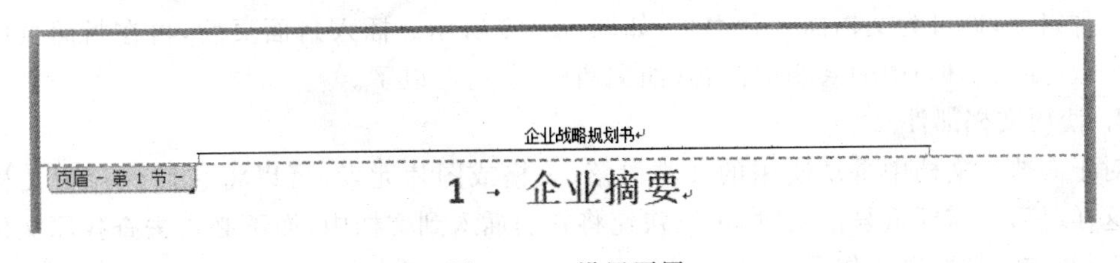

图 3.212 设置页眉

(3) 将光标移到页面底部的页脚位置,单击"页眉和页脚"组中的"页码"按钮,在下拉列表中选择"页面底端"→"普通数字 2",效果如图 3.213 所示。

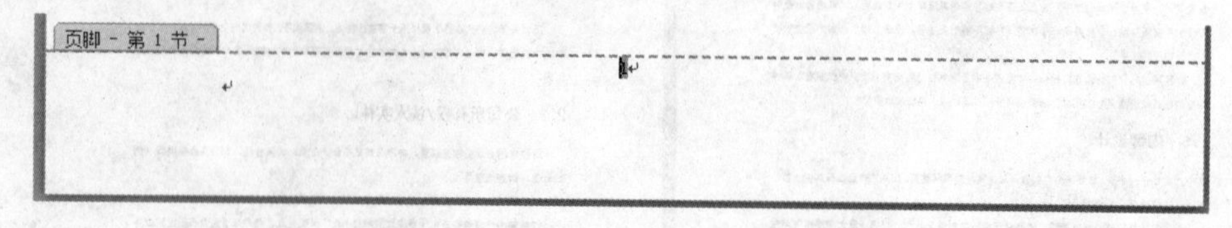

图 3.213 设置页眉

(4) 默认的页码格式为"1,2,3,…",选中页码 1 右击,在弹出的菜单中选择"设置页码格式"选项,如图 3.214 所示。在弹出的"页码格式"对话框中选择"Ⅰ,Ⅱ,Ⅲ,…",如图 3.215 所示。

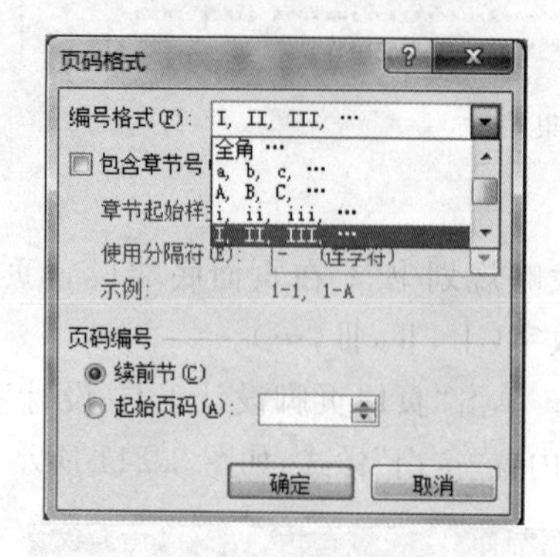

图 3.214 "设置页码格式"选项

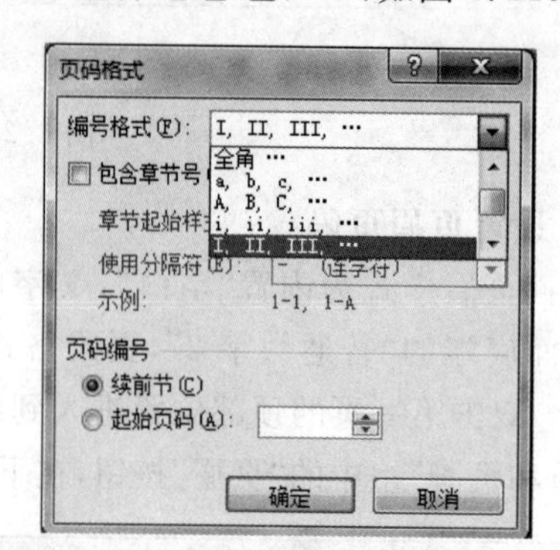

图 3.215 设置页码格式

6. 插入目录

在"企业摘要"前插入空白页作为目录页,目录样式为内置"自动目录 1",文字"目录"的样式为"标题 1"。

(1) 将光标定位到"1 企业摘要"的"企"字前面,单击"插入"选项卡"页"组的"空白页"按钮。

(2) 删除自动编号 1,应用"正文"样式。

(3) 单击"引用"选项卡"目录"组中的"目录"按钮,在下拉列表中选择内置的"自动目录 1",如图 3.216 所示。

(4) 选择文字"目录"应用"标题 1"样式,并设置居中,效果如图 3.217 所示。

3.7.5 知识拓展

1. 插入封面页

Word 提供了许多预定义的封面样式,内含预设好的图片、文本框等元素,这使一篇文档作为一个封面变得非常简单。单击"插入"选项卡"页"组中的"封面"按钮,在下拉列表中选择一种封面,即可为文档插入封面页,如图 3.218 所示。插入封面页后,再在封面页中的对应区域(如文本框)中输入相应内容(如文档标题)就可以了。

2. 使用文档部件

对于需要在文档中重复使用的文本段落、表格或图片元素,可以将它们保存为文档部件。这样以后在需要重复使用时,可以快速将它们插入到文档中,而不必再去查找原文位置以及进行复制、粘贴等工作了。

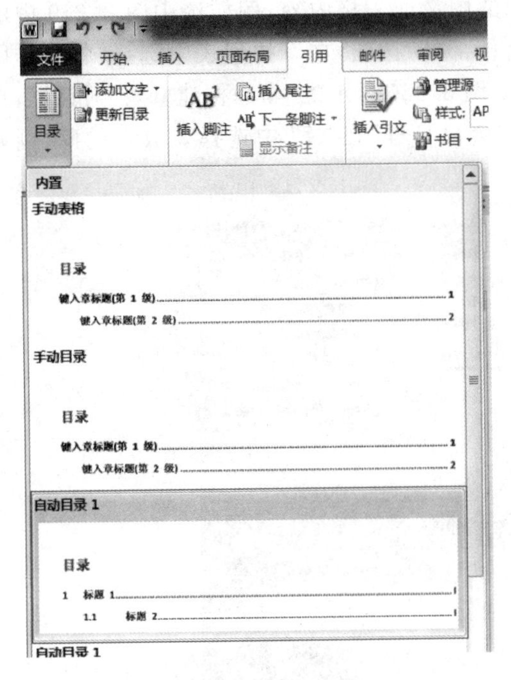

图 3.216　设置目录

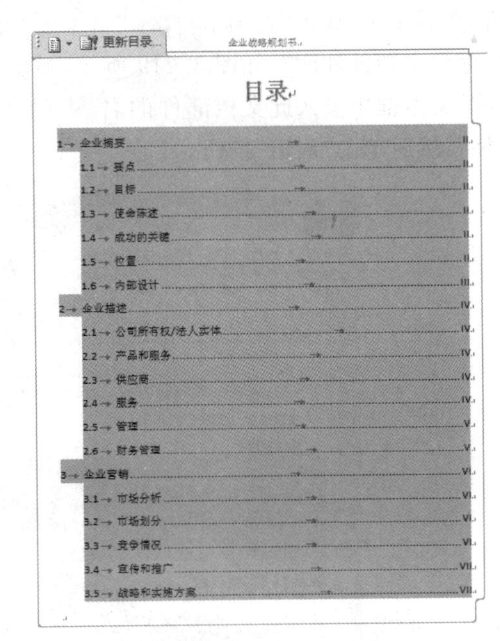

图 3.217　目录效果图

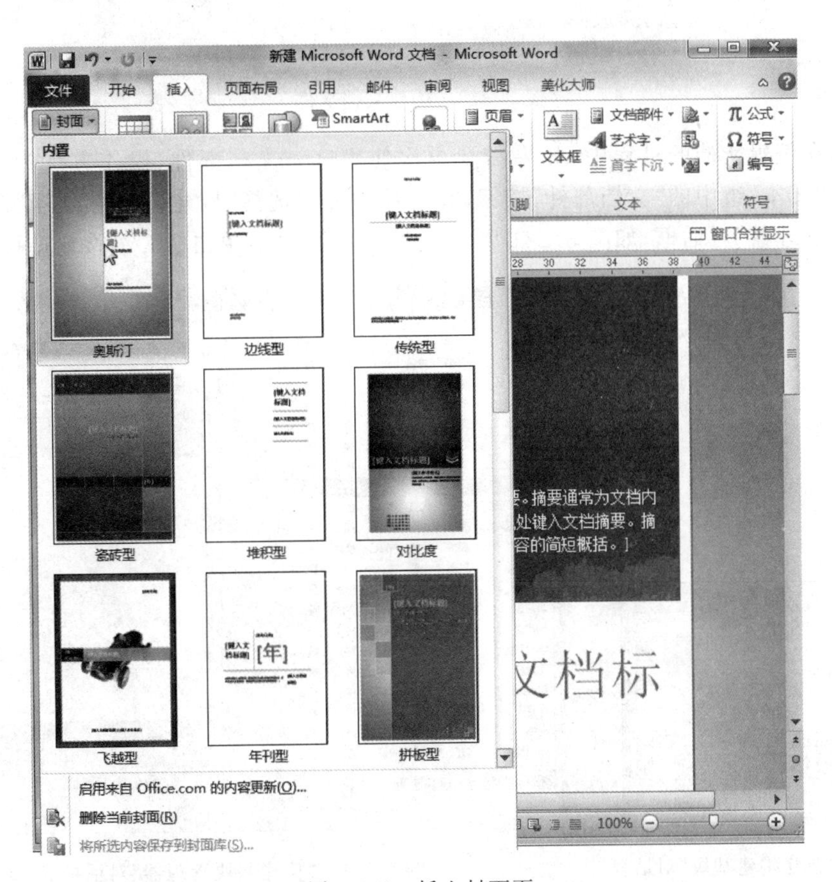

图 3.218　插入封面页

构建文档部件的操作方法是：选中文档中的图文或表格内容，例如选中图 3.219 中的表格，然后单击“插入”选项卡“文本”组中的“文档部件”按钮，在下拉列表中选择“将所选内容保存到文档部件库”，如图 3.219 所示，弹出如图 3.220 所示的“新建构建基块”对话框，在“名称”文本框中输入此文档部件的名称，例如“会议日程”在“库”中选择要放入的库，例如“表格”，然后单击“确定”按钮。

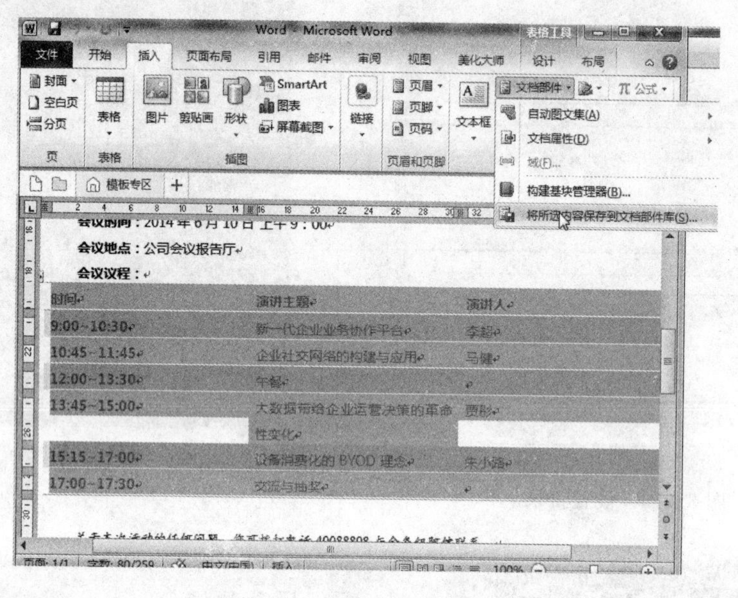

图 3.219 构建文档部件

这样，在编辑文档的过程中，如果需要再次使用这一文档部件，操作方法为：单击“插入”选项卡“文本”组中的“文档部件”按钮，在下拉列表中选择“构建基块管理器”命令，弹出“构建基块管理器”对话框，如图 3.221 所示。选择所需内容，单击“插入”按钮即可。

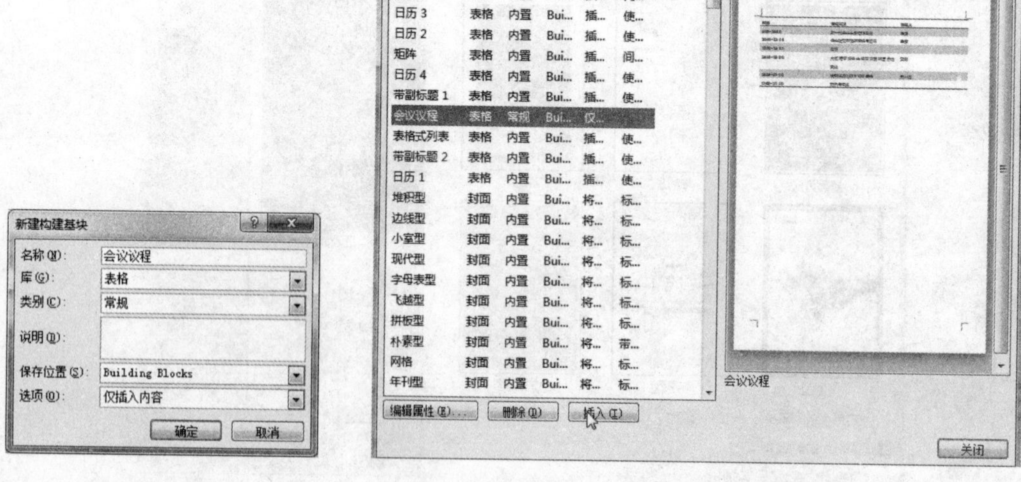

图 3.220 “新建构建基块”对话框

图 3.221 “构建基块管理器”对话框

3. 使用文档主题

使用文档主题，人们可以快速改变 Word 文档的整体外观，包括字体、段落、表格、图片的效果。如果在 Word 2010 中打开 Word 97 文档或 Word 2003 文档，则无法使用主题，而必须将其另存为 Word 2010 文档才可以使用主题。

单击“页面布局”选项卡“主题”组中的“主题”按钮，如图 3.222 所示，在下拉列表中选择一种主题，则该文档的字体、段落、表格、图片等都将改变为这种主题下的效果。

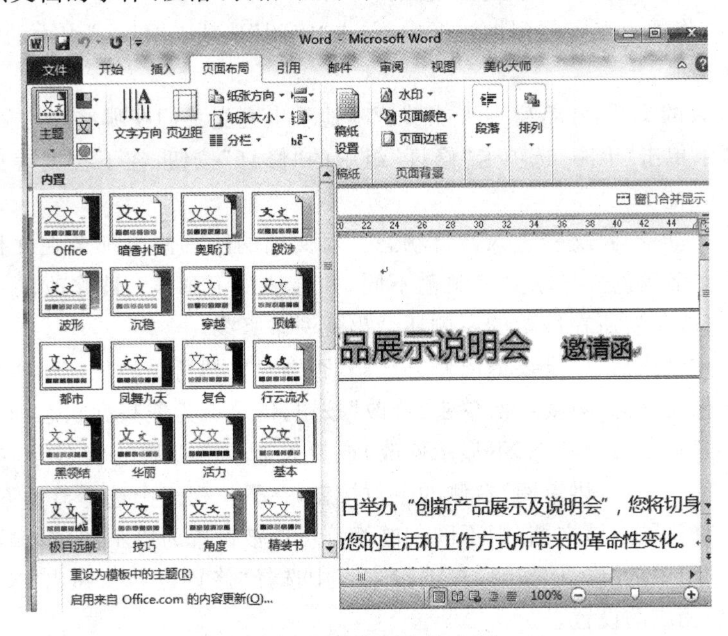

图 3.222　使用文档主题

4. 文档校对与审阅

1）检查拼写和语法

Word 具有在输入文档的同时自动检查文字拼写和语法是否正确的功能，如 Word 发现拼写和语法有错，会以波浪线画出错误的词句，其中红色波浪线表示拼写错误，绿色波浪线表示语法错误。右击带有波浪线的词句，将弹出快捷菜单，在快捷菜单中 Word 会提供一些修改建议和其他一些选项。

单击“审阅”选项卡“校对”组中的“拼写和语法”按钮，可以弹出“拼写和语法”对话框，在这里还可做更详细的设置。

2）文档字数统计

当需要统计一篇文档中的字数时，不必人工费力去数。Word 提供了字数统计的功能。当在文档中输入内容时，Word 将自动统计文档中的页数和字数，并将其显示在底部的状态栏上。

也可对选定的一段文字进行统计，选定一段文字后，单击“审阅”选项卡“校对”组中的“字数统计”按钮，弹出“字数统计”对话框，其中显示字数统计的结果，包括“页数”“字数”“段落数”“行数”等信息。

3）审阅与修改文档

Word 还提供了对文档的批注、修改和审阅功能，可以使他人（审阅者）对文档的修订自动被加上修订标记；原作者看到这些修订标记后，可以接受或者拒绝修订。

(1) 批注的设置。

批注是文档的编写者或者审阅者为文档添加的注释或批语。在对文档进行审阅时,可以在文档中使用批注来说明意见或建议,方便审阅者和文档原作者之间的交流。

选定要批注的文本,单击“审阅”选项卡“批注”组中的“新建批注”按钮,则在窗口右侧显示批注框,在批注框中输入内容即可。文档中的批注较多时,可单击“审阅”选项卡“批注”组中的“上一条”“下一条”按钮,逐条查看批注。

要删除批注,将插入点定位到批注框中,单击“审阅”选项卡“批注”组中的“删除”按钮。

(2) 修订文档。

当要修改别人的文档,并希望别人能够清晰地看出究竟我们在哪些地方做过修订时,应启用“修订”功能:单击“审阅”选项卡“修订”组中的“修订”按钮,在下拉列表中选择“修订”即启用了“修订”功能。

当启用“修订”功能后,文档进入修订状态。对文档的所有修改都会在文档中被添加修订标记;增加的文字颜色会与原文字颜色不同,并会被加下画线;被修改的文字也会被改变颜色,同时在修改位置所在段落的左侧还会出现一条竖线。

当对文档修改结束后,一定要退出修订状态,否则对文档所做的任何操作仍属于对文档的修订。要退出修订状态,只要再次单击“修改”按钮,使之成为非高亮状态即可。

也可使文档只显示最初状态(不显示修改)或者只显示修订后的状态等,单击“审阅”选项卡“修订”组中的“显示以供审阅”右侧的下拉按钮,在下拉列表中选择显示方式即可。

如果有多人修订同一篇文档,则不同人的修订可以被设置为以不同颜色显示。单击“审阅”选项卡“修订”组中的“修订”按钮,在下拉列表中选择“修订选项”,弹出“修订选项”对话框,在对话框中做相应的设置。

(3) 审阅文档。

使用“修订”功能可以突出显示审阅者对文档提出的修订建议。当审阅者修订以后,原作者或其他审阅者可以决定是否接受其修订建议,可以部分接受或全部接受;也可以部分拒绝或全部拒绝,使文档恢复为被审阅者修订之前的状态。要接受或拒绝修订,只要在修订内容上右击,在弹出的快捷菜单中选择“接受修订”或“拒绝修订”即可;也可以单击“审阅”选项卡“更改”组中的“接受”或“拒绝”按钮,在下拉列表中选择对应的选项。

当多人对同一篇文档进行修改时,会被另存为不同的文档文件。可利用 Word 的“比较”功能比较两份文件的不同,或使用 Word 的“合并”功能将不同人的不同修订合并到一起。要使用这些功能,单击“审阅”选项卡“比较”组中的“比较”按钮,在下拉列表中选择对应的选项即可。

实训一　简短文档排版

1. 实训目的

- 掌握页面设置;
- 掌握字体的格式化设置;
- 掌握段落的格式化设置;
- 掌握边框和底纹的设置;

- 掌握首字下沉；
- 掌握分栏操作；
- 掌握添加引用。

2. 实训内容

打开素材“实训一短文档排版.docx”，按以下要求完成操作。

(1) 设置页面纸张大小为“16开(18.4×26厘米)”；为页面添加内容为“生命科学”的文字水印；页面颜色为“橙色(标准色)”；页面边框为红色(标准色)方框。

(2) 将文中所有错词“声明科学”替换为“生命科学”。

(3) 将标题段文字“生命科学是中国发展的机遇”设置为红色、三号、仿宋、加粗、居中，添加双波浪下画线，添加“浅色上斜线”图案的底纹。

(4) 在标题段文字下方添加脚注“来源于新华网”。

(5) 为第一段文字的“新华网”添加超链接，链接地址为 http://www.xinhuanet.com/。

(6) 将正文相应段落“新华网北京……进一步研究和学习。”设置为首行缩进2字符，行距18磅，段前、段后间距各为1行。

(7) 将第二段设置首字下沉3行，距正文0.5厘米。

(8) 将正文第三段“他认为……进一步研究和学习。”分为等宽的2栏，栏宽为15字符，栏间加分隔线。

(9) 为第四、五和六段文字添加项目符号✦。

文档排版的最终效果如图3.223所示。

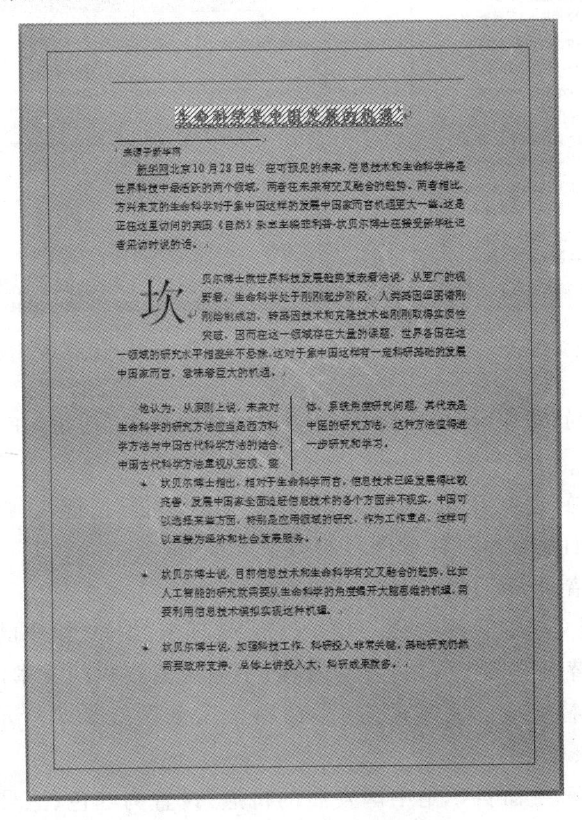

生命科学是中国发展的机遇

¹ 来源于新华网

新华网北京10月28日电 在可预见的未来，信息技术和生命科学将是世界科技中最活跃的两个领域，两者在未来有交叉融合的趋势，两者相比，方兴未艾的生命科学对于象中国这样的发展中国家而言机遇更大一些，这是正在这里访问的英国《自然》杂志主编菲利普·坎贝尔博士在接受新华社记者采访时说的话。

坎贝尔博士就世界科技发展趋势发表看法说，从更广的视野看，生命科学处于刚刚起步阶段，人类基因组图谱刚刚绘制成功，转基因技术和克隆技术也刚刚取得实质性突破，因而在这一领域存在大量的课题，世界各国在这一领域的研究水平相差并不悬殊，这对于象中国这样有一定科研基础的发展中国家而言，意味着巨大的机遇。

他认为，从原则上说，未来对生命科学的研究方法应当是西方科学方法与中国古代科学方法的结合，中国古代科学方法重视从宏观、整体、系统角度研究问题，其代表是中医的研究方法，这种方法值得进一步研究和学习。

- 坎贝尔博士指出，相对于生命科学而言，信息技术已经发展得比较完善，发展中国家全面追赶信息技术的各个方面并不现实，中国可以选择某些方面，特别是应用领域的研究，作为工作重点，这样可以直接为经济和社会发展服务。
- 坎贝尔博士说，目前信息技术和生命科学有交叉融合的趋势，比如人工智能的研究就需要从生命科学的角度揭开大脑思维的机理，需要利用信息技术模拟实现这种机理。
- 坎贝尔博士说，加强科技工作，科研投入非常关键，基础研究仍然需要政府支持，总体上讲投入大，科研成果就多。

图3.223 文档排版的最终效果

3. 实训步骤

(1) 设置页面纸张大小为“16 开(18.4×26 厘米)”；为页面添加内容为“生命科学”的文字水印；页面颜色为“橙色(标准色)”；页面边框为红色(标准色)方框。

① 单击“页面布局”选项卡“页面设置”组中的“纸张大小”按钮，在下拉列表中选择“16 开(18.4×26 厘米)”，如图 3.224 所示。

② 单击“页面布局”选项卡“页面背景”组中的“水印”按钮，在下拉列表中选择“自定义水印”，在弹出的“水印”对话框中按要求设置文字水印的文字为“生命科学”，如图 3.225 所示。

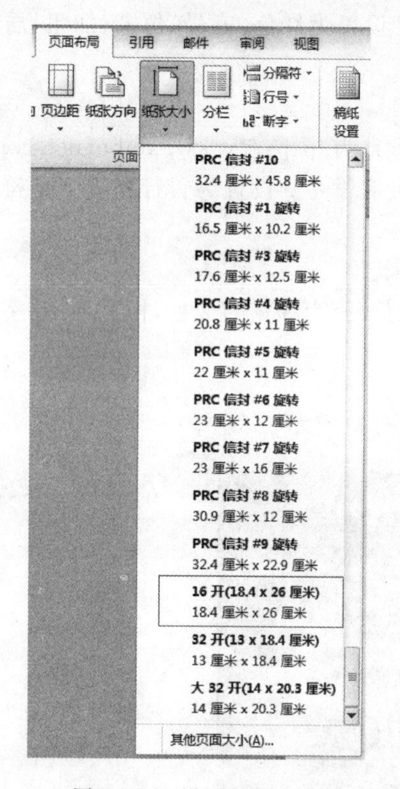

图 3.224　设置纸张大小

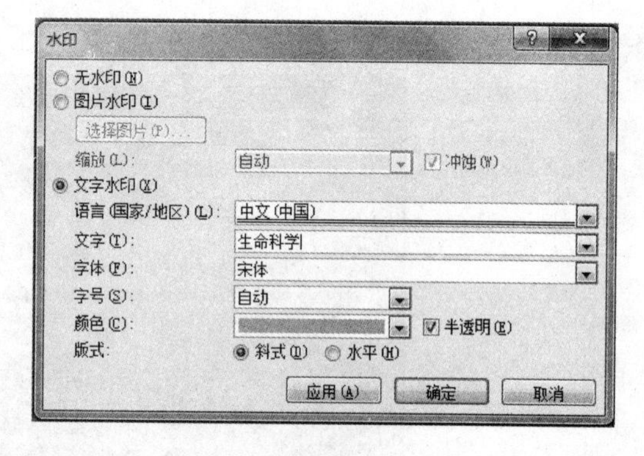

图 3.225　设置文字水印

③ 单击“页面布局”选项卡“页面背景”组中的“页面颜色”按钮，在下拉列表中选择“橙色(标准色)”。

④ 单击“页面布局”选项卡“页面背景”组中的“页面边框”按钮，在弹出的“边框和底纹”对话框中设置方框、颜色为红色(标准色)，如图 3.226 所示。

(2) 将文中所有错词“声明科学”替换为“生命科学”。

① 将光标定位到文档最开始位置，单击“开始”选项卡“编辑”组中的“替换”按钮。

② 弹出“查找和替换”对话框，在“查找内容”中输入要查找的文本内容“声明科学”，在“替换内容”中输入要替换成的文本内容“生命科学”，如图 3.227 所示，单击“全部替换”按钮。

(3) 将标题段文字“生命科学是中国发展的机遇”设置为红色、三号、仿宋、加粗、居中，添加双波浪下画线，添加“浅色上斜线”图案的底纹。

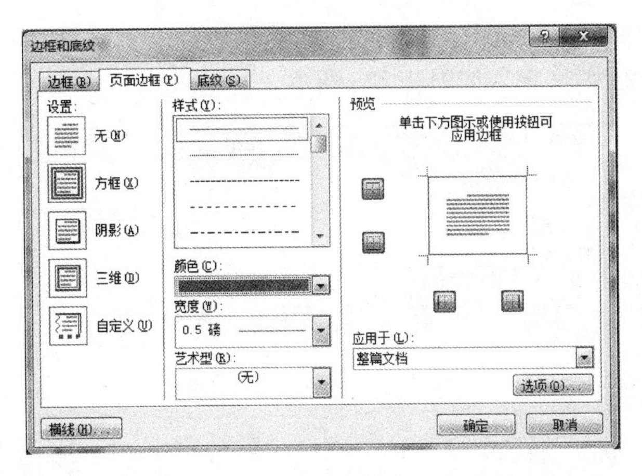

图 3.226　设置页面边框

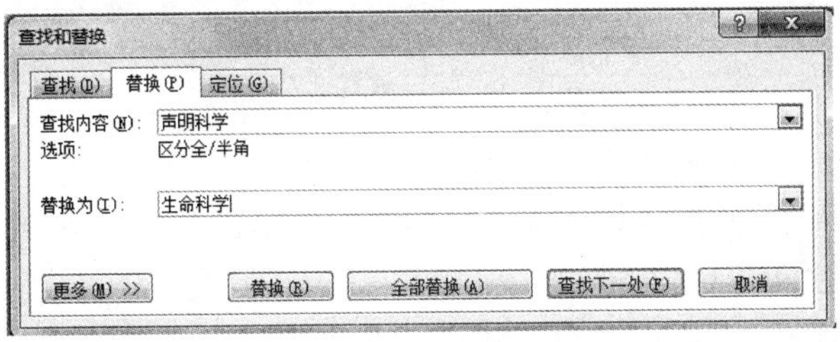

图 3.227　查找替换

① 选中标题段文字“生命科学是中国发展的机遇”并右击，在弹出的快捷菜单中选择“字体”选项，在弹出的“字体”对话框中设置字体为仿宋，字号为三号，颜色为红色，加粗，添加双波浪下画线，如图 3.228 所示。

② 选中标题段文字“生命科学是中国发展的机遇”，单击“段落”组中的“居中”按钮。

③ 选中标题段文字“生命科学是中国发展的机遇”，单击“段落”组中的“下框线”按钮的下拉按钮，下拉列表中选择“边框和底纹”。

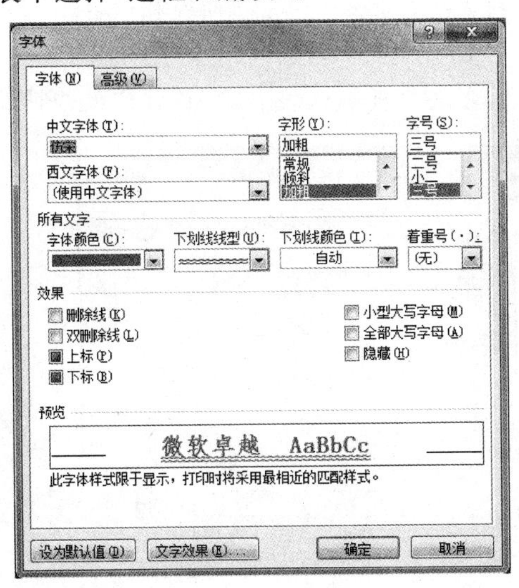

图 3.228　设置字体

④ 在“边框和底纹”对话框中切换到“底纹”选项卡，在“图案”的“样式”中选择“浅色上斜线”，“应用于”设置为“文字”，如图 3.229 所示。

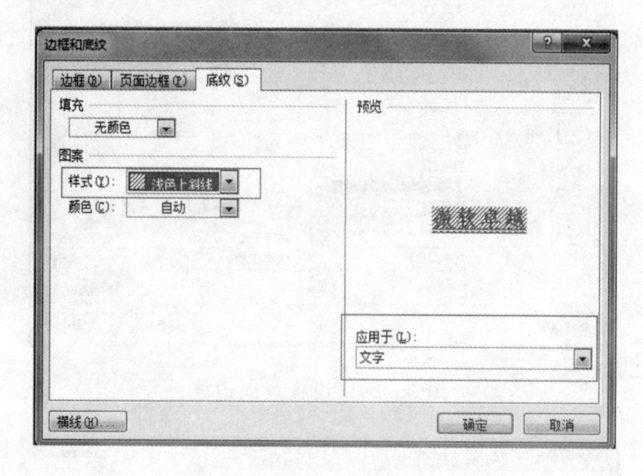

图 3.229　设置底纹

(4) 在标题段文字下方添加脚注“来源于新华网”

① 选择标题文字“生命科学是中国发展的机遇”，单击“引用”选项卡的“脚注”组右下角的 按钮，弹出“脚注和尾注”对话框，将脚注的位置设置为文字下方，设置完成后单击“插入”按钮，如图 3.230 所示。

② 在插入点输入文字“来源于新华网”。

(5) 为第一段文字的“新华网”添加超链接，链接地址为 http://www.xinhuanet.com/。

选择第一段中的文字“新华网”，单击“插入”选项卡“链接”组中的“超链接”按钮，在弹出的“编辑超链接”对话框的“地址”文本框内输入 http://www.xinhuanet.com/，如图 3.231 所示。

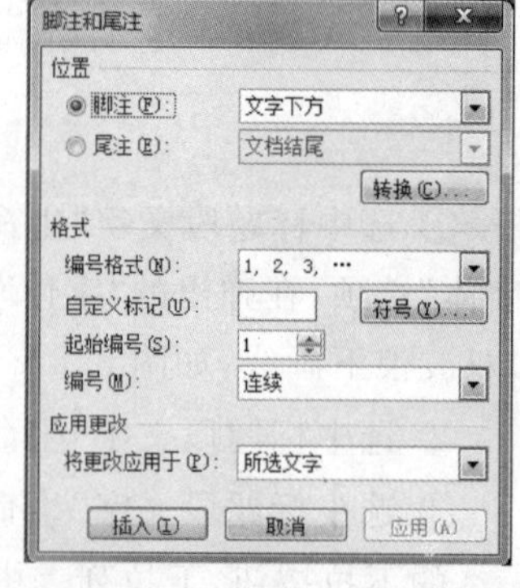

图 3.230　插入脚注

(6) 将正文相应段落“新华网北京……进一步研究和学习。”设置为首行缩进 2 字符，行距 18 磅，段前、段后间距各为 1 行。

① 选中正文所有文字，在文字任意区域右击，在弹出的快捷菜单中选择“段落”选项。

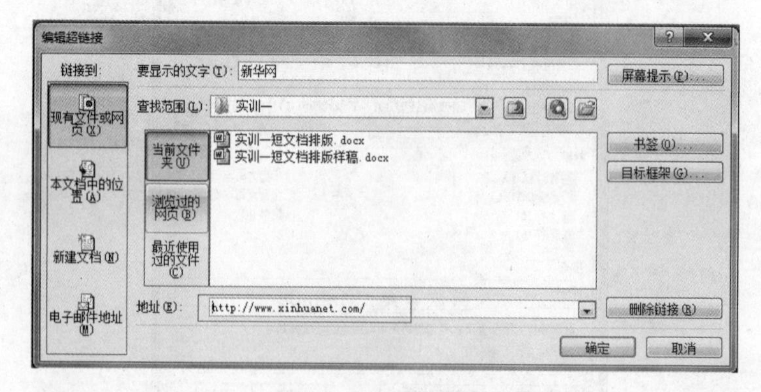

图 3.231　插入超链接

② 在弹出的“段落”对话框中设置首行缩进 2 字符，行距 18 磅，段前、段后间距各为 1 行，如图 3.232 所示。

(7) 将第二段设置首字下沉 3 行，距正文 0.5 厘米。

将光标定位到第二段开始位置，单击“插入”选项卡“文本”组中的“首字下沉”按钮，在下拉列表中选择“首字下沉选项”，在弹出的“首字下沉”对话框中，选择“下沉”，下沉行数设置为 3，距正文设置为 0.5 厘米，如图 3.233 所示。

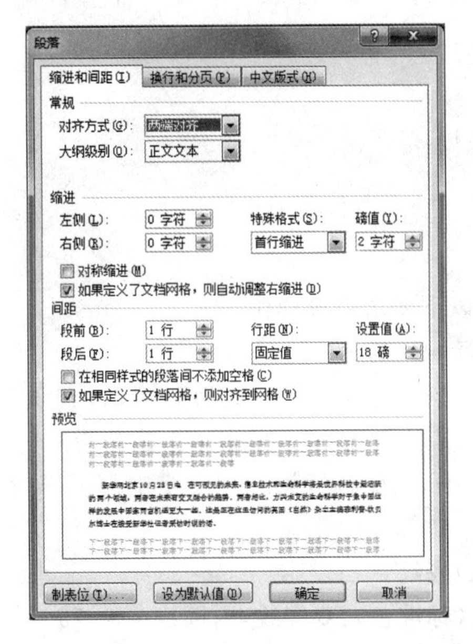

图 3.232　设置段落

图 3.233　设置首字下沉

(8) 将正文第三段“他认为……进一步研究和学习。”分为等宽的两栏，栏宽为 15 字符，栏间加分隔线。

选择正文第三段“他认为……进一步研究和学习。”，单击“页面布局”选项卡“页面设置”组中的“分栏”按钮，在下拉列表中选择“更多分栏”，在弹出的“分栏”对话框中设置 2 栏，栏宽设为 15 字符，勾选“分隔线”复选框，如图 3.234 所示。

(9) 为第四、五和六段文字添加项目符号✦。

选中第四、五和六段文字，单击“开始”选项卡“段落”组中的“项目符号”下拉列表，在下拉列表的“项目符号库”中选择相应的项目符号，如图 3.235 所示。

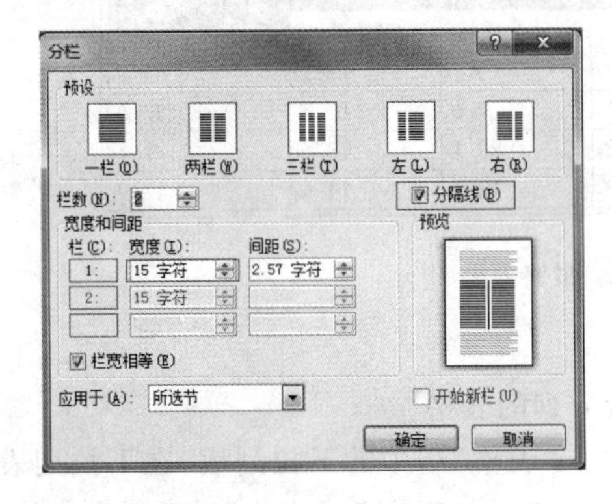

图 3.234　设置分栏

图 3.235　选择项目符号

实训二　表格排版

1. 实训目的

- 学会文本转表格；
- 熟悉表格单元格的拆分与合并；
- 熟悉表格单元格高度与宽度的调整；
- 熟悉表格及文字格式的设置；
- 掌握表格单元格底纹和边框的设置；
- 掌握数据的排序；
- 掌握公式的使用。

2. 实训内容

打开素材“实训二表格排版.docx”，按以下要求完成操作。

(1) 将文中后6行文字转换成一个6行6列的表格。

(2) 设置表格居中；各行行高为0.6厘米，最后一列列宽为3厘米，其余各列列宽为2.5厘米。

(3) 设置表格中第一、二行文字水平居中，其他各行第一列文字中部两端对齐，其余各列文字中部右对齐。

(4) 为表格第一行添加深红色(标准色)底纹。

(5) 设置表格外边框线为1.5磅、绿色(标准色)、双实线，内框线为0.75磅、紫色(标准色)、单实线。第二、三行之间的内框线为0.75磅、“橙色，强调文字颜色6，深色50%”、双窄线。

(6) 合并第一列的第一、二个单元格，合并第一行的第二到第五个单元格、合并最后一列的第一、二个单元格。

(7) 将表格中文字设置为楷体、小四号。

(8) 在“合计(万台)”列中的相应单元格中计算四个季度的产量总和。

最终效果如图3.236所示。

2017年某品牌电器产量一览表

产品名称	产量（万台）				合计（万台）
	一季度	二季度	三季度	四季度	
电视机	15.8	16.4	16.9	17.2	66.3
DVD	8.2	9.1	9.6	10.7	37.6
空调机	14.6	25.8	20.1	18.6	79.1
洗衣机	10.1	10.3	12.9	14.6	47.9

图3.236　最终效果图

3. 实验步骤

(1) 将文中后6行文字转换成一个6行6列的表格。

选中文中后6行文字，单击“插入”选项卡“表格”组中的下拉列表，在下拉列表中选择“文本转换成表格”，如图3.237所示。在弹出的“将文字转换成表格”对话框中直接单击“确定”按钮即可，如图 3.238 所示。

(2) 设置表格居中；各行行高为 0.6 厘米，最后一列列宽为 3 厘米，其余各列列宽为 2.5 厘米。

① 单击表格左上角的十字标记⊞选择整个表格，再单击“开始”选项卡“段落”组中的“居中”按钮即可。

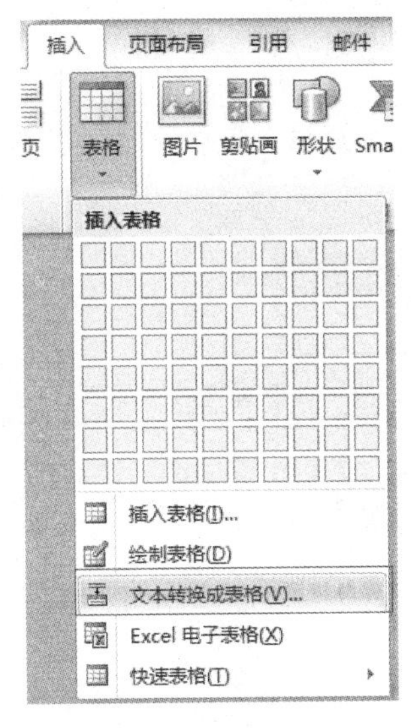

图 3.237　选择“文本转换成表格”

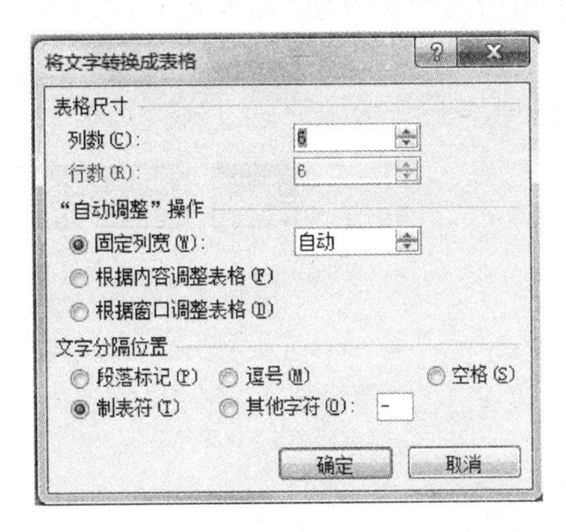

图 3.238　“将文字转换成表格”对话框

② 单击表格左上角的十字标记⊞选择整个表格，菜单栏的最后位置会出现“表格工具-设计”选项卡和“表格工具-布局”选项卡。在“表格工具-布局”选项卡“单元格大小”组中设置高度为 0.6 厘米，宽度为 2.5 厘米，如图 3.239 所示。

③ 选中最后一列，在“表格工具-布局”选项卡“单元格大小”组中设置宽度为 3 厘米。

(3) 设置表格中第一、二行文字水平居中，其他各行第一列文字中部两端对齐，其余各列文字中部右对齐。

① 选中第一、二行文字，单击“表格工具-布局”选项卡“对齐方式”组中的“水平居中”按钮即可，如图 3.240 所示。

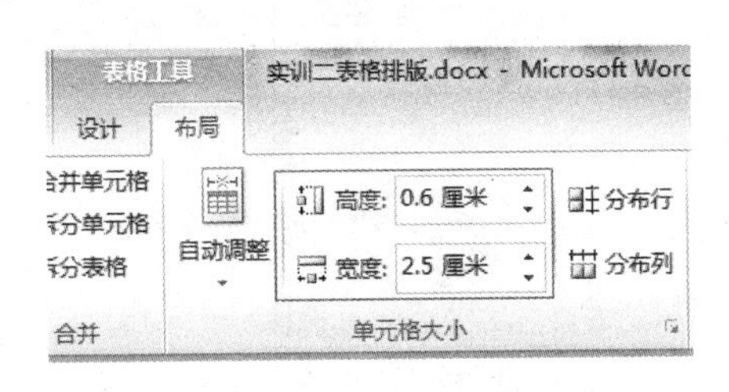

图 3.239　设置行高和列宽

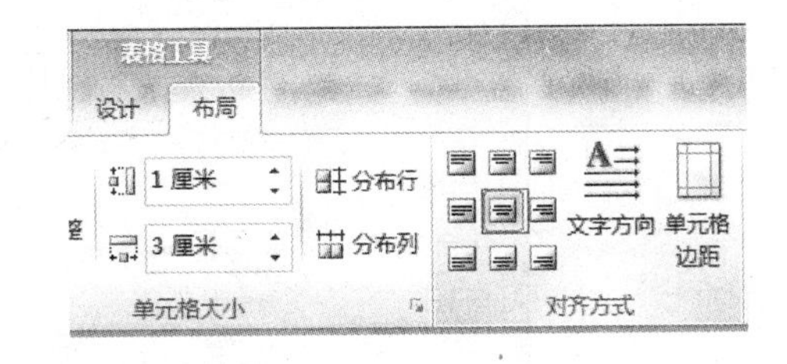

图 3.240　设置“水平居中”

② 按同样的操作步骤选中其他各行第一列文字，单击“表格工具-布局”选项卡“对齐方式”组中的“中部两端对齐”按钮即可，其他各列文字设置为“中部右对齐”。最终设置效果如图 3.241 所示。

产品名称	产量（万台）				合计（万台）
	一季度	二季度	三季度	四季度	
电视机	15.8	16.4	16.9	17.2	
DVD	8.2	9.1	9.6	10.7	
空调机	14.6	25.8	20.1	18.6	
洗衣机	10.1	10.3	12.9	14.6	

图 3.241　文字对齐方式效果图

（4）为表格第一行添加深红色（标准色）底纹。

选中表格的第一行，单击“表格工具-设计”选项卡“表格样式”组中的“底纹”按钮，在弹出的颜色库中选择深红色（标准色），如图 3.242 所示。

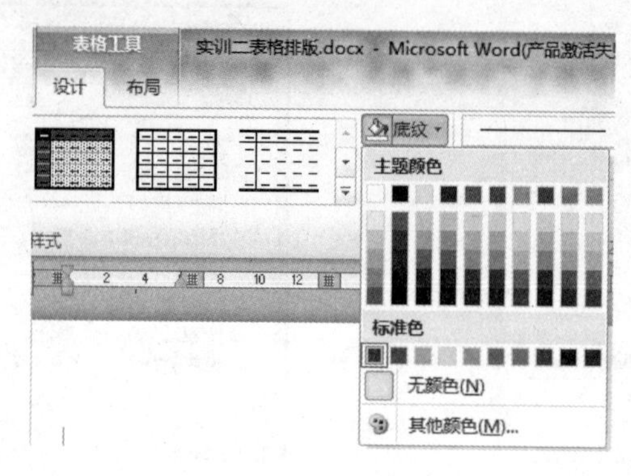

图 3.242　设置底纹

（5）设置表格外边框线为 1.5 磅、绿色（标准色）、双实线，内框线为 0.75 磅、紫色（标准色）、单实线。第二、三行之间的内框线为 0.75 磅、“橙色，强调文字颜色 6，深色 50%”、双窄线。

单击表格左上角的十字标记⊞选择整个表格，在表格的任意区域右击，在弹出的快捷菜单中选择“边框和底纹”选项，弹出“边框和底纹”对话框。

① 外框线设置步骤如下：在“样式”列表中选择框线样式为“双实线”，在“颜色”中设置框线颜色为“绿色（标准色）”，在“宽度”中设置框线宽度为“1.5 磅”，然后在“预览”中单击外框线位置对应的四个按钮，如图 3.243 所示。

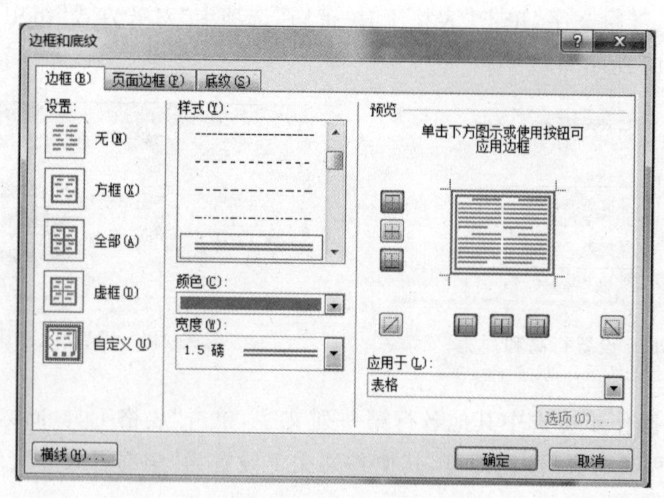

图 3.243　设置外框线

② 内框线设置步骤如下：继续在“边框和底纹”对话框中完成内框线的设置，在“样式”列表中选择框线样式为“单实线”，在“颜色”中设置框线颜色为“紫色(标准色)”，在“宽度”中设置框线宽度为“0.75 磅”，然后在“预览”中单击内框线位置对应的两个按钮。内外框线都设置完成后单击“确定”按钮，如图 3.244 所示。

图 3.244　设置内框线

③ 第二、三行之间的内框线设置步骤如下：选中第二行，进入到设置“边框和底纹”对话框中，在“样式”列表中选择框线样式为“双实线”，在“颜色”中设置框线颜色为“橙色，强调文字颜色 6，深色 50%”，在“宽度”中设置框线宽度为“0.75 磅”，然后在“预览”中单击下框线位置对应的按钮。框线设置完成后单击“确定”按钮，如图 3.245 所示。

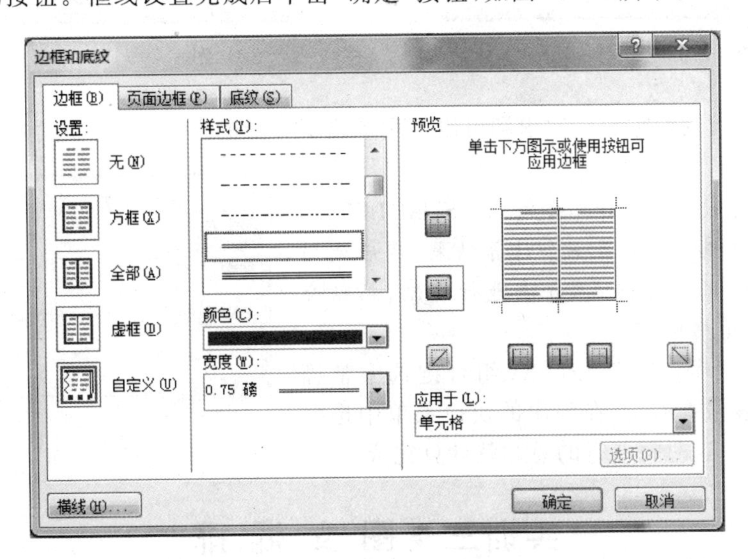

图 3.245　设置内框线

(6) 合并第一列的第一、二个单元格，合并第一行的第二到第五个单元格、合并最后一列的第一、二个单元格。

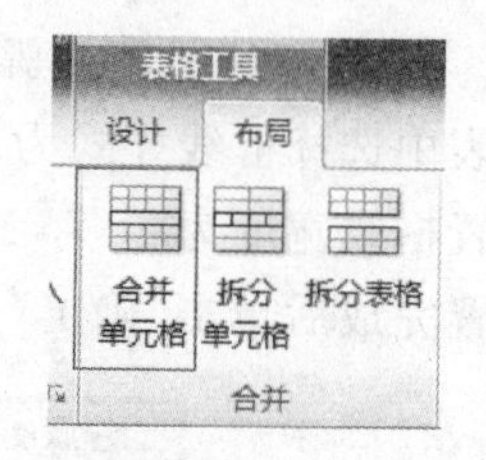

图 3.246　合并单元格

① 选择第一列的第一、二个单元格，单击“表格工具-布局”选项卡“合并”组中的“合并单元格”按钮，如图 3.246 所示。

② 用同样的方法，选择第一行的第二到第五个单元格，单击“合并”组中的“合并单元格”按钮。

③ 用同样的方法，选择最后一列的第一、二个单元格，单击“合并”组中的“合并单元格”按钮，最终合并效果如图 3.247 所示。

(7) 将表格中文字设置为楷体、小四号。

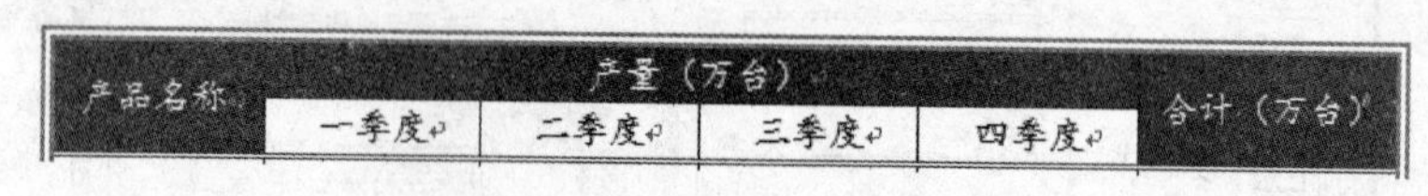

产品名称	产量（万台）				合计（万台）
	一季度	二季度	三季度	四季度	

图 3.247　合并单元格效果图

选中表格中的所有文字，在“开始”选项卡的“字体”组中设置字体为“楷体”，字号为“小四”。

(8) 在“合计(万台)”列中的相应单元格中计算四个季度的产量总和。

① 将光标定位到需要计算合计列的第一个单元格即 F3 单元格，单击“表格工具-布局”选项卡“数据”组中的“fx 公式”按钮，在弹出的“公式”对话框中会智能识别出数据位置而自动填入计算公式“＝SUM(LEFT)”，如图 3.248 所示；或者自己手动输入公式“＝SUM(B3:E3)”，如图 3.249 所示；或者手动输入公式“＝B3＋C3＋D3＋E3”，如图 3.250 所示。

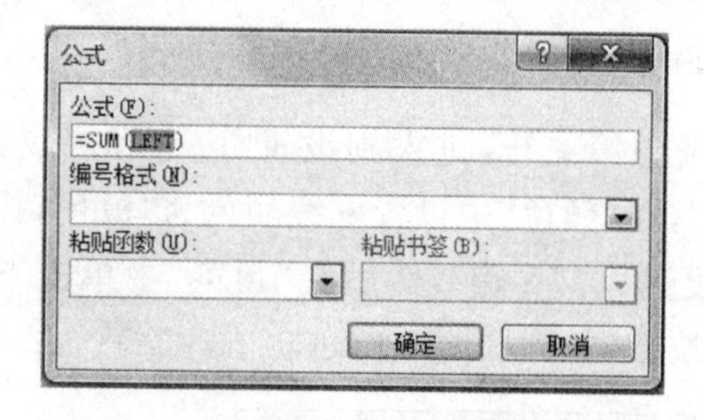

图 3.248　计算公式 1

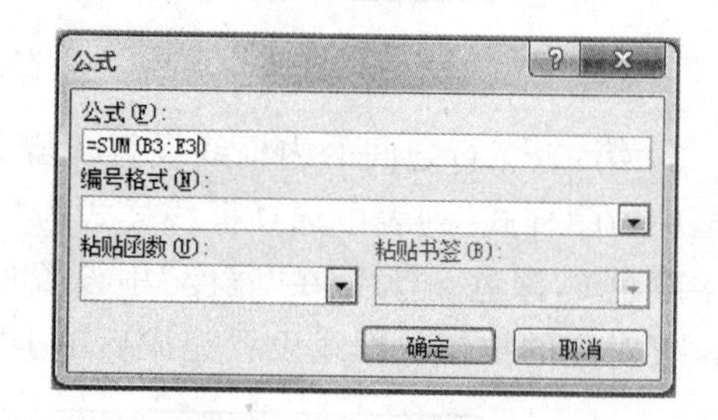

图 3.249　计算公式 2

② 下面各行的数据要依次求和可以使用重复第一步的操作，并对公式中单元格做出相应修改即可。

注意：如果使用的是计算公式 1(＝SUM(LEFT)) 来进行计算，也可以复制第一个计算结果，然后使用“粘贴选项”→“保留源格式”方法进行复制、粘贴公式到剩余的单元格中。

粘贴完成之后，使用 Ctrl＋A 组合键选中整篇文档，然后在表格上右击，在弹出的快捷菜单中选择“更新域”选项。这时每一行的总和就计算完成。

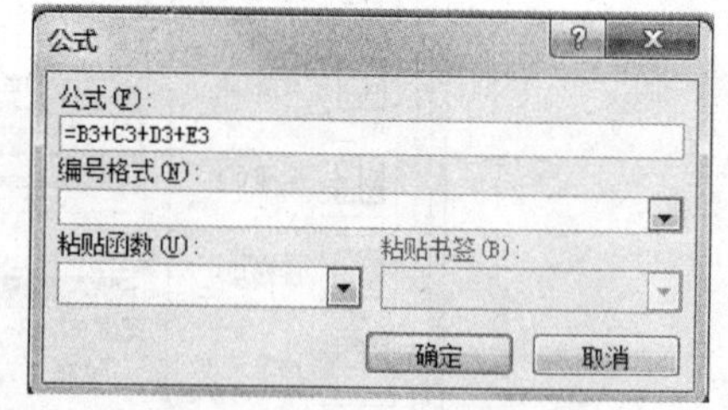

图 3.250　计算公式 3

实训三　图文混排

1. 实训目的

- 掌握插入图片和形状的方法；
- 掌握图片和形状大小及位置的调整；

- 掌握图片样式的设置；
- 掌握形状的编辑方法；
- 掌握文本框的编辑方法；
- 掌握艺术字的编辑方法。

2. 实训内容

(1) 将页面颜色设置为黄色。

(2) 在正文上方插入艺术字“中兴通讯”，并设置字符间距加宽 10 磅，艺术字文本效果为“映像—紧密映像，接触”“发光—发光变体，红色，5pt，强调文字颜色 2”。

(3) 在艺术字下方插入图片“公司图片.jpg”，设置图片样式为“圆形对角，白色”。

(4) 将第一段文字设置为楷体五号，并将“中兴通讯”设置成黑体三号。其余各段落首行缩进 2 字符。

(5) 将文章除第一段文字外分为两栏，加分隔线。

(6) 在第三段文字中插入“心形”形状，环绕方式为“四周型”，形状样式为“彩色填充-红色，强调文字 2”，形状效果为“棱台—硬边缘”。

(7) 在文章的最后插入图片“中兴公司 1.jpg”和“公司图片 2.jpg”，两幅图片并排显示。

(8) 在图片“中兴公司 1.jpg”上插入文本框，输入文字。

最终效果如图 3.251 所示。

图 3.251 最终效果图

3. 实验步骤

(1) 将页面颜色设置为黄色。

单击“页面布局”选项卡“页面背景”组中的“页面颜色”按钮，在下拉列表中选择“黄色(标准色)”。

(2) 在正文上方插入艺术字“中兴通讯”，并设置字符间距加宽 10 磅，艺术字文本效果为“映像—紧密映像，接触”“发光—发光变体，红色，5pt，强调文字颜色 2”。

① 单击“插入”选项卡“文本”组中的“艺术字”按钮，在下拉列表中选择“填充-无，轮廓，强调文字颜色 2”样式，如图 3.252 所示。在出现的文本框中输入文字“中兴通讯”。

② 选中文字“中兴通讯”并右击，在弹出的快捷菜单中选择“字体”选项，在弹出的“字体”对话框中切换到“高级”选项卡，间距设为“加宽”、10 磅。

③ 单击“绘图工具-格式”选项卡“排列”组中的“自动换行”按钮，在下拉列表中选择“上下型环绕”，效果如图 3.253 所示。

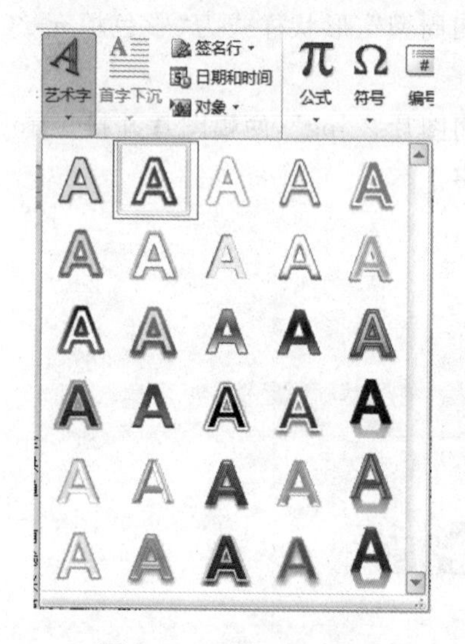

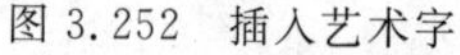
图 3.252 插入艺术字

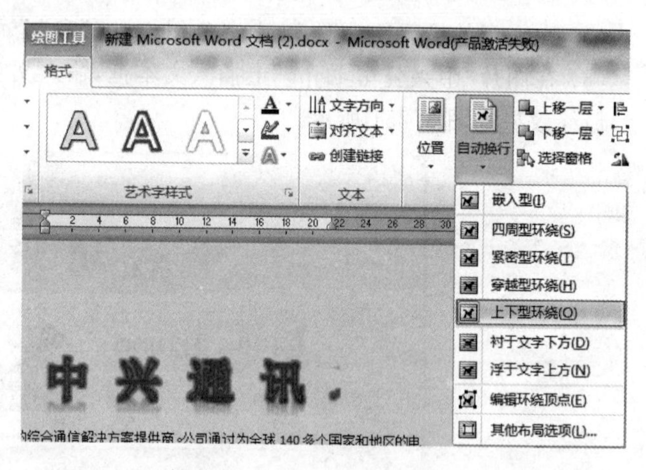

图 3.253 艺术字换行效果

④ 单击“绘图工具-格式”选项卡“艺术字样式”组中的“文本效果”按钮右边的下拉按钮，如图 3.254 所示，为艺术字设置“映像—映像变体，紧密映像，接触”“发光—发光变体，红色，5pt 发光，强调文字颜色 2”，将设置好的艺术字居中对齐。

(3) 在艺术字下方插入图片“公司图片.jpg”，设置图片样式为“圆形对角，白色”。

① 单击“插入”选项卡“插图”组中的“图片”按钮，在出现的对话框中选择“公司图片.jpg”，插入图片在艺术字下方，并居中显示。

② 单击“图片工具-格式”选项卡“图片样式”组中的“其他”按钮，选择“圆形对角，白色”的图片样式，效果如图 3.255 所示。

(4) 将第一段文字设置为楷体五号，并将“中兴通讯”设置成黑体三号。其余各段落首行缩进 2 字符。

① 选中第一段文字，在“字体”组中将第一段文字设置为楷体五号，并将“中兴通讯”设置成黑体三号。

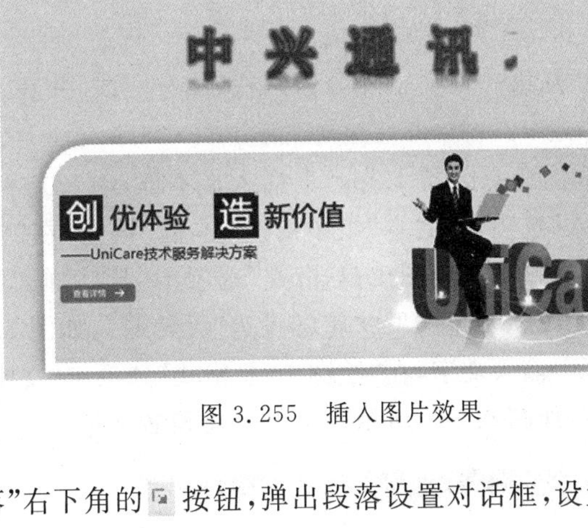

图 3.254　设置艺术字效果　　图 3.255　插入图片效果

② 选中其余段落，单击“段落”右下角的 按钮，弹出段落设置对话框，设置首行缩进 2 字符。

(5) 将文章除第一段文字外分为两栏，加分隔线。

选中第三到第五段文字，单击“页面布局”选项卡“页面设置”组中的“分栏”按钮，在下拉列表中选择“更多分栏”，弹出“分栏”对话框，设置 2 栏，勾选“分隔线”复选框。

(6) 在第三段文字插入“心形”形状，环绕方式为“四周型”，形状样式为“彩色填充-红色，强调文字 2”，形状效果为“棱台—硬边缘”。

① 单击“插入”选项卡“插图”组中的“形状”按钮，在形状工具库中选择“心形”形状。

② 右击“心形”形状，在弹出的快捷菜单中选择“其他布局选项”选项，在弹出的“布局”对话框中切换到“环绕方式”选项卡，单击“四周型”，如图 3.256 所示。

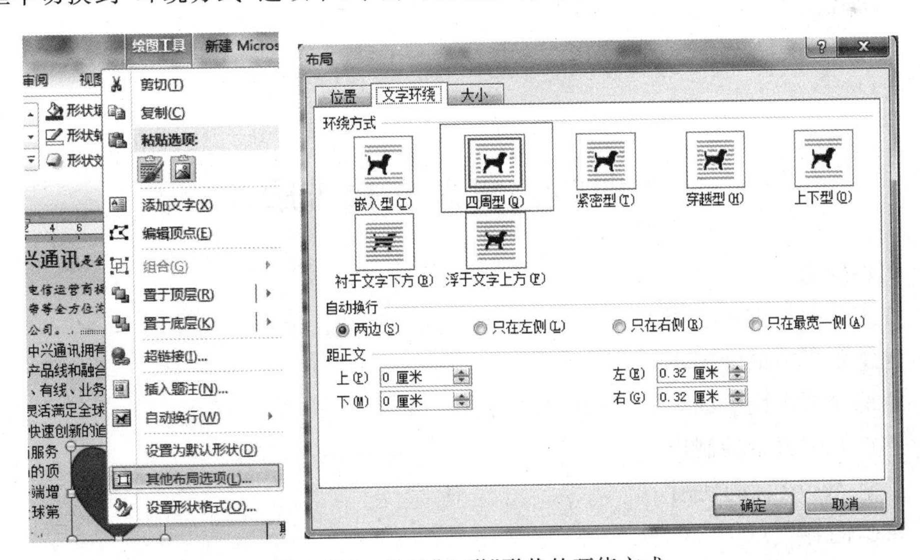

图 3.256　设置“心形”形状的环绕方式

③ 切换到“绘图工具-格式”选项卡，设置形状样式为“彩色填充-红色，强调文字 2”，形状效果为“棱台—硬边缘”。

(7) 在文章的最后插入图片“中兴公司 1.jpg”和“公司图片 2.jpg”，两幅图片并排显示。

① 单击“插入”选项卡“插图”组中的“图片”按钮，在弹出的“插入图片”对话框中分别选择“中兴公司 1.jpg”和“公司图片 2.jpg”两幅图片，调整图片的大小和位置，使其放置在文档的最末尾。

② 将文章除第一段文字外分为两栏，加分隔线，并在第三段文字中插入“形状”，并设置相应效果。

(8) 在图片“中兴公司 1.jpg”上插入文本框，输入文字。

单击“插入”选项卡“文本”组中的“文本框”按钮，在“中兴公司 1.jpg”图片上绘制文本框。选中文本框，单击“绘图工具-格式”选项卡“形状样式”组中的“形状填充”按钮，在下拉列表中选择“无填充颜色”，形状轮廓设为“无轮廓”，如图 3.257 所示。

在文本框中输入文字，在“绘图工具-格式”选项卡“文本”组中设置文本框的“文字方向”和“对齐方式”，如图 3.258 所示。图文混排设置完毕。

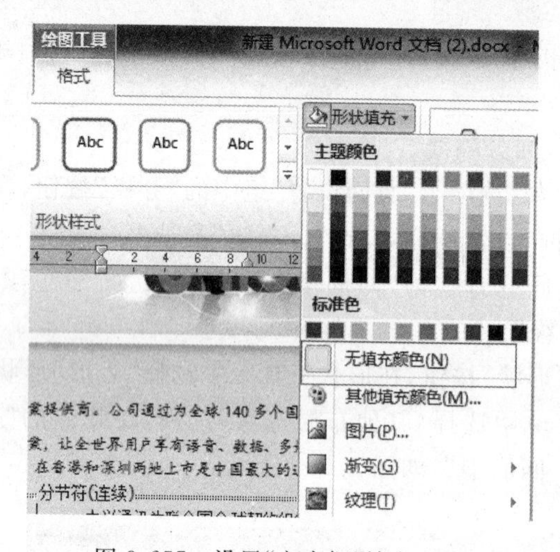

图 3.257 设置“文本框”填充方式

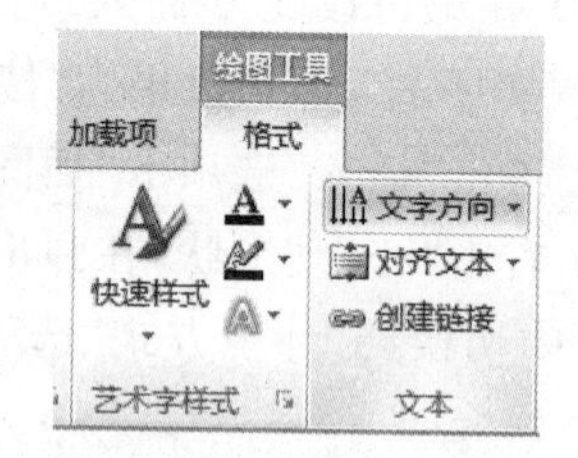

图 3.258 文本框文字设置

实训四 复杂文档排版

1. 实训目的

- 熟练掌握样式的使用；
- 熟练掌握节的使用；
- 熟练掌握不同节的页眉、页脚、页码的设置；
- 熟练掌握目录的制作；
- 了解 Word 域的使用。

2. 实验内容

(1) 页面布局要求文字方向：水平；页边距：普通；纸张方向：纵向；纸张大小：A4。

(2) 设置文本格式。

通常，学校会对论文的字体大小、样式等格式进行统一规定，学生需要根据学校的规定，设置论文的排版格式。所以，为了提高排版效率，需要先自定义格式，论文排版格式要求如表 3.14 所示。

表 3.14　论文排版格式要求

内　　容	字符格式要求	段落格式要求
章标题(一级标题)	中文：黑体、二号、加粗 西文：Times New Roman、二号、加粗	居中，无缩进，段前、段后间距均为 15 磅，单倍行距
节标题(二级标题)	中文：黑体、三号、加粗 西文：Times New Roman、三号、加粗	居左，无缩进，段前、段后间距均为 10 磅，单倍行距
目标题(三级标题)	中文：黑体、四号、加粗 西文：Times New Roman、四号、加粗	居左，无缩进，段前、段后间距均为 5 磅，单倍行距
正文文字	中文：宋体、小四 西文：Times New Roman、小四	两端对齐，首行缩进 2 字符，段前、段后间距均为 0 磅，行距为 20 磅
参考文献	中文：宋体、五号 西文：Times New Roman、五号	左对齐，无缩进，段前、段后间距为 0 磅，行距为 1.5 倍
页眉 (各页设为章标题)	中文：宋体、小五 西文：Times New Roman、小五	居中，无缩进，段前、段后间距均为 0 行，单倍行距，加下框线
页码 (摘要、目录为罗马数字Ⅰ、Ⅱ等；正文页码为 1、2 等)	西文：Times New Roman、小五	居中，无缩进，段前、段后间距均为 0 行，单倍行距

(3) 设置页眉与分节，页眉为章标题。

(4) 设置页码，目录页和摘要页为大写罗马体；其余页面为阿拉伯数字。

(5) 插入目录。

3. 实验步骤

(1) 页面布局要求文字方向：水平；页边距：普通；纸张方向：纵向；纸张大小：A4。

切换到“页面布局”选项卡，其相关设置项如图 3.259 所示。

设置文字方向：水平；页边距：普通；纸张方向：纵向；纸张大小：A4。

注意：排版复杂文档时，通常要打开“导航窗格”方便不同的章节跳转。在“视图”选项卡中勾选“导航窗格”复选框，如图 3.260 所示。

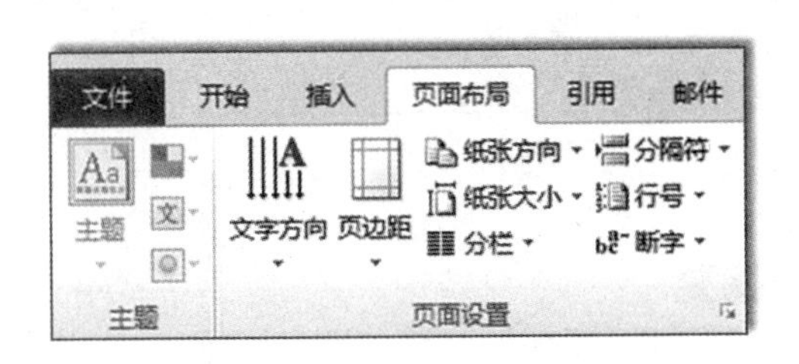

图 3.259　“页面布局”设置

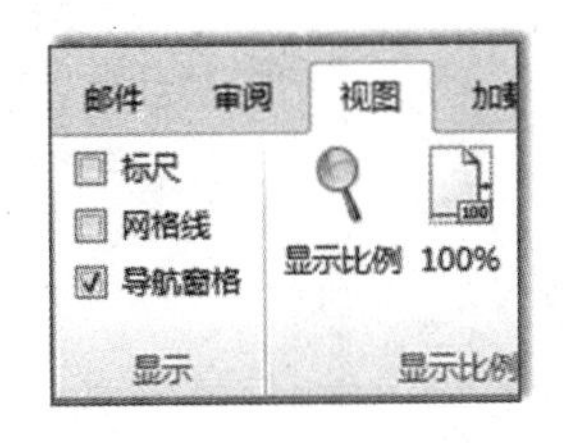

图 3.260　“导航窗格”复选框

(2) 设置文本格式。

文本格式要求参见表 3.14。

① 新建“一级标题”样式的步骤如下。

• 按照格式要求，单击“开始”选项卡“样式”组中的对话框启动器按钮，如图 3.261 所示。

• 在随即打开的“样式”任务窗格中，单击“新建样式”按钮，如图 3.262 所示。

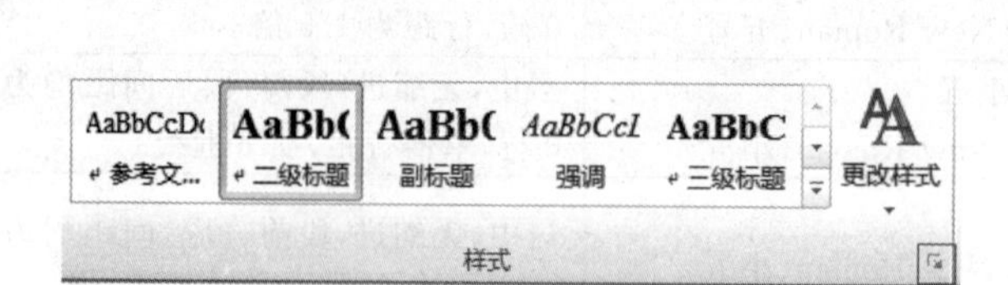

图 3.261 “样式”设置

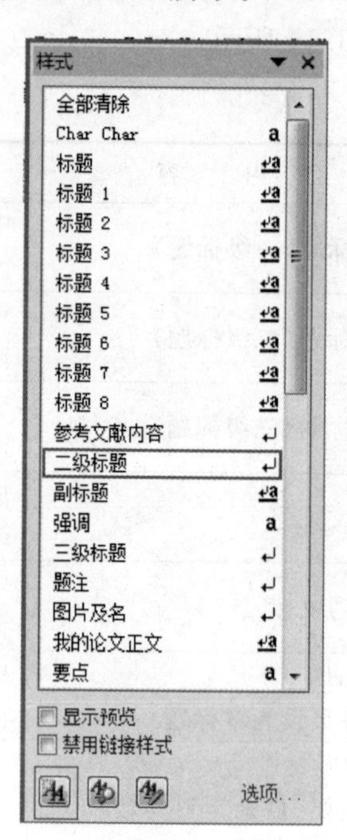

图 3.262 新建样式

• 在“根据格式设置创建新样式”对话框中，在“名称”文本框中输入标题名称，将“样式类型”“样式基准”和“后续段落样式”分别设置为“段落”“标题 1”以及“正文”等，如图 3.263 所示。

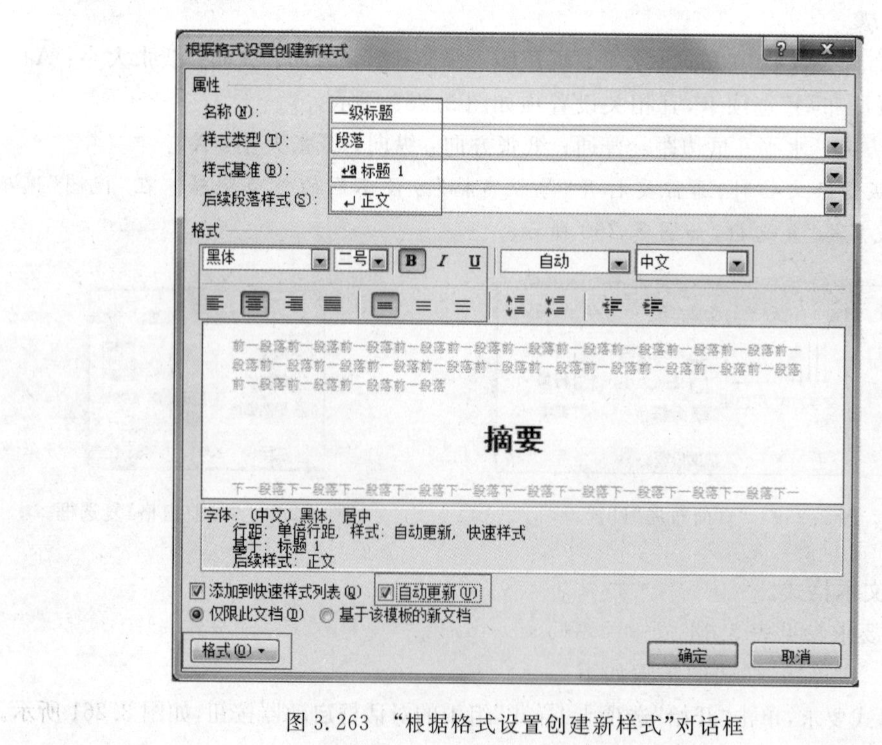

图 3.263 “根据格式设置创建新样式”对话框

- 根据表 3.14 的格式要求进行格式设置，字体格式、居中和单倍行距在此对话框中就可完成。
- 段落设置。单击“格式”按钮，在随即打开的下拉列表中选择“段落”选项，如图 3.264 所示。

在弹出的“段落”对话框中，设置段前、段后间距为 15 磅，无缩进，如图 3.265 所示。

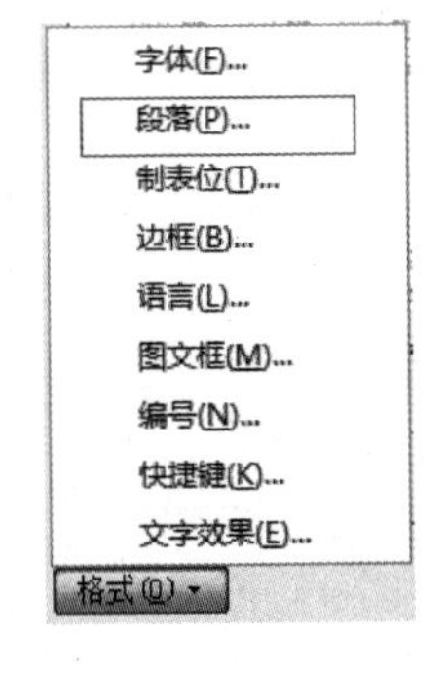

图 3.264 “段落”选项

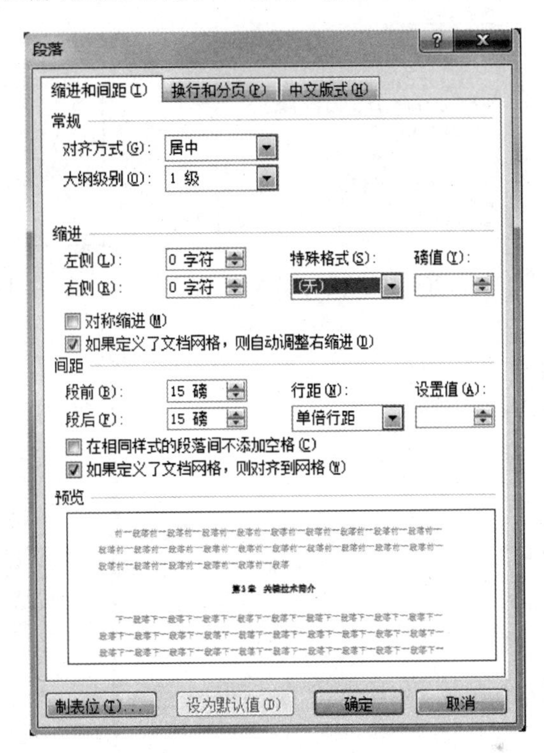

图 3.265 “段落”设置

样式“一级标题”即定义完毕。其他样式如“二级标题”“三级标题”“正文”和“参考文献”以与上面类似的方法并按表 3.14 的格式要求修改完成。

② 样式“一级标题”的套用方法如下：切换到“开始”选项卡，用鼠标选中“摘要”，再单击“样式”组中的样式“一级标题”，即“摘要”这个章标题已经套用了样式“一级标题”了，此时“摘要”这个章标题已经出现在左侧的大纲结构窗口中了。

用同样的方法，对其他章标题如“第 3 章　关键技术简介”“致谢”“参考文献”套用样式“一级标题”，此时大纲结构窗口中出现了 4 个一级标题，效果如图 3.266 所示。

值得注意的，在“导航”窗格中，我们选中某个标题，按 Enter 键，便可得到一个同级的新标题，这对布局相当管用，特别是对于编了章节号的标题，它也会自动生成相同格式的章节号，并且，在这里拖动章节标题的位置会相当智能。

(3) 设置页眉与分节，页眉为章标题。

① 对摘要、致谢、参考文献和每一章结束的最后进行分节。选择“页面布局”选项卡“分隔符”组中的“分节符”→“下一页”，如图 3.267 所示。

② 双击页面顶部页眉位置，在页眉/页脚设置中就能看到如图 3.268 所示效果。

图 3.266 文档框架效果

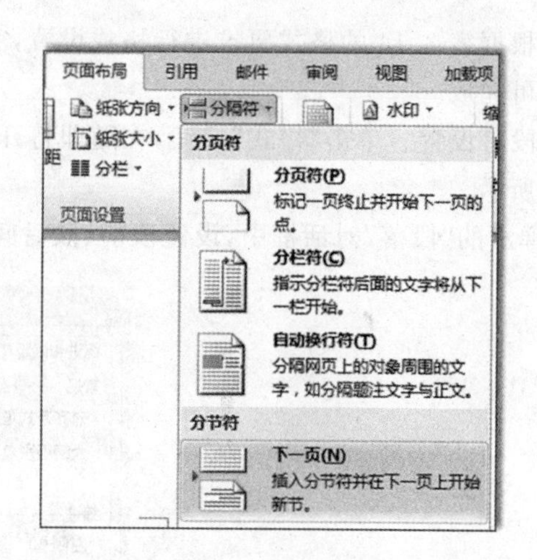

图 3.267 插入分隔符

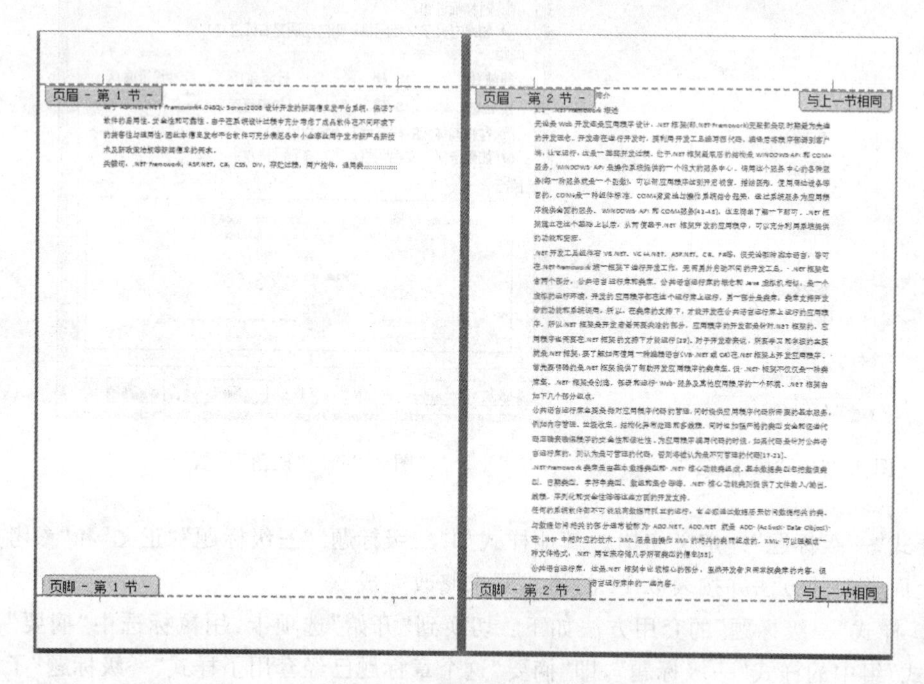

图 3.268 “页眉页脚”设置

③ 单击第 2 节页眉，在“页眉和页脚工具-设计”选项卡的“导航”组中，将“链接到前一条页眉(页脚)”取消掉，如图 3.269 所示。这样，便可以分开设置不同节的页眉/页脚了。

④ 页眉设置为章标题。

在论文中还有另一种需求，就是在页眉中添加章节名。双击页眉，进入页眉编辑模式，单击“插入”选项卡“文本”组中的“文档部件”按钮，在下拉列表中选择“域”，如图 3.270 所示，并按如图 3.271 所示进行设置。

(4) 设置页码，目录页和摘要页为罗马数字；其余页面为阿拉伯数字。

① 页面底端插入页码的步骤如下：单击“插入”选项卡“页眉和页脚”组中的“页码”按钮，在下拉列表中“页面底端”→“普通数字 2”即完成页码插入，如图 3.272 所示。

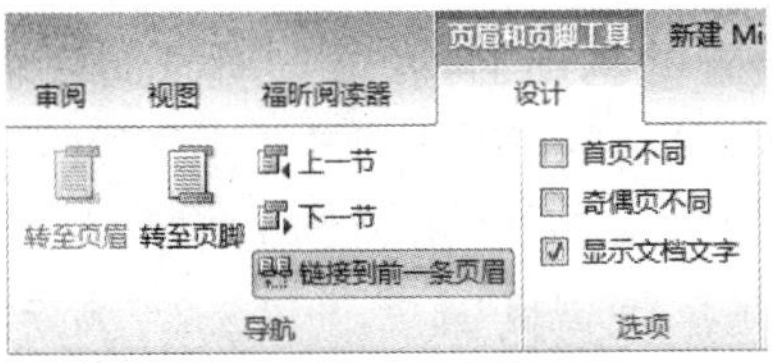

图 3.269　不同节设置

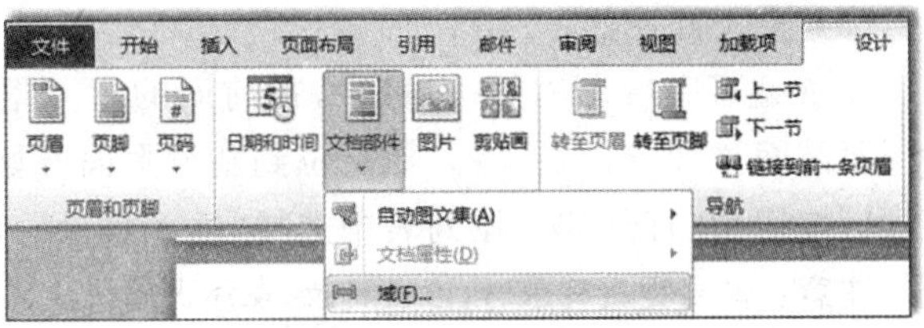

图 3.270　“文档部件”设置

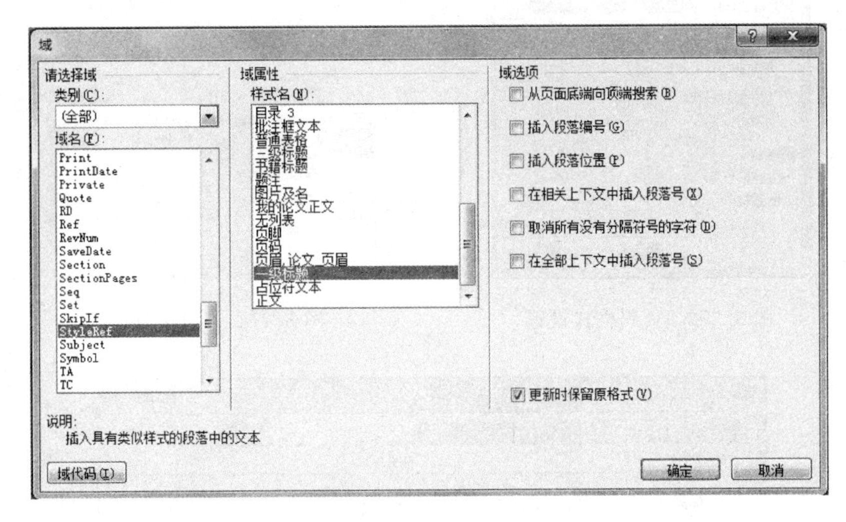

图 3.271　“域”设置

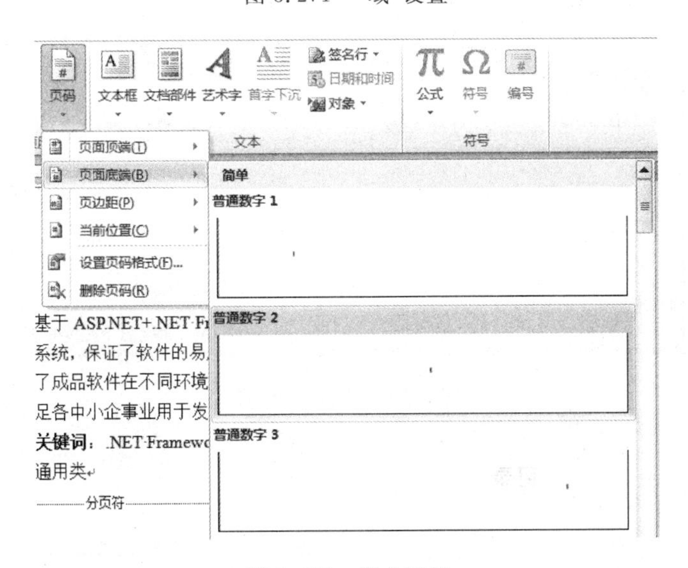

图 3.272　插入页码

② 摘要的页码以罗马数字来编排。选中“摘要”的页码并右击，在弹出的快捷菜单中选择“设置页码格式”选项，在弹出的“页码格式”对话框中将编号格式设为“罗马数字”，起始页码设为“I”，如图 3.273 所示。

③ 正文页码设置方法同上，第一页页码的格式设置为“1，2，3，…”，起码页码为 1。

(5) 插入目录。

文章编写完后,需要添加目录,在前面的章节框架设置的基础上,可以自动添加目录。在摘要前面添加空白页,将光标定位到新增页面开始位置,单击“引用”选项卡“目录”组中的“目录”按钮,在打开的下拉列表中选择“插入目录”,设置如图 3.274～图 3.276 所示。

注意:需要更新目录时,右击目录,在弹出的快捷菜单中选择“更新域”选项,如图 3.277 所示。

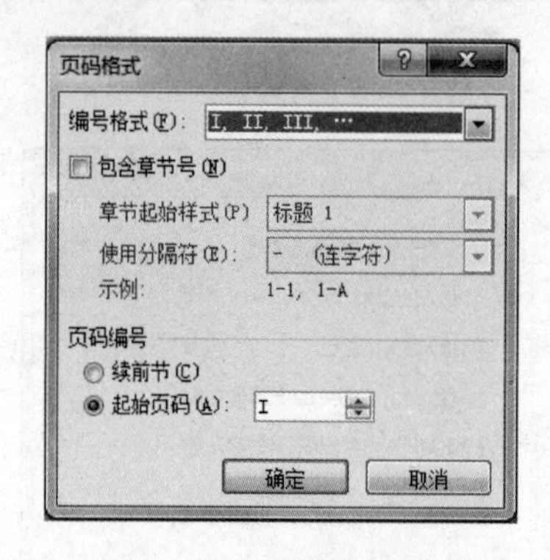

图 3.273 页码格式设置

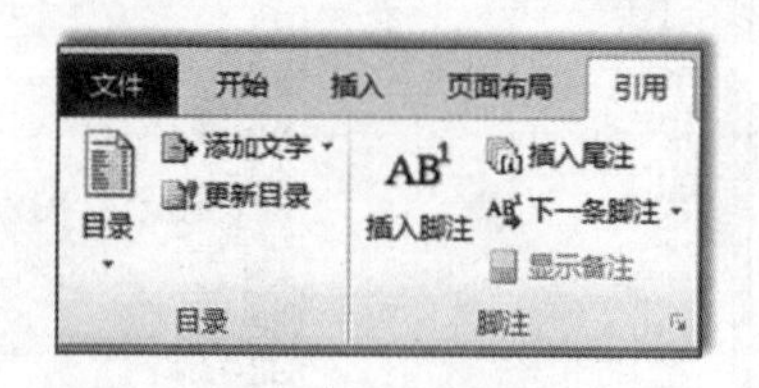

图 3.274 “引用”设置

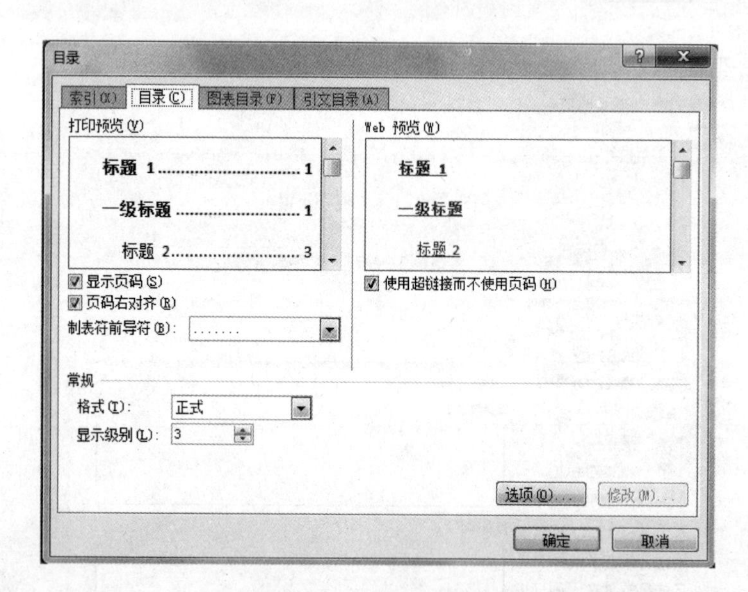

图 3.275 “目录”设置

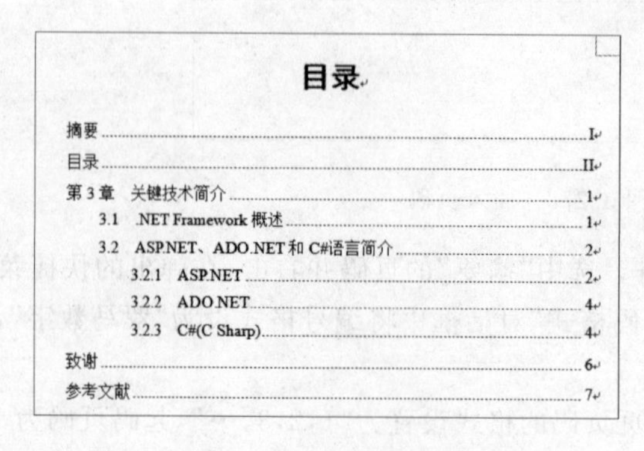

目录

摘要 I
目录 II
第 3 章 关键技术简介 1
3.1 .NET Framework 概述 1
3.2 ASP.NET、ADO.NET 和 C#语言简介 2
3.2.1 ASP.NET 2
3.2.2 ADO.NET 4
3.2.3 C#(C Sharp) 4
致谢 6
参考文献 7

图 3.276 “目录”效果

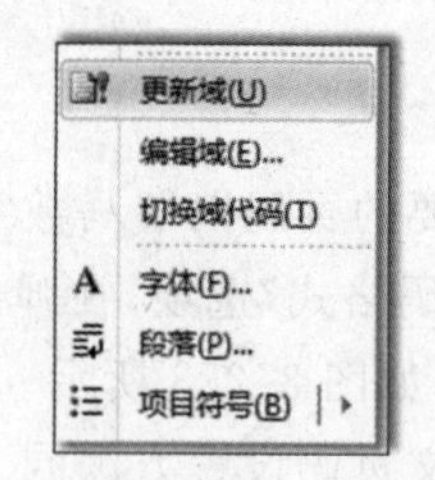

图 3.277 “更新域”设置

第4章 Excel 2010 的应用

Excel 是一款强大的电子表格处理软件，它是 Microsoft Office 办公系列软件的一个重要组成部分。它不仅具有强大的数据处理分析功能，还提供了图表、财务、统计、求解规划方程等工具和函数，可以满足用户各方面的需求，因此，被广泛应用于财务、金融、统计、行政和教育领域。本章通过几个案例，介绍 Excel 2010 中文版的使用，包括 Excel 的基本操作，公式和函数的使用，图表制作，数据的排序、筛选等基本内容。Excel 2010 与早期版本的 Excel 相比较，可以通过比以往更多的方法分析、管理和共享信息，帮助你做出更好、更明智的决策；可以在移动办公时从几乎所有 Web 浏览器或智能手机访问你的重要数据；甚至可以将文件上传到网站并与其他人同时在线协作。无论是要生成财务报表还是管理个人支出，使用 Excel 2010 都能够更高效、更灵活的实现。

4.1 任务一 制作“员工档案表”

4.1.1 任务描述

小张通过近期的学习以及对 Word 的使用和制作有了一定的了解，学习刚刚有点松懈时，老王告诉他，Word 只能编辑文稿，而 Excel 却能对账务进行具体记录与计算，于是小张又开始了新的学习之路。老王让小张制作一份简单的员工档案表，在制作时先要对该表格进行分析，并拟定制作流程，再进行工作簿的制作。

图 4.1 所示即是将要制作的“员工档案表”工作簿效果。通过对本例效果的预览，可知

员工档案表

职员编号	姓名	性别	出生日期	身份证号码	学历	专业	进公司日期	工龄	职位	职位状态	联系电话	备注
KOP0001	郭佳	女	1985年1月	504850********4850	大专	市场营销	2003年7月	12	销售员	在职	159****0546	
KOP0002	张健	男	1983年10月	565432********5432	本科	文秘	2005年7月	10	职员	在职	159****0547	
KOP0003	何可人	女	1981年6月	575529********5529	研究生	装饰艺术	2002年4月	13	设计师	在职	159****0548	
KOP0004	陈宇轩	男	1982年8月	585626********5626	硕士	市场营销	2003年10月	12	市场部经理	在职	159****0549	
KOP0005	方小波	男	1985年3月	595723********5723	本科	市场营销	2003年10月	12	销售员	在职	159****0550	
KOP0006	杜丽	女	1983年5月	605820********5820	大专	市场营销	2005年7月	10	销售员	在职	159****0551	
KOP0007	谢晓云	女	1980年12月	646208********6208	本科	电子商务	2003年10月	12	职员	在职	159****0552	
KOP0008	范琪	女	1981年11月	656305********6305	本科	市场营销	2003年10月	12	销售员	在职	159****0553	
KOP0009	郑宏	男	1980年12月	686596********6596	大专	电子商务	2002年4月	13	职员	在职	159****0554	
KOP0010	宋颖	女	1982年8月	696693********6693	本科	电子工程	2003年10月	2	工程师	在职	159****0555	
KOP0011	欧阳夏	女	1983年7月	747178********7178	本科	电子工程	2005年7月	10	工程师	在职	159****0556	
KOP0012	邓佳颖	女	1980年4月	787566********7566	大专	市场营销	2002年4月	13	销售员	在职	159****0557	
KOP0013	李培林	男	1984年10月	797663********7663	研究生	装饰艺术	2005年7月	10	设计师	在职	159****0558	
KOP0014	郭晓芳	女	1981年8月	868342********8342	大专	市场营销	2002年4月	13	销售员	在职	159****0559	
KOP0015	刘佳宇	男	1980年2月	898633********8633	本科	市场营销	2005年7月	10	经理助理	在职	159****0560	
KOP0016	周冰玉	男	1984年8月	918827********8827	大专	市场营销	2006年9月	7	职员	在职	159****0561	
KOP0017	刘爽	男	1981年2月	928924********8924	研究生	市场营销	2005年7月	10	职员	在职	159****0562	
KOP0018	李涛	男	1983年5月	949118********9118	大专	电子工程	2005年7月	10	办公室主任	在职	159****0563	
KOP0019	卢晓芬	女	1982年10月	949118********9118	硕士	市场营销	2003年10月	12	研发部主任	在职	159****0564	
KOP0020	陆涛	男	1980年1月	949118********9118	硕士	电子工程	2002年4月	13	工程师	在职	159****0565	
KOP0021	马琳	女	1984年9月	949118********9118	本科	电子工程	2005年7月	10	工程师	在职	159****0566	
KOP0022	朱海丽	女	1980年10月	949118********9118	本科	文秘	2005年6月	10	职员	在职	159****0567	

图 4.1 “员工档案表”工作簿效果

道要完成的工作簿的具体内容，包括新建并输入数据、设置边框和底纹、设置行高和列宽、设置对齐方式、设置字体样式和打印工作表等。

4.1.2 任务目标

- 掌握工作簿、工作表、单元格的基本概念；
- 掌握在 Excel 中新建、输入与编辑数据的方法；
- 掌握设置对齐方式的方法；
- 熟练掌握设置字体样式的方法。

4.1.3 预备知识

1. 工作簿、工作表和单元格

1）工作簿

在 Excel 中，用于保存数据信息的文件称为工作簿。在一个工作簿中，可以有多个不同类型的工作表，默认情况下包含 3 个工作表。Excel 2010 工作簿文件以 xlsx 为默认扩展名。当打开 Excel 2010 时，系统会就会默认创建一个名为“工作簿 1”的工作簿，如图 4.2 所示。

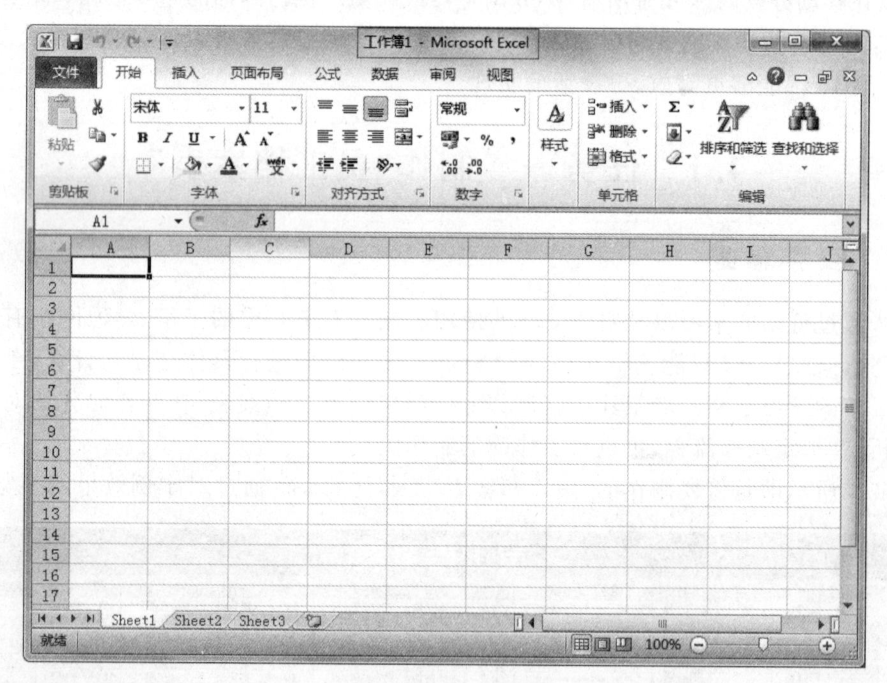

图 4.2 Excel 工作簿

2）工作表

如果把工作簿比喻成一个记事本的话，那么工作表就相当于记事本中的每一页纸。工作表的主要作用就是用于存储和处理数据，俗称为电子表格。在一个工作簿中默认有三张工作表，分别为 Sheet1、Sheet2 和 Sheet3，如图 4.3 所示。

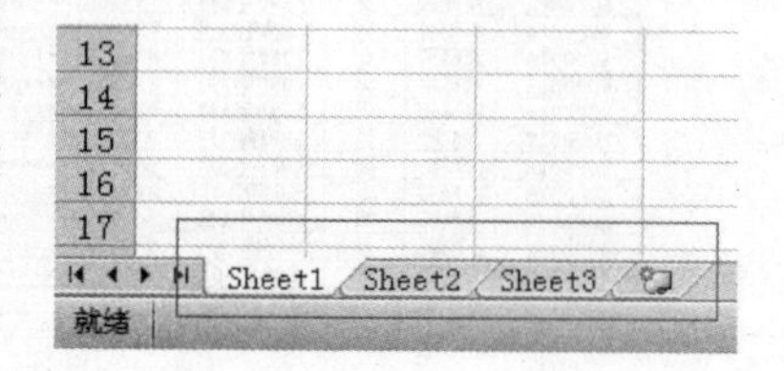

图 4.3 工作表

3）单元格和单元格区域

单元格是表中最基本的数据存储单元，使用行号和列标可以对表格中的每一个单元格进行定位，单元格区域则是被选中的多个连续的单元格。

4）工作簿、工作表和单元格之间的关系

Excel以工作簿为数据管理单位，以工作表为数据处理单位，以单元格为最小的操作对象。一个工作簿可以包含多个工作表，最多可以有255个工作表。而一个工作表可以包含多个单元格，最大可由65 536行和256列组成，用户输入的任何数据都保存在单元格中。工作簿、工作表和单元格的关系如图4.4所示。

图4.4　工作簿、工作表和单元格的关系

2. Excel的窗口界面

Excel 2010启动后，在屏幕上即可显示出其工作界面的主窗口，如图4.5所示。它主要包括标题栏、“文件”菜单、快速访问工具栏、功能区、编辑窗口、显示按钮、滚动条、缩放滑块、状态栏等。

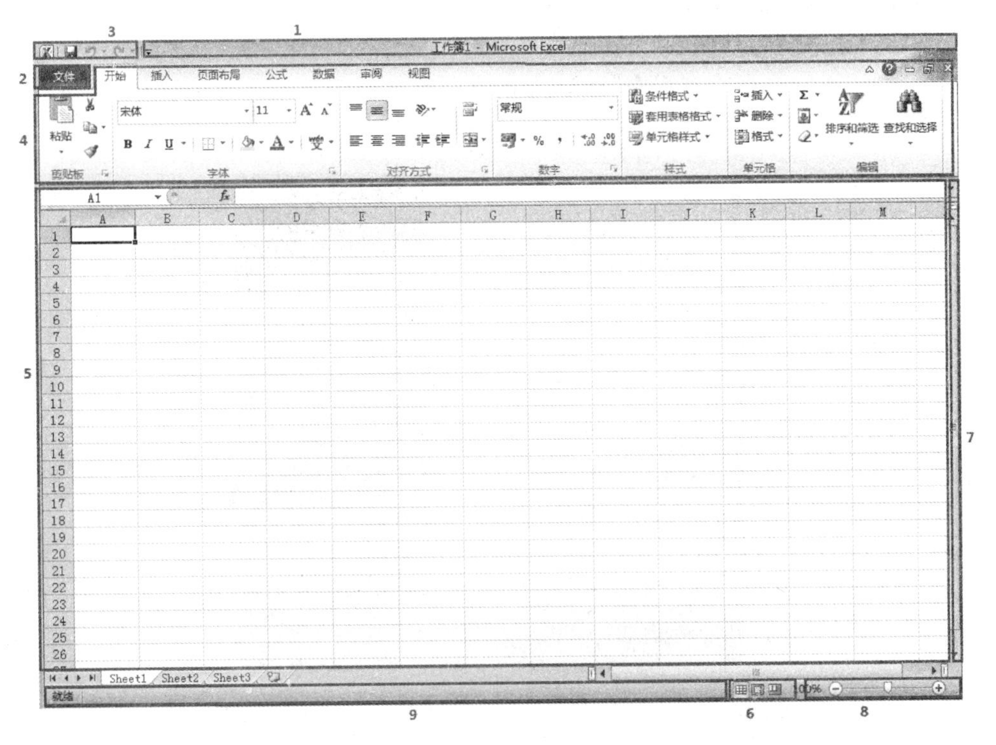

图4.5　Excel 2010窗口界面

(1) 标题栏：显示正在编辑的工作表的文件名以及所使用的软件名。

(2)“文件”菜单：使用基本命令(如“新建”“打开”“另存为”“打印”和“关闭”)时单击此项。

(3) 快速访问工具栏：常用命令如“保存”和“撤销”位于此处。也可以添加自己的常用命令。

(4) 功能区：工作时需要用到的命令位于此处。它与其他软件中的“菜单”或“工具栏”相同。

(5) 编辑窗口：显示正在编辑的工作表。工作表由行和列组成。可以在其中输入或编辑数据。工作表中的方形称为“单元格”。

(6) 显示按钮：可以根据自己的要求更改正在编辑的工作表的显示模式。

(7) 滚动条：可以更改正在编辑的工作表的显示位置。

(8) 缩放滑块：可以更改正在编辑的工作表的缩放设置。

(9) 状态栏：显示正在编辑的工作表的相关信息。

4.1.4 任务实施

当小张认识了档案的一般要求和档案的基本特点后，决定开始制作员工档案表。在制作时老王告诉小张，该工作表主要会使用新建并输入数据、设置行高与列宽、设置边框、设置对齐方式、设置字体样式、打印工作表等操作，下面分别进行介绍。

1. 新建并输入数据

在制作工作表之前，需先创建一个“员工档案表.xlsx”工作簿，并对工作表进行重命名，然后按照需要输入各项数据，其具体操作如下。

(1) 选择“开始”→“所有程序”→Microsoft Office→Microsoft Excel2010 菜单命令，如图 4.6 所示。

图 4.6 启动 Excel

(2) 打开 Excel 2010 的工作界面，认识工作界面的组成部分，如图 4.7 所示。

(3) 选择“文件”→“保存”菜单命令，打开“另存为”对话框，如图 4.8 所示。

(4) 选择文件保存位置。在“文件名”下拉列表框中输入要保存的文件名称，这里输入“员工档案表”，单击“保存”按钮，如图 4.9 所示。

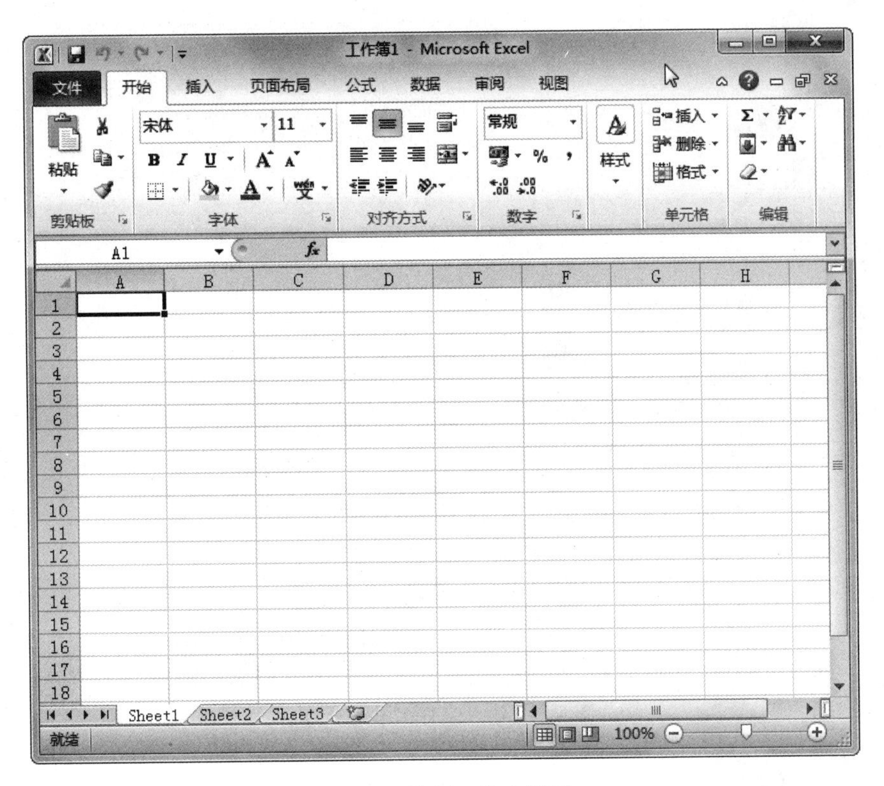

图 4.7　认识工作表界面

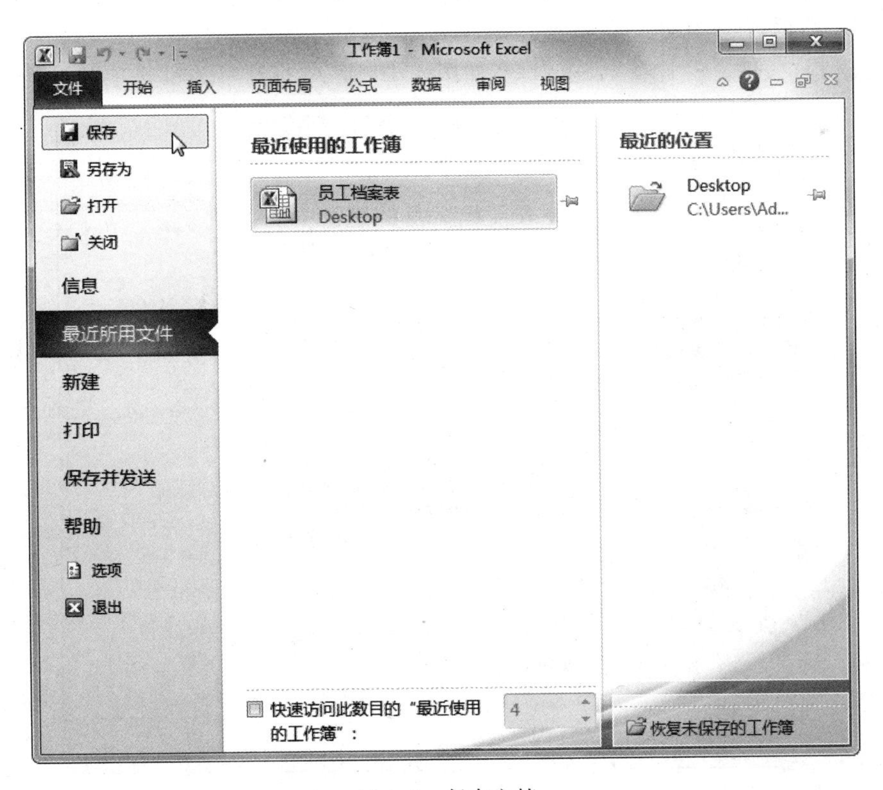

图 4.8　保存文档

图 4.9　输入文件名并进行保存

【知识提示】

保存工作簿时还可选择“文件”→“另存为”菜单命令，或按 Ctrl＋S 组合键，也可打开“另存为”对话框，在其中进行保存操作。

(5) 选择“文件”→“选项”菜单命令，如图 4.10 所示，打开“Excel 选项”对话框。

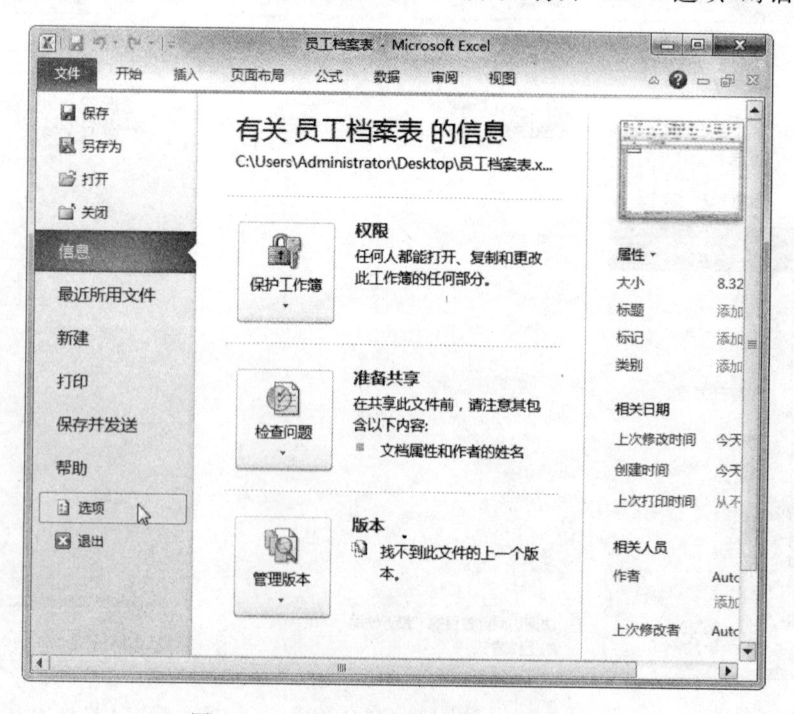

图 4.10　选择“文件”→“选项”菜单命令

(6) 在左侧单击“保存”选项卡，在“保存工作簿”栏中选中“保存自动恢复信息时间间隔”复选框，在其后方的数值框中输入“10”，单击“确定”按钮，如图 4.11 所示。

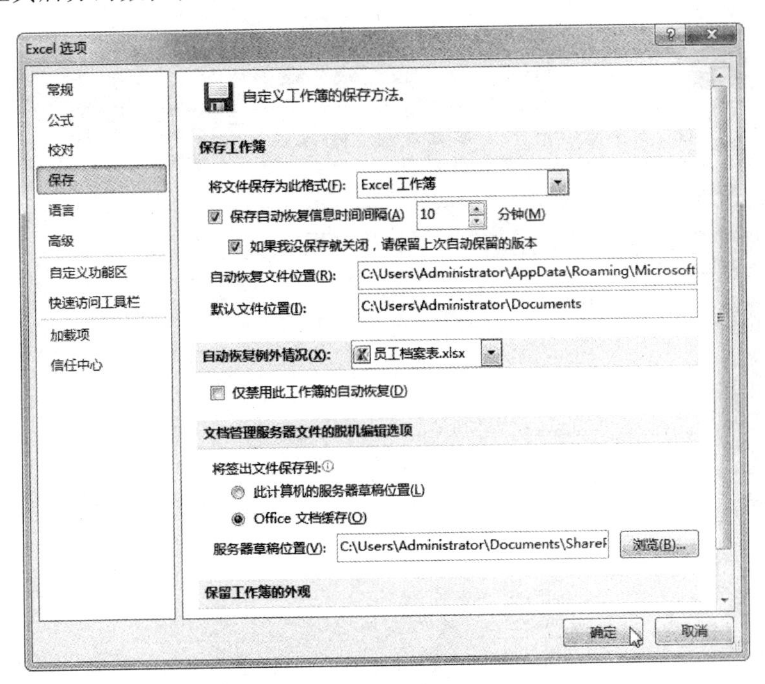

图 4.11　设置自动保存

(7) 返回工作表编辑区，在 Sheet1 工作表名称上右击，在弹出的快捷菜单中选择“重命名”命令，如图 4.12 所示。

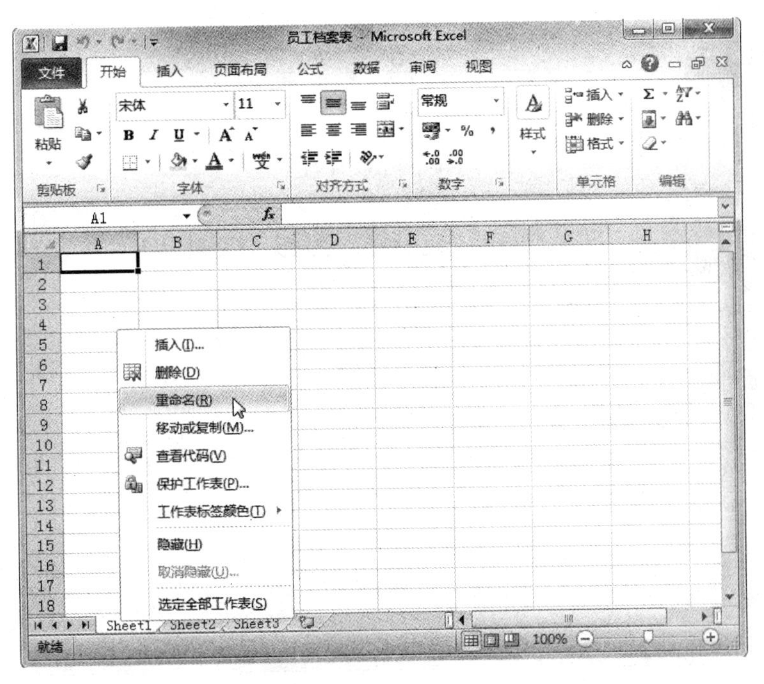

图 4.12　选择“重命名”命令

(8) 此时,工作表标签呈可编辑状态显示,在其中输入“员工档案表”,并按 Enter 键,完成重命名操作,如图 4.13 所示。

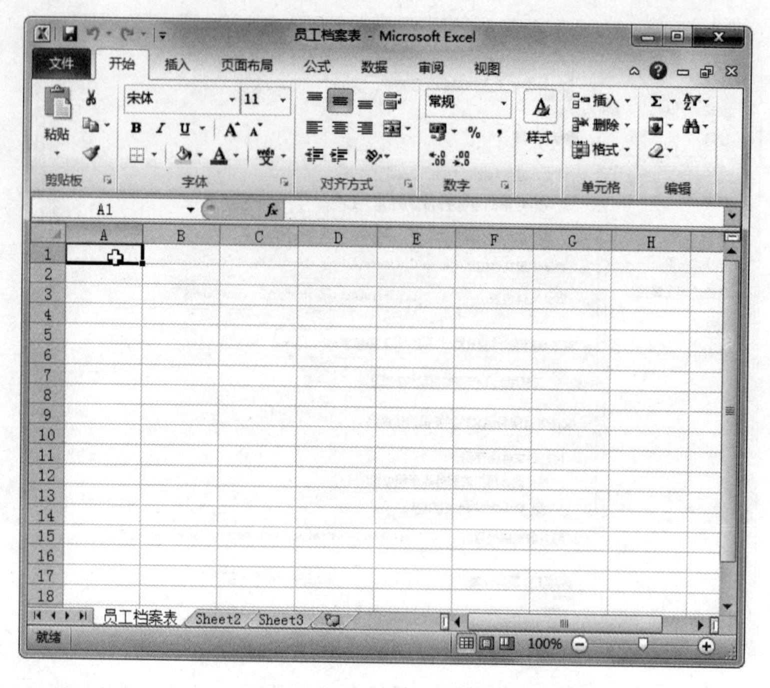

图 4.13 为工作表重命名

(9) 选择 A1 单元格,直接输入“员工档案表”,此时,单元格与编辑栏中将显示输入的数据,如图 4.14 所示。

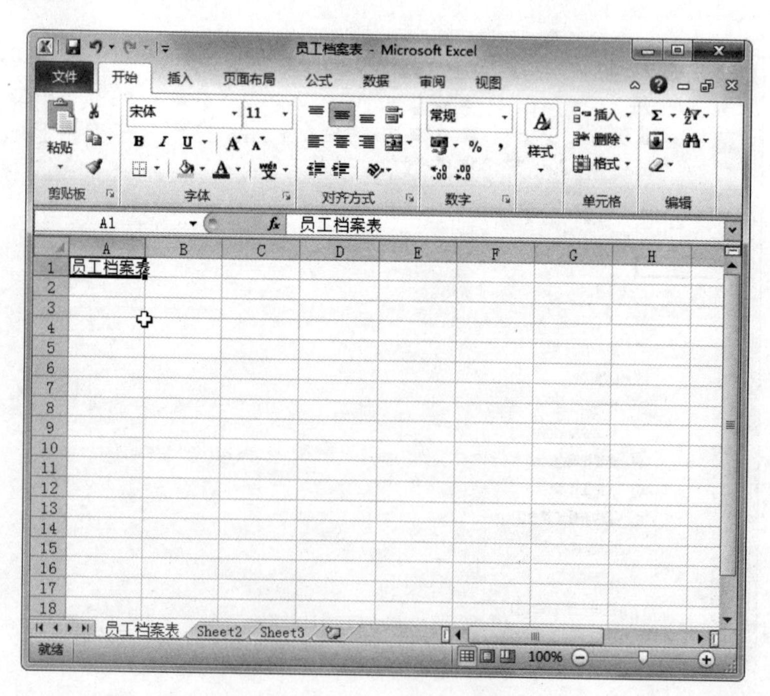

图 4.14 输入 A1 单元格数据

【知识提示】

重命名工作表标签时还可选择需要重命名的工作表，选择“开始”→“单元格”组，单击“格式”按钮(即单击“开始”选项卡“单元格”组中的“格式”按钮，下同)，在打开的下拉列表中选择“重命名工作表”选项，在需重命名的工作表标签处输入重命名的文字即可。

(10) 使用相同的方法，在 A2:M2 单元格区域输入“职员编号”“姓名”“性别”“出生日期”“身份证号码”“学历”“专业”“进公司日期”“工龄”“职位”“职位状态”“联系电话”和“备注”，如图 4.15 所示。

图 4.15 输入 A2:M2 单元格区域数据

(11) 使用相同的方法，输入其他数据，完成数据输入后的效果如图 4.16 所示。

(12) 选择 A3:A4 单元格区域，如图 4.17 所示。将鼠标光标移动至单元格右下角，当鼠标光标变为十形状时，按住鼠标左键不放向下拖曳到 A24 单元格，释放鼠标，可看到在 A2:A24 单元格区域中已填充了连续数据。

【知识提示】

如果在单元格中输入了较多的文字，Excel 将自动显示到其他单元格位置(如果右侧的单元格中有内容，多余的部分将无法显示)，但并没有将多余的文字输入到其他单元格中。

【知识提示】

在快速填充数据时，除了前面讲解的填充方法外，还可以通过“序列”对话框进行数据的快速填充。其方法是：选择“开始”→“编辑”组，单击“填充”按钮，在打开的下拉列表中选择“系列”选项，打开“序列”对话框，在“序列产生在”栏、“类型”栏、“日期单位”栏、“步长值”文本框和“终止值”文本框中进行相应的设置，然后单击“确定”按钮即可填充相应的有规律的数据。

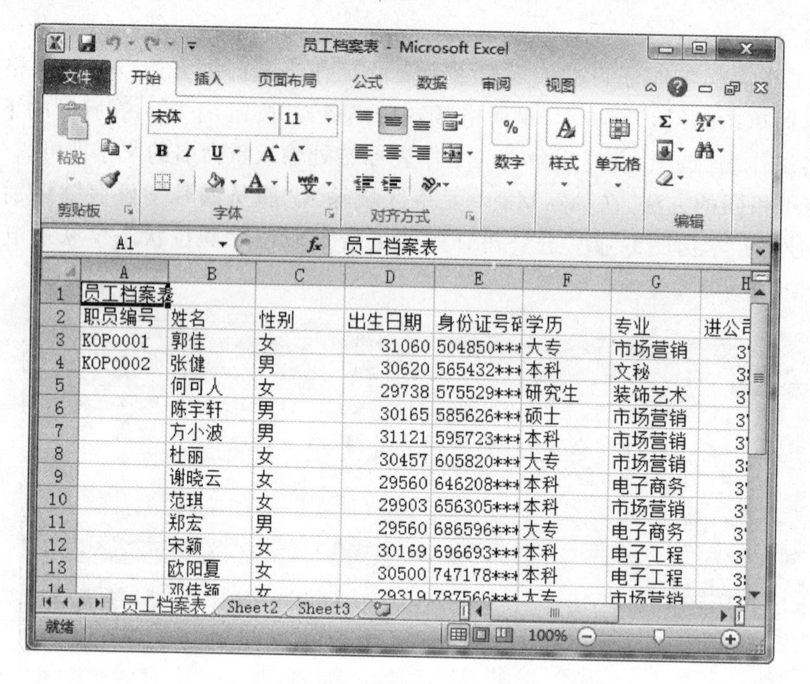

图 4.16　输入其他数据

图 4.17　快速填充数据

(13) 选择 J3 单元格，如图 4.18 所示。将鼠标光标移动至单元格右下角，当鼠标光标变为十形状时，按住鼠标左键不放向下拖曳到 J24 单元格，释放鼠标，可看到在 J4:J24 单元格区域中填充了相同数据。

(14) 完成后即可看到输入数据后的效果如图 4.19 所示。

图 4.18　填充重复数据

图 4.19　完成数据的输入

2. 设置行高与列宽

创建工作表并输入基本内容后，可根据单元格中的内容调整行高与列宽，其具体操作如下。

(1) 将鼠标指针移动到工作表行号的第 1 行和第 2 行的交界处，当指针变为形状+时，按住鼠标左键不放向下拖曳至一定距离后释放鼠标，即可调整第 1 行的行高，如图 4.20 所示。

(2) 选择 A2:M24 单元格区域，选择“开始”→“单元格”组，单击“格式”按钮，在打开的下拉列表的“单元格大小”栏中选择“行高”选项，如图 4.21 所示。

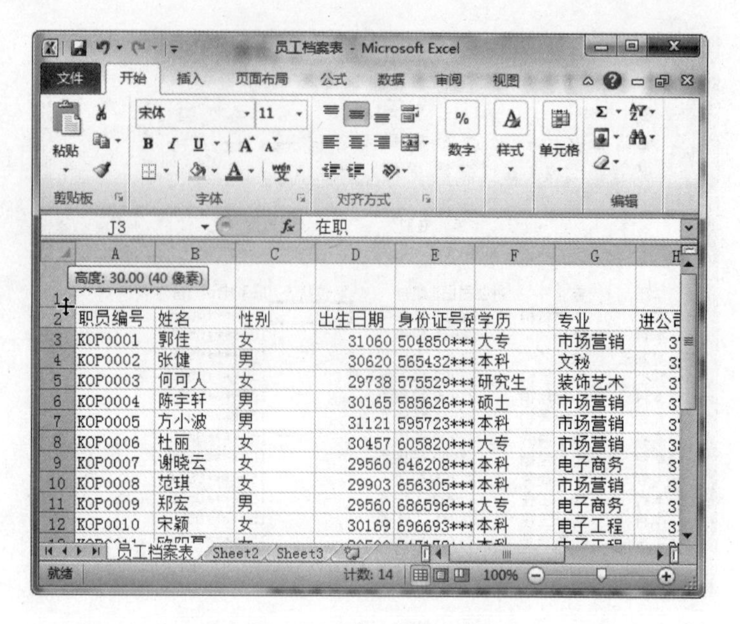

图 4.20　指针调整行高

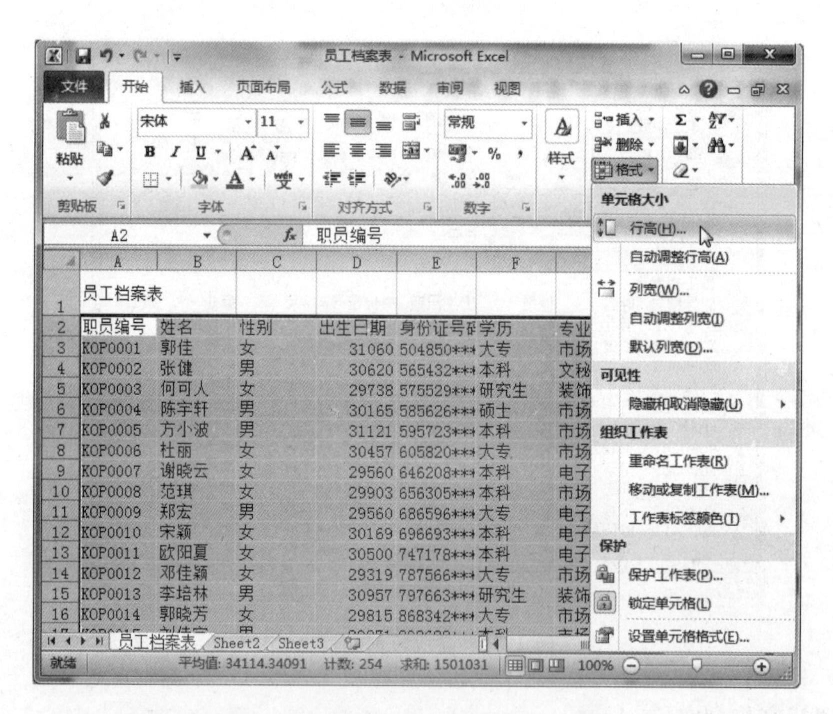

图 4.21　选择“行高”选项

(3) 打开“行高”对话框，在“行高”文本框中输入需要设置的行高，这里输入“23”，单击“确定”按钮，如图 4.22 所示。

(4) 保持单元格区域的选择状态，选择“开始”→“单元格”组，单击“格式”按钮，在打开的下拉列表的“单元格大小”栏中选择“自动调整行高”选项，Excel 将根据文字长短自动调整行高，如图 4.23 所示。

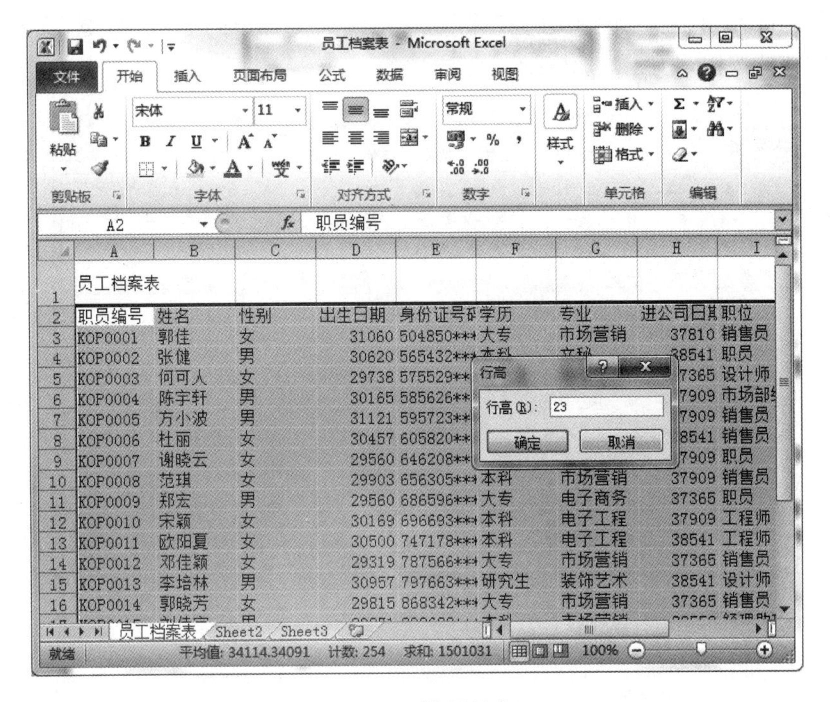

图 4.22　设置行高

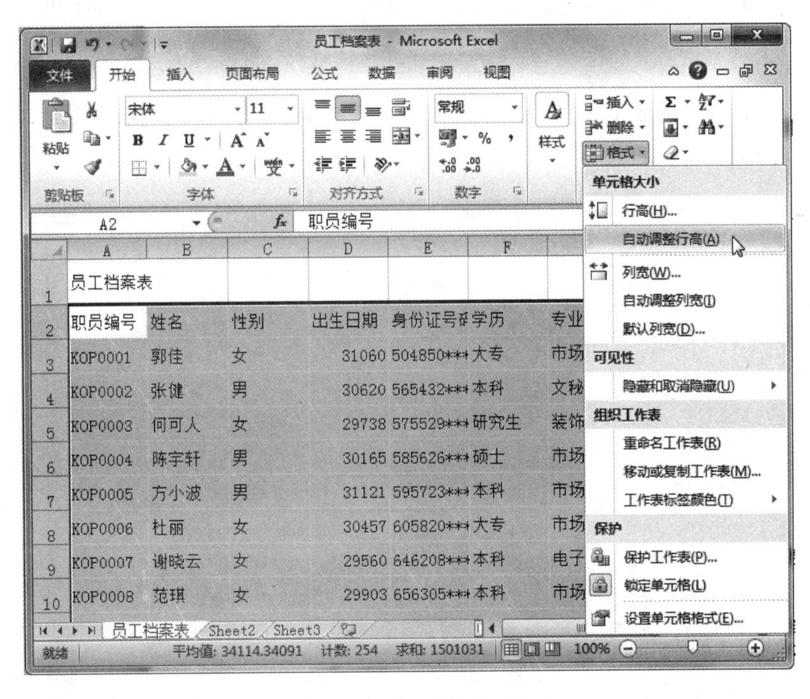

图 4.23　自动调整行高

(5) 选择 B2:B24 单元格区域，按住 Ctrl 键不放依次选择 D2:D24、F2:G24、I2:J24、L2:M24 单元格区域。

(6) 保持单元格的选择状态，选择“开始”→“单元格”组，单击“格式”按钮，在打开的下拉列表的“单元格大小”栏中选择“列宽”选项。打开“列宽”对话框，在“列宽”文本框中输入“15”，单击“确定”按钮，如图 4.24 所示。

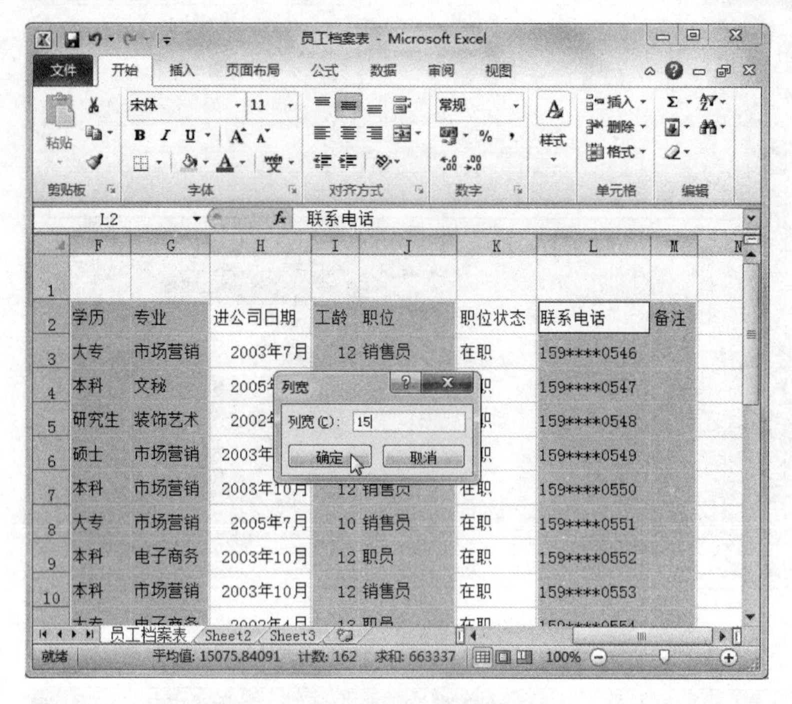

图 4.24　选择多个单元格区域调整列宽

(7) 将鼠标光标移动到 C 列与 D 列的交界处，当鼠标光标变 ✛ 为形状时，拖曳鼠标调整列宽，如图 4.25 所示。

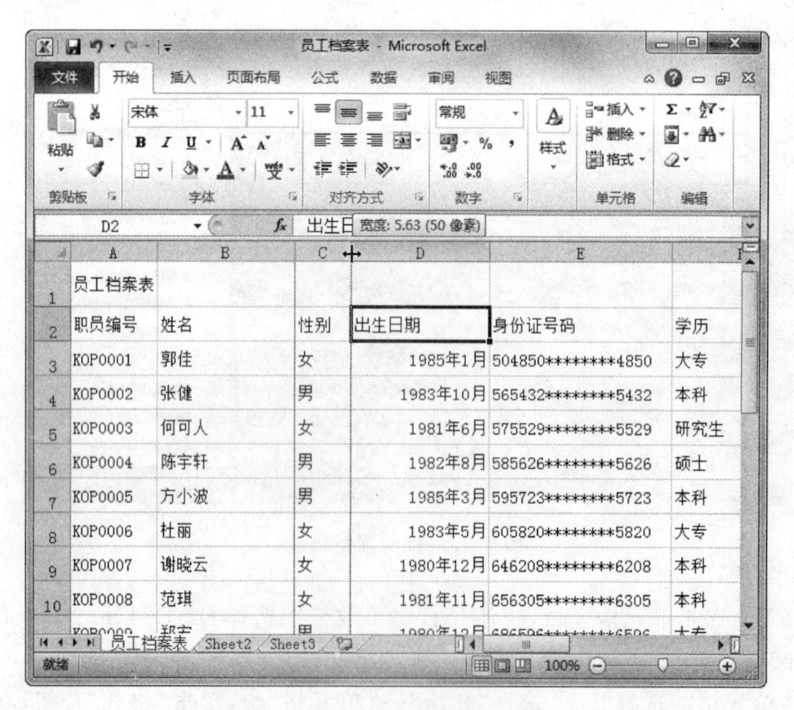

图 4.25　调整单列的距离

(8) 使用相同的方法，对其他单元格的行高与列宽进行调整，使其更加符合表格的需要，并查看调整完成后的效果。

【知识提示】

选择单元格除了使用前面操作中的方法，还可选择整行或多行单元格区域、整列或多列单元格区域、不连续的行或列，以及全部单元格，其操作方法非常简单，这里不再阐述。

3. 设置边框

当将工作表中数据的行高和列宽调整完成后，即可对档案表中的几个单元格进行合并操作，并对表格的边框进行设置，其具体操作如下。

(1) 选择 A1:M1 区域，选样“开始”→“对齐方式”组，单击“合并后居中”按钮右侧的下拉按钮，在打开的下拉列表中选择“合并单元格”选项，此刻可发现选择的单元格已经合并，如图 4.26 所示。

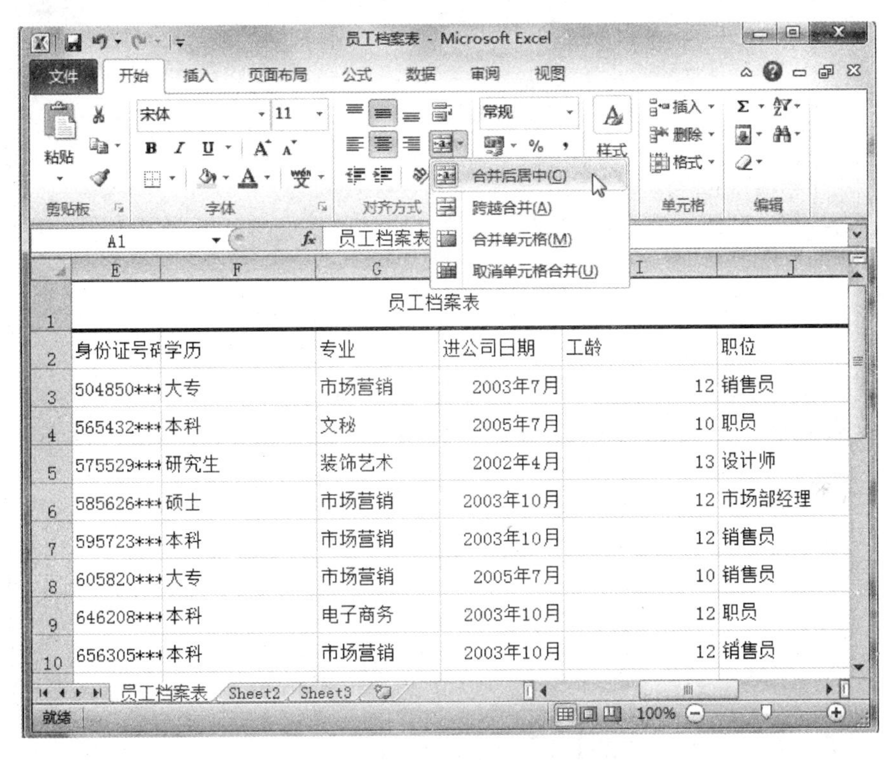

图 4.26　合并单元格

(2) 选择 A1:M24 单元格区域，右击，在弹出的快捷菜单中选择“设置单元格格式”命令，打开“设置单元格格式”对话框，如图 4.27 所示。

(3) 单击“边框”选项卡，在“线条”栏的“样式”列表框中选择 ▬▬▬ 选项，在“预置”栏中选择“外边框”选项，此时在“边框”栏中可预览设置后的效果，在“线条”栏的“样式”列表框中选择——— 选项，在“预置”栏中选择“内部”选项，单击“确定”按钮，完成内外边框的设置，如图 4.28 所示。返回工作表编辑区，查看添加表格后的效果，如图 4.29 所示。

【知识提示】

Excel 2010 只允许对合并后的单元格进行拆分操作，拆分时只需要选择合并后的单元格，然后选择“开始”→“对齐方式”组，单击“合并后居中”按钮即可。

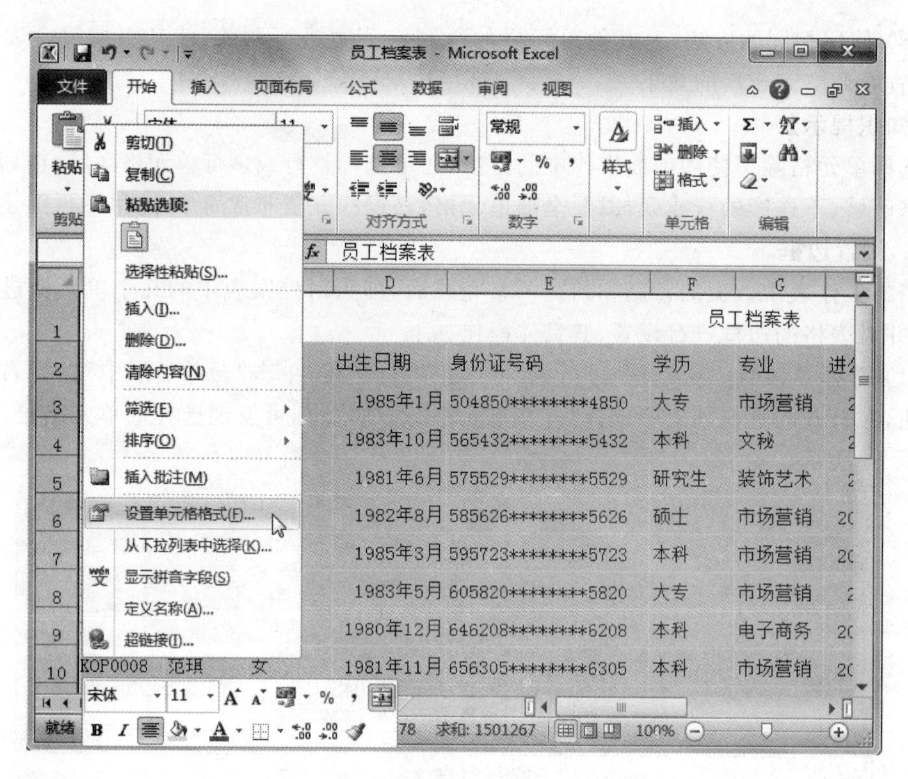

图 4.27　选择“设置单元格格式”命令

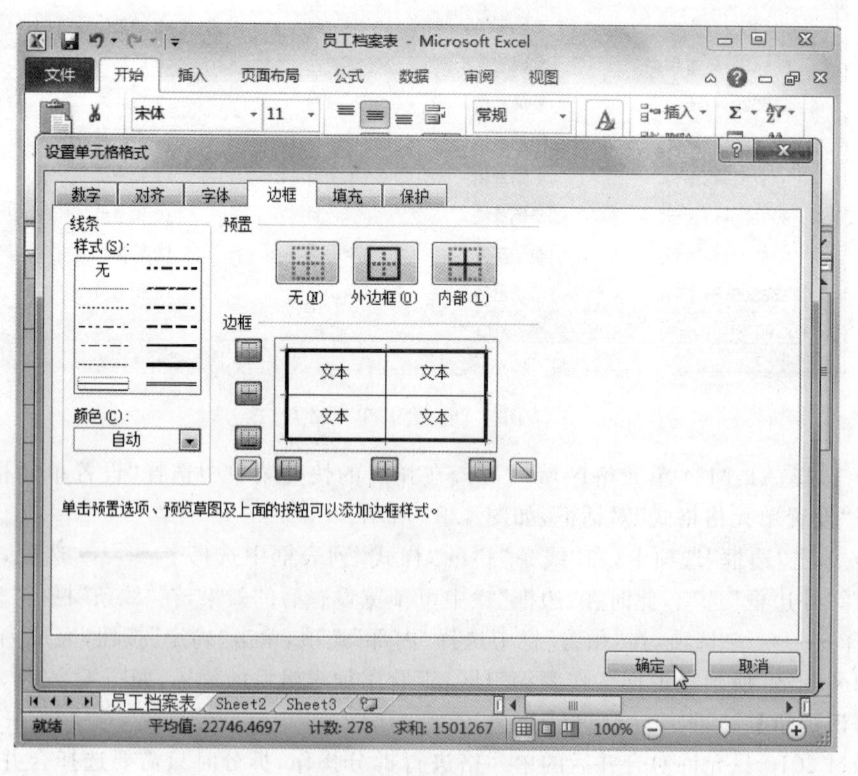

图 4.28　设置内外边框

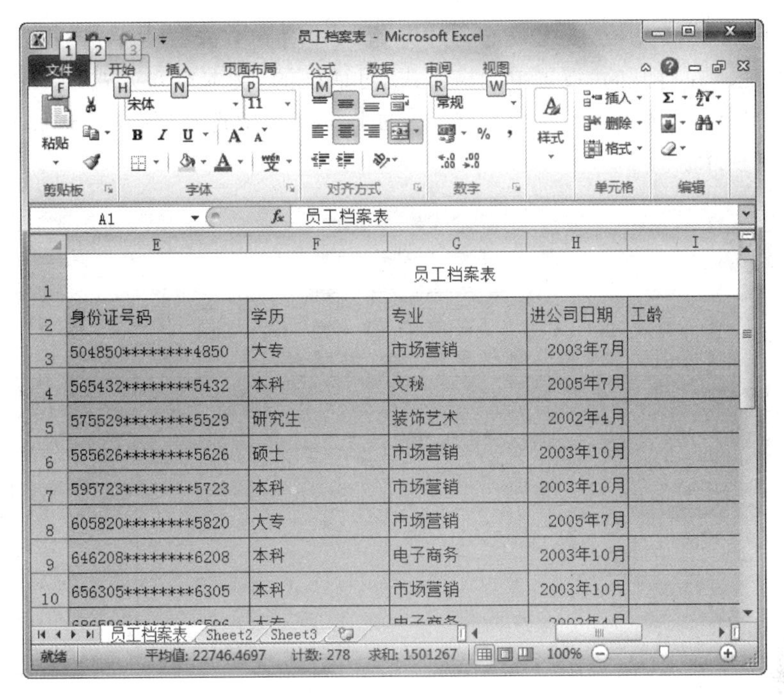

图 4.29　查看设置边框后的效果

4. 设置对齐方式

当完成边框的设置后，即可对单元格中内容进行对齐方式的设置，其具体操作如下。

(1) 选择 A2:M2 单元格区域，选择“开始”→“对齐方式”组，单击“居中”按钮将选择的单元格区域居中显示，如图 4.30 所示。

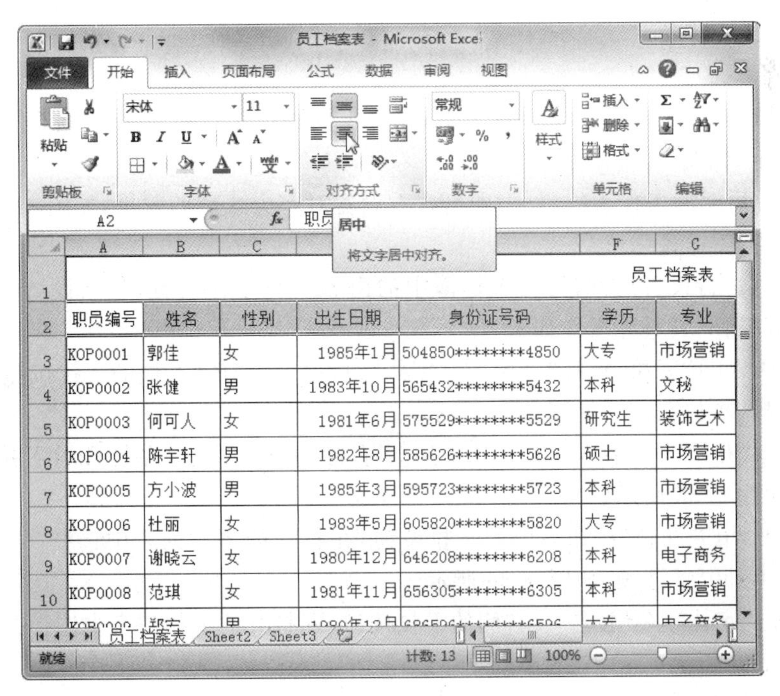

图 4.30　设置对齐方式

(2) 选择 B2:M24 单元格区域,选择"开始"→"对齐方式"组,单击"设置单元格格式:对齐方式"按钮。在打开的"设置单元格格式"对话框的"文本对齐方式"栏的"水平对齐"下拉列表中选择"居中"选项,在"垂直对齐"栏的下拉列表中选择"居中"选项,单击"确定"按钮,如图 4.31 所示。

图 4.31　设置居中对齐

(3) 选择 A3:A24 单元格区城,右击,在弹出的快捷菜单中单击"居中"按钮,将选择的文本居中显示,如图 4.32 所示。

(4) 完成后返回工作表编辑区,即可查看设置对齐方式后的效果,如图 4.33 所示。

5. 设置字体样式

当对边框进行设置后,即可对工作簿中的内容进行字休设置,包括设置字体、字号、颜色、填充色等操作,其具体操作如下。

(1) 选择 A1 单元格,选择"开始"→"字体"组,单击"字体"右侧的下拉按钮,在打开的下拉列表中选择"黑体"选项,如图 4.34 所示。

(2) 选择"开始"→"字体"组,单击"字号"右侧的下拉按钮,在打开的下拉列表中选择"36"选项,如图 4.35 所示。

(3) 单击"填充颜色"按钮右侧的下拉按钮,在打开的下拉列表中选择"橄榄色,强调文字颜色 3,深色 50%"选项,如图 4.36 所示。

(4) 单击"字体颜色"按钮 A 右侧的下拉按钮,在打开的下拉列表中选择"白色,背景 1"选项,如图 4.37 所示。

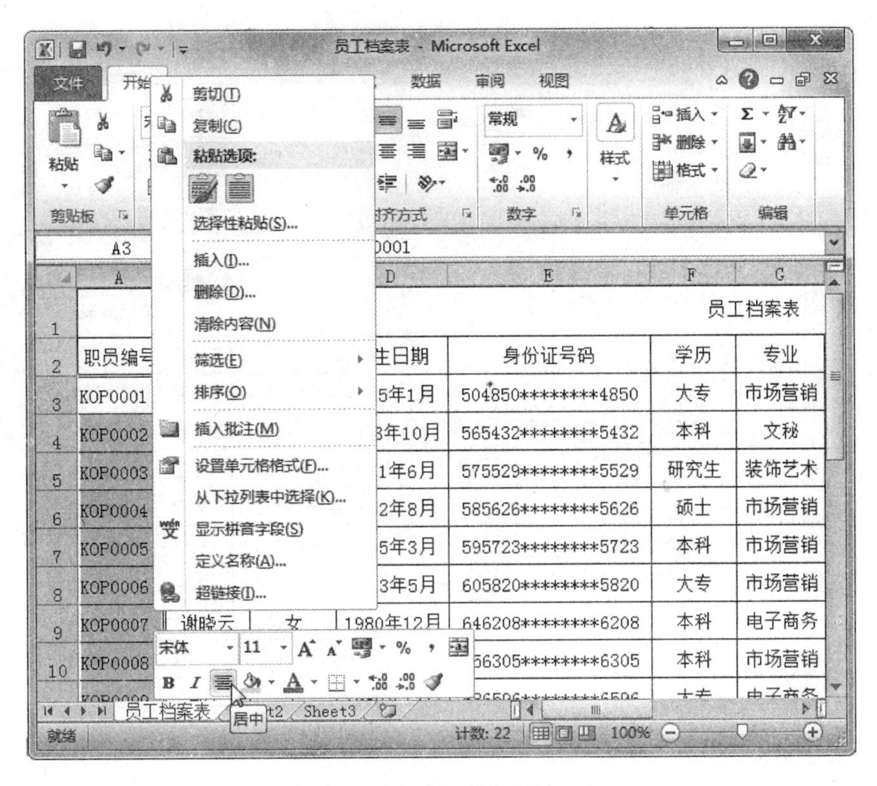

图 4.32　单元格内容居中显示

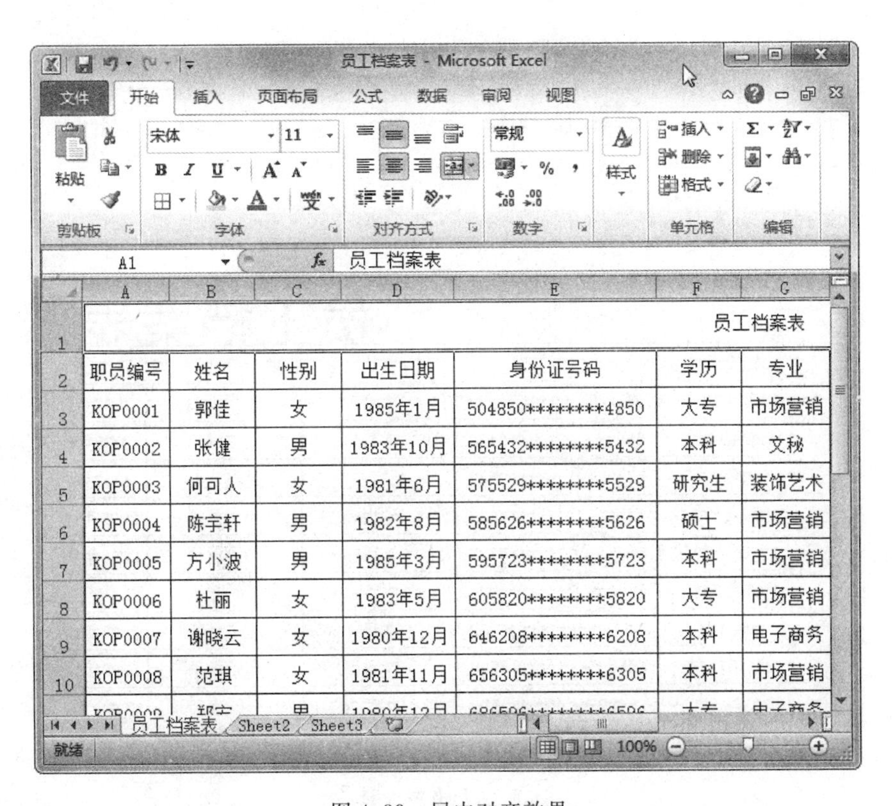

职员编号	姓名	性别	出生日期	身份证号码	学历	专业
KOP0001	郭佳	女	1985年1月	504850********4850	大专	市场营销
KOP0002	张健	男	1983年10月	565432********5432	本科	文秘
KOP0003	何可人	女	1981年6月	575529********5529	研究生	装饰艺术
KOP0004	陈宇轩	男	1982年8月	585626********5626	硕士	市场营销
KOP0005	方小波	男	1985年3月	595723********5723	本科	市场营销
KOP0006	杜丽	女	1983年5月	605820********5820	大专	市场营销
KOP0007	谢晓云	女	1980年12月	646208********6208	本科	电子商务
KOP0008	范琪	女	1981年11月	656305********6305	本科	市场营销

图 4.33　居中对齐效果

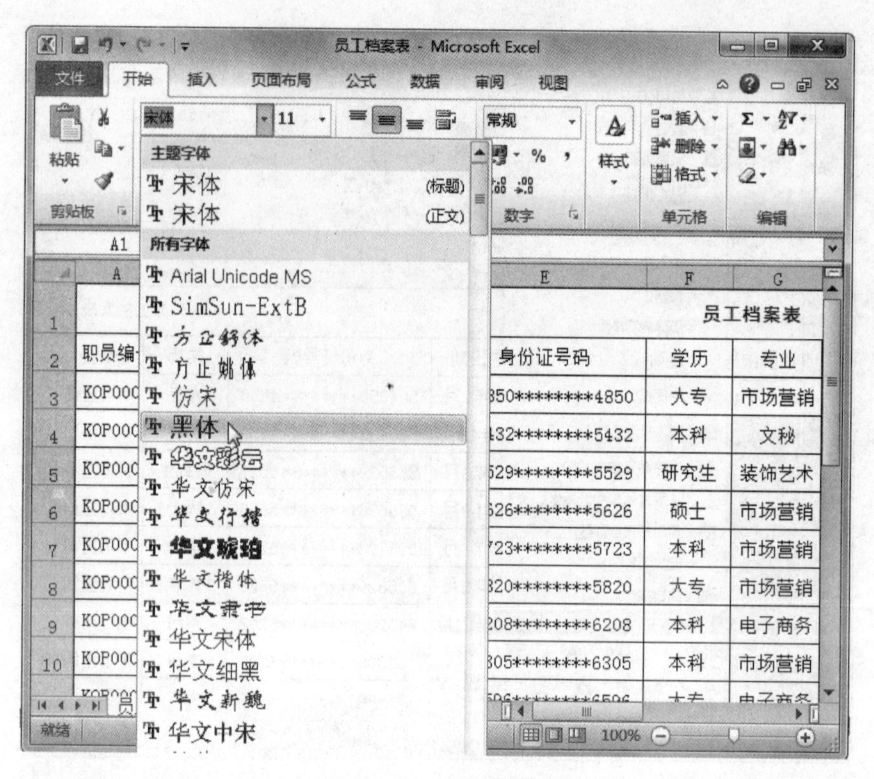

图 4.34　选择字体

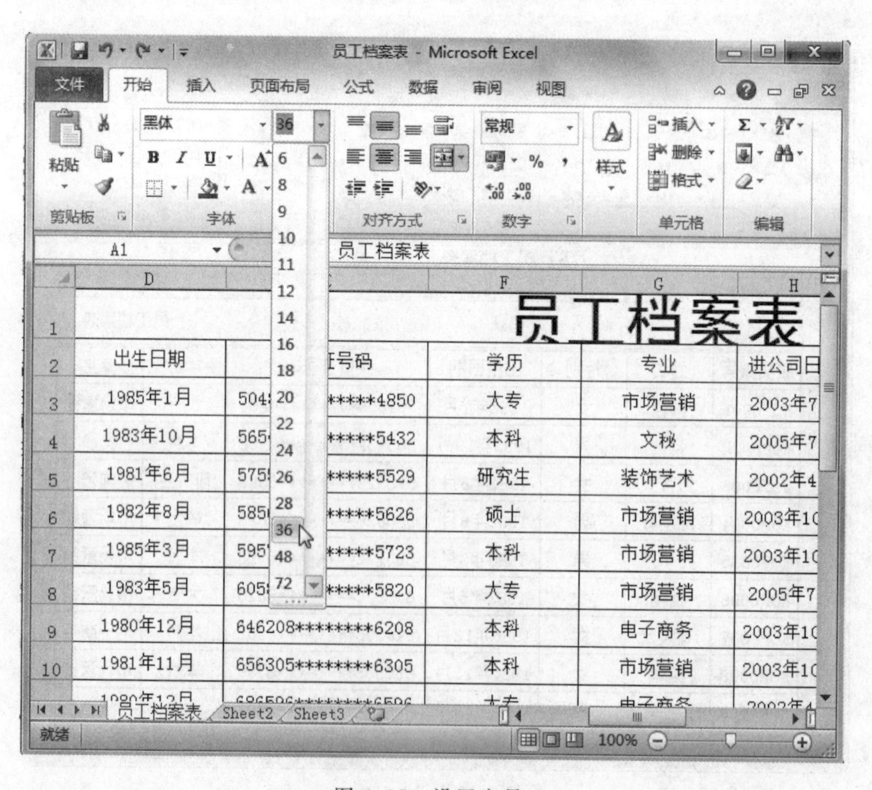

图 4.35　设置字号

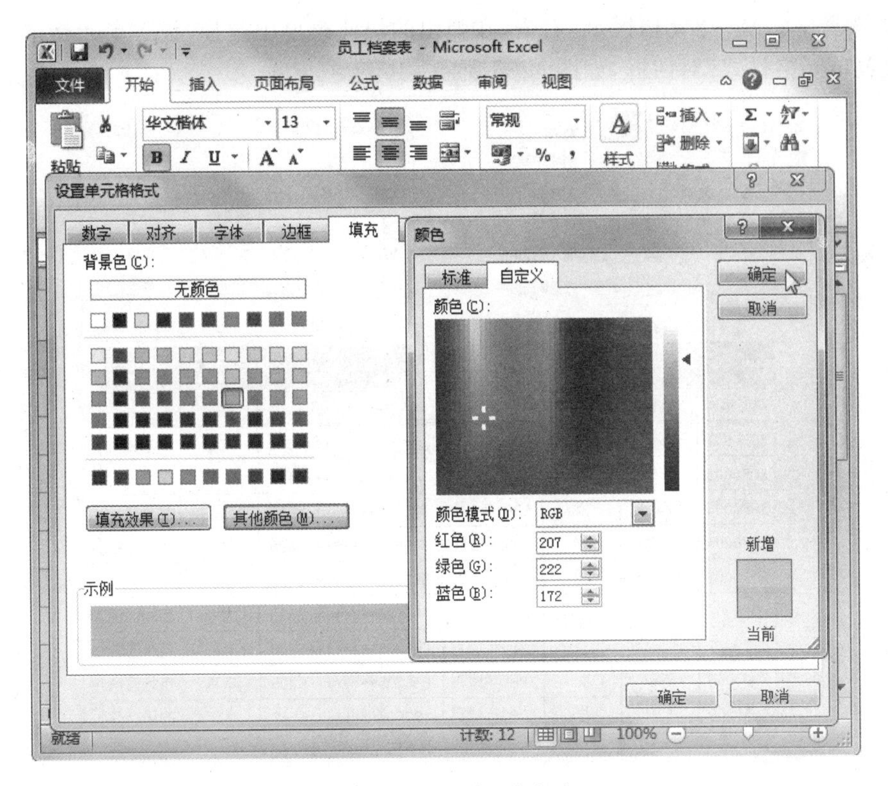

图 4.36　填充单元格颜色

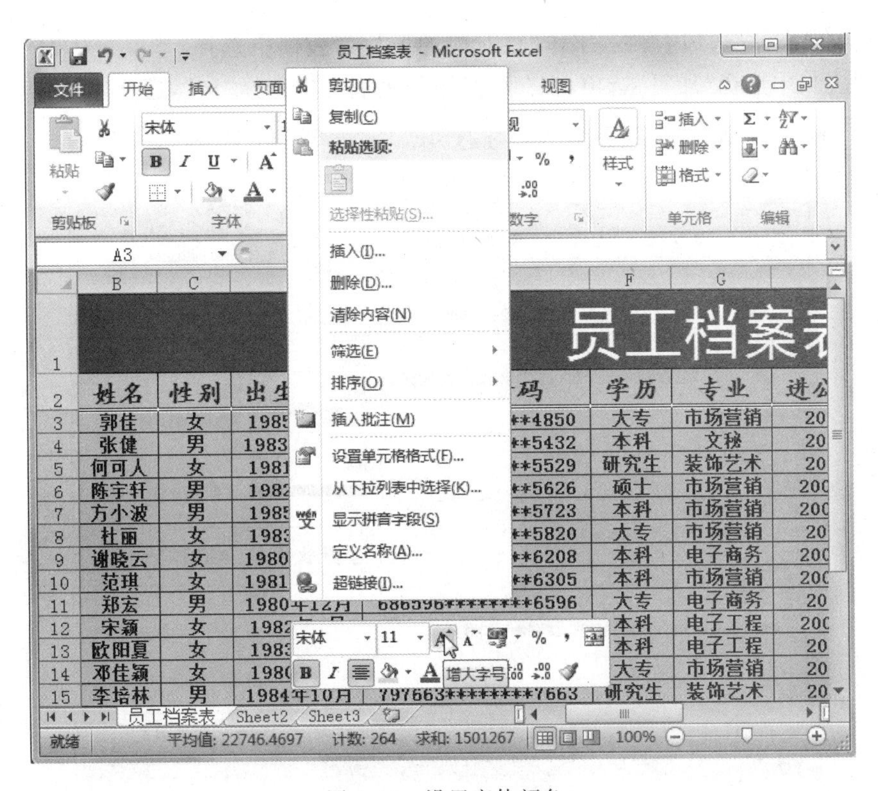

图 4.37　设置字体颜色

(5) 选择 A2:M2 单元格区域，右击，在弹出的快捷菜单中选择“设置单元格格式”命令，打开“设置单元格格式”对话框，如图 4.38 所示。

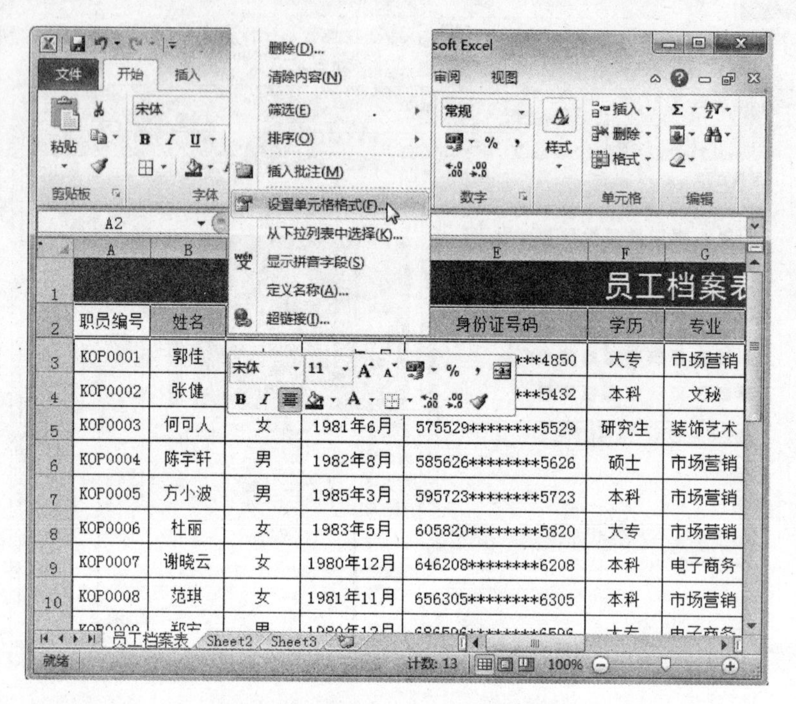

图 4.38 选择“设置单元格格式”命令

(6) 单击“字体”选项卡，在“字体”栏对应的下拉列表框中选择“华文楷体”选项，在“字形”下拉列表相中选择“加粗”选项，在“字号”下拉列表框中选择“16”，选项，如图 4.39 所示。

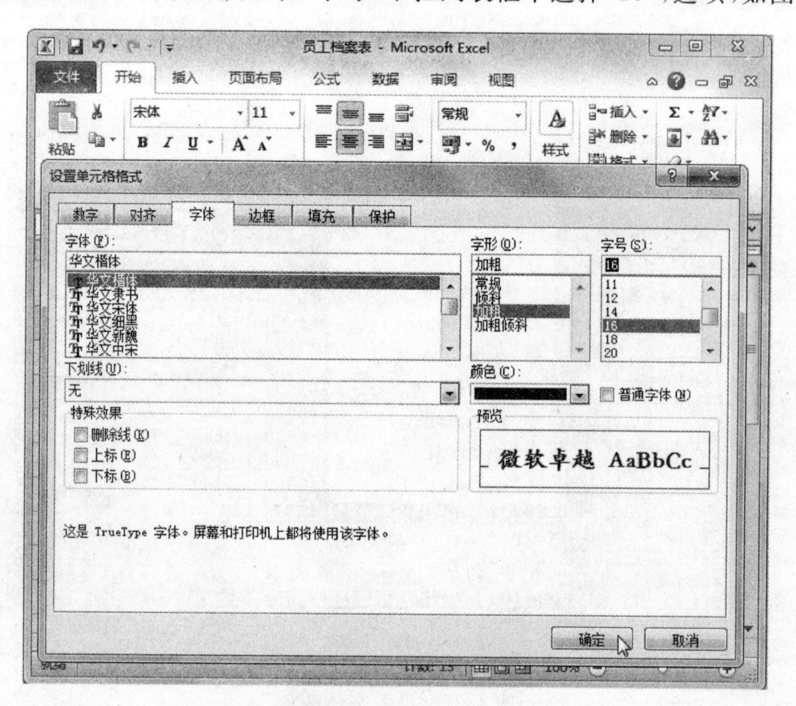

图 4.39 设置字体、字形、字号

(7) 单击“填充”选项卡，在“背景色”栏中选择第 7 列第 4 排的颜色选项，单击“其他颜色”按钮，打开“颜色”对话框，在“红色”“绿色”“蓝色”数值框中分别输入“207”“222”“172”，并依次单击“确定”按钮，如图 4.40 所示。

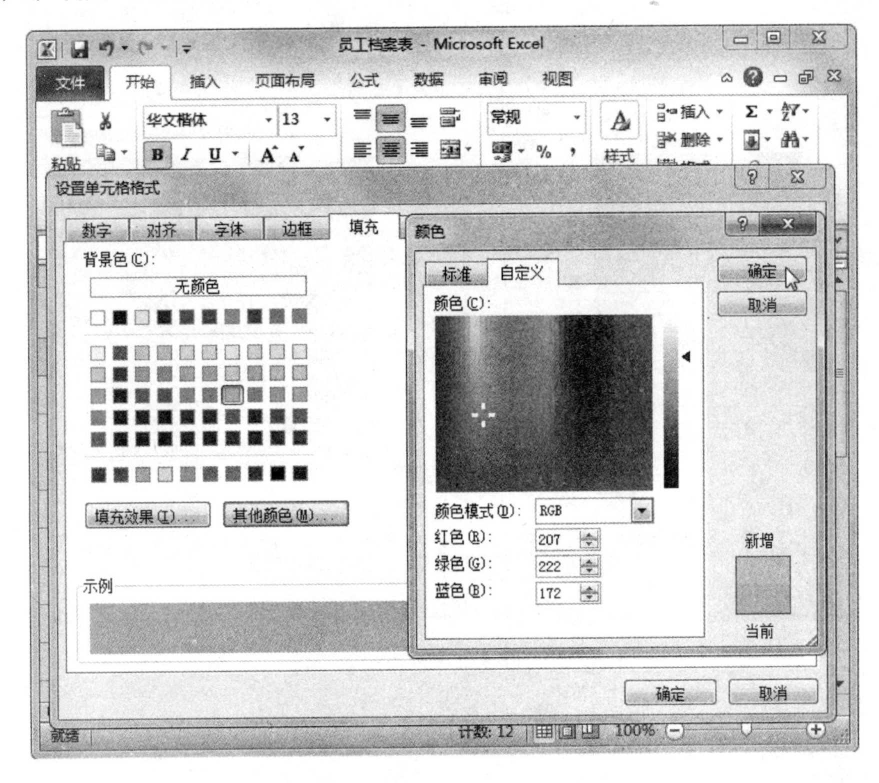

图 4.40　设置填充

(8) 选择 A3:M24 单元格区域，右击，在弹出的浮动窗口中单击“加粗”按钮，并单击“增大字号”按钮 A，完成字体的设置，如图 4.41 所示。

(9) 设置字体后，即可发现某个单元格或单元格区域显示不完整，调整未显示部分的行高与列宽使其完整显示，如图 4.42 所示。

(10) 调整单元格的样式，完成表格的创建，如图 4.43 所示。

【知识提示】

如果设置相同格式与样式的单元格，可选择设置好的单元格，选择“开始”→“剪贴板”组，单击“格式刷”按钮，选择需要设置的单元格或单元格区域对其进行格式设置。

6. 打印工作表

当完成设置后，还需对制作的工作表进行打印，将其以纸面文件的方式进行保存，下面将具体讲解打印工作表的设置与打印方法，其具体操作如下。

(1) 选择“文件”→“打印”菜单命令，打开“打印”界面，在其下方单击“页面设置”超链接，如图 4.44 所示。

(2) 打开“页面设置”对话框，在“页面”选项卡的“方向”栏中选中“横向”单选按钮，并在“缩放”栏中选中“缩放比例”单选按钮，并在其后数值框中输入“60”，如图 4.45 所示。

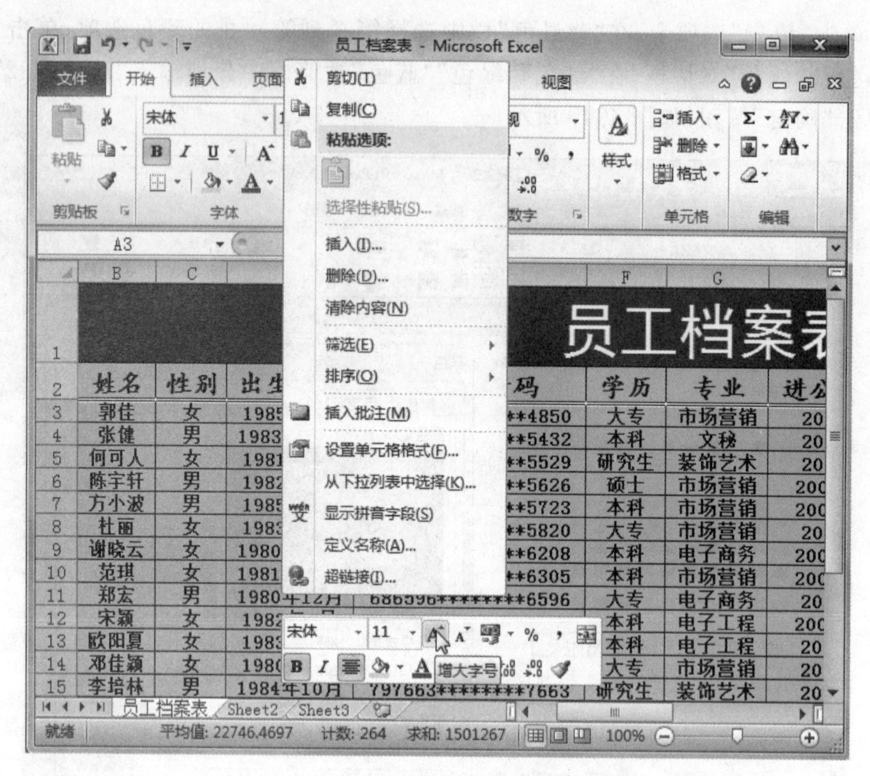

图 4.41　设置字体加粗与字号增大

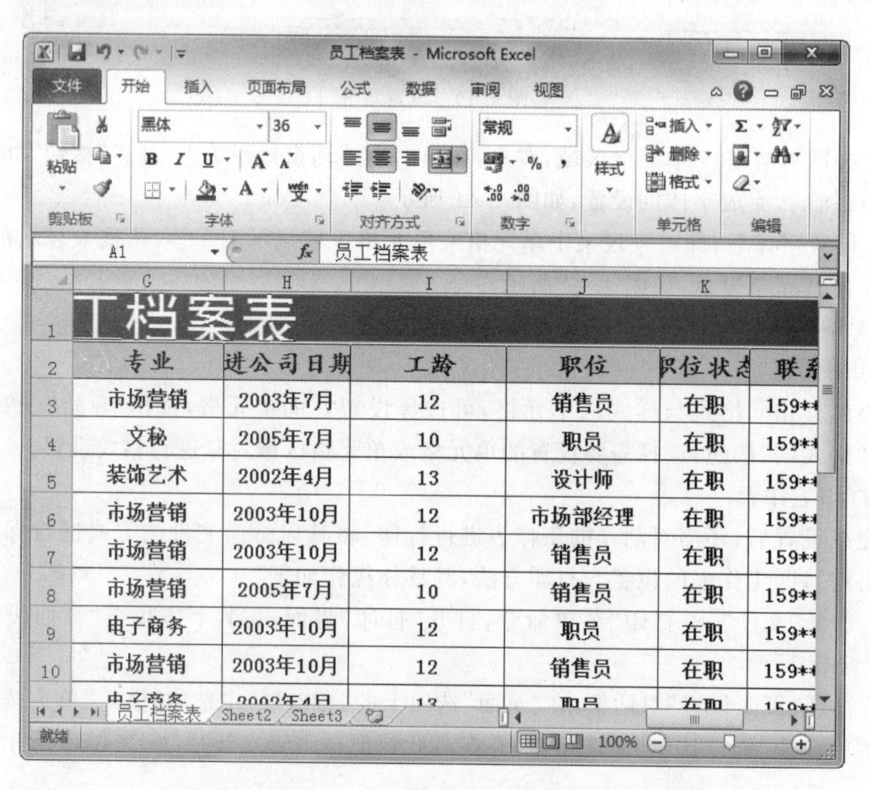

图 4.42　调整显示行高与列宽

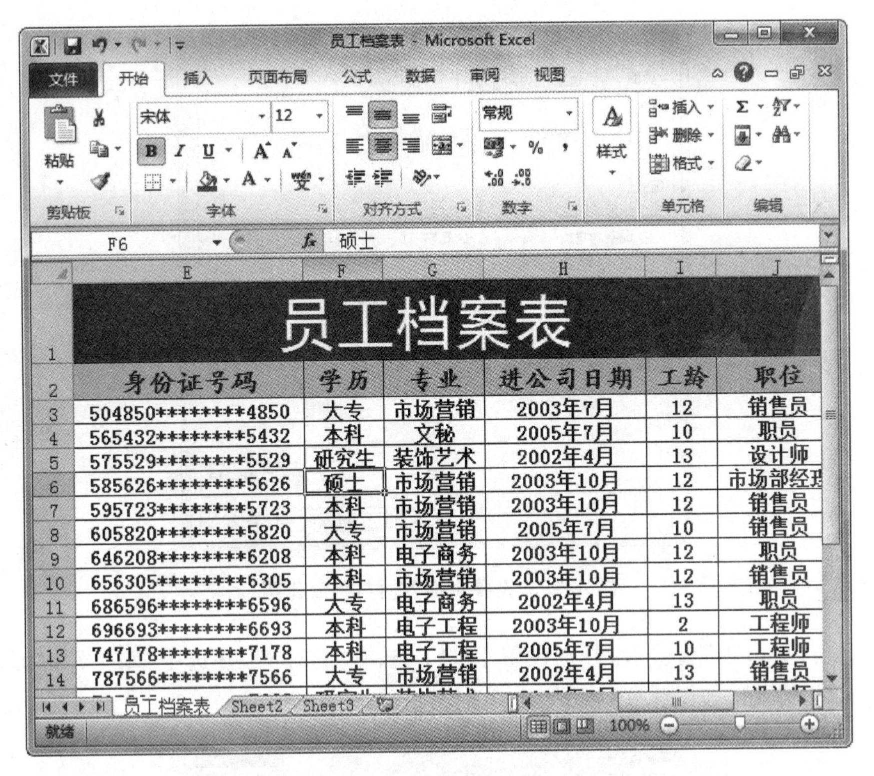

图 4.43　完成表格的创建

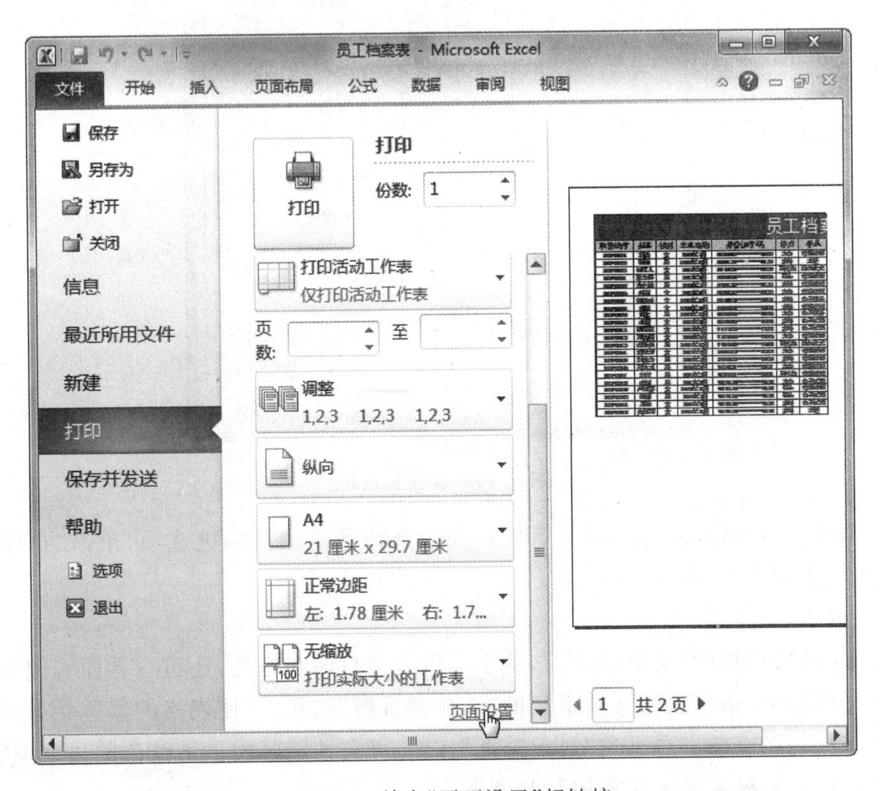

图 4.44　单击“页面设置”超链接

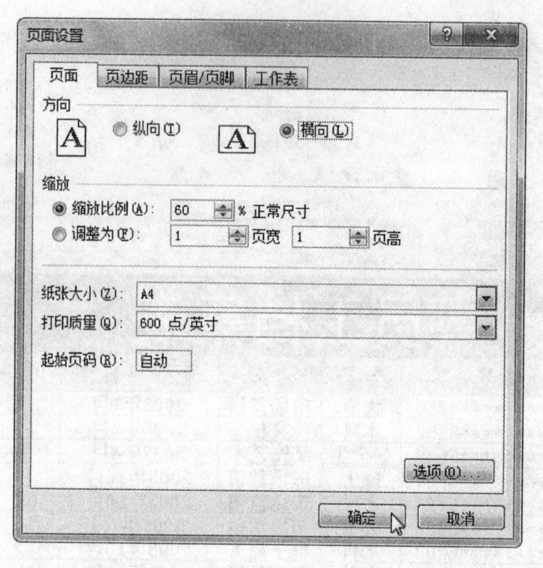

图 4.45　设置页面方向与缩放比例

(3) 单击“页边距”选项卡,分别设置上、下、左、右为“1.8”,并选中“水平”和“垂直”复选框,单击“确定”按钮,如图 4.46 所示。

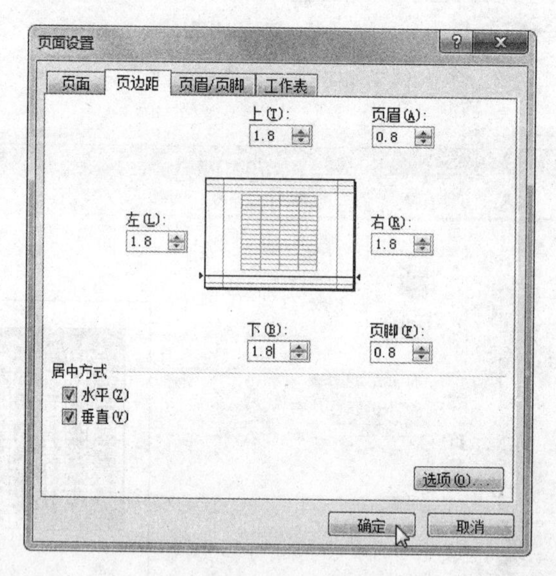

图 4.46　设置页边距

(4) 返回打印页面,在“打印机”下拉列表中选择需要的打印机选项,单击“打印”按钮,打印工作表,如图 4.47 所示。

【知识提示】

选择“文件”→“打印”菜单命令后,除了可设置与打印表格外,还可在界面右侧同步预览表格打印后的效果,单击预览区右下角的“缩放到页面”按钮,可使表格的预览状态在两种预览状态下进行切换。单击右下角“显示边框”按钮,可在预览区中显示红色的边框控制点,拖曳各控制点即可轻松调整表格页边距和列宽。

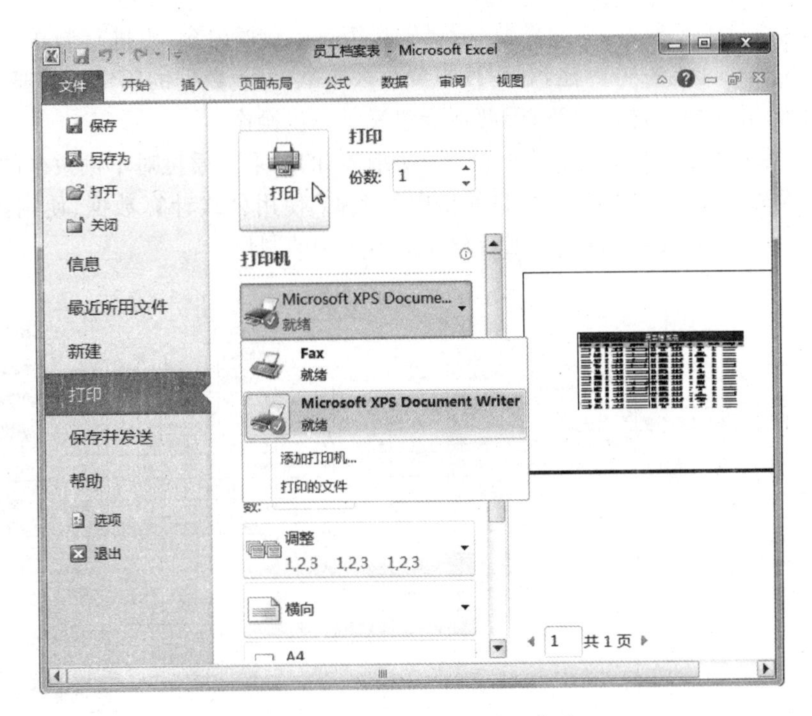

图 4.47 设置打印并打印工作表

4.1.5 知识拓展

在 Excel 表格的使用中,会经常遇到需要使用斜线表头的情况,由于 Excel 中没有“绘制斜线表头”的功能,遇到这种情况会令人比较头痛。其实,在 Excel 中有 3 种方法可以制作斜线表头,分别介绍如下。

1. 使用“设置单元格格式”对话框设置

先在需要设置斜线的单元格中输入文本,按 Alt+Enter 组合键换行,继续输入文本,使用鼠标右击该单元格,在弹出的快捷菜单中选择“设置单元格格式”命令,打开“设置单元格格式”对话框,单击“边框”选项卡,在“线条”栏的“样式”列表框中选择斜线样式,在“边框”栏中单击相应斜线按钮,单击“确定”按钮即可添加斜线。

2. 绘图工具绘制

在单元格中插入“直线”图形,即按住鼠标左键从开始位置拖曳到结束位置。

3. 粘贴制作好的斜线表头

在 Word 中利用“表格”菜单中的“绘制斜线表头”命令绘制表头斜线,完成制作后再复制到 Excel 中。

4.2 任务二 制作“员工工资明细表”

4.2.1 任务描述

已到月底,小张就要领这个月的工资了,小张正在憧憬买什么时,老王却交给他一个任务：那就是制作员工工资表，在制作前，需要先收集表中数据内容，再进行制作，于是小张开始接受新的工作了。老王告诉他，制作没想象那么简单，为了数据的固定性需要引用其他单元格中的内容，并对内容进行计算，因此不能忽视每一步操作。

图 4.48 所示即是将要制作的“员工工资明细表”的效果。通过对本例效果的预览，可知道完成工作簿的具体内容，包括引用单元格中的数据、使用公式计算数据、使用函数计算数据，以及设置数据有效性等操作，根据流程完成本实例的制作。

员工工资明细表

编制单位：　　所属月份：　　发放日期：　　金额单位：元

序号	姓名	部门	应发工资					代扣款项							实发金额	签名
			基本工资	效益提成	效益奖金	交通补贴	小计	迟到	事假	旷工	个人所得税	五险	其他	小计		
1	张明	财务	¥ 2,500.00	¥ 750.00	¥ 700.00	¥ 100.00	¥ 4,050.00	¥ 50.00	¥ -	¥ -	¥ 8.93	¥ 202.18	¥ -	¥ 3,797.82	¥ 3,788.89	
2	陈爱国	销售	¥ 2,200.00	¥ 600.00	¥ 500.00	¥ 100.00	¥ 3,400.00	¥ -	¥ 100.00	¥ 100.00	¥ -	¥ 202.18	¥ -	¥ 2,997.82	¥ 2,997.82	
3	任雨	企划	¥ 2,800.00	¥ 1,200.00	¥ 800.00	¥ 100.00	¥ 4,900.00	¥ 50.00	¥ -	¥ -	¥ 34.43	¥ 202.18	¥ -	¥ 4,647.82	¥ 4,613.39	
4	李小小	销售	¥ 2,200.00	¥ 1,000.00	¥ 600.00	¥ 100.00	¥ 3,900.00	¥ -	¥ -	¥ -	¥ 5.93	¥ 202.18	¥ -	¥ 3,697.82	¥ 3,691.89	
5	伍天	广告	¥ 2,300.00	¥ 1,200.00	¥ 600.00	¥ 100.00	¥ 4,200.00	¥ -	¥ 150.00	¥ -	¥ 10.43	¥ 202.18	¥ -	¥ 3,847.82	¥ 3,837.39	
6	桑玉	财务	¥ 2,500.00	¥ 1,300.00	¥ 700.00	¥ 100.00	¥ 4,600.00	¥ -	¥ -	¥ -	¥ 26.93	¥ 202.18	¥ -	¥ 4,397.82	¥ 4,370.89	
7	黄名名	广告	¥ 2,300.00	¥ 1,000.00	¥ 500.00	¥ 100.00	¥ 3,900.00	¥ -	¥ 100.00	¥ -	¥ 2.93	¥ 202.18	¥ -	¥ 3,597.82	¥ 3,594.89	
8	杨小环	销售	¥ 2,200.00	¥ 1,200.00	¥ 500.00	¥ 100.00	¥ 4,000.00	¥ -	¥ -	¥ -	¥ 8.93	¥ 202.18	¥ -	¥ 3,797.82	¥ 3,788.89	
9	侯佳	销售	¥ 2,200.00	¥ 1,100.00	¥ 2,300.00	¥ 100.00	¥ 5,700.00	¥ 50.00	¥ -	¥ -	¥ 89.78	¥ 202.18	¥ -	¥ 5,447.82	¥ 5,358.04	
10	赵刚	后勤	¥ 2,200.00	¥ 1,500.00	¥ 1,000.00	¥ 100.00	¥ 4,800.00	¥ -	¥ -	¥ -	¥ 32.93	¥ 202.18	¥ -	¥ 4,597.82	¥ 4,584.89	
11	王锐	企划	¥ 2,800.00	¥ 1,200.00	¥ 800.00	¥ 100.00	¥ 4,900.00	¥ 100.00	¥ -	¥ -	¥ 32.93	¥ 202.18	¥ -	¥ 4,597.82	¥ 4,564.89	
12	李玉明	销售	¥ 2,200.00	¥ 2,000.00	¥ 1,500.00	¥ 100.00	¥ 5,800.00	¥ -	¥ -	¥ -	¥ 104.78	¥ 202.18	¥ -	¥ 5,597.82	¥ 5,493.04	
13	陈元	企划	¥ 2,800.00	¥ 2,400.00	¥ 1,200.00	¥ 100.00	¥ 6,500.00	¥ -	¥ 100.00	¥ -	¥ 164.78	¥ 202.18	¥ -	¥ 6,197.82	¥ 6,033.04	
合计值			¥31,200.00	¥16,450.00	¥11,700.00	¥ 1,300.00	¥60,650.00	¥ 250.00	¥ 450.00	¥ 100.00	¥ 523.71	¥2,628.34	¥ -	¥57,221.86	¥56,697.95	
平均值			¥ 2,400.00	¥ 1,265.00	¥ 900.00	¥ 100.00	¥ 4,665.00	¥ 19.00	¥ 35.00	¥ 8.00	¥ 40.00	¥ 202.00	¥ -	¥ 4,402.00	¥ 4,361.00	

注：这里的五险不包括“一金”。

批准：　　制表：

图 4.48 “员工工资明细表”最终效果

4.2.2 任务目标

- 学会引用单元格中的数据；
- 学会使用公式计算数据；
- 学会使用函数计算数据。

4.2.3 预备知识

1. 操作工作表

右击左下角“工作表标签”，弹出快捷菜单如图 4.49 所示，利用此菜单可以对工作表进行“插入”“删除”“重命名”“移动或复制”操作。

在此菜单中“移动或复制”是同一命令，执行此命令会出现“移动或复制工作表”对话框，可以将选定的工作表移动到同一工作表的不同位置，也可以选择移动到其他工作簿的指定位置。如果选中对话框下方的复选框“建立副本”，就会在目标位置复制一个相同的工作表。

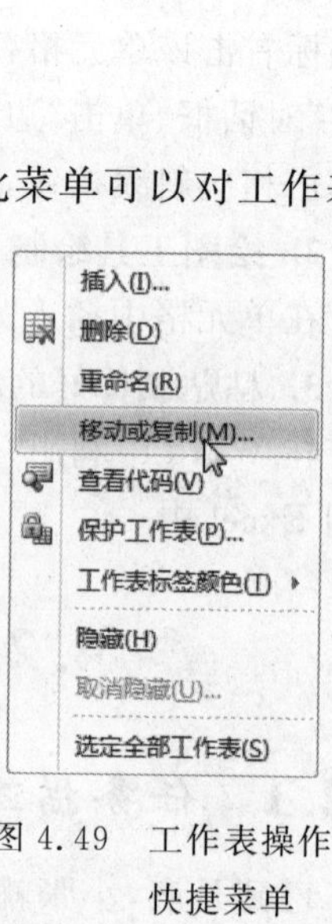

图 4.49 工作表操作快捷菜单

2. 公式和函数的使用

1）使用函数

函数由函数名、括号和参数组成的，格式为“函数名(参数)”。函数名一般是英文单词缩写；参数即参加该函数运算的单元格、区域、数值或表达式，所以参数一般会是单元格名称、区域名称、具体的数值或运算符号，若是不连续的区域，则用英文状态下的“,”分隔开多个区域的名称。

(1) 选择“开始”→“编辑”菜单命令，单击“自动求和”下拉按钮，可调用 5 种最常用的函数，如图 4.50 所示。

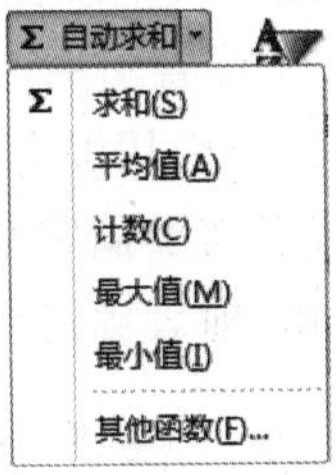

Σ 自动求和 ▾
Σ 求和(S)
平均值(A)
计数(C)
最大值(M)
最小值(I)
其他函数(F)...

图 4.50 “自动求和”5 种最常用函数

(2) 单击编辑栏中的 fx 按钮，弹出“插入函数”对话框，如图 4.51 所示。在 Excel 中，内置了几类比较常用的函数，需要时可以调用它们来实现运算。本案例要使用的函数有 SUM()、AVERAGE()、ROUND()和 IF()。

2) 使用公式

我们经常输入公式来完成计算，在编辑栏中会看到单元格的公式，例如 D2 单元格的数据是由公式“=B2 * C2”获得的，但 C2 单元格显示的是 B2 * C2 的结果，如图 4.52 所示。公式的输入一定是由“=”开始的。

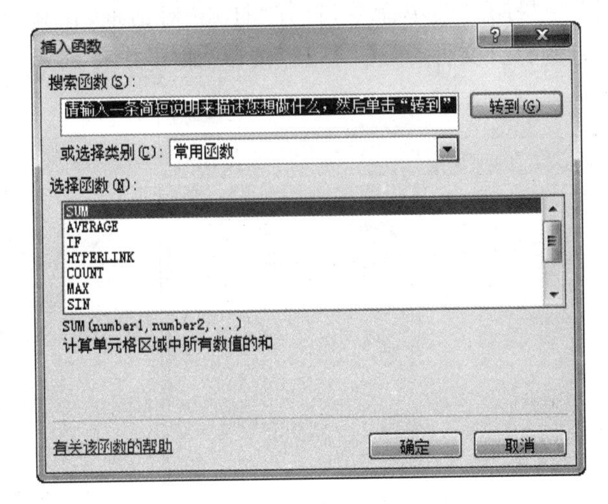

图 4.51 “插入函数”对话框

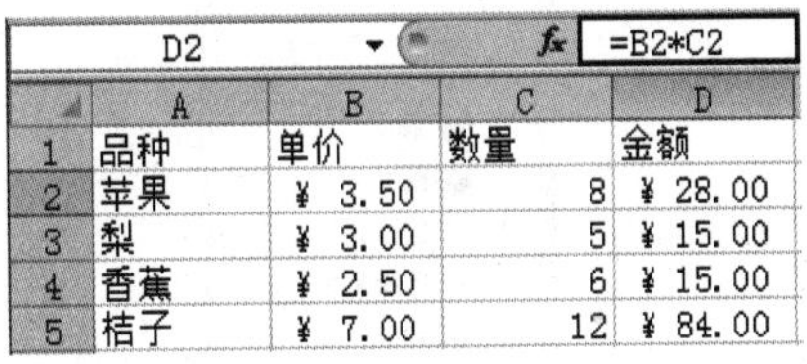

D2 fx =B2*C2

	A	B	C	D
1	品种	单价	数量	金额
2	苹果	¥ 3.50	8	¥ 28.00
3	梨	¥ 3.00	5	¥ 15.00
4	香蕉	¥ 2.50	6	¥ 15.00
5	桔子	¥ 7.00	12	¥ 84.00

图 4.52 查看单元格的公式

如果需要修改公式，可以双击单元格，使该单元格的数据处于编辑状态，再进行修改，或者选中单元格后，在编辑栏中修改公式。

注意：*函数和公式中包含的所有符号都必须是英文符号。*

3. 单元格地址的相对引用、绝对引用和混合引用

1) 相对引用

通常，我们所进行的引用都是相对引用。相对引用的含义是：把一个含有单元格地址引用的公式复制到一个新的位置时，公式中的单元格地址会根据情况而改变。相对引用的表示方法是用字母表示列，用数字表示行，如 A2。使用相对引用能很快得到其他单元格的公式结果，在实际应用中使用较多。

2) 绝对引用

绝对引用的含义是：把一个含有单元格地址引用的公式复制到一个新的位置时，公式中的单元格地址保持不变。绝对引用的表示方法是在列字母和行数字之前加上美元符 $，如 $E$2。假如 F2 单元格的公式为“= A2/ $E$2”，被复制到 F3 单元格后，就变成了

"=A3/$E$2"。从公式的变化可以看到,相对引用 A2 变成了 A3,而绝对引用$E$2 却没有随着发生改变。

3) 混合引用

混合引用综合了相对引用和绝对引用的效果。当用户需要固定某行引用而改变列引用,或者需要固定某列引用而改变行引用时,就要用到混合引用,例如,$A2、D$3 都是混合引用,前者固定列不变,后者固定行不变。

4.2.4 任务实施

1. 创建工资表框架

在制作工资表之前,需先打开一个"员工基本信息. xlsx"工作簿,并对工作表进行另存为、输入数据、合并单元格以及底纹的设置,具体操作如下。

(1) 选择"开始"→"所有程序"→Microsoft Office→Microsoft Office 2010 菜单命令,打开 Excel 2010 的工作簿界面。选择"文件"→"打开"菜单命令,打开"打开"对话框,在其中选择需打开的文件的保存位置,并选择对应的打开文件,单击"打开"按钮,如图 4.53 所示。

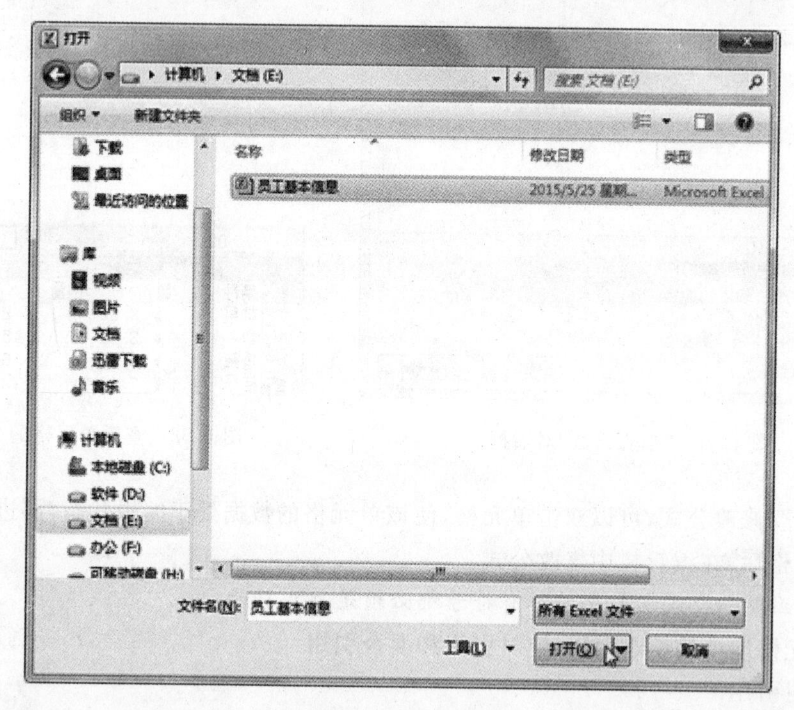

图 4.53 打开工作簿

(2) 选择"文件"→"另存为"菜单命令,打开"另存为"对话框,将该工作表以"员工工资表"保存在计算机桌面上,如图 4.54 所示。

(3) 在 Sheet1 工作表上双击,将其命名为"员工基本信息",选择 Sheet2 工作表,在其上右击,在弹出的快捷菜单中选择"重命名"命令,并输入"扣除表",使用相同方法,将 Sheet3 工作表命名为"员工工资明细表",如图 4.55 所示。

(4) 在"员工基本信息"工作表上右击,在弹出的快捷键菜单中选择"工作表标签颜色"→"橄榄色,强调文字颜色 3"命令,如图 4.56 所示。

图 4.54　对工作簿进行“另存为”操作

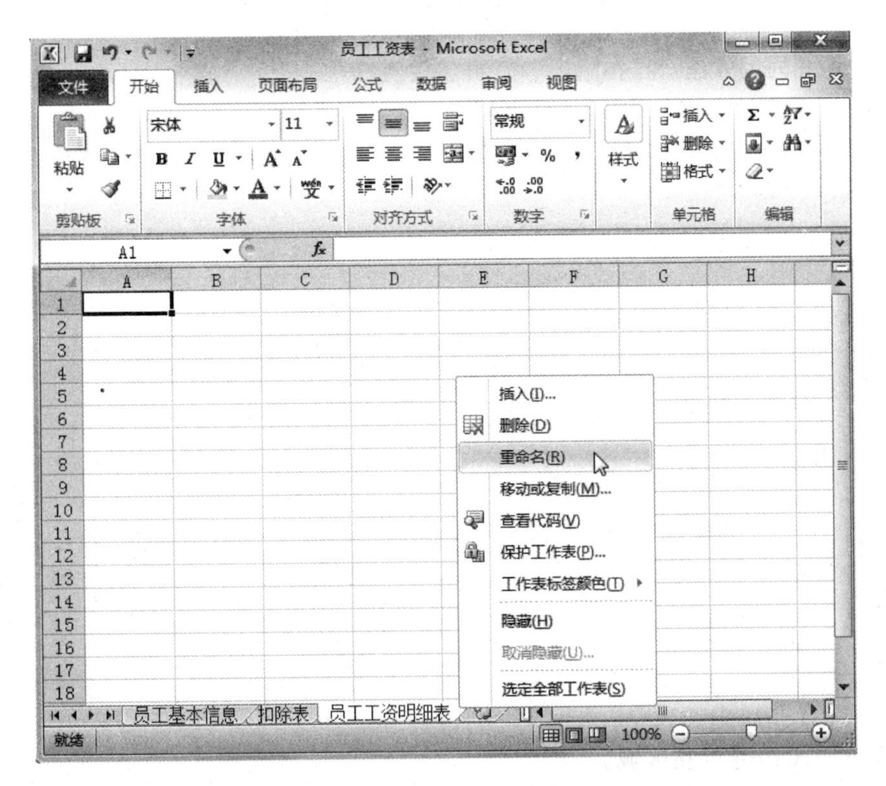

图 4.55　重命名工作表标签

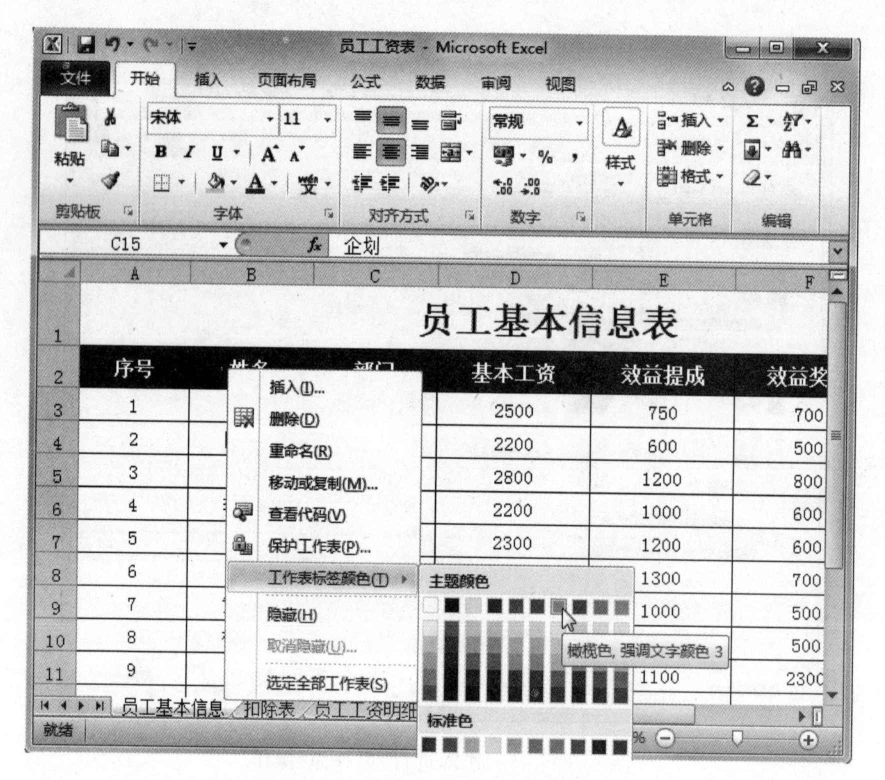

图 4.56　为工作表标签设置颜色

(5) 使用相同的方法,为“扣除表”和“员工工资明细表”分别添加“水绿色,强调文字颜色 5”和“橙色,强调文字颜色 6”的工作表颜色。

(6) 选择“员工工资明细表”工作表,在工作表中输入表名和表头等主要项目数据,如图 4.57 所示。

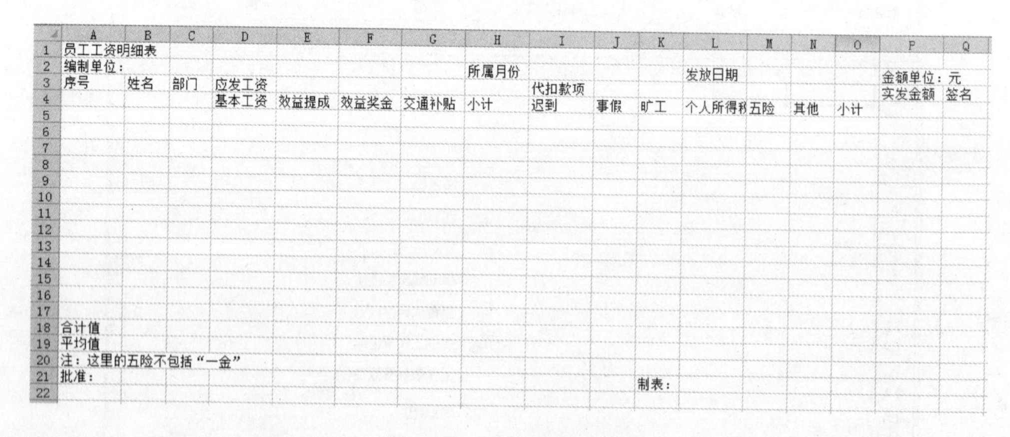

图 4.57　输入项目数据

(7) 分别合并居中 A1:Q1、A3:A4、B3:B4、C3:C4、D3:H3、I3:O3、P3:P4、Q3:Q4、A18:C18、A19:C19 单元格区域。

(8) 选择 A3:Q19 单元格区域,在“字体”组中单击“边框”按钮右侧的下拉按钮,在打开的下拉列表中选择“所有框线”,如图 4.58 所示。

(9) 选择 A2:Q21 单元格区域,选择“开始”→“单元格”组,单击“格式”按钮右侧的下拉按钮,在打开的下拉列表中选择“行高”选项,打开“行高”对话框,在其下方的文本框中输入“20”,单击“确定”按钮,如图 4.59 所示。

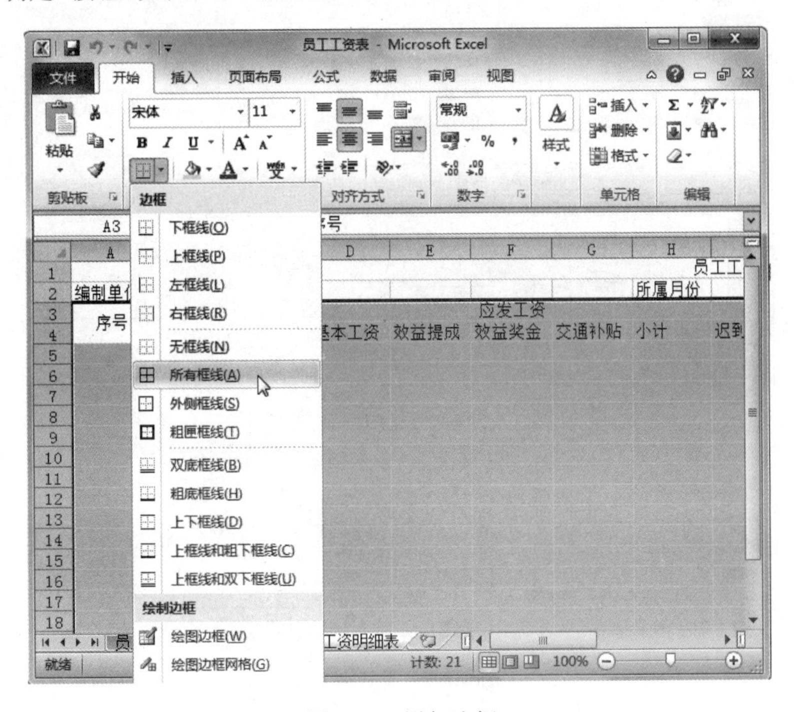

图 4.58　添加边框

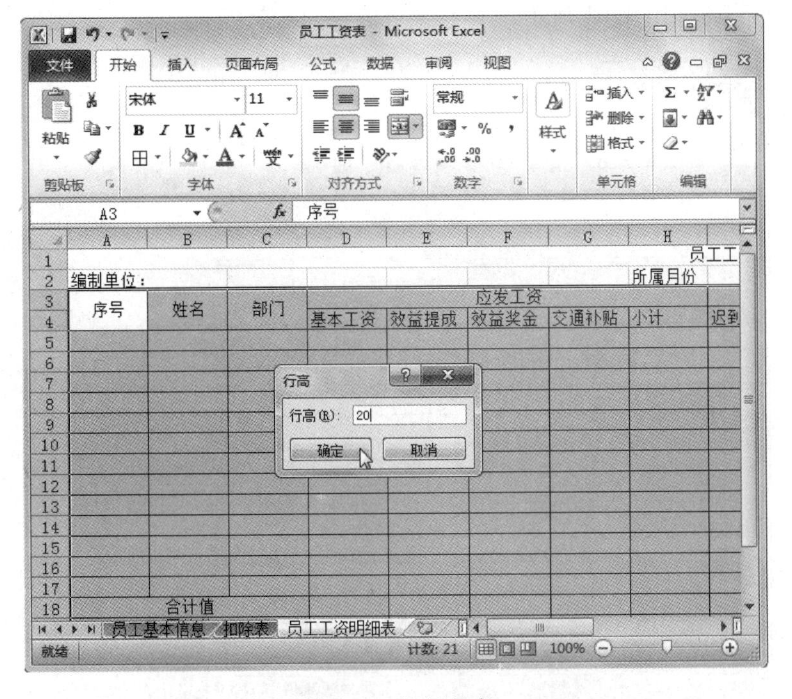

图 4.59　设置行高

(10) 继续保持选择状态，再单击“格式”按钮右侧下拉按钮，在打开的下拉列表中选择“列宽”选项，打开“列宽”对话框，在其下方的文本框中输入“9.5”，单击“确定”按钮，如图 4.60 所示。

图 4.60　设置列宽

(11) 选择 A2:Q19 单元格区域，选择“开始”→“对齐方式”组，单击“居中”按钮，设置所选单元格居中对齐，如图 4.61 所示。

图 4.61　设置居中对齐

(12) 选择 A1 单元格，选择“开始”→“字体”组，在“字体”下拉列表中设置字体为“黑体”，设置“字号”为“28”，单击“加粗”按钮，并手动调整 A1 单元格的行高，如图 4.62 所示。

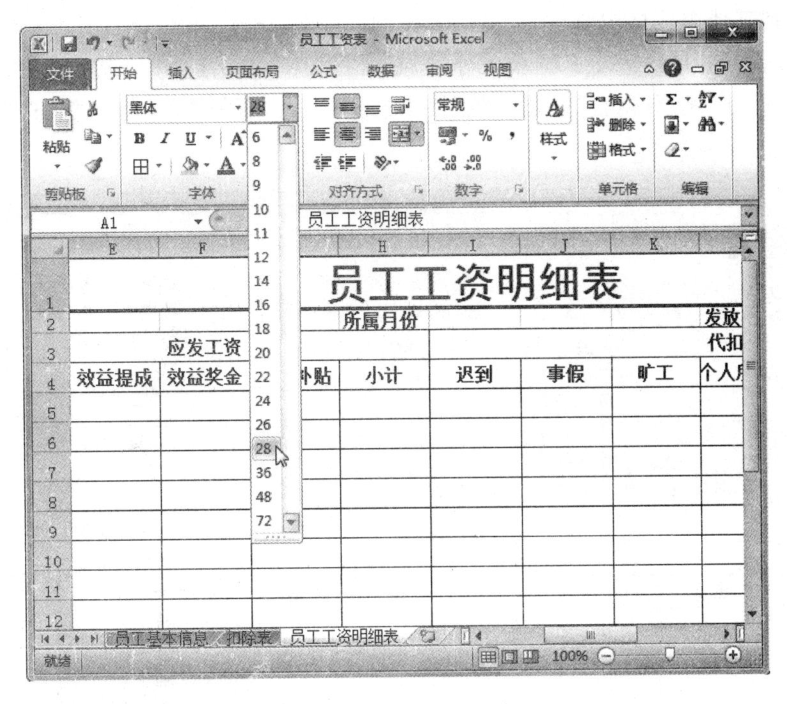

图 4.62 设置表题格式

(13) 选择 A2:Q4、A18:C19、A20:K21 单元格区域，设置“字号”为“12”，并单击“加粗”按钮，再手动调整各个单元格的行高，如图 4.63 所示。

图 4.63 设置字号并调整行高

【知识提示】

如果单元格中已经存在不同的格式，可选择该单元格，请单击“格式刷”按钮，将该单元格格式应用到其他单元格中。

(14) 选择 H5:H19、O5:P19 单元格区域，在“字体”组中单击“填充颜色”按钮右侧的下拉按钮，在打开的下拉列表的“主题颜色”栏中选择“白色，背景 1，深色 15%”选项，如图 4.64 所示。

图 4.64　选择填充颜色

(15) 完成后的工资表框架效果如图 4.65 所示。

【知识提示】

用户如果觉得该框架以后还会用到，可将其创建为模板，其方法是：在“另存为”对话框中将“保存类型”更改为模板格式即可。

2. 引用单元格数据

当完成表格的创建后，即可输入数据，但是输入现有的数据很麻烦，可以通过引用单元格数据的方法让操作更加快捷，其具体操作如下。

(1) 选择 A5 单元格，在编辑栏中输入“=”，将鼠标光标移动到左下角，单击“员工基本信息”工作表，如图 4.66 所示。

(2) 在“员工基本信息表”工作簿中选择 A3 单元格，可发现编辑栏中的数据已发生变化，按 Enter 键，完成该单元格引用，如图 4.67 所示。

(3) 选择 A5 单元格，将鼠标光标移动到该单元格左下角，当鼠标光标变为十形状时，向下拖曳至 A17 单元格后释放鼠标，完成一列单元格的引用，如图 4.68 所示。

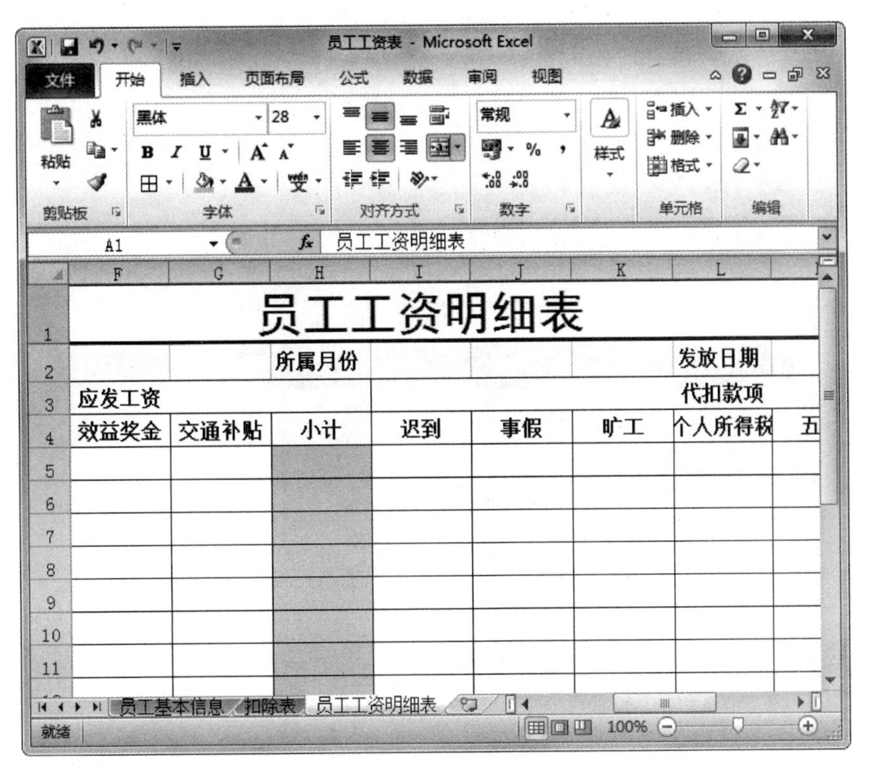

图 4.65　工资表框架创建后效果

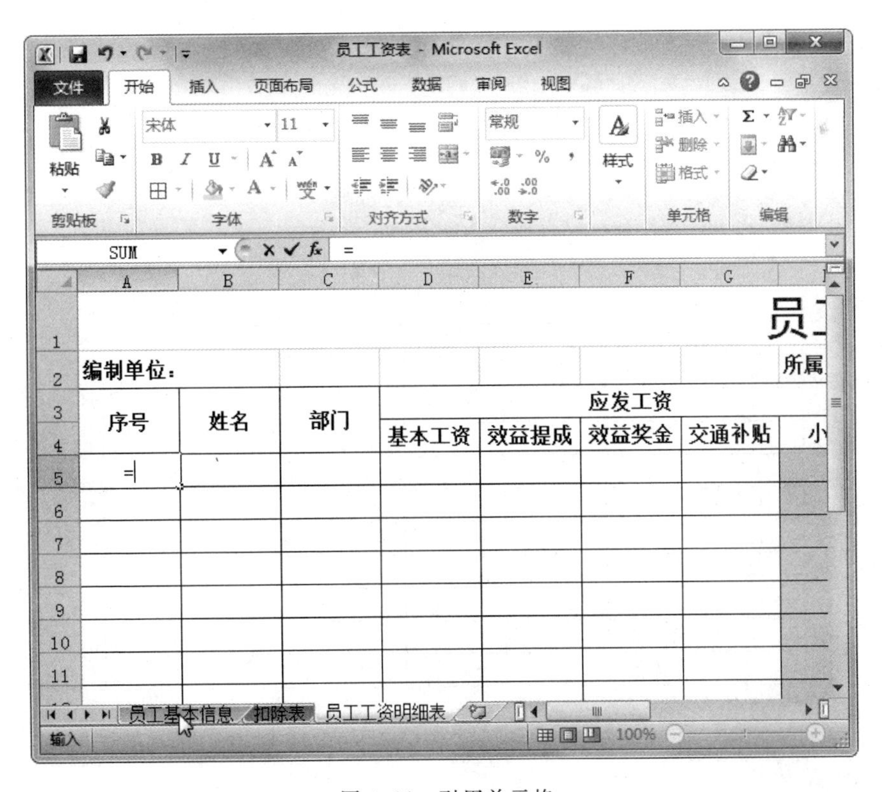

图 4.66　引用单元格

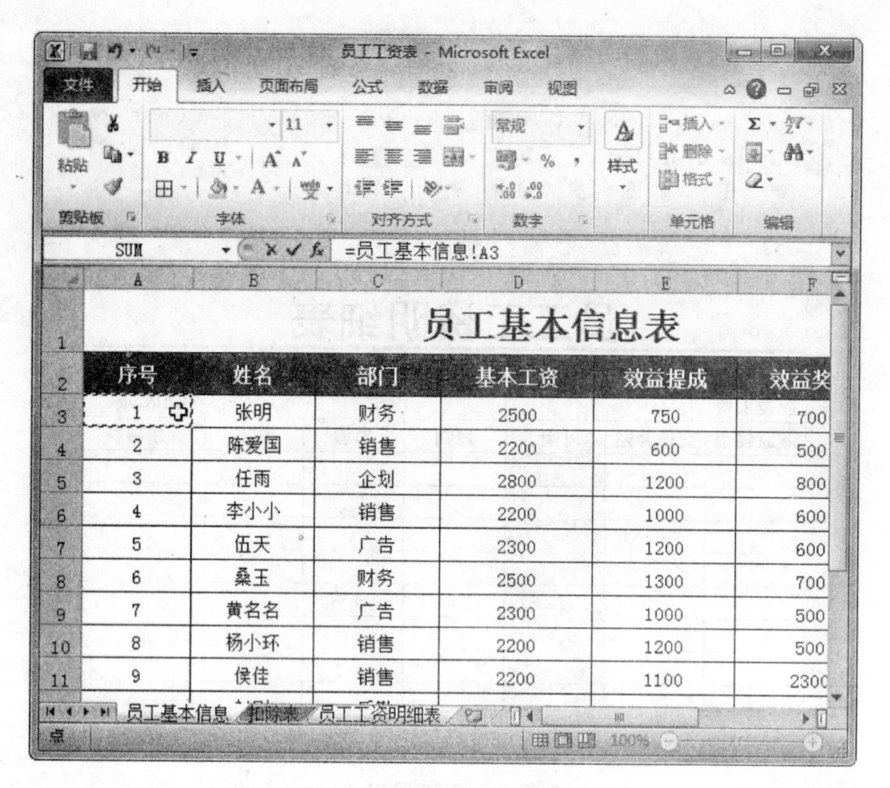

图 4.67　选择引用的单元格

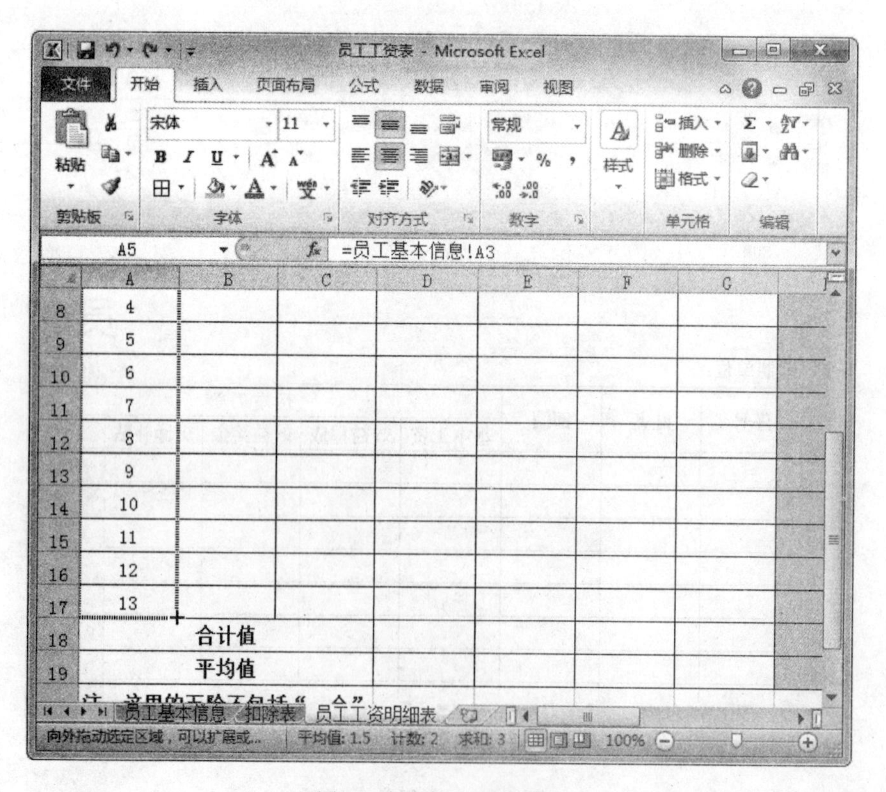

图 4.68　引用一列数据

(4) 选择 B5:B17 单元格区域，在编辑栏中输入"=员工基本信息!B3"，按 Ctrl+Enter 组合键，可快速引用对应的数据，如图 4.69 所示。

员工工资表 - Microsoft Excel

文件 开始 插入 页面布局 公式 数据 审阅 视图

粘贴 宋体 11 常规 样式 插入 删除 格式 剪贴板 字体 对齐方式 数字 单元格 编辑

B5 f_x =员工基本信息!B3

	A	B	C	D	E	F	G	
1								员工
2	编制单位：							所属
3	序号	姓名	部门	应发工资				
4				基本工资	效益提成	效益奖金	交通补贴	小
5	1	张明						
6	2	陈爱国						
7	3	任雨						
8	4	李小小						
9	5	伍天						
10	6	桑玉						
11	7	黄名名						

员工基本信息 扣除表 员工工资明细表

就绪 计数: 13 100%

图 4.69 快速引用单元格

(5) 选择 A5:B17 单元格区域，将鼠标光标移动到选择区域左下角，当鼠标光标变为+形状时，向右拖曳至 G17 单元格后释放鼠标，完成区域单元格引用，如图 4.70 所示。

员工工资表 - Microsoft Excel

文件 开始 插入 页面布局 公式 数据 审阅 视图

A5 f_x =员工基本信息!A3

	A	B	C	D	E	F	G
10	6	桑玉	财务	2500	1300	700	100
11	7	黄名名	广告	2300	1000	500	100
12	8	杨小环	销售	2200	1200	500	100
13	9	侯佳	销售	2200	1100	2300	100
14	10	赵刚	后勤	2200	1500	1000	100
15	11	王锐	企划	2800	1200	800	100
16	12	李玉明	销售	2200	2000	1500	100
17	13	陈元	企划	2800	2400	1200	100
18		合计值					
19		平均值					
20	注：这里的五险不包括"一金"						
21	批准：						

员工基本信息 扣除表 员工工资明细表

就绪 平均值: 934.4769231 计数: 91 求和: 60741 100%

图 4.70 引用其他区域数据

(6) 使用相同的方法，选择 I5 单元格，双击单元格，在其中输入“=扣除表! D3”，按 Enter 键，完成该单元格引用，并通过拖曳的方法，对 I5:K17 单元格数据进行引用，其效果如图 4.71 所示。

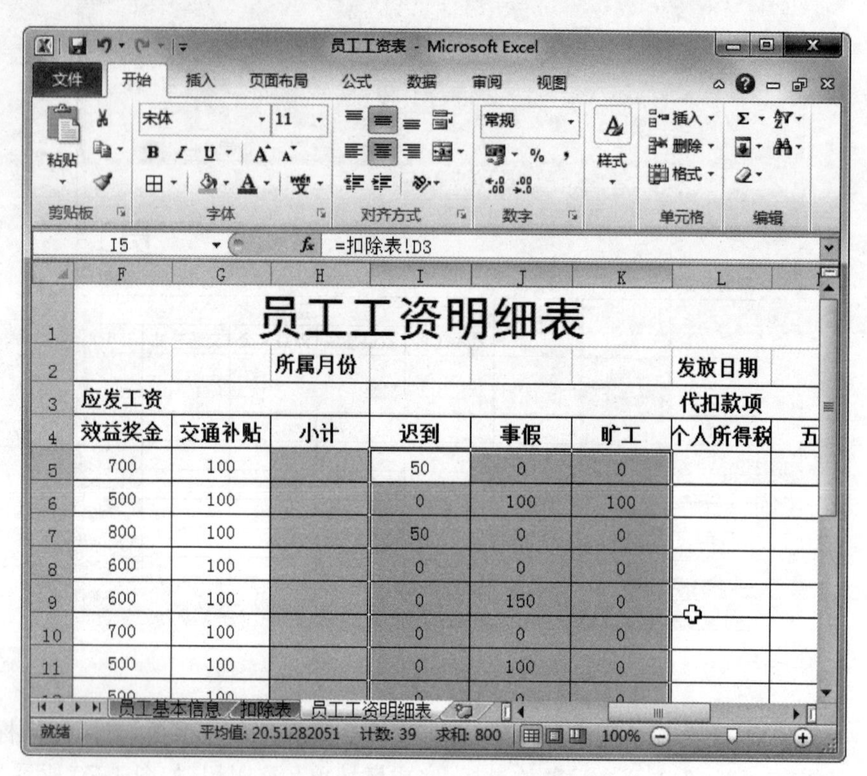

图 4.71　引用扣除表中数据

【知识提示】

本例中讲解的是引用同一工作簿中的数据，而引用其他工作簿中的单元格的操作方法与引用同一工作簿中的单元格的操作方法类似，只是输入的格式有所不同，一般格式为“'工作簿存储地址(工作簿名称)工作表名称'!单元格地址”。例如“=SUM('d:\我的文档\(工作簿 3. xlsx)Sheet1:Sheet2'! B2)”表示求计算机 D 盘“我的文档”文件夹中名为“工作簿 3. xlsx”中的工作表 1 到工作表 2 所有 B2 单元格中值的和。

3. 使用公式计算数据

当引用好数据后，即可对数据进行计算，在 Excel 中输入公式的方法与输入数据相同，只需依次输入“=”以及具体参数和单元格地址即可，其具体操作如下。

(1) 选择 H5 单元格，在编辑栏中输入“=”并选择 D5 单元格，在编辑栏中继续输入“+”并选择 E5 单元格，继续输入“+”并选择 F5 单元格，使用相同的方法，在编辑栏中继续输入“+”并选择 G5 单元格，如图 4.72 所示。

(2) 按 Enter 键，完成该单元格的公式计算，并得到 H5 单元格小计值，如图 4.73 所示。

【知识提示】

在输入公式时，参加计算的单元格的边框会以彩色显示，以便确认输入的地址是否有误。

员工工资表 - Microsoft Excel

文件 开始 插入 页面布局 公式 数据 审阅 视图

SUM =D5+E5+F5+G5

	B	C	D	E	F	G	H
1							员工工资
2							所属月份
3	姓名	部门	应发工资				
4			基本工资	效益提成	效益奖金	交通补贴	小计
5	张明	财务	2500	750	700	100	+E5+F5+G5
6	陈爱国	销售	2200	600	500	100	
7	任雨	企划	2800	1200	800	100	
8	李小小	销售	2200	1000	600	100	
9	伍天	广告	2300	1200	600	100	
10	桑玉	财务	2500	1300	700	100	
11	黄名名	广告	2300	1000	500	100	

员工基本信息 扣除表 员工工资明细表

图 4.72　引用单元格进行计算

员工工资表 - Microsoft Excel

文件 开始 插入 页面布局 公式 数据 审阅 视图

H5 =D5+E5+F5+G5

	B	C	D	E	F	G	H
1							员工工资
2							所属月份
3	姓名	部门	应发工资				
4			基本工资	效益提成	效益奖金	交通补贴	小计
5	张明	财务	2500	750	700	100	4050
6	陈爱国	销售	2200	600	500	100	
7	任雨	企划	2800	1200	800	100	
8	李小小	销售	2200	1000	600	100	
9	伍天	广告	2300	1200	600	100	
10	桑玉	财务	2500	1300	700	100	
11	黄名名	广告	2300	1000	500	100	

员工基本信息 扣除表 员工工资明细表

就绪 100%

图 4.73　完成该公式的计算

复杂一些的公式可能包含函数(函数是预先编写的公式,可以对一个或多个值执行运算,并返回一个或多个值。函数可以简化和缩短工作表中的公式,尤其在用公式执行很长和复杂的计算时效果更加显著),引用,运算符(运算符是一个标记或符号,指定表达式内执行的计算的类型。有数学、比较、逻辑和引用运算符等)和常量(常量是不进行计算的值,因此也不会发生变化)。

(3) 选择 H6 单元格，在单元格中输入“＝D6＋E6＋F6＋G6”，按 Enter 键，完成该单元格的公式计算，如图 4.74 所示。

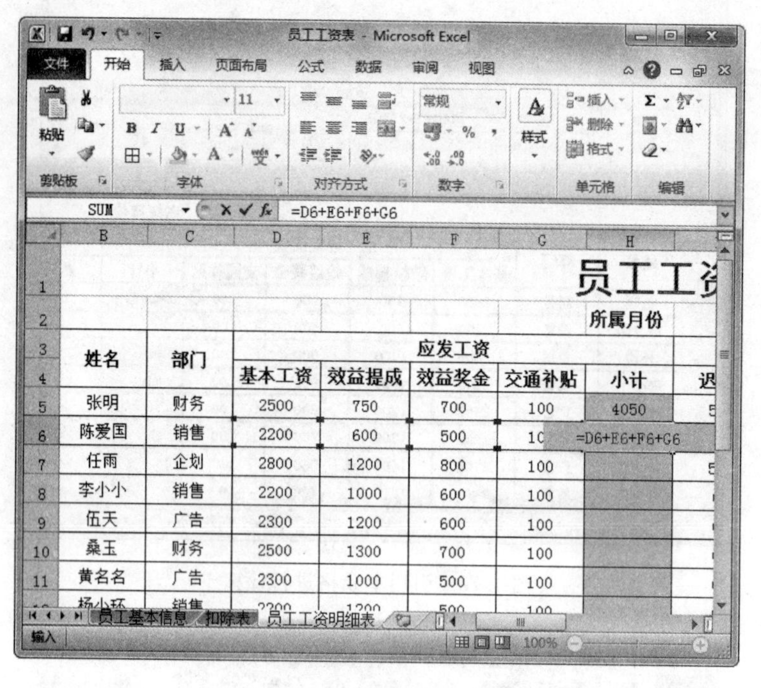

图 4.74　在单元格中输入公式

(4) 选择 H7:H17 单元格区域，在编辑栏中输入“＝D7＋E7＋F7＋G7”，按 Ctrl＋Enter 组合键，完成其他单元格计算，如图 4.75 所示。

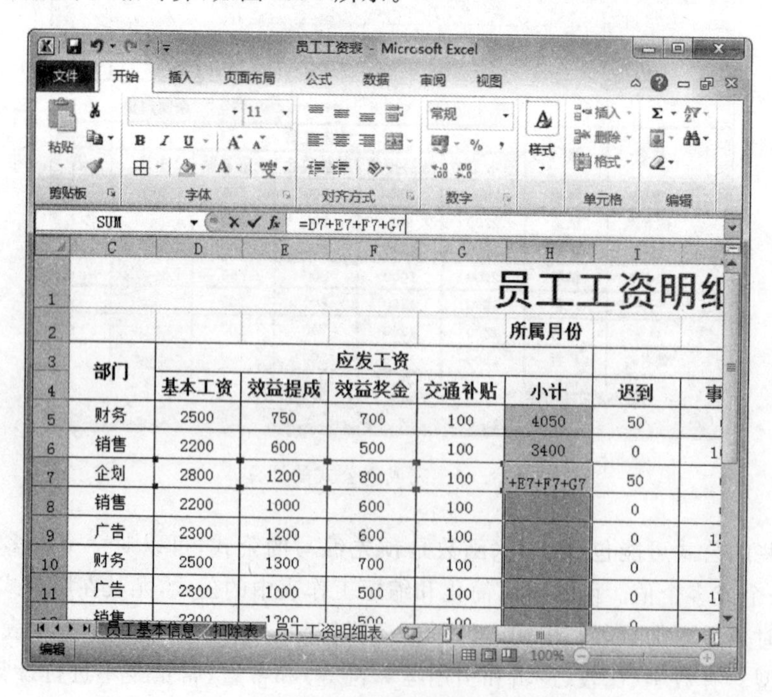

图 4.75　输入其他公式

(5) 选择 M5:M17 单元格区域,在编辑栏中输入“202.18”,按 Ctrl+Enter 组合键,快速填充五险金额,如图 4.76 所示。

员工工资表 - Microsoft Excel

M5　f_x 202.18

	G	H	I	J	K	L	M	N
4	交通补贴	小计	迟到	事假	旷工	个人所得税	五险	其
5	100	4050	50	0	0		202.18	
6	100	3400	0	100	100		202.18	
7	100	4900	50	0	0		202.18	
8	100	3900	0	0	0		202.18	
9	100	4200	0	150	0		202.18	
10	100	4600	0	0	0		202.18	
11	100	3900	0	100	0		202.18	
12	100	4000	0	0	0		202.18	
13	100	5700	50	0	0		202.18	
14	100	4800	0	0	0		202.18	
15	100	4900	100	0	0		202.18	
16	100	5800	0	0	0		202.18	
17	100	6500	0	100	0		202.18	
18								
19								

员工基本信息　扣除表　员工工资明细表

就绪　平均值: 202.18　计数: 13　求和: 2628.34　100%

图 4.76　输入五险金额

(6) 使用相同的方法,选择 O5:O17 单元格区域,在编辑栏中输入“=H5-I5-J5-K5-M5”,按 Ctrl+Enter 组合键,快速计算扣除后的工资即小计值,如图 4.77 所示。

员工工资表 - Microsoft Excel

O5　f_x =H5-I5-J5-K5-M5

	I	J	K	L	M	N	O
4	迟到	事假	旷工	个人所得税	五险	其他	小计
5	50	0	0		202.18		3797.82
6	0	100	100		202.18		2997.82
7	50	0	0		202.18		4647.82
8	0	0	0		202.18		3697.82
9	0	150	0		202.18		3847.82
10	0	0	0		202.18		4397.82
11	0	100	0		202.18		3597.82
12	0	0	0		202.18		3797.82
13	50	0	0		202.18		5447.82
14	0	0	0		202.18		4597.82
15	100	0	0		202.18		4597.82
16	0	0	0		202.18		5597.82
17	0	100	0		202.18		6197.82
18							
19							

员工基本信息　扣除表　员工工资明细表

就绪　平均值: 4401.666154　计数: 13　求和: 57221.66　100%

图 4.77　计算小计值

4. 使用函数计算数据

当认识公式的计算后，会发现公式只能运用简单的计算，若需要进行较复杂的计算，还需要使用函数对数据进行计算，其具体操作如下。

(1) 选择 D18 单元格，在编辑栏中单击“插入函数”按钮，打开“插入函数”对话框，在“或选择类别”下拉列表中选择“常用函数”选项，在其下的列表框中选择 SUM 选项，单击“确定”按钮，如图 4.78 所示。

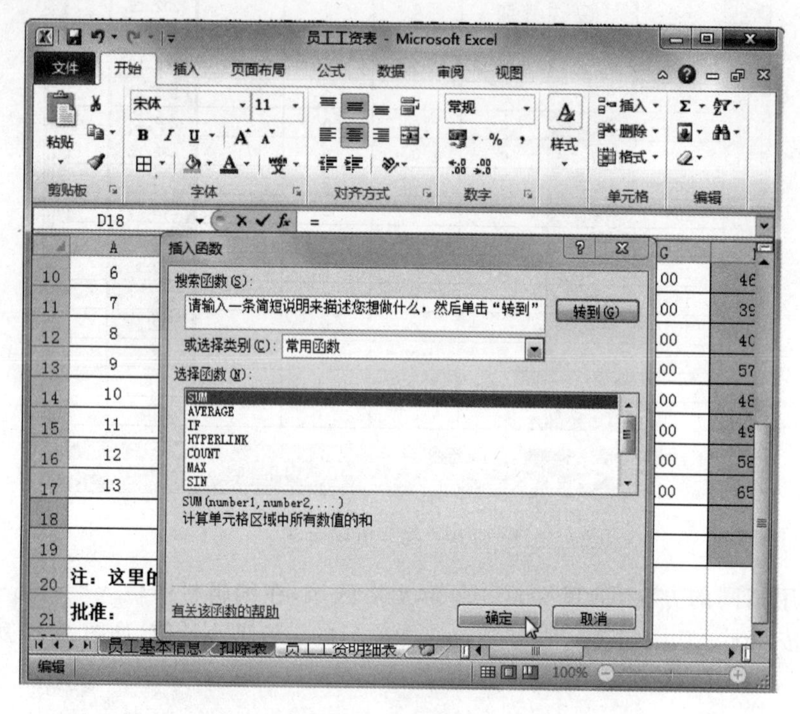

图 4.78 选择函数

(2) 打开“函数参数”对话框，在 Number1 栏后的文本框后单击按钮，如图 4.79 所示。

(3) 此时，打开的“函数参数”对话框将以缩小的形式显示，使用鼠标在单元格中选择 D5:D17 单元格区域，可发现“函数参数”对话框中的文本框已经显示选择区域，如图 4.80 所示。

(4) 返回“函数参数”对话框，此时 Number1 文本框中已经输入数据，并且在“计算结果”栏中可看到计算后的结果，单击“确定”按钮，如图 4.81 所示。

(5) 在 D18 单元格中即可查看计算的结果，选择 D18 单元格，将鼠标光标移动到单元格右下角的＋按钮上，按住鼠标左键不放并向右拖曳，为 E18:P18 单元格区域快速填充函数，并自动计算结果，如图 4.82 所示。

(6) 返回单元格即可查看填充后的效果，并使用“格式刷”对 H18、O18、P18 单元格添加与上方相同底纹的单元格，如图 4.83 所示。

5. 使用嵌套函数

嵌套函数主要指将某函数作为另一函数的参数，这里将使用 AVERGE 与 ROUND 函数嵌套使用，其具体操作如下。

(1) 选择 D19 单元格，选择“公式”→“函数库”组，单击“插入函数”按钮 fx，打开“插入函数”对话框，如图 4.84 所示。

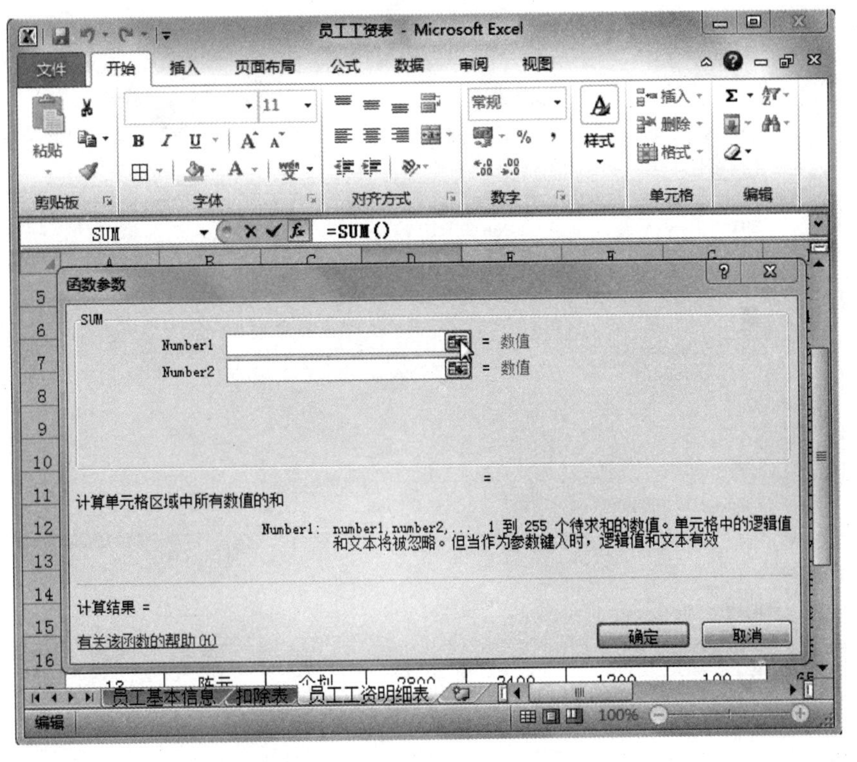

图 4.79 “函数参数”对话框

员工工资表 - Microsoft Excel

SUM =SUM(D5:D17)

函数参数

D5:D17

	A	B	C	D	E	F	G
10	6	桑玉	财务	2500	1300	700	100
14	10	赵刚	后勤	2200	1500	1000	100
15	11	王锐	企划	2800	1200	800	100
16	12	李玉明	销售	2200	2000	1500	100
17	13	陈元	企划	2800	2400	1200	100
18		合计值		D5:D17)			
19		平均值					
20	注：这里的五险不包括“一金”						
21	批准：						

员工基本信息 扣除表 员工工资明细表

图 4.80 选择函数计算区域

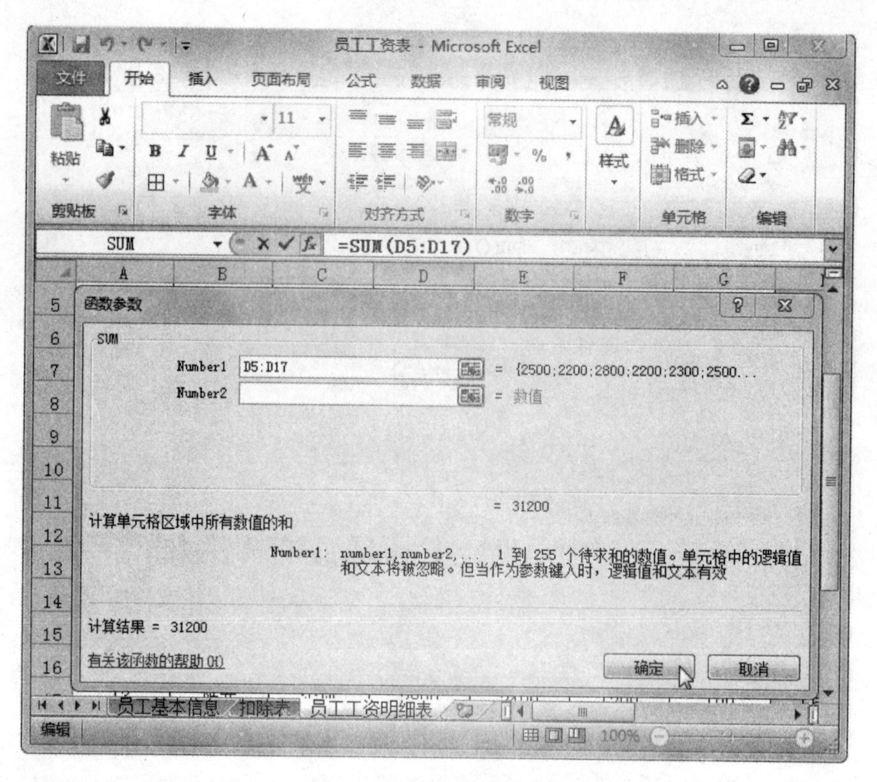

图 4.81 查看计算结果

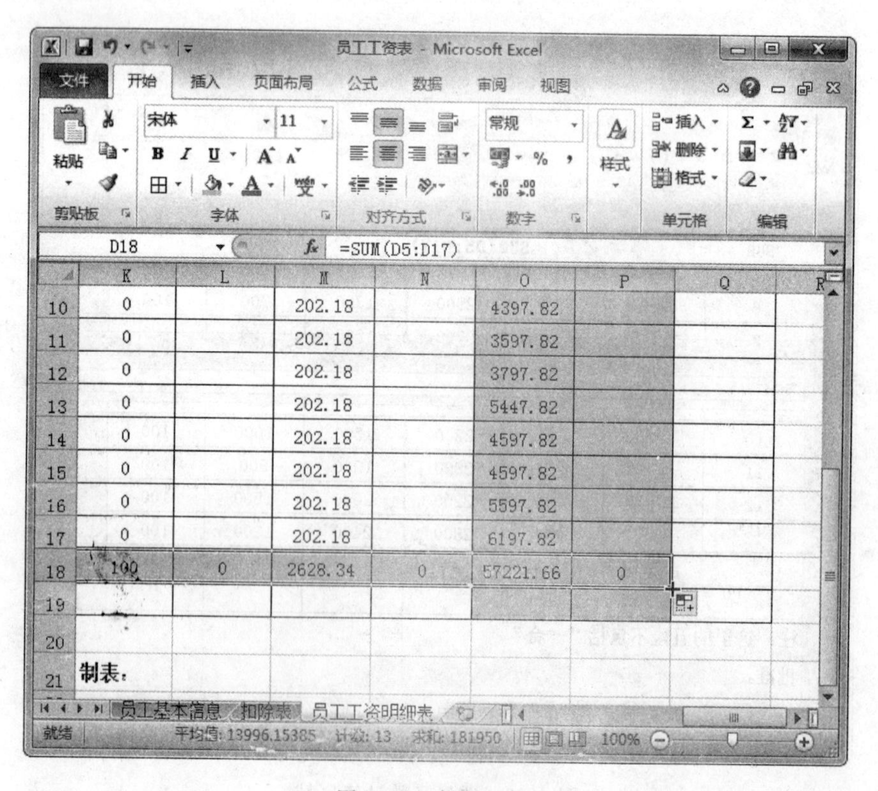

图 4.82 复制函数

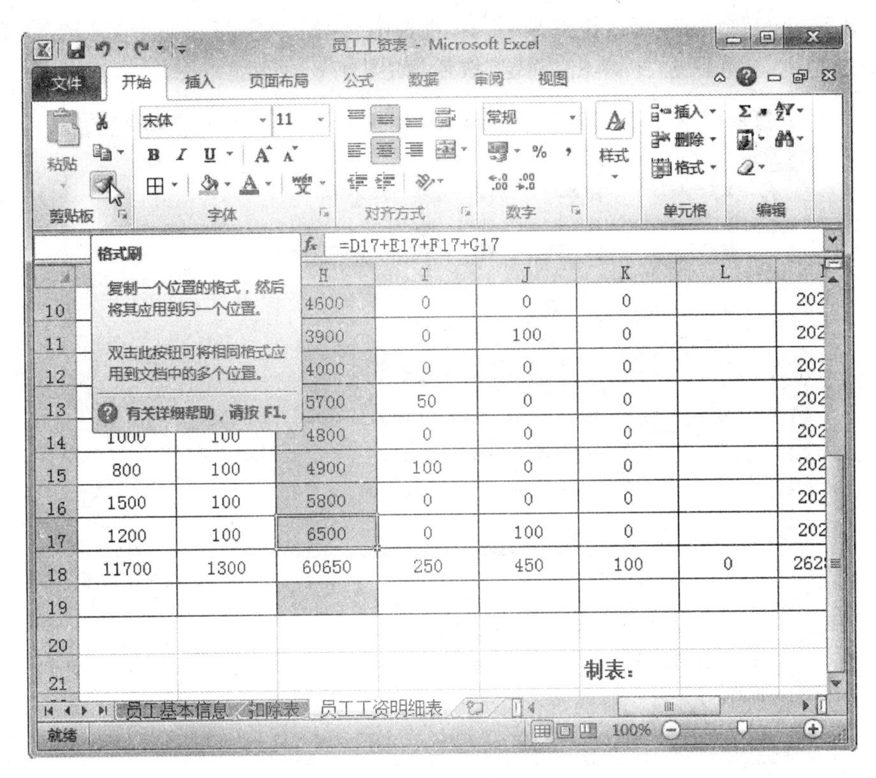

图 4.83　使用“格式刷”复制格式

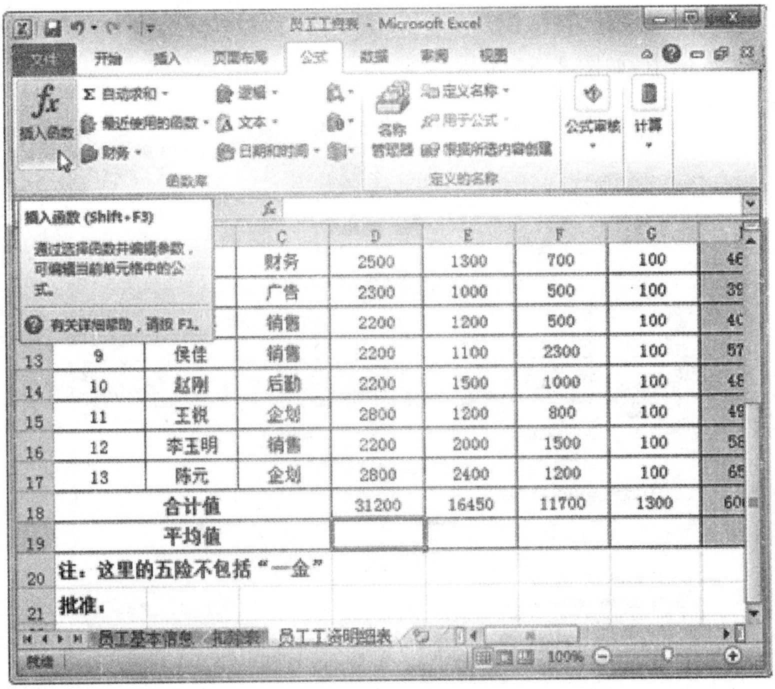

图 4.84　插入函数

(2) 在打开的对话框“或选择类别”下拉列表中选择“数学与三角函数”选项，在下方的列表框中选择 ROUND 选项，单击“确定”按钮，如图 4.85 所示。

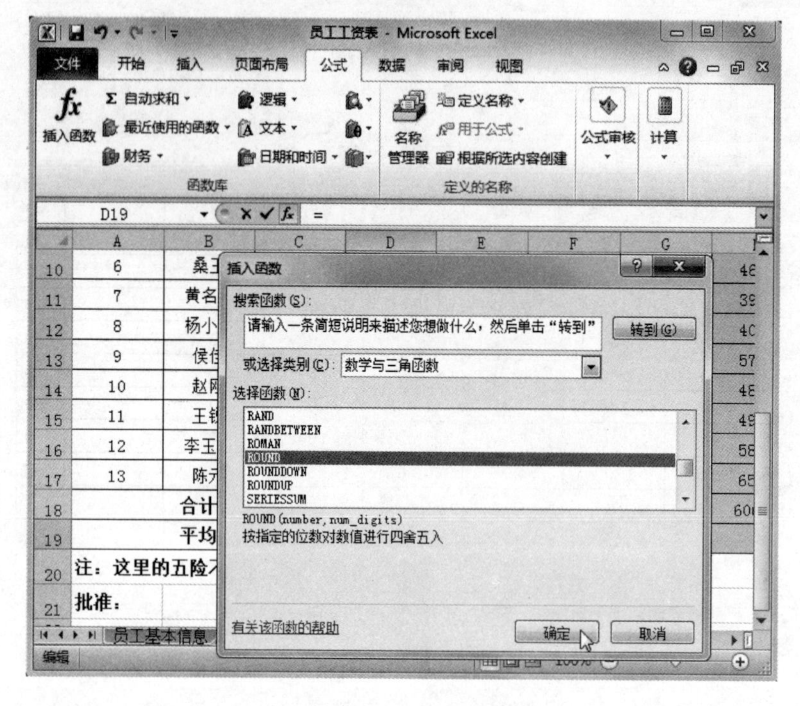

图 4.85　选择插入的函数

(3) 打开“函数参数”对话框，在 Num_digits 栏后的文本框中输入“0”，将文本插入点定位到 Number 文本框中，如图 4.86 所示。

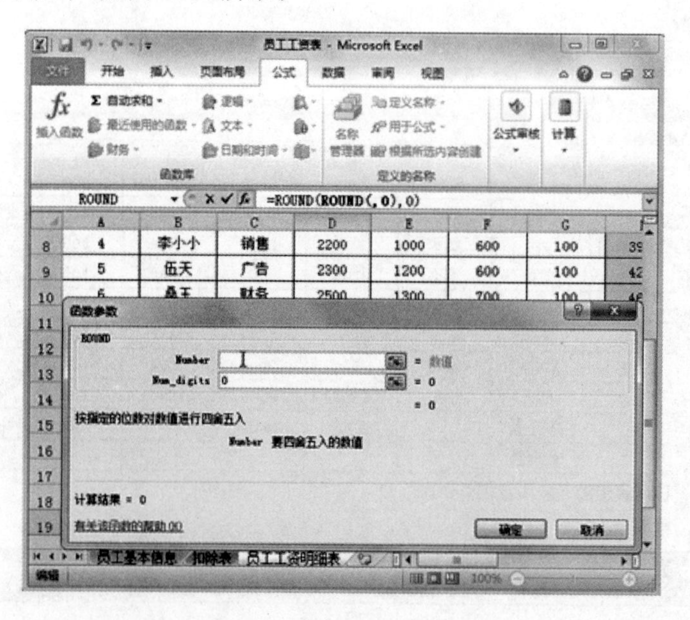

图 4.86　输入四舍五入位数

(4) 单击编辑栏左侧的“名称”框右侧的下拉按钮，在打开的下拉列表中选择 AVERGE 选项，如图 4.87 所示。

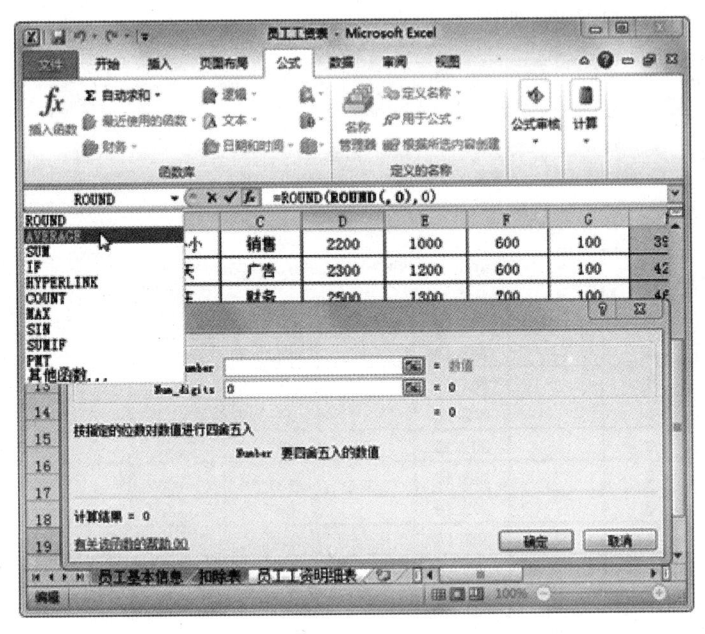

图 4.87　选择平均值函数

(5) 返回“函数参数”对话框，在 Number 文本框中输入“D5:D17”，并单击“确定”按钮，如图 4.88 所示。

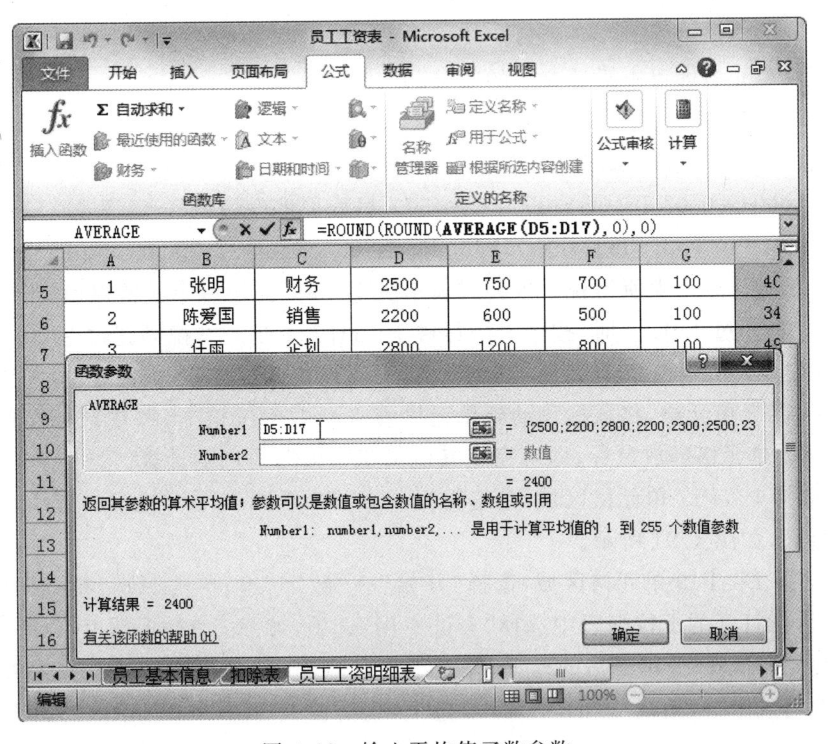

图 4.88　输入平均值函数参数

(6) 在 D19 单元格中即可查看计算的结果。选择 D19 单元格，将鼠标移动到单元格右下角的＋按钮上，按住鼠标左键不放并向右拖曳至 P19 单元格，为 E19:P19 单元格区域快速填充函数，并自动计算结果，如图 4.89 所示。

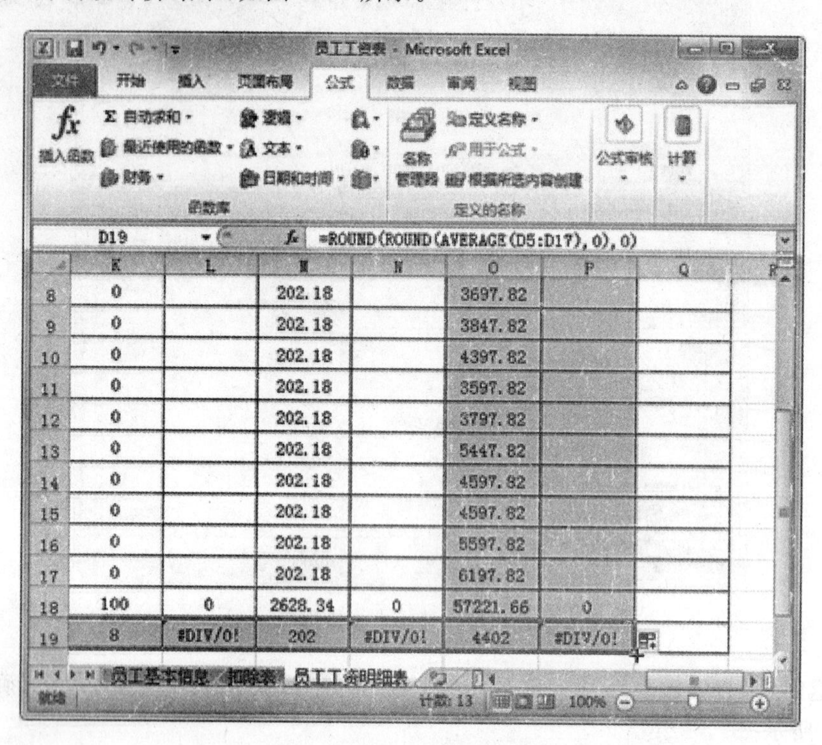

图 4.89　填充公式

(7) 返回单元格即可查看填充后的效果，并使用“格式刷”对 H19、O19、P19 单元格添加与上方相同底纹的单元格。

(8) 选择 L5 单元格，在编辑栏中输入“=ROUND(IF(O5-3500<=0,0,IF(O5-3500<=1500,(O5-3500)*0.03,IF(O5-3500<=4500,(O5-3500)*0.1-105,IF(O5-3500<=9000,(O5-3500)*0.2-555,IF(O5-3500<=35000,(O5-3500)*0.25-1005))))),2)”，按 Enter 键计算个人所得税。该公式表示少于 3500 元没有个人所得税，当应纳税额少于 1500 元但不超过 4500 元时，按个人所得税 10%计算；当应纳税额超过 4500 元但不超过 9000 元时，按个人所得税 20%计算，以此类推，最后保留两位小数，如图 4.90 所示。

(9) 选择 L5 单元格，将鼠标移动到单元格右下角的＋按钮上，按住鼠标左键不放并向下拖曳到 L17 单元格释放鼠标，即可完成其他员工个人所得税的计算。

(10) 选择 P5:P17 单元格区域，在编辑栏中输入“=O5-L5”，按 Ctrl+Enter 组合键，计算实发金额，如图 4.91 所示。

(11) 选择 D5:P19 单元格区域，选择“开始”→“数字”组，单击“数字格式”文本框右侧的下拉按钮，在打开的下拉列表中选择“会计专用”选项，如图 4.92 所示。

(12) 适当调整部分单元格的列宽，并对空格区域添加“0”，选择“页面布局”→“工作表选项”组，取消选中“网格线”栏的“查看”复选框，查看设置后的效果，如图 4.93 所示。

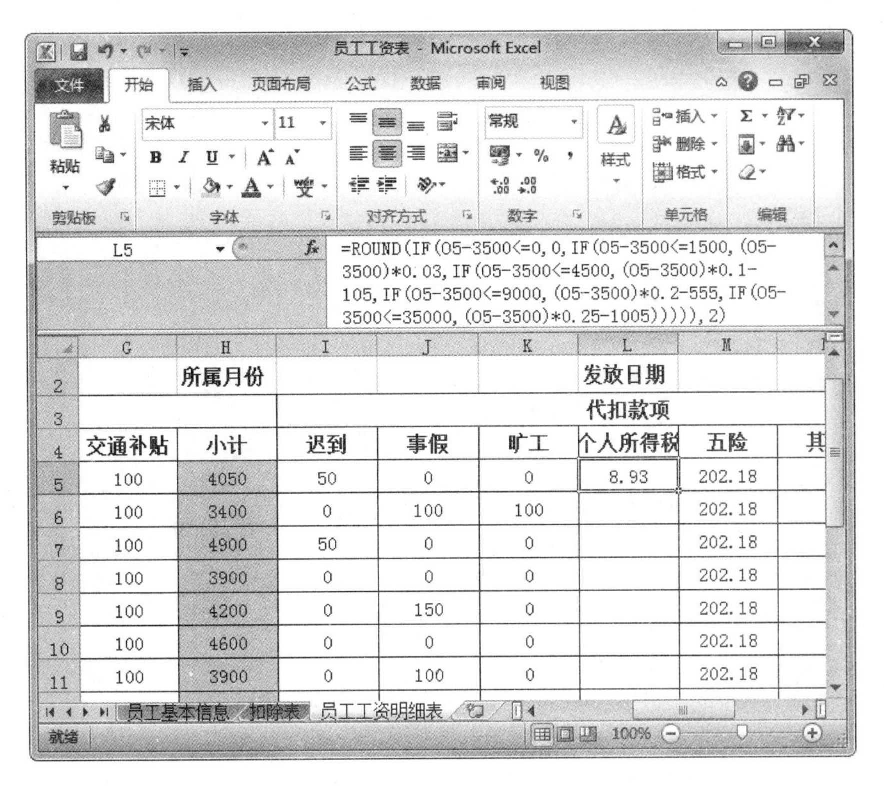

员工工资表 - Microsoft Excel

L5

```
=ROUND(IF(O5-3500<=0,0,IF(O5-3500<=1500,(O5-3500)*0.03,IF(O5-3500<=4500,(O5-3500)*0.1-105,IF(O5-3500<=9000,(O5-3500)*0.2-555,IF(O5-3500<=35000,(O5-3500)*0.25-1005))))),2)
```

	G	H	I	J	K	L	M	N
2		所属月份				发放日期		
3						代扣款项		
4	交通补贴	小计	迟到	事假	旷工	个人所得税	五险	其
5	100	4050	50	0	0	8.93	202.18	
6	100	3400	0	100	100		202.18	
7	100	4900	50	0	0		202.18	
8	100	3900	0	0	0		202.18	
9	100	4200	0	150	0		202.18	
10	100	4600	0	0	0		202.18	
11	100	3900	0	100	0		202.18	

员工基本信息 扣除表 员工工资明细表

图 4.90　计算个人所得税

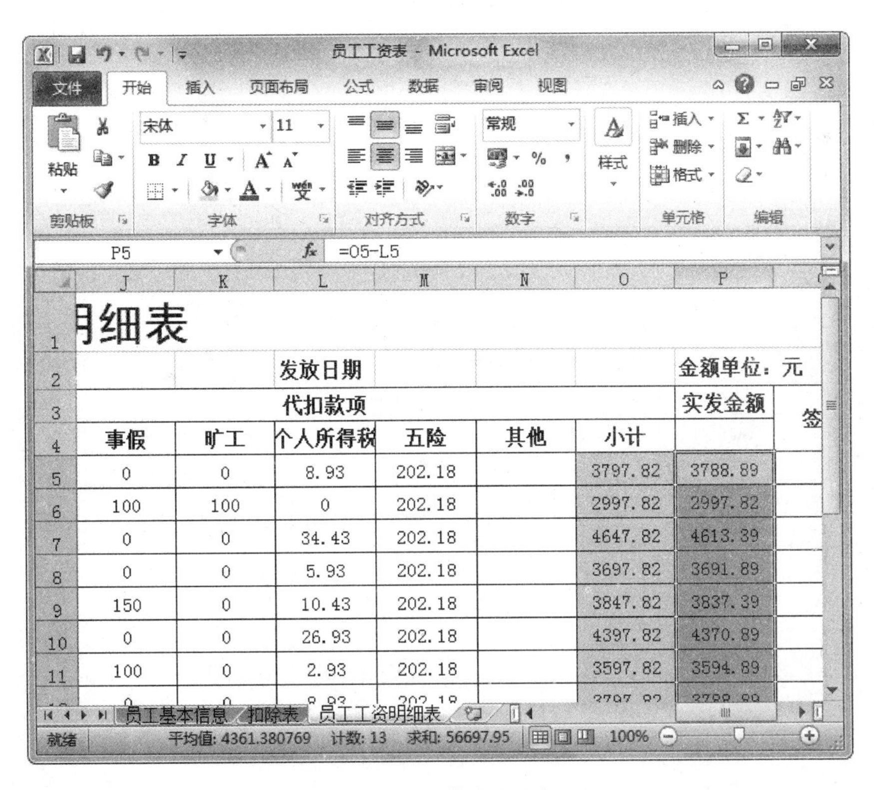

员工工资表 - Microsoft Excel

P5　=O5-L5

	J	K	L	M	N	O	P	Q
1	明细表							
2			发放日期				金额单位：元	
3			代扣款项				实发金额	签
4	事假	旷工	个人所得税	五险	其他	小计		
5	0	0	8.93	202.18		3797.82	3788.89	
6	100	100	0	202.18		2997.82	2997.82	
7	0	0	34.43	202.18		4647.82	4613.39	
8	0	0	5.93	202.18		3697.82	3691.89	
9	150	0	10.43	202.18		3847.82	3837.39	
10	0	0	26.93	202.18		4397.82	4370.89	
11	100	0	2.93	202.18		3597.82	3594.89	

员工基本信息 扣除表 员工工资明细表

平均值: 4361.380769　计数: 13　求和: 56697.95

图 4.91　计算实发金额

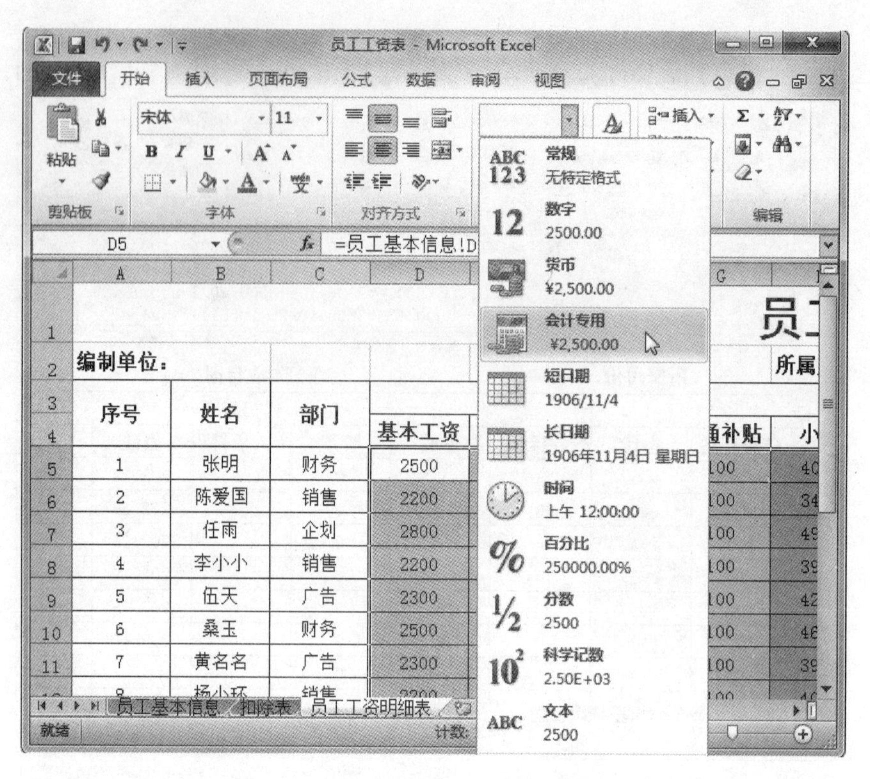

图 4.92　选择“会计专用”选项

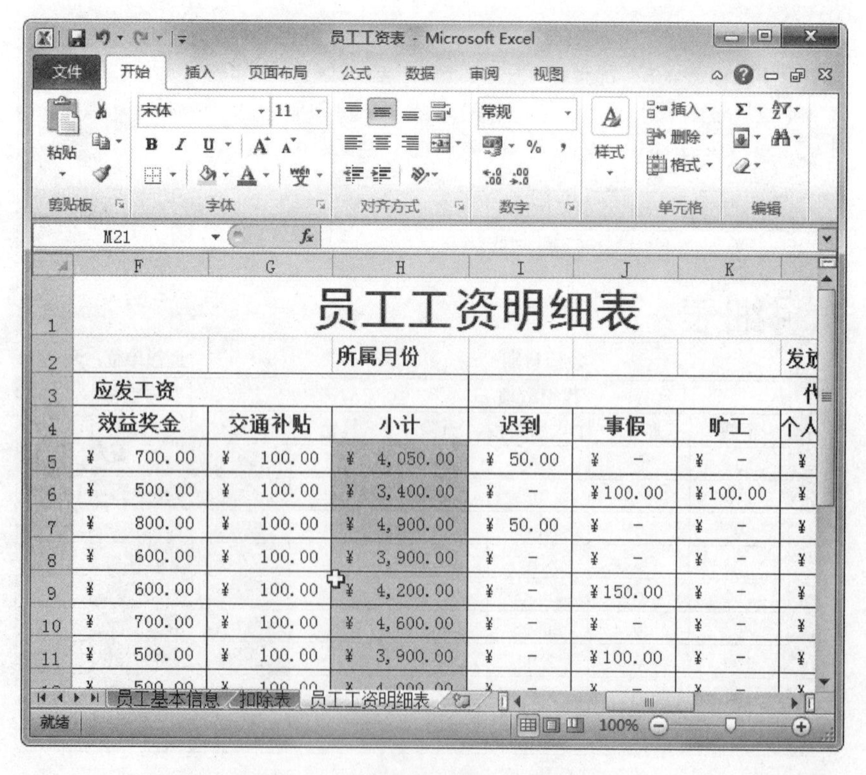

图 4.93　添加货币符号后的效果

【知识提示】

设置会计专用样式,还可右击,在弹出的快捷菜单中选择"设置单元格格式"命令,打开"设置单元格格式"对话框,单击"数字"选项卡,在"分类"栏下方的下拉列表中选择"会计专用"选项,并在右侧"货币符号(国家地区)"栏中选择需要的货币符号,单击"确定"按钮。

6. 设置条件格式

当完成工资表的制作后,还可对实发金额设置条件格式,方便用户查看工资,其具体操作如下。

(1) 选择P5:P19单元格区域,选择"开始"→"样式"组,单击"条件格式"按钮,在打开的下拉列表中选择"突出显示单元格规则"→"大于"命令,如图4.94所示。

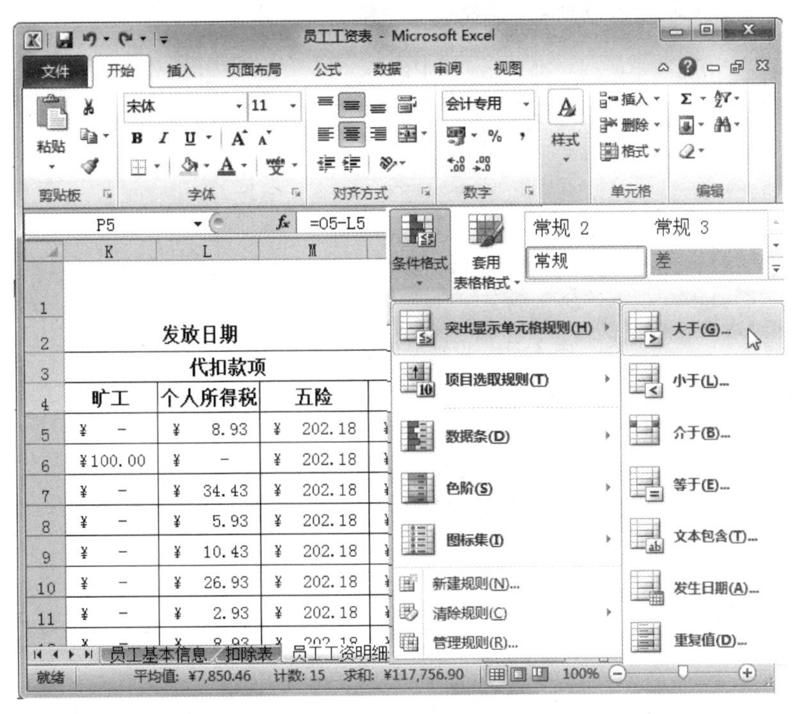

图4.94 选择突出显示单元格规则

(2) 打开"大于"对话框,在"为大于以下值的单元格设置格式"栏中输入大于值"4500",并在"设置为"下拉列表中选择"红色文本"选项,单击"确定"按钮,如图4.95所示。

(3) 此时可以发现实发工资的颜色已经发生变化,工资表的制作已经完成。

【知识提示】

在设置条件格式时,除了可设置"大于"外,还可设置"小于""介于""等于"和"色阶"等,其操作方法与设置"大于"的方法类似,只是包含的文本不同。

4.2.5 知识拓展

Excel 2010公式中,运算符有算术运算符、比较运算符、文本连接运算符和引用运算符四种类型。

1. 算术运算符

算术运算符就是用来处理四则运算的符号,这是最简单,也最常用的符号,尤其是数字

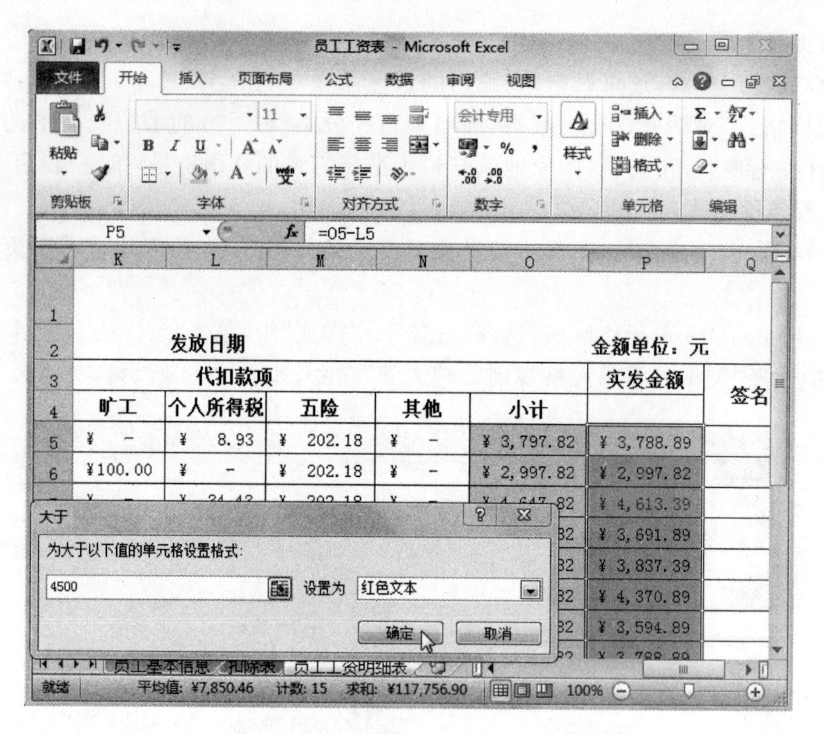

图 4.95　设置突出显示单元格格式

的处理，几乎都会使用到算术运算符。算术运算符如表 4.1 所示。

表 4.1　算术运算符

算术运算符	含　　义	示　　例
＋	加号	2＋1
－	减号	2－1
*	乘号	3 * 5
/	除号	4/2
%	百分号	30%
^	乘幂号	4^2

2. 比较运算符

该类运算符能够比较两个或者多个数字、文本串、单元格内容、函数结果的大小关系，比较的结果为逻辑值：TRUE 或者 FALSE。比较运算符如表 4.2 所示。

表 4.2　比较运算符

比较运算符	含　　义	示　　例
＝	等于	A2＝B1
＞	大于	A2＞B1
＜	小于	A2＜B1
＞＝	大于或等于	A2＞＝B1
＜＝	小于或等于	A2＜＝B1
＜＞	不等于	A2＜＞B1

3. 文本连接运算符

文本连接运算符用“&”表示，用于将两个文本连接起来合并成一个文本。例如，公式“江西”&“萍乡”的结果就是“江西萍乡”。

例如A1单元格内容为“Excel 2010”，B2单元格内容为“教程”，如要使C1单元格内容为“Excel 2010 教程”，公式应该是“＝A1&B2”。

4. 引用运算符

引用运算符可以把两个单元格或者区域结合起来生成一个联合引用，如表4.3所示。

表4.3　引用运算符

引用运算符	含　　义	示　　例
:(冒号)	区域运算符，生成对两个引用之间所有单元格的引用	A5:A8
,(逗号)	联合运算符，将个多引用合并为一个引用	SUM(A5,A10)(引用A5和A10两个单元)
(空格)	交集运算符，产生对两个引用共有的单元格的引用	SUM(A1:F1　B1:B3)(引用A1:F1和B1:B3两个单元格区域相交的B1单元格)

4.3　任务三　制作“固定资产统计表”

4.3.1　任务描述

老王把小张叫到办公室，并把固定资产统计表的基本信息交给他，于是小张开始这次表格的制作了。小张通过前面的学习对Excel制作表格有了基本的了解，但是小张知道这次的表格制作与前面不同，因为这次的表格是通过汇总、排序和筛选来完成的，对于新知识，小张只能快速地去请教老王。

图4.96所示即“固定资产统计表”的最终效果。通过对本例效果的预览，可以了解该任务的重点是对表格中的数据进行排序、筛选和分类汇总，帮助用户分析其中的数据。

固定资产统计表

固定资产名称	规格型号	生产厂家	计量单位	数量	单价（万元）	购置日期	使用年限	已使用年份	残值率	月折旧额	累计折旧	固定资产净值
母线桥	80*(45M)	章华高压开关厂	套	2	¥ 1.20	2009/12	30	9	5%	¥ 0.003	¥ 0.34	¥ 2.06
镍母线间隔棒垫	MRJ(JG)	长征线路器材厂	套	42	¥ 4.50	2005/12	30	13	5%	¥ 0.012	¥ 1.85	¥ 187.15
稳压源	40A	光明发电厂	套	12	¥ 2.80	2011/1	30	7	5%	¥ 0.007	¥ 0.62	¥ 32.98
地网仪	AI－6301	空军电机厂	套	34	¥ 3.40	2012/7	30	6	5%	¥ 0.009	¥ 0.65	¥ 114.95
翻板水位计	B69H-16-23-Y	光明发电厂	套	1	¥ 1.80	2007/7	30	11	5%	¥ 0.005	¥ 0.63	¥ 1.17
气轮机测振装置	WAC-2J/X	光明发电厂	套	1	¥ 22.70	2010/12	30	8	5%	¥ 0.060	¥ 5.75	¥ 16.95
			套 平均值								¥ 1.64	
			套 汇总							¥ 0.096	¥ 9.84	¥ 355.26
低压配电变压器	S7-500/10	章华变压器厂	块	7	¥ 5.00	2005/12	30	13	5%	¥ 0.013	¥ 2.06	¥ 32.94
变送器芯等设备	115/GP	远大采购站	块	38	¥ 2.50	2006/12	30	12	5%	¥ 0.007	¥ 0.95	¥ 94.05
锅炉炉墙砌筑	AI－6301	市电建二公司	块	4	¥ 4.70	2008/12	30	10	5%	¥ 0.012	¥ 1.49	¥ 17.31
			块 平均值								¥ 1.50	
			块 汇总							¥ 0.032	¥ 4.50	¥ 144.30
高压厂用变压器	SFF7-31500/15	章华变压器厂	台	2	¥ 40.00	2005/7	30	13	5%	¥ 0.106	¥ 16.47	¥ 63.53
继电器	DZ-RL	市机电公司	台	6	¥ 1.40	2009/12	30	9	5%	¥ 0.004	¥ 0.40	¥ 8.00
中频隔离变压器	MXY	九维蓄电池厂	台	7	¥ 4.50	2005/1	30	13	5%	¥ 0.012	¥ 1.85	¥ 29.65
UPS改造	D80*30*5	光明发电厂	台	22	¥ 1.70	2006/12	30	12	5%	¥ 0.004	¥ 0.65	¥ 36.75
叶轮给煤机输电导线	CD-3M	光明发电厂	台	34	¥ 2.70	2011/7	30	7	5%	¥ 0.007	¥ 0.60	¥ 91.20
工业水泵	AV-KU9	光明发电厂	台	1	¥ 12.40	2004/7	30	14	5%	¥ 0.033	¥ 5.50	¥ 6.90
螺旋板冷却器	AF-FR/D	光明发电厂	台	1	¥ 1.90	2010/12	30	8	5%	¥ 0.005	¥ 0.48	¥ 1.42
盘车装置更换	QW-5	光明发电厂	台	1	¥ 14.50	2003/1	30	15	5%	¥ 0.038	¥ 6.89	¥ 7.61
单轨吊	10T*8M	神州机械厂	台	2	¥ 14.80	2010/12	30	8	5%	¥ 0.039	¥ 3.75	¥ 25.85
汽轮机	N200-130/535/535	南方汽轮机厂	台	2	¥ 75.70	2010/12	30	8	5%	¥ 0.200	¥ 19.18	¥ 132.22
凝汽器	N-11220型	南方汽轮机厂	台	2	¥ 13.40	2010/12	30	8	5%	¥ 0.035	¥ 3.39	¥ 23.41
汽轮发电机	QFSN-200-2	南方电机厂	台	2	¥ 45.80	2008/7	30	10	5%	¥ 0.121	¥ 14.50	¥ 77.10
			台 平均值								¥ 6.14	
			台 汇总							¥ 0.604	¥ 73.65	¥ 503.65
零序电流互感器	LX-LHZ	市机电公司	只	6	¥ 5.60	1998/7	30	20	5%	¥ 0.015	¥ 3.55	¥ 30.05
			只 平均值								¥ 3.55	
			只 汇总							¥ 0.015	¥ 3.55	¥ 30.05
			总计平均值								¥ 4.16	
			总计							¥ 0.747	¥ 91.54	¥ 1,033.26

图4.96　“固定资产统计表”分类汇总效果

4.3.2 任务目标

- 掌握表格数据排序的方法；
- 掌握表格数据筛选的方法；
- 掌握数据分类汇总的方法。

4.3.3 预备知识

数据管理时经常需要从众多的数据中挑选出一部分满足条件的记录进行处理，即进行条件查询。如挑选能参加兴趣小组的学生，要从成绩表中筛选出符合条件的记录。

对于筛选数据，Excel 提供了自动筛选和高级筛选两种方法。自动筛选是一种快速的筛选方法，它可以方便地将那些满足条件的记录显示在工作表上；高级筛选可进行复杂的筛选，挑选出满足多重条件的记录。

1）自动筛选

自动筛选一般用于简单的条件筛选，筛选时将不满足条件的数据暂时隐藏起来，只显示符合条件的数据。

2）高级筛选

高级筛选一般用于条件较复杂的筛选操作，其筛选的结果可显示在原数据表格中，不符合条件的记录被隐藏起来；也可以在新的位置显示筛选结果，不符合条件的记录同时保留在数据表中而不会被隐藏起来，这样更加便于进行数据的比对。

4.3.4 任务实施

小张开始对固定资产统计表进行统计操作，在统计时主要运用数据排序、数据筛选和分类汇总的相关操作，下面分别进行介绍。

1. 数据排序

数据排序主要对表格中的内容进行排序操作，从而有助于快速、直观地显示并理解所查找的数据。常见的排序方式有快速排序、组合排序、自定义排序 3 种，下面分别进行讲解，其具体操作如下。

1）快速排序

快速排序是根据数据表中的相关数据或字段名，将表格中的数据按照升序或降序的方式进行排列。下面将在“固定资产统计表”工作簿中按照使用年份从低到高进行排序，使其更加便于查看，其具体操作如下。

(1) 选择 J 列任意单元格，这里选择 J2 单元格。选择“数据”→“排序和筛选”组，单击“升序”按钮，如图 4.97 所示。

(2) 此时即可将工作表按照“已使用年份”由低到高进行排序。

2）组合排序

组合排序是指同时按照多个数据序列对数据表排序。下面对“固定资产统计表”工作簿进行组合排序，其具体操作如下。

(1) 选择 A2:O24 单元格区域，在“排序和筛选”组中单击“排序”按钮，如图 4.98 所示，打开“排序”对话框，在“主要关键字”下拉列表框中选择“月折旧额”选项，在“排序依据”下拉列表框中选择“数值”选项，在“次序”下拉列表框中选择“降序”选项。

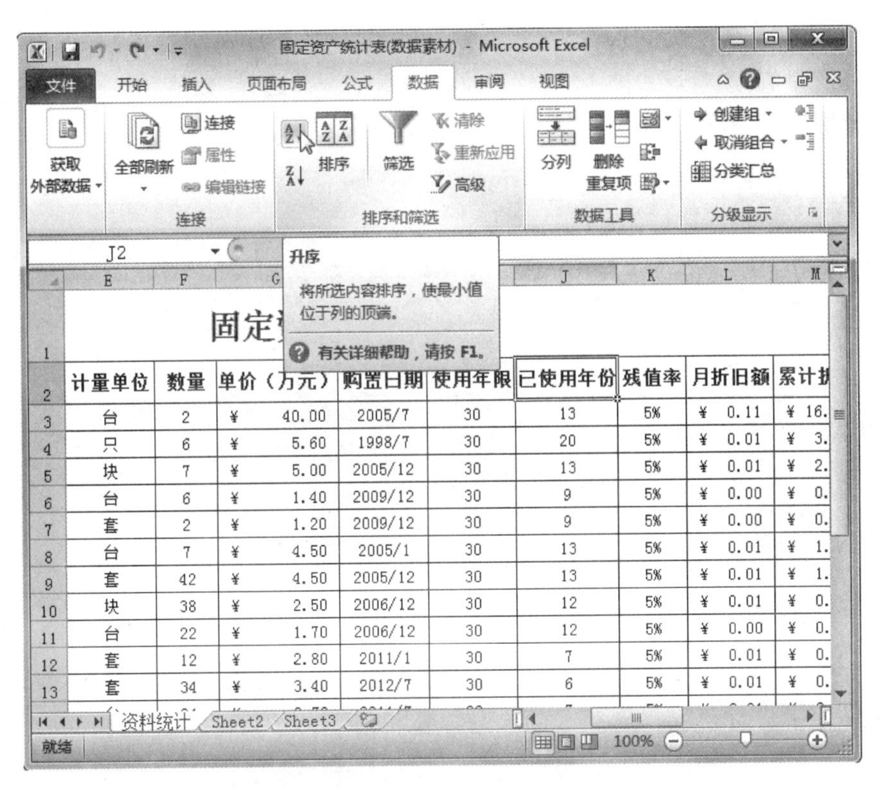

	E	F	G	H	I	J	K	L	M
2	计量单位	数量	单价（万元）	购置日期	使用年限	已使用年份	残值率	月折旧额	累计折
3	台	2	¥ 40.00	2005/7	30	13	5%	¥ 0.11	¥ 16.
4	只	6	¥ 5.60	1998/7	30	20	5%	¥ 0.01	¥ 3.
5	块	7	¥ 5.00	2005/12	30	13	5%	¥ 0.01	¥ 2.
6	台	6	¥ 1.40	2009/12	30	9	5%	¥ 0.00	¥ 0.
7	套	2	¥ 1.20	2009/12	30	9	5%	¥ 0.00	¥ 0.
8	台	7	¥ 4.50	2005/1	30	13	5%	¥ 0.01	¥ 1.
9	套	42	¥ 4.50	2005/12	30	13	5%	¥ 0.01	¥ 1.
10	块	38	¥ 2.50	2006/12	30	12	5%	¥ 0.01	¥ 0.
11	台	22	¥ 1.70	2006/12	30	12	5%	¥ 0.00	¥ 0.
12	套	12	¥ 2.80	2011/1	30	7	5%	¥ 0.01	¥ 0.
13	套	34	¥ 3.40	2012/7	30	6	5%	¥ 0.01	¥ 0.

图 4.97　单击“升序”按钮

固定资产统计表 - Microsoft Excel

文件 开始 插入 页面布局 公式 数据 审阅 视图

获取外部数据 全部刷新 连接 属性 编辑链接 连接

排序 筛选 清除 重新应用 高级 排序和筛选

分列 删除重复项 数据工具

创建组 取消组合 分类汇总 分级显示

A2

排序

显示“排序”对话框，一次性根据多个条件对数据排序。

有关详细帮助，请按 F1。

	I	J	K	L	M	N
11	12	5%	¥0		.77	2015/6/1
12	7	5%	¥0		.34	2015/6/1
13	6	5%	¥0		.80	2015/6/1
14	7	5%	¥0		.80	2015/6/1
15	14	5%	¥0.00	¥0.67	¥0.34	2015/6/1
16	8	5%	¥0.01	¥0.54	¥0.46	2015/6/1
17	15	5%	¥0.00	¥0.48	¥0.53	2015/6/1
18	11	5%	¥0.00	¥0.52	¥0.48	2015/6/1
19	8	5%	¥0.02	¥1.90	¥0.10	2015/6/1
20	8	5%	¥0.01	¥0.69	¥0.31	2015/6/1
21	10	5%	¥5.65	¥678.57	¥321.43	2015/6/1
22	8	5%	¥0.00	¥0.22	¥0.78	2015/6/1
23	8	5%	¥0.00	¥0.40	¥0.60	2015/6/1
24	10	5%	¥0.01	¥0.63	¥0.37	2015/6/1

资料统计 Sheet2 Sheet3

就绪　平均值: 8183.02652　计数: 322　求和: 1800265.834　100%

图 4.98　选择排序单元格

(2) 单击“添加条件”按钮，在“次要关键字”下拉列表框中分别选择“残值率”“累计折旧”“固定资产净值”选项，在“排序依据”下拉列表框中全部选择“数值”选项，在“次序”下拉列表框中分别选择“升序”“降序”“升序”选项，如图 4.99 所示。

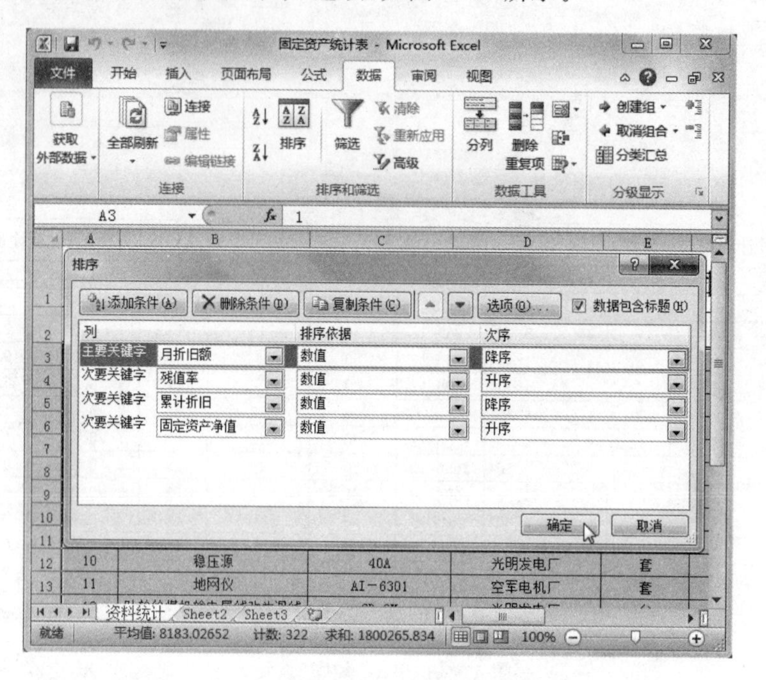

图 4.99　组合排序

(3) 返回工作表，即可看到设置后的条件，并按照条件样式进行了排序，排序后的效果如图 4.100 所示。

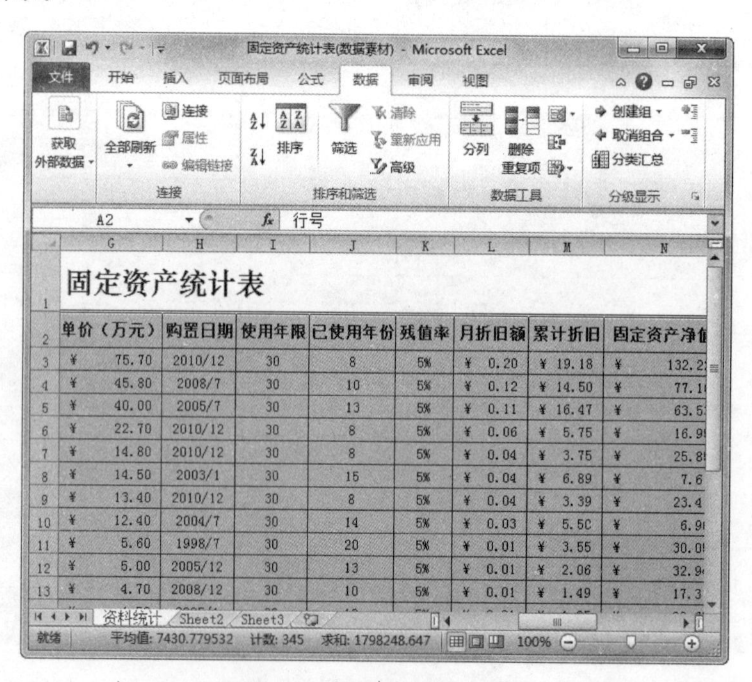

固定资产统计表

单价（万元）	购置日期	使用年限	已使用年份	残值率	月折旧额	累计折旧	固定资产净值
¥ 75.70	2010/12	30	8	5%	¥ 0.20	¥ 19.18	¥ 132.2
¥ 45.80	2008/7	30	10	5%	¥ 0.12	¥ 14.50	¥ 77.1
¥ 40.00	2005/7	30	13	5%	¥ 0.11	¥ 16.47	¥ 63.5
¥ 22.70	2010/12	30	8	5%	¥ 0.06	¥ 5.75	¥ 16.9
¥ 14.80	2010/12	30	8	5%	¥ 0.04	¥ 3.75	¥ 25.8
¥ 14.50	2003/1	30	15	5%	¥ 0.04	¥ 6.89	¥ 7.6
¥ 13.40	2010/12	30	8	5%	¥ 0.04	¥ 3.39	¥ 23.4
¥ 12.40	2004/7	30	14	5%	¥ 0.03	¥ 5.50	¥ 6.9
¥ 5.60	1998/7	30	20	5%	¥ 0.01	¥ 3.55	¥ 30.0
¥ 5.00	2005/12	30	13	5%	¥ 0.01	¥ 2.06	¥ 32.9
¥ 4.70	2008/12	30	10	5%	¥ 0.01	¥ 1.49	¥ 17.3

图 4.100　查看完成后效果

【知识提示】

Excel 2010 中，除了可以对数字进行排序外，还可以对字母或日期进行排序。对于字母而言，升序是从 A 到 Z 排列；对于日期来说，降序是日期按最早的日期到最晚的日期进行排序，升序则相反。

3）自定义排序

除了前面讲解的快速排序和组合排序外，还可自定义排序，下面对“固定资产统计表”进行自定义排序，其具体操作如下(本例中的自定义排序操作是在固定资产统计表原稿基础上进行的)。

(1) 选择“文件”→“选项”菜单命令，打开“Excel 选项”对话框，如图 4.101 所示。

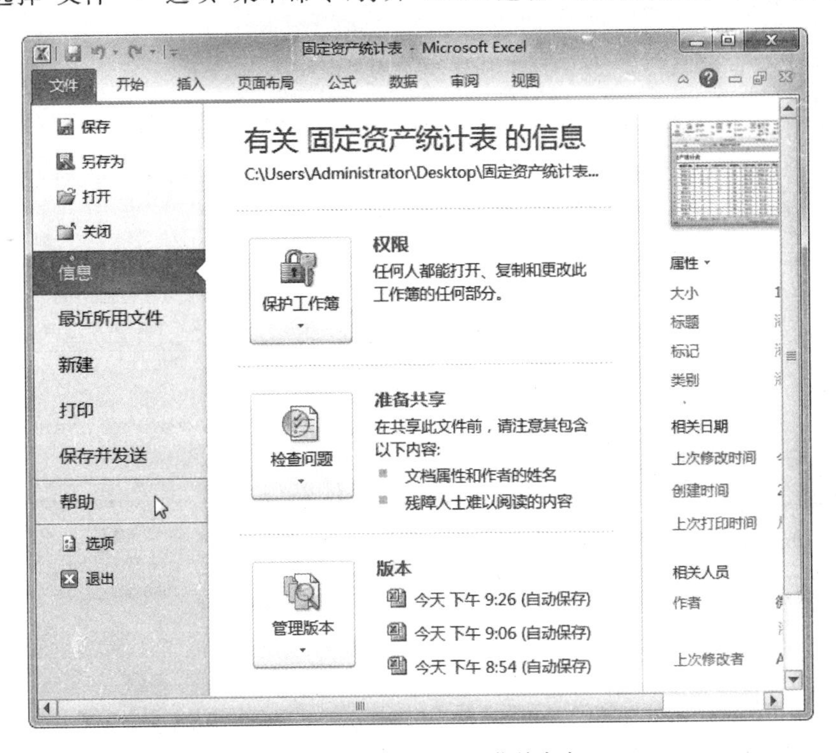

图 4.101　选择“选项”菜单命令

(2) 在打开的对话框的左侧列表中单击“高级”选项卡，在右侧列表框的“常规”栏中单击“编辑自定义列表”按钮，如图 4.102 所示。

(3) 打开“自定义序列”对话框，在“输入序列”列表框中输入序列字段“套，块，台，只”，单击“添加”按钮，将自定义字段添加到左侧的“自定义序列”列表框中，单击“确定”按钮，如图 4.103 所示。

(4) 关闭“ Excel 选项”对话框，返回到数据表中，选择 E2 单元格，选择“数据”→“排序和筛选”组，单击“排序”按钮，在打开的对话框的“主要关键字”下拉列表框中选择“计量单位”选项，在“次序”下拉列表框中选择“自定义序列”选项，如图 4.104 所示。

(5) 打开“自定义序列”对话框，在“自定义序列”列表框中选择前面创建的序列。依次单击“确定”按钮，如图 4.105 所示。此时即可将数据按照“计量单位”序列中的自定义序列进行排序。排序效果如图 4.106 所示。

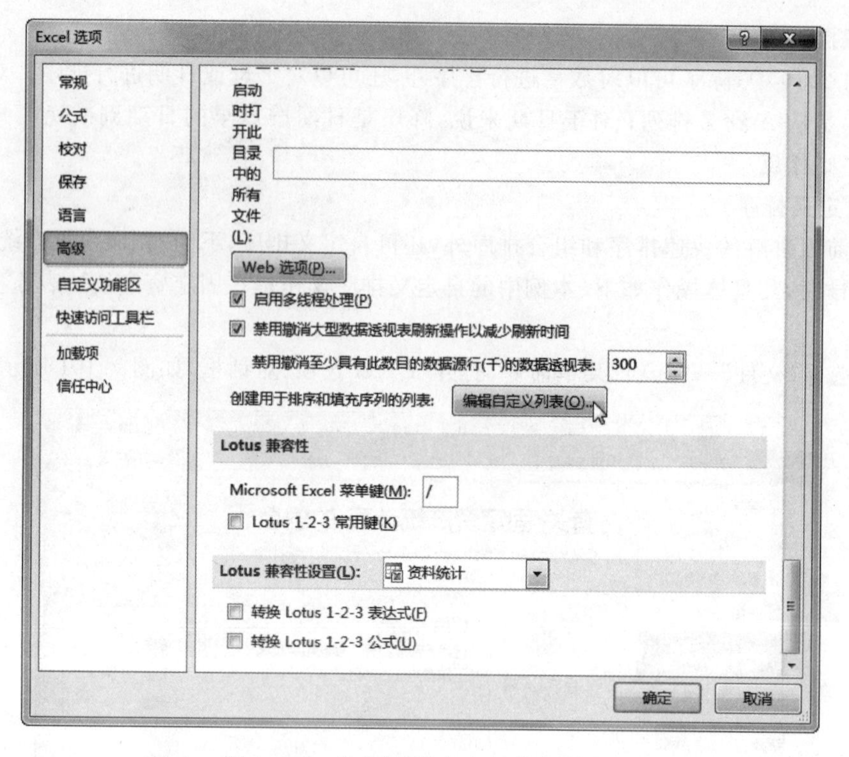

图 4.102　单击“编辑自定义列表”按钮

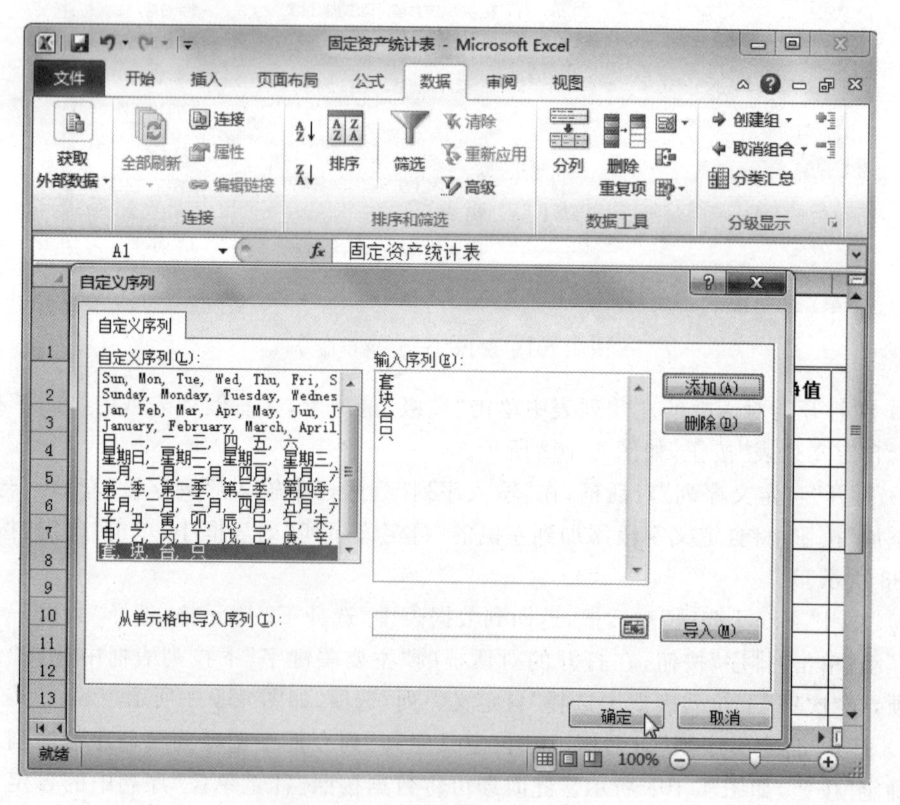

图 4.103　设置自定义序列

图 4.104　选择“自定义序列”选项

图 4.105　选择自定义序列

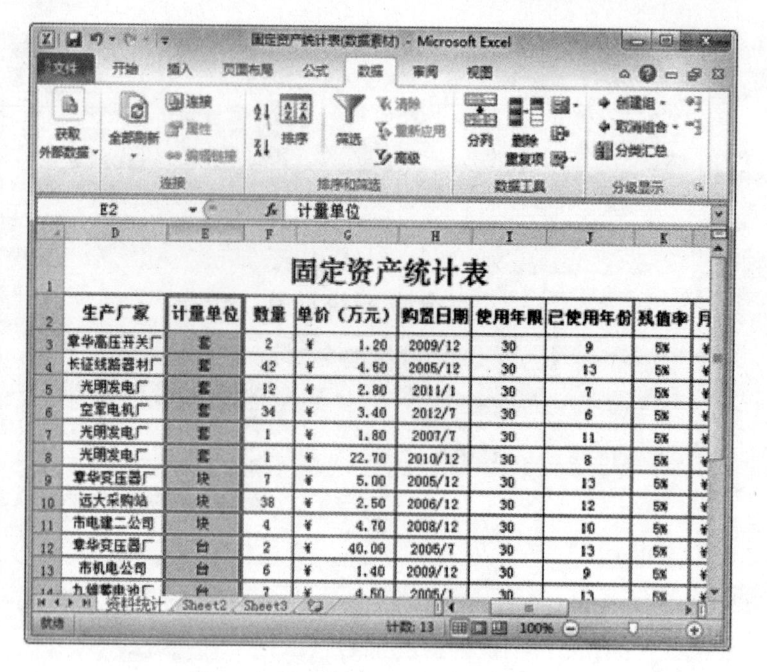

图 4.106　完成自定义排序后的效果

【知识提示】

若设置的排序条件发生错误，可单击“删除条件”按钮，将选择的排序条件删除。

2. 数据筛选

数据筛选与数据排序类似，也是编辑表格中的常用操作。常见的数据选择包括自动筛选、自定义筛选和高级筛选 3 种，下面分别进行介绍。

1）自动筛选

自动筛选是表格编辑中的常用操作，通过自动筛选可快速在数据表中显示指定字段的记录并显示其他记录，下面对“固定资产统计表”工作簿进行自动筛选，其具体操作如下。

(1) 选择工作表中的任意单元格，这里选择 D2 单元格，选择“数据”→“排序和筛选”组，单击“筛选”按钮，进入筛选状态，列标题单元格右侧显示出“筛选”按钮，如图 4.107 所示。

(2) 在 D2 单元格中单击“筛选”下拉按钮。在打开的下拉列表框中取消选中“全选”复选框，并选中“光明发电厂”复选框。单击“确定”按钮，如图 4.108 所示。

(3) 选择 E2 单元格，单击“筛选”下拉按钮。在打开的下拉列表框中取消选中“全选”复选框，并选中“台”复选框，单击“确定”按钮，如图 4.109 所示。

(4) 返回工作表中即可查看自动选后的效果，如图 4.110 所示。

2）自定义筛选

自定义筛选与自动筛选不同，它多用于筛选数值数据，通过设定筛选条件可以将满足指定条件的数据筛选出来，而将其其他数据隐藏起来。下面在“固定资产统计表”工作簿中筛选出已使用年份大于“5”且小于“10”的相关信息，其具体操作如下。

(1) 单击“筛选”按钮，取消前面自动筛选的操作，再次单击“筛选”按钮进入筛选状态，单击“已使用年份”单元格右侧的下拉按钮，在打开的下拉列表框中选择“数字筛选”→“大于”选项，如图 4.111 所示。

图 4.107　单击“筛选”按钮

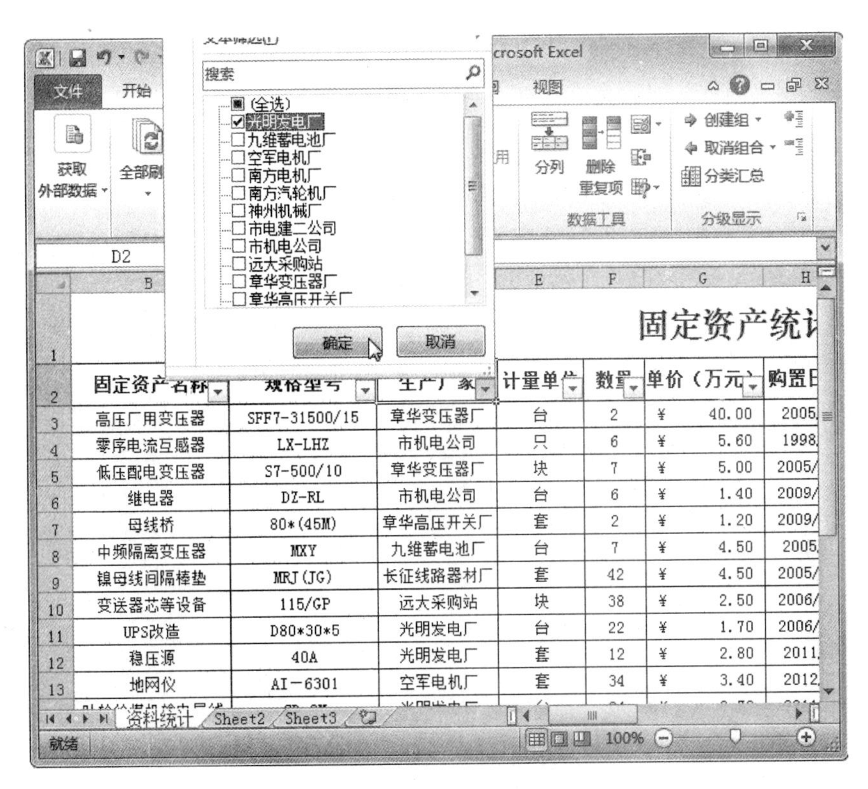

图 4.108　选中“光明发电厂”复选框

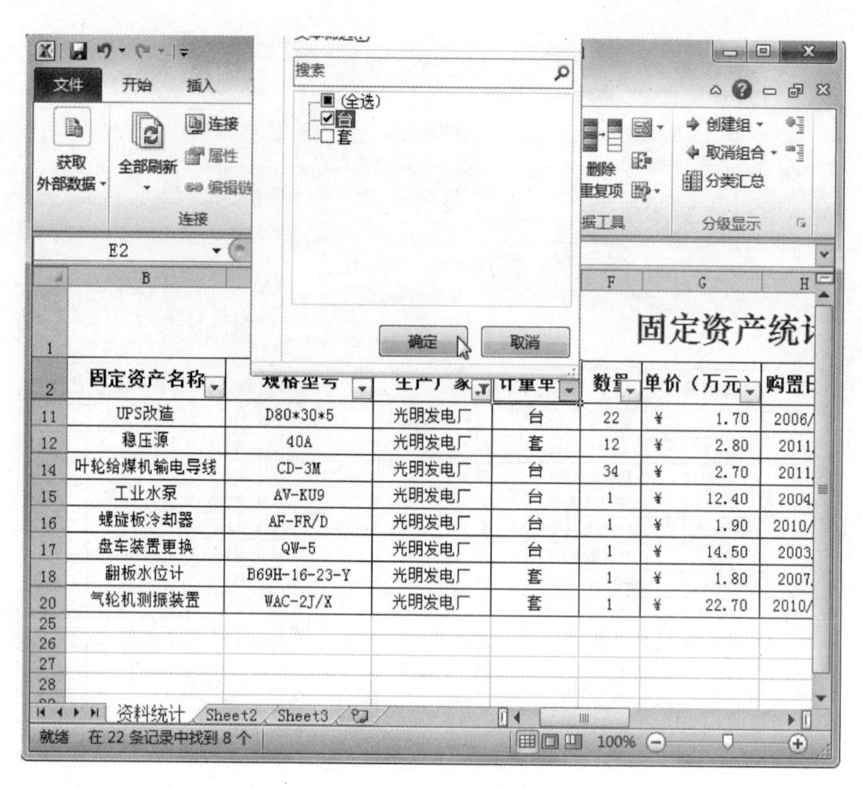

图 4.109　继续筛选

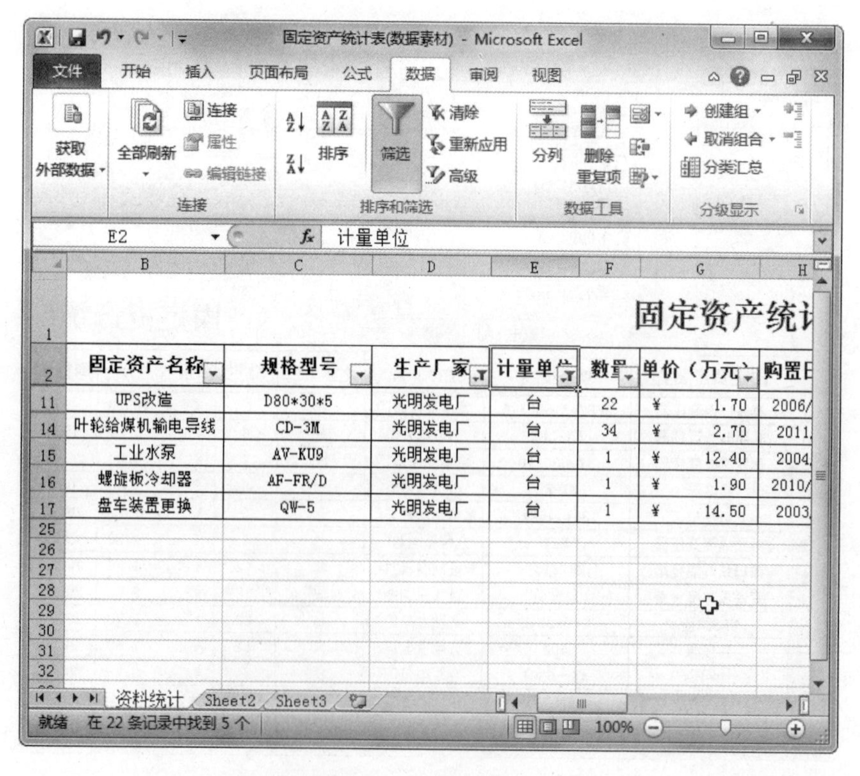

图 4.110　完成表格筛选

图 4.111　设置数据筛选

(2) 打开“自定义自动筛选方式”对话框，在“已使用年份”栏的“大于”右侧的下拉列表框中输入“5”，选中“与”单选按钮，在下方左侧下拉列表框中选择“小于”选项，在右侧下拉列表框中输入“10”，单击“确定”按钮，如图 4.112 所示。

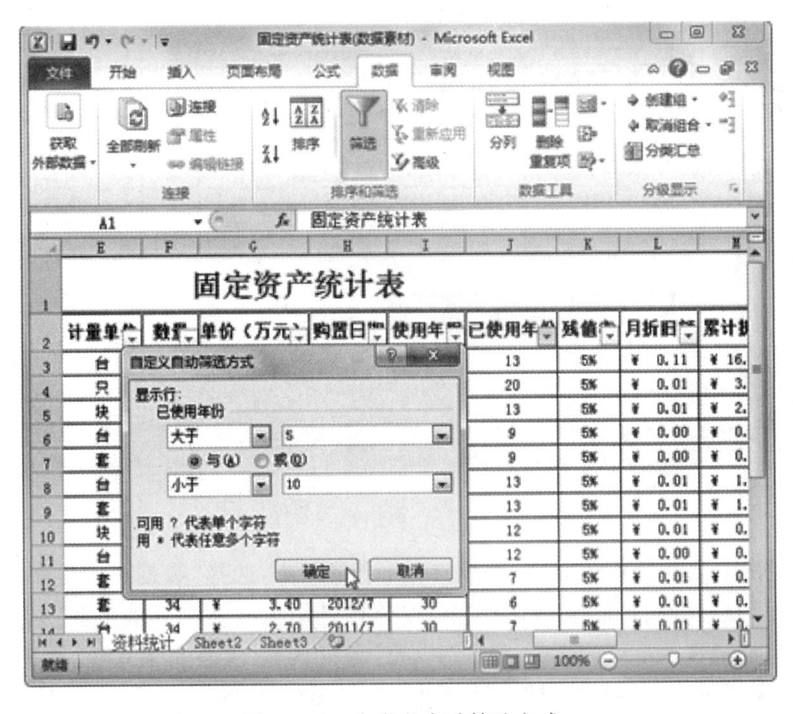

图 4.112　自定义自动筛选方式

(3) 此时即可在数据表中显示出“已使用年限”大于 5 且小于 10 的员工数据，而将其他数据隐藏起来，如图 4.113 所示。

固定资产统计表

行号	固定资产名称	规格型号	生产厂家	计量单	数	单价（万元	购置日	使用年	已使用年	残值	月折旧	累计折	固定资产净	汇总日
5	母线桥	80*(45M)	章华高压开关厂	套	2	¥ 1.20	2009/12	30	9	5%	¥ 0.003	¥ 0.34	¥ 2.06	2015/6/1
10	稳压源	40A	光明发电厂	套	12	¥ 2.80	2011/1	30	7	5%	¥ 0.007	¥ 0.62	¥ 32.98	2015/6/1
11	地网仪	AI－6301	空军电机厂	套	34	¥ 3.40	2012/7	30	6	5%	¥ 0.009	¥ 0.65	¥ 114.95	2015/6/1
18	气轮机测振装置	WAC-2J/X	光明发电厂	套	1	¥ 22.70	2010/12	30	8	5%	¥ 0.060	¥ 5.75	¥ 16.95	2015/6/1
4	继电器	DZ-RL	市机电公司	台	6	¥ 1.40	2009/12	30	9	5%	¥ 0.004	¥ 0.40	¥ 8.00	2015/6/1
12	叶轮给煤机输电导线	CD-3M	光明发电厂	台	34	¥ 2.70	2011/7	30	7	5%	¥ 0.007	¥ 0.60	¥ 91.20	2015/6/1
14	螺旋板冷却器	AF-FR/D	光明发电厂	台	1	¥ 1.90	2010/12	30	8	5%	¥ 0.005	¥ 0.48	¥ 1.42	2015/6/1
17	单轨吊	10T*8M	神州机械厂	台	2	¥ 14.80	2010/12	30	8	5%	¥ 0.039	¥ 3.75	¥ 25.85	2015/6/1
20	汽轮机	N200-130/535/535	南方汽轮机厂	台	2	¥ 75.70	2010/12	30	8	5%	¥ 0.200	¥ 19.18	¥ 132.22	2015/6/1
21	凝汽器	N-11220型	南方汽轮机厂	台	2	¥ 13.40	2010/12	30	8	5%	¥ 0.035	¥ 3.39	¥ 23.41	2015/6/1

图 4.113　筛选已使用年限后的效果

3) 高级筛选

高级筛选与自定义筛选类似，但是高级筛选需自定义筛选条件，并在不影响当前数据的情况下显示筛选结果，下面对“固定资产统计表”工作簿进行高级筛选，其具体操作如下。

(1) 在“排序和筛选”组中单击“清除”按钮，在 B27 单元格中输入筛选序列“月折旧额”，在 B28 单元格中输入条件“>0.01”，在 C27 单元格中输入筛选序列“累计折旧”，在 C28 单元格中输入条件“>1.65”，如图 4.114 所示。

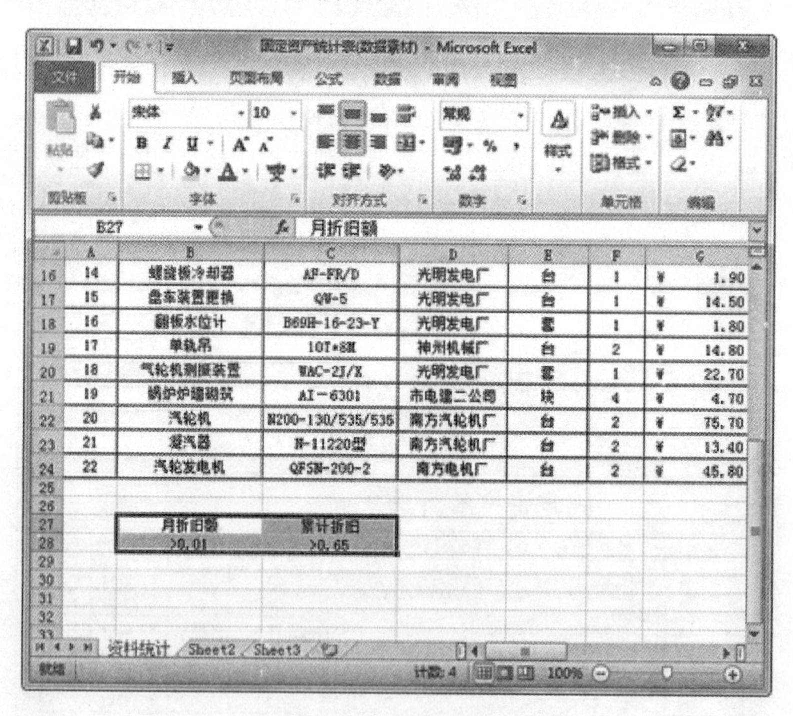

图 4.114　输入筛选条件

(2) 在表格中选择任意单元格，这里选择 K2 单元格，选择“数据”→“排序和筛选”组，单击“高级”按钮，打开“高级筛选”对话框，选中“将筛选结果复制到其他位置”单选按钮。此时“列表区域”自动设置为“$A$2:$O$24”，在“条件区城”文本框后单击，如图 4.115 所示。

(3) 在“高级筛选-条件区城”对话框中，选择 B27:C28 单元格区域，并单击按钮，如图 4.116 所示。

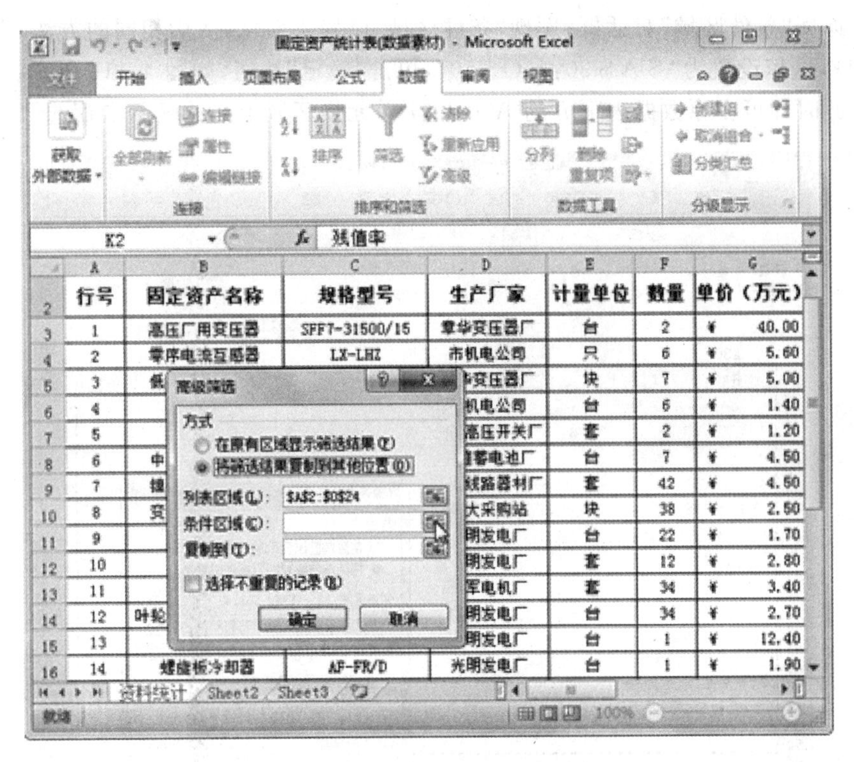

图 4.115 设置高级筛选区域

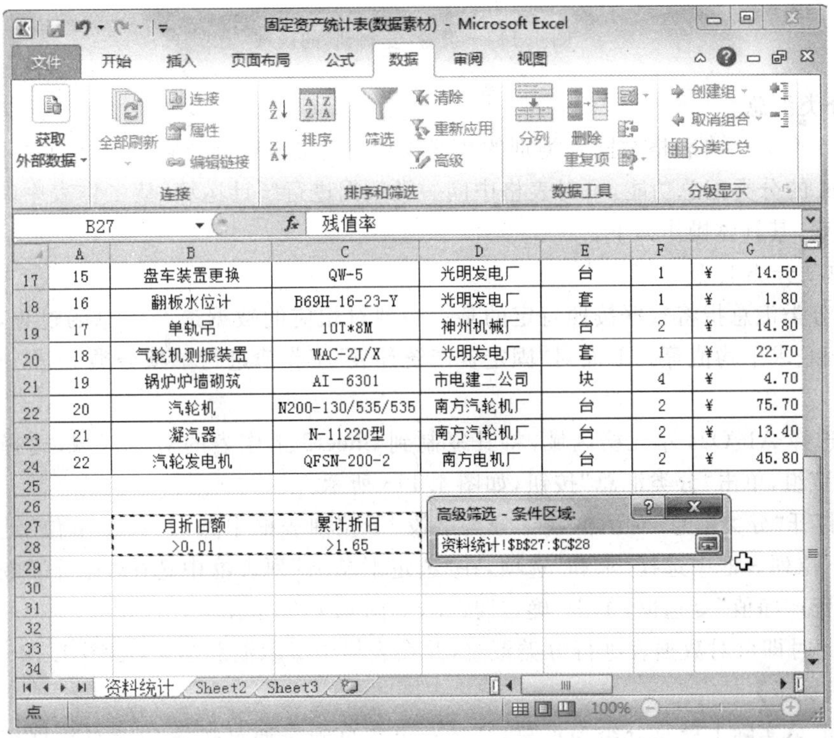

图 4.116 设置筛选条件

(4) 返回"条件区域"对话框,发现"条件区域"已发生变化,使用相同的方法,设置"复制到"的区域,这里设置为"$A$30:$O$50",单击"确定"按钮,如图 4.117 所示。

(5) 此时即可在原数据表下方的 A30:O37 单元格区域中单独显示出筛选结果。

图 4.117 设置"复制到"的区域

3. 分类汇总

分类汇总是指将表格中同一类别的数据放在一起进行统计。它与数据排序不同。通过运用 Excel 的分类汇总功能,可对表格中同一类数据进行统计运算,使工作表中的数变得更加清晰直观,其具体操作如下。

1) 单项分类汇总

单项分类汇总指将数据按照特定的某一序列对相应的数据进行汇总的过程,汇总结果可以是求和、求平均值等。下面对"固定资产统计表"工作簿进行单项分类汇总,其具体操作如下。

(1) 选择 A1:O24 单元格区域,将其复制到 Sheet2 工作表的对应区域,选择"数据"→"分级显示"组,单击"分类汇总"按钮,如图 4.118 所示。

(2) 打开"分类汇总"对话框,在"分类字段"下拉列表框中选择"计量单位"选项,在"汇总方式"下拉列表框中选择"求和"选项,在"选定汇总项"列表框中选中"月折旧额""累计折旧""固定资产净值"复选框,单击"确定"按钮,如图 4.119 所示。

(3) 此时即可对数据表进行分类汇总,并在表格中显示汇总结果,如图 4.120 所示。

【知识提示】

分类汇总实际上就是分类与汇总,其操作过程首先是通过排序功能对数据进行分类排序,然后再按照分类进行汇总。因为前面已经分类,所以这里只进行汇总操作。

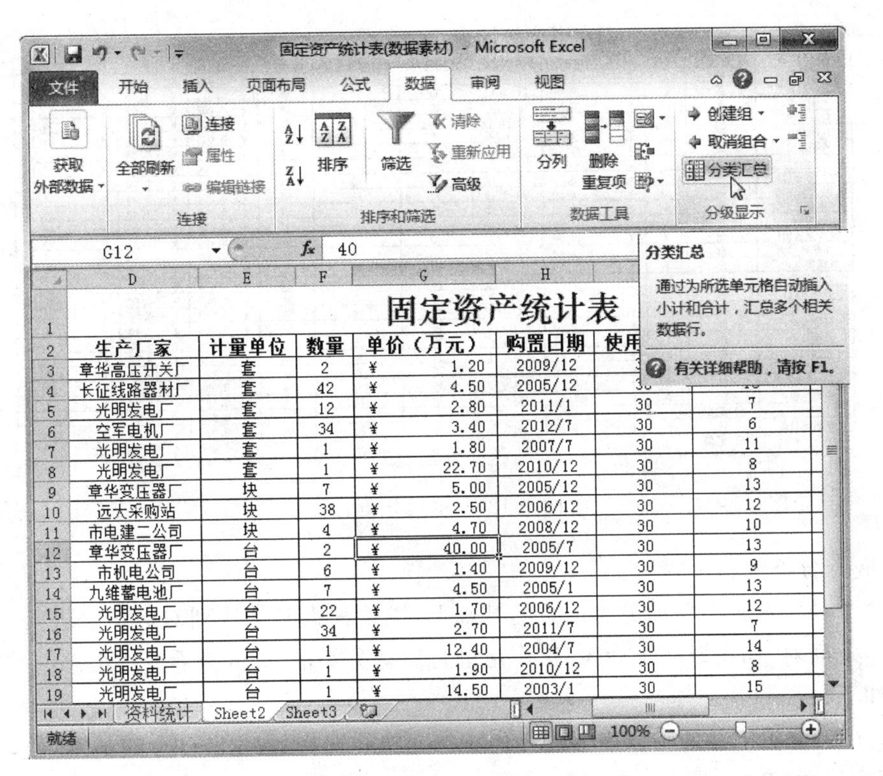

图 4.118　单击“分类汇总”按钮

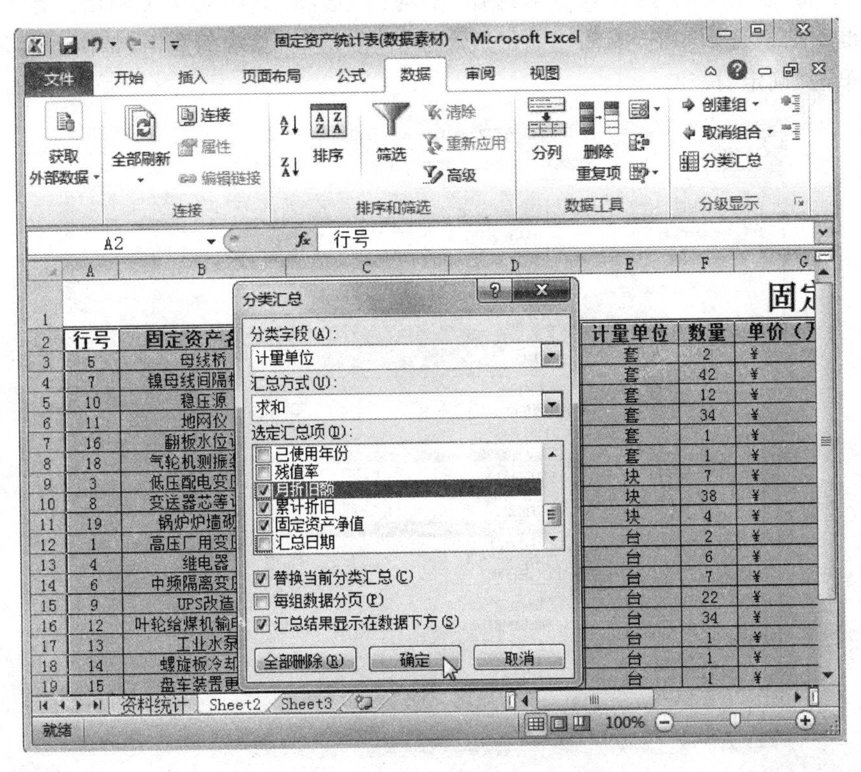

图 4.119　设置“分类汇总”对话框

固定资产统计表

生产厂家	计量单位	数量	单价（万元）	购置日期	使用年限	已使用年份	残值率	月折旧额	累计折旧	固定资产净值
章华高压开关厂	套	2	¥ 1.20	2009/12	30	9	5%	¥ 0.003	¥ 0.34	¥ 2.06
长征线路器材厂	套	42	¥ 4.50	2005/12	30	13	5%	¥ 0.012	¥ 1.85	¥ 187.15
光明发电厂	套	12	¥ 2.80	2011/1	30	7	5%	¥ 0.007	¥ 0.62	¥ 32.98
空军电机厂	套	34	¥ 3.40	2012/7	30	6	5%	¥ 0.009	¥ 0.65	¥ 114.95
光明发电厂	套	1	¥ 1.80	2007/7	30	11	5%	¥ 0.005	¥ 0.63	¥ 1.17
光明发电厂	套	1	¥ 22.70	2010/12	30	8	5%	¥ 0.060	¥ 5.75	¥ 16.95
	套 汇总							¥ 0.096	¥ 9.84	¥ 355.26
章华变压器厂	块	7	¥ 5.00	2005/12	30	13	5%	¥ 0.013	¥ 2.06	¥ 32.94
远大采购站	块	38	¥ 2.50	2006/12	30	12	5%	¥ 0.007	¥ 0.95	¥ 94.05
市电建二公司	块	4	¥ 4.70	2008/12	30	10	5%	¥ 0.012	¥ 1.49	¥ 17.31
	块 汇总							¥ 0.032	¥ 4.50	¥ 144.30
章华变压器厂	台	2	¥ 40.00	2005/7	30	13	5%	¥ 0.106	¥ 16.47	¥ 63.53
市机电公司	台	6	¥ 1.40	2009/12	30	9	5%	¥ 0.004	¥ 0.40	¥ 8.00
九维蓄电池厂	台	7	¥ 4.50	2005/1	30	13	5%	¥ 0.012	¥ 1.85	¥ 29.65
光明发电厂	台	22	¥ 1.70	2006/12	30	12	5%	¥ 0.004	¥ 0.65	¥ 36.75
光明发电厂	台	34	¥ 2.70	2011/7	30	7	5%	¥ 0.007	¥ 0.60	¥ 91.20
光明发电厂	台	1	¥ 12.40	2004/7	30	14	5%	¥ 0.033	¥ 5.50	¥ 6.90
光明发电厂	台	1	¥ 1.90	2010/12	30	8	5%	¥ 0.005	¥ 0.48	¥ 1.42
光明发电厂	台	1	¥ 14.50	2003/1	30	15	5%	¥ 0.038	¥ 6.89	¥ 7.61
神州机械厂	台	2	¥ 14.80	2010/12	30	8	5%	¥ 0.039	¥ 3.75	¥ 25.85
南方汽轮机厂	台	2	¥ 75.70	2010/12	30	8	5%	¥ 0.200	¥ 19.18	¥ 132.22
南方汽轮机厂	台	2	¥ 13.40	2010/12	30	8	5%	¥ 0.035	¥ 3.39	¥ 23.41
南方电机厂	台	2	¥ 45.80	2008/7	30	10	5%	¥ 0.121	¥ 14.50	¥ 77.10
	台 汇总							¥ 0.604	¥ 73.65	¥ 503.65
市机电公司	只	6	¥ 5.60	1998/7	30	20	5%	¥ 0.016	¥ 3.55	¥ 30.05
	只 汇总							¥ 0.015	¥ 3.55	¥ 30.05
	总计							¥ 0.747	¥ 91.54	¥ 1,033.26

图 4.120　单项分类汇总

2）嵌套分类汇总

嵌套分类汇总是在单项分类汇总的基础上，继续根据其他序列对数据表进行进一步分类汇总。下面对“固定资产统计表”工作簿进行嵌套分类汇总，并查看分类汇总的数据，其具体操作如下。

（1）在已分类汇总的工作表上选择任意单元格。选择“数据”→“分级显示”组，单击“分类汇总”按钮，打开“分类汇总”对话框。

（2）在“汇总方式”下拉列表框中选择“平均值”选项，如图 4.121 所示。在“选定汇总项”列表框中取消选中“月折旧额”“固定资产净值”复选框，并取消选中“替换当前分类汇总”复选框，单击“确定”按钮。

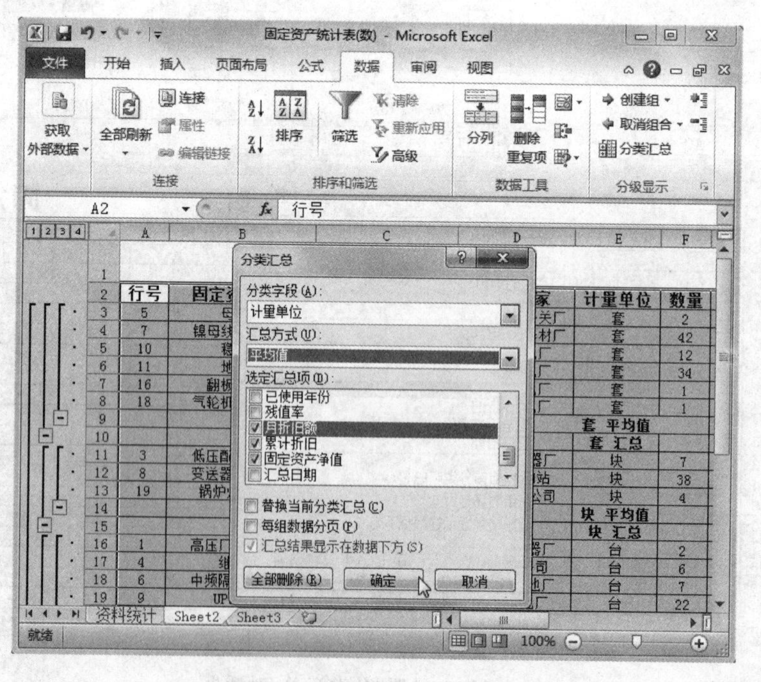

图 4.121　设置平均值汇总

(3) 在前面汇总数据的基础上继续添加分类汇总，即可同时查看到不同计量单位的平均值。

(4) 依次单击分类汇总数据表左侧垂直标尺上方的 1 2 3 4 按钮，仅显示总计与总计平均值，如图 4.122 所示，仅显示各计量单位的汇总，如图 4.123 所示。在前两步的基础上增加显示各计量单位的平均值，并完成汇总的操作，如图 4.124 所示。

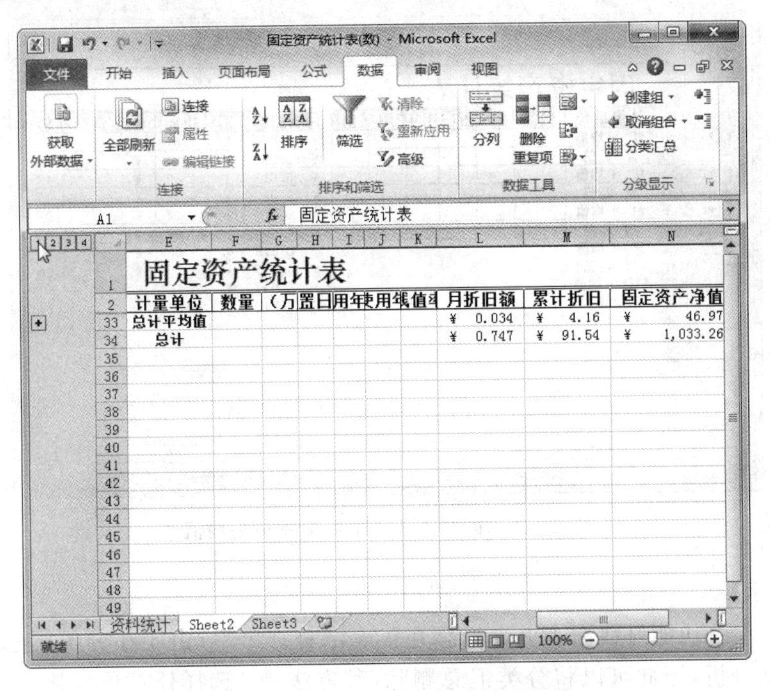

图 4.122 仅显示总计与总计平均值

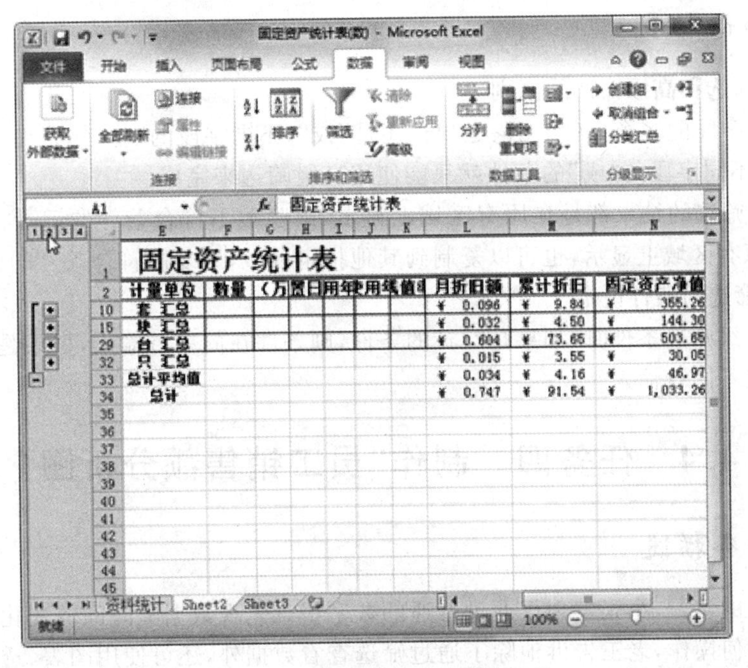

图 4.123 查看各计量单位的汇总

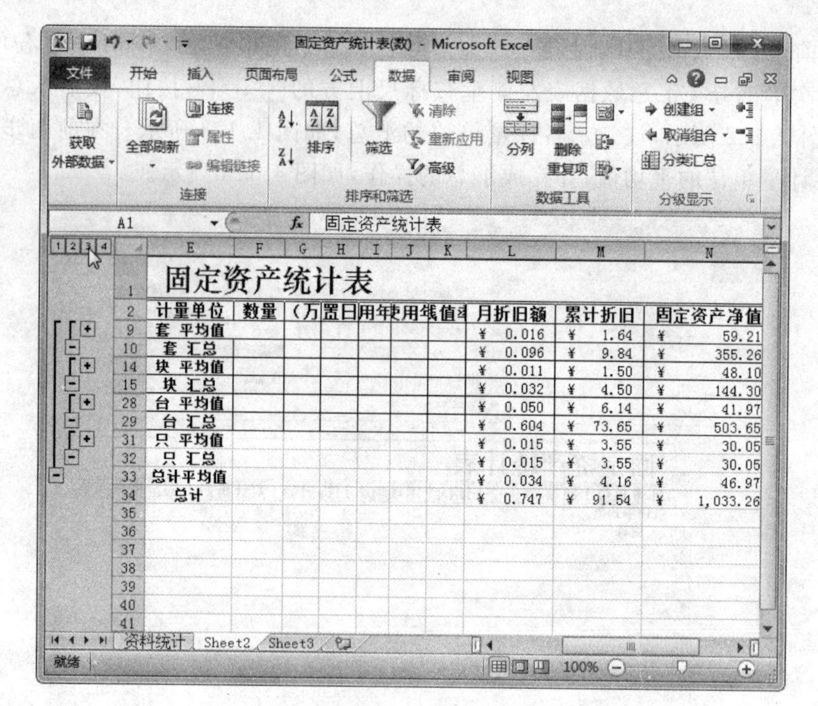

图 4.124 查看各计量单位汇总与平均值

【知识提示】

使用分类汇总功能对数据表进行汇总并获取汇总结果后，由于在分类汇总状态下无法进行其他数据分析，因此可以将分类汇总删除，其方法是：选择任意单元格，在“分级显示”组中单击“分类汇总”按钮，打开“分类汇总”对话框，直接单击“全部删除”按钮。

4.3.5 知识拓展

1. 自动筛选和高级筛选的区别

(1) 同一字段的多个条件，无论是“与”还是“或”，不同字段的“与”的条件都可以使用自动筛选，而有不同字段的“或”的条件就只能使用高级筛选来完成。

(2) 自动筛选的结果都是在原有区域上显示，即隐藏不符合条件的记录。高级筛选的结果可以在原有区域上显示，也可以复制到其他指定区域，即复制符合条件的记录。

2. 高级筛选的条件设定

在输入高级筛选条件时，如果是“与”的条件，则条件在同一行输入，如果是“或”的条件，则条件必须在不同行输入。

4.4 任务四 制作“员工销售额分析图”

4.4.1 任务描述

经过前面的学习，小张发现仅通过普通的数字很难表现数据随时间的变化趋势，于是他去问老王该如何操作，老王告诉他除了通过筛选查看数据外，还可使用图表、透视表、透视图来展示数据。图表用于将数据以图例的形式显示出来，使用户更加直观地查看数据的分布，而数据透视表和数据透视图可汇总、分析、浏览提供的汇总数据，并以透视图的形式对其进行显示与查看。

该实例的重点是对表格中的内容进行迷你图的查看、图表的创建、数据透视表的创建与编辑、数据透视图的创建与编辑，帮助用户分析其中的数据。

4.4.2 任务目标

- 学会插入迷你图；
- 学会创建并编辑图表；
- 学会创建并编辑数据透视表；
- 学会创建并编辑数据透视图。

4.4.3 预备知识

1. 什么是图表

在 Microsoft Excel 中，图表是指将工作表中的数据用图形表示出来。例如，将各商品的销售用柱形图显示出来。图表可以使数据更加有趣、吸引人、易于阅读和评价。它们也可以帮助我们分析和比较数据。当基于工作表选定区域建立图表时，Microsoft Excel 使用来自工作表的值，并将其当作数据点在图表上显示。数据点用条形、线条、柱形、切片、点及其他形状表示。这些形状称作数据标识。建立了图表后，可以通过增加图表项，如数据标记、图例、标题、文字、趋势线、误差线及网格线来美化图表及强调某些信息(大多数图表项可被移动或调整大小)，也可以用图案、颜色、对齐、字体及其他格式属性来设置这些图表项的格式。

2. Excel 2010 图表的种类

Excel 2010 中提供了多种图表的样式供用户使用，每一种都有多种组合和变换。每一种图表都有它最适用的场景，用户可以根据数据和适用要求的不同来选择合适的图表类型。具体可以把图表分为以下五大类别，如表 4.4 所示。

表 4.4 图表类型

类别	类　型	特　征
第一类	柱形图，折线图，散点图	这类图表主要用来反映数据的变化趋势及对比。其中，散点图与柱形图、折线图的区别在于其横轴按数值表示，是连续的；而柱形图的横轴按类别表示，是离散的。条形图、圆柱图、圆锥图、棱锥图都是柱形图的变种
第二类	曲面图	曲面图是一种真三维图表(三维柱形、圆柱、圆锥、棱锥等类型，当数据轴上只有一组数据时，本质上只是二维图)，它适合分析多组数据的对比与变化趋势
第三类	饼图，圆环图，雷达图	这三种图的基本面都是圆形的，主要用来观察数据之间的比例
第四类	面积图	面积图与折线图类似，但它具有堆积面积图和百分比堆积面积图两种变种，因此可以更好地反映某一(组)数据在全部数据(组)中所占的比例
第五类	气泡图，股价图	气泡图可以看作是散点图的扩展，它用气泡大小反映数据点的另一组属性。股价图顾名思义是反映类似股市行情的图表，它在每一个数据点上可以包括开盘价、收盘价、最高价、最低价、成交量

4.4.4 任务实施

小张开始对销售额统计表中的数据进行分析，主要包括创建并编辑迷你图、创建并编辑图表、创建并编辑数据透视表、创建并编辑数据透视图，下面分别对其进行介绍。

1. 创建并编辑迷你图

迷你图主要指使用简单的图表显示单列或单行的数据，使用迷你图不但简洁美观，而且能清晰展现数据的变化趋势，占用空间小。下面将对销售额统计表中的数据进行迷你图的创建，并对创建的图表进行编辑操作，其具体操作如下。

(1) 打开“销售额统计表”工作簿，选择 C3:J14 单元格区域，选择“插入”→“迷你图”组，单击“柱形图”按钮，如图 4.125 所示。

	C	D	E	F	G
2	上月销售额	本月销售额	计划	额	任务完成率
3	¥53,620.1	¥58,678.6	¥6	.0	69.9%
4	¥56,655.2	¥97,123.2	¥5	.9	101.1%
5	¥88,017.9	¥89,029.6	¥53,620.1	¥76,889.2	157.1%
6	¥73,854.1	¥85,994.5	¥71,830.7	¥87,006.2	157.4%
7	¥58,678.6	¥61,713.7	¥55,643.5	¥91,053.0	119.6%
8	¥77,900.9	¥63,737.1	¥76,889.2	¥73,854.1	118.9%
9	¥91,053.0	¥100,158.3	¥56,655.2	¥62,725.4	106.5%
10	¥70,819.0	¥83,971.1	¥94,088.1	¥88,017.9	129.7%
11	¥76,889.2	¥70,819.0	¥70,819.0	¥91,053.0	118.6%

图 4.125 单击“柱形图”按钮

(2) 打开“创建迷你图”对话框，在“选择放置迷你图的位置”栏的“位置范围”文本框中输入创建的迷你图区域“$C$15:$J$15”，单击“确定”按钮，如图 4.126 所示。

(3) 将鼠标光标移动到 15 行下方的行线上，当其变为如图 4.127 所示的形状时，向下拖曳放大显示迷你图。

(4) 选择“设计”→“样式”组，单击“迷你图颜色”按钮，在打开的下拉列表中选择“水绿色，强调文字颜色 5，深色 25%”选项，如图 4.128 所示。

(5) 继续选择“设计”→“样式”组，单击“标记颜色”按钮，在打开的下拉列表中选择“高点”选项，在打开的子列表的“主题颜色”栏中选择“橄榄色，强调文字颜色 3”选项，如图 4.129 所示。

(6) 继续单击“标记颜色”按钮，在打开的下拉列表中选择“低点”选项，在打开的子列表的“主题颜色”栏中选择“紫色，强调文字颜色 4”选项，如图 4.130 所示。

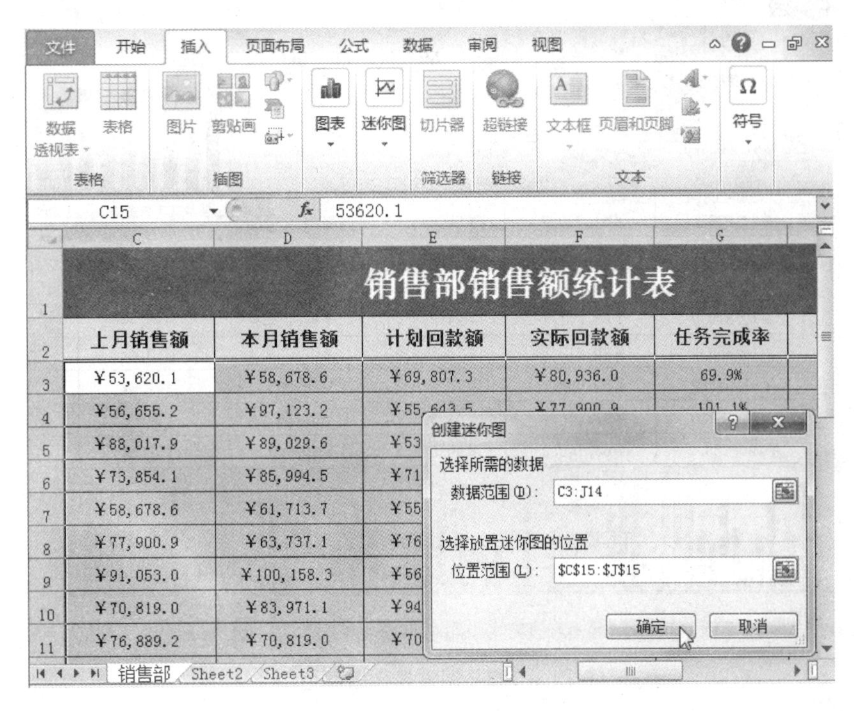

图 4.126　选择迷你图位置

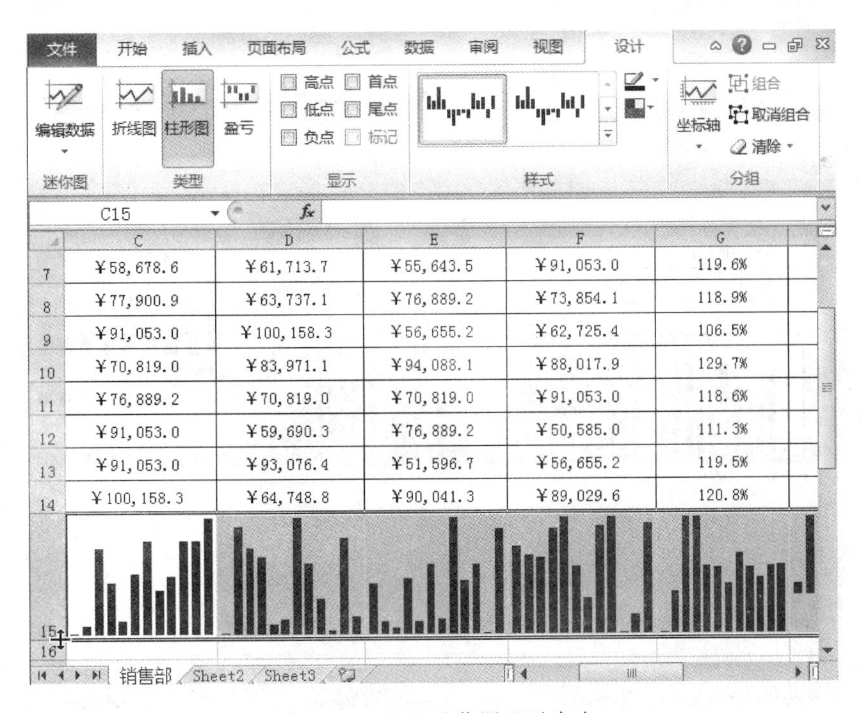

图 4.127　调整迷你图显示大小

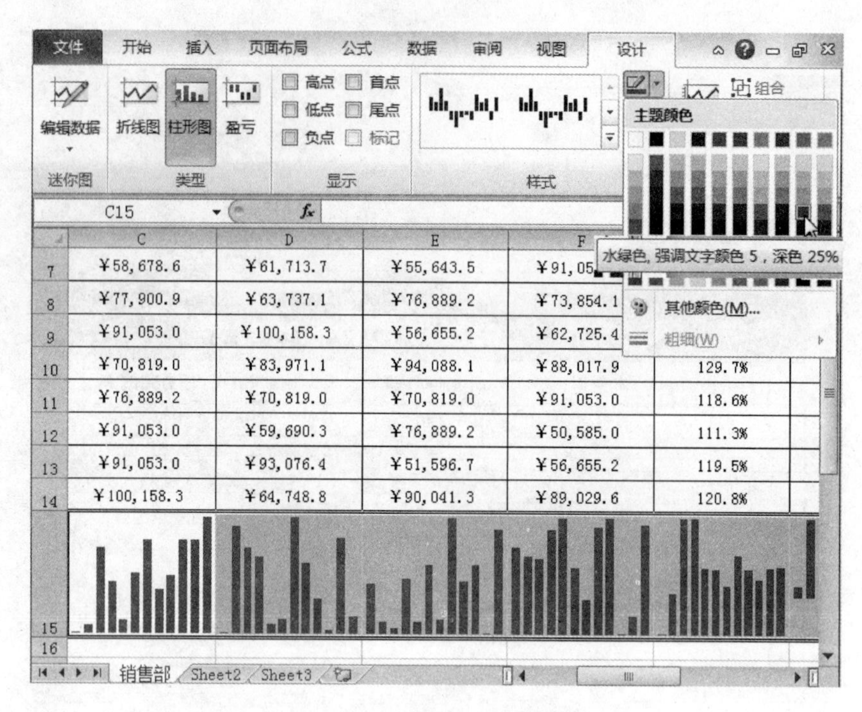

图 4.128　调整迷你图颜色

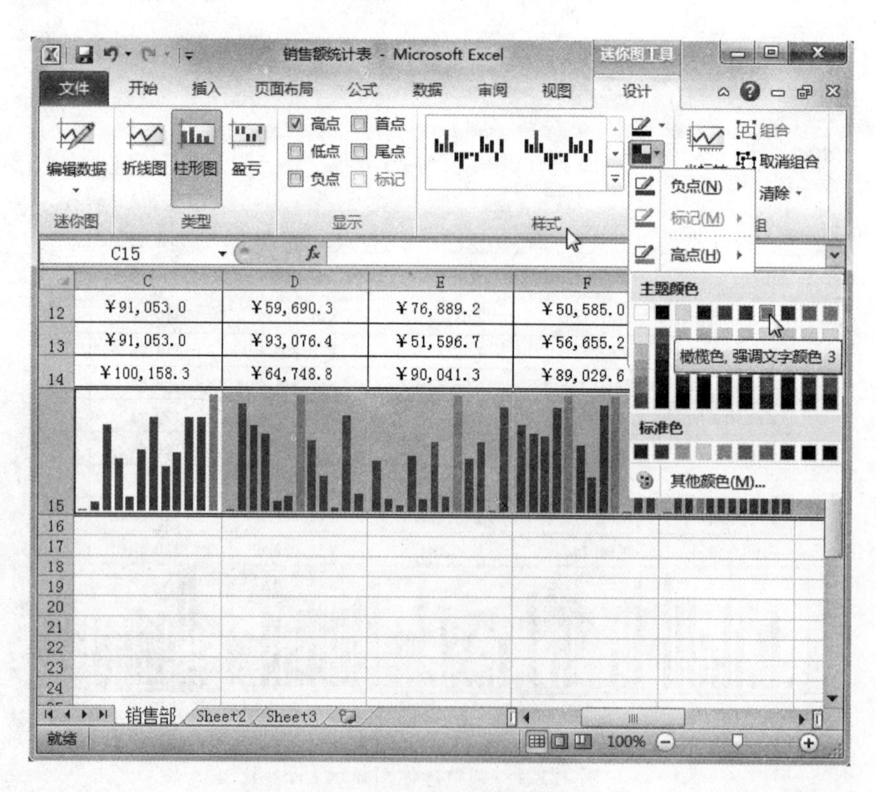

图 4.129　编辑高点颜色

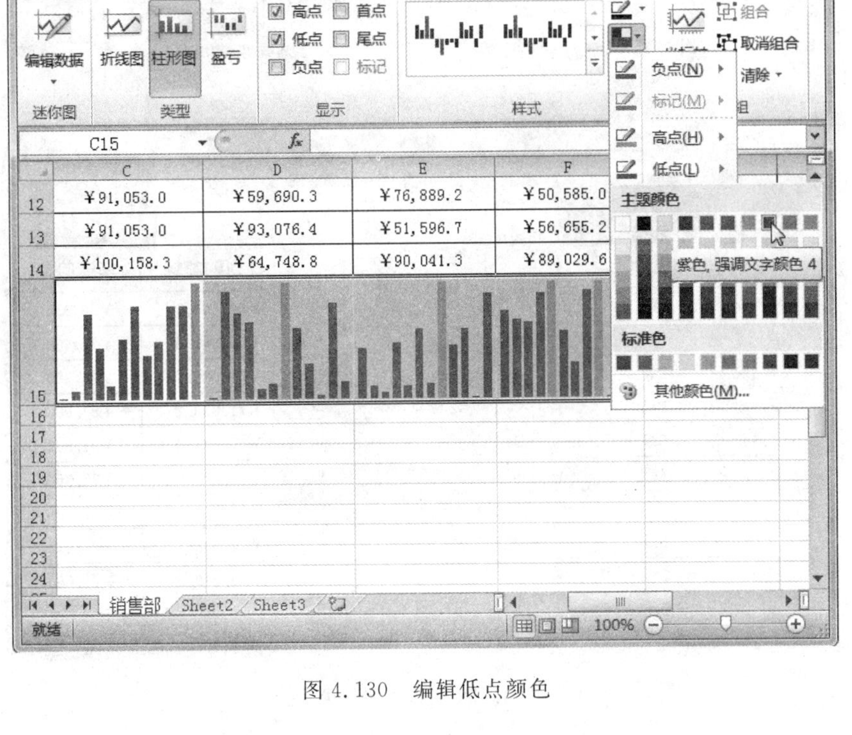

图 4.130　编辑低点颜色

(7) 选择“设计”→“显示”组，选中“首点”和“尾点”复选框，即可查看绘制的迷你图已发生变化，取消迷你图的选择状态，即可查看完成的迷你图效果。

【知识提示】

在制作迷你图时，如发现制作的图不适合，可将该迷你图删除，重新进行制作。其删除方法是：选择“设计”→“分组”组，单击“清除”按钮，在打开的下拉列表中选择需要清除的选项。

2. 创建并编辑图表

图表的功能在于将枯燥的数据通过图形化显示，方便查看。它的显示与迷你图相比更加直观，并适用于各种场合，其具体操作如下。

(1) 选择 A2:A14、C2:D14 单元格区域，选择“插入”→“图表”组，单击“柱形图”按钮，在打开的下拉列表的“二维柱形图”栏中选择“簇状柱形图”选项，如图 4.131 所示。

(2) 此时即可在当前工作表中创建一个柱状图，图表中显示了各人员上月与本月销售额情况。将鼠标光标移动到图表中的某一系列，即可查看该系列对应的人员在上月与本月的销售额情况。

(3) 选择“设计”→“位置”组，单击“移动图表”按钮，如图 4.132 所示。

(4) 打开“移动图表”对话框，选中“新工作表”单选按钮，在后面的文本框中输入工作表的名称，这里输入“销售额分析图”，单击“确定”按钮，如图 4.133 所示。

(5) 在“设计”→“快速样式”组的下拉列表中选择“样式 45”选项，为其应用样式，如图 4.134 所示。

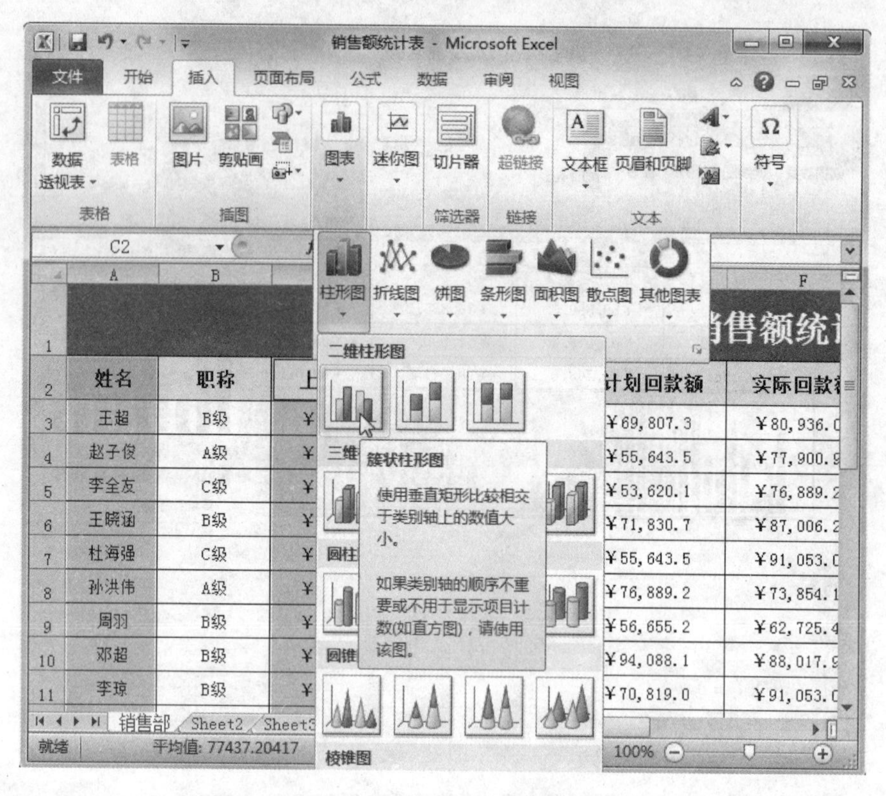

图 4.131　选择柱形图

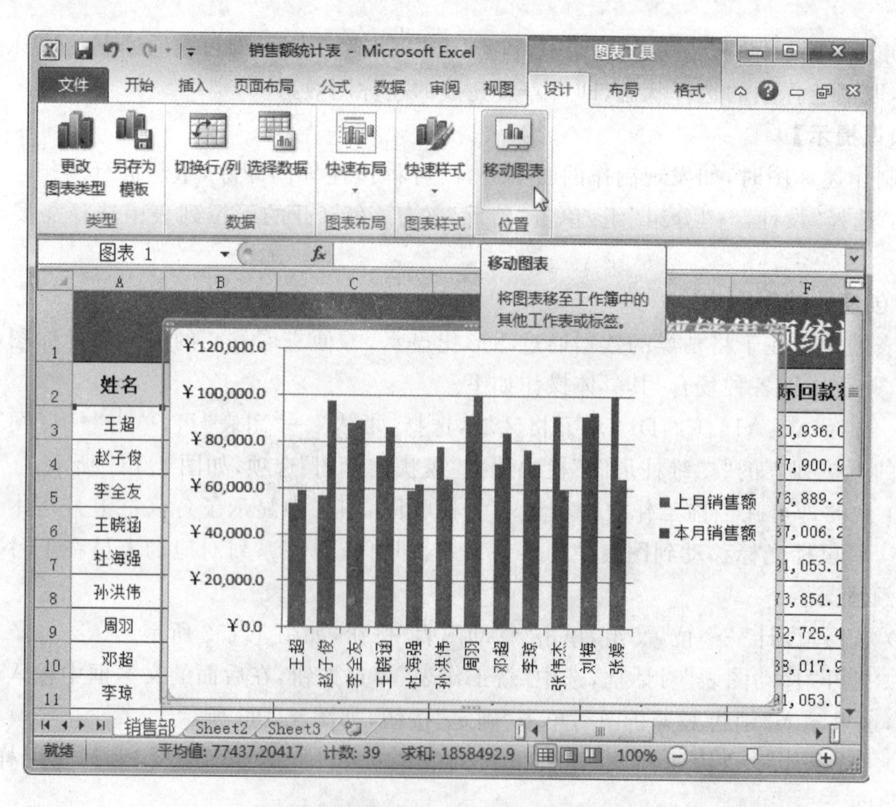

图 4.132　移动图表

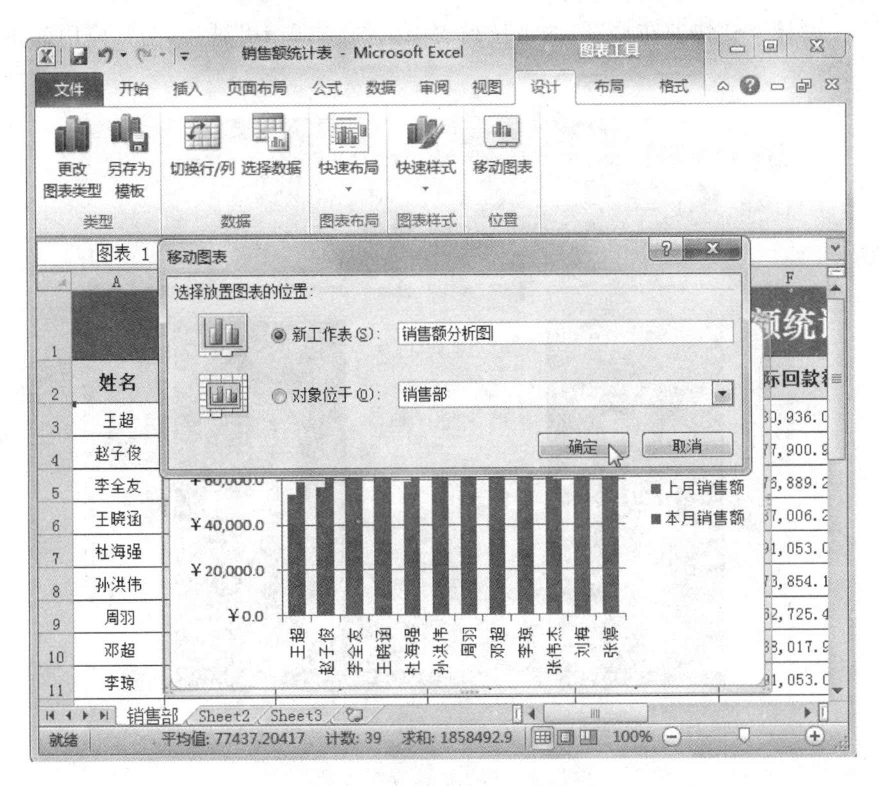

图 4.133　设置移动图表位置

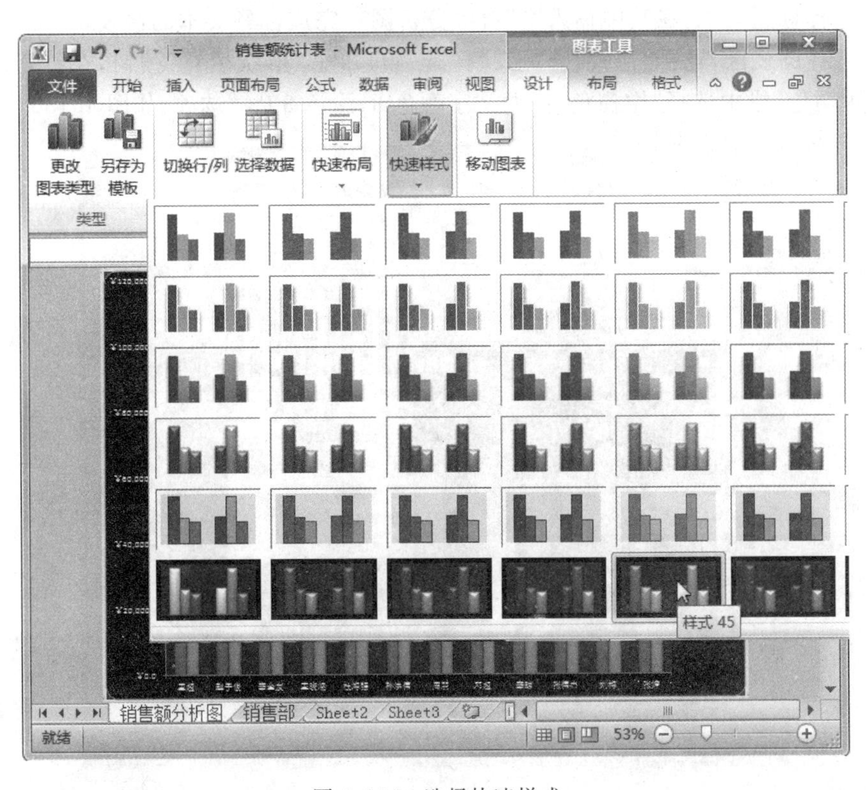

图 4.134　选择快速样式

(6) 在“设计”→“快速布局”组的下拉列表中选择“布局10”选项，为其应用该布局样式，如图4.135所示。

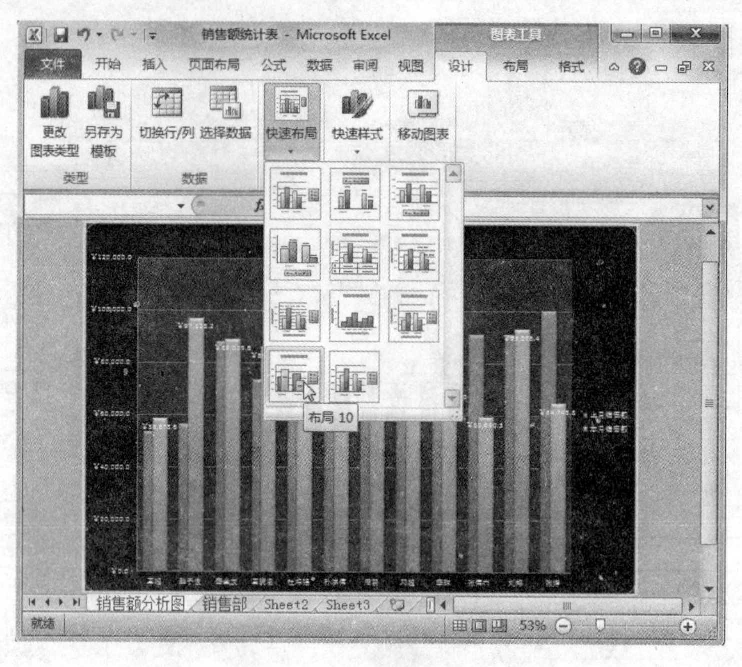

图4.135　快速应用布局

(7) 选择标题文本，在其中输入“销售额分析图”，完成标题文本的修改。

(8) 选择图表区，选择“格式”→“形状样式”组，单击“形状填充”按钮，在打开的下拉列表的“主题颜色”栏中选择“橄榄色，强调文字颜色3，深色50%”选项，如图4.136所示。

图4.136　设置图表区颜色

(9) 继续单击“形状填充”按钮,在打开的下拉列表的“渐变”选项的子列表中的“深色渐变”栏中选择“线性对角-左上到右下”选项,如图 4.137 所示。

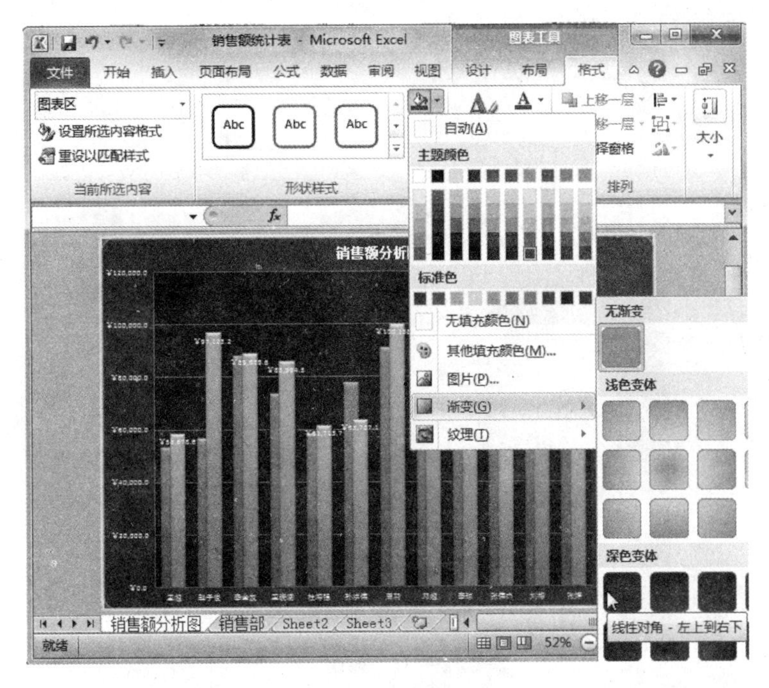

图 4.137 设置颜色渐变

(10) 选择绘图区,单击“形状填充”按钮,在打开的下拉列表的“主题颜色”栏中选择“橄榄色,强调文字颜色 3,淡色 80%”选项,如图 4.138 所示。

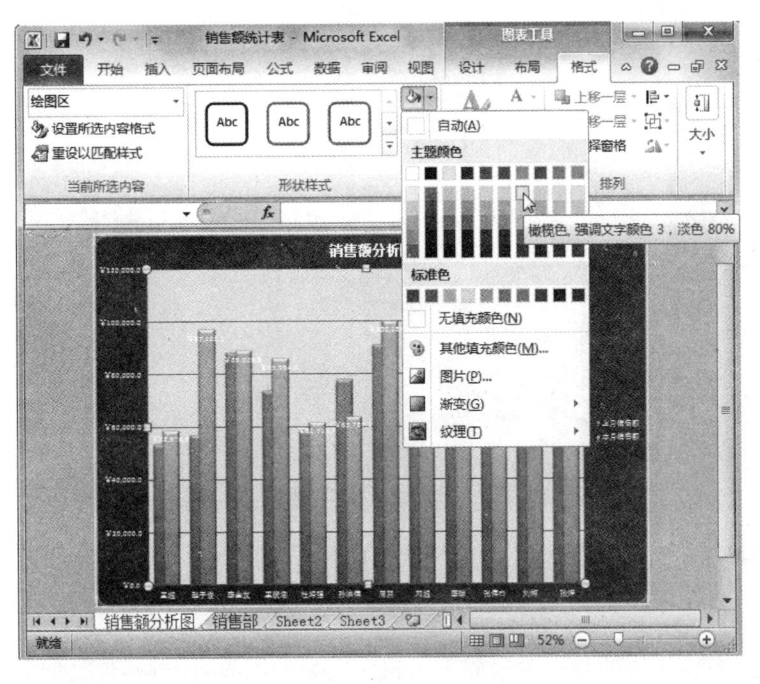

图 4.138 设置绘图区颜色

(11) 选择标题文字,将其字体和字号分别设置为“华文彩云”“28”,选择数据标签,选择“格式”→“艺术字样式”组,单击“文本填充”按钮,在打开的下拉列表中选择“橄榄色,强调文字颜色 3,深色 50%”选项,如图 4.139 所示。

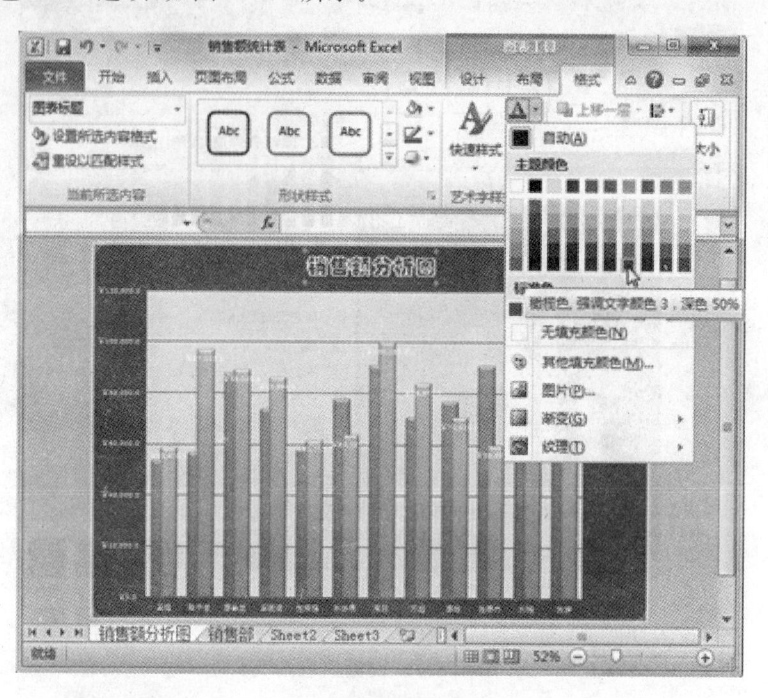

图 4.139　修改数据标签颜色

(12) 调整绘图区位置,拖曳绘图区 4 个对角点,调整绘图区大小,效果如图 4.140 所示。

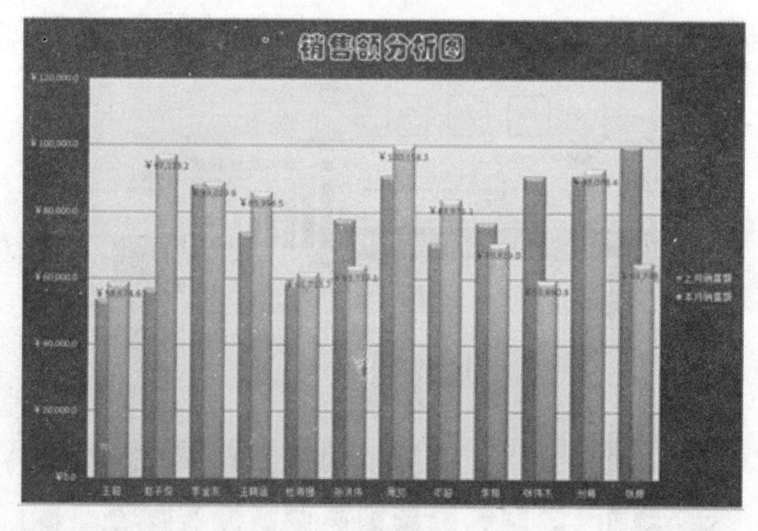

图 4.140　完成图表创建

【知识提示】

需要注意的是,不同的数据表只能采用相应类型的图表,通过其他类型的图表将无法完整地体现出数据。

(13) 返回“销售部”工作表，选择“插入”→“图表”组，单击“饼图”按钮，在打开的下拉列表的“二维饼图”栏中选择“饼图”选项，如图 4.141 所示。

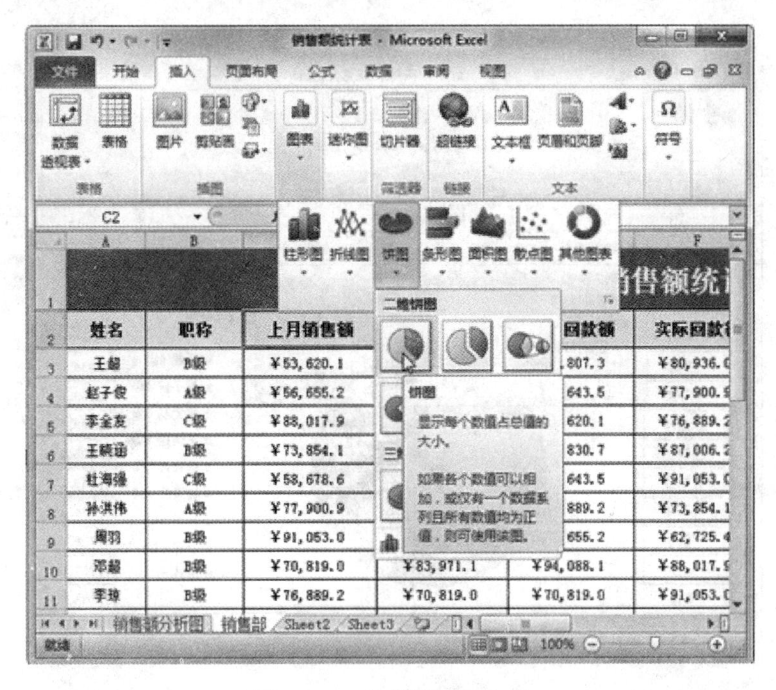

图 4.141　选择“饼图”选项

(14) 在图表的空白区域上右击，在弹出的快捷菜单中选择“选择数据”命令，打开“选择数据源”对话框，单击“确定”按钮，如图 4.142 所示。

图 4.142　选择“选择数据”命令

(15) 打开“编辑数据系列”对话框,在“系列名称”栏下的文本框中输入“二销信!＄J＄2”,在“系列值”栏下的文本框中输入“=销售部＄J＄3:＄J＄14”,单击“确定”按钮,如图 4.143 所示。

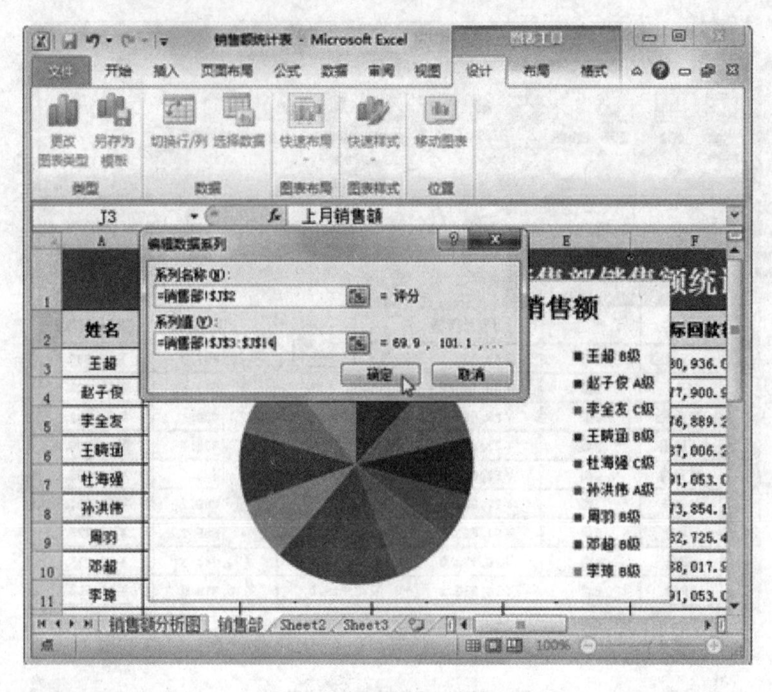

图 4.143　编辑数据系列

(16) 返回“选择数据源”对话框,此时可发现“图例项(系列)”栏已发生变化,单击“水平(分类)轴标签”栏中的“编辑”按钮,如图 4.144 所示。

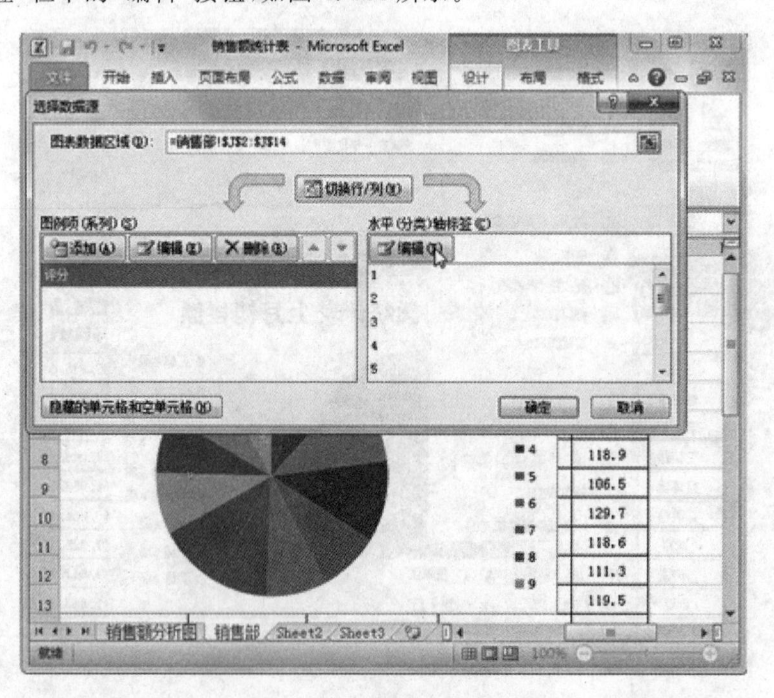

图 4.144　单击“编辑”按钮

(17) 打开“轴标签”对话框，在“轴标签区域”栏的文本框中输入“=销售部!$A$3:$A$14”，单击“确定”按钮，如图 4.145 所示。

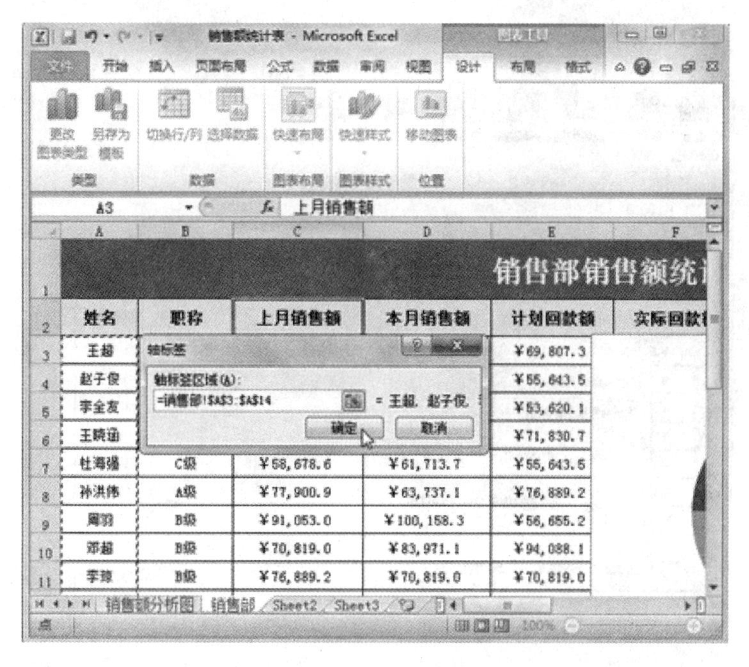

图 4.145　编辑数据系列

(18) 返回“选择数据图”对话框，此时可发现“水平(分类)轴标签”栏已发生变化，单击“确定”按钮，完成编辑，查看编辑后的图像效果，如图 4.146 所示。

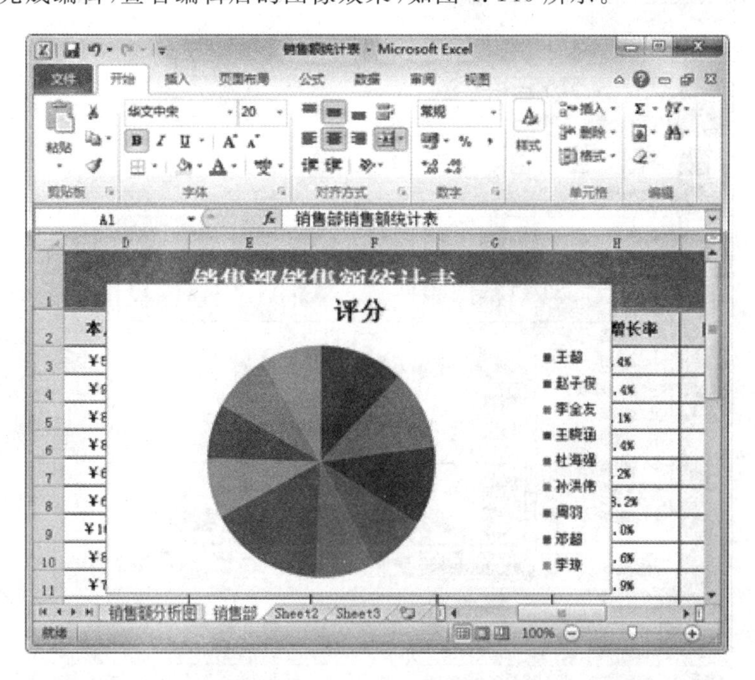

图 4.146　完成编辑

(19) 单击“移动图表”按钮，打开“移动图表”对话框，选中“新工作表”单选按钮，在其后的文本框中输入“员工评分分析图”，并单击“确定”按钮，如图 4.147 所示。

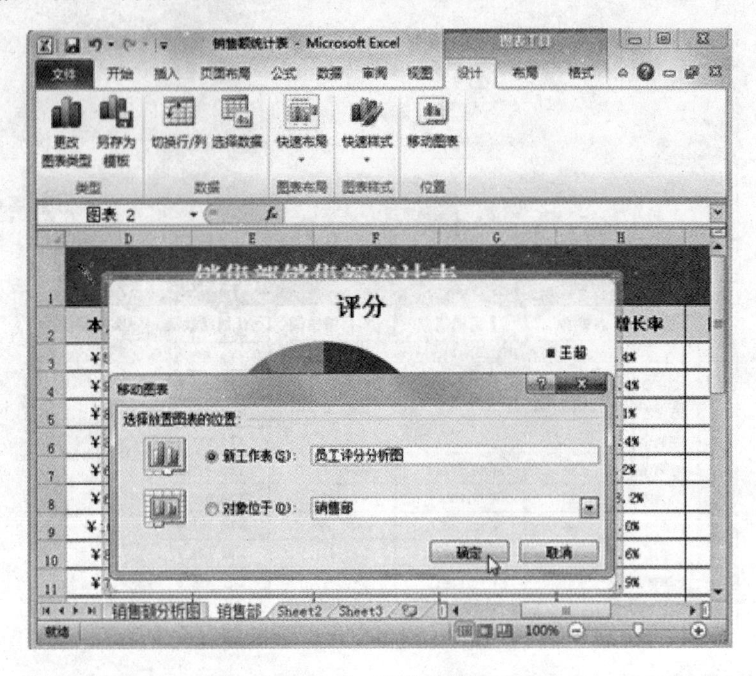

图 4.147　移动饼形图

(20) 完成图表的移动后，选择“图表工具-设计”→“类型”组，单击“更改图表类型”按钮，打开“更改图表类型”对话框，在“饼图”栏中选择“三维饼图”选项，单击“确定”按钮，如图 4.148 所示。

图 4.148　更改图表类型

(21) 在"图表工具-设计"→"快速样式"组的下拉列表框中选择"样式45"选项，为其应用该样式。

(22) 在应用样式的图形上右击，在弹出的快捷菜单中选择"添加数据标签"命令，在绘图区中显示每个区域代表的数据，如4.149所示。

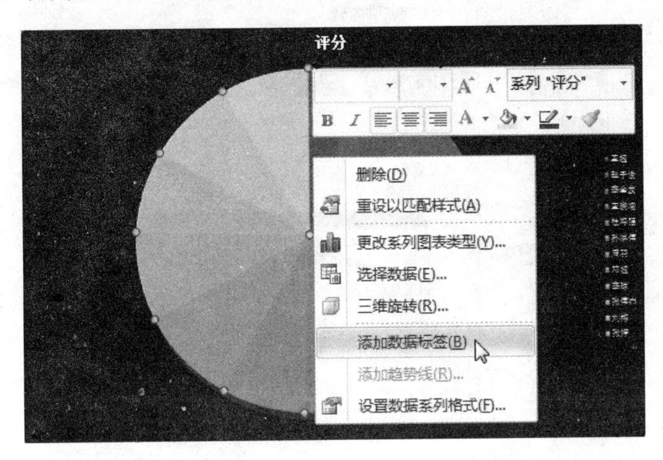

图4.149　添加数据标签

(23) 在绘图区中双击选择"李全友"代表的数据饼图块，按住鼠标不放，向右拖曳到适当位置后释放鼠标，查看单个图块效果，调整绘图区以及文本的大小与位置，效果如图4.150所示。

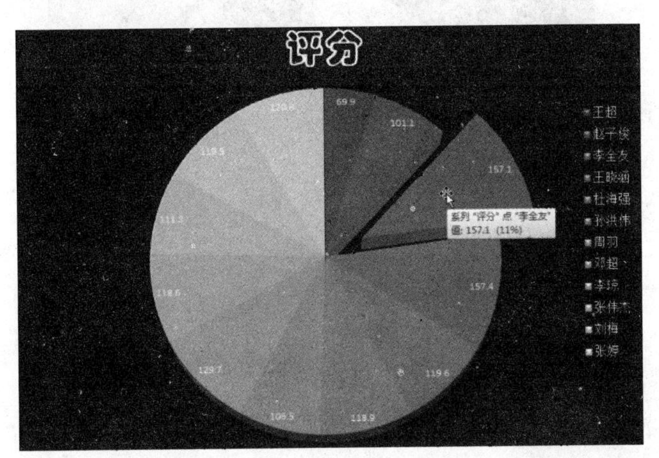

图4.150　调整饼块位置

(24) 在图表区中双击，打开"设置图表区格式"对话框，在"填充"栏选中"渐变填充"单选按钮，并在其下方的"渐变光圈"栏中设置渐变颜色，完成后单击"关闭"按钮完成创建，如图4.151所示，最终效果如图4.152所示。

3. 创建并编辑数据透视表

数据透视表是一种交互式数据报表，用于为数据透视图统计图表内容，因此数据透视表是数据透视图的前提，也是图表的升级。下面将具体讲解创建并编辑数据透视表的方法，其具体操作如下。

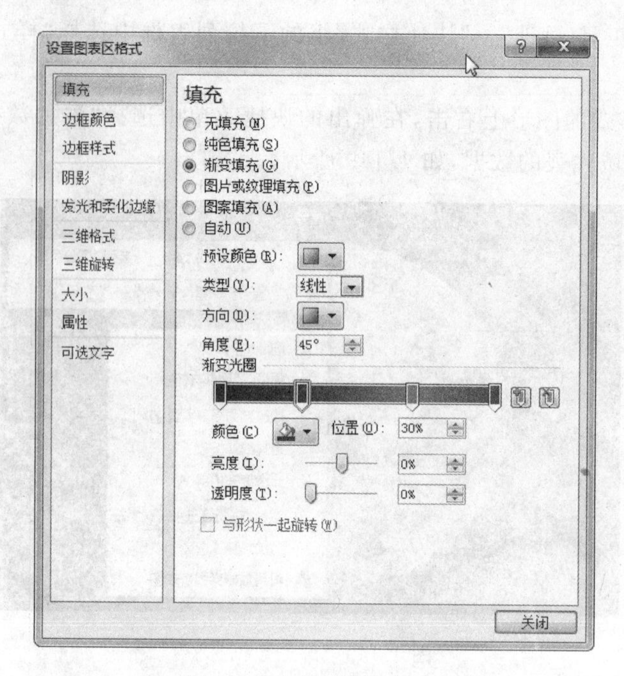

图 4.151　设置渐变颜色

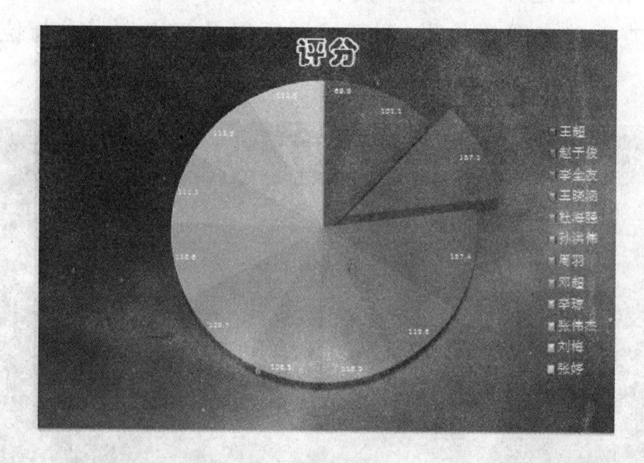

图 4.152　饼形图最终效果

(1) 在“销售部”工作表中选择 A2:J14 单元格区域。选择“插入”→“表格”组,单击“数据透视表”按钮,在打开的下拉列表中选择“数据透视表”选项,如图 4.153 所示。

(2) 打开“创建数据透视表”对话框,选中“现有工作表”单选按钮,并在“位置”文本框中输入“Sheet2!$A$1:$J$20”,单击“确定”按钮,如图 4.154 所示。

(3) 此时创建空白数据透视表,右侧显示出“数据透视表字段列表”窗格。在“数据透视表字段列表”窗格中将“姓名”字段拖曳到“行标签”下拉列表框中,数据表中将自动添加“行标签”字样,用同样的方法将“上月销售额”“本月销售额”“计划回款率”“实际回款率”字段拖曳到“数值”下拉列表框中,如图 4.155 所示。

(4) 将工作表标签修改为“销售额透视表”,并鼠标光标移动到“数据透视表字段列表”窗格右侧,单击“关闭”按钮,关闭该窗格。

图 4.153　选择“数据透视表”按钮

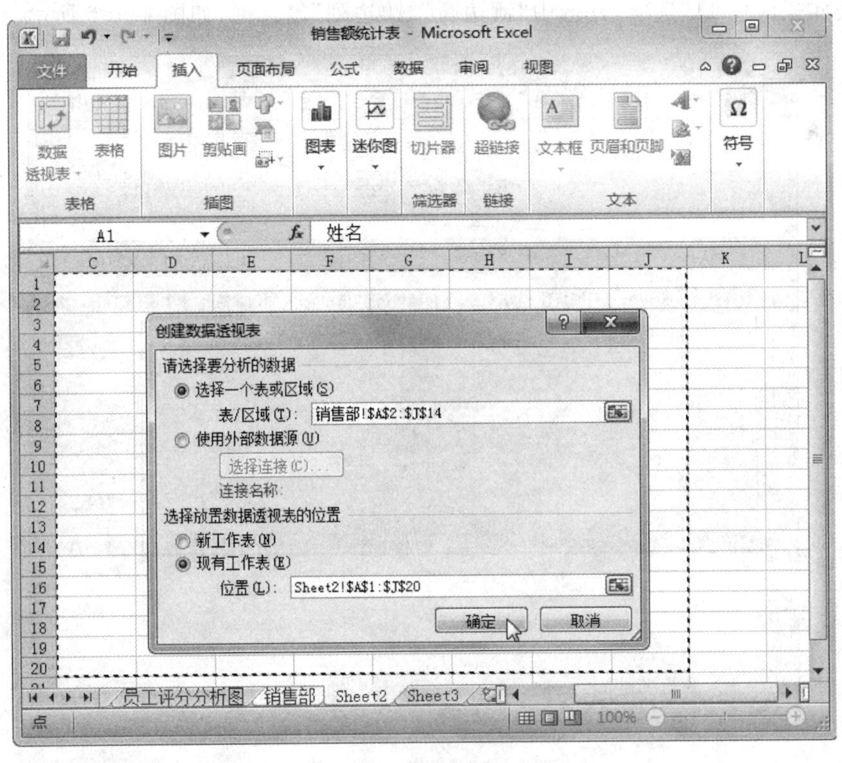

图 4.154　设置数据透视表位置

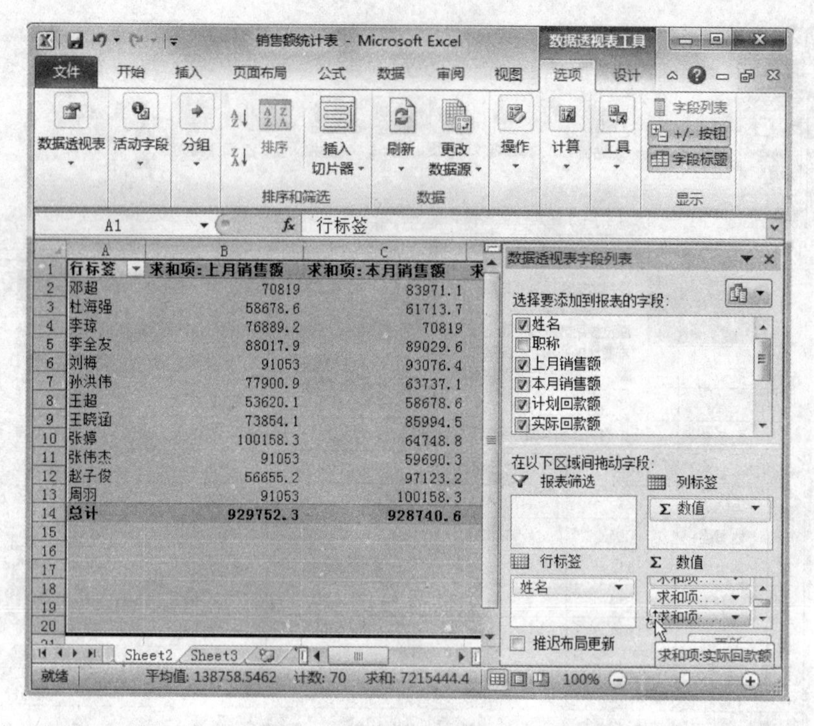

图 4.155 设置行标签、添加数值选项

(5) 单击“设计”→“数据透视表样式”组右侧的下拉按钮,在打开的下拉列表中选择“数据透视表样式浅色 11”选项,并选中“镶边行”“镶边列”复选框,如图 4.156 所示。

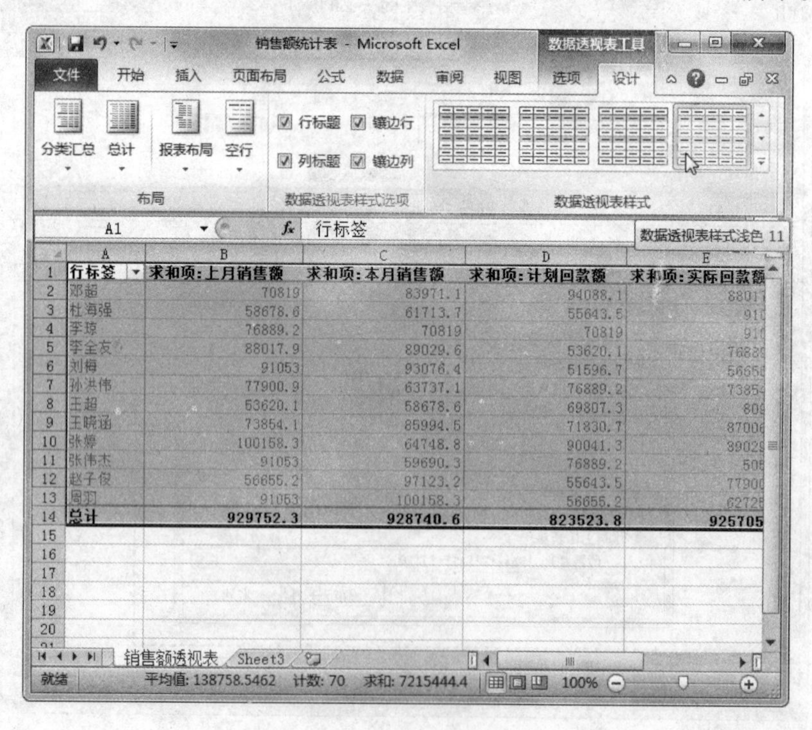

图 4.156 设置透视表样式

(6) 选择“设计”→“布局”组，单击“报表布局”按钮，在打开的下拉列表中选择“以表格形式显示”选项，如图 4.157 所示。

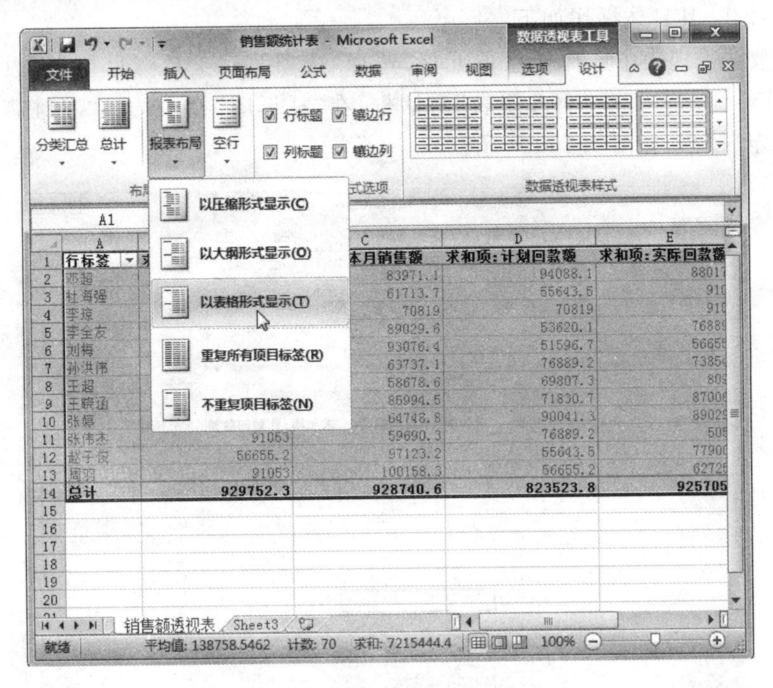

图 4.157　设置报表布局

(7) 调整单元格大小，选择“页面布局”→“工作表选项”组，取消选中“查看”复选框，并查看完成后的效果，如图 4.158 所示。

姓名	求和项:上月销售额	求和项:本月销售额	求和项:计划回款额	求和项:实际回款额
邓超	70819	83971.1	94088.1	88017.
杜海强	58678.6	61713.7	55643.5	91053
李琼	76889.2	70819	70819	91053
李全友	88017.9	89029.6	53620.1	76889.2
刘梅	91053	93076.4	51596.7	56655.2
孙洪伟	77900.9	63737.1	76889.2	73854.1
王超	53620.1	58678.6	69807.3	80936
王晓涵	73854.1	85994.5	71830.7	87006.2
张婷	100158.3	64748.8	90041.3	89029.6
张伟杰	91053	59690.3	76889.2	50585
赵子俊	56655.2	97123.2	55643.5	77900.9
周羽	91053	100158.3	56655.2	62725.4
总计	929752.3	928740.6	823523.8	925705.5

图 4.158　完成数据透视表的创建

4. 创建并编辑数据透视图

当完成数据透视表的创建后，即可在该基础上创建数据透视图，在创建完成后还可对透视图进美化操作，其具体操作如下。

(1) 在数据透视表中选择任意单元格，选择“选项”→“工具”组，单击“数据透视图”按钮，如图 4.159 所示。打开“插入图表”对话框，在“柱形图”栏中选择“三维簇状柱形图”选项，单击“确定”按钮，如图 4.160 所示。

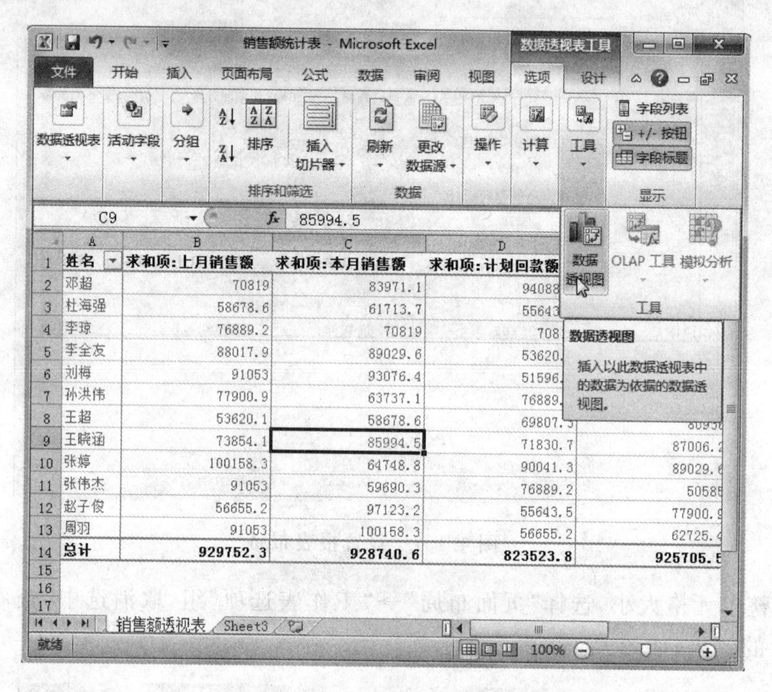

图 4.159　单击“数据透视图”按钮

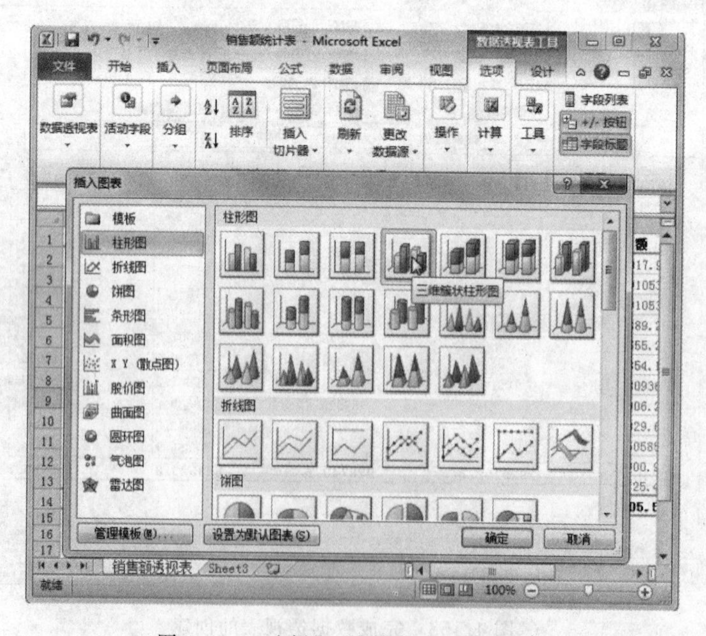

图 4.160　选择“三维簇状柱形图”选项

(2) 将完成后的图表移动到透视表下方,并调整其大小使其与数据透视表相同,选择数据透视图,选择“设计”→“图表样式”组,单后“快速样式”按钮,在打开的下拉列表中选择“样式 37”选项,如图 4.161 所示。单击“格式”→“形状样式”组右侧的下拉按钮,在打开的下拉列表中选择“彩色轮廓-橄榄色,强调颜色 3”选项,为其应用形状样式效果,如图 4.162 所示。

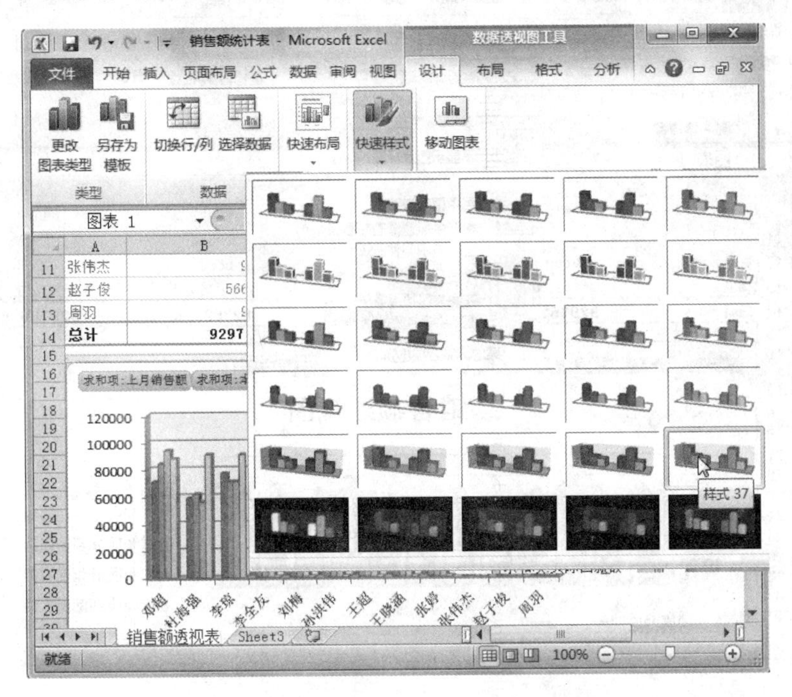

图 4.161 设置图表样式

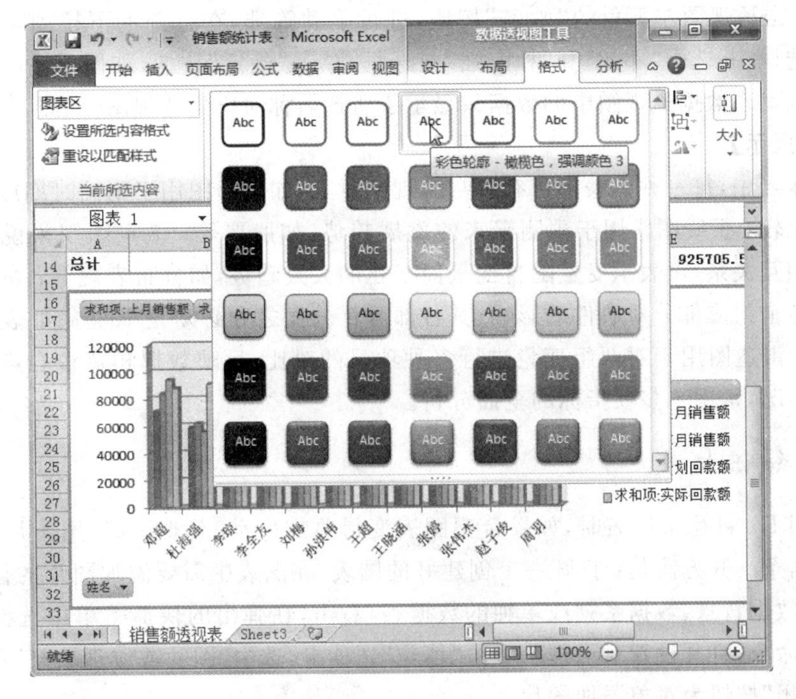

图 4.162 设置形状样式

(3) 选择“布局”→“标签”组，单击“图表标题”按钮，在打开的下拉列表中选择“图表上方”选项，输入透视图名称“销售额透视图”，如图 4.163 所示。

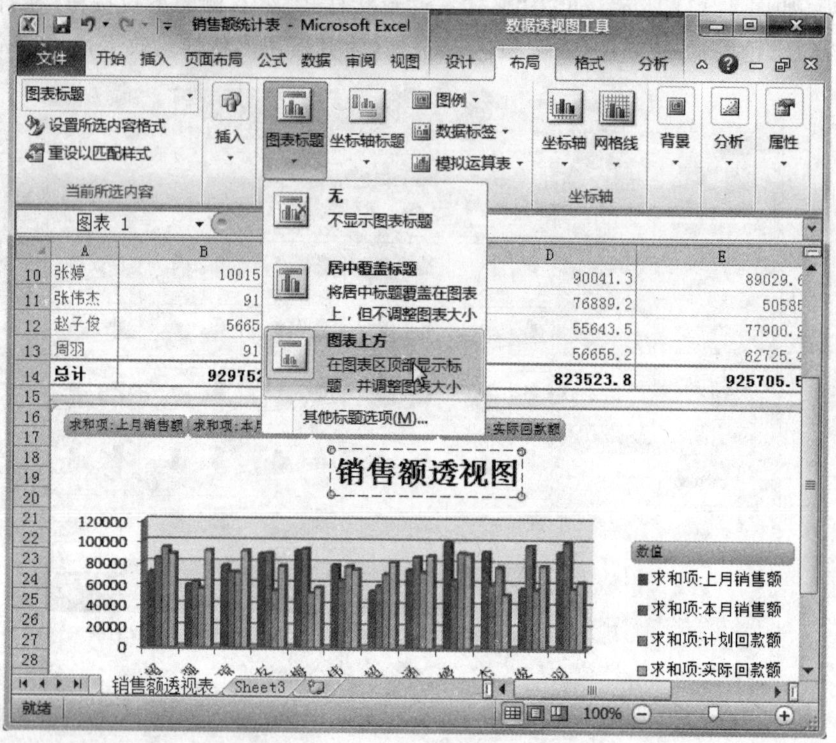

图 4.163　输入透视图名称

(4) 单击透视图左下角的“姓名”按钮，进行手动筛选，在打开的下拉列表中取消选中“全选”复选框，并选中“邓超”和“杜海强”复选框，单击“确定”按钮，如图 4.164 所示。筛选完成后即刻发现数据透视图中的数据只显示了所选名称对应的透视图，如图 4.165 所示。

【知识提示】

在工作当中，每一种图表都带有各自表现的意义，如柱形图用于不同时期或不同类别数据之间的比较；折线图常用于预测未来的发展趋势，如股票等；散点图用来说明若干组变量之间的相互关系，可表示变量随自变量而变化的大致趋势，如分布表现等；饼图主要用来分析内部各个组成部分对事件的影响，其各部分百分比之和必须是 100%，如表示本年收入所占比例；雷达图用于对两组变量进行多种项目的对比，反映数据相对中心点和其他数据点的变化情况，常用于多项指标的全面分析。

4.4.5　知识拓展

在使用 Excel 生成图表时，如果希望图表变得更加生动、美观，可以用图片来代替原来的单色数据条。其方法是：打开一个创建好的图表，在图表中需要添加图片的位置(可以是图表背景、数据背景、数据系列或单独的数据条)右击，在弹出的快捷菜单中选择“设置数据系列格式”命令，打开设置对话框。单击“填充”选项卡，选中“图片或纹理填充”单选按钮，然后单击“关闭”按钮为对象添加图片。

图 4.164 选择查看名称

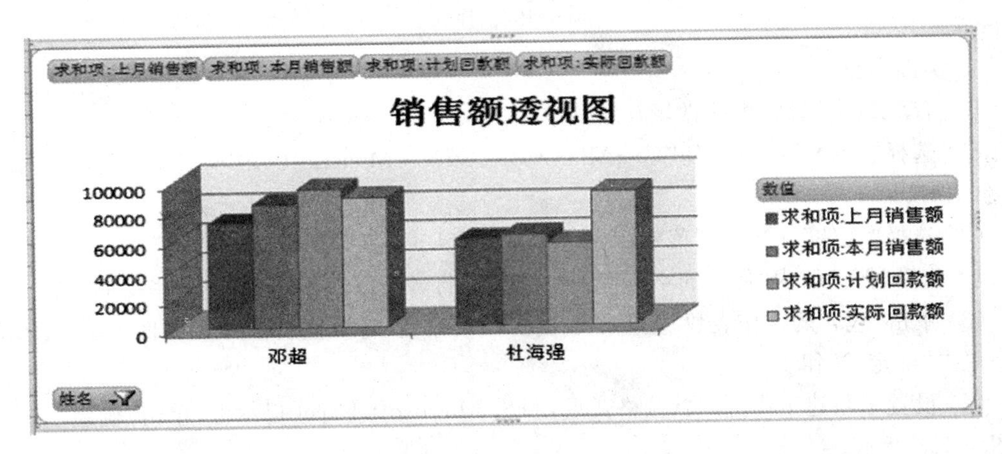

图 4.165 查看两个名称筛选效果

实训一 Excel 的基本操作

1. 实训目的

- 掌握 Excel 2010 软件的基本使用；
- 掌握工作簿的创建和使用；
- 掌握工作表的基本编辑。

2. 实训内容

(1) 启动 Excel 2010 并更改工作簿的默认格式。

(2) 新建空白工作簿，并按图 4.166 所示的格式输入数据。

(3) 利用数据填充功能完成有序数据的输入。

(4) 利用单元格的移动将"液晶电视"所在行置于"空调"所在行的下方。

(5) 调整行高及列宽。

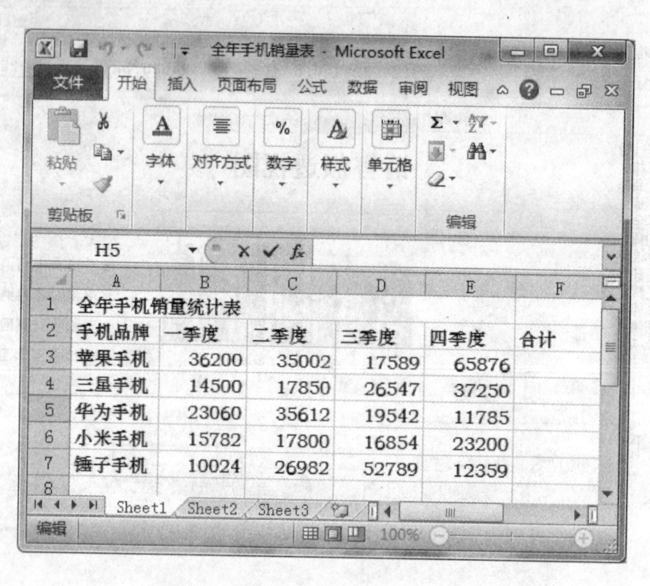

图 4.166 样表

3. 实训步骤

1) 启动 Excel 2010 并更改默认格式

(1) 选择"开始"→"所有程序"→Microsoft Office→Microsoft Office Excel 2010 菜单命令，启动 Excel 2010。

(2) 选择"文件"→"选项"菜单命令，弹出"Excel 选项"对话框，在"常规"选项卡中单击"新建工作簿时"区域内"使用的字体"下拉按钮，在打开的下拉列表中选择"华文中宋"选项。

(3) 单击"包含的工作表数"数值框右侧的微调按钮，将数值设置为 5，如图 4.167 所示，最后单击"确定"按钮。

(4) 设置了新建工作簿的默认格式后，弹出 Microsoft Excel 提示框，单击"确定"按钮，如图 4.168 所示。

(5) 将当前所打开的所有 Excel 2010 窗口关闭，然后重新启动 Excel 2010，新建一个 Excel 表格，并在单元格内输入文字，即可看到更改默认格式后的效果。

2) 新建空白工作簿并输入文字

(1) 在打开的 Excel 2010 工作簿中选择"文件"→"新建"菜单命令，在右侧的"新建"选项卡中，单击"空白工作簿"图标，再单击"创建"按钮，如图 4.169 所示，系统会自动创建新的空白工作簿。

(2) 在默认状态下 Excel 会自动打开一个新工作簿文档，标题栏显示为"工作簿 1-Microsoft Excel"，当前工作表是 Sheet1。

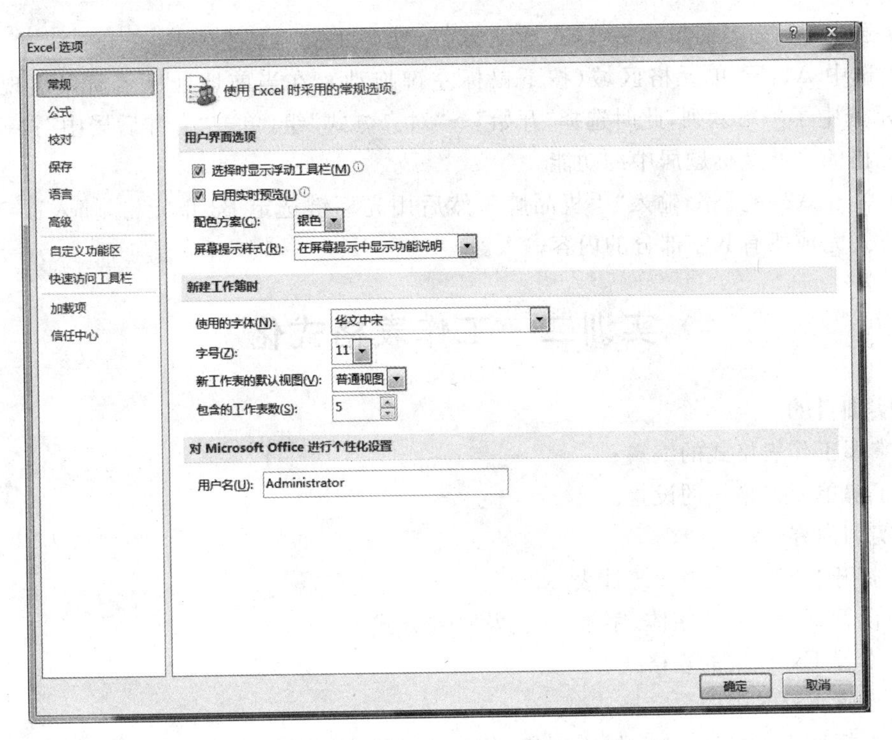

图 4.167 “Excel 选项”对话框

图 4.168 Microsoft Excel 提示框

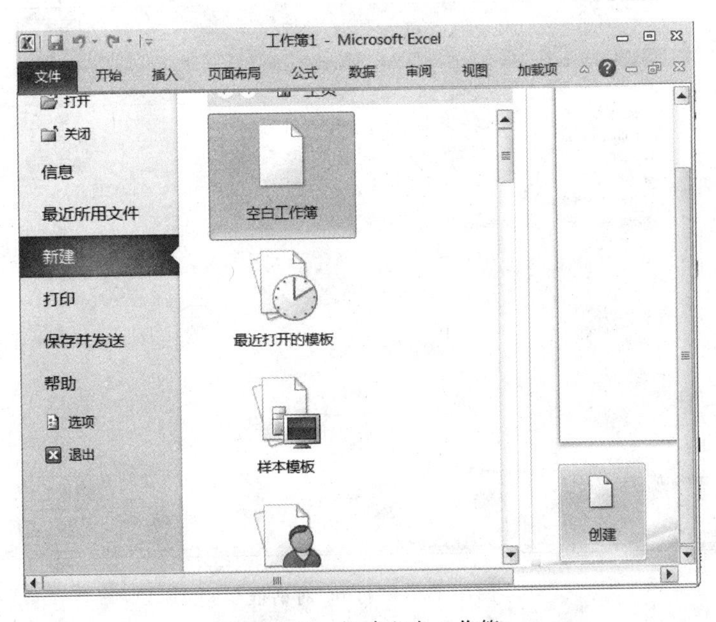

图 4.169 新建空白工作簿

（3）选中A1为当前单元格，输入标题文字：全年手机销量统计表。

（4）选中A1:F1单元格区域（按下鼠标左键拖动），在当前地址显示窗口出现“1R×6C”，表示选中了一行六列，此时选择“开始”→“对齐方式”组，单击“合并后居中”按钮，即可实现单元格的合并及标题居中的功能。

（5）单击A2单元格，输入“手机品牌”，然后用光标键选定B3单元格，输入数字，并用同样的方式完成所有数字部分的内容输入。

实训二　工作表格式化

1. 实训目的

- 掌握工作表格式的编辑；
- 了解单元格格式的设置。

2. 实训内容

（1）打开“全年手机销量统计表.xlsx”。

（2）设置Excel中的字体、字号、颜色及对齐方式。

（3）设置Excel中的表格线。

（4）设置Excel中的数字格式。

（5）在标题上方插入一行，输入创建日期，并设置日期显示格式。

（6）设置单元格背景颜色。

3. 实训步骤

1）打开“全年手机销量统计表.xlsx”

（1）进入Excel 2010，选择“文件”→“打开”菜单命令，弹出如图4.170所示的“打开”对话框。

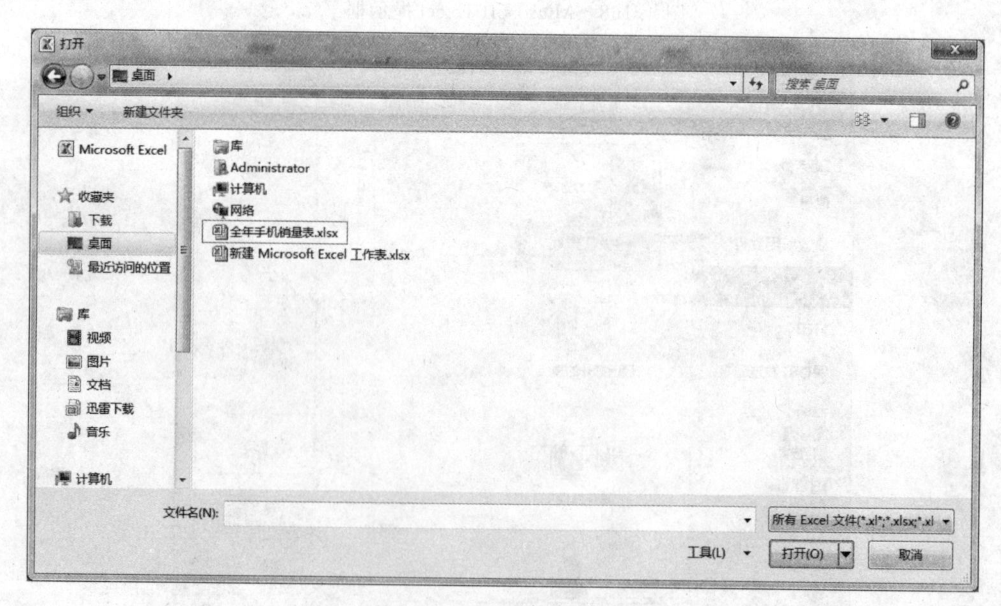

图4.170　“打开”对话框

(2) 按照路径找到工作簿的保存位置,双击其图标打开该工作簿,或者单击选中图标,单击该对话框中的“打开”按钮。

2) 设置字体、字号、颜色及对齐方式

(1) 选中表格中的全部数据,右击,在弹出的快捷菜单中选择“设置单元格格式”命令,打开“设置单元格格式”对话框。

(2) 切换到“字体”选项卡,字体选择为“宋体”,字号为“12”,颜色为“深蓝,文字 2,深色 50%”,如图 4.171 所示。

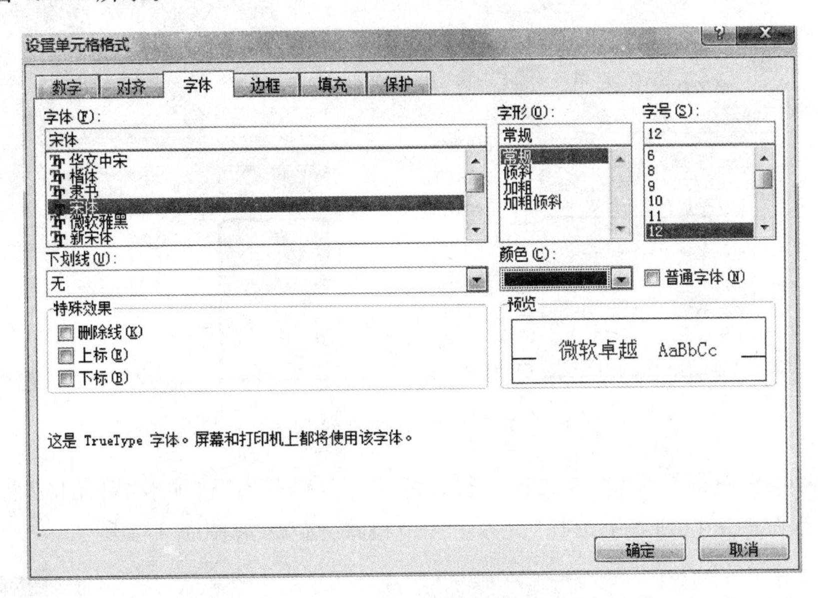

图 4.171 “字体”选项卡

(3) 切换到“对齐”选项卡,文本对齐方式选择“居中”,单击“确定”按钮,如图 4.172 所示。

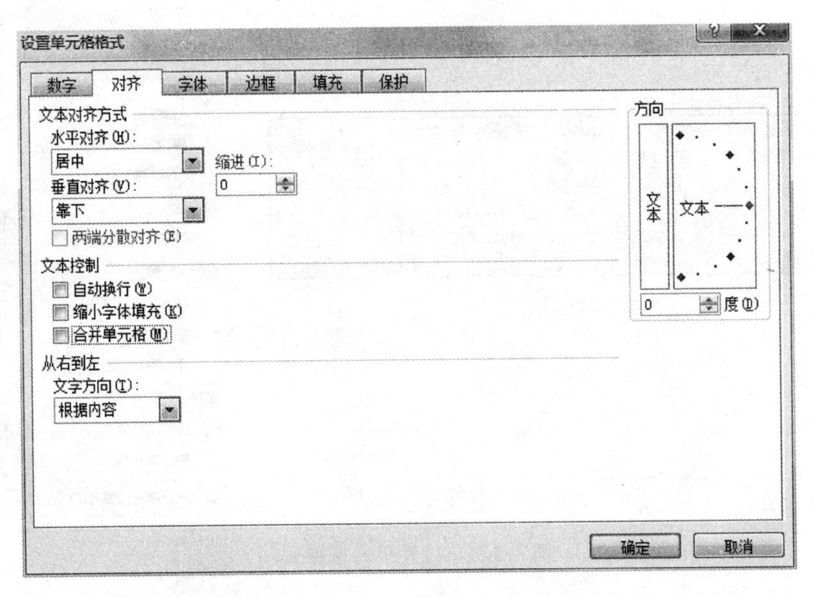

图 4.172 “对齐”选项卡

(4) 选中第二行，用同样的方法对第二行数据进行设置，将其颜色设置为“黑色”，字形设置为“加粗”。

3) 设置表格线

(1) 选中 A2 单元格，并向右下方拖动鼠标，直到 F7 单元格，然后选择“开始”→“字体”组，单击“边框”按钮，从打开的下拉列表中选择“所有框线”选项，如图 4.173 所示。

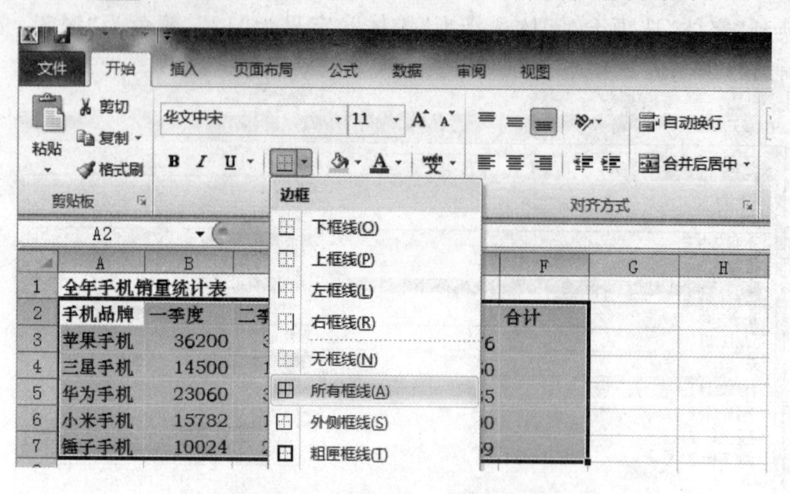

图 4.173 选择“所有框线”选项

(2) 如做特殊边框线设置，首先选定制表区域，选择“开始”选项卡“单元格”组，单击“格式”按钮，在打开的下拉列表中选择“设置单元格格式”选项，如图 4.174 所示。

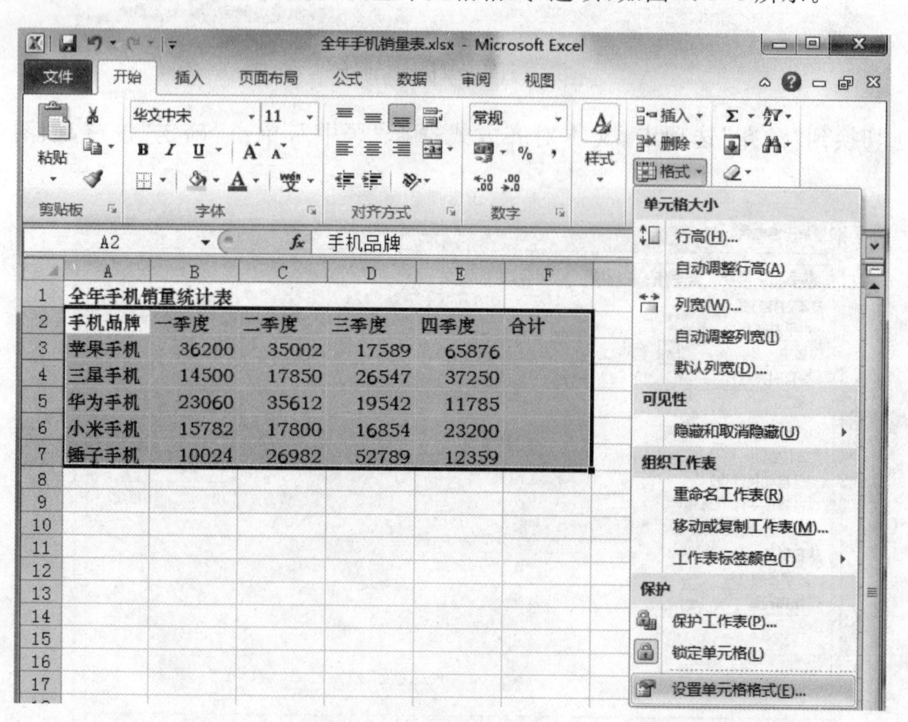

图 4.174 设置单元格格式

(3) 在弹出的“设置单元格格式”对话框中，切换到“边框”选项卡，选择一种线条样式后，在“预置”栏中单击“外边框”按钮，如图 4.175 所示。

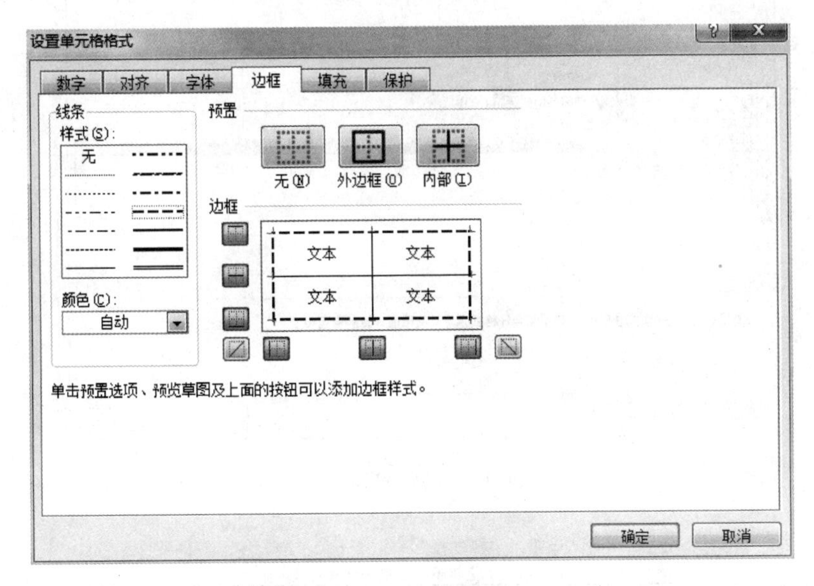

图 4.175 “边框”选项卡

(4) 单击“确定”按钮。设置完边框后的工作表效果如图 4.176 所示。

	A	B	C	D	E	F	G
1	全年手机销量统计表						
2	手机品牌	一季度	二季度	三季度	四季度	合计	
3	苹果手机	36200	35002	17589	65876		
4	三星手机	14500	17850	26547	37250		
5	华为手机	23060	35612	19542	11785		
6	小米手机	15782	17800	16854	23200		
7	锤子手机	10024	26982	52789	12359		
8							

图 4.176 设置边框后工作表效果图

4) 设置 Excel 中的数字格式

(1) 选中 B3:F7 单元格区域。

(2) 右击选中区域，在弹出的快捷菜单中选择“设置单元格格式”命令，打开“设置单元格格式对话框”，切换到“数字”选项卡。

(3) 在“分类”列表框中选择“数值”选项，将“小数位数”设置为“0”，选中“使用千位分隔符”复选框，在“负数”列表框中选择“(1,234)”，如图 4.177 所示。

(4) 单击“确定”按钮，应用设置后的数据效果如图 4.178 所示。

5) 设置日期格式

(1) 将鼠标指针移动到第一行左侧的标签上，当鼠标指针变为箭头时，单击该标签选中第一行中的全部数据。

(2) 右击选中的区域，在弹出的快捷菜单中选择“插入”命令。

(3) 在插入的空行中，选中 A1 单元格并输入“2015-5-8”，单击编辑栏左侧的“输入”按钮 ✓，结束输入状态。

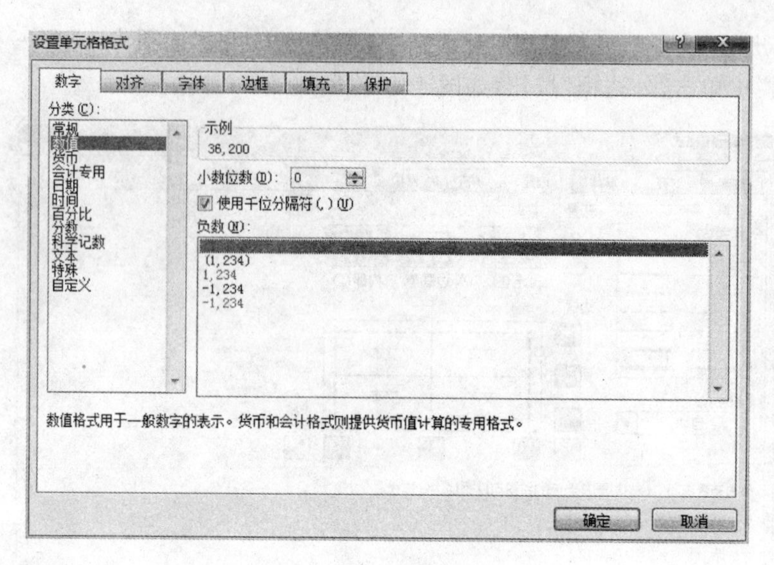

图 4.177 “数字”选项卡

	A	B	C	D	E	F
1			全年手机销量统计表			
2	手机品牌	一季度	二季度	三季度	四季度	合计
3	苹果手机	36,200	35,002	17,589	65,876	
4	三星手机	14,500	17,850	26,547	37,250	
5	华为手机	23,060	35,612	19,542	11,785	
6	小米手机	15,782	17,800	16,854	23,200	
7	锤子手机	10,024	26,982	52,789	12,359	

图 4.178 设置数字格式后工作表效果

(4) 选中 A1 单元格，右击选中区域，在弹出的快捷菜单中选择“设置单元格格式”命令，打开“设置单元格格式”对话框，切换到“数字”选项卡。

(5) 在“分类”列表框中选择“日期”选项，然后在“类型”列表框中选择“二〇〇一年三月十四日”选项，如图 4.179 所示。

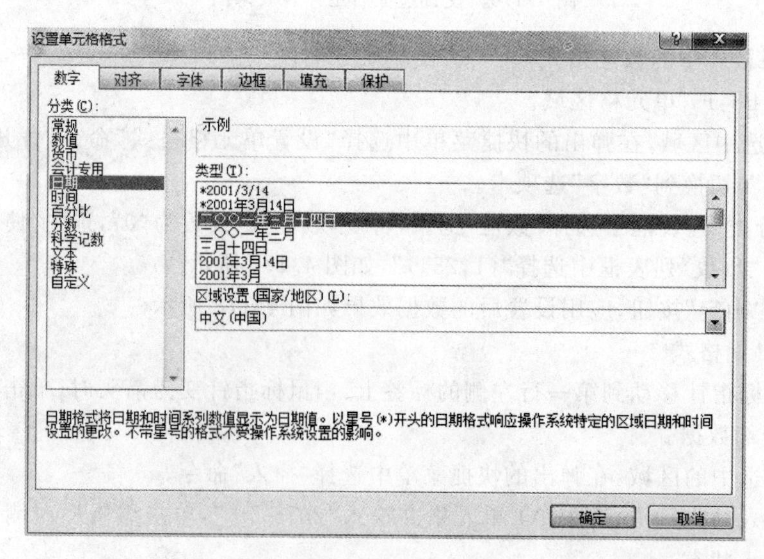

图 4.179 设置日期格式

(6) 单击“确定”按钮。

(7) 选中 A1:A2 单元格区域，选择“开始”→“对齐方式”组，单击“合并后居中”按钮，将两个单元格合并为一个，应用设置后的效果如图 4.180 所示。

	A	B	C	D	E	F
1	二〇一五年五月八日					
2	全年手机销量统计表					
3	手机品牌	一季度	二季度	三季度	四季度	合计
4	苹果手机	36,200	35,002	17,589	65,876	
5	三星手机	14,500	17,850	26,547	37,250	
6	华为手机	23,060	35,612	19,542	11,785	
7	小米手机	15,782	17,800	16,854	23,200	
8	锤子手机	10,024	26,982	52,789	12,359	

图 4.180　设置日期格式后工作表效果图

6) 设置单元格背景颜色

(1) 选中 A4:F8 单元格区域，选择“开始”→“字体”组，单击“填充颜色”按钮，在打开的下拉列表中选择“紫色，强调文字颜色 4，淡色 80%”。

(2) 用同样的方法将表格中 A3:F3 单元格中的背景设置为“深蓝，文字 2，淡色 80%”。

(3) 如做特殊底纹设置，右击选定底纹设置区域，在弹出的快捷菜单中选择“设置单元格格式”命令，打开“设置单元格格式”对话框，切换到“填充”选项卡，在“图案样式”下拉列表中选择“6.25%灰色”，如图 4.181 所示，单击“确定”按钮，设置背景颜色后的工作表效果如图 4.182 所示。

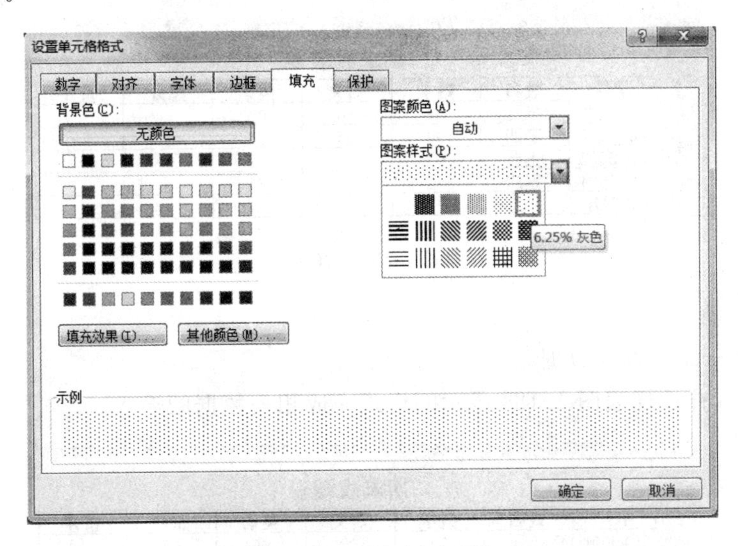

图 4.181　“填充”选项卡

	A	B	C	D	E	F
1	二〇一五年五月八日					
2	全年手机销量统计表					
3	手机品牌	一季度	二季度	三季度	四季度	合计
4	苹果手机	36,200	35,002	17,589	65,876	
5	三星手机	14,500	17,850	26,547	37,250	
6	华为手机	23,060	35,612	19,542	11,785	
7	小米手机	15,782	17,800	16,854	23,200	
8	锤子手机	10,024	26,982	52,789	12,359	

图 4.182　设置背景颜色后的工作表效果图

实训三　函数和公式的使用

1. 实验目的

- 掌握公式的使用方法；
- 掌握函数的使用方法；
- 掌握单元格引用的方法。

2. 实验内容

(1) 按照样表图 4.183 输入数据，并完成相应的格式设置。

(2) 计算每个学生的总分。

(3) 计算各科成绩平均分。

(4) 在“备注”栏中注释出每位同学的通过情况：若总分大于 250 分，则在“备注”栏中填“优秀”；若总分小于 250 分但大于 180 分，则在“备注”栏中填“及格”，否则在“备注”栏中填“不及格”。

(5) 将表格中所有成绩小于 60 的单元格设置为“红色”字体并“加粗”；将表格中所有成绩大于 90 的单元格设置为“绿色”字体并加粗；将表格中总分小于 180 的数据设置为背景颜色。

(6) 将 C3:F6 单元格区域中的成绩大于 90 的条件格式设置删除。

	A	B	C	D	E	F	G
1				期末成绩表			
2	学号	姓名	数学	语文	英语	总分	备注
3	2015001	张三	87	76	66		
4	2015002	李四	90	95	57		
5	2015003	王五	63	56	62		
6	2015004	赵六	62	73	84		
7	平均分						

图 4.183　样表

3. 实验步骤

1) 启动 Excel 并输入数据

启动 Excel 并按样表图 4.184 所示的格式完成相关数据的输入。

	A	B	C	D	E	F	G
1				期末成绩表			
2	学号	姓名	数学	语文	英语	总分	备注
3	2015001	张三	87	76	66	229	
4	2015002	李四	90	95	57	242	
5	2015003	王五	63	56		=SUM(C5:E5)	
6	2015004	赵六	62	73	84		
7	平均分						

图 4.184　利用公式求和示意图

2) 计算总分

(1) 单击 F3 单元格，输入公式“=C3+D3+E3”，按 Enter 键，移至 F4 单元格。

(2) 在 F4 单元格中输入公式“=SUM(C4:E4)”，按 Enter 键，移至 F5 单元格。

(3) 切换到“开始”选项卡，在“编辑”组中单击“求和”按钮 Σ·，此时 C5:F5 区域周围将出现闪烁的虚线边框，同时在单元格 F5 中显示求和公式“=SUM(C5:E5)”，如图 4.111 所示。公式中的区域以黑底黄字显示，按 Enter 键，移至 F6 单元格。

(4) 单击编辑栏前边的“插入公式”按钮 Σ·，屏幕显示“插入函数”对话框，如图 4.185 所示。

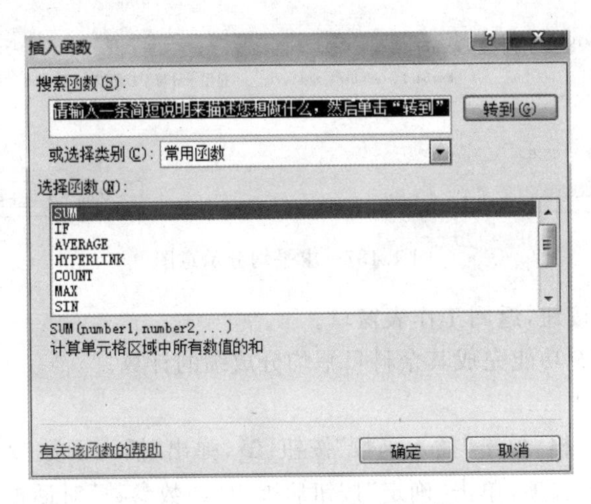

图 4.185 “插入函数”对话框

(5) 在“或选择类别”下拉列表框中选择“常用函数”选项，在“选择函数”列表框中选择 SUM，单击“确定”按钮，弹出“函数参数”对话框。

(6) 在 Number1 框中输入“C6:E6”，如图 4.186 所示。

(7) 单击“确定”按钮，返回工作表窗口。

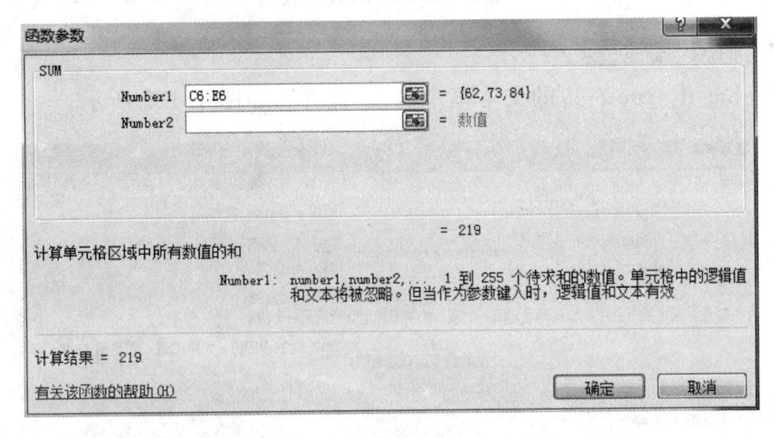

图 4.186 “函数参数”对话框

3) 计算平均分

(1) 选中 C7 单元格，单击“插入公式”按钮 fx，弹出“插入函数”对话框，在“选择函数”列表框中选择 AVERAGE，单击“确定”按钮后弹出“函数参数”对话框。

(2) 在工作表窗口中用鼠标选中 C3:C6 单元格区域，在 Number1 框中即出现“C3:C6”，如图 4.187 所示。

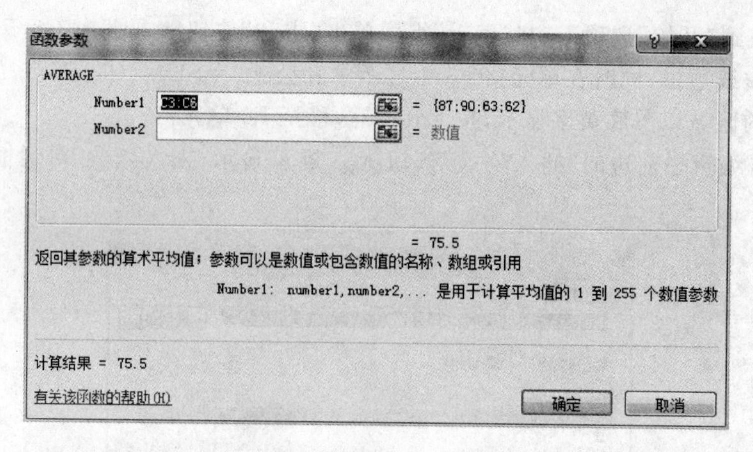

图 4.187　求平均分示意图

(3) 单击“确定”按钮，返回工作表窗口。

(4) 利用自动填充功能完成其余科目平均分成绩的计算。

4) IF 函数的使用

(1) 选中 G3 单元格，单击“插入函数”按钮 *fx*，弹出“插入函数”对话框，在“选择函数”下拉列表框中选择 IF 选项，单击“确定”按钮后弹出“函数参数”对话框。

(2) 单击 Logical_test 右边的“拾取”按钮 *fx*。

(3) 单击工作表窗口中的 F3 单元格，然后输入“F3＞＝240”，如图 4.188 所示。

图 4.188　IF 函数参数图

(4) 单击“返回”按钮。

(5) 在 Value_if_true 右边的文本框中输入“优秀”，如图 4.189 所示。

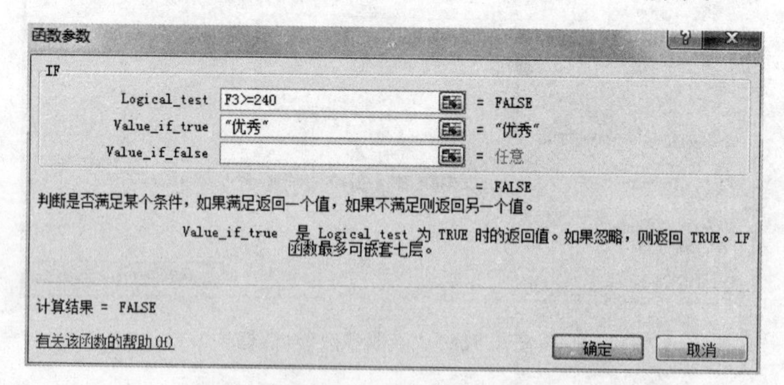

图 4.189　IF 函数参数图

(6) 将光标定位到 Value_if_false 右边的输入框中，单击工作表窗口左上角的 IF 按钮，又弹出一个“函数参数”对话框。

(7) 将光标定位到 Logical_test 右边的文本框中，单击工作表窗口中的 F3 单元格，然后输入“F3＞＝220”。

(8) 在 Value_if_true 右边的文本框中输入“及格”，在 Value_if_false 右边的文本框中输入“不及格”，如图 4.190 所示。

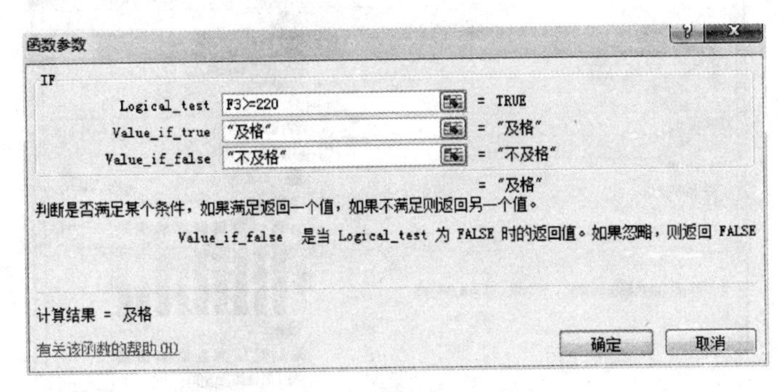

图 4.190　IF 函数参数图

(9) 单击“确定”按钮，完成其余数据操作，最终效果如图 4.191 所示。

C15

	A	B	C	D	E	F	G
1	期末成绩表						
2	学号	姓名	数学	语文	英语	总分	备注
3	2015001	张三	87	76	66	229	及格
4	2015002	李四	90	95	57	242	优秀
5	2015003	王五	63	56	62	181	不及格
6	2015004	赵六	62	73	84	219	不及格
7	平均分		75.5	75	67.25		

图 4.191　使用 IF 函数后工作表效果图

5) 条件格式的使用

(1) 选中 C3:E6 单元格区域，选择“开始”→“样式”组，单击“条件格式”按钮，在打开的下拉列表中选择“新建规则”选项，弹出“新建格式规则”对话框。

(2) 在“选择规则类型”框中选择“只为包含以下内容的单元格设置格式”，在“编辑规则说明”中设置“单元格值小于 60”，如图 4.192 所示。

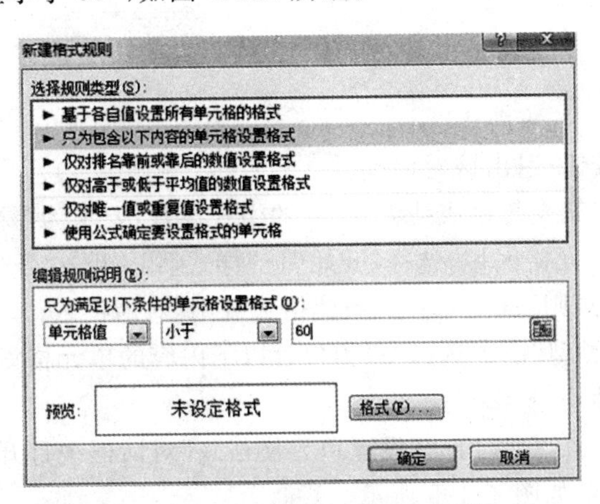

图 4.192　“新建格式规则”对话框

(3) 单击“格式”按钮，在弹出的“设置单元格格式”对话框中打开“字体”选项卡，将颜色设置为“红色”，字形设置为“加粗”，如图 4.193 所示。

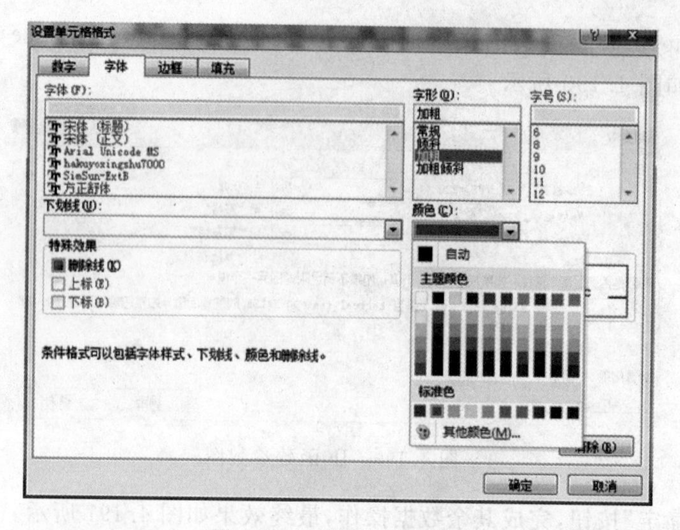

图 4.193 “字体”选项卡

(4) 单击“确定”按钮,返回“新建格式规则”对话框,可以看到预览文字效果,如图 4.194 所示。

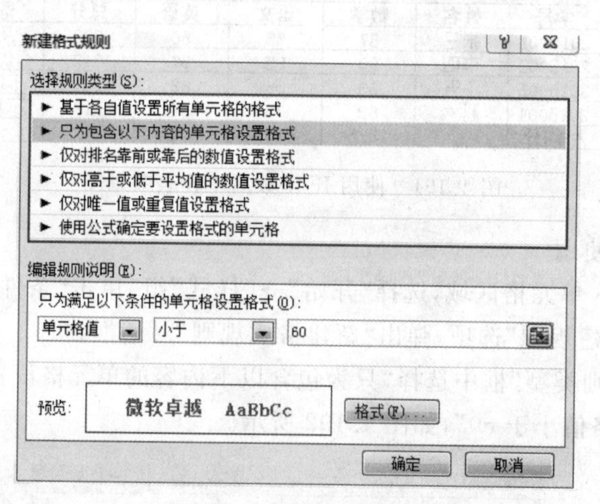

图 4.194 预览文字效果

(5) 单击“确定”按钮,退出该对话框。

(6) 用同样的方式完成各科成绩大于 90 的格式设置,要求为“绿色”字体并加粗。

(7) 选中 F3:F6 单元格区域,选择“开始”→“样式”组,单击“条件格式”按钮,在打开的下拉列表中选择“新建规则”选项,弹出“新建格式规则”对话框。

(8) 在“选择规则类型”框中选择“只为包含以下内容的单元格设置格式”,在“编辑规则说明”中设置“单元格值小于 220”。

(9) 单击“格式”按钮,在弹出的“设置单元格格式”对话框中打开“填充”选项卡,将单元格底纹设置为“浅紫色”,如图 4.195 所示。

(10) 单击“确定”按钮,返回“新建格式规则”对话框,可以看到预览文字效果,如图 4.196 所示。

(11) 单击“新建格式规则”对话框中的“确定”按钮,退出该对话框,结果如图 4.197 所示。

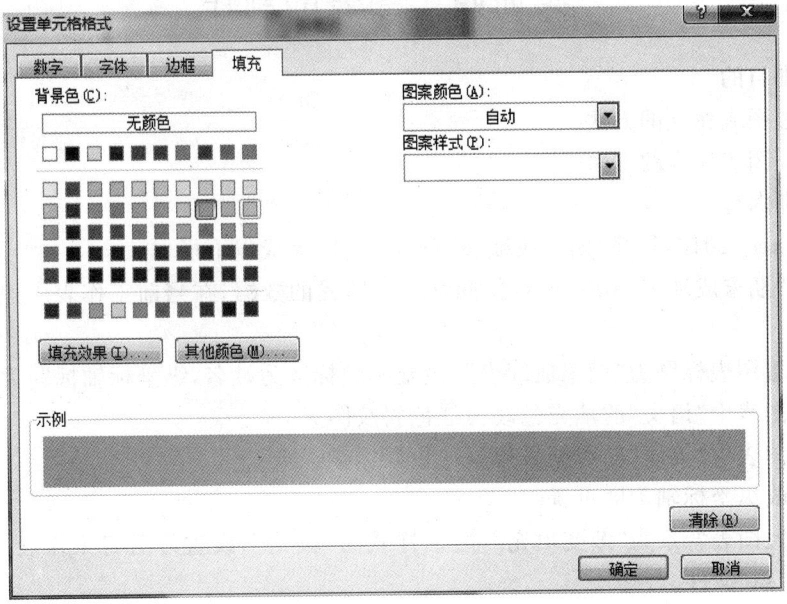

设置单元格格式

数字 字体 边框 填充

背景色(C):

无颜色

图案颜色(A):

自动

图案样式(P):

填充效果(I)... 其他颜色(M)...

示例

清除(R)

确定 取消

图 4.195 “填充”选项卡

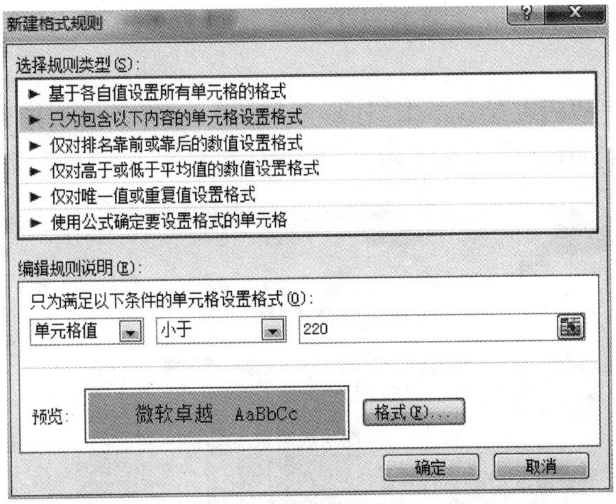

新建格式规则

选择规则类型(S):

► 基于各自值设置所有单元格的格式

► 只为包含以下内容的单元格设置格式

► 仅对排名靠前或靠后的数值设置格式

► 仅对高于或低于平均值的数值设置格式

► 仅对唯一值或重复值设置格式

► 使用公式确定要设置格式的单元格

编辑规则说明(E):

只为满足以下条件的单元格设置格式(O):

单元格值 小于 220

预览: 微软卓越 AaBbCc 格式(F)...

确定 取消

图 4.196 “新建格式规则”对话框

	A	B	C	D	E	F	G
1	**期末成绩表**						
2	**学号**	**姓名**	**数学**	**语文**	**英语**	**总分**	**备注**
3	2015001	张三	87	76	66	229	及格
4	2015002	李四	90	95	57	242	优秀
5	2015003	王五	63	56	62	181	不及格
6	2015004	赵六	62	73	84	219	不及格
7	**平均分**		75.5	75	67.25		

图 4.197 设置“条件”和“格式”后的工作表效果

实训四　图表的制作

1. 实训目的

- 掌握图表建立的方法；
- 掌握图表编辑的方法。

2. 实训内容

启动 Excel 2010，打开“期末成绩表.xlsx”文件，完成以下操作。

(1) 对“期末成绩表.xlsx”中每位同学三门课程的数据，在当前工作表中建立嵌入式柱形图图表。

(2) 设置图表标题为“期末成绩表”，横坐标轴标题为姓名，纵坐标轴标题为分数。

(3) 将图表中“语文”的填充色改为红色斜纹图案。

(4) 为图表中“英语”的数据系列添加数据标签。

(5) 更改纵坐标轴刻度设置。

(6) 设置图表背景为“渐变填充”，边框样式为“圆角”，设置好后将工作表另存为“英语成绩图表.xlsx”文件。

3. 实训步骤

1) 创建图表

(1) 启动 Excel 2010，打开实验题目 1 中建立的“期末成绩表.xlsx”文件，选择 B2:E6 单元格区域的数据。

(2) 选择“插入”→“图表”组，单击“柱形图”按钮，在打开的下拉列表中选择“二维柱形图”中的“簇状柱形图”，如图 4.198 所示。

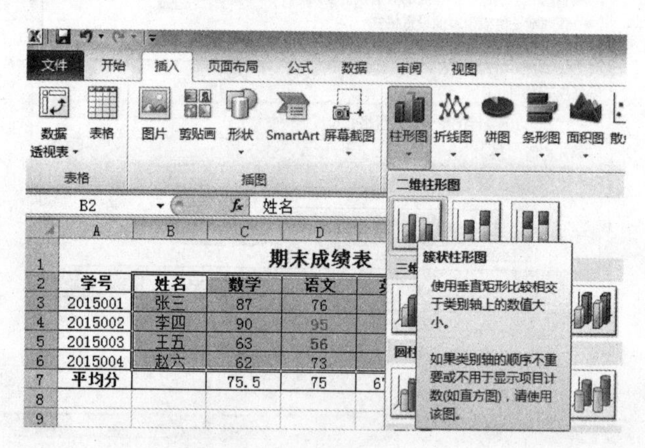

图 4.198　选择图表类型

(3) 此时，在当前工作表中创建了一个柱形图表，如图 4.199 所示。

(4) 单击图表内空白处，然后按住鼠标左键进行拖动，将图表移动到工作表内的一个适当位置。

2) 添加标题

(1) 选中图表，激活功能区中的“设计”“布局”和“格式”选项卡。选择“布局”→“标签”组，单击“图表标题”按钮，在打开的下拉列表中选择“图表上方”选项，如图 4.200 所示。

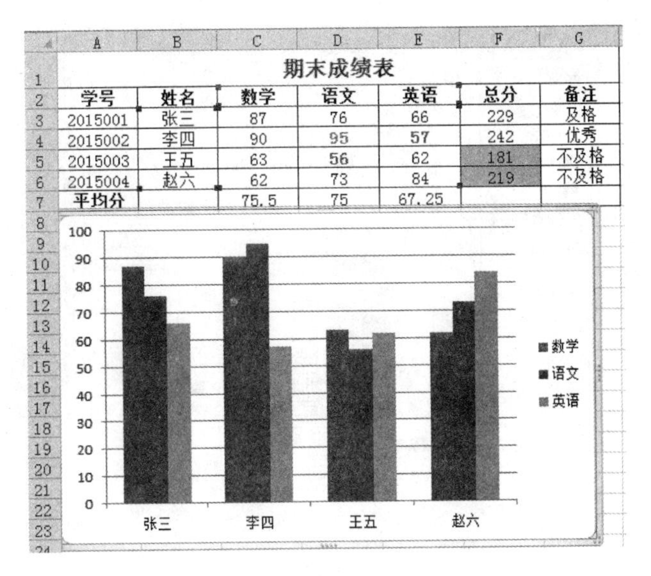

学号	姓名	数学	语文	英语	总分	备注
2015001	张三	87	76	66	229	及格
2015002	李四	90	95	57	242	优秀
2015003	王五	63	56	62	181	不及格
2015004	赵六	62	73	84	219	不及格
平均分		75.5	75	67.25		

图 4.199　创建图表

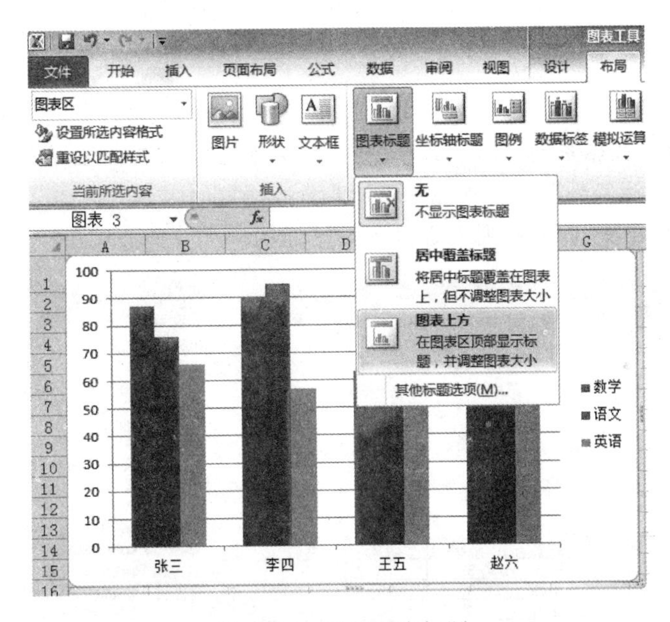

图 4.200　添加图表标题

(2) 在图表中的标题输入框中输入图表标题“期末成绩表”，单击图表空白区域完成输入。

(3) 选择“布局”→“标签”组，单击“坐标轴标题”按钮，在打开的下拉列表中分别完成横坐标与纵坐标标题的设置。

(4) 选中图表，然后拖动图表四周的控制点，调整图表的大小。

3) 修饰数据系列图标

(1) 双击“语文”数据系列或将鼠标指向该系列，右击，在弹出的快捷菜单中选择“设置数据点格式”命令。

(2) 在打开的对话框的“填充”区域中选择“图案填充”样式，设置前景色为“红色”，如图 4.201 所示。

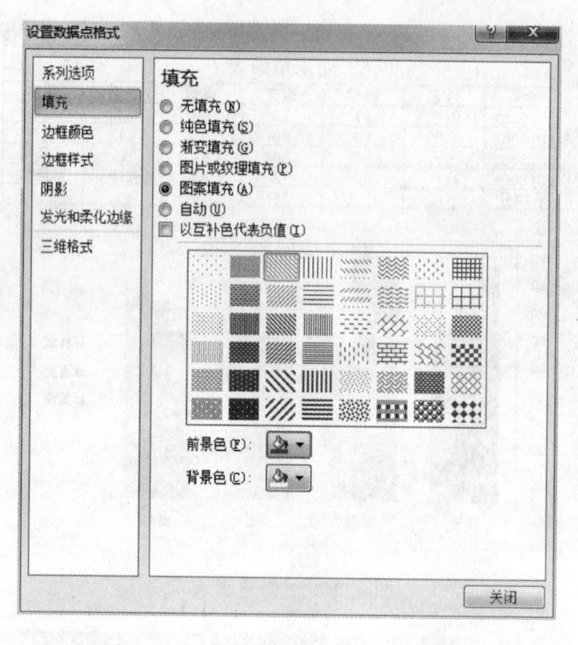

图 4.201 “设置数据点格式”对话框

4) 添加数据标签

(1) 选中“英语”数据系列，选择“布局”→“标签”组，单击“数据标签”按钮，在打开的下拉列表中选择“数据标签外”选项，如图 4.202 所示。

(2) 在图表中“作文”数据系列上方显示数据标签。

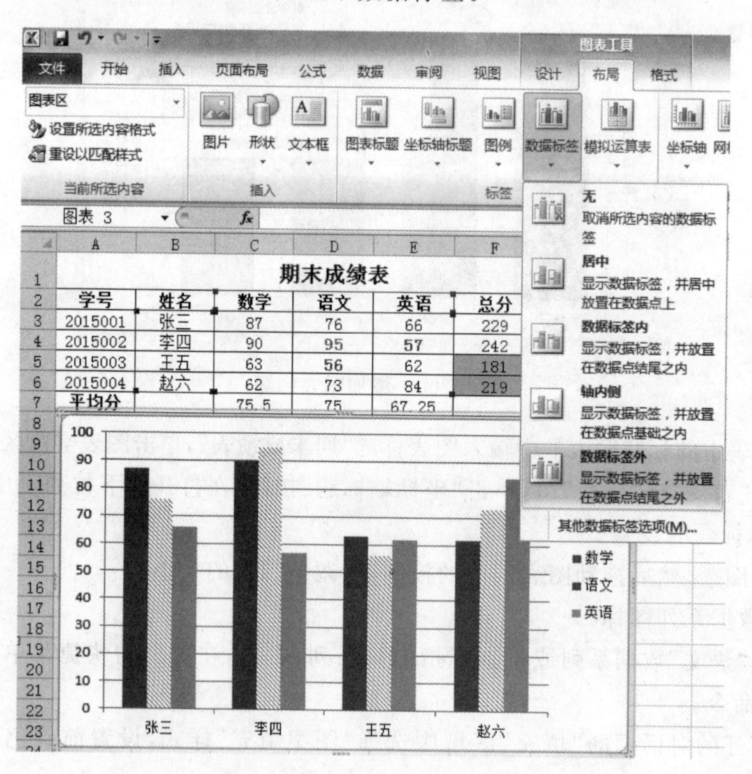

图 4.202 添加标签

5) 设置纵坐标轴刻度

(1) 双击纵坐标轴上的刻度值,打开“设置坐标轴格式”对话框,在“坐标轴选项”区域中将“主要刻度单位”设置为“20.0”,如图 4.203 所示。

(2) 设置完毕后,单击“关闭”按钮。

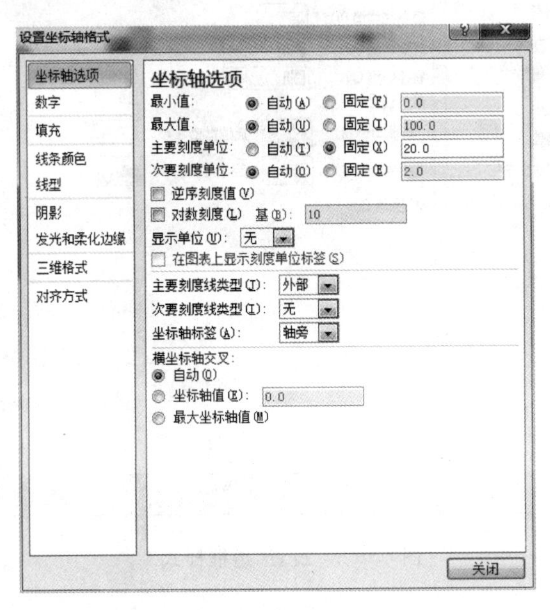

图 4.203 “设置坐标轴格式”对话框

6) 设置图表背景并保存文件

(1) 分别双击图例和图表空白处,在相应的对话框中进行设置,图表区的设置参考图 4.204 和图 4.205。

(2) 设置完毕后,单击“关闭”按钮,效果如图 4.206 所示。

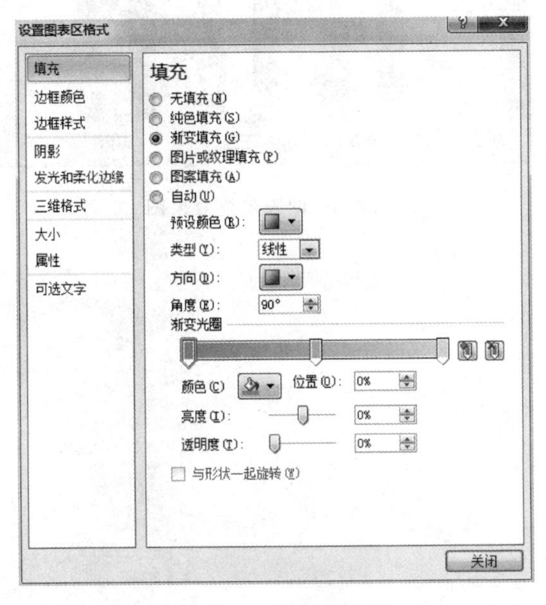

图 4.204 设置“填充”

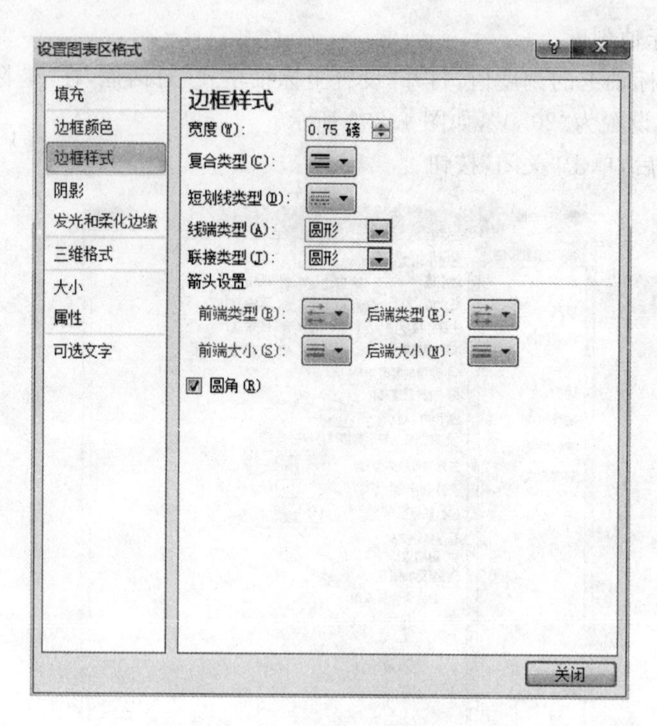

图 4.205　设置“边框样式”

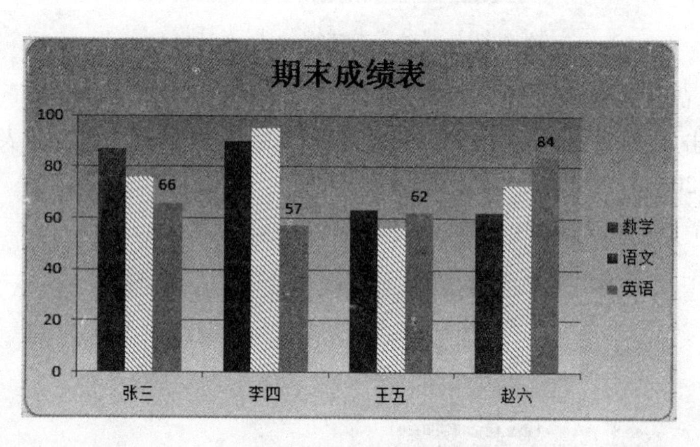

图 4.206　图表最终效果图

第5章 PowerPoint 2010 的应用

PowerPoint 是 Microsoft Office 系列办公软件的一个重要组成部分，专门用于设计、制作信息展示领域（如演讲、做报告、产品展示、商业演示等）的各种电子演示文稿。所谓演示文稿，是由若干张内容有内在联系的幻灯片组合而成。这个软件的使用让演示文稿的制作更加直观和简单。PowerPoint 2010 在以前版本的基础上，功能有了较大改进和更新，使得通过 Web 对演示文稿的共享和协作更加简单，允许用户向在不同地域的人们加以演示并与其合作。此外，它还改进了图表、绘图、图片、文本和打印方式，从而使演示文稿的创建和演示更加容易，极大地增强了其用途。

5.1 任务一 制作《人工智能》演示文稿

5.1.1 任务描述

人工智能（Artificial Intelligence，AI）是研究、开发用于模拟、延伸和扩展人的智能的理论、方法、技术及应用系统的一门新的技术科学。随着语音识别、人脸识别、自动驾驶和人机对弈等技术的突破性发展，人工智能获得了前所未有的关注。通过按步骤制作《人工智能》演示文稿，我们学习使用 Powerpoint 2010 从无到有制作一个电子演示文稿，同时学习人工智能的相关知识。

5.1.2 任务目标

- 创建和保存演示文稿；
- 认识幻灯片中的对象，掌握其操作；
- 学会使用幻灯片样式；
- 掌握幻灯片的操作。

5.1.3 预备知识

1. 基本概念

（1）演示文稿：在 PowerPoint 2010 中，一个完整的演示文件被称为演示文稿。

（2）幻灯片：演示文稿的核心部分，一个小的演示文稿由几张幻灯片组成，而一个大的演示文稿由几百张甚至更多的幻灯片组成。

（3）占位符：幻灯片上的一个虚线框，虚线框内部有“单击此处添加标题”之类的添加内容文字提示，单击它可以添加相应的内容，并且提示语会自动消失。占位符可以移动、改变大小、进行删除,还可以自行添加。

2. PowerPoint 2010 的工作界面

PowerPoint 2010 启动后,在屏幕上即可显示出其工作界面的主窗口,如图 5.1 所示,它主要包括标题栏、"文件"菜单、快速访问工具栏、功能区、工作区、备注区、大纲窗格、状态栏、视图按钮和缩放滑块等。

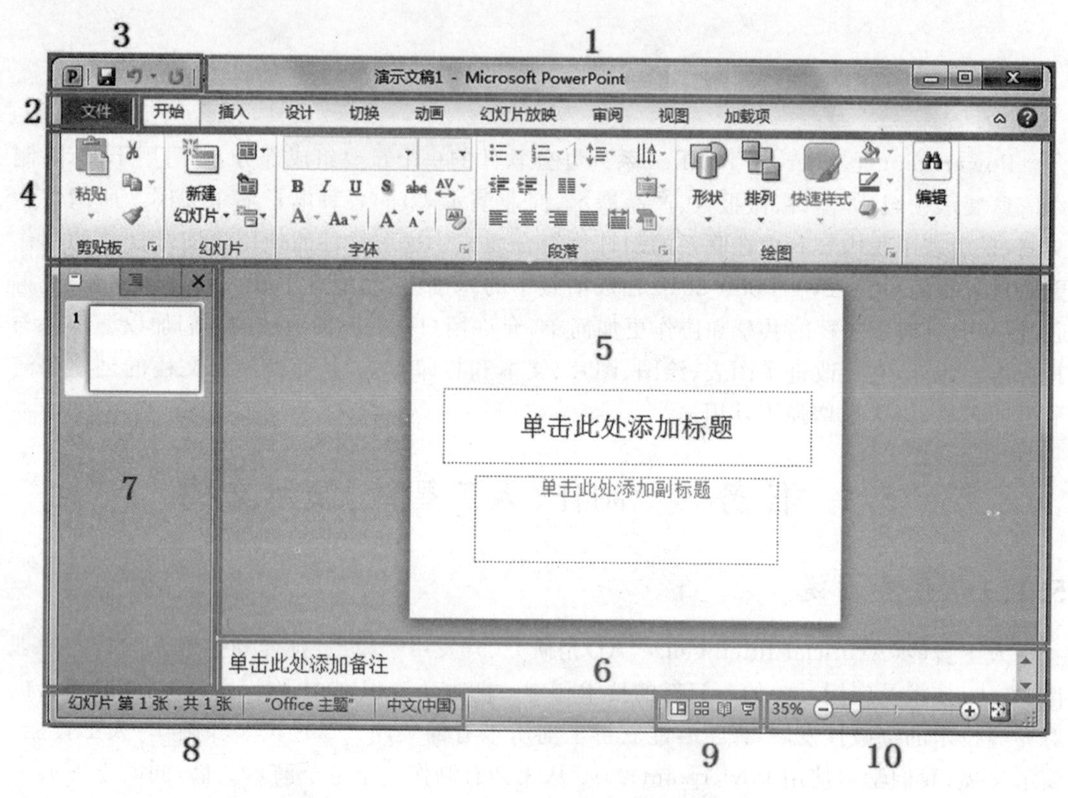

图 5.1 PowerPoint 2010 的工作界面

(1) 标题栏:显示软件的名称和正在编辑的文件名称,如果是新建一个文件,则默认为演示文稿 1。

(2) "文件"菜单:单击"文件",弹出下拉列表,包括新建、保存、打开、关闭、打印等常用文件操作命令。

(3) 快速访问工具栏:包含常用的命令按钮,如保存、撤销、恢复等。

(4) 功能区:将一些最为常用的命令按钮,按选项卡分组,显示在功能区中,以方便调用,常用的选项卡有开始、插入、设计、切换、动画、幻灯片放映、审阅和视图。

(5) 工作区:编辑幻灯片的区域,一张张图文并茂的幻灯片,就在这里制作。

(6) 备注区:用来编辑幻灯片的一些备注文本。

(7) 大纲窗格:这个区中,通过"大纲视图"或"幻灯片视图"可以快速查看和编辑整个演示文稿中的任意幻灯片。

(8) 状态栏:在此处显示出当前文档相应的某些状态要素。

(9) 视图按钮:包括普通视图、幻灯片浏览视图、幻灯片放映视图和备注页视图等,可以快速地单击按钮来切换视图。

(10) 缩放滑块：用于更改正在编辑的文档的显示比例设置。

3. PowerPoint 2010 的视图方式

PowerPoint 提供普通视图、幻灯片浏览图、幻灯片放映视图、备注页视图等视图方式，可以方便地对演示文稿进行编辑和观看。单击 PowerPoint 工作窗口右下方的视图按钮，可以在各种视图之间切换；也可以在“视图”功能区中切换视图方式。在一种视图中对演示文稿进行修改后，自动反映在演示文稿的其他视图中。

1) 普通视图

它是 PowerPoint 的默认视图方式，主要用来编辑演示文稿的总体结构或编辑单张幻灯片或大纲。

普通视图包含 3 种窗格，左边是大纲窗格，右边上部是幻灯片窗格，下部是备注窗格。默认情况下，幻灯片窗格较大，其余两个窗格较小，但可以通过拖动窗格边框来改变窗格大小。

2) 幻灯片浏览视图

这种视图中演示文稿的全部幻灯片以压缩形式排列。该视图方式最容易实现移动、复制、插入和删除幻灯片的操作，但是不能对单张幻灯片进行编辑。如果要对单张幻灯片进行编辑，可以双击单张幻灯片，切换到其他视图方式下进行编辑。可以利用幻灯片浏览视图检查各幻灯片，再对演示文稿的外观重新设计。

3) 幻灯片放映视图

它是一种动态的视图方式。单击视图按钮中的“幻灯片放映”按钮后，从当前幻灯片开始全屏幕放映演示文稿。单击鼠标可以从当前幻灯片切换到下一张幻灯片，继续放映，按 Esc 键可立即结束放映。

4) 备注页视图

备注页视图在视图按钮上没有对应的按钮，只能在“视图”功能区的“演示文稿视图”组中单击“备注页”按钮进行切换。备注页视图在屏幕上半部分显示幻灯片，下半部分用于添加备注。

4. 幻灯片中的对象及其操作

每张幻灯片都由对象组成，这些对象包括标题、文本、表格、图形、图像、图表、声音、视频等。插入对象后会使幻灯片更加生动形象，使幻灯片效果更具渲染力和感染力。

1) 插入文本

在幻灯片中插入文本最常用的是使用占位符输入，若想在占位符以外的其他位置输入文本，则必须插入文本框并在其中输入所需内容。

2) 插入图形对象

PowerPoint 2010 中可以插入的图形对象很丰富，常用的图形对象有表格、图片文件、剪贴画、各类插图和艺术字等。

单击“插入”选项卡，会显示出常用图形对象的选项，如图 5.2 所示，选择不同的选项可以插入不同的对象，并能对其进行编辑。

图 5.2 “插入”选项卡

3）插入声音和影片

在幻灯片中可以插入声音和视频文件。除了可以使用占位符插入这些对象之外，也可以在“插入”选项卡中找到“媒体”按钮，单击此按钮，即弹出音频和视频选择框，如图 5.3 所示，单击其中一个，选择准备好的文件即可。

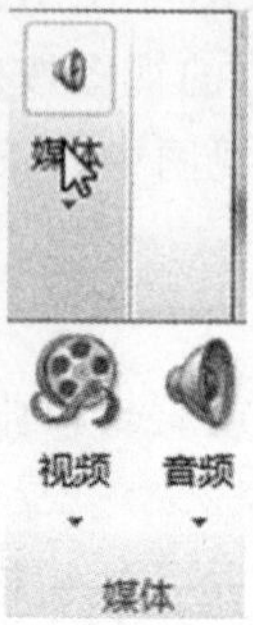

图 5.3 “插入”→“媒体”选项

5. 幻灯片的操作

1）插入新幻灯片

插入新幻灯片一般可在普通视图和幻灯片浏览视图下进行操作，常用的有以下三种方法。

（1）在“开始”选项卡中单击“新建幻灯片”按钮。

（2）普通视图下，在左边的幻灯片列表区按 Enter 键。

（3）在幻灯片列表区右击，在弹出的快捷菜单中选择“新建幻灯片”命令。

2）删除幻灯片

（1）在幻灯片列表区选定要删除的幻灯片后，按 Backspace 或 Delete 键。

（2）在幻灯片列表区选定要删除的幻灯片后右击，在弹出的快捷菜单中选择“删除幻灯片”选项。

3）移动幻灯片

移动幻灯片可以调整幻灯片的排列顺序，常用的移动幻灯片的方法如下。

（1）在幻灯片列表区选中幻灯片后拖动鼠标到目标位置。

（2）在幻灯片列表区选中幻灯片后执行剪切操作，选中目标位置后再执行粘贴操作。

4）复制幻灯片

（1）在幻灯片列表区选中幻灯片后按住 Ctrl 键拖动到目标位置。

（2）在幻灯片列表区选中幻灯片后执行复制操作，选中目标位置后再执行粘贴操作。

说明：选定一张幻灯片，则移动或复制一张幻灯片。如果选定多张，再按上面操作，就可以移动或复制多张幻灯片。

5.1.4 任务实施

1. 创建新演示文稿

双击桌面 PowerPoint 2010 快捷方式或选择“开始”→“所有程序”→Microsoft Office→Microsoft PowerPoint 2010，启动 PowerPoint 2010，并已自动创建一个新演示文稿，出现一张“标题”版式的幻灯片。

2. 制作标题幻灯片

（1）单击“单击此处添加标题”占位符，输入“人工智能”。

（2）单击“单击此处添加副标题”占位符，输入人工智能的英文单词“Artificial Intelligence”，如图 5.4 所示。

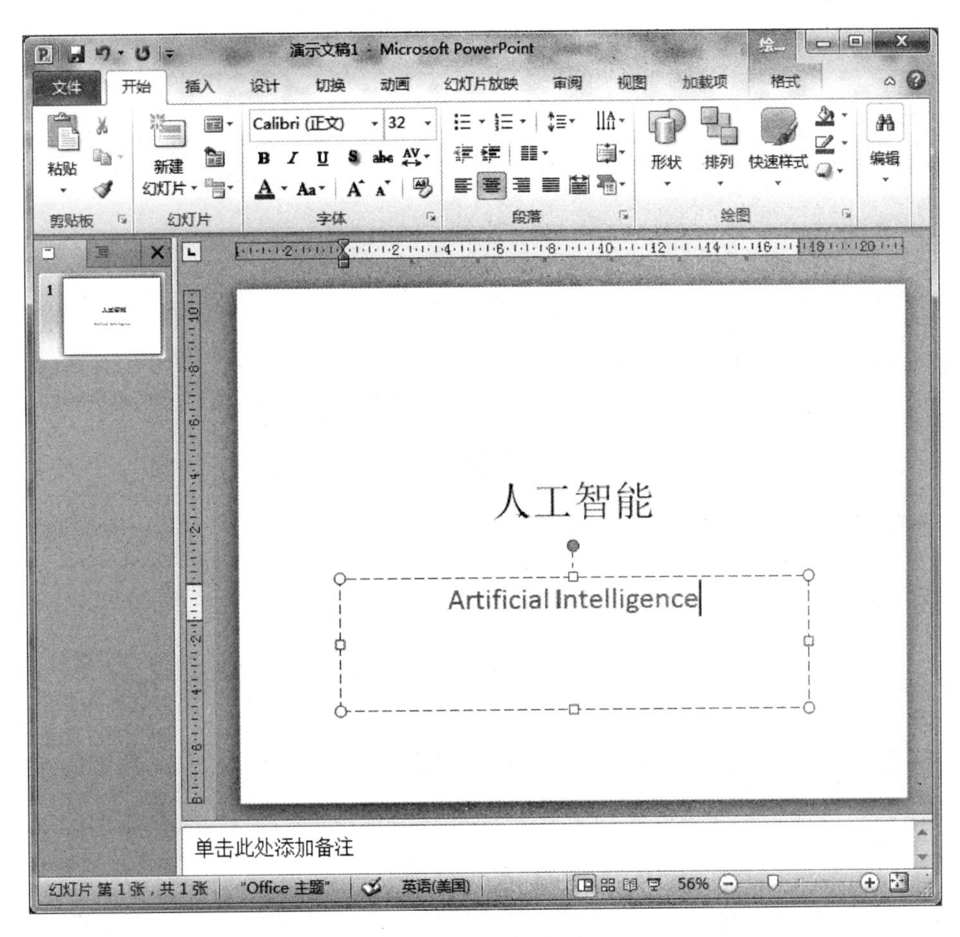

图 5.4 标题幻灯片

3. 制作内容幻灯片

（1）选择“开始”→“幻灯片”组，单击“新建幻灯片”按钮，插入一张“标题和内容”版式幻灯片。

（2）单击“单击此处添加标题”，输入“什么是人工智能?”。

（3）单击“单击此处添加文本”，将“文字素材”中的“第三张幻灯片”文字复制并粘贴到此处。

（4）重复上述步骤，再插入一张“标题和内容”版式幻灯片，并在相应的位置复制并粘贴“文字素材”中的“第四张幻灯片”的文字内容。

（5）重复上述步骤，插入五张张幻灯片，并在相应的位置复制并粘贴“文字素材”中提供的文字内容。其中，“人工智能之父”和“推荐电影”两张幻灯片采用“两栏内容”版式，如图 5.5 所示。

4. 插入图片

（1）切换到第四张幻灯片“人工智能之父”，单击左边内容占位符中的按钮“插入来自文件的图片”，如图 5.6 所示，弹出“插入图片”对话框。

（2）选择相应的文件位置和类型，找到已准备好的图片素材“图灵头像.jpg”，单击“插入”按钮。

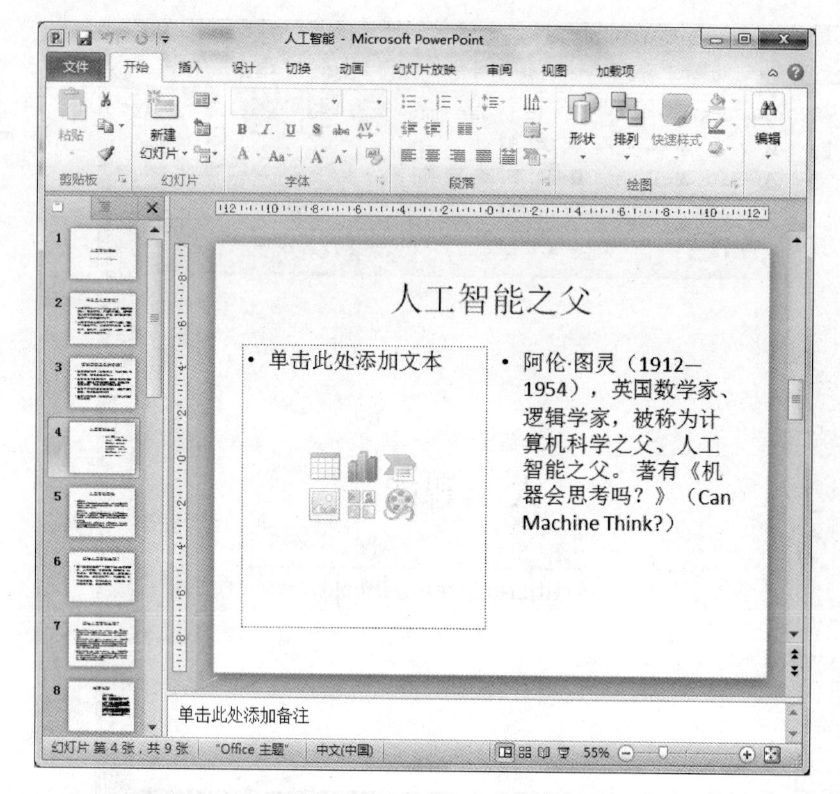

图 5.5 内容幻灯片

图 5.6 插入来自文件的图片

(3) 重复上述步骤，在第八张幻灯片中插入图片素材“人工智能电影海报.jpg”，如图 5.7 所示。

5. 添加“人工智能机器人”视频

(1) 选择“开始”→“幻灯片”组，单击“新建幻灯片”按钮，插入一张“标题和内容”版式幻灯片。

(2) 在内容占位符中单击“插入媒体剪辑”按钮，如图 5.8 所示，弹出“插入视频文件”对话框。

(3) 选择相应的文件位置和类型，找到已准备好的视频素材“人工智能机器人.avi”，单击“插入”按钮。

(4) 单击此视频下方的“播放”按钮可以观看视频，如图 5.9 所示。

6. 保存演示文稿

单击“快速访问工具栏”中的“保存”按钮，弹出“另存为”对话框，选择保存位置，输入文件名称“人工智能”，单击“保存”按钮后，该文件以“人工智能.pptx”文件名保存在指定的位置。

注意：PowerPoint 2010 默认保存的文件扩展名为 pptx，如果制作的演示文稿还要在以前版本如 2003 等版本下运行，则请选择文件类型为“PowerPoint 97-2003 演示文稿”，这样文件的扩展名为 ppt，就可以在 PowerPoint 2003 及以前的版本打开此文件了。

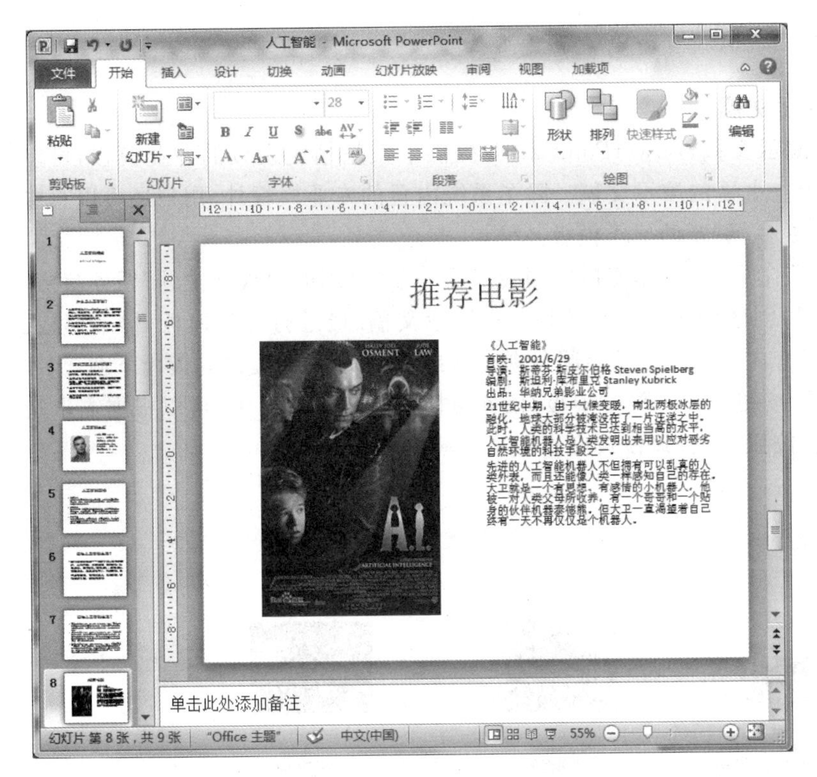

图 5.7　插入图片

图 5.8　插入媒体剪辑

图 5.9　插入视频文件

5.1.5 知识拓展

1. 使用模板创建演示文稿

本案例创建的是空演示文稿，PowerPoint 2010 提供了大量精美别致的专业模板，可以方便、快捷地制作具有专业水平的演示文稿。除了系统内置的专业模板外，用户还可以直接到 Office 的网站上下载更多、更新的优秀模板。

选择“文件”→“新建”命令，在工作窗口右侧会显示一个“可用的模板和主题”任务窗格，上半部分区域列出了 6 种创建演示文稿的方法：空演示文稿、最近打开的模板、样本模板、主题、我的模板和根据现有内容新建；下半部分则显示出 Office.com 提供的模板下载。

(1) 单击“样本模板”按钮，打开“样本模板”任务窗格，如图 5.10 所示，可以根据需求选择其中一个，单击“创建”按钮，则将该模板应用于当前演示文稿。

图 5.10 “样本模板”任务窗格

(2) 单击“主题”按钮，可打开“主题”任务窗格，可以根据演示文稿的主题从中选择适合的主题模板，如图 5.11 所示。

(3) 下载模板。

单击任务窗格中 Office.com 模板中的按钮，如图 5.12 所示，例如单击“贺卡”按钮，打开节日模板样式，选择“中秋贺卡－明月”，单击“下载”按钮，即可下载该模板，下载后的模板存放在“我的模板”中，当要应用模板时随时可以调用。

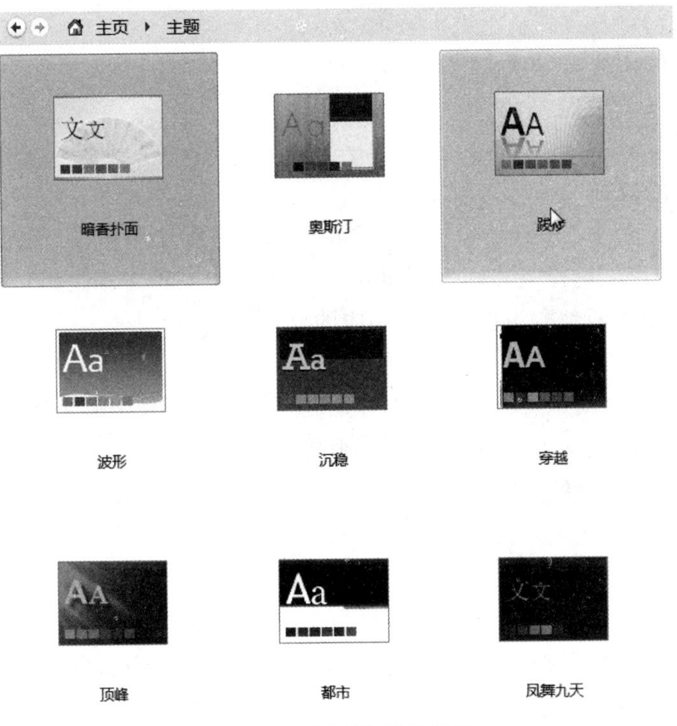

图 5.11 “主题”任务窗格

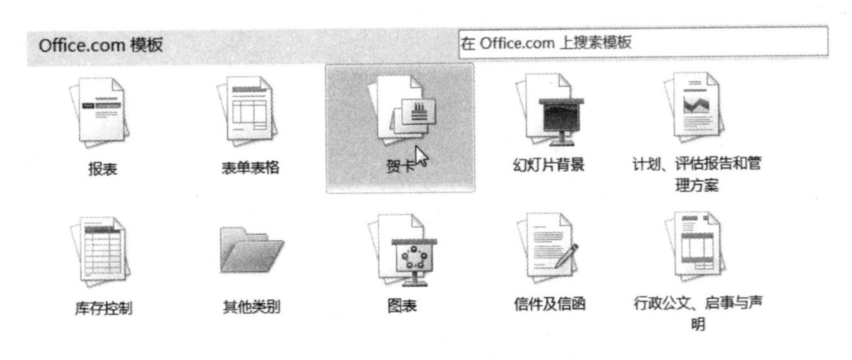

图 5.12 “下载模板”任务窗格

5.2 任务二 美化《人工智能》演示文稿

5.2.1 任务描述

任务一中的《人工智能》只是完成了初稿，下面我们一起来对这个演示文稿进行美化和修饰。

5.2.2 任务目标

- 学会使用幻灯片母版；
- 学会应用主题；

- 学会设置幻灯片背景；
- 掌握常见的图片编辑操作。

5.2.3 预备知识

1. 演示文稿的修饰

PowerPoint 的特色之一就是能使演示文稿的所有幻灯片都具有一致的外观，通常有三种方法，即母版、应用主题样式和调整主题颜色，并且以上三种方法是相互影响的，如果其中一种方法被改变，则另两种方法也会发生相应的变化。

1）创建母版

母版是指用于定义演示文稿中所有幻灯片或页面格式。每个演示文稿的每个关键组件（如幻灯片、标题幻灯片、备注和讲义）都有一个母版。

幻灯片母版通常用来统一整个演示文稿的格式，一旦修改了幻灯片母版，则所有采用这一母版建立的幻灯片格式也随着改变。

选择“视图”→“母版视图”组，单击“幻灯片母版”按钮，进入“幻灯片母版视图”状态，如图 5.13 所示。此时“幻灯片母版”选项卡也被自动打开，用户可以根据需要，在相应的母版中添加对象，并对其编辑修饰，创建自己的幻灯片母版。对象设置完成后，选择“幻灯片母版”→“关闭”，单击“关闭母版视图”按钮，完成创建母版的操作。

说明：在母版视图中创建的对象，在幻灯片视图中是无法编辑的。

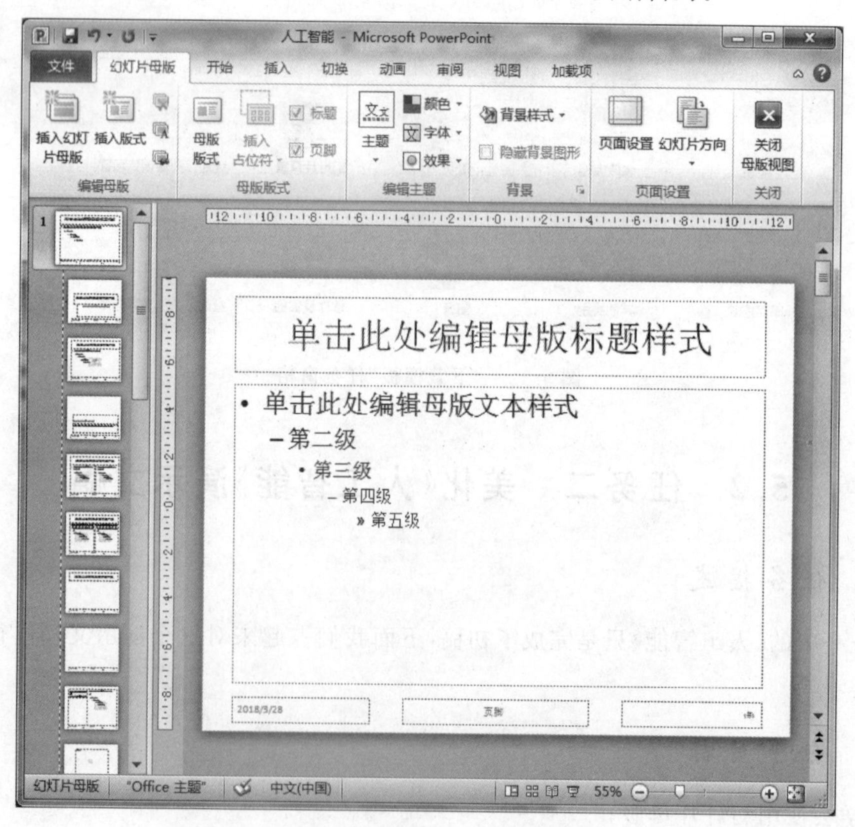

图 5.13 幻灯片母版视图

2）应用主题样式

PowerPoint 2010 中提供了很多模板，它们将幻灯片的配色方案、背景和格式组合成各种主题。这些模板称为“幻灯片主题”。通过选择“幻灯片主题”并将其应用到演示文稿，可以让整个演示文稿的幻灯片均风格一致。

在创建好演示文稿的初稿后，单击“设计”→“主题”中的“幻灯片主题”，弹出可用主题的列表，当单击“更多”按钮时，将会显示所有的可用主题。将鼠标指向某一幻灯片主题，可以预览该主题在演示文稿应用后的实际效果，如果效果满意，单击此幻灯片主题，则该主题应用于本演示文稿的所有幻灯片。

3）调整主题颜色

应用了一种主题样式后，如果用户觉得所套用样式中的颜色不是自己喜欢的，则可以更改主题颜色。主题颜色是指文件中使用的颜色集合，更改主题颜色对演示文稿的效果最为显著。用户可以直接从“颜色”下拉列表中选择预设的主题颜色，也可以自定义主题颜色来快速更改演示文稿的主题颜色。

如果用户对于内置的主题颜色都不满意，则可以自定义主题的配色方案，并可以将其保存下来供以后的演示文稿使用，具体操作如下。

（1）单击“新建主题颜色”选项。

（2）弹出“新建主题颜色”对话框，在该对话框中可以对幻灯片中各个元素的颜色进行单独设置。例如，单击“文字→背景-深色 1”右侧的下拉按钮，在打开的下拉列表中选择颜色。

（3）采用相同的方法，更改其他背景或文字颜色，设置完毕后，在“名称”文本框中输入新建主题的名称，这里输入“自定义配色 1”，然后单击“保存”按钮。

此时，当前演示文稿即会自动应用刚自定义的主题颜色。

2. 图形对象的编辑

PowerPoint 2010 可以添加的图形有来自于图片文件、剪贴画、屏幕截图和相册，还可以是图表、SmartArt 图形和自选图形，并且可以根据需要对这些图形对象进行编辑，如添加、缩放、移动、复制、删除、裁剪，调整亮度、对比度，设置填充颜色、填充效果、边框颜色、阴影和三维效果等。

5.2.4 任务实施

1. 打开演示文稿

启动 PowerPoint 2010 后，选择“文件”→“打开”命令，在“打开”对话框中找到目标文件“人工智能. pptx”所在文件夹，打开“人工智能. pptx”文件。

2. 应用主题样式

用空演示文稿创建的幻灯片是白底黑字，难免单调，可以应用主题样式使幻灯片色彩更鲜艳，画面更丰富，操作步骤如下。

（1）单击“设计”选项卡，“主题”组中显示各个项目，如图 5.14 所示。

（2）鼠标指向某种主题后，会将该主题的预览效果显示出来，挑选出满意的效果后单击该主题应用于演示文稿，本例中应用内置主题“暗香扑面”，应用后效果如图 5.15 所示。

说明：主题的排列顺序是按名称的首字母排列。

图 5.14　主题选项

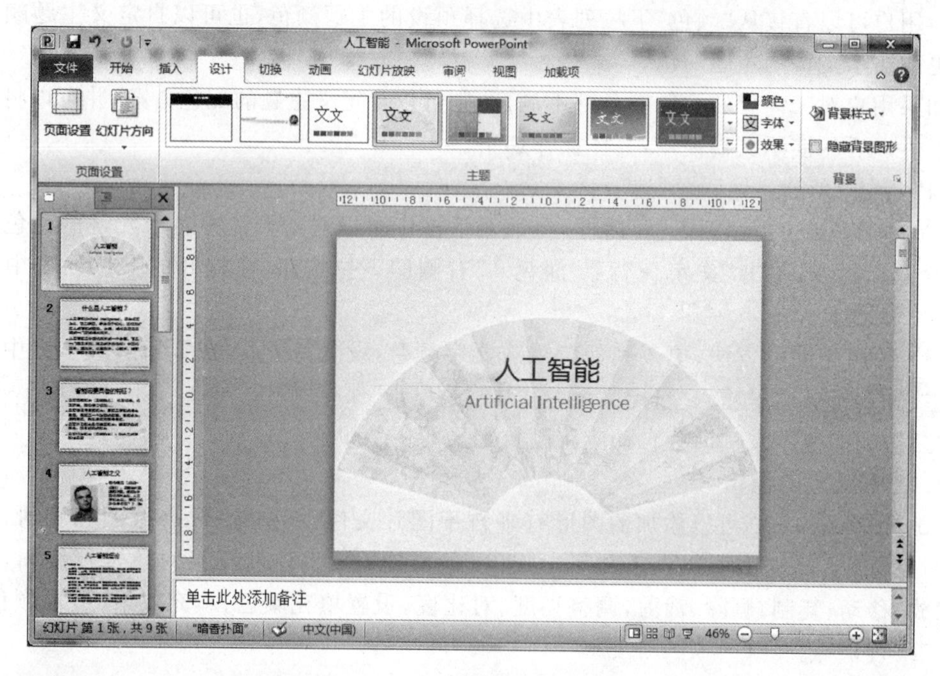

图 5.15　应用“暗香扑面”主题

(3) 单击“主题”旁边的“颜色”按钮，选择“流畅”配色方案，如图 5.16 所示，将颜色设置为深青系列。

3. 创建幻灯片母版

(1) 选择“视图”→“母版视图”组，单击“幻灯片母版”按钮，切换到幻灯片母版编辑状态，如图 5.17 所示。

(2) 单击左侧窗格中第一张幻灯片，即“暗香扑面幻灯片母版：由幻灯片 1-9 使用”。

(3) 选择“幻灯片母版”→“背景”→“背景样式”→“设置背景格式”，弹出“设置背景格式”对话框，选中“图片或纹理填充”单选按钮，如图 5.18 所示。

(4) 单击“文件”按钮，弹出“插入图片”对话框，按照文件夹路径找到图片素材文件夹，选择图片“背景图.jpg”，单击“插入”按钮，修改幻灯片的背景图，效果如图 5.19 所示。

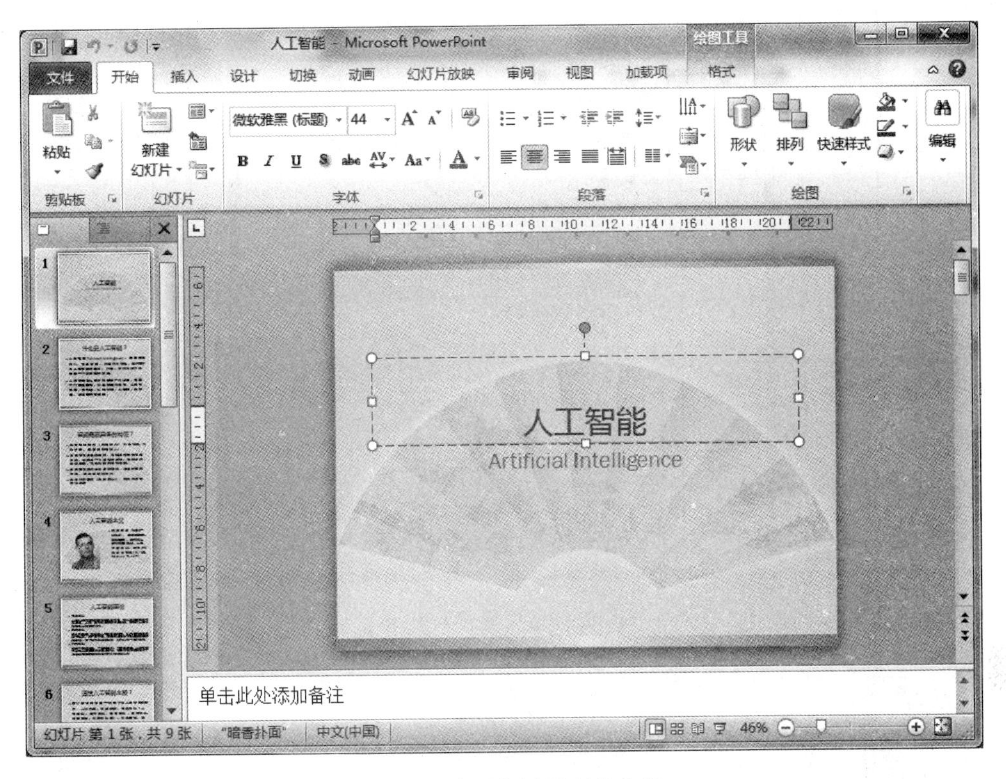

图 5.16　应用“流畅”配色方案

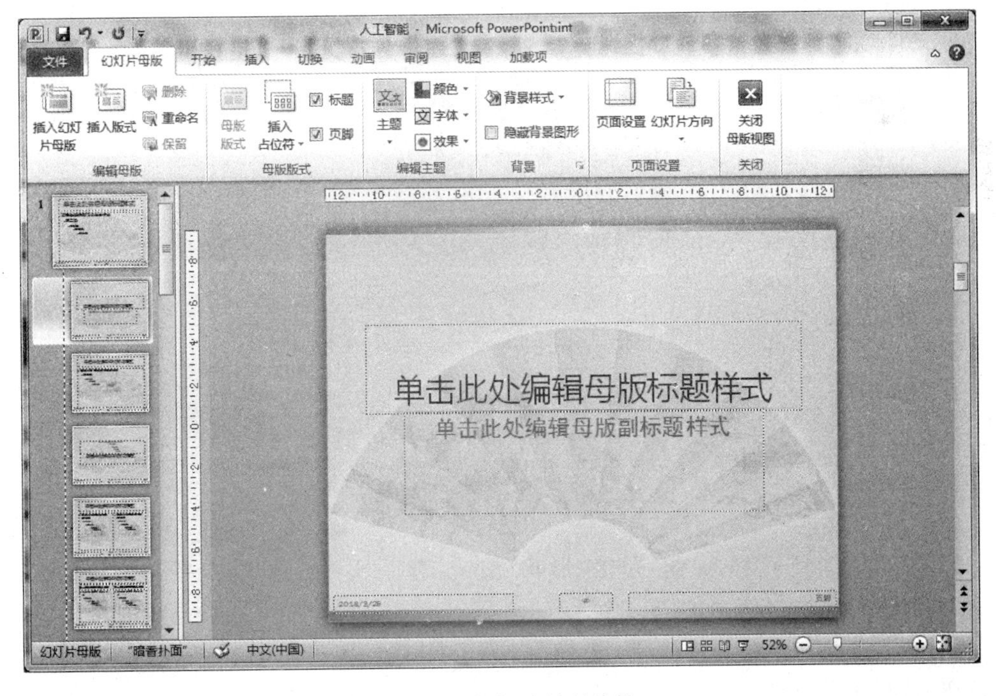

图 5.17　幻灯片母版编辑

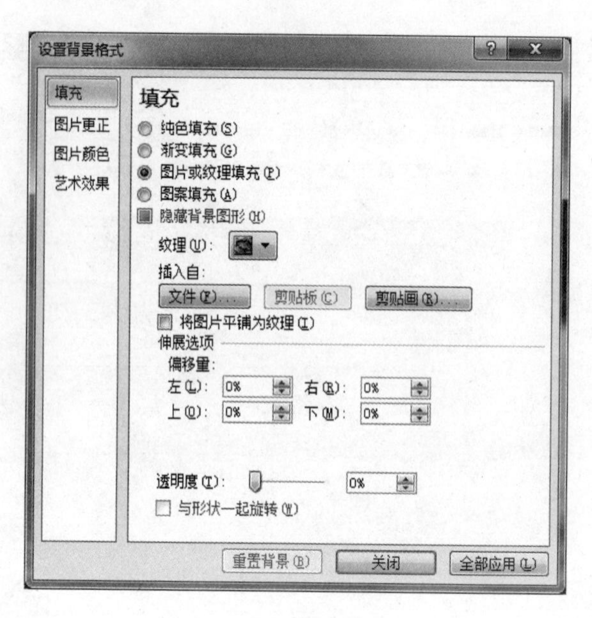

图 5.18　设置背景格式

图 5.19　插入背景图效果

(5) 选择“插入”→“插图”组，单击“形状”按钮，选择“矩形”选项，绘制一个矩形框覆盖第一张幻灯片的整个版面，如图 5.20 所示。

(6) 单击选取刚才绘制的矩形，选择“绘图工具-格式”→“形状样式”组，单击“形状填充”按钮，选择主题颜色“白色，背景 1”。

(7) 单击选取刚才绘制的矩形，选择“绘图工具-格式”→“形状样式”组，单击“形状轮廓”按钮，选择“无轮廓”选项。

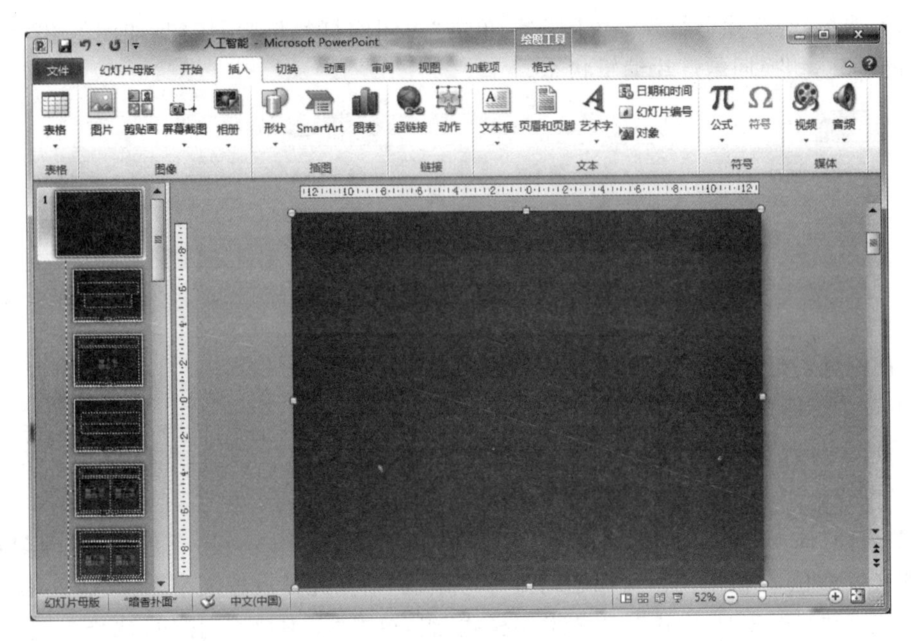

图 5.20　用矩形形状覆盖背景图

(8) 单击选取刚才绘制的矩形，选择“绘图工具-格式”→“形状样式”组，单击“设置形状格式”按钮 ，弹出“设置形状格式”对话框，将“透明度”设置为“10%”，设置效果如图 5.21 所示。

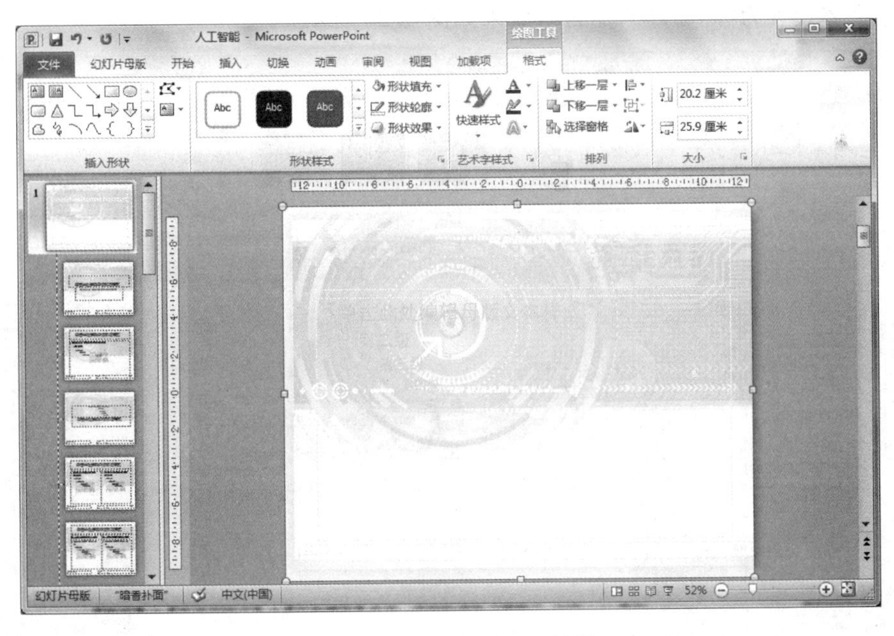

图 5.21　透视背景设置效果

(9) 单击左侧窗格中第三张和第五张幻灯片，即“标题和内容版式：由幻灯片 2-3,5-7，使用”和“两栏内容 版式：由幻灯片 4,8 使用”，选中占位符“单击此处编辑母版标题样式”，设置字体、字号分别为黑体、50。

(10) 选择“幻灯片母版”→“关闭”组，单击“关闭幻灯片母版”按钮，如图 5.22 所示，完成母版的创建，切换回幻灯片编辑状态。

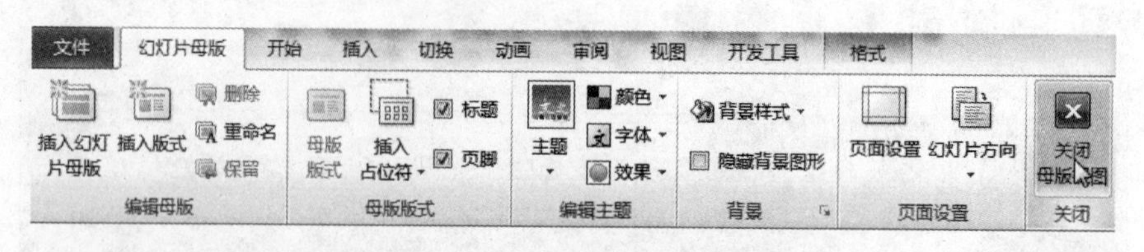

图 5.22 “幻灯片母版”选项卡

4. 在标题幻灯片插入艺术字

(1) 选中标题幻灯片。

(2) 选中标题“人工智能”，按 Delete 键将其删除。

(3) 再按一次 Delete 键，删除“单击此处添加标题”占位符。

(4) 选择“插入”→“文本”组，单击“艺术字”按钮，选择第六行第三列样式，即“填充-青绿，强调文字颜色 2，粗糙棱台”，标题幻灯片中出现“请在此处放置文字”，输入“人工智能”。

(5) 选择“绘图工具-格式”→“艺术字样式”组，单击“文本填充”按钮，选择主题颜色“深青，文字 2”。

(6) 选择“绘图工具-格式”→“艺术字样式”组，单击“文字效果”按钮，选择“发光”→“发光选项”，弹出“设置文本效果格式”对话框。在“发光和柔化边缘”页面，将“预设”设置为“蓝色，8pt 发光，强调文字颜色 1”，“颜色”设置为标准色紫色。

(7) 字体设置为“黑体，60，加粗”，效果如图 5.23 所示。

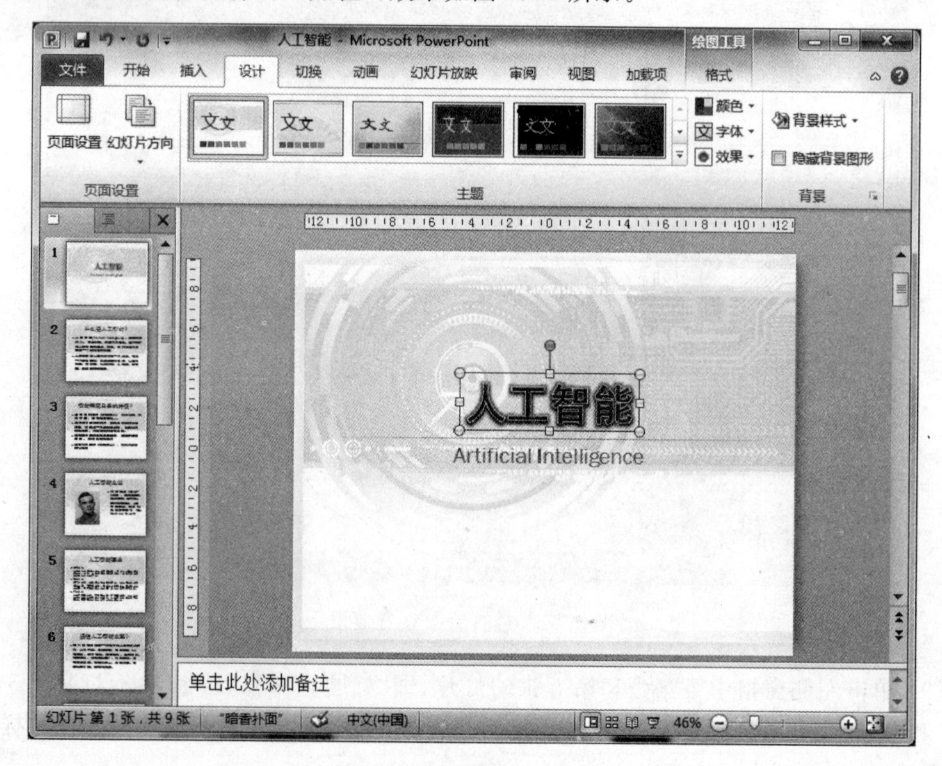

图 5.23 插入艺术字

5. 在标题幻灯片插入图片

(1) 选中标题幻灯片,选择“插入”→“图像”组,单击“图片”按钮,分别插入四张图片“标题页图片 1”“标题页图片 2”“标题页图片 3”和“标题页图片 4”。调整图片大小和位置,将它们对齐排成一行,并放到副标题下方。

(2) 框选上面插入的四张图片,右击,在弹出的快捷菜单中选择“组合”→“组合”命令,将四张图片组合为一个整体。选择“图片工具-格式”→“图片样式”组,单击“图片效果”按钮,选择“映像”→“半映像,接触”,效果如图 5.24 所示。

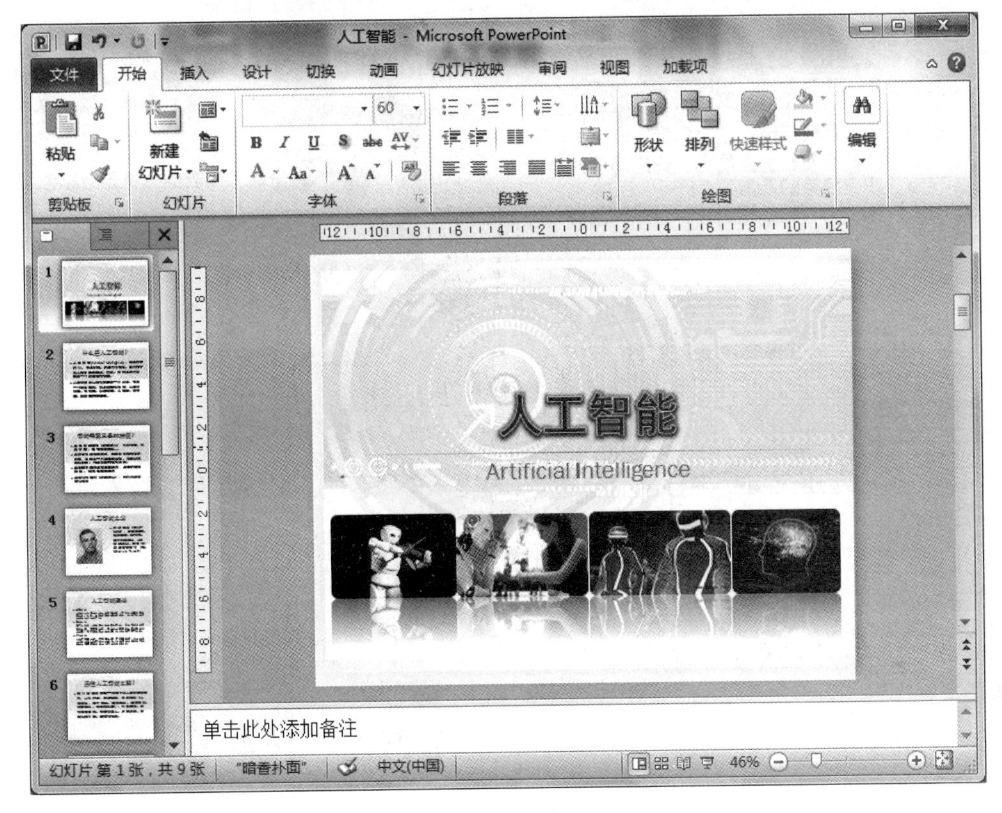

图 5.24 图片映像效果

6. 修饰内容幻灯片

(1) 第三张幻灯片的设置要求为:分别选择文字内容“具有感知能力(系统输入):”“具有记忆与思维能力:”“具有学习能力及自适应能力:”和“具有行为能力(系统输出):”,字体设置为黑体、32、加粗,字体颜色设置为标准色蓝色,如图 5.25 所示。

(2) 第四张幻灯片的设置要求为:将正文内容字体设置为黑体、32,调整图片大小,使得左右两栏内容对称,如图 5.26 所示。

(3) 第五张幻灯片的设置步骤如下。

① 分别选中段落“符号主义”“联接主义”和“行为主义”,字体格式设置为“黑体”,字体颜色设置为标准色蓝色,设置段后间距为“12 磅”。

② 分别选中幻灯片中的其他文字内容,字体格式设置为楷体、24,效果如图 5.27 所示。

(4) 第六张幻灯片的设置步骤如下。

① 选中第六张幻灯片。

② 选择“插入”→“图像”组，单击“图片”按钮，依次选择准备好的智能机器人.jpg、自动驾驶汽车.jpg、人脸识别.jpg、人机对弈.jpg文件插入，并按顺序从左到右放在合适的位置且调整大小，如图5.28所示。

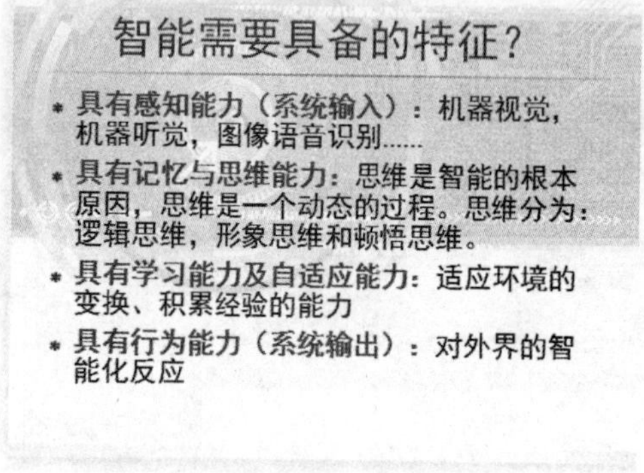

图5.25　设置第三张幻灯片

图5.26　设置第四张幻灯片

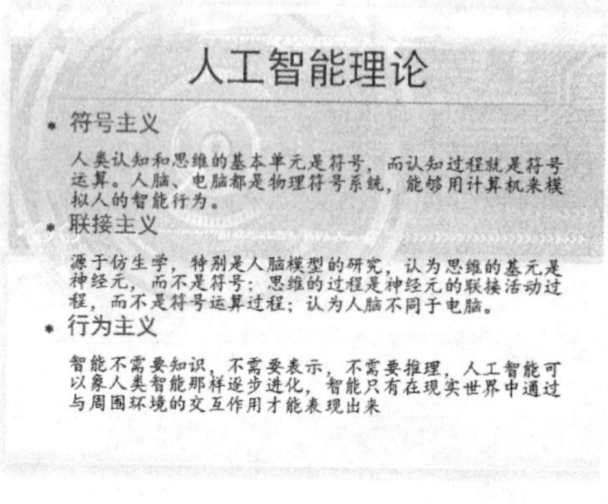

图5.27　设置第五张幻灯片

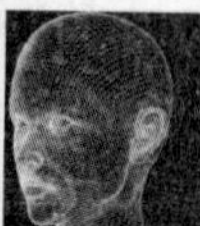

图5.28　在第六张幻灯片中插入图片

③ 在每张图片的上方加上文本框，输入文字对图片进行说明，选择“插入”→“文本”组，单击“文本框”按钮，选择“横排文本框”选项，字体设置为华文新魏、18、加粗，字体颜色设置为标准色红色，调整到合适位置，如图5.29所示。

(5) 第七张幻灯片的设置步骤如下。

① 选中所有文字内容，字体设置为黑体、22。

② 分别选中文字内容“弱人工智能 Artificial Narrow Intelligence (ANI)：”“强人工智能 Artificial General Intelligence (AGI)：”和“超人工智能 Artificial Superintelligence (ASI)：”，字体设置为加粗，字体颜色为标准色蓝色。

③ 选中所有文字内容，设置行距为1.2倍，段后间距为6磅，如图5.30所示。

通往人工智能之路？

- 我们现在的位置——充满了弱人工智能的世界：人机对弈、自动驾驶、模式识别（人像识别，文字识别，图像识别，车牌识别，指纹识别，语音识别等）、机器翻译、自然语言理解、智能机器人、专家系统、智能搜索引擎、数据挖掘等。

  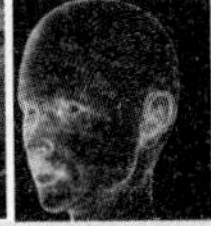 

图 5.29　插入说明文字文本框

通往人工智能之路？

- 弱人工智能Artificial Narrow Intelligence (ANI): 弱人工智能是擅长于单个方面的人工智能。这些机器只不过看起来像是智能的，但是并不真正拥有智能，也不会有自主意识。
- 强人工智能Artificial General Intelligence (AGI): 人类级别的人工智能，在各方面都能和人类比肩的人工智能，人类能干的脑力活它都能干。强人工智能的研究则处于停滞不前的状态下，创造强人工智能比创造弱人工智能难得多，我们现在还做不到。
- 超人工智能Artificial Superintelligence (ASI): 人类的最后一项发明，最后一个挑战，在几乎所有领域都比最聪明的人类大脑聪明很多，包括科学创新、通识和社交技能。超人工智能可以是各方面都比人类强一点，也可以是各方面都比人类强万亿倍的。

图 5.30　第七张幻灯片

(6) 第八张幻灯片的设置要求为：将文本框中的文字内容的字体设置为黑体、18，行间距为“单倍行距”；调整文本框宽度和图片大小，使得左右两栏内容对称，如图 5.31 所示。

7. 给演示文稿加入背景音乐

(1) 选择第一张幻灯片，选择“插入”→“媒体”组，单击“音频”按钮。

(2) 选择音视频素材中的“电影《人工智能》主题音乐-Where Dreams Are Born. mp3”，单击“插入”按钮。

(3) 选择“音频工具”→“播放”→“音频选项”，设置“开始”方式为“跨幻灯片播放”，选中“放映时隐藏”复选框使喇叭图标在幻灯片放映时不可见；选中“循环播放，直到停止”复选框和“播完返回开头”复选框，如图 5.32 所示。

图 5.31　第八张幻灯片

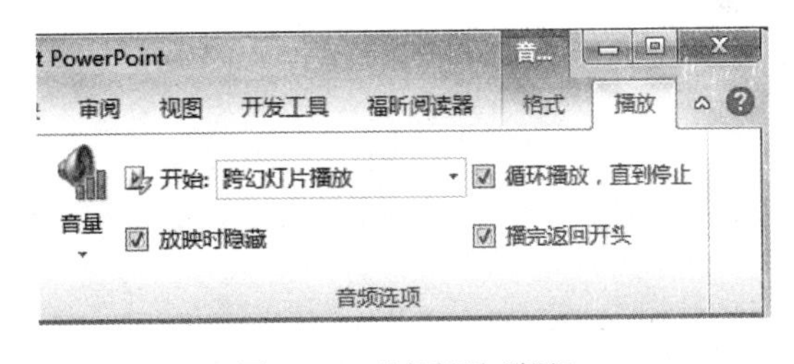

图 5.32　“音频选项”组

(4) 由于最后一张幻灯片有视频，为了不影响视频的声音效果，浏览到第九张幻灯片时该音频要停止播放。设置方法如下。

① 选中插入的音频喇叭。

② 单击“动画”→“高级动画”→“动画窗格”，在窗口的右侧会出现动画窗格，如图 5.33 所示。

③ 单击动画窗格中“电影《人工……”下拉按钮，在打开的下拉列表中选择“效果选项”，在弹出的“播放音频”对话框中设置停止播放为“在 10 张幻灯片后”，如图 5.34 所示。

说明：由于后续要添加目录页，所以音乐停止播放设置为“在 10 张幻灯片后”。

图 5.33　动画窗格

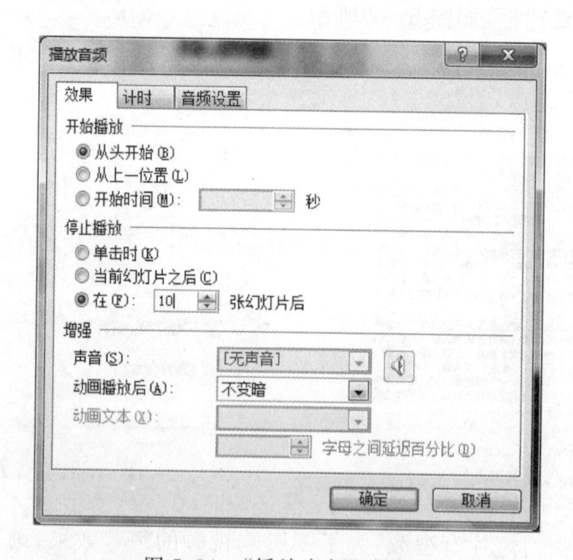

图 5.34　“播放音频”对话框

5.2.5　知识拓展

1. PowerPoint 2010 中丰富的图片编辑功能

1）屏幕图片截取、裁剪

在制作演示文稿时，经常需要抓取桌面上的一些图片，如程序窗口、电影画面等，在以前需要安装一个图像截取工具才能完成。现在 PowerPoint 2010 中新增了一个屏幕截图功能，这样就可轻松截取、导入桌面图片。

操作时，首先在 PowerPoint 2010 中打开需要插入图片的演示文稿并切换到“插入”选项卡，单击该选项卡中的“屏幕截图”按钮，弹出一个下拉列表，在此我们可以看到屏幕上所有已开启的窗口缩略图。

单击其中某个窗口缩略图，即可将该窗口进行截图并自动插入文档中。如果想截取桌面某一部分图片，可以单击下拉列表中的“屏幕剪辑”选项，随后 PowerPoint 2010 文档窗口会自动最小化，此时鼠标变成一个“＋”字，在屏幕上拖动鼠标就可以进行手动截图了。

截图后虽然直接就可以在演示文档中使用，但是如果为了最后的效果，要把图片的一部分裁剪掉，如只要在演示文档中展示一个工具的样子。此时，就可以在 PowerPoint 2010 中快速将图片多余的地方进行裁剪，选择“图片工具”“裁剪”组，单击“裁剪”按钮，随后可以看到图片边缘已被框选，使用鼠标拖动任意边框，这样即可将图片不需要的部分进行裁剪。

PowerPoint 2010 中的裁剪功能非常强大，除了可以直接对图片进行裁剪外，还可以通过“裁剪-纵横比”按照系统提供的图像比例对图片进行裁剪。此外，PowerPoint 2010 还提供了形状裁剪功能，单击“裁剪”按钮下方的下拉按钮，打开多个形状列表，在此选择一种图形样式，这样该图片会自动裁剪为该形状。

2）去除图片背景

如果插入幻灯片中的图片背景和幻灯片的整体风格不统一，就会影响幻灯片播放的效果，这时可以对图片进行调整，去掉图片上的背景。

去除图片背景一般都要用像 Photoshop 这类专业的图像编辑工具才能实现，现在有了 PowerPoint 2010，就可以在演示文稿中轻松完成了。首先在图像编辑界面单击“删除背景”按钮，进入“图像编辑”界面，此时看到需要删除背景的图像中多出了一个矩形框，通过移动这个矩形框来调整图像中需保留的区域。保留区域选择后，单击“保留更改”按钮，这样图像中的背景就自动删除了。

说明：PowerPoint 2010 提供的“删除背景”功能只是一个傻瓜式的背景删除功能，没有颜色编辑和调节功能，因此太复杂的图片背景无法一次性去除。

3）添加艺术特效，让图片更个性

添加到幻灯片中的图片按照统一尺寸摆放在文档中，总是让人感觉中庸不显个性，也不会引起客户的注意。其实在 PowerPoint 2010 中增加了很多艺术样式和版式，这样可以非常方便地打造一张张有个性的图片。

首先单击“图片工具”下的“艺术效果”下拉按钮，在打开的多个艺术效果列表中可以对图片应用不同的艺术效果，使其看起来更像素描、线条图形、粉笔素描、绘图或绘画作品。随后单击“图片样式”，在该样式列表中选择一种类型，这样就可以为当前照片添加一种样式效果。

此外，还可以根据需要对照片进行颜色、图片边框、图片版式等设置，使用户轻松制作出有个性的图片效果。

2. PowerPoint 2010 丰富的多媒体编辑功能

在演示文稿中插入音频或视频文件以后，可以对音频或视频进行裁剪，保留所需要的部分，选择“视频工具”→“剪裁视频”，在弹出的对话框中调整开始时间和结束时间即可；如果要设置音频或视频是否自动播放，可以在“视频工具”或“音频工具”的相应选项组中将“开始”设置为“自动”或者“单击时”。

在幻灯片放映视图时，可以将鼠标移动到视频窗口中，单击下面的暂停播放按钮，视频就能播放或暂停播放。如果想继续播放，再用鼠标单击一下即可。可以调节前后视频画面，也可以调节视频音量。

在 PowerPoint 2010 中，可以随心所欲地选择实际需要播放的音频或视频片段。单击“播放”中的“剪裁音频”或“剪裁视频”按钮，在“剪裁音频”或“剪裁视频”窗口中可以重新设置音频或视频文件的播放起始点和结束点，从而达到随心所欲地选择需要播放音频或视频片段的目的。

5.3 任务三 让《人工智能》演示文稿动起来

5.3.1 任务描述

上例中的“人工智能.pptx”文件虽然已经图文并茂，但略显呆板，如果能为演示文稿中的对象加入一定的动画效果，幻灯片的放映效果就会更加生动精彩，不仅可以增加演示文稿的趣味性，还可以吸引观众的眼球。

5.3.2 任务目标

- 掌握幻灯片的动画设置；
- 掌握幻灯片的切换方式；
- 掌握利用超链接和动作设置改变幻灯片的播放顺序。

5.3.3 预备知识

1. 创建自定义动画效果

为幻灯片上的文本、图片等对象加入一定的动画效果，不仅可以增加演示文稿的趣味性，而且还可以吸引观众的注意力。

PowerPoint 2010 的自定义动画效果可以分为四类，即进入动画、强调动画、退出动画和动作路径动画。

(1) 进入动画可以使对象逐渐淡入、从边缘飞入幻灯片或者跳入视图中。

(2) 强调动画包括使对象缩小或放大、更改颜色或沿其中心旋转等效果。

(3) 退出动画包括使对象飞出幻灯片、从视图中消失或者从幻灯片旋出等效果。

(4) 使用动作路径动画，可以使对象上下移动、左右移动或者沿着星形或圆形图案移动，也可以绘制自己的动作路径。

2. 添加动画效果

(1) 单击幻灯片上要添加动画效果的对象，然后选择“动画”→“高级动画”组，单击“添加动画”按钮，随后将会出现可用动画选项的菜单。

(2) 使用“动画”选项卡可以移动鼠标预览效果，或单击“更多……效果”，以查看整个动画库。

（3）如果想要更改动画方向或者更改一组对象的动画方式等操作，请单击“效果选项”。

（4）单击“预览”可以查看如何结合对象播放动画。

3. 对单个对象添加多个动画效果

有时希望一个对象具有多个效果，如使其飞入，随后淡出。在这种情况下，最好是使用动画窗格，可帮助你查看效果的顺序和计时。选择“动画”→“高级动画”组，单击“动画窗格”按钮以将其打开。

（1）在幻灯片上，选择要使其具有多个动画效果的文本或对象。

（2）选择“动画”→“高级动画”组，单击“添加动画”按钮，单击需要添加的效果即可。

使用“动画窗格”可以精心设计效果，如在列表中上下移动动画以更改播放顺序；选择一种效果并右击可以更改计时和其他效果选项；单击“播放”可以查看动画效果。可以单独使用任何一种动画，也可以将多个效果组合在一起。例如，可以对一行文本应用“飞入”进入效果和“放大/缩小”强调效果，使它在飞入的同时逐渐放大。单击“添加动画”以添加效果，然后将该动画的“开始”设置为“与上一动画同时”发生。

4. 删除动画效果

（1）单击具有过多效果的对象，所有属于该对象的效果将突出显示在动画窗格中。

（2）在“动画窗格”中，单击要删除的效果，单击下拉按钮以打开选项列表，然后单击“删除”。

5. 删除一个对象的所有动画效果

（1）单击要删除动画的对象。

（2）单击“动画”，然后在动画效果库中单击“无”。

6. 删除一张幻灯片中的所有动画效果

（1）在“动画窗格”中，单击列表中的第一个效果，然后按下 Shift 键并单击列表中的最后一个效果，这样就可以选中属于该幻灯片的所有动画效果。

（2）单击“动画”，然后在动画效果库中单击“无”。

7. 幻灯片切换

幻灯片切换效果是在演示文稿播放时从一张幻灯片移到下一张幻灯片时在“幻灯片放映”视图中出现的动画效果。可以控制切换效果的速度，添加声音，甚至还可以对切换效果的属性进行自定义。

1）向幻灯片添加切换效果

（1）在幻灯片普通视图中，单击左边窗格的“幻灯片”选项卡。

（2）选择要向其应用切换效果的幻灯片缩略图。

（3）选择“切换”→“切换到此幻灯片”组，单击要应用于该幻灯片的幻灯片切换效果。

2）设置切换效果的计时

（1）若要设置上一张幻灯片与当前幻灯片之间的切换效果的持续时间，请执行下列操作。选择“切换”→“计时”组，在“持续时间”框中输入或选择所需的速度。

（2）若要指定当前幻灯片在多长时间后切换到下一张幻灯片，请采用下列步骤之一。

① 若要在单击鼠标时换幻灯片，选择“切换”→“计时”组，选中“单击鼠标时”复选框。

② 若要在经过指定时间后切换幻灯片，选择“切换”→“计时”组，选中“设置自动换片时间”复选框，并在后面的框中输入所需的秒数。

3）向幻灯片切换效果添加声音

（1）在幻灯片普通视图中，单击左边窗格的“幻灯片”选项卡。

（2）选择要向其添加声音的幻灯片缩略图。

（3）选择“切换”→“计时”组，单击“声音”旁的下拉按钮，然后执行下列操作之一。

① 若要添加列表中的声音，请选择所需的声音。

② 若要添加列表中没有的声音，请选择“其他声音”，找到要添加的声音文件，然后单击“确定”按钮。

说明：如果要将演示文稿中的所有幻灯片应用相同的幻灯片切换效果，选择“切换”→“计时”组，单击“全部应用”按钮。

8. 动作设置和超链接

PowerPoint可以为幻灯片中的对象，如文本、图片或按钮形状等分配动作或添加超链接，如移动到下一张幻灯片、移动到上一张幻灯片、转到放映的最后一张幻灯片，或者转到网页或其他Microsoft Office演示文稿或文件等，具体操作步骤如下。

（1）选择“视图”→“演示文稿视图”组，单击“普通视图”按钮。

（2）选定要设置动作的对象。

（3）选择“插入”→“链接”组，单击“动作”按钮。

（4）弹出“动作设置”对话框，单击“单击鼠标”选项卡或“鼠标移过”选项卡。

（5）要选择在单击或将指针移过图片、剪贴画或按钮形状时发生的动作，请执行下列操作之一。

① 要使用不带相应动作的图片、剪贴画或按钮形状，请单击“无动作”单选按钮。

② 要创建超链接，选中“超链接到”单选按钮，然后选择超链接动作的目标。

③ 要运行某个程序，选中“运行程序”单选按钮，单击“浏览”按钮，然后找到要运行的程序。

④ 要运行宏，请选中“运行宏”单选按钮，然后选择要运行的宏。仅当演示文稿包含宏时，“运行宏”设置才可用。在保存演示文稿时，必须将它另存为“启用宏的PowerPoint放映”。

⑤ 如果希望被选为动作按钮的图片、剪贴画或按钮形状执行某个动作，请选中“对象动作”单选按钮，然后选择想让它执行的动作。

⑥ 若要播放声音，请选中“播放声音”复选框，然后选择要播放的声音。

（6）单击“确定”按钮。

5.3.4 任务实施

1. 让幻灯片中的对象动起来

1）为标题幻灯片中对象添加动画效果

（1）选定幻灯片1中的标题占位符。

（2）选择“动画”→“动画”组，单击“翻转式由远及近”按钮，如图5.35所示，选择“翻转式由远及近”进入动画效果。

（3）选定幻灯片1中的副标题占位符。

（4）在动画库中选择“劈裂”动画，“效果选项”方向为“左右向中央收缩”。

图 5.35　动画

(5) 设置两个动画的自动播放。

① 选定标题占位符，选择“动画”→“计时”组，设置“开始”为“上一动画之后”。

② 设置“持续时间”为 02.50。

③ 选定副标题占位符，选择“动画”→“计时”组，也设置“开始”为“上一动画之后”。

④ 设置“持续时间”为 02.50。

(6) 单击“幻灯片放映”按钮 或选择“动画”→“预览”组，单击“预览”按钮，观看幻灯片动画效果。

2) 为幻灯片 2 添加动画效果

(1) 选定幻灯片 2 中的文字内容占位符。

(2) 选择“动画”→“动画”组，单击“浮入”按钮，设置“浮入”进入动画，效果选项使用默认值。

(3) 设置“持续时间”为 02.00。

3) 为幻灯片 3 添加动画效果

(1) 选定幻灯片 3 中的文字内容占位符。

(2) 选择“动画”→“动画”组，单击右边的动画库快翻按钮，在打开的下拉列表中选择“更多进入效果”选项，如图 5.36 所示。在弹出的“更多进入效果”对话框中选择“挥鞭式”效果，如图 5.37 所示。“持续时间”设置为 01.50。

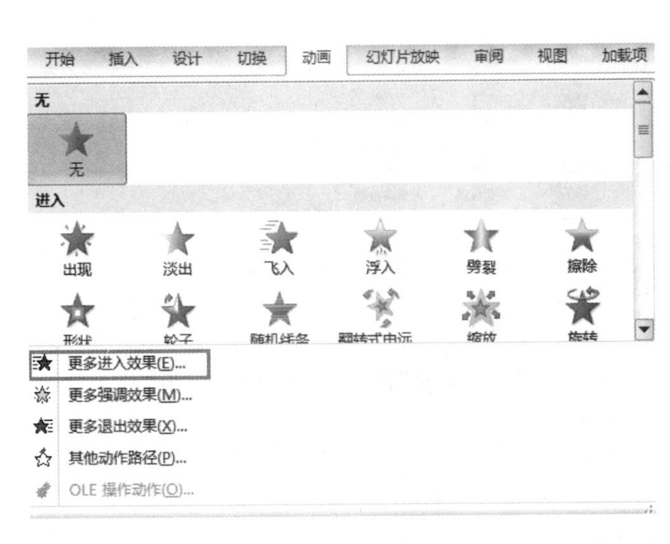

图 5.36　更多动画

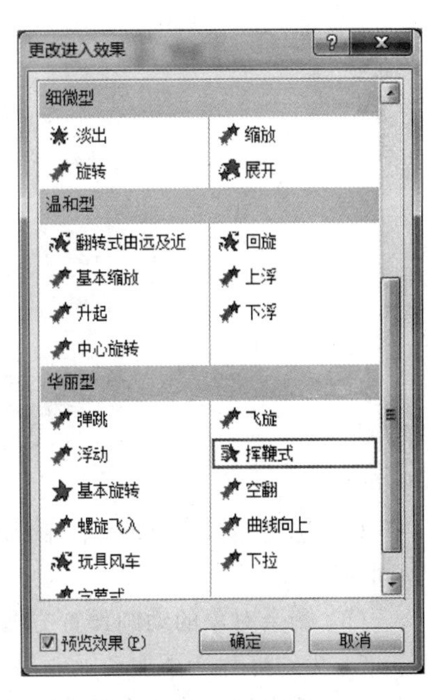

图 5.37　“更改进入效果”对话框

4）为幻灯片4添加动画效果

（1）选定幻灯片4中的图灵照片。

（2）选择“动画”→“动画”组，单击“形状”按钮，设置“形状”进入动画，效果选项形状设置为“菱形”，方向设置为“缩小”。

（3）选择右边介绍图灵的文字内容占位符。

（4）在动画库中选择“擦除”动画，“效果选项”方向为“自顶部”，“持续时间”为03.50。

（5）设定矩形框的触发方式，选定文字内容占位符，选择“动画”→“高级动画”组，单击“触发”按钮，在打开的下拉列表中选择“单击”选项，选择“内容占位符4”，如图5.38所示。

说明：触发是指选中对象的动画效果的开启方式。

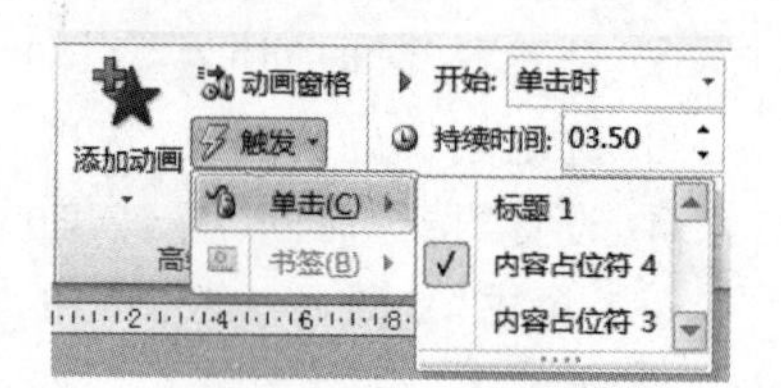

图5.38　触发设置

5）为幻灯片5添加动画效果

（1）选定幻灯片5中的文字内容占位符。

（2）在动画库中选择“飞入”动画，“效果选项”按照默认值设置，“持续时间”为02.00。

6）为幻灯片6添加动画效果

以“智能机器人”和“自动驾驶汽车”图片为例设置动画效果，步骤如下。

（1）选定“智能机器人”图片，在动画库中选择“缩放”动画。

（2）选定“智能机器人”文本框，在动画库中选择“缩放”动画，“开始”设置为“与上一动画同时”。

（3）为了不影响整体的美观，为“智能机器人”文本框设置退出效果。选定“智能机器人”文本框，选择“动画”→“高级动画”组，单击“添加动画”按钮，添加退出动画“消失”，如图5.39所示。

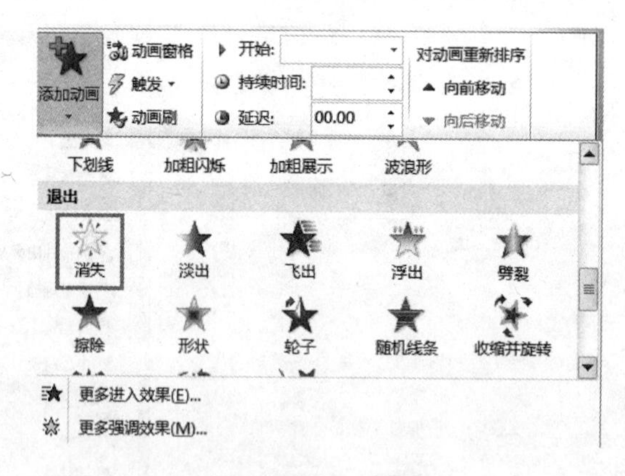

图5.39　退出效果

（4）选定“自动驾驶汽车”图片，在动画库中选择“缩放”动画，“开始”设置为“与上一动画同时”。

（5）剩余对象的动画设置方法同(2)～(4)。

7）为幻灯片7添加动画效果

（1）选定幻灯片7中的文字内容占位符。

（2）在动画库中选择“下画线”强调动画，“持续时间”为01.00。

8）为幻灯片 8 添加动画效果

(1) 选定幻灯片 8 中的图片。

(2) 在动画库中选择“翻转式由远及近”进入动画，“持续时间”为 02.00。

(3) 选定幻灯片 8 中的文字内容占位符。

(4) 在动画库中选择“随机线条”进入动画，“持续时间”为 01.50。

说明：动画是非常有趣的，但过多的动画反而会造成适得其反的效果，建议谨慎使用动画和声音效果，因为过多的动画会分散注意力。

2. 让幻灯片动起来

选择“切换”→“切换到此幻灯片”组，单击右边的快翻按钮，选择一种切换方式，例如“时钟”，可以为每张幻灯片设置切换方式，如果单击“全部应用”按钮，则将这种幻灯片切换方式应用于本演示文稿的所有幻灯片。

3. 加入目录页，设置超链接

为了预先给观众提供整个演示文稿的内容，可以添加目录页。同时 PowerPoint 的演示文稿的放映顺序是从前向后播放的，如果我们要控制幻灯片的播放顺序可以进行动作设置。

1）制作一张目录幻灯片

(1) 选定第一张幻灯片，选择“开始”→“幻灯片”组，单击“版式”按钮，在打开的下拉列表中选择“仅标题”，在标题占位符中输入“目录”，设置字体和调整位置。

(2) 选择“插入”→“插图”组，单击“形状”按钮，插入一个“矩形”，选择“绘图工具-格式”→“形状样式”组，设置“形状填充”为“无填充颜色”，设置“形状轮廓”为“无轮廓”。

(3) 右击此图形，在弹出的快捷菜单中选择“编辑文字”命令，在图形中输入文字“什么是人工智能?”，字体设置为“华文新魏，32，加粗，下画线”，字体颜色设置为标准色蓝色，对齐方式设置为“左对齐”。

(4) 按住 Ctrl 键，拖动此形状，进行复制，复制出四个相同的矩形，并修改文字。

(5) 按住 Shift 键，同时选中五个矩形，选择“绘图工具-格式”→“绘图”组，单击“排列”按钮，在打开的下拉列表中选择“放置对象”→“对齐”→“左对齐”，效果如图 5.40 所示。

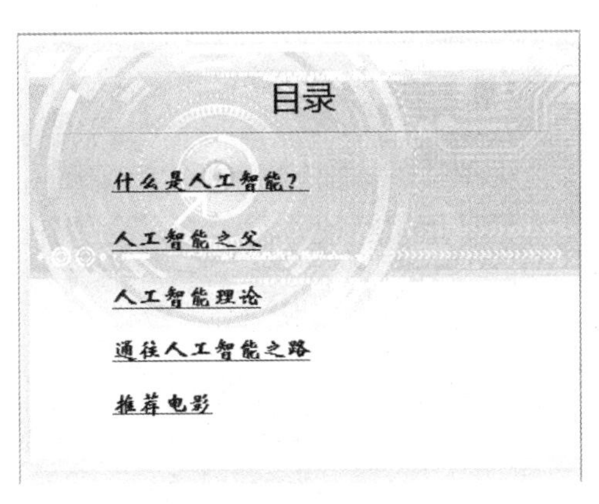

图 5.40　目录页幻灯片

2）设置超链接

(1) 选定第一个矩形，选择“插入”→“链接”组，单击“超链接”按钮，弹出“插入超链接”对话框，设置如图 5.41 所示，单击“确定”按钮。

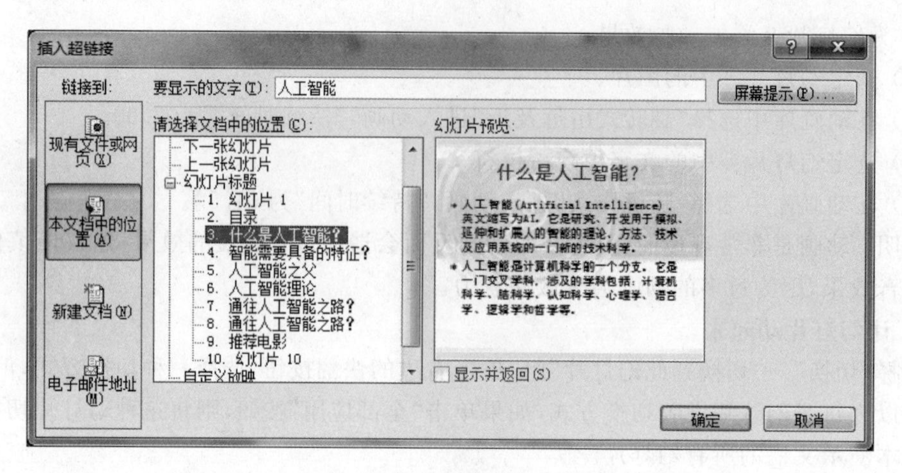

图 5.41 “插入超链接”对话框

(2) 分别选定其他矩形,按上述操作,链接到相应的幻灯片,设置完超链接后,在幻灯片放映视图中,鼠标指向这些矩形时,会显示为链接形鼠标形状,单击这些矩形,会跳转到相应的幻灯片。

3) 为内容幻灯片添加“返回”按钮

(1) 选定“智能需要具备的特征?”幻灯片。

(2) 选择“插入”→“插图”组,单击“形状”按钮,在下拉列表最下面的“动作按钮”中选择“动作按钮:第一张”按钮,绘制在幻灯片右下角。弹出“动作设置”对话框,选择“超链接到”→“幻灯片”,如图 5.42 所示。弹出“超链接到幻灯片”对话框,选择“2. 目录”,如图 5.43 所示,单击“确定”按钮。

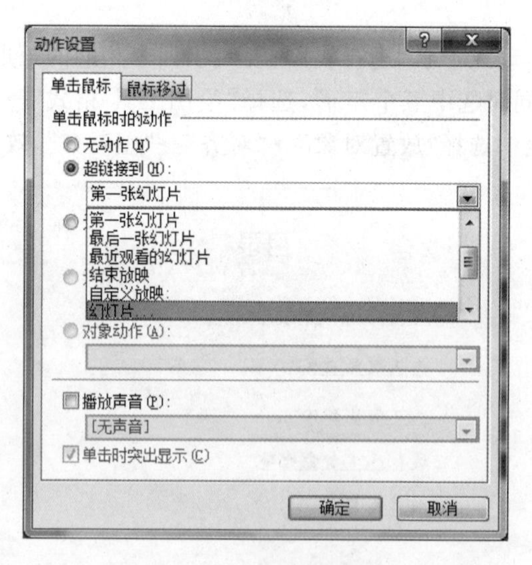

图 5.42 “动作设置”对话框

(3) 选定步骤(2)中的按钮,分别复制到后面的幻灯片“人工智能之父”“人工智能理论”“通往人工智能之路”和“推荐电影”的右下角位置,如图 5.44 所示。

到此,“人工智能.pptx”演示文稿全部制作完成。

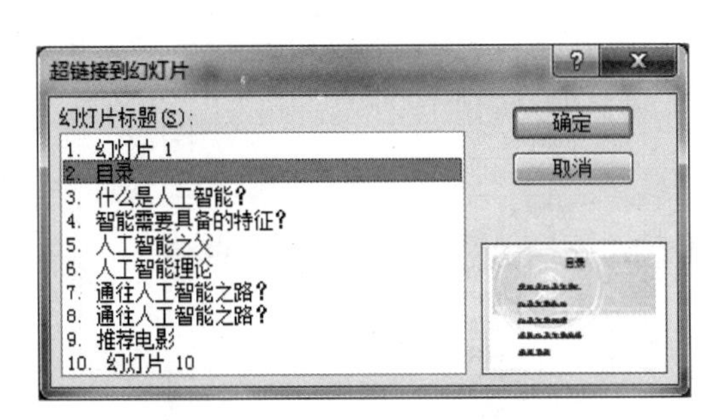

图 5.43 “超链接到幻灯片”对话框

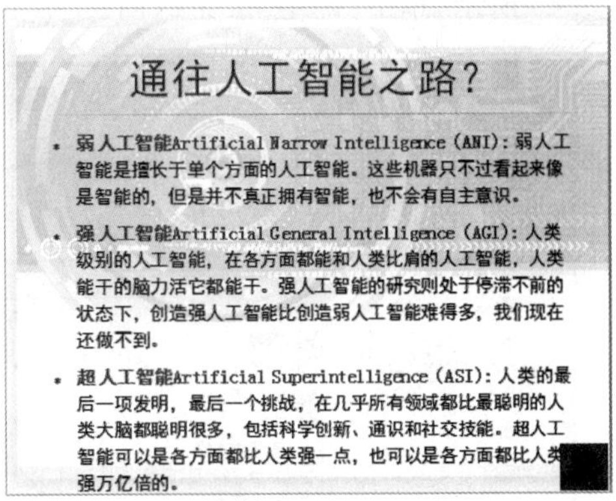

图 5.44 添加了“返回”按钮的幻灯片

5.3.5 知识拓展

1. PowerPoint 2010 幻灯片放映

单击“幻灯片放映”选项卡，可以看到 PowerPoint 2010 有几种放映方式：从头开始、从当前幻灯片开始、广播幻灯片、自定义幻灯片放映。启动“广播幻灯片”功能项可以在 Web 浏览器中远程观看 PowerPoint 幻灯片。自定义幻灯片放映可以让播放者从演示文稿中挑选需要的幻灯片进行播放。选择“幻灯片放映”→“设置”组，单击“设置幻灯片放映”按钮，弹出“设置放映方式”对话框，显示幻灯片放映类型共有三种。

(1) 演讲者放映(全屏幕)：全屏显示演示文稿，这是最常用的播放方式，也是默认的选项。演讲者具有完全的控制权，既可以自动或人工放映，也可以暂停放映。

(2) 观众自行浏览(窗口)：采用标准窗口运行幻灯片放映，观众可以使用 Page Up 或 Page Down 键来控制幻灯片。

(3) 在展台浏览(全屏幕)：观众可以使用超链接和动作按钮，并且可以按 Esc 键终止播放。

选择“幻灯片放映”→“设置”组，单击“排练计时”按钮，进入“排练计时”状态，此时手动播放一遍演示文稿，并可以利用“预演”对话框中的“暂停”和“重复”等按钮控制排练计时过程，以获得最佳的播放时间。播放结果后，系统会弹出一个提示是否保存计时结果的对话框，单击“是”按钮即可。

选择“幻灯片放映”→“设置”组，单击“录制幻灯片演示”，可以录制“幻灯片和动画计时”“旁白和激光笔”。

以上保存的排练和录制结果，可以在“设置放映方式”对话框中进行设置。

2. 加入 Flash 动画

(1) 首先需要插入的动画文件和演示文稿放在一个文件夹内。

(2) 查看 PowerPoint 2010 工具栏中有没有“开发工具”，如果有，请省略下面一步。如果没有，请继续下这一步。

(3) 选择“文件”→“选项”菜单命令，调出“PowerPoint 选项”对话框。

(4) 在“PowerPoint 选项”对话框中选择“自定义功能区”，勾选“开发工具”复选框，如

图 5.45 所示，单击“确定”按钮返回。

图 5.45　自定义功能区

（5）选择“开发工具”→“控件”组，单击“其他控件”按钮，如图 5.46 所示，弹出“其他控件”对话框，如图 5.47 所示。

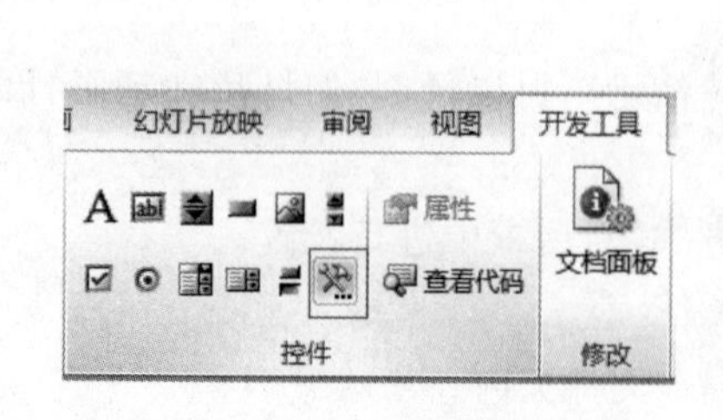

图 5.46　“控件”组

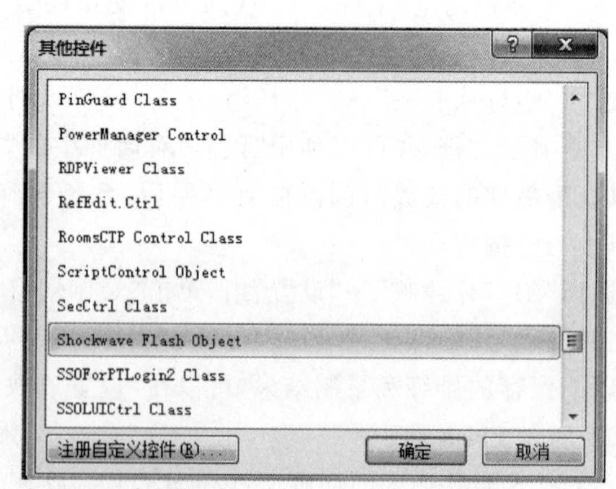

图 5.47　“其他控件”对话框

（6）选择 Shockwave Flash Object 对象，单击“确定”按钮返回，此时鼠标变成十字形，在需要的位置拖出想要的大小，如图 5.48 所示。

(7) 在控件上右击"属性",弹出"属性"对话框,如图 5.49 所示,在 Movie 项输入 Flash 文件的文件名,该文件名一定要包括扩展名,如 scjs.swf,Playing 属性设置为 True。

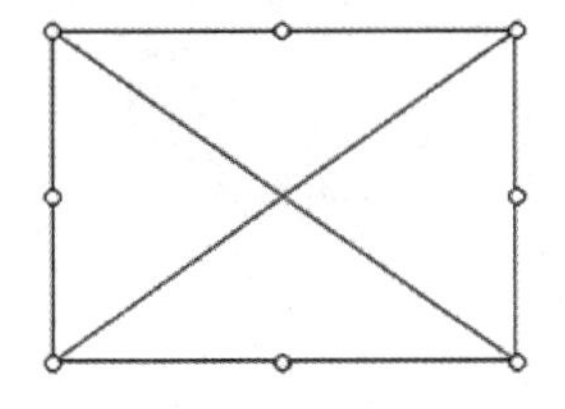

图 5.48　添加的 Flash 对象

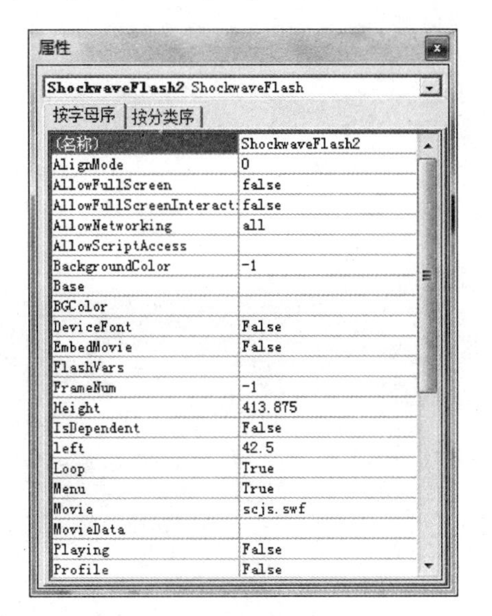

图 5.49　"属性"对话框

(8) 这时可能需要保存文件(有时候调整一下控件也可以),这样就能看到控件的预览图了。到这里,插入 Flash 动画就完成了,你可以随意调整控件的大小和位置。

实训一　使用 PowerPoint 制作简单演示文稿

1. 实训目的

- 学会创建新的演示文稿;
- 学会修改演示文稿的文字以及在演示文稿中插入图片;
- 学会应用主题模板;
- 学会设置背景格式。

2. 实训内容

设计一个以节日(任意选择一个节日)为主题的演示文稿。要求如下。

(1) 演示文稿不能少于 6 张。

(2) 第一张演示文稿必须是"标题幻灯片",其中副标题的内容必须是本人信息,包括"姓名""系别""班级""学号"等。

(3) 其他演示文稿中要包含与题目要求相关的文字、图片或艺术字。

(4) 除"标题幻灯片"外,其他幻灯片上都要显示页码。

(5) 要选择一种"应用设计模板"或背景对演示文稿进行设置。

3. 实训步骤

1) 创建演示文稿

启动 PowerPoint 2010 后,系统会自动创建一个空白演示文稿,可以直接利用此演示文稿工作,也可以选择"文件"→"新建"菜单命令,在弹出的"新建对话框"中选择"可用的模板和主题"中提供的模板来创建演示文稿,或选择 Office.com 下载演示文稿模板或者从网上下载合适的模板,图 5.50 所示为下载的"春节"的模板。

图 5.50 春节模板

2) 保存演示文稿

在制作演示文稿的过程中,可以过一段时间保存一下演示文稿。在第一次保存的时候,会弹出"另存为"对话框,注意选择保存文件的位置、文件名和文件类型。PowerPoint 2010 生成的文件默认的扩展名为 pptx。如果这个演示文稿要在 PowerPoint 2010 之前的版本上运行,请在"保存类型"中选择"PowerPoint 97-2003 演示文稿",这时文件的扩展名就是 ppt。

3) 编辑演示文稿

(1) 添加新幻灯片:选择"开始"→"幻灯片"组,单击"新建幻灯片"按钮,在出现的幻灯片中单击一个合适的幻灯片版式,如"标题和内容"版式,即可完成新幻灯片的添加。

(2) 删除幻灯片:在幻灯片浏览视图或在普通视图中的"大纲"窗格中选择要删除的幻灯片,按 Delete 键。若要删除多张幻灯片,则切换到演示文稿浏览视图,按住 Ctrl 键,并单击要删除的各幻灯片,按 Delete 键,如图 5.51 所示,即在幻灯片浏览视图中同时选择了幻灯片 1 和 3。

(3) 移动幻灯片:在幻灯片浏览视图或在普通视图中的"大纲"窗格中,用鼠标选中要移动的幻灯片,按住左键不松手,在拖动的过程中,可以看到有一条横线或竖线提示幻灯片的目标位置,到目标位置后就松手。如果在拖动鼠标的同时,按住 Ctrl 键,则完成的是复制幻灯片的操作。此外还可以用"剪切"和"粘贴"命令移动幻灯片,用"复制"和"粘贴"命令来

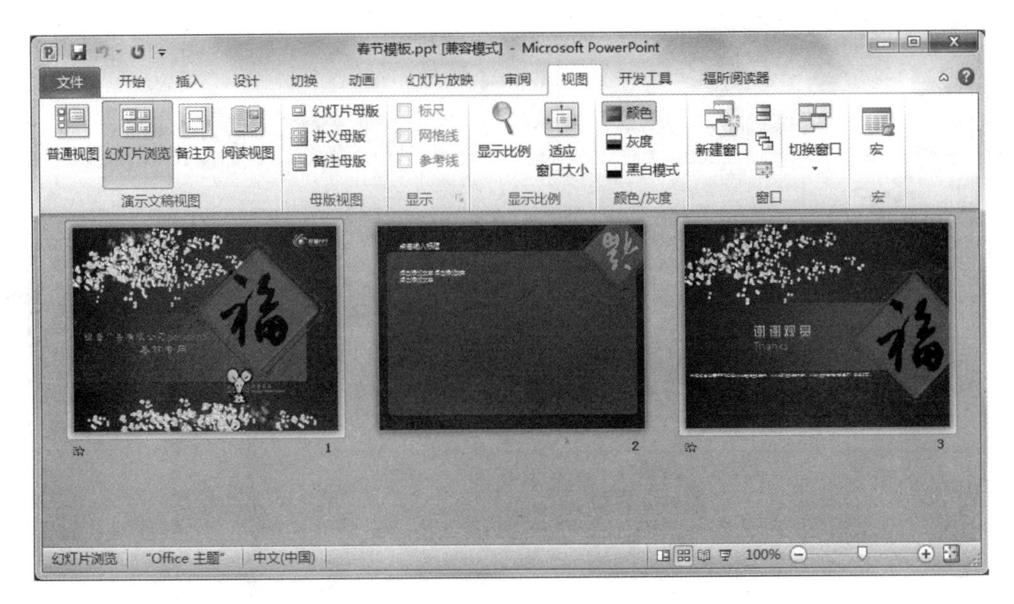

图 5.51　幻灯片浏览视图

复制、粘贴幻灯片。

(4) 为幻灯片编号：整个演示文稿创建完成以后，可以为全部演示文稿编号，选择“插入”→“文本”组，单击“插入幻灯片编号”按钮，弹出“页眉和页脚”对话框，如图 5.52 所示，选中“幻灯片编号”和“标题幻灯片中不显示”复选框，单击“全部应用”按钮。

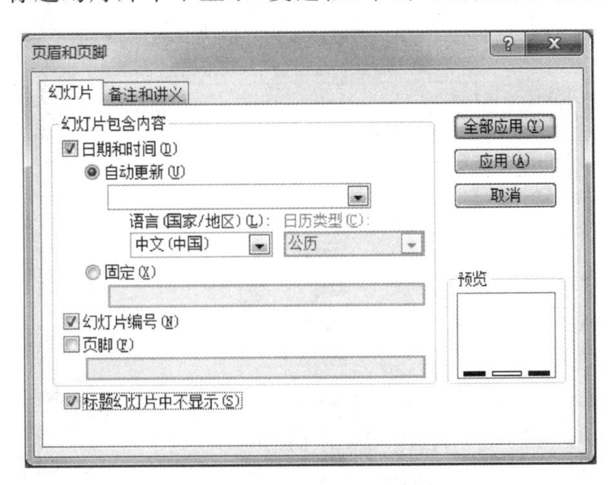

图 5.52　插入幻灯片编号

(5) 在幻灯片中插入各种对象：可以选择不同版式的幻灯片并添加各种对象，也可以利用“插入”菜单中的选项插入“图片”“艺术字”“自选图形”“表格”“图表”和 SmartArt 层次结构图等。如果对已添加的对象不满意，可以选中它进行编辑，也可以按 Delete 键进行删除。

(6) 设置“应用设计模板”和背景：通常在演示文稿内容添加完成后，可以使用“应用设计模板”对整个演示文稿做统一的设置。选择“设计”→“主题”组，在其中单击一种主题，如“新闻纸”，则这种主题应用于本演示文稿中的所有幻灯片，如图 5.53 所示。

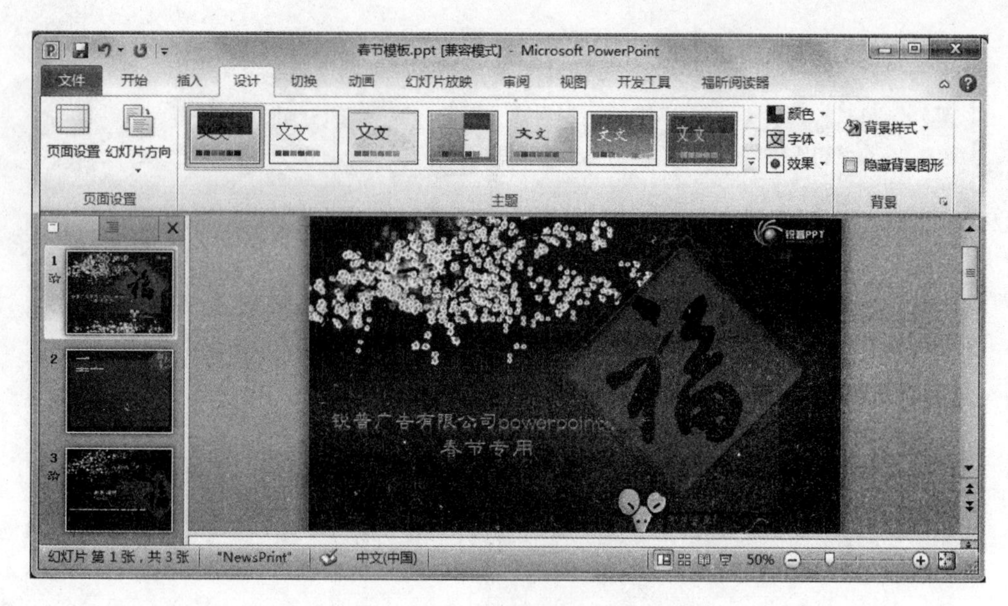

图 5.53　应用了“跋涉”主题的演示文稿

如果想修改其中某一张或几张幻灯片的背景，就需要选择“背景样式”→“设置背景格式”，弹出的对话框如图 5.54 所示。有 4 种填充方式供选择：纯色填充、渐变填充、图片或纹理填充和图案填充。如果只是将背景设置应用于当前幻灯片，就直接单击“关闭”按钮，单击“全部应用”按钮是将这种背景样式应用于整个演示文稿。

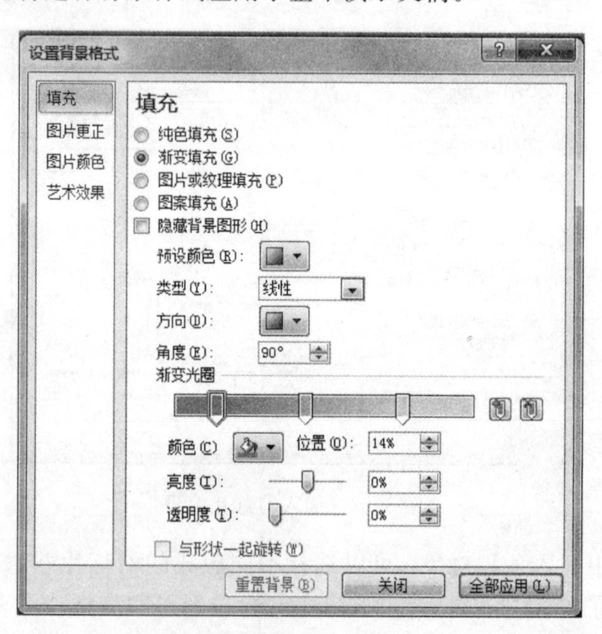

图 5.54　“设置背景格式”对话框

(7) 放映演示文稿：演示文稿设计完成以后，选择“幻灯片放映”→“开始放映幻灯片”组，单击“从头开始”按钮或按键盘上的 F5 键，开始幻灯片放映，单击鼠标左键切换到下一张，按 Esc 键可以中途退出放映，根据放映效果调整幻灯片内容和设置。

实训二　设置动画和超链接

1. 实训目的

- 掌握如何在演示文稿中设置自定义动画效果；
- 掌握如何在演示文稿中插入声音和影片；
- 掌握如何在演示文稿中设置超链接。

2. 实训内容

制作一个演示文稿，介绍一位诗人和他的几首诗。要求如下。

(1) 演示文稿不能少于6张。

(2) 第一张演示文稿必须是标题幻灯片，其中副标题的内容必须是本人信息，包括“姓名”“系别”“班级”“学号”等。

(3) 第二张幻灯片介绍诗人的生平。

(4) 第三张幻灯片给出要介绍几首诗的目录，它们应该通过超链接链接到相应的幻灯片上。

(5) 在每首诗的介绍中相关图片应该不少于一张。

(6) 选择一种合适的主题。

(7) 幻灯片中的部分对象应用两种以上的动画设置。

(8) 幻灯片之间应用两种以上的切换设置。

(9) 幻灯片整体布局合理、美观大方。

3. 实训步骤

1) 准备素材

先在网上搜索相关内容，准备好文字、图片、音乐、视频等素材，保存在本地计算机上。

2) 创建演示文稿

(1) 新建空白演示文稿。

(2) 按幻灯片内容选择适当的幻灯片版式。

(3) 添加相应的文本和图片。

(4) 设置统一的主题。

3) 设置动画效果

在PowerPoint中，既可以使用“动画样式”快速设置预设动画效果，也可以使用“添加动画”添加自定义动画效果。选定相应的对象，为对象有选择性地添加“进入”“强调”“退出”“路径动画”。还可以对刚刚设置好的动画进行修改，修改触发方式、持续时间等，如图5.55所示。

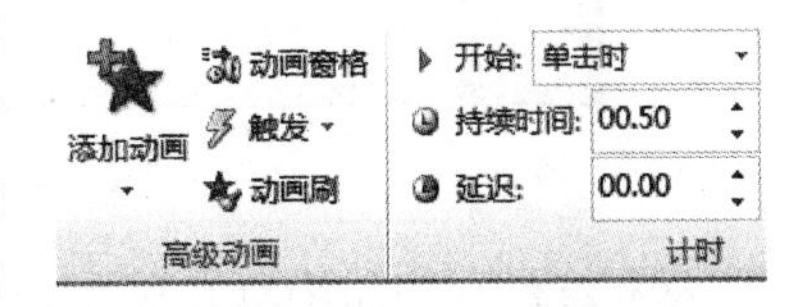

图5.55　自定义动画设置

4) 设置切换效果

单击“切换”选项卡，显示幻灯片切换设置按钮，如图5.56所示，可以单击“切换方案”选择切换动画，单击“效果选项”设置动画效果，单击“换片方式”设置切换幻灯片的触发方式和换片时间，单击“全部应用”可将些切换效果应用整个演示文稿。

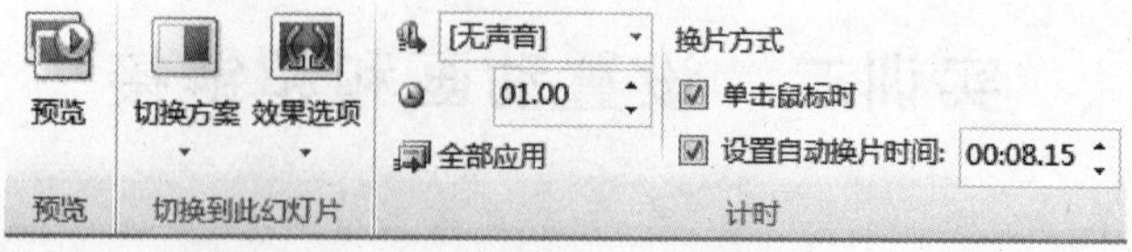

图 5.56　幻灯片切换设置

5）插入一段贯穿整个演示文稿的音乐

（1）选择第一张幻灯片，选择“插入”→“媒体”组，单击“音频”按钮，在打开的下拉列表中选择“文件中的音频”，选择准备好的 mp3 文件。

（2）选中此声音图标，单击“播放”按钮，设置开始方式为“跨幻灯片播放”，选中“放映时隐藏”和“循环播放，直到停止”复选框，如图 5.57 所示。

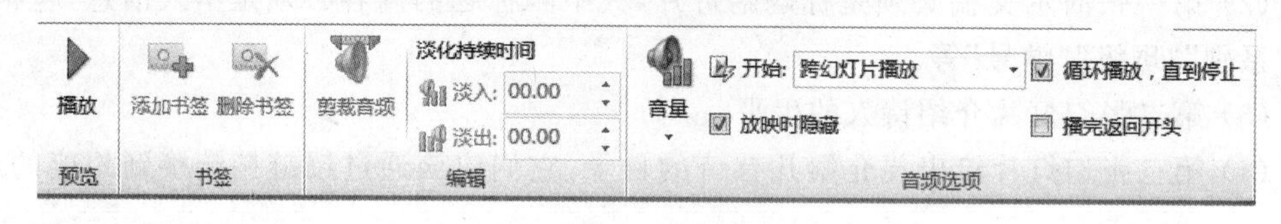

图 5.57　播放设置

6）设置超链接

（1）选择第三张目录幻灯片，选定一首诗的标题，选择“插入”→“链接”组，单击“超链接”按钮，弹出“插入超链接”对话框，如图 5.58 所示，单击“本文档中的位置”选项，选择要链接到的幻灯片。

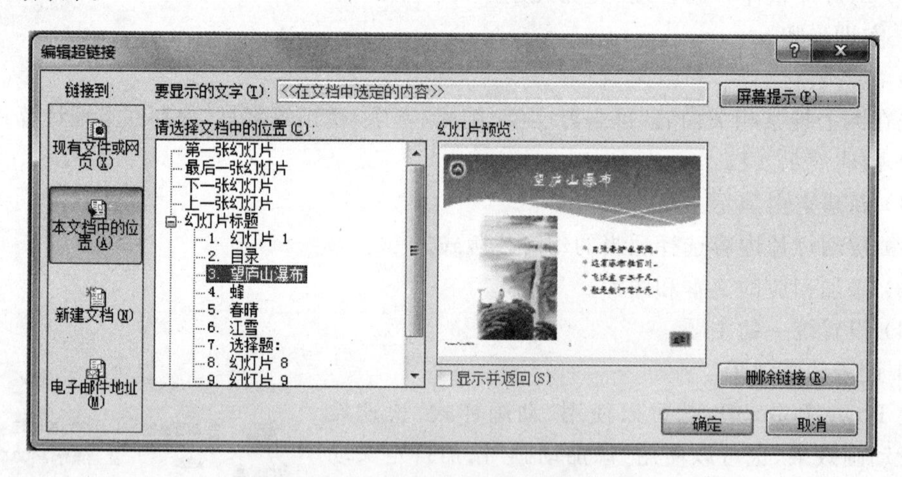

图 5.58　“插入超链接”对话框

（2）在每个诗句幻灯片中添加一个对象，为其设置超链接，返回目录页。

第6章 计算机网络

随着以因特网(Internet)为代表的计算机网络技术的高速发展,人们的生活、工作已离不开网络,它出现在家庭、网吧、企事业单位等生活和工作环境的各个细节中。充分地利用网络实现通信和资源共享,能有效地提高工作效率,为生活和工作带来方便。

通过本项目中所有任务的实践,了解计算机网络各方面基本知识,并学会如何管理网络配置、如何组建小型的有线或无线局域网,通过设备实现与 Internet 的连接,学会使用浏览器上网搜索信息以及使用邮箱收发邮件等。

6.1 任务一 网络的管理及资源共享

6.1.1 任务描述

随着电子产品的普及,笔记本电脑、台式机、3G 手机、掌上电脑等进入寻常百姓家,大部分家里都开通了宽带上网,家中有多名网民,单机上网已经不能满足家庭多人上网的需求,为充分利用宽带资源,实现家庭多人同时上网,需构建小型的局域网,以实现此目的。

6.1.2 任务目标

- 管理和配置网络;
- 能够实现计算机间的资源共享;
- 构建无线网络;
- 家庭组共享。

6.1.3 预备知识

1. 计算机网络在信息时代中的作用

众所周知,21 世纪的一些重要特征是数字化、网络化和信息化,它是一个以网络为核心的信息时代。要实现信息化就必须依靠完善的网络,因为网络可以非常迅速地传递信息,因此网络现在已经成为信息社会的命脉和发展知识经济的重要基础。网络对社会生活的很多方面以及对社会经济的发展产生了不可估量的影响。

这里所说的网络是指“三网”,即电信网络、有线电视网络和计算机网络。这三种网络向用户提供的服务不同。电信网络的用户可得到电话、电报以及传真等服务。有线电视网络的用户能够观看各种电视节目。计算机网络则可使用户能够迅速传送数据文件,以及从网络上查找并获取各种有用资料,包括图像和视频文件。这三种网络在信息化过程中都起到十分重要的作用，但其中发展最快的并起到核心作用的是计算机网络，随着技术的发展，电信网络和有线电视网络的核心都逐渐融入了现代计算机网络的技术中，这就产生了“网络融合”的概念。

自从 20 世纪 90 年代以后，以因特网为代表的计算机网络得到了飞速的发展，已从最初的教育科研网络发展成为商业网络，它已经给很多国家带来了巨大的好处，并加速了全球信息革命的进程。可以毫不夸大地说，因特网是人类自印刷术发明以来在通信方面最大的变革。现在人们的生活、工作、学习和交往都已离不开因特网。

计算机网络向用户提供的最重要的功能有两个，即

(1) 连通性：计算机网络使上网用户之间都可以交换信息，好像这些用户的计算机都可以彼此直接连通一样，用户之间的距离也似乎因此变得更近。

(2) 共享：是指资源共享，含义是多方面的，可以是信息共享、软件共享，也可以是硬件共享。

2. 计算机网络的发展

尽管电子计算机在 20 世纪 40 年代研制成功，但是到了 20 世纪 80 年代初期，计算机网络仍然被认为是一项昂贵而奢侈的技术。近 30 年来，计算机网络技术取得了长足的发展，在今天，计算机网络技术已经和计算机技术本身一样精彩纷呈，普及到人们的生活和商业活动中，对社会各个领域产生了广泛而深远的影响。

1) 早期的计算机通信

在个人计算机(PC)出现之前，计算机的体系架构是：一台具有计算能力的计算机主机挂接多台终端设备。终端设备没有数据处理能力，只提供键盘和显示器，用于将程序和数据输入给计算机主机和从主机获得计算结果。计算机主机分时、轮流地为各个终端执行计算任务。这种计算机主机与终端之间的数据传输，就是最早的计算机通信，如图 6.1 所示。

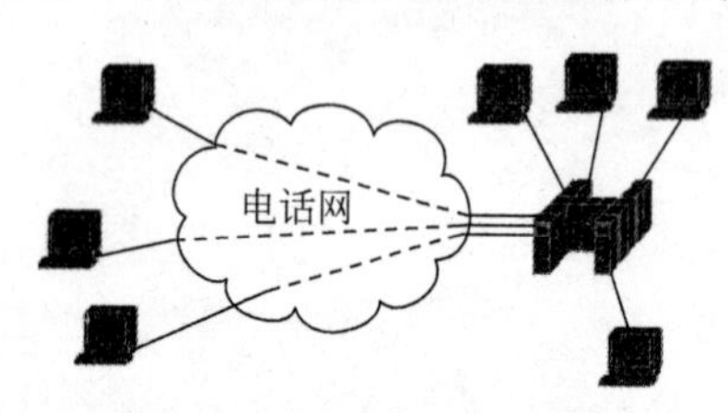

图 6.1　计算机主机与终端之间的数据传输

尽管有的应用中计算机主机与终端之间采用电话线路连接，距离可以达到数百公里，但是，在这种体系架构下构成的计算机终端与主机的通信网络，仅仅是为了实现人与计算机之间的对话，并不是真实意义上的计算机与计算机之间的网络通信。

2) 分组交换网络

直到 1964 年美国 Rand 公司的 Baran 提出“存储转发”和 1966 年英国国家物理实验室的 Davies 提出“分组交换”的方法，独立于电话网络的、实用的计算机网络才开始了真正的发展。

分组交换的概念是将整块的待发送数据划分为一个个更小的数据段，在每个数据段前面安装上报头，构成一个个的数据分组(Packet)。每个 Packet 的报头中存放有目标计算机的地址和报文包的序号，网络中的交换机根据数据这样的地址决定数据向哪个方向转发。在这样概念下由传输线路、交换设备和通信计算机建设起来的网络，被称为分组交换网络，如图 6.2 所示。

分组交换网络的概念是计算机通信脱离电话通信线路交换模式的里程碑。电话通信线路交换的模式下，在通信之前，需要先通过用户的呼叫(拨号)，有网络为本次通信建立线路。这种通信方式不适合计算机数据通信的突发性、密集性特点。而分组交换网络则不需要实

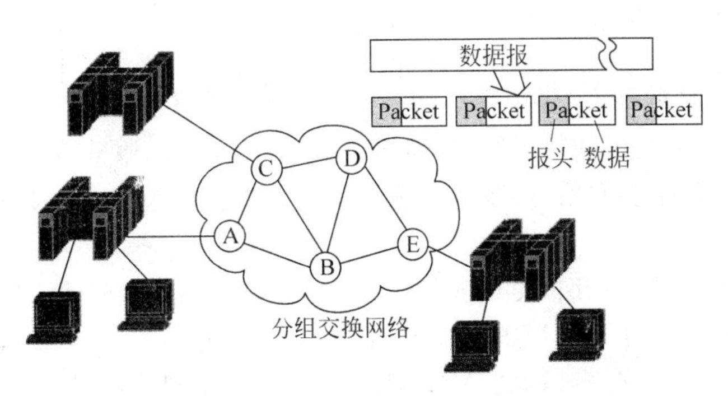

图 6.2　分组交换网络

现建立通信线路,数据可以随时以分组的形式发送到网络中。分组交换网络不需要呼叫建立线路的关键在于其每个数据包(分组)的报头中都有目标主机的地址,网络交换设备根据这个地址就可以随时为单个数据包提供转发,将之沿正确的路线送往目标主机。

美国的分组交换网 ARPANET 于 1969 年 12 月投入运行,被公认是最早的分组交换网。法国的分组交换网 CYCLADES 开通于 1973 年,同年,英国的 NPL 也开通了英国第一个分组交换网。到今天,现代计算机网络,如以太网、帧中继、Internet 都是分组交换网络。

3) 以太网

以太网目前在全球的局域网技术中占有支配地位。以太网的研究起始与 1970 年早期的夏威夷大学,目的是要解决多台计算机同时使用同一传输介质而相互之间不产生干扰的问题。夏威夷大学的研究结果奠定了以太网共享传输介质的技术基础,形成了享有盛名的 CSMA/CD 方法。以太网如图 6.3 所示。

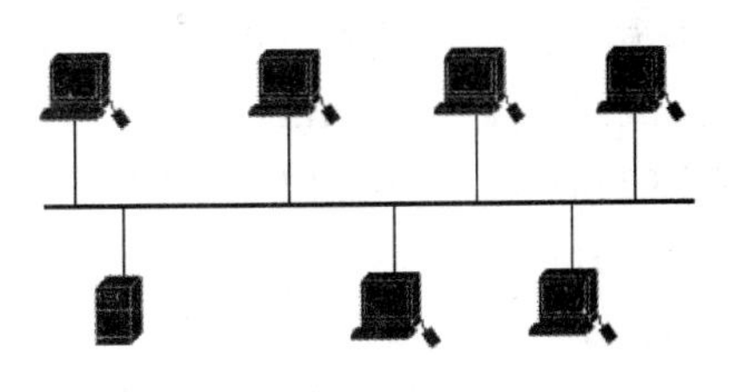

图 6.3　以太网

以太网的 CSMA/CD 方法是在一台计算机需要使用共享传输介质通信时,先侦听该共享传输介质是否已经被占用。当共享传输介质空闲的时候,计算机就可以抢用该介质进行通信。所以又称 CSMA/CD 方法为总线争用方法。

与现代以太网标准相一致的第一个局域网是由施乐公司的 Robert Metcalfe 和他的工作小组建成的。1980 年由数字设备公司、英特尔公司和施乐公司联合发布了第一个以太网标准 Ethernet。这种用同轴电缆为传输介质的简单网络技术立即受到了欢迎,在 20 世纪 80 年代,用 10Mb/s 以太网技术构造的局域网迅速遍布全球。

1985 年,电气和电子工程学会 IEEE 发布了局域和城域网的 802 标准,其中的 802.3 是以太网技术标准。802.3 标准与 1980 年的 Ethernet 标准的差异非常小,以致同一块以太网卡可以同时发送和接收 802.3 数据帧和 Ethernet 数据帧。

20 世纪 80 年代 PC 的大量出现和以太网的廉价,使得计算机网络不再是一项奢侈的技术。10Mb/s 的网络传输速度,很好地满足了当时相对较慢的 PC 的需求。进入 20 世纪 90 年代,计算机的速度、需要传输的数据量越来越高,100Mb/s 的以太网技术随之出现。IEEE100Mb/s 以太网标准,被称为快速以太网标准。1999 年 IEEE 又发布了千兆以太网标准。

需要回顾的是令牌网、FDDI 网,甚至 ATM 网络技术对以太网技术的挑战。以太网以其简单易行、价格低廉、方便的可扩展性和可靠的特性,最终淘汰或正在淘汰这些技术,成为计算机局域网、城域网甚至广域网中的主流技术。

4) Internet

Internet 是全球规模最大、应用最广的计算机网络。它是由院校、企业、政府的局域网自发地加入而发展壮大起来的超级网络,连接数千万的计算机、服务器。通过在 Internet 上发布商业、学术、政府、企业的信息,以及新闻和娱乐的内容和节目,极大地改变了人们的工作和生活方式。

Internet 的前身是 1969 年问世的美国 ARPANET。到了 1983 年,ARPANET 已连接超过三百台计算机。1984 年,ARPANET 被分解为两个网络:一个用于民用,仍然称 ARPANET;另一个用于军事,称为 MILNET。美国国家科学基金组织 NSF 在 1985—1990 年建设了由主干网、地区网和校园网组成的三级网络,称为 NSFNET,并与 ARPANET 相连。到了 1990 年,NSFNET 和 ARPANET 合在一起改名为 Internet。随后,Internet 上计算机接入的数目与日俱增。为进一步扩大 Internet,美国政府将 Internet 的主干网交由私营公司经营,并开始对 Internet 上的传输收费,Internet 得到了迅猛发展。

我国最早是于 1994 年 4 月完成 NCFC(中国国家计算与网络设施)与 Internet 的接入的。由中国科学院主持,联合北京大学和清华大学共同完成的 NCFC 是一个在北京中关村地区建设的超级计算中心。NCFC 通过光缆将中科院中关村地区的三十多个研究所及清华大学、北京大学两所高校连接起来,形成 NCFC 的计算机网络。到 1994 年 5 月,NCFC 已连接了 150 多个以太网,3000 多台计算机。

我国的商业 Internet——中国因特网 ChinaNet 由中国电信和中国网通始建于 1995 年。ChinaNet 通过美国 MCI 公司、Global One 公司、新加坡 Telecom 公司、日本 KDD 公司与国际 Internet 连接。目前,ChinaNet 骨干网已经遍布全国,成为国际 Internet 的重要组成部分。

Internet 已经成为世界上规模最大和增长速度最快的计算机网络,没有人能够准确说出 Internet 具体有多大。现在的 Internet 概念,已经不仅仅指所提供的计算机通信链路,而且还指参与其中的服务器所提供的信息和服务资源。计算机通信链路、信息和服务资源,这些概念一起组成了现代 Internet 的体系结构。

计算机网络就是利用通信设备和线路将地理位置不同的、功能独立的多个计算机系统互连起来,以功能完善的网络软件实现网络中资源共享和信息传递的系统。

3. 计算机网络的组成

计算机网络由网络传输介质、无线传输介质、网络交换设备、网络互联设备、计算机终端和服务器以及网络操作系统组成(见图 6.4)。

1) 网络传输介质

网络传输介质分为非屏蔽双绞线和屏蔽双绞线。

(1) 非屏蔽双绞线。

非屏蔽双绞线(见图 6.5)是最常用的网络连接传输介质。非屏蔽双绞线有 4 对绝缘塑料包皮的铜线。8 根铜线每两根互相绞扭在一起,形成线对。线缆绞扭在一起的目的是相互抵消彼此之间的电磁干扰。扭绞的密度沿着电缆循环变化,可以有效地消除线对之间的串扰。每米扭绞的次数需要精确地遵循规范设计,也就是说双绞线的生产加工需要非常精密。

因为非屏蔽双绞线的英文名字是 Unshielded Twisted-Pair Cable,所以简称非屏蔽双绞线为 UTP 电缆。

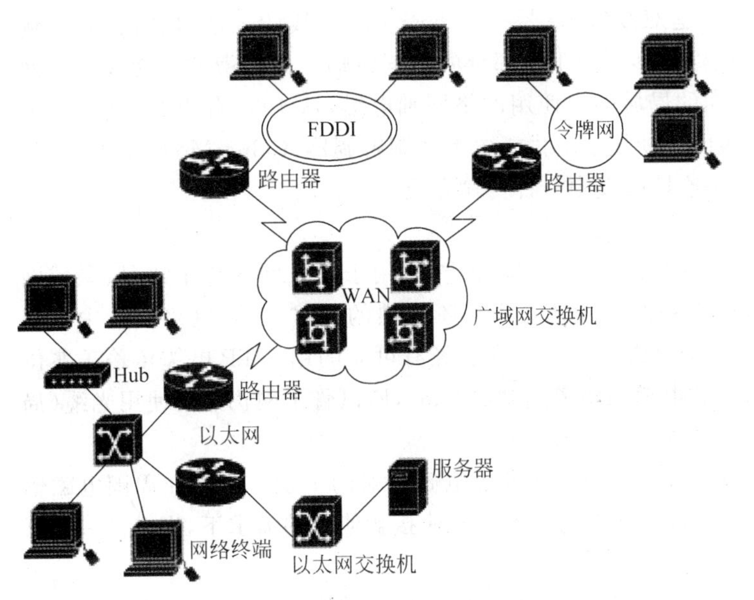

图 6.4　计算机网络的组成

外套
双绞线对

图 6.5　非屏蔽双绞线

UTP 电缆的 4 对线中，有两对作为数据通信线，另外两对作为语音通信线。因此，在电话和计算机网络的综合布线中，一根 UTP 电缆可以同时提供一条计算机网络线路和两条电话通信线路。

UTP 电缆有许多优点。UTP 电缆直径细，容易弯曲，因此易于布放。价格便宜也是 UTP 电缆的重要优点之一。UTP 电缆的缺点是其对电磁辐射采用简单扭绞，靠互相抵消的处理方式。因此，在抗电磁辐射方面，UTP 电缆相对同轴电缆（电视电缆和早期的 50Ω 网络电缆）处于下风。

(2) 屏蔽双绞线。

屏蔽双绞线（Shielded Twisted-Pair Cable，STP 电缆）结合了屏蔽、电磁抵消和线对扭绞技术（见图 6.6）。同轴电缆和 UTP 电缆的优点，STP 电缆都具备。

在以太网中，STP 可以完全消除线对之间的电磁串扰。最外层的屏蔽层可以屏蔽来自电缆外的电磁 EMI 干扰和无线电 RFI 干扰。

STP 电缆的缺点主要有两个：一个是价格贵；另一个是安装复杂。安装复杂是因为 STP 电缆的屏蔽层接地问题。电缆线对的屏蔽层和外屏蔽层都要在连接器处与连接器的屏蔽金属外壳可靠连接。交换设备、配线架也都需要良好接地。因此，STP 电缆不仅材料本身成本高，而且安装的成本也相应增加。不管哪种线，特别要注意端接头的质量（见图 6.7 所示）。

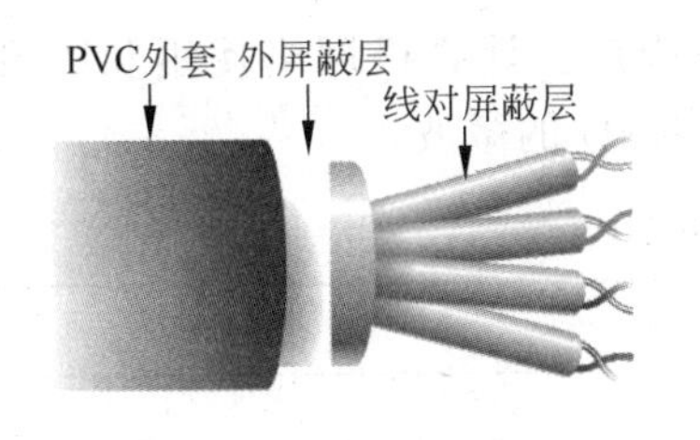

图 6.6　屏蔽双绞线

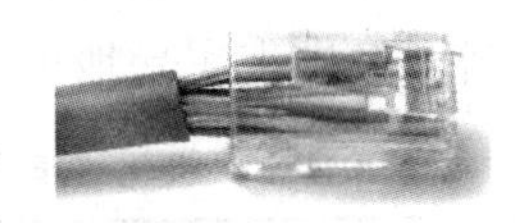

(a) 质量差的端接

(b) 合格的端接

图 6.7　端接的质量

在局域网中的主要传输介质是双绞线，这是一种不同于电话线的8芯电缆，具有传输1000Mb/s的能力。光纤在局域网中多承担干线部分的数据传输。使用微波的无线局域网由于其灵活性而逐渐普及。早期的局域网中使用网络同轴电缆，从1995年开始，网络同轴电缆被逐渐淘汰，已经不在局域网中使用了。由于电缆调制解调器(Cable Modem)的使用，电视同轴电缆还在充当Internet连接的其中一种传输介质。

(3) 光缆。

光缆是高速、远距离数据传输的最重要的传输介质，多用于局域网的骨干线段、局域网的远程互联。在UTP电缆传输千兆位的高速数据还不成熟的时候，实际网络设计中工程师在千兆位的高速网段上完全依赖光缆。即使现在已经有可靠的用UTP电缆传输千兆位高速数据的技术，但是，由于UTP电缆的距离限制(100m)，所以骨干网仍然要使用光缆(局域网上大多用的多模光纤的标准传输距离是2km)。

光缆完全没有对外的电磁辐射，也不受任何外界电磁辐射的干扰。所以在周围电磁辐射严重的环境下(如工业环境中)，以及需要防止数据被非接触侦听的需求下，光缆是一种可靠的传输介质。

在使用光缆数据传输时，在发送端用光电转换器将电信号转换为光信号，并发射到光缆的光导纤维中传输。在接收端，光接收器再将光信号还原成电信号。

光缆由光纤、塑料包层、卡夫勒抗拉材料和外护套构成，如图6.8所示。

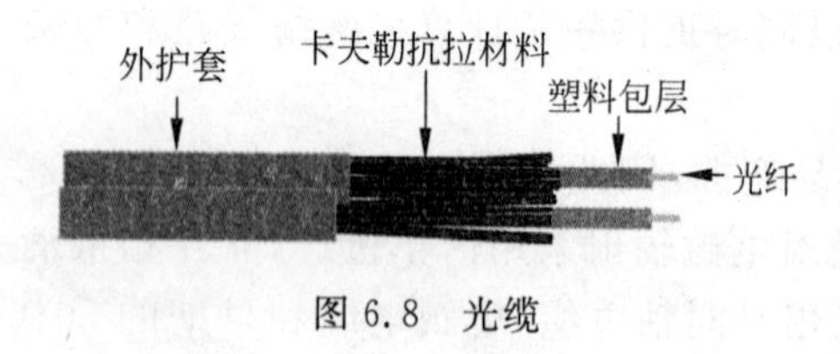

图6.8 光缆

光纤用来传递光脉冲。有光脉冲相当于数据1，没有光脉冲相当于数据0。光脉冲使用可见光的频率约为108MHz的量级。因此，一个光纤通信系统的带宽远远大于其他传输介质的带宽。

塑料包层用作光纤的缓冲材料，用来保护光纤。有两种塑料包层的设计：松包裹和紧包裹。大多数在局域网中使用的多模光纤使用紧包裹，这时的缓冲材料直接包裹到光纤上。松包裹用于室外光缆，在它的光纤上增加涂抹垫层后再包裹缓冲材料。

卡夫勒抗拉材料用以在布放光缆的施工中避免因拉曳光缆而损坏内部的光线。外护套使用PVC材料或橡胶材料。室内光缆多使用PVC材料，室外光缆则多使用含金属丝的黑橡胶材料。

2) 无线传输介质

UTP电缆、STP电缆和光缆都是有线传输介质。由于无线传输无须布放线缆，其灵活性使得其在计算机网络通信中的应用越来越多。而且，可以预见，在未来的局域网传输介质中，无线传输将逐渐成为主角。

无线数据传输使用无线电波和微波，可选择的频段很广。计算机网络使用和频段如表6.1所示。目前在计算机网络通信中占主导地位的是2.4G的微波。

表6.1 计算机网络使用的频段

频　率	划　分	主要用途
300Hz	超低频(ELF)	
3kHz	次低频(ILF)	

续表

频　率	划　分	主要用途
30kHz	甚低频(VLF)	长距离通信、导航
300kHz	低频(LF)	广播
3MHz	中频(MF)	广播、中距离通信
30MHz	高频(HF)	广播、长距离通信
300MHz	微波(甚高频,VHF)	移动通信
2.4GHz	微波	计算机无线网络
3GHz	微波(超高频,UHF)	电视广播
5.6GHz	微波	计算机无线网络
30GHz	微波(特高频,SHF)	微波通信
300GHz	微波(极高频,EHF)	雷达

3) 网络交换设备

网络交换设备是把计算机连接在一起的基本网络设备。计算机之间的数据报通过交换机转发。因此,计算机要连接到局域网络中,必须首先连接到交换机上。不同种类的网络使用不同的交换机。常见的有以太网交换机、ATM 交换机、帧中继网的帧中继交换机、令牌网交换机、FDDI 交换机等。

可以使用称为 Hub 的网络集线器替代交换机。Hub 的价格低廉,但会消耗大量的网络带宽资源。由于局域网交换机的价格已经下降到低于 PC 的价格,所以正式的网络已经不再使用 Hub。

4) 网络互联设备

网络互联设备主要是指路由器。路由器是连接网络的必需设备,在网络之间转发数据报。

路由器不仅提供同类网络之间的互相连接,还提供不同网络之间的通信,如局域网与广域网的连接、以太网与帧中继网络的连接等。

在广域网与局域网的连接中,调制解调器也是一个重要的设备。调制解调器用于将数字信号调制成频率带宽更窄的信号,以便适用于广域网的频率带宽。最常见的是使用电话网络或有线电视网络接入互联网。

中继器是一个延长网络电缆和光缆的设备,对衰减了的信号起再生作用。

网桥是一个被淘汰了的网络产品,原来用来改善网络带宽拥挤。交换机设备同时完成了网桥需要完成的功能,交换机的普及使用是终结网桥使命的直接原因。

5) 网络终端和服务器

网络终端也称网络工作站,是使用网络的计算机、网络打印机等。在客户/服务器网络中,客户机指网络终端。

网络服务器是指被网络终端访问的计算机系统,通常是一台高性能的计算机,例如大型机、小型机、UNIX 工作站和服务器 PC,安装上服务器软件后构成网络服务器,被分别称为大型机服务器、小型机服务器、UNIX 工作站服务器和 PC 服务器。

网络服务器是计算机网络的核心设备,网络中可共享的资源,如数据库、大容量磁盘、外部设备和多媒体节目等,通过服务器提供给网络终端。服务器按照可提供的服务分为文件服务器、数据库服务器、打印服务器、Web 服务器、电子邮件服务器、代理服务器等。

6）网络操作系统

网络操作系统是安装在网络终端和服务器上的软件。网络操作系统完成数据发送和接收所需要的数据分组、报文封装、建立连接、流量控制、出错重发等工作。现代的网络操作系统都是随计算机操作系统一同开发的，网络操作系统是现代计算机操作系统的一个重要组成部分。

4. 计算机网络的分类

可以从不同的角度对计算机网络进行分类。学习并理解计算机网络的分类，有助于更好地理解计算机网络。

1）根据计算机网络覆盖的地理范围分类

按照计算机网络所覆盖的地理范围的大小进行分类，计算机网络可分为局域网、城域网和广域网。了解一个计算机网络所覆盖的地理范围的大小，可以使人们能一目了然地了解该网络的规模和主要技术。

局域网(LAN)的覆盖范围一般在方圆几十米到几公里。典型的是一个办公室、一个办公楼、一个园区范围内的网络。

当网络的覆盖范围达到一个城市的大小时，被称为城域网。网络覆盖到多个城市甚至全球的时候，就属于广域网的范畴了。我国著名的公共广域网是 ChinaNet、ChinaPAC、ChinaFrame、ChinaDDN 等。大型企业、院校、政府机关通过租用公共广域网的线路，可以构成自己的广域网。

2）根据链路传输控制技术分类

链路传输控制技术是指如何分配网络传输线路、网络交换设备资源，以便避免网络通信链路资源冲突，同时为所有网络终端和服务器进行数据传输。

典型的网络链路传输控制技术有总线争用技术、令牌技术、FDDI 技术、ATM 技术、帧中继技术和 ISDN 技术。对应上述技术的网络分别是以太网、令牌网、FDDI 网、ATM 网、帧中继网和 ISDN 网。

总线争用技术是以太网的标志。总线争用，顾名思义，即需要使用网络通信的计算机需要抢占通信线路。如果争用线路失败，就需要等待下一次的争用，直到占得通信链路。这种技术的实现简单，介质使用效率非常高。进入 21 世纪以来，使用总线争用技术的以太网成为计算机网络中占主导地位的网络。

令牌环网和 FDDI 网一度是以太网的挑战者。它们分配网络传输线路和网络交换设备资源的方法是在网络中下发一个令牌报文包，轮流交给网络中的计算机。需要通信的计算机只有得到令牌的时候才能发送数据。令牌环网和 FDDI 网的思路是需要通信的计算机轮流使用网络资源，避免冲突。但是，令牌技术相对以太网技术过于复杂，在千兆以太网出现后，令牌环网和 FDDI 网不再具有竞争力，淡出了网络技术。

ATM 是英文 Asynchronous Transfer Mode 的缩写，称为异步传输模式。ATM 采用光纤作为传输介质，传输以 53 个字节为单位的超小数据单元(称为信元)。ATM 网络的最大吸引力之一是具有特别的灵活性，用户只要通过 ATM 交换机建立交换虚电路，就可以提供突发性、宽频带传输的支持，适应包括多媒体在内的各种数据传输，传输速度高达 622Mb/s。

我国的 ChinaFrame 是一个使用帧中继技术的公共广域网，是由帧中继交换机组成的，使用虚电路模式的网络。所谓虚电路，是指在通信之前需要在通信所途径的各个交换机中根据通信地址都建立起数据输入端口到转发端口之间的对应关系。这样，当带有报头的数据帧到达帧中继网的交换机时，交换机就可以按照报头中的地址正确地依虚电路的方向转发数据报。帧中继网可以提供高达数 Mb/s 的传输速度，由于其可靠的带宽保证和相对 Internet 的安全性，为银行、大型企业和政府机关局域网互联的主要网络。

ISDN 是综合业务数据网的缩写，建设的宗旨是在传统的电话线路上传输数字数据信号。ISDN 通过时分多路复用技术，可以在一条电话线上同时传输多路信号。ISDN 可以提供从 144Kb/s～30Mb/s 的传输带宽，但是由于其仍然属于电话技术的线路交换，租用价格较高，并没有成为计算机网络的主要通信网络。

3）根据网络拓扑结构分类

网络拓扑结构分为物理拓扑结构和逻辑拓扑结构。物理拓扑结构描述网络中由网络终端、网络设备组成的网络结点之间的几何关系，反映出网络设备之间以及网络终端是如何连接的。

网络按照拓扑结构划分有总线型结构、环形结构、星形结构、树形结构和网状结构，如图 6.9 所示。

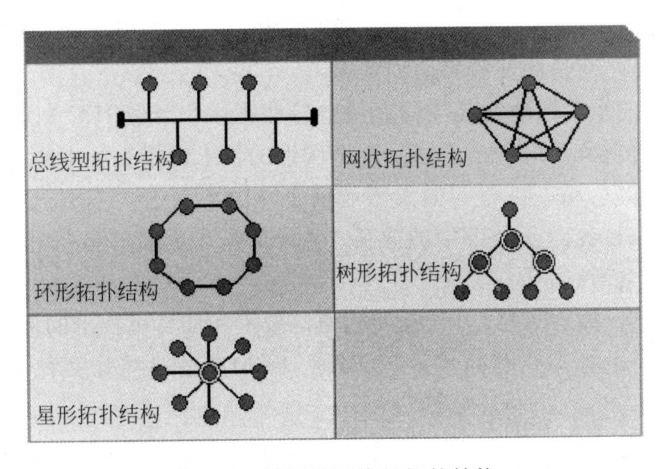

图 6.9　计算机网络的拓扑结构

总线型拓扑结构是早期同轴电缆以太网中网络结点的连接方式，网络中各个结点挂接到一条总线上。这种物理连接方式已经淘汰。

星形拓扑结构是现代以太网的物理连接方式。在这种结构下，以中心网络设备为核心，与其他网络设备以星形方式连接，最外端是网络终端设备。星形拓扑结构的优势是连接路径短，易连接、易管理，传输效率高。这种结构的缺点是中心结点需具有很高的可靠性和冗余度。

树形拓扑结构的网络层次清晰，易扩展，是目前多数校园网和企业网使用的结构。这种方法的缺点是根结点的可靠性要求很高。

环形拓扑结构的网络中，通信线路沿各个结点连接成一个闭环。数据传输经过中间结点的转发，最终可以到达目的结点。这种通信方法的最大缺点是通信效率低。

网状拓扑结构构造的网络可靠性最高。在这种结构下，每个结点都有多条链路与网络相连、高密度的冗余链路，一条甚至几条链路出现故障，网络仍然能够正常工作。网状拓扑结构的网络的缺点是成本高,结构复杂,管理维护相对困难。

5. 国际标准化组织

网络传输介质的物理特性和电器特性需要有一个全球化的标准。这样的标准需要得到生产厂商、用户、标准化组织、通信管理部门和行业团体的支持。

计算机网络标准化的最权威部门是国际电信联盟(ITU)。国际电信联盟是一个协商组织,成立于1865年,现在是联合国(UN)的一个专门机构。国际电信联盟的下属机构是国际电话电报咨询委员会(CCITT,也称ITU-T,国际电信联盟电信标准化机构)。CCITT提出的一系列标准涉及数据通信网络、电话交换网络、数字系统等。CCITT由其成员组成,通过协商或表决来协调确定统一的通信标准。CCITT的成员包括各国政府的代表和AT&T、GTE这样的大型通信企业。我国国务院就是CCITT中一个有表决权的一个成员。

国际标准化组织(ISO)是一个非官方的机构。它由每一个成员国的国家标准化组织组成。美国国家标准协会(ANSI)是美国在ISO中的成员。ISO是一个全面的标准化组织,制定网络通信标准是其工作的组成部分。ISO在网络通信方面有时与CCITT发生冲突。事实上,ISO总是希望打破大企业对某个行业的标准垄断。ISO的标准没有行政上的约束,主要体现在中、小厂商对它的支持。通信网络中的大型企业由于其市场的规模而独立制定标准,而不去理会ISO制定的标准。但是,大型企业之间需要标准来维持共同的市场,它们在制定共同技术标准的时候往往发生冲突。这时,也会需要ISO来出面商定最终标准。所以,ISO与大型企业之间是冲突和妥协的关系。

ISO在网络中的知名标准就是传输介质电器性能标准ISO/IEC 11801。

美国国家标准协会(ANSI)是美国一个全国性的技术情报交换中心,并且协调在美国实现标准化的非官方的行动。在与美国大型通信企业的关系上,ANSI与ISO的立场总是一致的,因为它本身就是美国在ISO中的成员。ANSI在开发OSI数据通信标准、密码通信、办公室系统方面非常活跃。

欧洲计算机协会(ECMA)致力于欧洲的通信技术和计算机技术的标准化。它不是一个贸易性组织,而是一个标准化和技术评议组织。ECMA的一些分会积极地参与了CCITT和ISO的工作。

涉及网络通信介质的标准制定最直接的组织是美国通信工业协会(TIA)和美国电子工业协会(EIA)。在完成这方面工作的时候,两个组织通常是联合发布所制定的标准的。例如网络布线有名的TIA/EIA 568标准,是由这两个协会与ANSI共同发布的,事实上也是我国和其他许多国家承认的标准。TIA和EIA原来是两个美国的贸易联盟,但是多年以来一直积极从事标准化的发展工作。EIA发布的最出名的标准就是RS-232-C,它成为我国最流行的串行接口标准。

电气和电子工程师协会(IEEE)是由技术专家支持的组织。由于它在技术上的权威性(而不是大型企业依靠其市场规模的发言权),多年来IEEE一直积极参与或被邀请参与标准化的活动。IEEE是一个知名的技术专业团体,它的分会遍布世界各地。IEEE在局域网方面的影响力是最大的。著名的IEEE 802标准已经成为局域网链路层协议和网络物理接口电气性能标准与物理尺寸上最权威的标准。具体见图6.10。

6. 计算机网络的体系结构

通过通信信道和设备互连起来的多个不同地理位置的计算机系统,要使其能协同工作

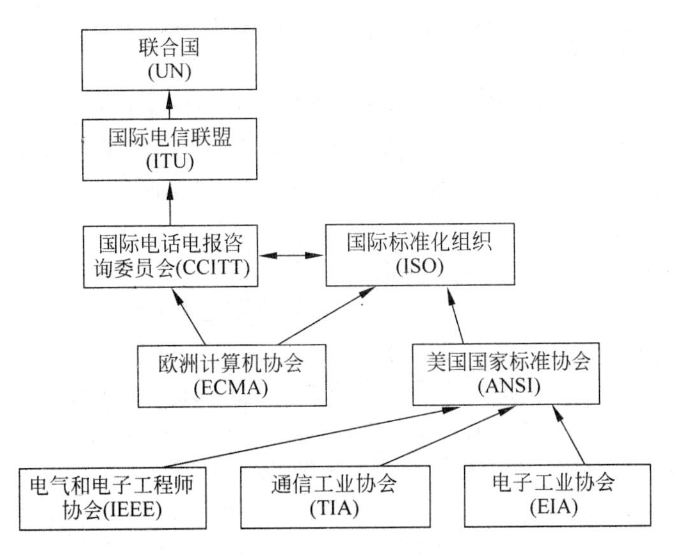

图 6.10 IEEE 802 的标准

以实现信息交换和资源共享，它们之间必须高度协调工作才行，而这种"协调"是相当复杂的。当体系结构出现后，使得各种设备都能够很容易地互连成网。这有两个重要的知识模块：一个是网络协议；另一个是体系结构。

1）网络协议

计算机网络协议就是通信双方事先约定的通信规则的集合，即为进行计算机网络中的数据交换而建立的规则、标准或约定的集合。协议具体讲就是体系结构中具体的工作守则。

网络协议的 3 个要素如下。

（1）语法，涉及数据及控制信息的格式、编码及信号电平等。

（2）语义，涉及用于协调与差错处理的控制信息。

（3）时序，涉及速度匹配和排序等。

2）体系结构

计算机网络系统是一个十分复杂的系统，所以，在 ARPANET 设计时，就提出了"分层"的思想，即将庞大而复杂的问题分为若干较小的易于处理的局部问题。这种结构化设计方法是工程设计中常用的手段，而分层是系统分解的最好方法之一，网络的体系结构就是采用了此方法。网络体系结构是计算机之间相互通信的层次，以及各层中的协议和层次之间接口的集合。

层次结构的划分，一般要遵循以下原则。

（1）每层的功能应是明确的，并且是相互独立的。当某一层的具体实现方法更新时，只要保持上、下层的接口不变，便不会对临层产生影响。

（2）层间接口必须清晰，跨接口的信息量应尽可能少。

（3）层数适中。

一开始，各个公司都有自己的网络体系结构，就使得各公司自己生产的各种设备容易互联成网，有助于该公司垄断自己的产品。但是，随着社会的发展，不同网络体系结构的用户迫切要求能互相交换信息。为了使不同体系结构的计算机网络都能互联，ISO 于 1977 年成立专门机构研究这个问题。1978 年 ISO 提出了"异种机连网标准"的框架结构，这就是著名的开放系统互联基本参考模型(Open Systems Interconnection Reference Modle，OSI/RM)，简称为OSI模型。

OSI模型得到了国际上的承认，成为其他各种计算机网络体系结构依照的标准，大大地推动了计算机网络的发展。20世纪70年代末到80年代初，出现了利用人造通信卫星进行中继的国际通信网络。网络互联技术不断成熟和完善，局域网和网络互联开始商品化。

3) OSI模型

OSI模型详细规定了网络需要实现的功能、实现这些功能的方法以及通信报文包的格式。下面通过OSI模型对网络要实现的所有功能的描述来了解这个模型。

OSI模型把网络功能分成7大类，并从顶到底按如图6.11所示的层次排列起来。这种倒金字塔形的结构正好描述了数据发送前，在发送主机中被加工的过程。待发送的数据首先被应用层的程序加工，然后下放到下面一层继续加工。最后，数据被装配成数据帧，发送到网线上。

7. 应用层
6. 表示层
5. 会话层
4. 传输层
3. 网络层
2. 数据链路层
1. 物理层

图6.11 OSI模型的7层协议

OSI模型的7层协议是自下向上编号的，如第4层是传输层。当我们说“出错重发是传输层的功能”时，我们也可以说“出错重发是第4层的功能”。

当需要把一个数据文件发往另外一个主机之前，这个数据要经历这7层协议的每一层的加工。例如要把一封邮件发往服务器，当在Outlook软件中编辑完成，按发送键后，Outlook软件就会把邮件交给第7层中根据POP3或SMTP编写的程序。POP3或SMTP程序按自己的协议整理数据格式，然后发给下面层的某个程序。每个层的程序(除了物理层，它是硬件电路和网线，不再加工数据)也都会对数据格式做一些加工，还会用报头的形式增加一些信息。例如，传输层的TCP程序会把目标端口地址加到TCP报头中；网络层的IP程序会把目标IP地址加到IP报头中；链路层的IEEE 802.3程序会把目标MAC地址装配到帧报头中。经过加工后的数据以帧的形式交给物理层，物理层的电路再以位流的形式发数据发送到网络中。

接收方主机的过程是相反的。物理层接收到数据后，以相反的顺序遍历OSI模型的所有层，使接收方收到这个电子邮件。

需要了解到，数据在发送主机沿第7层向下传输的时候，每一层都会给它加上自己的报头。在接收方主机，每一层都会阅读对应的报头，拆除自己层的报头把数据传送给上一层。

下面用表6.2的形式概述OSI模型在7层中规定的网络功能。

表6.2 7层的网络功能

层	功能规定
第7层应用层	提供与用户应用程序的接口(Port)。为每一种应用的通信在报文上添加必要的信息
第6层表示层	定义数据的表示方法，使数据以可以理解的格式发送和读取
第5层会话层	提供网络会话的顺序控制。解释用户和机器名称也在这层完成
第4层传输层	提供端口地址寻址(Tcp)，建立、维护、拆除连接，流量控制，出错重发，数据分段
第3层网络层	提供IP地址寻址，支持网间互联的所有功能。如路由器，三层交换机
第2层数据链路层	提供链路层地址(如MAC地址)寻址，介质访问控制(如以太网的总线争用技术)。差错检测，控制数据的发送与接收。如网桥、交换机
第1层物理层	提供建立计算机和网络之间通信所必需的硬件电路和传输介质

4）TCP/IP

TCP/IP 是由美国国防部高级研究工程局(DAPRA)开发的。美国军方委托的、不同企业开发的网络需要互联,可是各个网络的协议都不相同。为此,需要开发一套标准化的协议,使得这些网络可以互联。同时,要求以后的承包商竞标的时候都遵循这一协议。在 TCP/IP 出现以前美国军方的网络系统的差异混乱,是由于其竞标体系所造成的。所以 TCP/IP 出现以后,人们戏称之为“低价竞标协议”。

TCP/IP 协议是互联网中使用的协议,现在几乎成了 Windows、UNIX、Linux 等操作系统中唯一的网络协议。也就是说,没有一个操作系统按照 OSI 协议的规定编写自己的网络系统软件,而都编写了 TCP/IP 要求编写的所有程序。

在图 6.12 中列出了 OSI 模型和 TCP/IP 协议集各层的英文名字。了解这些层的英文名是重要的。

TCP/IP 是一个协议集,它由十几个协议组成。从名字上我们已经看到了其中的两个协议：TCP 和 IP。

图 6.13 所示是 TCP/IP 协议集中各个协议之间的关系。

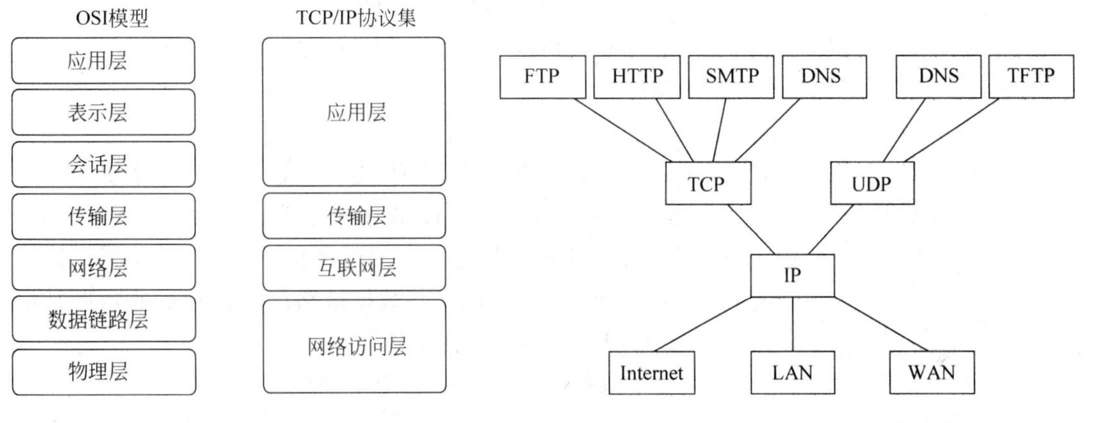

图 6.12　OSI 模型和 TCP/IP 协议集

图 6.13　TCP/IP 协议集中的各个协议

TCP/IP 协议集给出了实现网络通信第 3 层以上的几乎所有协议,非常完整。今天,Microsoft、HP、IBM、中软等几乎所有操作系统开发商都在自己的网络操作系统部分中实现 TCP/IP,编写 TCP/IP 要求编写的每一个程序。

主要的 TCP/IP 如下。

- 应用层：FTP、TFTP、HTTP、SMTP、POP3、SNMP、DNS、Telnet。
- 传输层：TCP、UDP。
- 互联网层：IP、ARP(地址解析协议)、RARP(逆向地址解析协议)、DHCP(动态 IP 地址分配)、ICMP(Internet Control Message Protocol)、RIP、IGRP、OSPF(属于路由协议)。

注意：POP3、DHCP、IGRP、OSPF 虽然不是 TCP/IP 协议集的成员,但是都是非常知名的网络协议。我们仍然把它们放到 TCP/IP 的层次中来,可以更清晰地了解网络协议的全貌。

TCP/IP 的主要应用层程序有 FTP、TFTP、SMTP、POP3、Telnet、DNS、SNMP、NFS。这些协议的功能其实从其名称上就可以看到。

FTP：文件传输协议，用于主机之间的文件交换。FTP 使用 TCP 进行数据传输，是一个可靠的、面向连接的文件传输协议。FTP 支持二进制文件和 ASCII 文件。

TFTP：简单文件传输协议。它比 FTP 简易，是一个非面向连接的协议，使用 UDP 进行传输，因此传送速度更快。该协议多用在局域网中，交换机和路由器这样的网络设备用它把自己的配置文件传输到主机上。

SMTP：简单邮件传输协议。

POP3：这也是个邮件传输协议，本不属于 TCP/IP。POP3 比 SMTP 更科学，Microsoft 等公司在编写操作系统的网络部分时，也在应用层编写了相应的程序。

Telnet：远程终端仿真协议。可以使一台主机远程登录到其他机器，成为那台远程主机的显示和键盘终端。由于交换机和路由器等网络设备都没有自己的显示器和键盘，为了对它们进行配置，就需要使用 Telnet。

DNS：域名解析协议。根据域名，解析出对应的 IP 地址。

SNMP：简单网络管理协议。网管工作站搜集、了解网络中交换机、路由器等设备的工作状态所使用的协议。

NFS：网络文件系统协议，允许网络上其他主机共享某机器目录的协议。

从图 6.13 可以看到，TCP/IP 的应用层协议有可能使用 TCP 进行通信，也可能使用更简易的传输层协议 UDP 完成数据通信。

5）IEEE 802 标准

TCP/IP 没有对 OSI 模型最下面两层的实现。TCP/IP 主要是在网络操作系统中实现的。主机中应用层、传输层和网络层的任务是由 TCP/IP 程序来完成的，而主机 OSI 模型最下面两层数据链路层和物理层的功能则是由网卡制造厂商的程序和硬件电路来完成的。

网络设备厂商在制造网卡、交换机、路由器的时候，其数据链路层和物理层的功能是依照 IEEE 制订的 802 规范，也没有按照 OSI 模型的具体协议开发。

IEEE 制定的 802 规范标准规定了数据链路层和物理层的功能如下。

物理地址寻址：发送方需要对数据包安装帧报头，将物理地址封装在帧报头中。接收方能够根据物理地址识别是否是发给自己的数据。

介质访问控制：如何使用共享传输介质，避免介质使用冲突。知名的局域网介质访问控制技术有以太网技术、令牌网技术、FDDI 技术等。

数据帧校验：数据帧在传输过程中是否受到了损坏、丢弃损坏了的帧。

数据的发送与接收：操作内存中的待发送数据向物理层中发送的过程。在接收方完成相反的操作。

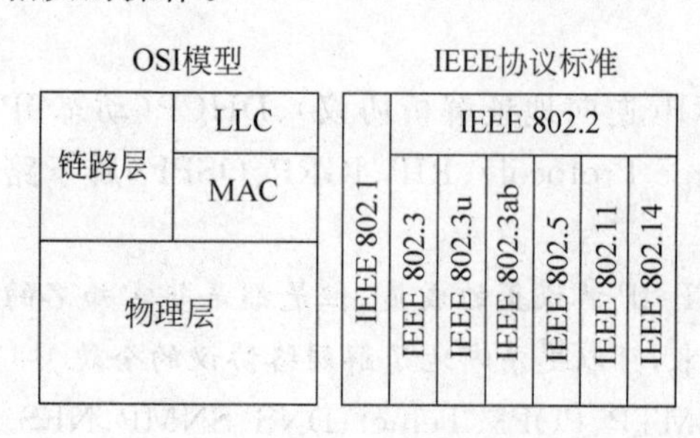

图 6.14　IEEE 协议标准

IEEE 802 根据不同功能，有相应的协议规范，如标准以太网协议规范 IEEE 802.3、无线局域网 WLAN 协议规范 IEEE 802.11 等，统称为 IEEE 802x 标准。图 6.14 中列出了现在流行的 IEEE 802 标准。

由图 6.14 可见，OSI 模型把数据链路层又划分为两个子层：逻辑链路控制（Logical Link Control，LLC）子层和介质访问控制（Media

Access Control，MAC）子层。LLC 子层的任务是提供网络层程序与链路层程序的接口，使得链路层主体 MAC 子层的程序设计独立于网络层的具体某个协议程序。这样的设计是必要的。例如新的网络层协议出现时，只需要为这个新的网络层协议程序写出对应的 LLC 子层接口程序，就可以使用已有的链路层程序，而不需要全部推翻过去的链路层程序。

MAC 子层完成所有 OSI 对数据链路层要求完成的功能：物理地址寻址、介质访问控制、数据帧校验、数据发送与接收的控制。

IEEE 遵循 OSI 模型，也把数据链路层分为两层，设计出 IEEE 802.2 协议与 OSI 的 LLC 子层对应，并完成相同的功能（事实上，OSI 把数据链路层划分出 LLC 是非常科学的，IEEE 没有道理不借鉴 OSI 模型的设计）。

可见，IEEE 802.2 协议对应的程序是一个接口程序，提供了流行的网络层协议程序（IP、ARP、IPX、RIP 等）与数据链路层的接口，使网络层的设计成功地独立于数据链路层所涉及的网络拓扑结构、介质访问方式、物理寻址方式。

IEEE 802.1 有许多子协议，其中有些已经过时。但是新的 IEEE 802.1q、IEEE 802.1d 协议（1998 年）则是最流行的 VLAN 技术和 QoS 技术的设计标准规范。

IEEE 802x 的核心标准是十余个跨越 MAC 子层和物理层的设计规范，目前我们关注的是如下 9 个知名的规范。

IEEE 802.3：标准以太网标准规范，提供 10Mb/s 局域网的介质访问控制子层和物理层设计标准。

IEEE 802.3u：快速以太网标准规范，提供 100Mb/s 局域网的介质访问控制子层和物理层设计标准。

IEEE 802.3ab：千兆以太网标准规范，提供 1000Mb/s 局域网的介质访问控制子层和物理层设计标准。

IEEE 802.5：令牌环网标准规范，提供令牌环介质访问方式下的介质访问控制子层和物理层设计标准。

IEEE 802.11：无线局域网标准规范，提供 2.4GHz 微波波段 1～2Mb/s 低速 WLAN 的介质访问控制子层和物理层设计标准。

IEEE 802.11a：无线局域网标准规范，提供 5GHz 微波波段 54Mb/s 高速 WLAN 的介质访问控制子层和物理层设计标准。

IEEE 802.11b：无线局域网标准规范，提供 2.4GHz 微波波段 11Mb/s WLAN 的介质访问控制子层和物理层设计标准。

IEEE 802.11g：无线局域网标准规范，提供 IEEE 802.11a 和 IEEE 802.11b 的兼容标准。

IEEE 802.14：有线电视网标准规范，提供 Cable Modem 技术所涉及的介质访问控制子层和物理层设计标准。

在上述规范中，可以忽略一些不常见的标准规范。尽管 IEEE 802.5 令牌环网标准规范描述的是一个停滞了的技术，但它是以太网技术的一个对立面，因此我们仍然将它列出，以强调以太网介质访问控制技术的特点。

另外一个曾经红极一时的数据链路层协议标准 FDDI 不是 IEEE 课题组开发的（从名称上能够看出它不是 IEEE 的成员），而是美国国家标准协会（ANSI）为双闭环光纤令牌网开发的协议标准。

7. 网络寻址

首先来了解网络中的网络寻址是怎么回事。与邮政通信一样，网络通信也需要有对传输内容进行封装和注明接收者地址的操作。邮政通信的地址结构是有层次的，要分出城市名称、街道名称、门牌号码和收信人。网络通信中的地址也是有层次的，分为网络地址、物理地址和端口地址。网络地址说明目标主机在哪个网络上；物理地址说明目标网络中哪一台主机是数据报的目标主机；端口地址则指明目标主机中的哪个应用程序接收数据报。我们可以拿计算机网络地址结构与邮政通信的地址结构比较来理解：网络地址想象为城市和街道的名称；物理地址则比作门牌号码；而端口地址则与同一个门牌下哪个人接收信件很相似。

标识目标主机在哪个网络的是 IP 地址。IP 地址用四个点分十进制数表示，如 172.155.32.120。IP 地址是一个复合地址，完整地看是一台主机的地址；只看前半部分，表示网络地址。地址 172.155.32.120 表示一台主机的地址，172.155.0.0 则表示这台主机所在网络的网络地址。

IP 地址封装在数据报的 IP 报头中。IP 地址有两个用途：一个用途是网络的路由器设备使用 IP 地址确定目标网络地址，进而确定该向哪个端口转发报文；另一个用途是源主机用目标主机的 IP 地址来查询目标主机的物理地址。

物理地址封装在数据报的帧报头中。典型的物理地址是以太网中的 MAC 地址。MAC 地址在两个地方使用：主机中的网卡通过报头中的目标 MAC 地址判断网络送来的数据报是不是发给自己的；网络中的交换机通过报头中的目标 MAC 地址确定数据报该向哪个端口转发。其他物理地址的实例是帧中继网中的 DLCI 地址和 ISDN 中的 SPID。

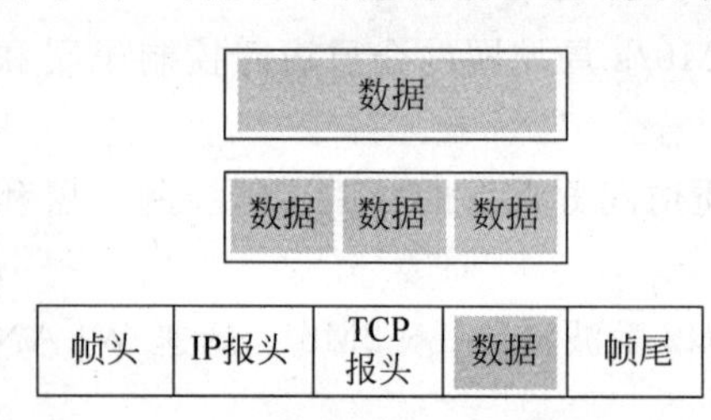

图 6.15　数据报的分段与封装

端口地址封装在数据报的 TCP 报头或 UDP 报头中。端口地址是源主机告诉目标主机本数据报是发给对方的哪个应用程序的。如果 TCP 报头中的目标端口地址指明是 80，则表明数据是发给 WWW 服务程序的；如果是 25130，则是发给对方主机的 CS 游戏程序的。数据报的分段与封装如图 6.15 部分。

计算机网络是靠网络地址、物理地址和端口地址的联合寻址来完成数据传送的。缺少其中的任何一个地址，网络都无法完成寻址(点对点连接的通信是一个例外。点对点通信时，两台主机用一条物理线路直接连接，源主机发送的数据只会沿这条物理线路到达另外那台主机，物理地址是没有必要的了)。

由此可见，要完成数据的传输，需要三级寻址。

- MAC 地址：网段内寻址。
- IP 地址：网段间寻址。
- 端口地址：应用程序寻址。

1) MAC 地址

MAC 地址(Media Access Control ID)是一个 6 字节的地址码，每块主机网卡都有一个 MAC 地址，由生产厂家在生产网卡的时候固化在网卡的芯片中。

图 6.16 所示的 MAC 地址 00-60-2F-3A-07-BC 中的高 3 个字节是组织统一标识符(OUI),是生产厂家的企业编码,例如,00-60-2F 是思科公司的企业编码。低 3 个字节 3A-07-BC 是随机数,是由供应商分配的扩展标识符。MAC 地址以一定概率保证一个局域网网段里的各台主机的地址唯一。每台主机需要有一对地址,如图 6.17 所示。

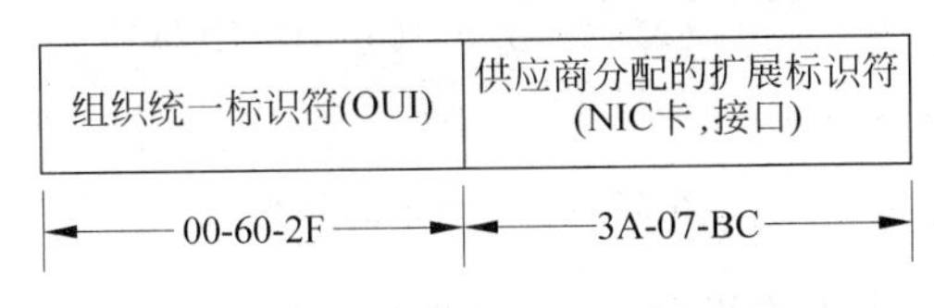

图 6.16　MAC 地址的结构

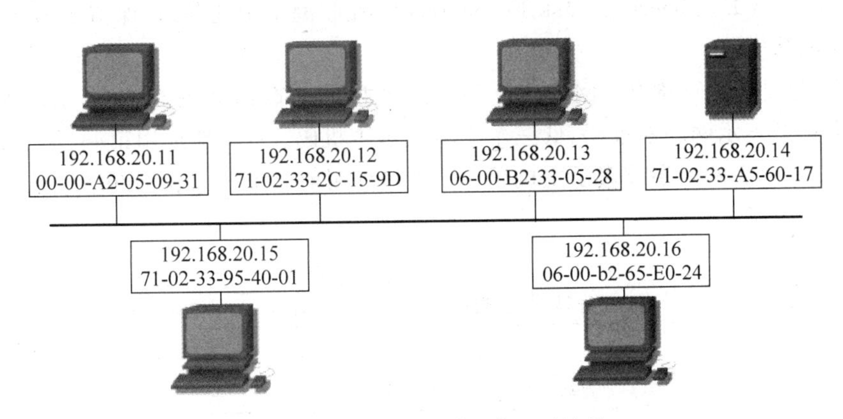

图 6.17　每台主机需要有一对地址

有一个特殊的 MAC 地址：ff-ff-ff-ff-ff-ff。这个二进制全为 1 的 MAC 地址是个广播地址,表示这帧数据不是发给某台主机的,而是发给所有主机的。

在 Windows 机器上,可以在“命令提示符”窗口用 ipconfig/all 命令查看到本机的 MAC 地址。

由于 MAC 地址是固化在网卡上,如果更换了主机里的网卡,这台主机的 MAC 地址也就随之改变了。MAC 地址也称为主机的物理地址或硬件地址。

2) IP 地址

IP 地址是一个四字节 32 位长的地址码。一个典型的 IP 地址为 200.1.25.7(以点分十进制表示)。

IP 地址可以用点分十进制数表示,也可以用二进制数来表示。例如：

200.1.25.7

11001000 00000001 00011001 00000111

IP 地址被封装在数据包的 IP 报头中,供路由器在网间寻址的时候使用。

因此,网络中的每个主机,既有自己的 MAC 地址,也有自己的 IP 地址。MAC 地址用于网段内寻址,IP 地址则用于网段间寻址。

IP 地址分为 A、B、C、D、E 共 5 类地址,其中前三类是我们经常涉及的 IP 地址。

分辨一个 IP 地址是哪类地址可以从其第一个字节来区别,如图 6.18 所示。

A 类地址的第一个字节为 1～126,B 类地址的第一个字节为 128～191,C 类地址的第一个字节为 192～223。例如,200.1.25.7 是一个 C 类 IP 地址,155.22.100.25 是一个 B 类 IP 地址。

IP地址分类	IP地址范围 (前面是十进制数，括号内为二进制数)
A类	1~126(00000001~01111110)*
B类	128~191(10000000~10111111)
C类	192~223(11000000~11011111)
D类	224~239(11100000~11101111)
E类	240~255(11110000~11111111)

图 6.18　IP 地址的分类

A、B、C 类地址是常用来为主机分配的 IP 地址。D 类地址用于组播组的地址标识。E 类地址是 Internet Engineering Task Force(IETF，互联网工程任务组)保留的 IP 地址，用于该组织自己的研究。

一个 IP 地址分为两部分：网络地址码部分和主机码部分，如图 6.19 所示。A 类 IP 地址用第一个字节表示网络地址码，低三个字节表示主机码。B 类地址用第一、第二两个字节表示网络地址码，后两个字节表示主机码。C 类地址用前三个字节表示网络地址码，最后一个字节表示主机码。

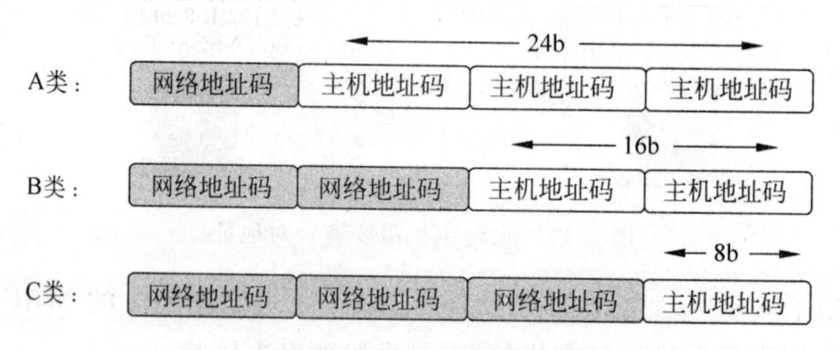

图 6.19　IP 地址的网络地址码部分和主机码部分

把一个主机的 IP 地址的主机码置为全 0 得到的地址码，就是这台主机所在网络的网络地址。例如 200.1.25.7 是一个 C 类 IP 地址，将其主机码部分(最后一个字节)置为全 0，200.1.25.7.0 就是 200.1.25.7 主机所在网络的网络地址；155.22.100.25 是一个 B 类 IP 地址，将其主机码部分(最后两个字节)置为全 0，155.22.0.0 就是 200.1.25.7 主机所在网络的网络地址。

图 6.17 中的 6 台主机都在 192.168.20.0 网络上。

我们知道 MAC 地址是固化在网卡中的，它的低 3 个字节由网卡的制造厂家随机生成。IP 地址是怎么得到的呢？IP 地址是由 InterNIC(Network Information Center of Chantilly)分配的，它在美国 IP 地址注册机构(Internet Assigned Number Authority，IANA)的授权下操作。我们通常是从 ISP(互联网服务提供商)处购买 IP 地址，ISP 可以分配它所购买的一部分 IP 地址给你。

A 类地址通常分配给非常大型的网络，因为 A 类地址的主机位有 3 个字节的主机编码位，提供多达 1600 万($2^{24}-2$)个 IP 地址给主机。也就是说 61.0.0.0 这个网络，可以容纳多达 1600 万个主机。全球一共只有 126 个 A 类网络地址，目前已经没有 A 类地址可以分配了。当你使用 IE 浏览器查询一个国外网站的时候，留心观察左下方的地址栏，可以看到一些网站分配了 A 类 IP 地址。

B类地址通常分配给大型机构和大型企业，每个B类网络地址可提供65 000多($2^{16}-2$)个IP主机地址。全球一共有16 384个B类网络地址。

C类地址用于小型网络，大约有200万个C类地址。C类地址只有一个字节用来表示这个网络中的主机，因此每个C类网络地址只能提供254(2^8-2)个IP主机地址。

你可能注意到了，A类地址第一个字节最大为126，而B类地址的第一个字节最小为128。第一个字节为127的IP地址，即不属于A类也不属于B类。第一个字节为127的IP地址实际上被保留用作回返测试，即主机把数据发送给自己。例如，127.0.0.1是一个常用的用作回返测试的IP地址。

由图6.20可见，有两类地址不能分配给主机：网络地址和广播地址。

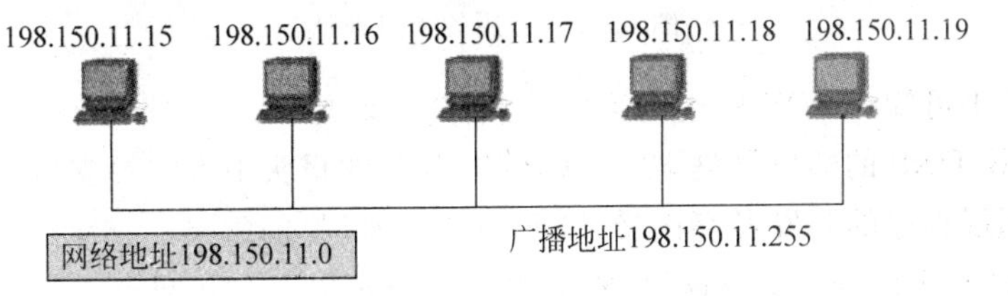

图6.20　网络地址和广播地址不能分配给主机

广播地址是主机码置为全1的IP地址。例如198.150.11.255是198.150.11.0网络中的广播地址。在图中的网络里，198.150.11.0网络中的主机只能在198.150.11.1～198.150.11.254范围内分配，198.150.11.0和198.150.11.255不能分配给主机。

有些IP地址不必从IP地址注册机构IANA处申请得到，这类地址的范围由图6.21给出。

分类	RFC 1918内部地址范围
A类	10.0.0.0 ~ 10.255.255.255
B类	172.16.0.0 ~ 172.31.255.255
C类	192.168.0.0 ~ 192.168.255.255

图6.21　内部IP地址

RFC 1918文件分别在A、B、C类地址中指定了三块作为内部IP地址。这些内部IP地址可以随便在局域网中使用，但是不能用在互联网中。

IP地址是在20世纪80年代开始由TCP/IP使用的。不幸的是TCP/IP的设计者没有预见到这个协议会如此广泛地在全球使用。现在，4个字节编码的IP地址不久就要被使用完了。

3）端口地址寻址

网络中的交换机、路由器等设备需要分析数据报中的MAC地址、IP地址，甚至端口地址。也就是说，网络要转发数据，会需要MAC地址、IP地址和端口地址的三重寻址。因此在数据发送之前，需要把这些地址封装到数据报的报头中。

那么，端口地址做什么用呢？可以想象数据报到达目标主机后的情形。当数据报到达目标主机后，链路层的程序会通过数据报的帧报尾进行CRC校验。校验合格的数据帧被去掉帧报头向上交给IP程序。IP程序去掉IP报头后，再向上把数据交给TCP程序。待TCP程序把TCP报头去掉后，它把数据交给谁呢？这时，TCP程序就可以通过TCP报头中由源主机指出的端口地址，了解到发送主机希望目标主机的什么应用层程序接收这个数据报。

因此端口地址寻址是对应用层程序寻址。

图6.22表明常用的端口地址。

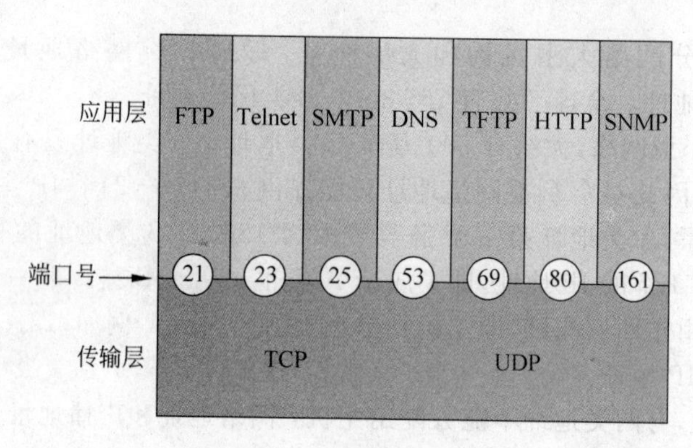

图 6.22　常用的端口地址

从图 6.22 中可知 WWW 所用 HTTP 的端口地址是 80。另外一个在互联网中频繁使用的应用层协议 DNS 的端口号是 53。TCP 和 UDP 的报头中都需要支持端口地址。

目前,应用层程序的开发者都接受 TCP/IP 对端口号的编排。详细的端口号编排可以在 TCP/IP 的注释 RFC 1700 中查到(RFC 文档资料可以在互联网上查到,对所有阅读者都是开放的)。

TCP/IP 规定端口号的编排方法如下。

- 低于 255 的编号:用于 FTP、HTTP 这样的公共应用层协议。
- 255～1023 的编号:提供给操作系统开发公司,为市场化的应用层协议编号。
- 大于 1023 的编号:普通应用程序。

可以看到,除了社会公认度很高的应用层协议,才能使用 1023 以下的端口地址编号。一般的应用程序通信,需要在 1023 以上进行编号。例如我们自己开发的审计软件中,涉及两个主机审计软件之间的通信,可以自行选择一个 1023 以上的编号。知名的游戏软件 CS 的端口地址设定为 26 350。

端口地址的编码范围为 0～65 535。1024～49 151 的地址范围需要注册使用,49 152～65 535 的地址范围可以自由使用。

端口地址被源主机在数据发送前封装在其 TCP 报头或 UDP 报头中。图 6.23 给出了 TCP 报头的格式。

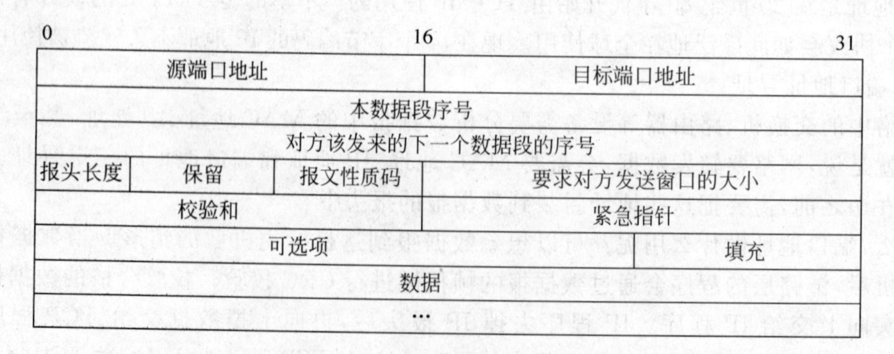

图 6.23　TCP 的报头格式

从图 6.23 的 TCP 报头格式看到,端口地址使用两个字节 16 位二进制数来表示,被放在 TCP 报头的最前面。

计算机网络中约定，当一台主机A向另外一台主机B发出连接请求时，机器A被视为客户机，而机器B被视为机器A的服务器。通常，客户机在给自己的程序编端口号时，随机使用一个大于1023的编号。例如一台主机要访问WWW服务器，在其TCP报头中的源端口地址封装为1391，目标端口地址则需要为80，指明与HTTP通信，如图6.24所示。

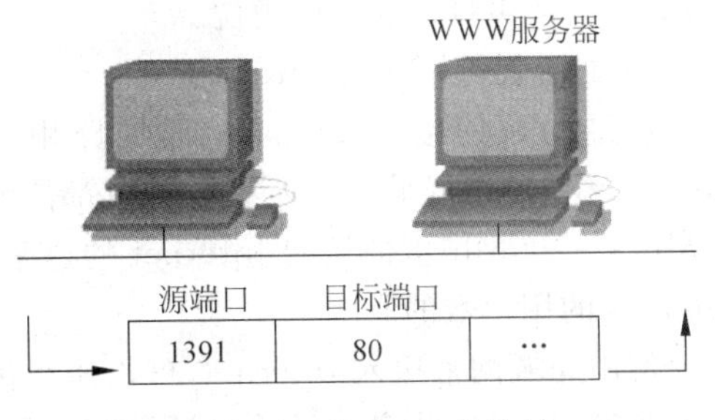

图6.24 端口地址的使用

8. Internet的接入

1) 通过电话拨号接入Internet

拨号接入是个人用户接入Internet最早使用的方式之一。拨号接入非常简单，用户只要具备一条能打通ISP(Internet服务供应商)服务电话(如169、263等)的电话线，一台计算机，一台接入的专用设备调制解调器(Modem)，并且办理了必要的手续后，就可以轻轻松松上网了。

电话拨号方式的缺点在于它的接入速度慢。由于线路的限制，它的最高接入速度只能达到56kb/s。

个人用户要拨号上网，除了计算机和电话线外，还需要有一个能进行网上通信、把计算机要发送和接收的数字信号转换成电话线传送的模拟信号的专用设备——调制解调器。调制解调器按与计算机的连接方法的不同分为两种类型：内置式和外置式。

无论是内置式还是外置式的调制解调器都有两个电话线插口：一个用于接电话线；另一个用于接电话机。按照说明用两条连线把它们分别接好，硬件安装就完成了。

2) 通过ISDN、ADSL专线入网

综合业务数字网(Integrated Service Digital Network，ISDN)是一种能够同时提供多种服务的综合性的公用电信网络。ISDN是由公用电话网发展起来的，为解决电话网速度慢、提供服务单一的缺点，其基础结构是为提供综合的语音、数据、视频、图像及其他应用和服务而设计的。与普通电话网相比，ISDN在交换机用户接口板和用户终端一侧都有相应的改进，而对网络的用户线来说，两者是完全兼容的，从而使普通电话升级接入ISDN所要付出的代价较低。它所提供的拨号上网的速度最高能达到128kb/s，能快速下载一些需要通过宽带传输的文件和Web网页，使Internet的互动性能得到更好的发挥。

ADSL(Asymmetrical Digital Subscriber Line，非对称数字用户线路)是DSL(数字用户线路)家族中最常用、最成熟的技术。它是运行在原有普通电话线上的一种新的高速、宽带技术。所谓非对称主要体现在上行速率(最高640kb/s)和下行速率(最高8Mb/s)的非对称性上。

ADSL方案的最大特点是不需要改造信号传输线路，完全可以利用普通铜质电话线作为传输介质，配上专用的Modem即可实现数据高速传输。ADSL支持上行速率为640kb/s～1Mb/s，下行速率为1Mb/s～8Mb/s，其有效的传输距离在3～5km范围以内。在ADSL接入方案中，每个用户都有单独的一条线路与ADSL局端相连，它的结构可以看作是星形结构，数据传输带宽是由每一个用户独享的。

ADSL接入Internet有虚拟拨号和专线接入两种方式。采用虚拟拨号方式的用户，采用类似于Modem和ISDN的拨号程序，在使用习惯上与原来的方式没什么不同。采用专线接入的用户，只要开机即可接入Internet。所谓虚拟拨号，是指用ADSL接入Internet时，同样需要输入用户名与密码(与原有的Modem和ISDN接入相同)。与前两者不同的是，使用 ADSL 拨号接入 ISP 是激活与 ISP 的连接而不是建立新连接,因此 ADSL 只有快或慢的区别,不会产生接入遇忙的情况。

3) 通过局域网接入 Internet

通过局域网接入 Internet 即用路由器将本地计算机局域网作为一个子网连接到 Internet 上,使得局域网的所有计算机都能够访问 Internet。这种连接的本地传输速率可达 10Mb/s~100Mb/s,但访问 Internet 的速率要受到局域网出口(路由器)的速率和同时访问 Internet 的用户数的影响。

使用局域网来接入 Internet,可以避免传统的拨号上网后无法接听电话,以至于耽误工作的弊端,还可以节省大量的电话费用;利用局域网可以很好地与自己的同事或邻居做到数据和资源的共享。而且随着网络的普及和发展、各局域网和 Internet 接口带宽的扩充,高速度正在成为使用局域网的最大优势。

采用局域网接入非常简单,只要用户有一台计算机、一块网卡、一根双绞线,然后再去找网络管理员申请一个 IP 地址就可以了。

4) 以 DDN、X.25、帧中继等专线方式入网

许多种类的公共通信线路,如 DDN、X.25、帧中继也支持 Internet 的接入,这些方式接入比较复杂、成本较昂贵,适合于公司、机关单位使用。采用这些接入方式时,需要在用户及 ISP 两端各加装支持 TCP/IP 的路由器,并向电信部门申请相应的数字专线,由用户独自使用。专线方式连接的最大优点是速度快、可靠性高。

5) 以无线方式入网

无线接入使用无线电波将移动端系统(笔记本电脑、PDA、手机等)和 ISP 的基站(Base Station)连接起来,基站又通过有线方式或卫星通信连入 Internet。

6.1.4 任务实施

1. 网络管理

Windows 7 系统设置界面与以往 Windows 版本有很大不同,但都是遵循让用户更加方便操作的原则。要在 Windows 7 中使用各种网络配置功能,首先进入网络设置界面。

1) 网络和共享中心

在 Windows XP 中,与网络配置有关的分散在不同的界面,用户进行一个完整流程的设置操作就比较麻烦。在 Windows 7 中进行了优化,只需借助一个界面就可找到所有设置的入口——网络和共享中心。

打开方法有如下四种。

- 在"开始"菜单搜索框中输入"网络和共享中心"并按 Enter 键。
- 单击任务栏通知区域中的网络图标,选择"打开网络和共享中心"选项。
- 在控制面板默认的查看视图下,依次单击"网络和 Internet"→"网络和共享中心"。
- 在"开始"菜单右侧列表的"网络"项上右击,在弹出的快捷菜单中选择"属性"命令。

"网络和共享中心"的主界面如图 6.25 所示。在左侧任务列表中可以执行常用的管理操作,如管理无线网络、更改适配器设置以及高级共享。而界面右侧的主要区域则用于查看当前网络链接状态、设置网络链接、设置家庭组等操作。

2) 网络映射

在 Windows 7 中,可以借助网络映射特性以形象的示意图形式查看当前处于同一个子

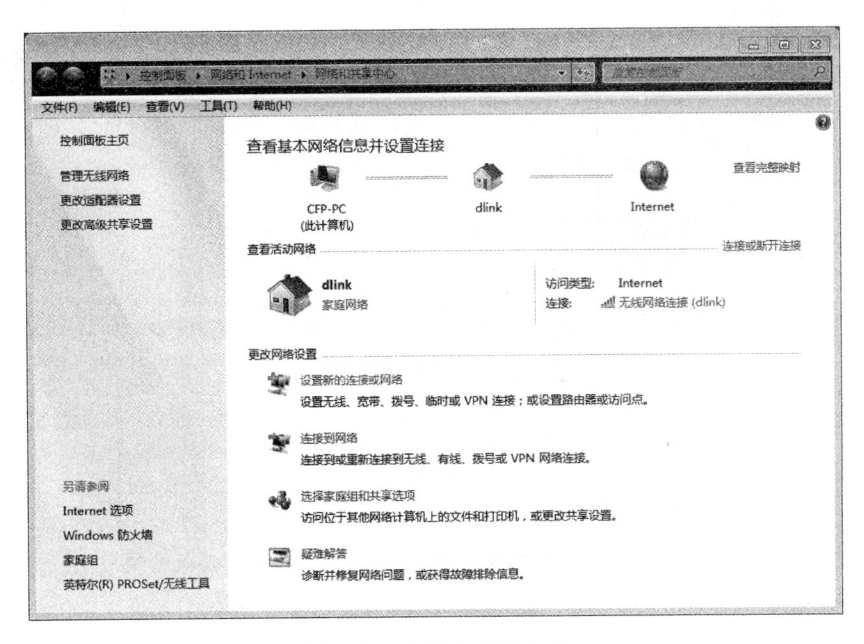

图 6.25　网络和共享中心

网内的网络结构。要使用该功能，单击“网络和共享中心”界面右上角的“查看完整映射”，无论是有线网络，还是无线网络，通过网络映射示意图，用户可以非常轻松地了解当前处于同一子网中的网络链接状态。另外，网络映射不仅能反映当前网络的示意图，将鼠标指针指向映射的某个节点图标，会显示计算机和设备的 IP 地址、MAC 地址。访问网络中某台计算机的共享目录，直接单击网络映射示意图中某计算机图标即可。对于普通用户而言，为了安全考虑，只有计算机网络类型处于专用网络时才能够查看。

2. 创建和管理小型网络

在 Windows 7 中可以非常方便地在家中组建小型网络，便于用户使用家庭组功能共享文件、音乐、图片、视频、打印机以及使用 Windows 流媒体等功能。

对家庭用户来说，基本是采用 ADSL 宽带访问因特网。大多数路由器自带宽带拨号功能，只需要通过设备对应的 Web 配置页面填写 ADSL 用户名和密码即可，日后路由器就会自动拨号。

(1) 打开浏览器，输入路由器上路由器默认的地址，输入用户名及密码，单击“确定”按钮，如图 6.26 所示。

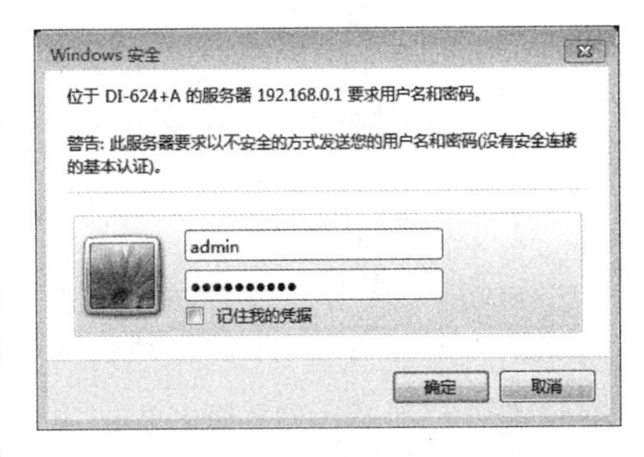

图 6.26　进入路由器

(2) 单击左边的 WAN 按钮，如图 6.27 所示。填入 PPPoE 的名称及密码后单击“执行”按钮就可以了。对于只拥有一台计算机的家庭，我们可以在 Windows 7 中建立 PPPoE 宽带连接。

(3) 打开网络和共享中心，单击“更改网络设置”下的“设置新的连接或网络”项，打开如图 6.28 所示的界面，双击“连接到 Internet”项，单击“下一步”按钮。

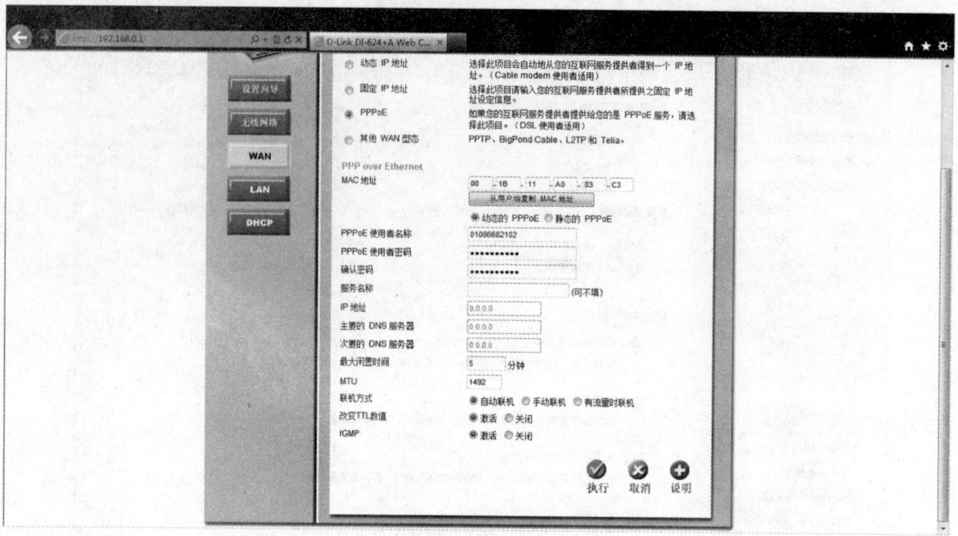

图 6.27　WAN 设置

图 6.28　设置连接或网络

(4) 在图 6.29 所示的界面中单击“宽带(PPPoE)”项。

(5) 在图 6.30 所示的界面中输入 ADSL 用户名和密码，并选中“记住此密码”复选框，单击“连接”按钮。

(6) 创建完 ADSL 连接后，每次需要访问因特网时，只需要单击任务栏通知区域的网络图标，再选择之前建立的“宽带连接”即可。

3. 自定义网络类型

很多用户经常会带着笔记本电脑在机场、宾馆、咖啡厅移动办公。如果使用 Windows

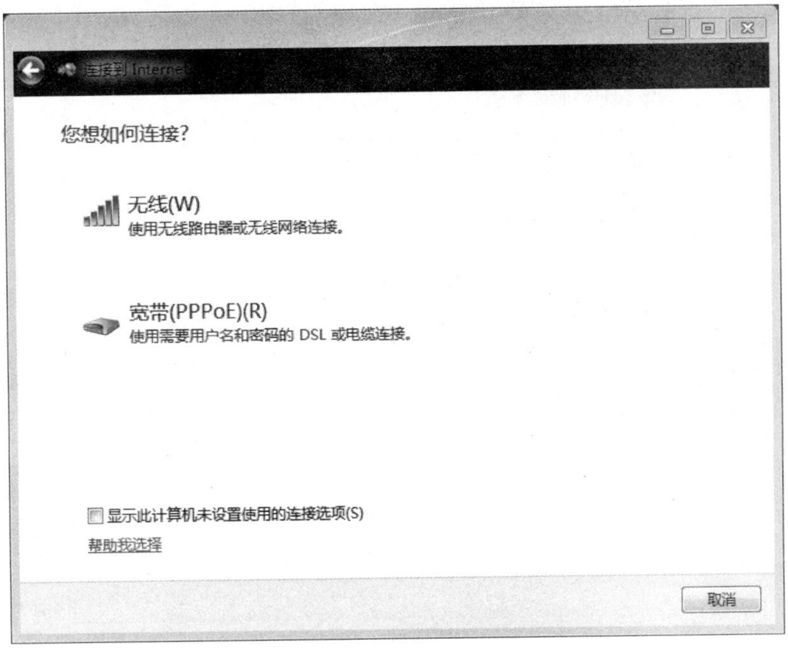

图 6.29 连接到 Internet

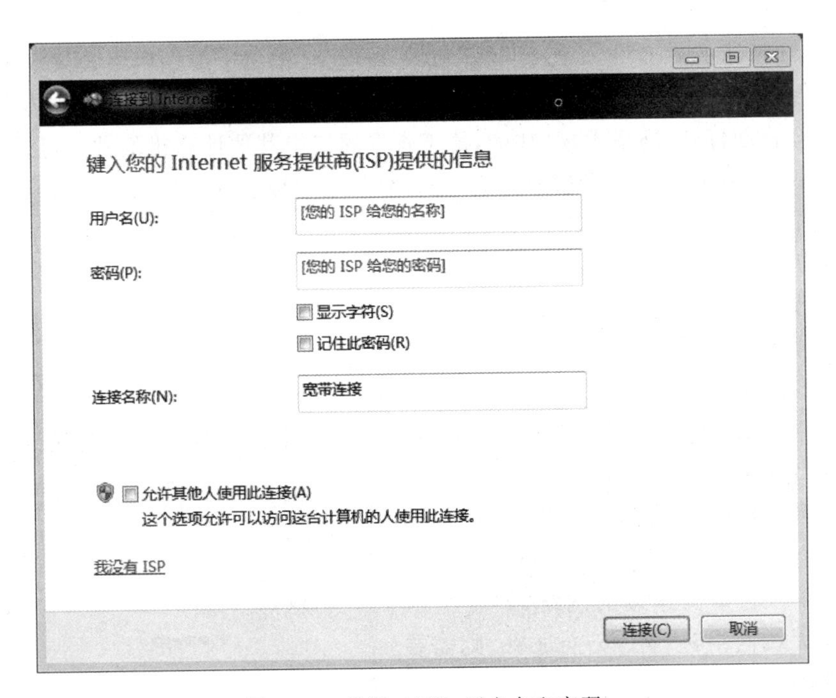

图 6.30 设置 ADSL 用户名和密码

XP,无论计算机处于何种网络环境,系统都只会使用一种网络设置,不便于共享数据,也会降低系统的安全性。

在 Windows 7 中,当用户完成系统安装并连接到一个新的网络时,系统会弹出如图 6.31 所示的界面,让用户选择一种网络类型。常见的有两种网络类型,分别为专用网络和公用网络。

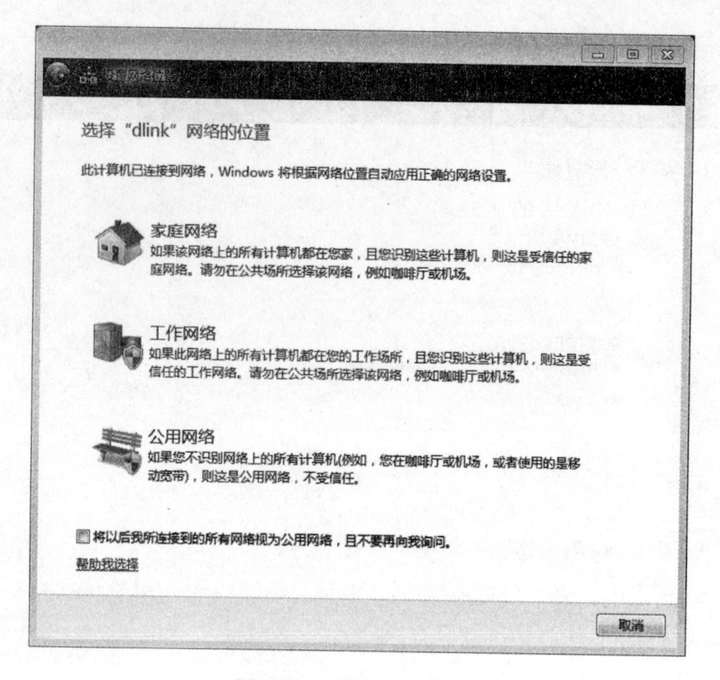

图 6.31　设置网络位置

1）专用网络

在图 6.31 所示的界面中，“家庭网络”和“工作网络”都属于专用网络。只有确认所连接的网络环境是可信的，才建议选用。在家中应该选择“家庭网络”类型。在专用网络中，Windows 7 会自动打开“网络发现”功能，便于查看网络中其他计算机的共享目录，使用家庭组功能、Windows 流媒体功能，网络中的其他计算机也可以轻松访问此台计算机。

2）公用网络

当计算机处于机场、咖啡厅等公用网络环境时，建议选用“公用网络”类型。此时 Windows 会禁用“网络发现”功能，以确保计算机的安全。

4. 无线网络的配置

1）连接到无线网络

如果家中使用无线路由器，那么 Windows 7 可以非常方便地发现并连接到无线网络，从而访问因特网或与其他计算机实现共享。只要处于无线网络环境中，操作方法非常简单，只需要单击任务栏通知区域的网络图标，然后在弹出的面板中双击需要连接的网络，如图 6.32 所示。如果无线网络进行了安全加密，则需要输入安全密码。

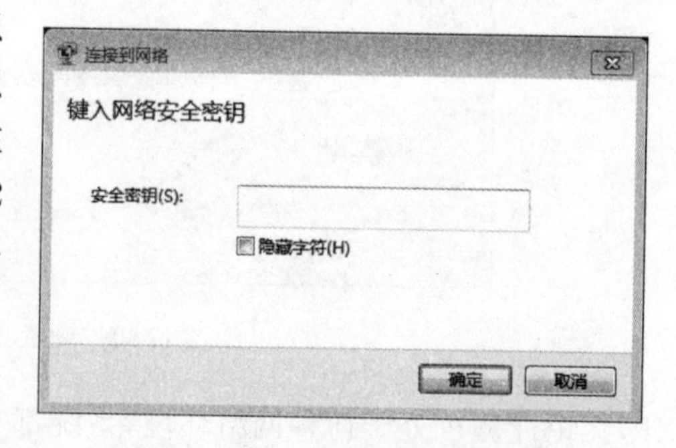

图 6.32　输入连接无线网络密钥

2）建立和配置点对点无线网络

通常情况下，多台计算机相互共享文件需要通过无线路由器或访问点，但在一些特殊环境中，可能找不到这些设备，如果计算机安装有无线网卡（现在笔记本电脑基本内置有无线网卡），可以使用 Windows 7 中的无线临时网络功能来创建访问点，然后让其他计算机通过无线网络加入，此时运行 Windows 7 并创建无线临时网络的计算机就相当于一个访问点了，其他计算机加入该网络即可。在 Windows 7 中创建、管理临时无线网络的方法非常简单，按照以下步骤进行操作。

(1) 在 Windows 7 中创建无线临时网络。

参照前面创建 ADSL 连接的方法打开“设置连接或网络”界面，双击界面中的“设置无线临时(计算机到计算机)网络”。

随后会看到如图 6.33 所示的设置向导，单击“下一步”按钮。

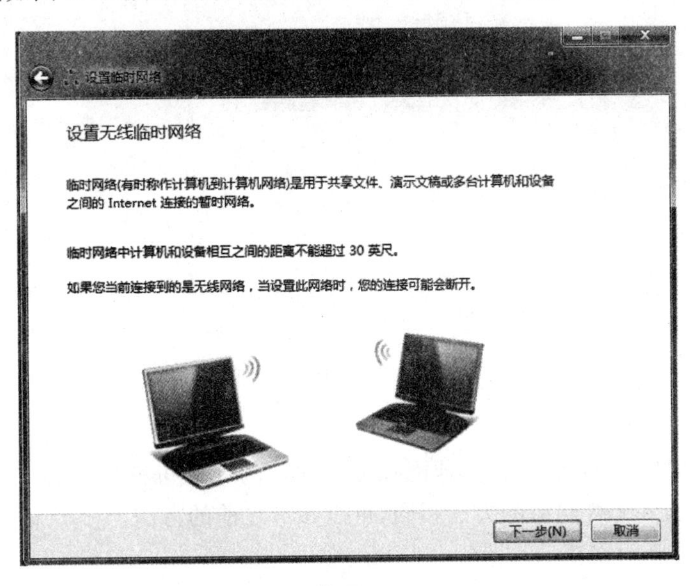

图 6.33 设置临时网络

在如图 6.34 所示的向导界面中输入网络名，同时出于安全目的，最好选择对网络进行加密，在“安全密钥”后输入 5 个或 13 个区分大小写的字符作为密码，单击“下一步”按钮。

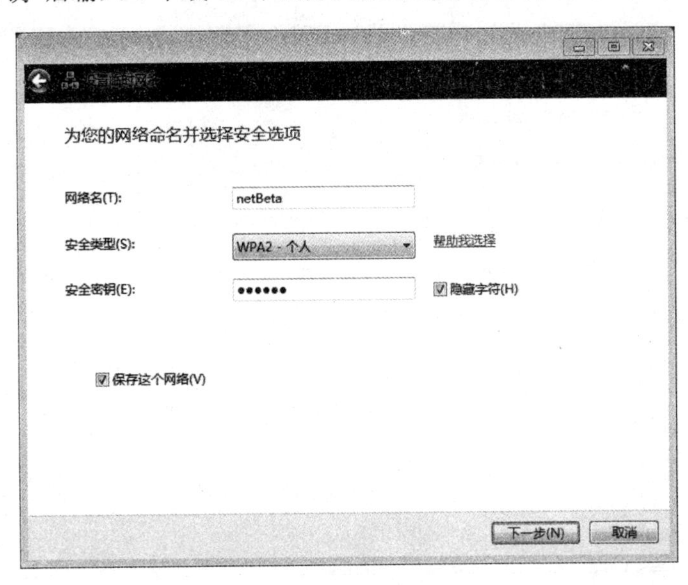

图 6.34 临时网络加密

稍后，无线临时网即建立完毕，如图 6.35 所示。

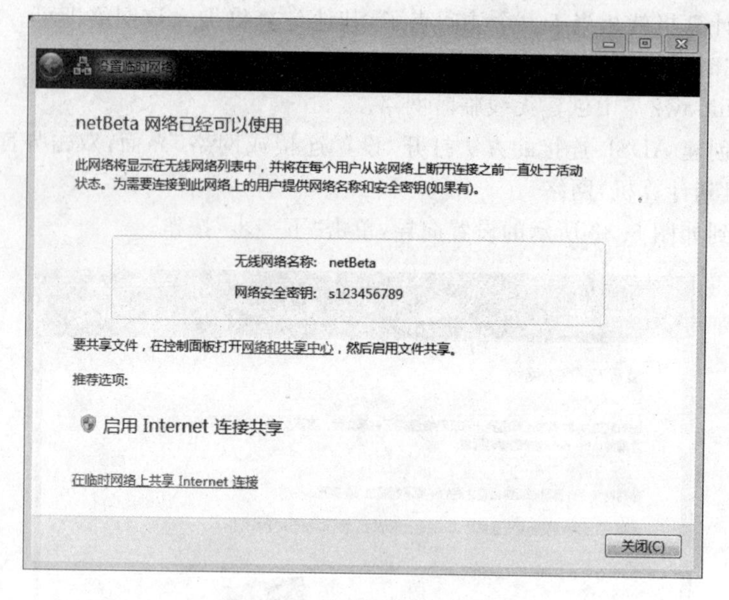

图 6.35　临时网络建立完成

(2) 加入无线临时网络。

完成无线临时网络的建立后，其他配备无线网卡的计算机就可以加入了。加入无线临时网络的方法与加入无线网络的方法相同，可以参考之前的方法。

(3) 管理无线临时网络。

如果需要更改或删除已设置的无线临时网络，可以单击“网络和共享中心”任务列表中的“管理无线网络”项，打开如图 6.36 所示的界面，选择需要更改或删除的无线网络即可。

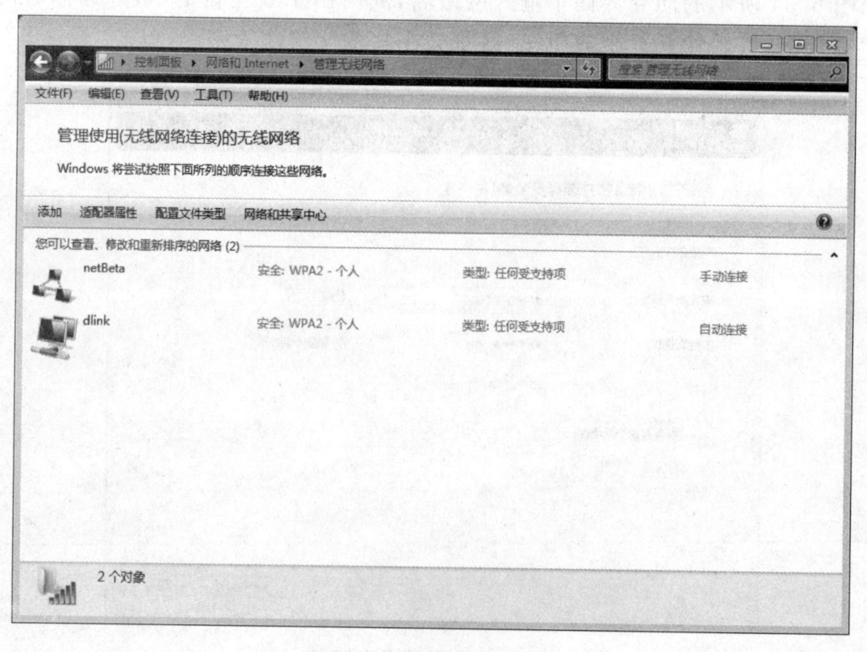

图 6.36　管理无线网络

5. 家庭组共享的使用

1）家庭组简介

在以往版本的 Windows 中，多台计算机共享文件和打印机的操作比较烦琐，并且此方式十分不稳定，有时用户无法查看到已共享的目录，而有时目标共享计算机已离线，但用户却依然能看到已共享的目录却无法访问。

在 Windows 7 中，家庭用户可以借助家庭组功能能轻松实现文档、音乐、图片、视频、打印机的共享，并能够确保用户数据的安全。

2）创建家庭组

（1）打开“网络和共享中心”界面，单击图 6.37 中的“家庭组”项，打开如图 6.38 所示的界面，单击“创建组”按钮，打开如图 6.39 所示的界面，在其中选中“图片”“音乐”“打印机”“视频”复选框，单击“下一步”按钮。

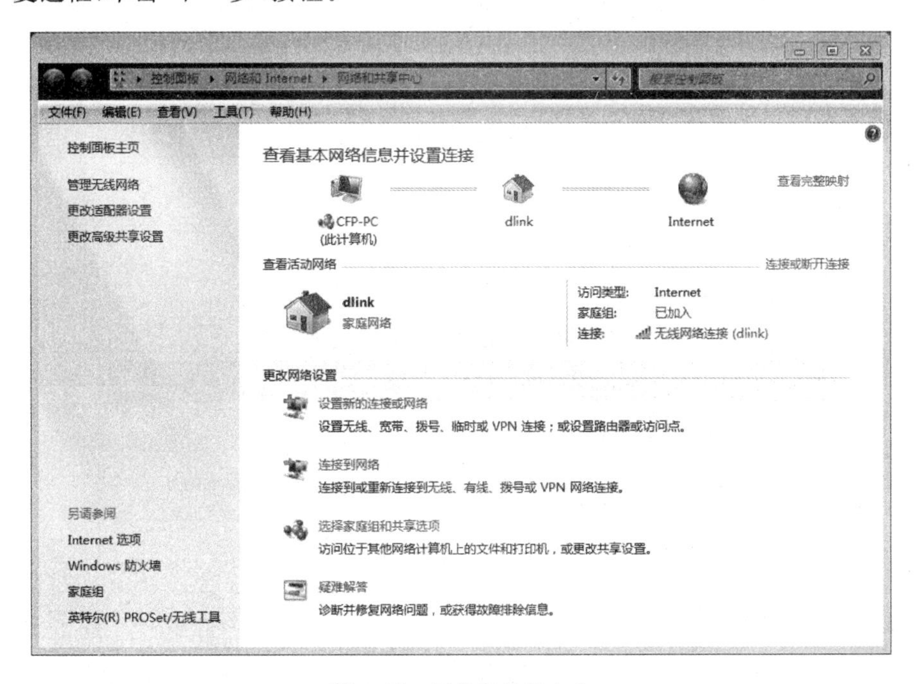

图 6.37 网络和共享中心

（2）完成设置后，在如图 6.40 所示的界面中会显示用于其他计算机加入家庭组的密码，单击“打印本页”按钮。

3）加入家庭组

当一台计算机完成家庭组的创建后，其他计算机可以加入该家庭组，确保所有计算机处于同一子网，并且 Windows 7 默认的工作组未进行过更改，可按以下步骤加入已创建的家庭组。

（1）在另外需要加入家庭组的计算机中打开资源管理器，单击左侧导航窗格中的“家庭组”节点，如图 6.41 所示。

（2）单击图 6.41 界面中的“立即加入”按钮，在打开的界面中输入创建家庭组时产生的密码，单击“下一步”按钮。

（3）完成操作，并加入已创建的家庭组。

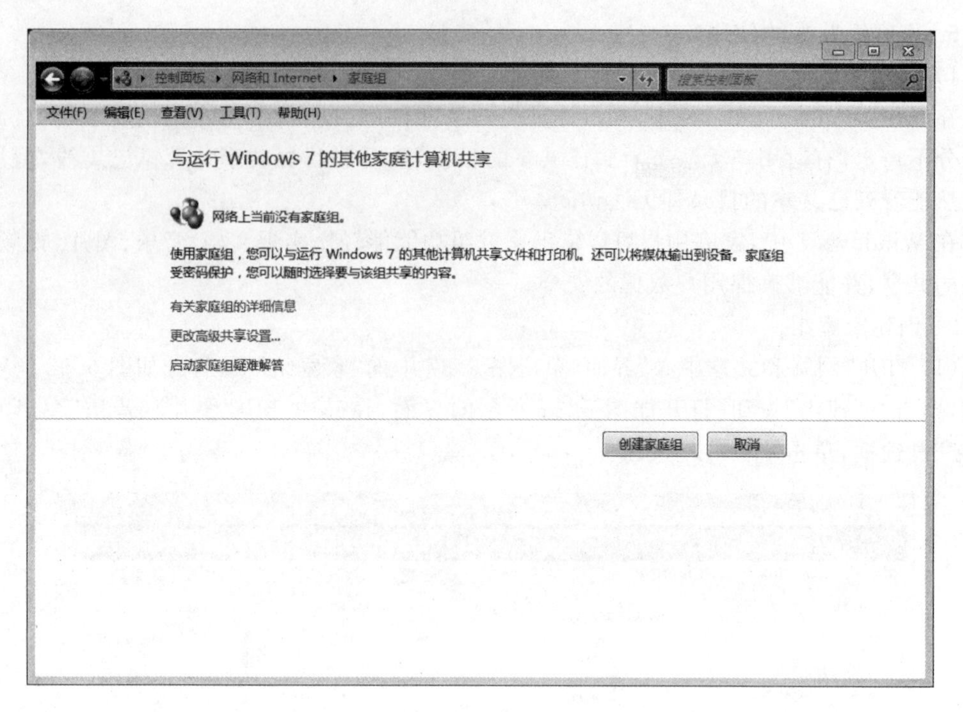

图 6.38　家庭组

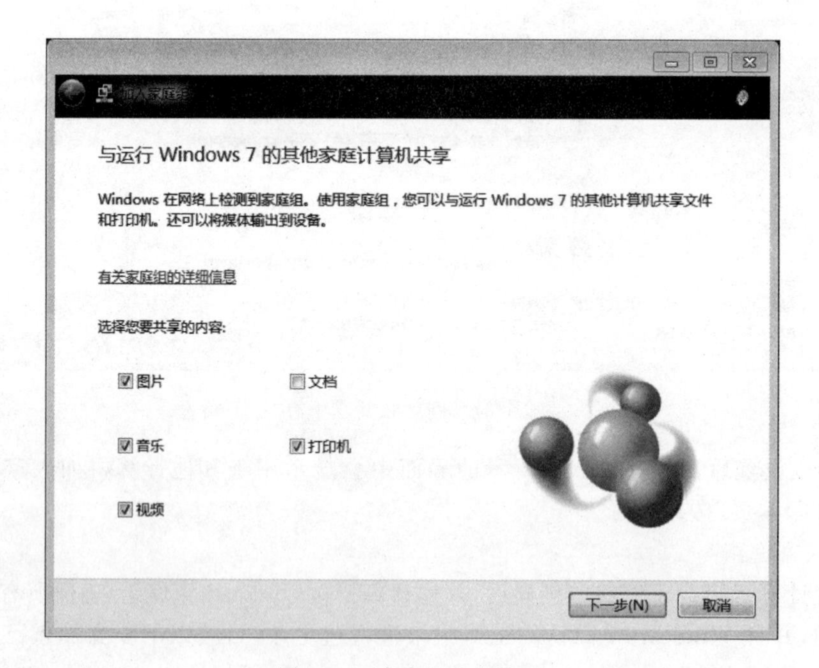

图 6.39　家庭组共享设置

4）通过家庭组访问共享资源

计算机加入家庭组后就可以通过“家庭组”界面相互访问默认库目录内的媒体资源以及打印机了，可以通过资源管理器中的“家庭组”节点访问目标计算机的资源，相比 Windows 传统的共享方式更加简单、易用。

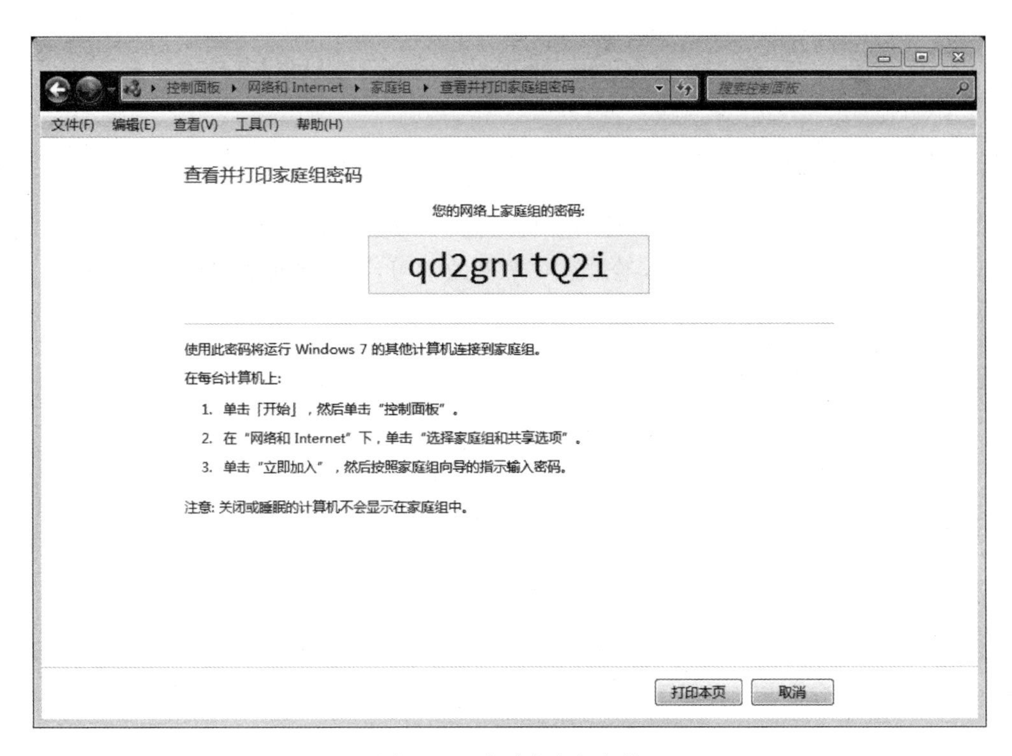

图 6.40　查看家庭组密码

图 6.41　加入家庭组

6.2 任务二 运用浏览器上网浏览搜索信息

6.2.1 任务描述

随着时代的进步，互联网提供了全方位的信息，只要通过能上网的设备，就能用浏览器获取信息高速公路上的各种信息，通过这个案例的学习，了解各种通过浏览器获取信息的方法。

6.2.2 任务目标

- 能够使用 Windows 7 下 IE 浏览器搜索信息；
- 能够设置 IE 浏览器。

6.2.3 预备知识

下面介绍域名系统 DNS。

用 IP 地址来表示一台计算机的地址，其点分十进制数不易记忆。由于没有任何可以联想的东西，即使记住后也很容易遗忘。Internet 上开发了一套计算机命名方案，称为域名系统(Domain Name System，DNS)，可以为每台计算机起一个域名，用一串字符、数字和点号组成，DNS 用来将这个域名翻译成相应的 IP 地址。例如，北京信息工程学院 WWW 服务器的域名 www. biti. edu. cn(BITI 是北京信息工程学院的英文缩写)，通过 DNS 解析出这台服务器的 IP 地址是 200. 68. 32. 35。有了域名(有时候是非常响亮的域名，如 www. 8848. com 这样用喜马拉雅山高度命名的域名)，计算机的地址就很容易被记住和访问。

网络寻址是依靠 IP 地址、物理地址和端口地址完成的。所以，为了把数据传送到目标主机，域名需要被翻译成为 IP 地址供发送主机封装在数据报的报头中。负责将域名翻译成为 IP 地址的是域名服务器。为此，需要在计算机界面上设置为自己服务的 DNS 服务器的 IP 地址。

需要注意的是，域名是某台主机的名字。我们知道 www. sina. com. cn 是北京新浪网的域名，也应理解它只是北京新浪网某台主机的名字。

1. 域名的结构

国际上，域名规定是一个有层次的主机地址名，层次由“. ”来划分。越在后面的部分，所在的层次越高。www. sina. com. cn 这个域名中的 cn 代表中国，com 表示公司，sina 则表示北京新浪网，www 表示北京新浪网 sina. com. cn 主机中的 WWW 服务器。

域名的层次化不仅能使域名表现出更多的信息，而且能为 DNS 域名解析带来方便。域名解析是依靠一种庞大的数据库完成的。数据库中存放了大量域名与 IP 地址的对应记录。DNS 域名解析本来就是网络为了方便使用而增加的负担，需要高速完成。层次化可以为数据库在大规模的数据检索中加快检索速度。

我国自己的中文域名系统为了追求名称简单、短小，采用非层次结构。如，“北信”就直接是北京信息工程学院的中文域名。

在域名的层次结构中，每一个层次被称为一个域。cn 是国家或地区域，edu 是机构域。

两个域是遵循一种通用的命名的。

常见的国家或地区域名有：cn，中国；us，美国；uk，英国；jp，日本；hk，中国香港；tw，中国台湾。

常见的机构域名如下。

com：商业实体域名。这个域下的一般都是企业、公司类型的机构。这个域的域名数量最多，而且还在不断增加，导致这个域中的域名缺乏层次，造成DNS服务器在这个域技术上的大负荷，以及对这个域管理上的困难。考虑把com域进一步划分出子域，使以后新的商业域名注册在这些子域中。

edu：教育机构域名。这个域名是给大学、学院、中小学校、教育服务机构、教育协会的域。最近，这个域只给4年制以上的大学、学院，2年制的学院、中小学校不能再注册新的域名在edu域下了。

net：网络服务域名。这个域名提供给网络提供商的机器、网络管理计算机和网络上的节点计算机。

org：非营利机构域名。

mil：军事用户。

gov：政府机构域名。不带国家域名的gov域被美国把持，只提供美国联邦政府的机构和办事处。

不带国家域名层的域名被称为顶级域名。顶级域名需要在美国注册。常见域名如下表6.3和表6.4所示。

表6.3　常见机构域名

域名	含义	域名	含义	域名	含义
com	商业机构	net	网络组织或机构	firm	工业机构
edu	教育机构	int	国际性机构	nom	个人和个体
gov	政府部门	org	各种非营利组织	info	信息机构
mil	军事领域	arts	娱乐机构	rec	消遣机构

表6.4　常见国家或地区域名

域名	国家或地区	域名	国家或地区	域名	国家或地区	域名	国家或地区
ar	阿根廷	dk	丹麦	in	印度	pt	葡萄牙
au	澳大利亚	es	西班牙	it	意大利	ru	俄罗斯
br	巴西	fr	法国	jp	日本	se	瑞典
ca	加拿大	gb	英国	kr	韩国	sg	新加坡
cn	中国	gr	希腊	mo	中国澳门	tw	中国台湾
de	德国	hk	中国香港	nl	荷兰	us	美国

2. DNS服务原理

主机中的应用程序在通信时，把数据交给TCP程序，同时还需要把目标端口地址、源端口地址和目标主机的IP地址交给TCP。目标端口地址和源端口地址供TCP程序封装TCP报头使用，目标主机的IP地址由TCP程序转交给IP，供IP程序封装IP报头使用。

如果应用程序拿到的是目标主机的域名而不是它的IP地址，就需要调用TCP/IP中应用层的DNS程序将目标主机的域名解析为它的IP地址。

一台主机为了支持域名解析，就需要在配置中指明为自己服务的DNS服务器。如图6.42所示，主机A为了解析一个域名，把待解析的域名发送给自己机器配置指明的DNS服务器。一般都是配置指向一个本地的DNS服务器。本地DNS服务器收到待解析的域名后，便查询自己的DNS解析数据库，将该域名对应的IP地址查到后，发还给主机A。

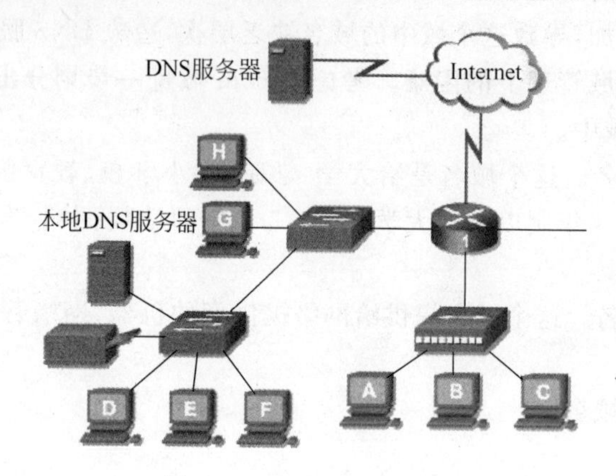

图6.42 DNS的工作原理

如果本地DNS服务器的数据库中无法找到待解析域名的IP地址，则将此解析交给上级DNS服务器，直到查到需要寻找的IP地址。

本地DNS服务器中的域名数据库可以从上级DNS提供处下载，并得到上级DNS服务器的一种称为“区域传输”(Zone Transfer)的维护。本地DNS服务器可以添加上本地化的域名解析。

6.2.4 任务实施

1. 实现网上漫游

在网上漫游是通过超链接来实现的，所要做的只是简单地移动鼠标指针，并决定是否单击相应链接。由每一个超链接(图像或者文字)的上下文，或是图像旁边的文字说明，就可以知道它所代表的网页的内容，通过这些简单描述就可以确定是否打开相应的网页进行浏览。

1) 开始一次最简单的漫游

(1) 首先打开浏览器，在地址栏中输入www.sina.com.cn，然后按Enter键，北京新浪网首页将在浏览区显示，如图6.43所示。

(2) 将鼠标指针指向带下画线的文字处时，鼠标指针变成手形，表明此处是一个超链接，并且鼠标下面文字的颜色将由蓝色变成红色。单击，浏览器将显示出该超链接指向的网页。

(3) 将鼠标指针指向打开的新网页中的某一幅图像或者文字时，如果看到鼠标指针又变成了手形，表明此处还是一个超链接。在上面单击，就会转到相应的网页。

2) 使用浏览器的常用技巧

(1) 浏览上一页。

在刚开始打开浏览器的时候，“后退”和“前进”按钮都是灰色不可用状态。当单击某个超链接打开一个新的网页时，“后退”按钮就会变成黑色可用状态。随着浏览时间的增加，用

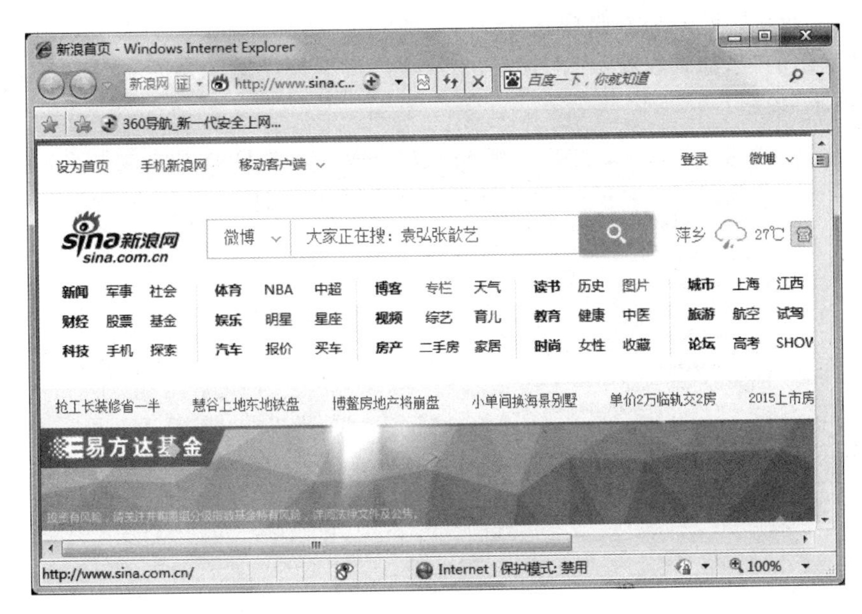

图 6.43　新浪网

户浏览的网页也逐渐增多，有时发现路走错了，或者是需要查看刚才浏览的网页，这时单击“后退”按钮，就可以返回上一网页继续浏览。

(2) 浏览下一页。

单击“后退”按钮后，可以发现“前进”按钮也由灰变黑，继续单击“后退”按钮，就依次回到在此之前浏览过的网页，直到“后退”按钮又变灰，表明已经无法再后退了。此时如果单击“前进”按钮，就又会沿着原来浏览的顺序依次显示下一网页。

(3) 刷新某个网页。

如果长时间地在网上浏览，较早浏览的网页可能已经被更新，特别是一些提供实时信息的网页，如浏览的是一个有关股市行情的网页，可能这个网页的内容已经更新了。这时为了得到最新的网页信息，可通过单击“刷新”按钮来实现网页的更新。

(4) 停止某个网页的下载。

在浏览的过程中，如果发现网页过了很长时间还没有完全显示，那么可以通过单击“停止”按钮来停止对当前网页的载入。

(5) 使用链接栏。

如果用户需要经常访问某几个特定的站点，最好定制和使用自己的链接栏。这样当每次想要访问这几个特定的站点时，只需在链接栏上单击这个链接，就会像在浏览区单击超链接的结果一样，打开该链接所指向的网页，而无须每次都重复地在地址栏中输入地址信息。把当前浏览的网页添加到链接栏，只需将鼠标指针移动到浏览器窗口的地址栏，把鼠标指针指向网页地址前的图标，然后拖动鼠标到链接栏后添加链接即可完成。

(6) 使用收藏夹。

可以将喜爱的网页添加到收藏夹中保存，以后就可以通过收藏夹快速访问自己喜欢的Web页或站点(功能相似于链接栏)。下面介绍将Web页添加到收藏夹的方法。

- 转到要添加到收藏夹列表的Web页。

- 选择“收藏”→“添加到收藏夹”命令，如图 6.44 所示。
- 在弹出的“添加到收藏夹”对话框的“名称”文本框中输入该页的新名称，然后单击“确定”按钮。

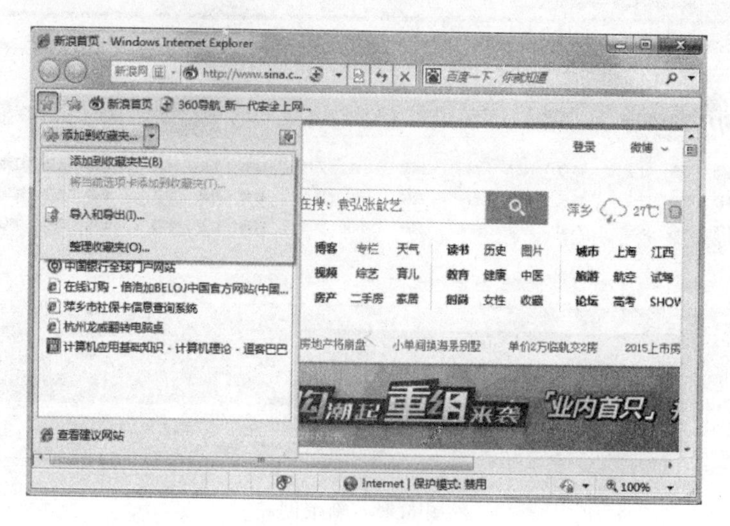

图 6.44　添加到收藏夹

(7) 保存网页。

在上网时我们经常会被一些网页的内容所吸引，但由于其内容较多，如果在线浏览会很费时间和金钱，所以可以将该网页存到硬盘中以便离线浏览。

选择“文件”→“另存为”命令，弹出“保存网页”对话框。选择保存网页的路径并输入网页名称后，在“保存类型”下拉列表框中选择保存网页的类型，单击“保存”按钮，完成当前网页的保存。

网页的保存类型通常有如下 4 种。

- Web 页(全部)：保存文件类型为 *.htm 和 *.html。按这种方式保存后会在保存的目录下生成一个 HTML 文件和一个文件夹，其中包含网页的全部信息。
- Web 档案(单一文件)：保存文件类型为 *.mht。按这种方式保存后只会存在单一文件，该文件包含网页的全部信息。它比前一种保存方式更易管理。
- Web 页(仅 HTML 文档)：保存文件类型为 *.htm 和 *.html。按这种方式保存的效果与第一种方式差不多，唯一不同的是它不包含网页中的图片信息，只有文字信息。
- 文本文件：保存文件类型为 *.txt。按这种方式保存后会生成一个单一的文本文件，不仅不包含网页中的图片信息，同时网页中文字的特殊效果也不存在。

(8) 离线浏览。

为了节省上网时间，尽量在离线之后再仔细看信息。

Microsoft 的 Internet Explorer(IE)浏览器，在硬盘中开辟了一块缓冲区域，在其中存储了用户所浏览过的所有网页的信息。这块缓冲区就是前面讲过的临时文件夹。存在临时文件夹中的网页会根据设置保留一定时间后自动删除。离线浏览就是利用这一功能实现的。

在浏览器的主界面上进行离线浏览的具体操作步骤如下。

① 选择“文件”→“脱机工作”命令，此时该项前面有一个√号，表明该项被选中。

② 单击工具栏中的“历史”按钮，浏览器将分为两栏，左侧为所有访问过的网址。

③ 单击某一地址就可以进行离线浏览。

(9) 并行浏览。

当用户在浏览当前网页时，带宽实际上被闲置，可以多打开几个窗口利用剩余的带宽下载其他网页。等用户看完当前页，又可以及时浏览下一页。但不可打开太多，具体打开多少窗口应根据内存的大小而定，否则会影响浏览速度，甚至会造成死机。

如果想多打开几个窗口，在单击链接的同时按下 Shift 键；或者选择“文件”→“新建”→“窗口”命令；或者右击自己想访问的链接，在弹出的快捷菜单中选择“在新窗口中打开”命令。

2. 设置 IE 浏览器

一般情况下，用户在建立连接以后，基本上不需要什么配置就可以上网浏览了。但是浏览器的默认配置并非对每一个用户都适用。例如，某个用户在 Internet 的连接速度比较慢，当浏览网页的时候，并不想每次都下载那些体积庞大的图像和动画，这时就需要对浏览器进行一些手工配置，让它更好地工作。

1) 设置主页

主页是访问 WWW 站点的起始页，也是 WWW 用户可以看见的第一信息界面。连接到主页后，除了可以直接在主页了解到主页制作者的一般信息外，单击主页的超链接，还可以进入到另外的一个画面，进一步获取到更多的信息。IE 浏览器默认的主页是 Microsoft 公司的页面，用户可以把自己访问最频繁的一个站点设置为用户的主页。这样，每次启动 IE 时，该站点就会第一个显示出来，或者在单击工具栏中的“主页”按钮时立即显示。

更改主页的操作步骤如下。

(1) 选择“工具”→“Internet 选项”命令，弹出“Internet 选项”对话框，如图 6.45 所示。或者直接在桌面上右击 IE 浏览器图标，在弹出的快捷菜单中选择“属性”命令。

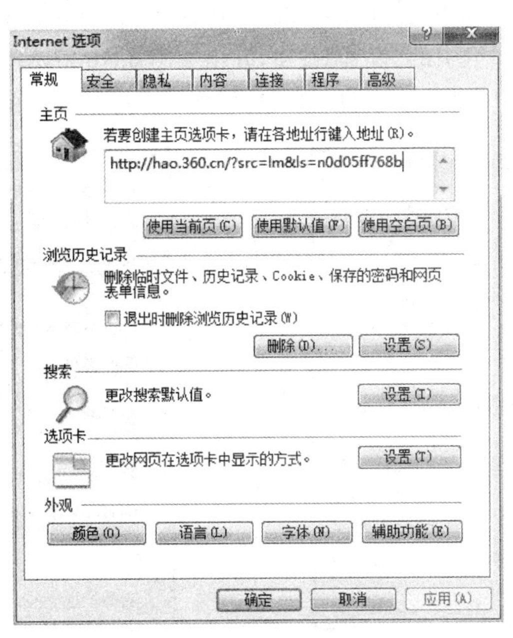

图 6.45 “Internet 选项”对话框

(2) 在“Internet 选项”对话框的“常规”选项卡中，在“主页”选项组的地址文本框中输入希望更改的主页网址，如 http://baidu.com，然后单击“确定”按钮。这样，以后每次打开浏览器，第一个看到的页面即是“百度”的首页。

(3) 在“常规”选项卡的“主页”框架中有 3 个按钮。

- 使用当前页：表示使用当前正在浏览的网页作为主页。
- 使用默认页：表示使用浏览器默认设置的 Microsoft 公司的网页作为主页。
- 使用空白页：表示不使用任何网页作为主页，只使用 about:blank 作为主页。

2) 配置临时文件夹

用户所浏览的网页存储在本地计算机中的一个临时文件夹中，当再次浏览时，浏览器会检查该文件夹中是否有这个文件，如果有，则浏览器将把该临时文件夹中的文件与源文件的日期属性进行比较，如果源文件已经更新，则下载整个网页，否则显示临时文件夹中的网页。这样可以提高浏览速度，而无须每次访问同一个网页时都重新下载。

(1) 选择“工具”→“Internet 选项”命令，弹出“Internet 选项”对话框。

(2) 在图 6.45 所示的对话框的“常规”选项卡中单击“浏览历史记录”选项组中的“设置”按钮，弹出如图 6.46 所示的对话框。

(3) 在该对话框中的“Internet 临时文件”选项组中，通过改变“要使用的磁盘空间”的值来改变“Internet 临时文件”的大小。

3) 设置历史记录

通过历史记录，用户可以快速访问已查看过的网页。用户可以指定网页保存在历史记录中的天数，以及清除历史记录。

选择“工具”→“Internet 选项”命令，弹出“Internet 选项”对话框。在图 6.45 所示的对话框的“常规”选项卡中，单击“浏览历史记录”选项组中的“删除”按钮，弹出如图 6.47 所示的对话框，可删除 Internet 临时文件、Cookie、历史记录、表单数据和密码等。在图 6.45 中单击“浏览历史记录”选项组中的“设置”按钮，弹出如图 6.46 所示的对话框。在“历史记录”选项组中的“网页保存在历史记录中的天数”数值框中可以调整所要保留的天数。

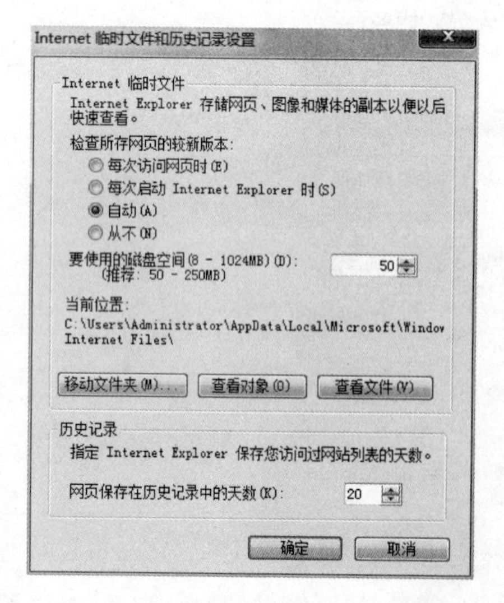

图 6.46 “Internet 临时文件和历史记录设置”对话框

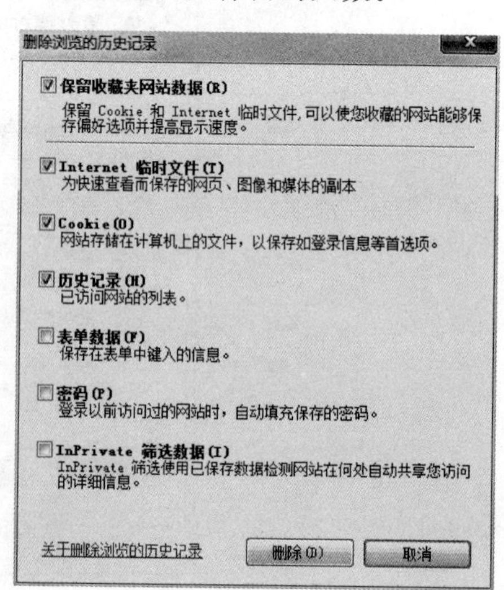

图 6.47 “删除浏览的历史记录”对话框

4）安全性设置

现在的网页不只是静态的文本和图像，页面中还包含了一些Java小程序、ActiveX控件及其他一些动态和用户交流信息的组件。如果这些组件以可执行的代码形式存在，则可以在用户的计算机上执行，它们使整个Web变得生动活泼。但是这些组件既然可以在用户的计算机上执行，也就会产生潜在的危险性。如果这些代码是精心编写的网络病毒，那么危险就会发生。通过对IE浏览器的安全性设置，基本可以解决这个问题。用户可以按照如下步骤操作。

（1）选择“工具”→“Internet选项”命令，弹出“Internet选项”对话框，然后选择“安全”选项卡，如图6.48所示。

（2）在4个不同区域中，选择要设置的区域，单击“默认级别”按钮会弹出滑块。

（3）在“该区域的安全级别”选项组中，调节滑块所在位置，将该Internet区域的安全级别设为高、中、低。

（4）单击“确定”按钮。

5）快速显示要访问的网页

用户在初次访问某个网页时，最关心的是有没有自己需要的信息，常常希望能快速显示该网页。

（1）选择“工具”→“Internet选项”命令。

（2）在弹出的对话框中，选择“高级”选项卡，如图6.49所示。

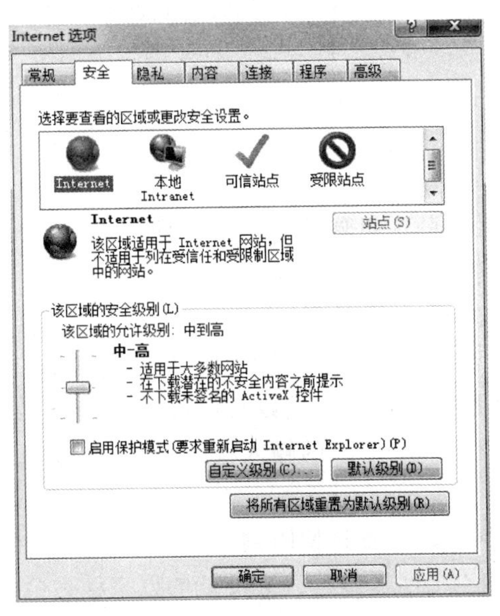

图6.48 “安全”选项卡

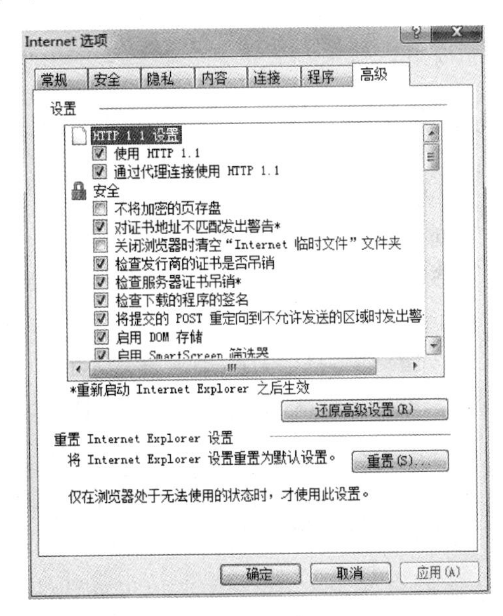

图6.49 “高级”选项卡

（3）在“设置”列表框中，取消选中“显示图片”“播放动画”“播放视频”或“播放声音”等全部或部分复选框，然后单击“确定”按钮。

即使取消选中“显示图片”或者“播放视频”复选框，也可以通过右击相应图标，然后在弹出的快捷菜单中选择“显示图片”命令，以便在Web页上显示单幅图片或动画。当浏览新的网页时，就会发现页面只包含纯文本的信息，且网页下载的速度已大大提高，尤其是在网络传输速率较慢、信息拥挤的时候,其效果更为明显。

6.3 任务三 网络测试工具

6.3.1 任务描述

小吴正在上网,突然发现掉线了,通过目测发现网络设备的信号指示灯正常,但具体什么地方出错并不知道。网络正在进入寻常百姓家,但有时常会发现脱网、掉网的事,那就需要了解网络到底发生了什么事,需了解如何检测网络通信链路的状态。通过上面的案例,可通过网络搜索了解两种模式:命令模式和工具模式

6.3.2 任务目标

- 了解及掌握常用的操作系统自带网络监测命令;
- 了解及掌握常见的网络工具软件。

6.3.3 预备知识

网络在迅猛发展,使用网络的用户也越来越多。随着用户对网络依赖程度的增加,网络的正常运行变得越来越重要。网络瘫痪已成为数据通信领域的关键问题,为确保网络正常运行,所有的故障必须快速有效地解决。而在网络安装、维护、管理和故障诊断的整个过程中都贯穿着网络的测试问题。可以说,测试为网络的健康运行带来了有效的解决办法。

6.3.4 任务实施

1. 命令模式

Windows 是从简单的 DOS 字符界面发展过来的。虽然我们平时在使用 Windows 操作系统的时候,主要是对图形界面进行操作,但是 DOS 命令我们仍然非常有用。

1) ping 命令

ping 是一个测试程序,用于确定本地主机是否能与另一台主机交换(发送与接收)数据包。根据返回的信息,就可以推断 TCP/IP 参数是否设置得正确以及运行是否正常。如果 ping 运行正确,大体上就可以排除网络访问层、网卡、Modem 的输入输出线路、电缆和路由器等存在的故障,从而减小了问题的范围。

按照默认设置,Windows 上运行的 ping 命令发送 4 个 ICMP(网间控制报文协议)回送请求,每个 32 字节数据,如果一切正常,应能得到 4 个回送应答。ping 能够以毫秒为单位显示发送回送请求到返回回送应答之间的时间量。如果应答时间短,表示数据报不必通过太多的路由器或网络连接,速度比较快。ping 还能显示 TTL(Time To Live,存在时间)值,可以通过 TTL 值推算一下数据包已经通过了多少个路由器:源地点 TTL 起始值(就是比返回 TTL 略大的一个 2 的乘方数)——返回时 TTL 值。例如,返回 TTL 值为 119,那么可以推算数据报离开源地址的 TTL 起始值为 128,而源地点到目标地点要通过 9(128−119)个路由器网段;如果返回 TTL 值为 246,TTL 起始值就是 256,源地点到目标地点要通过 9 个路由器网段。

(1) 通过 ping 检测网络故障的典型次序。

正常情况下，当使用 ping 命令来查找问题所在或检验网络运行情况时，需要使用许多 ping 命令，如果所有都运行正确，就可以相信基本的连通性和配置参数没有问题；如果某些 ping 命令出现运行故障，它也可以指明到何处去查找问题。下面就给出一个典型的检测次序及对应的可能故障。

• ping 127.0.0.1

这个 ping 命令被送到本地计算机的 IP 软件，该命令永不退出该计算机。如果没有做到这一点，就表示 TCP/IP 的安装或运行存在某些最基本的问题。

• ping 本机 IP

这个命令被送到计算机所配置的 IP 地址，我们的计算机始终都应该对该 ping 命令做出应答，如果没有，则表示本地配置或安装存在问题。出现此问题时，局域网用户请断开网络电缆，然后重新发送该命令。如果网线断开后本命令正确，则表示另一台计算机可能配置了相同的 IP 地址。

• ping 局域网内其他 IP

这个命令应该离开我们的计算机，经过网卡及网络电缆到达其他计算机，再返回。收到回送应答表明本地网络中的网卡和载体运行正确。但如果收到 0 个回送应答，那么表示子网掩码(进行子网分割时，将 IP 地址的网络部分与主机部分分开的代码)不正确或网卡配置错误或电缆系统有问题。

• ping 网关 IP

这个命令如果应答正确，表示局域网中的网关路由器正在运行并能够做出应答。

• ping 远程 IP

如果收到 4 个应答，表示成功地使用了默认网关。对于拨号上网用户，则表示能够成功的访问 Internet(但不排除 ISP 的 DNS 会有问题)。

• ping localhost

localhost 是一个系统的网络保留名，它是 127.0.0.1 的别名，每台计算机都应该能够将名字转换成该地址。如果没有做到这一点，则表示主机文件(Windows→host)中存在问题。

• ping www.xxx.com

对这个域名执行 ping www.xxx.com 地址，通常是通过 DNS 服务器。如果这里出现故障，则表示 DNS 服务器的 IP 地址配置不正确或 DNS 服务器有故障(对于拨号上网用户，某些 ISP 已经不需要设置 DNS 服务器了)。也可以利用该命令实现域名对 IP 地址的转换功能。

如果上面所列出的所有 ping 命令都能正常运行，那么对自己的计算机进行本地和远程通信的功能基本上就可以放心了。但是，这些命令的成功并不表示所有的网络配置都没有问题，例如，某些子网掩码错误就可能无法用这些方法检测到。

(2) ping 命令的常用参数选项。

• ping IP-t

连续对 IP 地址执行 ping 命令，直到被用户以 Ctrl+C 组合键中断。

• ping IP -l 3000

指定 ping 命令中的数据长度为 3000 字节，而不是默认的 32 字节。

• ping IP-n

执行特定次数的 ping 命令。

2）netstat 命令

netstat 用于显示与 IP、TCP、UDP 和 ICMP 相关的统计数据，一般用于检验本机各端口的网络连接情况。

（1）netstat 的一些常用选项。

• netstat-s

本选项能够按照各个协议分别显示其统计数据。如果应用程序（如 Web 浏览器）运行速度比较慢，或者不能显示 Web 页之类的数据，那么就可以用本选项来查看一下所显示的信息。需要仔细查看统计数据的各行，找到出错的关键字，进而确定问题所在。

• netstat-e

本选项用于显示关于以太网的统计数据。它列出的项目包括传送的数据报的总字节数、错误数、删除数、数据报的数量和广播的数量。这些统计数据既有发送的数据报数量，也有接收的数据报数量。这个选项可以用来统计一些基本的网络流量。

• netstat-r

本选项可以显示关于路由表的信息，类似于后面使用 route print 命令时看到的信息。除了显示有效路由外，还显示当前有效的连接。

• netstat-a

本选项显示一个所有的有效连接信息列表，包括已建立的连接（Established），也包括监听连接请求（Listening）的那些连接。

• netstat-n

显示所有已建立的有效连接。

（2）netstat 的妙用。

经常上网的人一般都使用 ICQ，不知道有没有被一些讨厌的人骚扰，想投诉却又不知从何下手？其实，只要知道对方的 IP，就可以向他所属的 ISP 投诉了。但怎样才能通过 ICQ 知道对方的 IP 呢？如果对方在设置 ICQ 时选择了不显示 IP 地址，是无法在信息栏中看到的。其实，只需要通过 netstat 就可以很方便地做到这一点：当他通过 ICQ 或其他的工具与我们的计算机相连时（例如我们给他发一条 ICQ 信息或他给我们发一条信息），我们立刻在 DOS 命令提示符下输入 netstat -n 或 netstat -a 就可以看到对方上网时所用的 IP 或 ISP 域名了，甚至连所用端口都完全暴露了。

3）ipconfig 命令

ipconfig 用于显示当前的 TCP/IP 配置的设置值。这些信息一般用来检验人工配置的 TCP/IP 设置是否正确。但是，如果我们的计算机和所在的局域网使用了动态主机配置协议（DHCP），这个程序所显示的信息也许更加实用。这时，ipconfig 可以让我们了解自己的计算机是否成功地租用到一个 IP 地址，如果租用到则可以了解它目前分配到的是什么地址。了解计算机当前的 IP 地址、子网掩码和默认网关实际上是进行测试和故障分析的必要项目。

ipconfig 最常用的选项如下。

• ipconfig

当使用 ipconfig 时不带任何参数选项，那么它为每个已经配置了的接口显示 IP 地址、子网掩码和默认网关值。

• ipconfig/all

当使用 all 选项时，ipconfig 能为 DNS 和 WINS 服务器显示它已配置且所要使用的附加信息(如 IP 地址等),并且显示内置于本地网卡中的物理地址(MAC 地址)。如果 IP 地址是从 DHCP 服务器租用的,ipconfig 将显示 DHCP 服务器的 IP 地址和租用地址预计失效的日期。

- ipconfig/release 和 ipconfig/renew

这是两个附加选项,只能在向 DHCP 服务器租用其 IP 地址的计算机上起作用。如果输入 ipconfig/release,那么所有接口的租用 IP 地址便重新交付给 DHCP 服务器(归还 IP 地址)。如果输入 ipconfig/renew,那么本地计算机便设法与 DHCP 服务器取得联系,并租用一个 IP 地址。请注意,大多数情况下网卡将被重新赋予和以前所赋予的相同的 IP 地址。

4) arp

arp(地址转换协议)是一个重要的 TCP/IP 协议,并且用于确定对应 IP 地址的网卡物理地址。使用 arp 命令,能够查看本地计算机或另一台计算机的 ARP 高速缓存中的当前内容。此外,使用 arp 命令,也可以用人工方式输入静态的网卡物理/IP 地址对,我们可能会使用这种方式为默认网关和本地服务器等常用主机进行这项操作,有助于减少网络上的信息量。

按照默认设置,ARP 高速缓存中的项目是动态的,每当发送一个指定地点的数据报且高速缓存中不存在当前项目时,ARP 便会自动添加该项目。一旦高速缓存的项目被输入,它们就已经开始走向失效状态。例如网络中,如果输入项目后不进一步使用,物理/IP 地址对就会在 2～10min 内失效。因此,如果 ARP 高速缓存中项目很少或根本没有时,请不要奇怪,通过另一台计算机或路由器的 ping 命令即可添加。所以,需要通过 arp 命令查看高速缓存中的内容时,请最好先 ping 此台计算机(不能是本机发送 ping 命令)。

app 常用命令选项如下。

- arp-a 或 arp-g

用于查看高速缓存中的所有项目。-a 和-g 参数的结果是一样的,多年来-g 一直是 UNIX 平台上用来显示 ARP 高速缓存中所有项目的选项,而 Windows 用的是 arp -a(-a 可被视为 all,即全部的意思),但它也可以接受比较传统的-g 选项。

- arp-a IP

如果我们有多个网卡,那么使用 arp -a 加上接口的 IP 地址,就可以只显示与该接口相关的 ARP 缓存项目。

- arp-s IP 物理地址

我们可以向 ARP 高速缓存中人工输入一个静态项目。该项目在计算机引导过程中将保持有效状态,或者在出现错误时,人工配置的物理地址将自动更新该项目。

- arp-d IP

使用本命令能够人工删除一个静态项目。

例如,我们在命令提示符下输入 arp-a,如果使用过 ping 命令测试并验证从这台计算机到 IP 地址为 10.0.0.99 的主机的连通性,则 ARP 缓存显示以下项:

```
Interface:10.0.0.1 on interface 0x1
Internet Address      Physical Address       Type
10.0.0.99             00-e0-98-00-7c-dc      dynamic
```

在此例中,缓存项指出位于 10.0.0.99 的远程主机解析成 00-e0-98-00-7c-dc 的媒体访问控制地址,它是在远程计算机的网卡硬件中分配的。媒体访问控制地址是计算机用于与网络上远程 TCP/IP 主机物理通信的地址。

至此我们可以用 ipconfig 和 ping 命令来查看自己的网络配置并判断是否正确，可以用 netstat 查看别人与我们所建立的连接并找出 ICQ 使用者所隐藏的 IP 信息，可以用 arp 查看网卡的 MAC 地址。

5）tracert、route 与 nbtstat 命令

（1）tracert 命令。

如果有网络连通性问题，可以使用 tracert 命令来检查到达的目标 IP 地址的路径并记录结果。tracert 命令显示用于将数据包从计算机传递到目标位置的一组 IP 路由器，以及每个跃点所需的时间。

tracert 的使用很简单，只需要在 tracert 后面跟一个 IP 地址或 URL，tracert 便会进行相应的域名转换。

tracert 最常见的用法：tracert IP address [-d]。

该命令返回到达 IP 地址所经过的路由器列表。通过使用-d 选项，将更快地显示路由器路径，因为 tracert 不会尝试解析路径中路由器的名称。

tracert 一般用来检测故障的位置，可以用 tracert IP 检测在哪个环节上出了问题，虽然还是没有确定是什么问题，但它已经告诉了问题所在的地方，这样就可以很有把握地告诉别人哪些地方出了问题。

（2）route 命令。

大多数主机一般都是驻留在只连接一台路由器的网段上。由于只有一台路由器，因此不存在使用哪一台路由器将数据报发表到远程计算机上去的问题，该路由器的 IP 地址可作为该网段上所有计算机的默认网关来输入。

一般使用选项如下。

• route print

本命令用于显示路由表中的当前项目，在单路由器网段上的输出；由于用 IP 地址配置了网卡，因此所有的这些项目都是自动添加的。

• route add

使用本命令，可以将信路由项目添加给路由表。例如，如果要设定一个到目的网络 209.98.32.33 的路由，其间要经过 5 个路由器网段，首先要经过本地网络上的一个路由器，IP 为 202.96.123.5，子网掩码为 255.255.255.224，那么应该输入以下命令：

```
route add 209.98.32.33 mask 255.255.255.224 202.96.123.5 metric 5
```

• route change

可以使用本命令来修改数据的传输路由，不过，不能使用本命令来改变数据的目的地。下面这个例子可以将数据的路由改到另一个路由器，它采用一条包含 3 个网段的更直的路径：

```
route add 209.98.32.33 mask 255.255.255.224 202.96.123.250 metric 3
```

• route delete

使用本命令可以从路由表中删除路由。例如：

```
route delete 209.98.32.33
```

(3) nbtstat 命令。

使用 nbtstat 命令释放和刷新 NetBIOS 名称。nbtstat(TCP/IP 上的 NetBIOS 统计数据)实用程序用于提供关于关于 NetBIOS 的统计数据。运用 nbtstat,可以查看本地计算机或远程计算机上的 NetBIOS 名字表格。

常用选项如下。

• nbtstat-n

本命令用于显示寄存在本地的名字和服务程序。

• nbtstat-c

本命令用于显示 NetBIOS 名字高速缓存的内容。NetBIOS 名字高速缓存用于存放与本计算机最近进行通信的其他计算机的 NetBIOS 名字和 IP 地址对。

• nbtstat-r

本命令用于清除和重新加载 NetBIOS 名字高速缓存。

• nbtstat-a IP

通过 IP 显示另一台计算机的物理地址和名字列表,所显示的内容就像对方计算机自己运行 nbtstat -n 一样。

• nbtstat-s IP

本命令用于显示实用其 IP 地址的另一台计算机的 NetBIOS 连接表。

例如,在命令提示符下输入:nbtstat-RR,释放和刷新过程的进度以命令行输出的形式显示。该信息表明当前注册在该计算机的 WINS 中的所有本地 NetBIOS 名称是否已经使用 WINS 服务器释放和续订了注册。

2. 工具模式

现在很多用户的计算机中都装有免费的 360 安全卫士软件,此软件就有对网络检测功能,同时 Windows 7 也自带了网络检测功能,这些软件基本是自动的,只需激活软件便会自动运行,如图 6.50 所示。

图 6.50　360 安全卫士

实训 Windows 7 的宽带连接

1. 实训目的

- 了解 Windows 7 操作系统网络管理；
- 掌握 Windows 7 宽带连接设置。

2. 实训内容

(1) 掌握 Windows 7 网络管理窗口操作；

(2) 掌握 Windows 7 宽带连接设置。

3. 实训步骤

随着 Windows 7 系统的普及，使用这一操作系统的人越来越多，现在就介绍如何设置 Windows 7 操作系统的宽带连接。可以使用以下方法中的一种打开“网络和共享中心”。

(1) 在桌面上的“网络”图标上右击，在弹出的快捷菜单中选择“属性”命令。

(2) 在桌面上的 Internet Explorer 图标上右击，在弹出的快捷菜单中选择“属性”命令。在弹出的“Internet Explorer 属性”对话框中单击“连接”选项，然后再单击页面上的“添加”按钮。

(3) 点击桌面左下角的“开始”→“控制面板”，然后在打开的控制面板中找到并双击“网络和共享中心”，如图 6.51 所示。

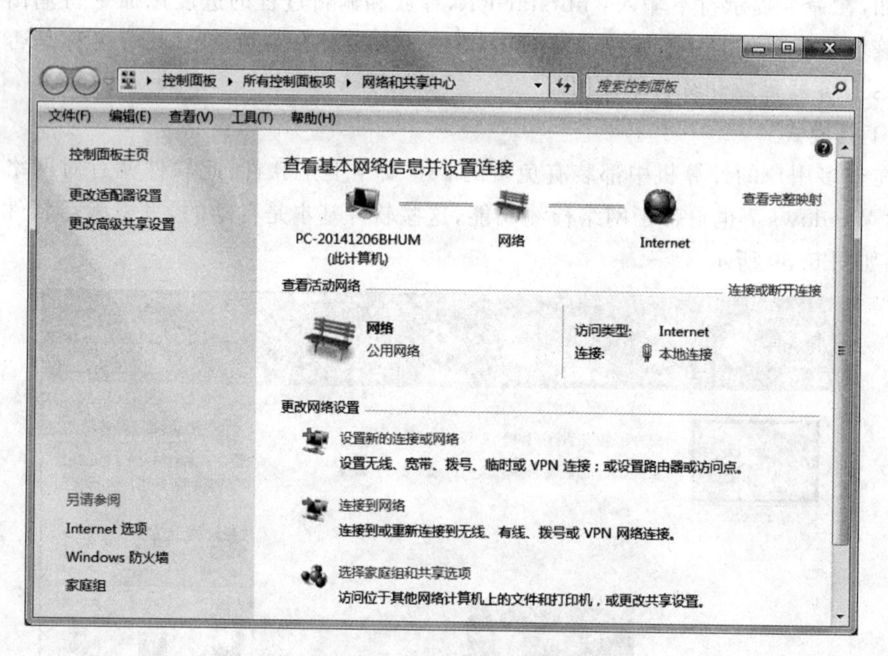

图 6.51 网络和共享中心

在“网络和共享中心”页面的中间位置有“更改网络设置”项，单击此项的第一个选项“设置新的连接或网络”，然后在弹出的对话框中选择“连接到 Internet”(默认选项)，如图 6.52 所示，单击“下一步”按钮。

会弹出一个新对话框，直接单击对话框中的“宽带连接 WAN Miniport(PPPOE)”这个

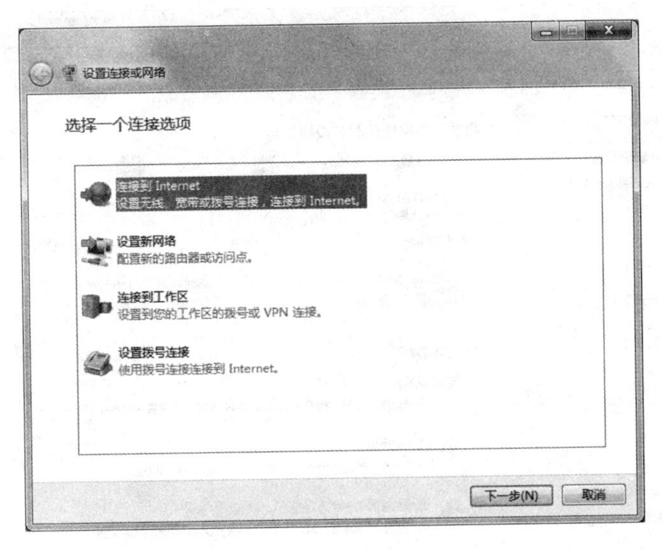

图 6.52　设置新的连接或网络

默认选项，如图 6.53 所示。

在弹出的新对话框中，输入办理电信宽带时电信提供的“用户名”和“密码”，连接名称默认为“宽带连接”，当然也可以修改成自己喜欢的任何名称。然后再单击“连接”按钮，如图 6.54 所示。

如果 Modem 信号正常，账号和密码输入正确，就可以正常连接到 Internet 上了。

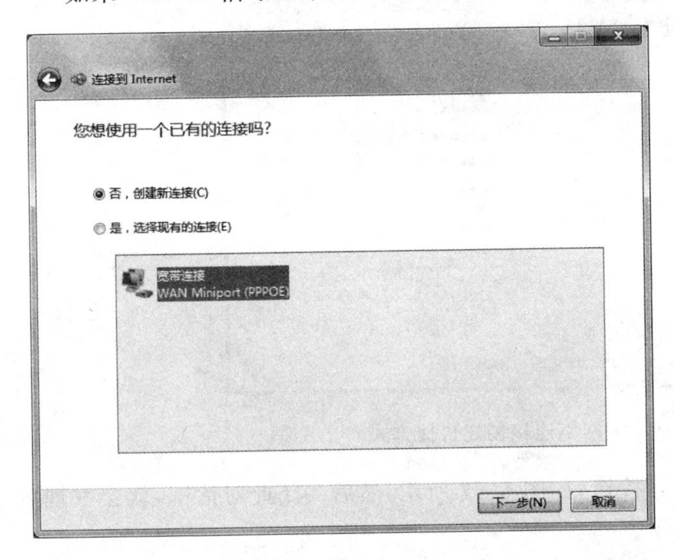

图 6.53　连接到 Internet

图 6.54　宽带连接用户名信息

Windows 7 并没有提供建立桌面快捷图标的选项，所以，为了以后能方便、快捷地使用宽带连接，还需要创建一个宽带连接快捷方式到桌面上，以方便下次快捷地使用宽带连接。具体方法如下。

重复以上三种步骤的任何一种，也就是能进入到“网络和共享中心”这个页面即可，然后单击页面左上角的“更改适配器设置”选项，如图 6.55 所示。

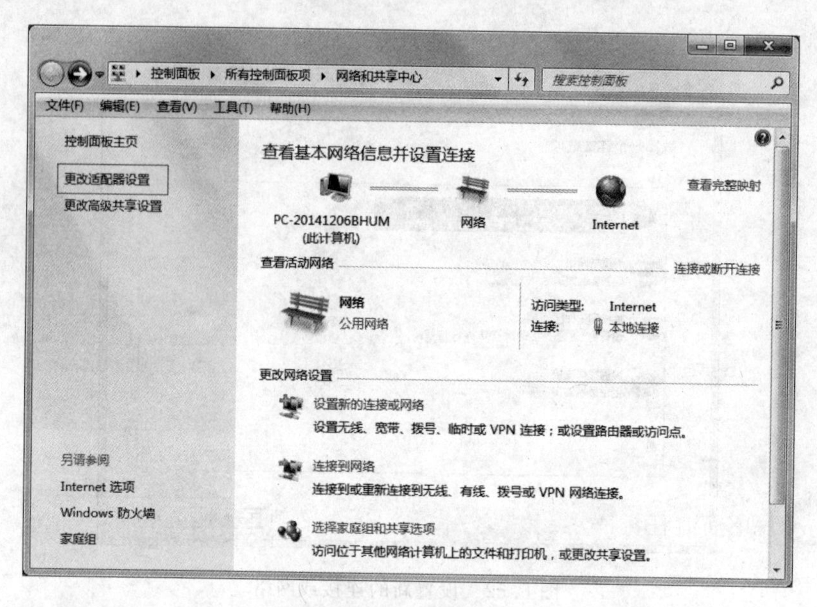

图 6.55　网络和共享中心

可以看到刚才创建的宽带连接(或者是建立 PPPOE 时自己设置的名称)，在"宽带连接"上右击，在弹出的快捷菜单中选择"创建快捷方式"命令，如图 6.56 所示。

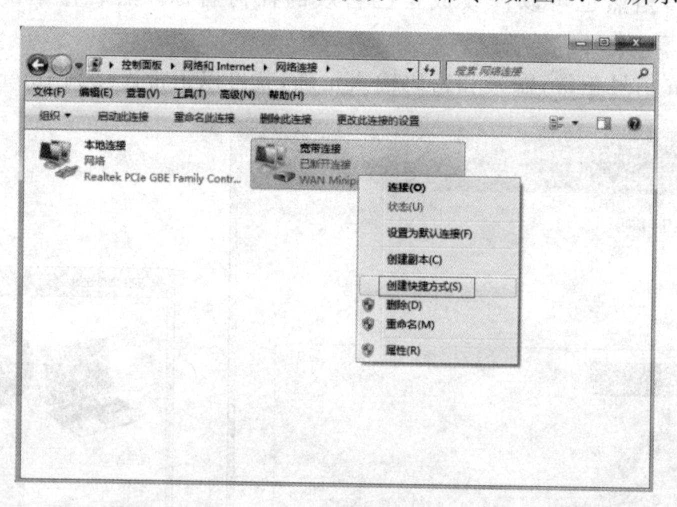

图 6.56　为网络连接创建快捷方式

在弹出的警告对话框中单击"是"按钮，如图 6.57 所示，然后关闭此对话框，就会发现宽带连接快捷方式已经出现在桌面上了。

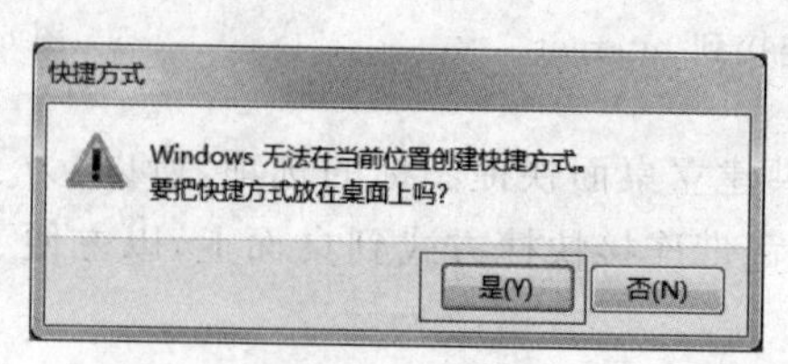

图 6.57　创建桌面快捷方式对话框

第7章　计算机安全

当代，因特网已经深入人们的生活和工作，信息化深入到政府、企事业单位等各个层面，给社会带来了各种便利，同时也给各层面带来了另外一个越来越突出的问题——计算机信息安全的问题。

通过本项目中所有任务的实践，了解计算机网络安全各方面基本知识，并学会如何处理安全事件。

7.1　任务描述

某同学最近非常烦恼，原因是他用了很久的QQ号突然登录不上了，而且计算机运行速度变慢，QQ系统总是提示输入密码不正确。某同学百思不解，找到计算机授课老师询问，才得知自己的计算机可能中了木马病毒，某同学听了后很惊讶，并很慌张，生怕以后自己上网买东西，银行账号会出问题。老师给某同学介绍了计算机病毒和网络安全的相关知识，并提出了相关建议。

7.2　任务目标

- 启动杀毒软件；
- 启动防火墙；
- 掌握相关知识。

7.3　预备知识

1. 计算机病毒

计算机病毒指“编制者在计算机程序中插入的破坏计算机功能或者破坏数据，影响计算机使用并且能够自我复制的一组计算机指令或者程序代码”。与医学上的“病毒”不同，计算机病毒不是天然存在的，是某些人利用计算机软件和硬件所固有的脆弱性编制的一组指令集或程序代码。它能通过某种途径潜伏在计算机的存储介质(或程序)里，当达到某种条件时即被激活，通过修改其他程序的方法将自己的精确副本或者可能演化的形式放入其他程序中，从而感染其他程序，对计算机资源进行破坏。所谓的病毒就是人为造成的，对其他用户的危害性很大。

1）计算机病毒的特征

（1）繁殖性。

计算机病毒可以像生物病毒一样进行繁殖，当正常程序运行的时候，它也运行自身进行复制。是否具有繁殖、感染的特征是判断某段程序为计算机病毒的首要条件。

（2）破坏性。

计算机中毒后，可能会导致正常的程序无法运行，把计算机内的文件删除或受到不同程度的损坏。通常表现为：增、删、改、移。

（3）传染性。

计算机病毒不但本身具有破坏性，更有害的是具有传染性，一旦病毒被复制或产生变种，其速度之快令人难以预防。传染性是病毒的基本特征。在生物界，病毒通过传染从一个生物体扩散到另一个生物体。在适当的条件下，它可得到大量繁殖，并使被感染的生物体表现出病症甚至死亡。同样，计算机病毒也会通过各种渠道从已被感染的计算机扩散到未被感染的计算机，在某些情况下造成被感染的计算机工作失常甚至瘫痪。与生物病毒不同的是，计算机病毒是一段人为编制的计算机指令或程序代码，这段计算机指令或程序代码一旦进入计算机并得以执行，就会搜寻其他符合其传染条件的程序或存储介质，确定目标后再将自身代码插入其中，达到自我繁殖的目的。只要一台计算机染毒，如不及时处理，那么病毒会在这台计算机上迅速扩散，计算机病毒可通过各种可能的渠道，如硬盘、移动硬盘、计算机网络去传染其他的计算机。当你在一台计算机上发现了病毒时，往往曾在这台计算机上用过的硬盘也已感染上了病毒，而与这台计算机联网的其他计算机也许也被该病毒染上了。是否具有传染性是判别一个程序是否为计算机病毒的最重要条件。

（4）潜伏性。

有些病毒像定时炸弹一样，让它什么时间发作是预先设计好的。如黑色星期五病毒，不到预定时间一点都觉察不出来，等到条件具备的时候一下子就爆发开来，对系统进行破坏。一个编制精巧的计算机病毒程序，进入系统之后一般不会马上发作，因此病毒可以静静地躲在磁盘里呆上几天，甚至几年，一旦时机成熟，得到运行机会，就又要四处繁殖、扩散，继续危害。潜伏性的第二种表现是指，计算机病毒的内部往往有一种触发机制，不满足触发条件时，计算机病毒除了传染外不做什么破坏。触发条件一旦得到满足，有的在屏幕上显示信息、图形或特殊标识，有的则执行破坏系统的操作，如格式化磁盘、删除磁盘文件、对数据文件做加密、封锁键盘以及使系统死锁等。

（5）隐蔽性。

计算机病毒具有很强的隐蔽性，有的可以通过病毒软件检查出来，有的根本就查不出来，有的时隐时现、变化无常，这类病毒处理起来通常很困难。

（6）可触发性。

病毒因某个事件或数值的出现，诱使病毒实施感染或进行攻击的特性称为可触发性。为了隐蔽自己，病毒必须潜伏，少做动作。如果完全不动，一直潜伏的话，病毒既不能感染也不能进行破坏，便失去了杀伤力。病毒既要隐蔽又要维持杀伤力，它必须具有可触发性。病毒的触发机制就是用来控制感染和破坏动作的频率的。病毒具有预定的触发条件，这些条件可能是时间、日期、文件类型或某些特定数据等。病毒运行时，触发机制检查预定条件是否满足，如果满足，启动感染或破坏动作，使病毒进行感染或攻击；如果不满足，使病毒继续潜伏。

2）计算机病毒的分类

根据多年对计算机病毒的研究，按照科学的、系统的、严密的方法，计算机病毒可分类如下。

(1) 按病毒存在的媒体。

根据病毒存在的媒体，病毒可以划分为网络病毒、文件病毒、引导型病毒。网络病毒通过计算机网络传播感染网络中的可执行文件；文件病毒感染计算机中的文件（如 COM、EXE、DOC 等）；引导型病毒感染启动扇区（Boot）和硬盘的系统引导扇区（MBR），还有这三种情况的混合型，例如，多型病毒（文件和引导型）感染文件和引导扇区两种目标，这样的病毒通常都具有复杂的算法，它们使用非常规的办法侵入系统，同时使用了加密和变形算法。

(2) 按病毒传染的方法。

根据病毒传染的方法可分为驻留型病毒和非驻留型病毒。驻留型病毒感染计算机后，把自身的内存驻留部分放在内存（RAM）中，这一部分程序挂接系统调用并合并到操作系统中去，处于激活状态，一直到关机或重新启动。非驻留型病毒在得到机会激活时并不感染计算机内存，一些病毒在内存中留有小部分，但是并不通过这一部分进行传染。

(3) 按病毒破坏的能力。

- 无害型：除了传染时减少磁盘的可用空间外，对系统没有其他影响。
- 无危险型：这类病毒仅仅减少内存、显示图像、发出声音及同类音响。
- 危险型：这类病毒在计算机系统操作中造成严重的错误。
- 非常危险型：这类病毒删除程序、破坏数据、清除系统内存区和操作系统中重要的信息。这些病毒对系统造成的危害，并不是本身的算法中存在危险的调用，而是当它们传染时会引起无法预料的和灾难性的破坏。由病毒引起其他的程序产生的错误也会破坏文件和扇区，这些病毒也按照它们引起的破坏能力划分。

(4) 按病毒的算法。

按病毒的算法可分为伴随型病毒、“蠕虫”型病毒、寄生型病毒。

① 伴随型病毒：这一类病毒并不改变文件本身，它们根据算法产生 EXE 文件的伴随体，具有同样的名字和不同的扩展名（COM）。例如，XCOPY. EXE 的伴随体是 XCOPY-COM。病毒把自身写入 COM 文件并不改变 EXE 文件，当 DOS 加载文件时，伴随体优先被执行到，再由伴随体加载执行原来的 EXE 文件。

② “蠕虫”型病毒：通过计算机网络传播，不改变文件和资料信息，利用网络从一台机器的内存传播到其他机器的内存、计算网络地址，将自身的病毒通过网络发送。有时它们在系统中存在，一般除了内存不占用其他资源。

③ 寄生型病毒：除了伴随型和“蠕虫”型病毒，其他病毒均可称为寄生型病毒。它们依附在系统的引导扇区或文件中，通过系统的功能进行传播，按其算法不同可分为练习型病毒、诡秘型病毒和变型病毒。

练习型病毒：病毒自身包含错误，不能进行很好的传播，例如一些病毒在调试阶段。

诡秘型病毒：一般不直接修改 DOS 中断和扇区数据，而是通过设备技术和文件缓冲区等在 DOS 内部修改，不易看到资源，使用比较高级的技术，利用 DOS 空闲的数据区进行工作。

变型病毒(又称幽灵病毒)：这一类病毒使用一个复杂的算法，使自己每传播一份都具有不同的内容和长度。它们一般由一段混有无关指令的解码算法和被变化过的病毒体组成。

3）计算机病毒的发展

在病毒的发展史上，病毒的出现是有规律的，一般情况下一种新的病毒技术出现后，病毒迅速发展，接着反病毒技术的发展会抑制其流传。操作系统升级后，病毒也会调整为新的方式，产生新的病毒技术。它可划分为如下几个阶段。

(1) DOS引导阶段。

1987年，计算机病毒主要是引导型病毒，具有代表性的是“小球”和“石头”病毒。当时的计算机硬件较少，功能简单，一般需要通过软盘启动后使用。引导型病毒利用软盘的启动原理工作，修改系统启动扇区，在计算机启动时首先取得控制权，减少系统内存，修改磁盘读写中断，影响系统工作效率，在系统存取磁盘时进行传播。

1989年，引导型病毒发展为可以感染硬盘，典型的代表有“石头2”。

(2) DOS可执行阶段。

1989年，可执行文件型病毒出现，它们利用DOS系统加载执行文件的机制工作，代表为“耶路撒冷”“星期天”病毒。病毒代码在系统执行文件时取得控制权，修改DOS中断，在系统调用时进行传染，并将自己附加在可执行文件中，使文件长度增加。

1990年，发展为复合型病毒，可感染COM和EXE文件。

(3) 伴随、批次型阶段。

1992年，伴随型病毒出现，它们利用DOS加载文件的优先顺序进行工作，具有代表性的是“金蝉”病毒，它感染EXE文件时生成一个和EXE同名但扩展名为COM的伴随体；它感染文件时，修改原来的COM文件为同名的EXE文件，再产生一个原名的伴随体，文件扩展名为COM，这样，在DOS加载文件时，病毒就取得控制权。这类病毒的特点是不改变原来的文件内容、日期及属性，解除病毒时只要将其伴随体删除即可。在非DOS操作系统中，一些伴随型病毒利用操作系统的描述语言进行工作，具有典型代表的是“海盗旗”病毒，它在得到执行时，询问用户名称和口令，然后返回一个出错信息，将自身删除。批次型病毒是工作在DOS下的和“海盗旗”病毒类似的一类病毒。

(4) 幽灵、多形阶段。

1994年，随着汇编语言的发展，实现同一功能可以用不同的方式进行完成，这些方式的组合使一段看似随机的代码产生相同的运算结果。幽灵病毒就是利用这个特点，每感染一次就产生不同的代码。例如，“一半”病毒就是产生一段有上亿种可能的解码运算程序，病毒体被隐藏在解码前的数据中，查解这类病毒就必须能对这段数据进行解码，加大了查毒的难度。多形病毒是一种综合性病毒，它既能感染引导区又能感染程序区，多数具有解码算法，一种病毒往往要两段以上的子程序方能解除。

(5) 生成器、变体机阶段。

1995年，在汇编语言中，一些数据的运算放在不同的通用寄存器中，可运算出同样的结果，随机地插入一些空操作和无关指令，也不影响运算的结果。这样，一段解码算法就可以由生成器生成。当生成器的生成结果为病毒时，就产生了这种复杂的“病毒生成器”，而变体机就是增加解码复杂程度的指令生成机制。这一阶段的典型代表是“病毒制造机”VCL，它可以在瞬间制造出成千上万种不同的病毒，查解时就不能使用传统的特征识别法，需要在宏观上分析指令，解码后查解病毒。

(6) 网络、蠕虫阶段。

1995 年，随着网络的普及，病毒开始利用网络进行传播，它们只是以上几代病毒的改进。非 DOS 操作系统中，“蠕虫”是典型的代表，它不占用除内存以外的任何资源，不修改磁盘文件，利用网络功能搜索网络地址，将自身向下一地址进行传播，有时也在网络服务器和启动文件中存在。

(7) 视窗阶段。

1996 年，随着 Windows 和 Windows 95 的日益普及，利用 Windows 进行工作的病毒开始发展，它们修改(NE，PE)文件，典型的代表是 DS. 3873。这类病毒的机制更为复杂，它们利用保护模式和 API 调用接口工作，解除方法也比较复杂。

(8) 宏病毒阶段。

1996 年，随着 Word 功能的增强，使用 Word 宏语言也可以编制病毒。这种病毒使用类 BASIC 语言，编写容易，感染 Word 文档等文件。在 Excel 和 AmiPro 出现的相同工作机制的病毒也归为此类。由于 Word 文档格式没有公开，这类病毒查解比较困难。

(9) 互联网阶段。

1997 年，随着因特网的发展，各种病毒也开始利用因特网进行传播，一些携带病毒的数据包和邮件越来越多，如果不小心打开了这些邮件，计算机就有可能中毒。

(10) 邮件炸弹阶段。

1997 年，随着万维网(World Wide Web)上 Java 的普及，利用 Java 语言进行传播和资料获取的病毒开始出现，典型的代表是 JavaSnake 病毒。还有一些利用邮件服务器进行传播和破坏的病毒，例如 Mail-Bomb 病毒，它们会严重影响因特网的效率。

4) 计算机病毒传播途径

计算机病毒之所以称为病毒是因为其具有传染性的本质。其传统渠道通常有以下几种。

(1) 通过 U 盘。

使用带有病毒的 U 盘，使计算机感染病毒发病，并传染给未被感染的“干净”的 U 盘。大量的 U 盘交换、合法或非法的程序复制、不加控制地随便在机器上使用各种软件造成了病毒感染、泛滥、蔓延。

(2) 通过硬盘。

通过硬盘传染也是重要的渠道。由于带有病毒的计算机移到其他地方使用、维修等，会将干净的硬盘传染并再扩散。

(3) 通过光盘。

因为光盘容量大，存储了海量的可执行文件，大量的病毒就有可能藏身于光盘。只读式光盘不能进行写操作，因此光盘上的病毒不能清除。以谋利为目的非法盗版软件在制作过程中，不可能为病毒防护担负专门责任，也决不会有真正可靠可行的技术保障避免病毒的传入、传染、流行和扩散。当前，盗版光盘的泛滥给病毒的传播带来了很大的便利。

(4) 通过网络。

这种传染扩散极快，能在很短时间内传遍网络上的计算机。

随着 Internet 的风靡,给病毒的传播又增加了新的途径,它的发展使病毒可能成为灾难,病毒的传播更迅速,反病毒的任务更加艰巨。Internet 带来两种不同的安全威胁:一种威胁来自文件下载,这些被浏览的或是被下载的文件可能存在病毒;另一种威胁来自电子邮件。大多数 Internet 邮件系统提供了在网络间传送附带格式化文档邮件的功能,因此,遭受病毒的文档或文件就可能通过网关和邮件服务器涌入企业网络。网络使用的简易性和开放性使得这种威胁越来越严重。

5)常见的计算机病毒

(1)系统病毒。

系统病毒的前缀为 Win32、PE、Win95、W32、W95 等。这些病毒的一般共有的特性是可以感染 Windows 操作系统的 *. exe 和 *. dll 文件,并通过这些文件进行传播,如 CIH 病毒。

(2)蠕虫病毒。

蠕虫病毒的前缀是 Worm。这种病毒的共有特性是通过网络或者系统漏洞进行传播,很大部分的蠕虫病毒都有向外发送带毒邮件、阻塞网络的特性。如冲击波(阻塞网络)、小邮差(发带毒邮件)等。

(3)木马病毒、黑客病毒。

木马病毒的前缀是 Trojan,黑客病毒的前缀一般为 Hack。木马病毒的共有特性是通过网络或者系统漏洞进入用户的系统并隐藏,然后向外界泄露用户的信息。而黑客病毒则有一个可视的界面,能对用户的计算机进行远程控制。木马、黑客病毒往往是成对出现的,即木马病毒负责侵入用户的计算机,而黑客病毒则会通过该木马病毒来进行控制。这两种类型都越来越趋向于整合了。一般的木马病毒如 QQ 消息尾巴木马 Trojan. QQ3344,还有大家可能遇见比较多的针对网络游戏的木马病毒如 Trojan. LMir. PSW. 60。这里补充一点,病毒名中有 PSW 或者 PWD 之类的一般都表示这个病毒有盗取密码的功能(这些字母一般都为“密码”的英文 password 的缩写),还有一些黑客程序,如网络枭雄(Hack. Nether. Client)等。

(4)脚本病毒。

脚本病毒的前缀是 Script。脚本病毒的共有特性是使用脚本语言编写,通过网页进行的传播,如红色代码(Script. Redlof)。脚本病毒还会有如下前缀:VBS、JS(表明是何种脚本编写的),如欢乐时光(VBS. Happytime)、十四日(Js. Fortnight. c. s)等。

(5)宏病毒。

其实宏病毒是也是脚本病毒的一种,由于它的特殊性,因此在这里单独算成一类。宏病毒的前缀是 Macro,第二前缀是 Word、Word 97、Excel、Excel 97(也许还有别的)其中之一。凡是只感染 Word 97 及以前版本 Word 文档的病毒采用 Word 97 作为第二前缀,格式是 Macro. Word 97;凡是只感染 Word 97 以后版本 Word 文档的病毒采用 Word 作为第二前缀,格式是 Macro. Word;凡是只感染 Excel 97 及以前版本 Excel 文档的病毒采用 Excel 97 作为第二前缀,格式是 Macro. Excel 97;凡是只感染 Excel 97 以后版本 Excel 文档的病毒采用 Excel 作为第二前缀,格式是 Macro. Excel,以此类推。该类病毒的共有特性是能感染 Office 系列文档,然后通过 Office 通用模板进行传播,如著名的美丽莎(Macro. Melissa)。

(6) 后门病毒。

后门病毒的前缀是 Backdoor。该类病毒的共有特性是通过网络传播，给系统开后门，给用户计算机带来安全隐患。

(7) 病毒种植程序病毒。

这类病毒的共有特性是运行时会从体内释放出一个或几个新的病毒到系统目录下，由释放出来的新病毒产生破坏。如冰河播种者(Dropper. BingHe2. 2C)、MSN 射手(Dropper. Worm. Smibag)等。

(8) 破坏性程序病毒。

破坏性程序病毒的前缀是 Harm。这类病毒的共有特性是本身具有好看的图标来诱惑用户单击，当用户单击这类病毒时，病毒便会直接对用户计算机产生破坏。如格式化 C 盘(Harm. formatC. f)、杀手命令(Harm. Command. Killer)等。

(9) 玩笑病毒。

玩笑病毒的前缀是 Joke，也称恶作剧病毒。这类病毒会做出各种破坏操作来吓唬用户，其实病毒并没有对用户计算机进行任何破坏。如女鬼(Joke. Girl ghost)病毒。

(10) 捆绑机病毒。

捆绑机病毒的前缀是 Binder。这类病毒的共有特性是病毒作者会使用特定的捆绑程序将病毒与一些应用程序，如 QQ、IE，捆绑起来，从表面上看是一个正常的文件，当用户运行这些捆绑病毒时，会表面上运行这些应用程序，然后隐藏运行捆绑在一起的病毒，从而给用户造成危害。如捆绑 QQ(Binder. QQPass. QQBin)、系统杀手(Binder. killsys)等。

以上为比较常见的病毒前缀，有时候还会看到一些其他的病毒前缀，但比较少见，这里简单提一下。

(1) DoS：会针对某台主机或者服务器进行 DoS 攻击。

(2) Exploit：会自动通过溢出对方或者自己的系统漏洞来传播自身，或者它本身就是一个用于入侵的溢出工具。

(3) HackTool：黑客工具，也许本身并不破坏计算机，但是会被别人加以利用来做替身去破坏。

可以在查出某个病毒以后通过以上方法来初步判断所中病毒的基本情况，达到知己知彼的目的。在杀毒无法自动查杀、打算采用手工方式的时候，这些信息会给有很大的帮助。

2. 网络防火墙

当一个机构将其内部网络与 Internet 连接之后，所关心的一个主要问题就是安全。内部网络上不断增加的用户需要访问 Internet 服务，如 WWW、电子邮件、Telnet 和 FTP 服务器。

当机构的内部数据和网络设施暴露在 Internet 上的时候，网络管理员越来越关心网络的安全。事实上，对一个内部网络已经连接到 Internet 上的机构来说，重要的问题并不是网络是否会受到攻击，而是何时会受到攻击。为了提供所需级别的保护，机构需要有安全策略来防止非法用户访问内部网络上的资源和非法向外传递内部信息。即使一个机构没有连接到 Internet 上，它也需要建立内部的安全策略来管理用户对部分网络的访问并对敏感或秘密数据提供保护。

1) 什么是防火墙

防火墙是这样的系统：它能用来屏蔽、阻拦数据报，只允许授权的数据报通过，以保护网络的安全性。

网络在防火墙上可以很方便地监视网络的安全性，并产生报警。防火墙负责管理外部网络和机构内部网络之间的访问。在没有防火墙时，内部网络上的每个节点都暴露给Internet上的其他主机，极易受到攻击。这就意味着内部网络的安全性要由每一个主机的坚固程度来决定，并且安全性等同于其中最弱的系统。

防火墙允许网络管理员定义一个中心"扼制点"来防止非法用户，如黑客、网络破坏者等进入内部网络；禁止存在安全脆弱性的服务进出网络，并抗击来自各种路线的攻击。防火墙的安装能够简化安全管理，网络安全性是在防火墙系统上得到加固，而不是分布在内部网络的所有主机上。

网络管理员必须审计并记录所有通过防火墙的重要信息。如果网络管理员不能及时响应报警并审查常规记录，防火墙就形同虚设。在这种情况下，网络管理员永远不会知道防火墙是否受到攻击。要使一个防火墙有效，所有来自和去往Internet的信息都必须经过防火墙，接受防火墙的检查。防火墙必须只允许授权的数据通过，并且防火墙本身也必须能够免于渗透。

2）防火墙的类型

通常，防火墙可以分为以下几种类型。

(1) 包过滤防火墙。

这种防火墙是在路由器中建立一种称为访问控制列表的方法，让路由器识别哪些数据报是允许穿越路由器的，哪些是需要阻截的。

(2) 代理服务器。

这种防火墙方案要求所有内网的主机需要使用代理服务器与外网的主机通信。代理服务器会像真墙一样挡在内部用户和外部主机之间，从外部只能看见代理服务器，而看不到内部主机。外界的渗透要从代理服务器开始，因此增加了攻击内网主机的难度。

(3) 攻击探测防火墙。

这种防火墙通过分析进入内网数据报中报头和报文中的攻击特征来识别需要拦截的数据报，以应对SYN Flood、IP spoofing这样的已知的网络攻击手段。攻击探测防火墙可以安装在代理服务器上，也可以做成独立的设备，串接在与外网连接的链路，装在边界路由器的后面。

3）包过滤防火墙

包过滤防火墙的核心是称作"访问控制列表"的配置文件，由网络管理员在路由器中建立。包过滤路由器根据"访问控制列表"审查每个数据包的报头，来决定该数据包是否要被拒绝还是被转发。报头信息中包括IP源地址，IP目标地址，协议类型（如TCP、UDP、ICMP等），TCP端口号等。

(1) 包过滤路由器的优点。

已部署的防火墙系统多数只使用了包过滤器路由器。除了花费时间去规划过滤器和配置路由器之外，因为访问控制列表的功能在标准的路由器软件中已经免费，实现包过滤几乎不需要额外的费用。由于Internet访问一般都是在WAN接口上提供，因此在流量适中并定义较少过滤器时对路由器的速度性能几乎没有影响。另外，包过滤路由器对用户和应用来讲是透明的，所以不必对用户进行特殊的培训和在每台主机上安装特定的软件。

(2) 包过滤路由器的缺点。

定义数据包过滤器会比较复杂,因为网络管理员需要对各种 Internet 服务、包头格式以及每个域的意义有非常深入的理解。如果必须支持非常复杂的过滤,过滤规则集合会非常大和复杂,因而难以管理和理解。另外,在路由器上进行规则配置之后,几乎没有什么工具可以用来审核过滤规则的正确性,因此会成为一个脆弱点。

任何直接经过路由器的数据包都有被用作数据驱动式攻击的潜在危险。我们已经知道数据驱动式攻击从表面上来看是由路由器转发到内部主机上没有害处的数据,该数据包括了一些隐藏的指令,能够让主机修改访问控制和与安全有关的文件,使得入侵者能够获得对系统的访问权。

一般来说,随着过滤器数目的增加,路由器的吞吐量会下降。可以对路由器进行这样的优化:抽取每个数据包的目的 IP 地址,进行简单的路由表查询,然后将数据包转发到正确的接口上去传输。如果打开过滤功能,路由器不仅必须对每个数据包做出转发决定,还必须将所有的过滤器规则适用给每个数据包。这样就消耗了 CPU 时间并影响系统的性能。

7.4 任务实施

1. 计算机杀毒软件

安装完系统后,市场给每一位用户提供了很多杀毒软件的选择,连上互联网后,下载一款市场上知名的杀毒软件,安装后一般自动激活,能在活动任务栏中见到图标。同时,Windows 7 对安全方面做了重大改进。下面进一步介绍。

Windows 7 对系统基础结构和安全防护功能进行了严密的改进和加强。首先,强制系统安装在 NTFS 文件系统中,通过 NTFS 文件系统的资源访问控制权限机制来避免用户和恶意程序对系统关键文件的篡改,对系统服务的权限进行更加严密的限定,确保黑客无法利用系统服务获取权限对系统进行破坏。Windows 7 此次内置了反间谍程序 Windows Defender,目前口碑不错的几款第三方系统安全防护产品(如 ESET NOD32、卡巴斯基)在病毒防护功能基础上额外提供防火墙、反间谍功能来作为安全套装,因此用户在购买第三方安全防护软件时尽可能避免与系统冲突,如图 7.1 所示。

用户可以通过“操作中心”详细了解当前系统中各项安全组件和维护功能的运行状态,同时也可以发现一些存在的冲突。Windows 7 会默认启用系统自带的防火墙和反间谍程序 Windows Defender,与此同时,如果用户安装了安全套装类型的病毒防护软件,若病毒防护软件不能帮助用户禁用系统自带的防火墙和反间谍程序,那么在用户不知情的情况下,同时运行两款反间谍程序或防火墙程序会给计算机的运行带来额外的负担,如图 7.2 所示。

常见的是 360 免费杀毒软件,软件界面如图 7.3 所示。可以通过单击右上角的“设置”按钮,对杀毒软件进行设置,设置完后单击“确定”按钮杀毒软件就会自动运行。

2. 防火墙

Windows 7 自带防火墙,安装完后自动启动,只需避免与杀毒软件附加件不起冲突即可,同时用户可以随时手动启动 Windows Defender 进行自定义手动扫描,具体方法如下。

在“开始”菜单搜索框中输入 defe,然后单击搜索结果中的 Windows Defender 项,打开 Windows Defender 主界面。在主界面中单击工具栏“扫描”按钮右侧的下拉按钮,如图 7.4 所示。可以进行快速扫描、完全扫描和自定义扫描。

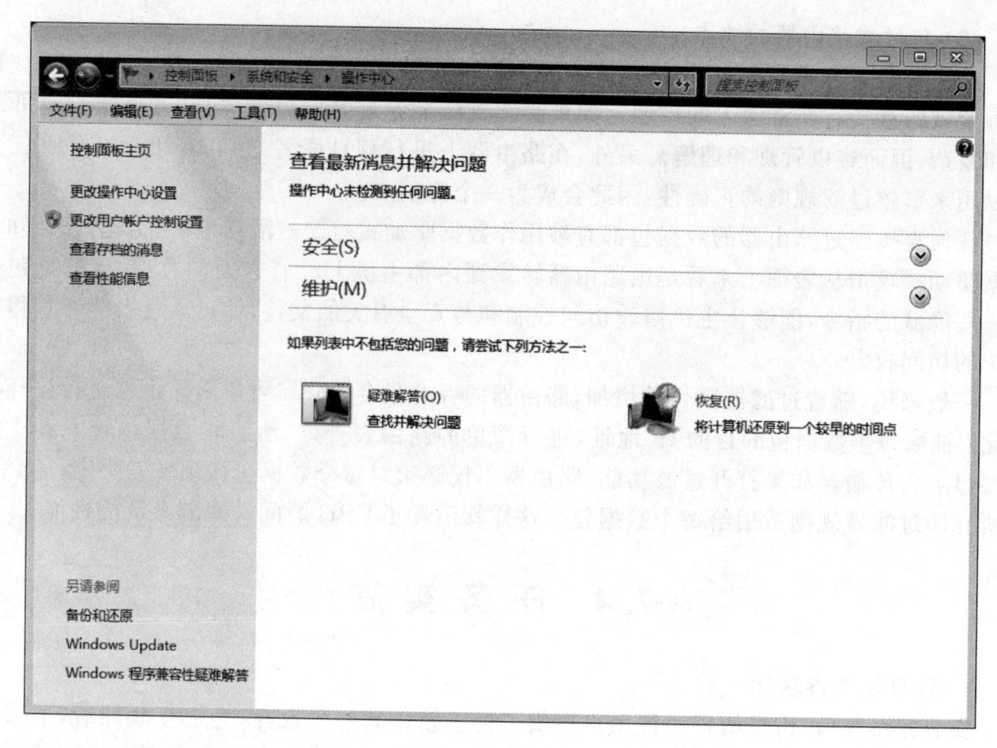

图 7.1　系统安全

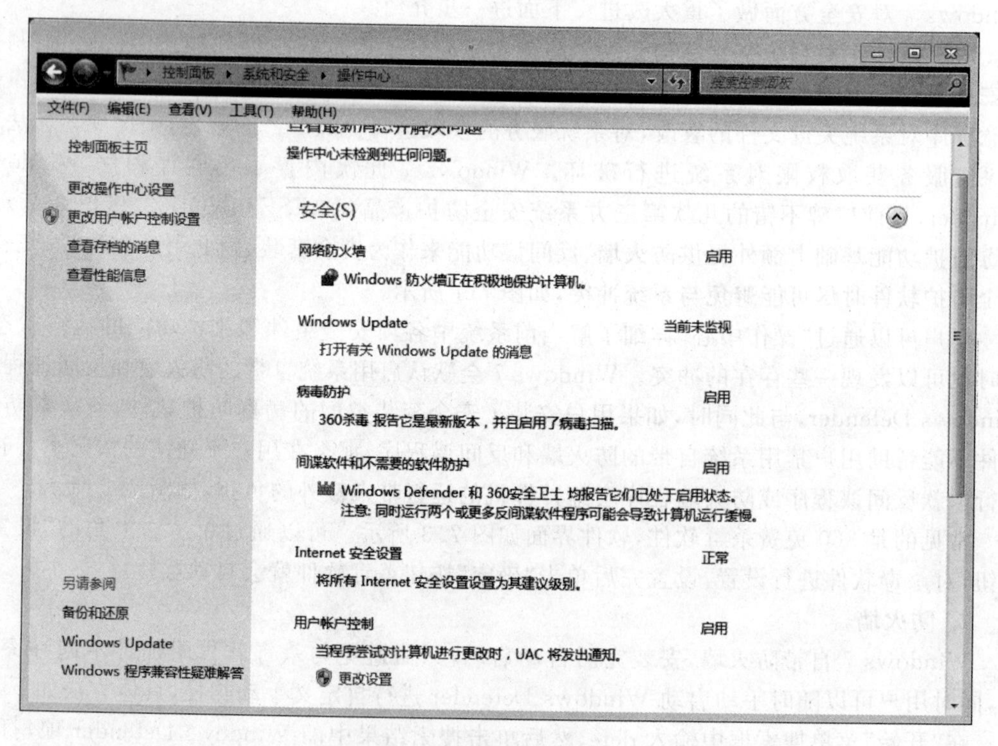

图 7.2　系统安全设置

图 7.3　360 杀毒软件

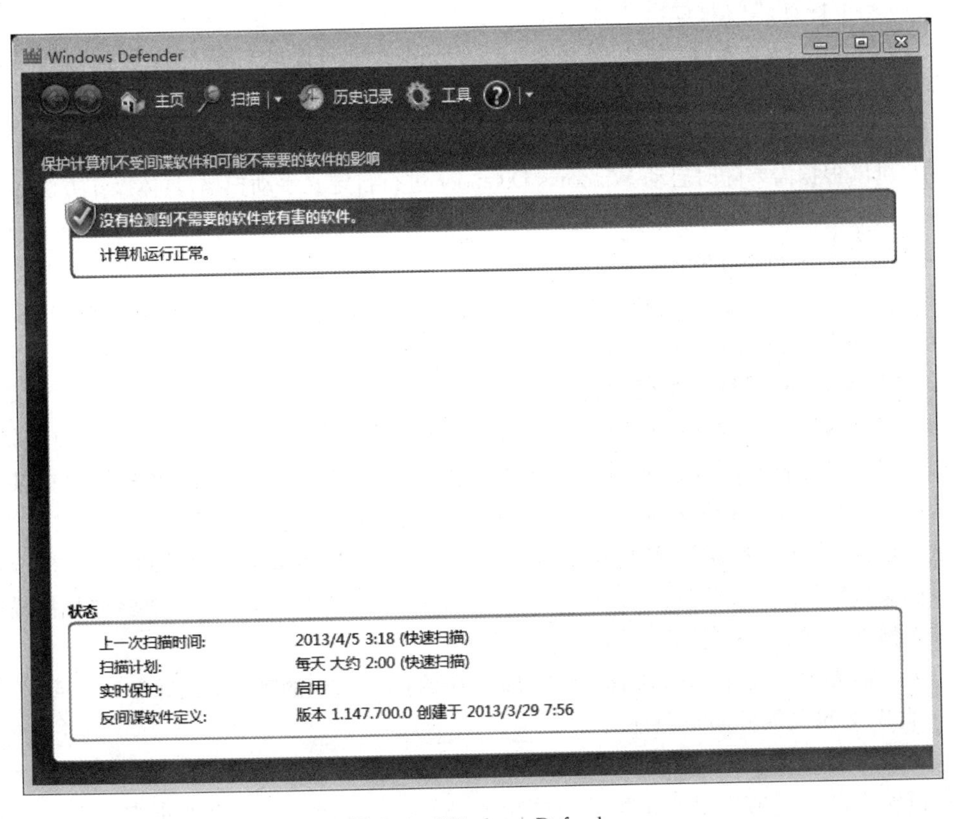

图 7.4　Windows Defender

实训　防范间谍软件

1. 实训目的

- 了解 Windows 7 防范间谍软件管理;
- 掌握 Windows 7 防范间谍软件设置。

2. 实训内容

(1) 掌握 Windows 7 防范间谍软件操作。

(2) 掌握 Windows 7 防范间谍软件设置。

3. 实训步骤

Windows 7 自带了免费反间谍软件——Windows Defender。它具有以下优点。

- 功能稳妥:不包含第三方工具有可能给系统带来故障的额外优化功能。
- 扫描速度更快:借助 Windows 7 基于索引的搜索机制,Windows Defender 在工作时可以仅通过监视文件索引来判断发生的改变,实时监控和扫描性能是第三方工具无法比拟的。
- 用户体验更好:在保证用户体验的前提下提供最佳的防范效果,尽可能少地干扰用户正常使用操作系统,只有在发现间谍软件后才会在任务栏通知区域通过“操作中心”图标提示用户,因此平时用户并不会感觉到 Windows Defender 的存在,但它却时刻不停地履行自己的职责。
- 与 Windows 7 无缝结合:Windows Defender 的间谍软件特征库会通过 Windows Update 进行更新,无须用户花费额外的精力进行管理。

1) 手动扫描间谍程序

用户可以根据需要随时启动 Windows Defender 进行自定义手动扫描,具体操作方法如下。

(1) 在“开始”菜单中搜索框中输入 defen,然后单击搜索结果中的 Windows Defender 项,打开 Windows Defender 主界面,如图 7.5 所示。

(2) 单击工具栏“扫描”按钮右侧的下拉按钮,在打开的下拉列表中可以看到“快速扫描”“完全扫描”和“自定义扫描”项,分别对应以下操作。

(3) “快速扫描”仅针对系统所在分区进行扫描。

(4) “完整扫描”会检查所有硬盘分区和当前与计算机连接的移动存储设备,速度较慢。

(5) “自定义扫描”可以根据用户的选择进行扫描,如果用户怀疑间谍软件存在某个特定分区或文件夹,可以选择此项进行扫描。

这里选择“自定义扫描”,Windows Defender 会转到“扫描选项”界面,单击“扫描选定的驱动器和文件夹”单选按钮右侧的“选择”按钮,在随后弹出的对话框中选中要进行扫描的驱动器或文件夹并单击“确定”按钮,如图 7.6 所示。

回到扫描界面后单击“立即扫描”按钮即可开始扫描选中的项目,如图 7.7 所示。

2) 自定义间谍软件防范程序

与第三方反间谍软件相同,Windows Defender 也提供了很多自定义选项,但其默认的大多数设置都已经能够提供非常好的防护功能,同时也不会干扰用户的正常使用。本实训执行几个可更改的默认设置。

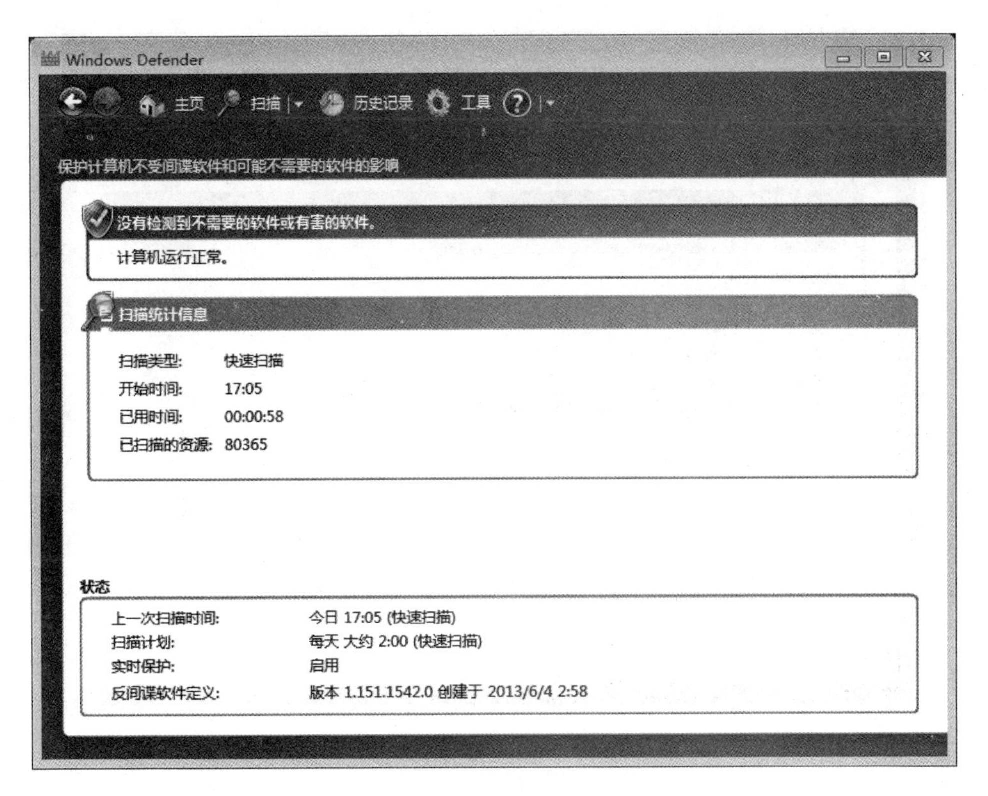

图 7.5 Windows Defender 主界面

图 7.6 选择扫描内容

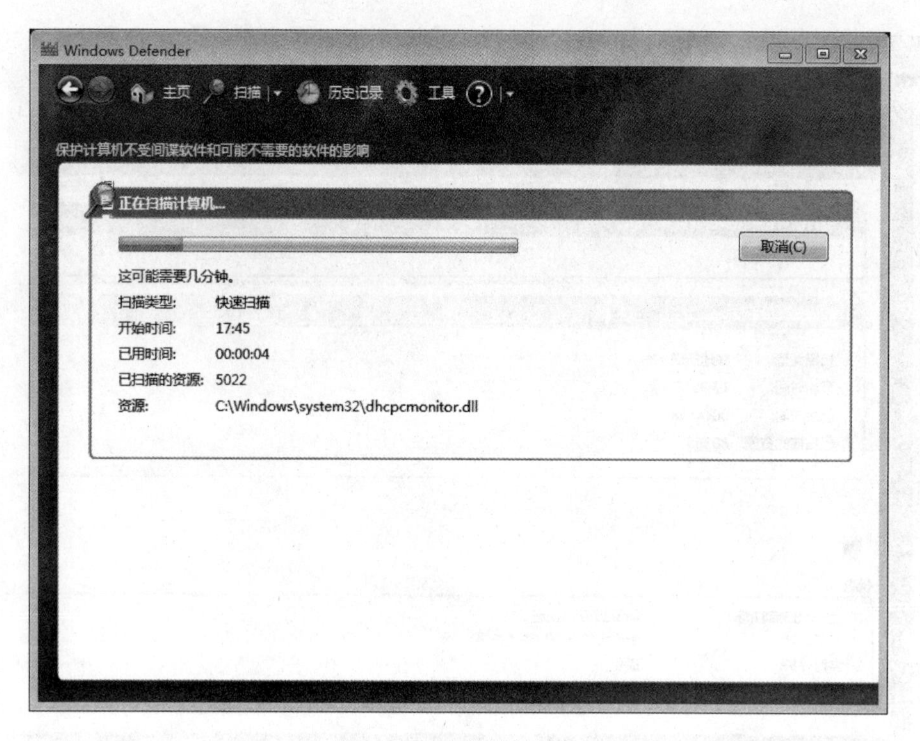

图 7.7　正在扫描计算机

打开 Windows Defender 主界面,单击工具栏中的“工具”按钮转到“工具和设置”界面,如图 7.8 所示,单击“选项”连接即可看到“选项”界面。

图 7.8　Windows Defender 的“工具和设置”界面

3）更改自动扫描的进行时间

Windows Defender 默认每天凌晨 2 点执行快速扫描，在“选项”界面中，默认选择第一项既即对“自动扫描”设置，如图 7.9 所示。

图 7.9　在 Windows Defender 中更改自动扫描时间

由于 Windows Defender 默认每天凌晨 2 点执行扫描，如果觉得这个默认时间不够合理，可以在“大约时间”下拉列表框中重新定义一个时间，例如选择白天的某个时段。在扫描频率方面，除了每天扫描，还可以单击“频率”下拉按钮，选择具体一周当中的某一天，这样扫描频率便会更改为每周执行一次，其他选项如扫描类型以及下方的两个复选建议保持默认，最后单击右下角的“保存”按钮。

4）排除扫描路径

如果希望实时监控和自动扫描跳过一些用户完全认为安全的路径，可以选择左侧“选项”列表中的“排除的文件和文件夹”选项，单击界面右侧的“添加”按钮，通过弹出的对话框选择对应文件夹即可，如图 7.10 所示，最后依次单击对话框中的“确定”按钮和“选项”界面中的“保存”按钮。如果需要继续添加排除的文件夹，重复以上操作即可。

5）禁用系统自带的反间谍功能

优秀的病毒防护程序会附带与 Windows Defender 作用类似的功能，在安装第三方病毒防护软件时若启用了阻止不受用户欢迎程序等类似功能，其实可以禁用，否则两个功能相同的保护程序会影响系统性能。“操作中心”安全状态监控同样会建议用户选择关闭其中一项，如图 7.11 所示。

第三方病毒防护软件在禁用自带的反间谍功能后，往往会处于不安全的报警状态，因此建议关闭 Windows Defender。单击“选项”界面左侧列表中的“管理员”项，然后取消选中右侧选项中的“使用此程序”复选框，最后单击界面右下方的“保存”按钮。

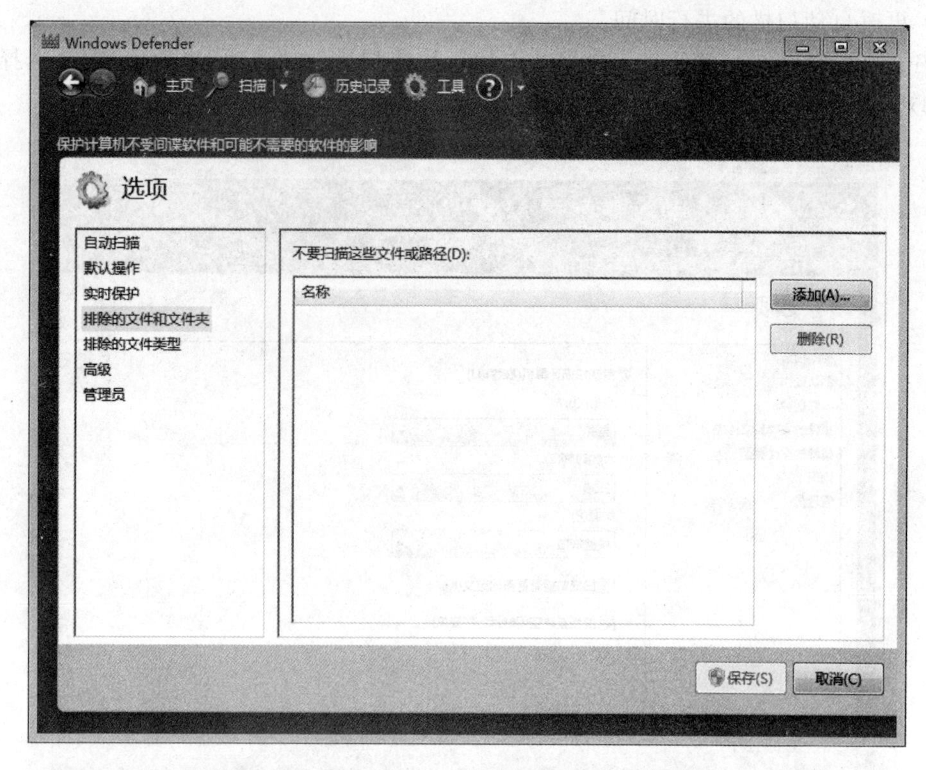

图 7.10 Windows Defender“排除的文件和文件夹”选项

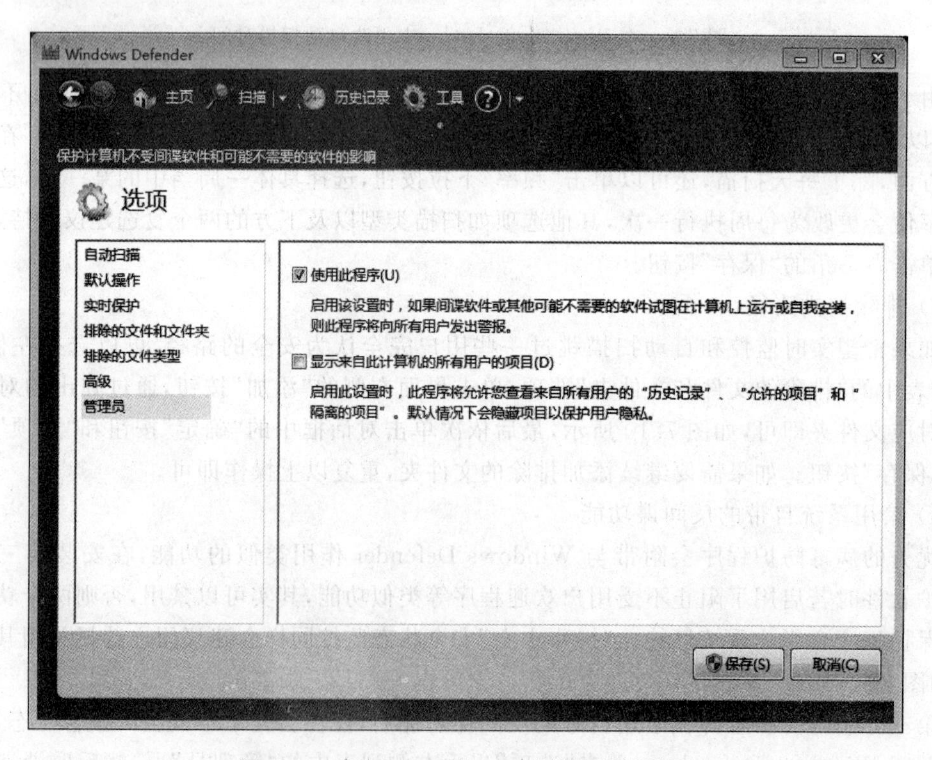

图 7.11 Windows Defender 的“管理员”设置

参 考 文 献

[1] 李翠梅，曹风华．大学计算机基础——Windows 7+Office 2013 实用案例教程[M]．北京：清华大学出版社，2014．

[2] 罗晓娟，周锦春．计算机应用基础：Windows 7+Office 2010[M]．北京：中国铁道出版社，2013．

[3] 苏啸．计算机实用技能教程[M]．北京：人民邮电出版社，2011．

[4] 周利民．计算机应用基础[M]．天津：南开大学出版社，2013．

[5] 傅连仲．计算机应用基础：Windows 7+Office 2010[M]．北京：电子工业出版社，2014．

[6] 王作鹏，殷慧文．Word/Excel/PPT 2010 办公应用从入门到精通[M]．北京：人民邮电出版社，2013．

[7] 罗显松，谢云．计算机应用基础[M]．北京：清华大学出版社，2012．